"十二五"国家重点图书

钢渣处理与综合利用

Steel Slag: Treatment and Resource Utilization

俞海明　王　强　编著

北　京

冶　金　工　业　出　版　社

2015

内 容 提 要

本书结合宝钢、鞍钢、唐钢、武钢、首钢等先进钢铁企业和相关大专院校、科研院所、设计单位等关于钢渣处理与综合利用方面的研究成果和生产实践，系统阐述了炼钢过程中产生的钢渣、精炼渣、废旧耐火材料等处理工艺和应用实例，涵盖了基本原理、工艺操作和安全技术等内容，并且对钢渣处理的关键岗位提出了详细的安全操作规程。其中，钢渣重构改质和炼钢除尘灰的处理与综合利用等新理念、新技术代表了该领域的前沿水平。

本书可供钢渣处理与综合利用领域相关工程技术人员、设计人员、管理人员和教学人员阅读。

图书在版编目（CIP）数据

钢渣处理与综合利用/俞海明，王强编著 . —北京：冶金工业出版社，2015.11

"十二五"国家重点图书

ISBN 978-7-5024-7086-9

Ⅰ.①钢… Ⅱ.①俞… ②王… Ⅲ.①钢渣处理 ②钢渣—综合利用 Ⅳ.①TF341.8

中国版本图书馆 CIP 数据核字（2015）第 259845 号

出 版 人 谭学余
地　　址　北京市东城区嵩祝院北巷 39 号　邮编　100009　电话　（010）64027926
网　　址　www.cnmip.com.cn　电子信箱　yjcbs@cnmip.com.cn
责任编辑　刘小峰等　美术编辑　彭子赫　版式设计　孙跃红
责任校对　王永欣　责任印制　牛晓波
ISBN 978-7-5024-7086-9
冶金工业出版社出版发行；各地新华书店经销；三河市双峰印刷装订有限公司印刷
2015 年 11 月第 1 版，2015 年 11 月第 1 次印刷
169mm×239mm；40.75 印张；795 千字；629 页
166.00 元
冶金工业出版社　投稿电话　（010）64027932　投稿信箱　tougao@cnmip.com.cn
冶金工业出版社营销中心　电话　（010）64044283　传真　（010）64027893
冶金书店　地址　北京市东四西大街 46 号（100010）　电话　（010）65289081（兼传真）
冶金工业出版社天猫旗舰店　yjgycbs.tmall.com

（本书如有印装质量问题，本社营销中心负责退换）

前　言

钢铁行业作为国民经济的支柱型产业,在我国的经济发展过程中起着举足轻重的作用,为国民经济的发展做出了巨大的贡献。国内钢厂众多,钢产量大,我国钢产量自1996年过亿吨以后,仍在逐年增加。随着钢铁业产能的发展,我国的炼钢工艺得到了长足进步。与此同时,不断发展和扩张的钢铁业,带来的环境污染和生态破坏日益加剧。但是受历史原因影响和钢铁企业关注的焦点限制,我国的钢渣处理工艺发展缓慢,该领域的技术交流存在壁垒,系统化研究投入较少,一些企业和科研院所研发的新技术没有得到推广应用。据统计,目前我国钢渣的产生量已经累计超过10亿吨,对于环境和社会生活产生的影响与日俱增。时至今日,我国钢企对于钢渣的利用率不超过30%。大部分钢企在钢渣产生后,只将大块的钢渣进行简单磁选,剩余的向社会上出售,甚至是免费转让处理。而钢渣处理企业将钢渣分选后,选出渣钢和磁选粉再卖给钢铁厂,剩余的尾渣除了少部分卖给水泥厂以外,大部分被无组织堆弃,造成环境污染、土地占用和资源浪费,这与工信部发布的《大宗工业固体废物综合利用"十二五"规划》要求达到的75%的指标仍有很大差距,与发达国家综合利用率接近100%的水平更是相差甚远。因此,钢渣的处理与综合利用已经成为影响中国钢铁业发展的关键性因素。

笔者从2008年开始从事渣处理的技术管理工作,那时钢渣的利用率很低,冷弃堆放的渣山造成的环境污染,使笔者所在炼钢厂——宝钢集团八钢公司第二炼钢厂的职工常年生活在灰尘的笼罩之中。正因如此,笔者有了研究和学习钢渣处理技术的动力,也有一种责任感和使命感将钢渣的知识进行普及。

2009 年起，笔者从基础开始重点学习钢渣的相关知识，不断地阅读大量的公开文献和书籍，在领导和同事的帮助下，逐渐对钢渣有了系统性的认识，并将文献中先进的理念、成果和技术汇集提炼，与自己的炼钢和钢渣处理实践经验相结合，归纳总结成初稿。普及钢渣知识，减少对该领域认识的误区，是笔者编写本书的初衷。2011 年，唐山嘉恒公司程敬伟先生来到八钢第二炼钢厂介绍嘉恒渣处理工艺，此次的交流更加坚定了笔者写好本书的决心。

书中介绍的一些技术方法和应用实例，是笔者在工作中应用的成熟工艺以及发表的 16 项国家发明专利中的先进技术。例如在渣罐管理方面，笔者负责的八钢第二炼钢厂的渣罐寿命最高达上万次，还有脱硫渣的阻断剂是零成本的以废治废的典型工艺。在本书中，笔者对这些技术做了毫无保留的介绍。

本书分为七篇。第一篇主要介绍钢渣的基础知识，目的是使从业人员了解钢渣处理工艺、钢渣的改质深加工利用工序的基础知识。第二篇介绍不同的钢渣处理工艺特点，并对这些工艺进行了横向比较，目的是为现场操作人员和技术人员普及知识。第三篇介绍精炼渣和脱硫渣的特点、处理工艺及综合利用方式，重点分析了脱硫渣的去毒化机理，以减少处理过程中的认识误区和处理成本。第四篇介绍钢渣处理过程中的安全问题，将很多浅显易懂但容易忽略的问题做了整理，以便于读者系统地了解渣处理过程中的危险因素，减少事故。第五篇介绍钢渣的破碎、细磨与选铁工艺及其相关装备，便于各个相关行业进行了解。第六篇重点介绍钢渣的改质和稳定化处理技术，这是本书的重点章节之一。目前困扰钢渣利用的主要难题是如何控制钢渣的活性和钢渣中的不稳定因素，希望通过本章节涉及的一些方法的成功应用实例，能够使渣处理工艺发挥更大的作用，造福社会。第七篇介绍钢渣的综合利用途径，目的是挖掘出钢渣更多的潜在价值，推广钢渣资源使其得到合理利用。

本书的写作历经多年，笔者不敢言辛苦，希望本书的出版可以为我国钢铁行业、环保事业及相关领域尽绵薄之力。

本书的合作者王强高工对冶金环保领域具有很高的领悟力和敏锐的洞察力，他广泛的知识面和对钢渣的深刻理解，使得本书内容更加丰富、完整、准确且更具实用性。

在本书的编写过程中，得到了宝钢集团八钢公司领导和同事的支持和帮助，在此深表感谢。冶金工业出版社对本书的编写提出了许多建设性的意见和建议，并对本书内容进行了梳理，使本书更有条理，冶金工业出版社的专业水平令笔者敬佩，此外还推荐本书入选"十二五"国家重点图书。冶金工业出版社给予笔者极大的关心和支持，并为本书的出版付出了诸多辛劳，在此深表感谢。书中引用了不少专家学者的文献资料，在此一并表示感谢。

由于笔者水平所限，书中不足之处在所难免，希望读者不吝赐教，提出宝贵意见和建议。

俞海明

2015 年 5 月

目　　录

第三篇　精炼渣与脱硫渣的处理与综合利用途径

第四篇　钢渣处理过程中的安全操作

第五篇　钢渣的破碎、细磨与逐级选铁

第六篇 提高钢渣活性与稳定性的途径

综　述

炼钢的基本过程是去除炼钢金属铁料（铁液或者废钢）中有害元素的氧化还原反应过程。为了完成这一过程，需要向炼钢容器内加入各种熔剂和造渣材料，在合适的温度条件和动力学条件下，加入的熔剂形成各种化合物参与炼钢反应，反应后的产物成为炼钢钢渣。

由于这些熔剂的密度远远低于金属铁液的密度，在炼钢过程中，这些熔剂形成的化合物大多数覆盖在金属铁液的表面。在炼钢任务结束以后，反应容器内的钢渣在出钢前倒出，或者在合格钢水浇注结束以后剩余在钢包内，或者是残留在中间包内的钢渣最终被倒出或者排出，成为一种炼钢工艺的废弃物。

从炼钢的工艺目的来看，钢渣是炼钢工艺过程中产生的功能性副产品，是炼钢工艺过程中的必然产物。按照炼钢容器的不同，钢渣分为铁水预处理渣（脱硫渣、脱硅渣、脱磷渣）、转炉渣、平炉渣（目前已经被全量淘汰）、电炉渣、LF精炼渣、中间包弃渣、VOD/VAD渣、VD渣等。按照冶炼的工艺方法不同，钢渣又可以分为氧化渣和还原渣两大类。钢渣的产生量与炼钢的工艺方式、炼钢使用的熔剂、冶炼的钢种和冶炼的金属原料等因素有关。一般来讲，氧化工艺过程中产生的钢渣量远远大于还原工艺过程中产生的钢渣量。研究结果表明，铁水预处理产生的渣量为吨铁 9 ~ 25kg，转炉产生的渣量为吨钢 55 ~ 180kg，LF 精炼产生的渣量为吨钢 8 ~ 20kg，所以钢渣的产生量约为粗钢产量的 12% ~ 20%。

钢铁材料作为国民经济的支柱型产业，在中国的经济发展过程中起着举足轻重的作用，为国民经济的发展做出了巨大的贡献。国内钢厂众多，钢产量大，1996 年我国钢产量突破亿吨，并且逐年增加。随着钢铁业产能的发展，中国的炼钢工艺得到了长足的进步。但是受历史原因的影响和钢铁企业关注的焦点限制，中国的钢渣处理工艺发展缓慢。据统计，目前我国钢渣的产生量已经累计超过 10 亿吨，对于环境和社会生活产生的影响日益严重。时至今日，中国的钢企对于钢渣的利用率不超过 30%。大部分的钢企在钢渣产生后，只将大块的钢渣进行简单磁选，剩下的向社会上出售，甚至是免费转让处理。而钢渣处理企业将钢渣分选后，选出渣钢和磁选粉再卖给钢铁厂，剩余的尾渣除了少部分卖给水泥厂以外，大部分被无组织地堆弃，造成环境污染、土地占用和资源浪费。这与工信部发布的《大宗工业固体废物综合利用"十二五"规划》要求达到的 75% 的指标仍有很大差距，与发达国家综合利用率接近 100% 的水平更是相差甚远。钢渣的处理与综合利用成为中国钢铁业发展的一个重要影响因素。

　　与炼铁渣相比较，炼钢渣量远远小于炼铁渣量，炼铁渣大部分被加以利用，但是炼钢渣的利用还只限于工程回填等初级阶段，钢渣这种经过高温处理的材料，其潜在价值远远没有得到体现。目前的研究和实践应用证明，与炼铁渣相比，钢渣中间含有的 RO 相、尖晶石相、各种含铁的化合物、橄榄石相、金属铁属于耐磨相，增加了钢渣的加工成本，并且钢渣的碱度较高，渣中游离氧化钙和氧化镁较多，加上钢渣中间的胶凝物质的晶粒致密，反应活性低，反应时间长，影响了钢渣制品的稳定性，限制了钢渣的使用范围。

　　如何从钢渣中有效地回收金属铁料、保证磁选金属料以后剩余尾渣的活性和稳定性，能够被高附加值地加以利用，是减少钢渣污染、增加企业经济效益的关键。从钢渣应用的历程来看，钢渣处理工艺是影响钢渣被利用的主要影响因素。

　　钢渣中各种成分的含量因炼钢炉型、炼钢的金属铁料成分、钢种以及每炉钢冶炼阶段的不同，有较大的差异。炼钢的温度在 1600℃ 左右，所以钢渣的生成温度较高，成分主要由钙、铁、硅、镁和少量铝、锰、磷等的氧化物组成。主要的矿物相为硅酸三钙、硅酸二钙、钙镁橄榄石、钙镁蔷薇辉石、铁铝酸钙以及硅、镁、铁、锰、磷的氧化物形成的固溶体，少量游离氧化钙以及金属铁、氟磷灰石和 RO 相等。有的地区因矿石含钛、钒和铬等元素，或者是使用的废钢中间含有铜、锌、铅等元素，钢渣中也相应地含有这些成分的氧化物或者化合物。钢渣的这些特点决定了钢渣不能和高炉的炼铁渣一样，有通用的高效处理方式，所以不同的企业也选择了不同的钢渣处理工艺。钢渣的处理工艺对于钢渣的利用影响很大，如传统的钢渣冷弃、热破等处理工艺，使得处理后的钢渣存在块度较大、渣中含铁较多、渣中的游离氧化钙和游离氧化镁的含量高等缺陷，直接利用会带来较多的负面效果。例如某钢厂使用钢渣作为回填材料，使用多年后产生了墙体开裂和地面开裂现象，利用钢渣生产的钢渣砖和钢渣水泥，在使用后产生开裂和鼓胀现象，唐明述院士的研究表明，钢渣中的游离氧化钙和游离氧化镁是造成以上现象的主要原因。但是这些现象使得企业对于钢渣的利用心存疑虑和担心，限制了钢渣的推广应用。

　　国内众多冶金工作者针对转炉和电炉产生的氧化渣做了大量的工业性实验和尝试，如济钢的水淬处理工艺、上钢五厂的闷罐法工艺等，这些探索性的尝试为以后的钢渣处理工艺的发展奠定了基础。而国内著名的钢企，如马钢、宝钢、武钢、鞍钢、太钢等企业，在引进国外技术的同时，也开发出了具有自主知识产权的渣处理工艺。如马钢的风淬渣工艺、宝钢的滚筒渣工艺、中冶建筑研究总院与中国京冶工程技术有限公司开发的热闷渣工艺等，成为目前钢渣处理的主流工艺。这些工艺的发展，为钢渣的利用创造了有利条件。近几年来，国内一些大型钢企的钢渣利用工作已经向全量利用的目标发展，但是在钢渣的综合全面利用方面，依然存在各种阻力和技术难题，需要进一步的攻坚克难。

国内的科研院所和高校在钢渣利用方面，做了大量的工作。原上海冶金高等专科学校、西安建筑科技大学、北京科技大学、东北大学、南京工业大学、同济大学、武汉科技大学等瞄准世界前沿技术，做了诸多研究，钢渣的岩相结构、结晶过程的特点、各种组分的存在形式、钢渣的改质反应、钢渣的碳酸化机理等方面的研究成果颇丰，但是钢渣高附加值规模化的应用，除了武钢、鞍钢和宝钢几家大型钢企外，大部分钢企的钢渣高附加值应用工作蓄势待发，还没有渐入佳境。有的钢企，如太钢，是引进国外的钢渣处理技术，太钢与美国哈斯科公司共同投资建设了年处理 150 万吨级的钢渣综合利用项目。所以目前中国的钢渣处理和利用急需专业的技术人员做技术推广和技术介绍，减少行业间的技术壁垒，政府也需要从环保的角度出发，鼓励和扶持钢企致力于钢渣的高附加值全量利用的工艺研究。

由于炼钢使用的金属铁料的成分差异，不同企业的钢渣成分存在着一定的差异，利用途径上也有所区别。钢渣的利用除了在钢渣预处理工艺上做好选择以外，并且要多种途径并举，才能够产生变废为宝的效果。所以，钢渣预处理工艺的选择必须慎重。在钢渣预处理工艺的过程中，存在多种风险。国内从事渣处理工艺的工作者曾认为钢渣有毒，不合适的钢渣处理方法对设备和人员的危害严重。在钢铁工业的发展过程中，由于钢渣造成的人员伤亡悲剧和物质损失触目惊心。因此，全面细致地了解钢渣处理过程中产生毒化物质的机理，掌握钢渣预处理工艺装备的特点，是规避这些风险的关键。

本书前半部分系统地介绍了钢渣（包括脱硫渣、精炼渣）的基本性质、处理工艺、安全操作等内容；后半部分尽可能全面地介绍了钢渣的综合利用。

钢渣的利用关键在于了解钢渣的特点，并根据其特点加以合理的层级应用。钢渣主要应用在以下几个方面：

（1）水泥和建筑行业。由于钢渣的生成温度在 1500℃ 以上，比水泥的煅烧温度高，钢渣粉因含有硅酸二钙（C_2S）和硅酸三钙（C_3S）水硬性矿物，且二者含量之和在 50% 以上，水化过程和水化产物同硅酸盐水泥熟料相似，不同点在于钢渣的形成温度比硅酸盐水泥熟料高 200~300℃，致使钢渣中 C_2S 和 C_3S 结晶致密，晶体粗大，水化硬化缓慢。1983 年在比利时召开的水泥原料国际会议中，中国专家发表论文称钢渣为过烧硅酸盐水泥熟料。在大体积的混凝土结构中间，采用双掺粉（钢渣微粉和矿渣微粉）工艺优化施工，是提高施工质量的一项关键技术。武汉大学、南通东沙大桥、福建福宁公路 19 标段下白石大桥、天津静海军用机场等工程，都采用了钢渣水泥或钢渣粉进行施工，施工效果和使用效果良好。

（2）路桥工程的应用。钢渣应用于路桥工程，是钢渣规模化利用的主要途径。早在 20 世纪 50 年代的英国和苏联，钢渣就已经成功地应用于路桥的建设。

国内的武黄高速公路、成峰高速公路等采用钢渣修筑，使用效果表明钢渣是一种路桥建设中的优良工程集料，具有降低工程造价和维修费用、使用周期较长、抗冻结性能优良、抗滑性能好等优点。国内河北等地应用钢渣修筑路桥经验成熟，但是国内的大规模推广还有待技术普及和知识普及。

（3）冶金行业的回用。钢渣作为熔剂应用于烧结行业和炼铁行业，在炼钢过程中回用，不同的厂家均有成熟的工艺，例如宝钢每年有 15 万吨的钢渣在烧结生产中得到应用。

（4）钢渣化肥。钢渣化肥在国外成功应用，并且已有成熟的经验。国内先后进行了大量的实验，证明其可行性，但是需要注意土壤的性质和钢渣成分可能引起土壤的污染问题。太钢引进的项目，是国内钢渣化肥应用的一个好的开端。

（5）钢渣生产各种钢渣砌块、人造岩石和渔礁等。这在沿海地区和缺少砂石料的地区是一个最佳的选择。

（6）钢渣生产微晶玻璃、人造大理石、保温隔热岩棉等材料。

（7）钢渣用于水处理行业的滤料，以及生态建设过程中的湿地材料。

（8）钢渣用于河海堤岸的护堤工程、水利工程以及矿山矿坑的回填等。

钢渣在以上领域的应用，能够实现钢渣全量利用的目标。钢渣利用的技术问题基本上已经解决，目前脱硫渣和耐火材料的利用需要新技术和新工艺，或者拓展现有的利用工艺。在钢渣处理领域，能够创新的领域很多，关键在于要投入技术人员和研发费用，将钢铁企业盈利的着眼点向钢渣处理和综合利用上转移。

宝钢集团八钢公司第二炼钢厂耗时 3 年，将废弃中间包涂料（废弃的不定型耐火材料）应用于电炉炼钢，经过规模化的应用实践，证明了废弃镁质耐火材料全量应用于熔剂领域的可行性，解决了废弃中间包涂料难以利用的难题。随后应用机械力化学反应原理将镁质的耐火砖（定型耐火材料）破碎到 3mm 以下，使之转变成为具有参与冶金反应活性的物质粉末，然后再添加部分防止再结晶的阻断材料，采用压球机将这些粉末压球，成为能够在电炉炼钢和转炉炼钢工艺中使用的镁质熔剂材料，解决了废弃的镁质耐火材料（定型和不定型两大类）全量再利用的难题。其能够替代轻烧镁球和轻烧白云石等传统的镁质熔剂材料，在减少固废外排的同时，减少了生产轻烧白云石和轻烧镁球过程中的能源消耗和 CO_2 的排放量。

钢厂产生的废弃耐火材料，国内外均没有一种全量解决的方法。根据机械力化学反应原理，将废弃的耐火材料粉碎后压球，作为熔剂使用，实现了废弃耐火材料厂内循环利用的目的，这也是新疆的技术人员为炼钢行业全量利用废弃耐火材料做出的贡献。这些成功的经验也表明，钢渣处理领域取得突破事在人为。

钢渣处理的工艺方法多样，钢渣的利用途径广泛。本书的目的就是抛砖引玉，期待钢渣处理领域和使用单位的技术人员加以关注，修正不足，以推进中国的钢渣处理工艺和钢渣全量利用的发展。

第一篇

钢渣的基础知识

 1 钢渣的性质

　　炼钢过程是在高温下把冶金用金属铁为主的原料和渣辅料熔化为两个互不溶解的液相，使钢和其他杂质分离，这里的杂质就是钢渣。确切地说，钢渣是由石灰、白云石、镁球、萤石等造渣材料、炉衬的侵蚀以及铁水中硅、锰、磷、硫、铁等物质氧化或者还原产物组成的复合固溶体。其来源包括以下几个方面：

　　（1）为了完成炼钢过程中的脱硫、脱磷、脱氧等任务，而加入的造渣剂，如石灰、白云石、镁球、镁钙石灰、复合脱氧剂、萤石、预熔渣等原料；

　　（2）金属料中带入的泥砂和其他的杂质成分；

　　（3）铁水、废钢和金属料中的铝、硅、锰等氧化后形成的氧化物；

　　（4）作为冷却剂或氧化剂使用的铁矿石、氧化铁皮、含铁污泥等；

　　（5）炼钢过程中侵蚀下来的炉衬材料等；

　　（6）为了减少钢水的温度损失和钢水的二次氧化，在钢包内加入的覆盖剂等物质。

　　以上使用和产生的这些物质，在炼钢的热力学条件和动力学条件下，相互反应，生成钢渣。由于不同的冶炼任务，钢渣的组分和性质各不相同，按照炼钢的任务，分为铁水脱硫渣、转炉钢渣、精炼钢渣、电炉钢渣、中间包弃渣等。本书所指的钢渣为转炉炼钢、电炉炼钢和精炼工序产生的各类钢渣。

1.1 钢渣的物理性质

1.1.1 钢渣的密度

　　钢渣的密度（比重）和钢渣的组成、钢渣的性质有着直接的关系。熔渣的密度能决定熔渣所占据的体积大小及钢液液滴在渣中的沉降速度。

　　熔渣是由各种化合物组成的。熔渣的密度与渣中氧化物的含量、组分以及温度有关，FeO、MnO、Fe$_2$O$_3$ 等密度大（（5.24～5.7）×10^{3}kg/m^3）的组分含量高，则钢渣的密度大，CaO、SiO$_2$、Al$_2$O$_3$ 等密度较小（（2.65～3.5）×10^{3}kg/m^3）的组分含量高，则钢渣的密度小。钢渣的密度不服从组分密度的加和规律，这是因为组分之间可能有引起熔体内某些有序态改变的化学键出现，从而改变了熔渣的密度。

但是固态钢渣的密度可近似地用单独化合物的密度和组成计算：

$$\rho_{渣} = \Sigma\rho_i w_i$$

式中，$\rho_{渣}$ 为固体钢渣的密度，g/cm^3；i 为熔渣的组成物质；w_i 为渣中各化合物的质量分数，%；ρ_i 为各化合物的密度，g/cm^3。

当渣中含有大量密度大的化合物（FeO、MnO、Cr$_2$O$_3$）时，熔渣的总密度就大，而占据的体积就小。在电炉或转炉的冶炼过程中，一般氧化渣的密度均大于还原渣的密度。

目前，有关熔渣的密度与组成及温度的关系的研究还不多，但在1400℃时熔渣的密度与组成的关系如下：

$$\frac{1}{\rho_{渣}} = 0.286w(CaO) + 0.45w(SiO_2) + 0.204w(FeO) + 0.35w(Fe_2O_3) +$$

$$0.237w(MnO) + 0.367w(MgO) + 0.48w(P_2O_5) + 0.42w(Al_2O_3)$$

式中的各组成为质量分数。当熔渣的温度高于1400℃时，密度常用下式求出：

$$\rho_T = \rho_{渣} + 0.07\left(\frac{1400 - T}{100}\right)$$

式中，ρ_T 为温度高于1400℃时某一温度下熔渣的密度，g/cm^3；$\rho_{渣}$ 为熔渣在1400℃时的密度，g/cm^3；T 为温度，℃。

用以上公式计算的误差不大于5%。一般液态碱性渣的密度为3.0g/cm^3，固态碱性渣的密度为3.5g/cm^3，而 FeO＞40% 的高氧化铁渣的密度为4.0g/cm^3，还原初期熔渣的密度约为2.6～3.0g/cm^3，酸性渣的密度一般为3.0g/cm^3，泡沫渣或渣中存在弥散气泡时，密度会低一些，所占据的体积也就要更大一些。

1.1.2 钢渣的熔点

熔渣熔点的定义是：在炉渣被加热时，固态渣完全转变为均匀液相或者冷却时液态渣开始析出固相的温度。炼钢过程产生的炉渣是由多种化合物构成的体系，它的熔化过程是在一定的温度范围内进行的。针对一种炉渣而言，目前还不能确定其准确熔点。通常，炼钢过程要求炉渣的熔点应低于所炼钢熔点40～220℃，以促使熔渣在冶炼过程中充分发挥作用。

在炼钢的温度下，组成炉渣的金属氧化物的熔点远远高于炉渣的熔点。炉渣的熔点较它们各自氧化物的熔点低，目前的解释是在化学键的作用下，复杂化合物的键能减弱，使得炉渣的熔点大幅度下降，这样才有可能形成熔渣。其中，CaO、MgO、SiO_2 和 FeO 是碱性渣的主要成分，它们决定或影响着该类炉渣熔点的高低。不同炉渣的熔点，取决于成渣过程中产生的岩相化合物，这些岩相化合物的熔点是各不相同的，炉渣中的化合物及其熔点见表1-1。

表1-1 炉渣中的化合物及其熔点

化合物	矿物名称	熔点/℃	化合物	矿物名称	熔点/℃
$CaO \cdot SiO_2$	硅酸钙	1550	$CaO \cdot MgO \cdot SiO_2$	钙镁橄榄石	1390
$MnO \cdot SiO_2$	硅酸锰	1285	$CaO \cdot FeO \cdot SiO_2$	钙铁橄榄石	1205
$MgO \cdot SiO_2$	硅酸镁	1557	$2CaO \cdot MgO \cdot 2SiO_2$	钙黄长石	1450
$2CaO \cdot SiO_2$	硅酸二钙	2130	$3CaO \cdot MgO \cdot 2SiO_2$	镁蔷薇辉石	1550
$2FeO \cdot SiO_2$	铁橄榄石	1205	$2CaO \cdot P_2O_5$	磷酸二钙	1320
$2MnO \cdot SiO_2$	锰橄榄石	1345	$CaO \cdot Fe_2O_3$	铁酸钙	1230
$2MgO \cdot SiO_2$	镁橄榄石	1890	$2CaO \cdot Fe_2O_3$	正铁酸钙	1420

通过表1-1可以清楚地看到，炼钢过程中炉渣的熔点是千差万别的，影响炉渣熔点的主要原因有以下几点：

（1）炉渣碱度。这一点主要指渣中氧化钙的含量。炉渣碱度不同，炉渣的岩相结构不一样，一般来讲，炉渣的碱度越高，熔点也随之上升。例如，炼钢过程中加入过量的石灰，会使炉渣碱度较高，成渣较慢，就是这个原因。

（2）渣中氧化镁含量。渣中含有一定量的氧化镁，有利于降低炉渣的成渣温度，这主要是因为适量的氧化镁会在冶炼过程中生成低熔点的钙镁橄榄石。但是氧化镁含量过高，会引起炉渣熔点的上升。前苏联索克洛夫研究了（CaO + MgO）为62%~66.2%，CaF_2 为9%，（$Al_2O_3 + SiO_2$）为24%~29%，渣中氧化镁对熔点的影响，炉渣熔点的温度 t 和氧化镁含量之间的关系为：

$$t = 1208 + 15.5 \times w(MgO)$$

式中，$w(MgO)$ 为炉渣中氧化镁的含量，%。因此，要获得熔点不大于1400℃的炉渣，氧化镁的含量不能超过12%。

（3）渣中氧化铁含量。由于氧化铁的离子半径不大，和氧化钙同属于立方晶系，有利于向石灰的晶格中迁移，并且生成低熔点的化合物，从而降低了炉渣的熔点。在炼钢过程中脱磷和脱碳的氧化期，如果炉渣的熔点较高，石灰没有完全熔化，可以采用向钢渣界面吹氧，提高渣中氧化铁含量，用于降低炉渣的熔点，提高炉渣的流动性，原理就基于此。

一般炼钢的氧化渣的熔点为1230~1545℃，还原渣的熔点为1430~1520℃。

1.1.3　钢渣的黏度

合适的炉渣黏度在 $0.02 \sim 0.1 Pa \cdot s$ 之间，相当于轻质机油的黏度；钢液的黏度在 $0.0025 Pa \cdot s$ 左右，相当于松节油的黏度，熔渣的黏度是钢液黏度的 $8 \sim 10$ 倍。影响熔渣黏度的因素主要有：

（1）固相质点。如果熔渣中存在固相质点，即固态微粒时，二者之间要产生液相—固相的界面，这使得液体流动时，需要克服的阻力增加。因此，有固相质点的熔渣黏度远大于相同组成的单相熔渣的黏度。炼钢过程中还原期间的增碳、炭粉和 CaC_2 都会使熔渣的黏度升高。这是因为碳本身的熔点高，大约为 $3750℃$，而且往往呈固体微粒状态悬浮于渣中，所以加入炭粉对提高熔渣的黏度极为有效。渣中加入 CaC_2 后，会使 CaO 含量增多，从而使熔渣碱度增高，黏度也增高。例如，转炉和电炉炉衬被侵蚀后，渣中会有大量未能溶解的镁砂颗粒；含铬较高的炉料，铬氧化以后，部分 Cr_2O_3 以固相质点弥散在渣中，这些都是炉渣黏度增加的原因。

（2）熔渣组成。从熔渣结构的概念出发，一般认为炉渣组成对其黏度的影响，表现在对离子半径的影响和是否产生固相质点两个方面。对单相熔渣，其黏度在很大程度上取决于组成的离子半径的大小。当渣中存在复合阴离子，特别是当阴离子的聚合程度高时，其体积很大，从一个平衡位置移到另外一个平衡位置，需要克服的黏滞阻力很大，因此黏度很大。当炼钢炉渣的碱度很低，SiO_2 的含量很高时，由于有硅酸根离子的存在，炉渣的黏度增加。与此相反，提高渣中碱性氧化物的含量，由于能够使复杂阴离子解体，因此可以降低炉渣的黏度。在酸性渣中提高 SiO_2 含量时，会导致熔渣黏度的升高；相反，在酸性渣中提高 CaO 含量时，会使黏度降低。产生上述变化的原因是：SiO_2 在均匀的酸性熔渣内生成结构复杂、体积大且活动性小的络合负离子 $Si_xO_y^{z-}$，这种络合负离子在熔渣中排列较有秩序，堆积得最紧密，使得渣内每一质点从某一平衡位置移到另一平衡位置发生困难，因此黏度增高而流动性降低；在酸性渣中加入 CaO 后，渣中 O^{2-} 增加，改变了 Si 和 O 的比例关系，促使硅氧负离子的键断裂变成体积较小的离子，从而减小熔渣中的内摩擦系数，使熔渣黏度降低。

在碱性渣中，熔渣的流动性一般随着碱度的升高而降低。这种变化的原因可能是由于 CaO 熔点较高，加入碱性渣中后，既提高了熔渣的碱度又提高了炉渣的熔点；另一原因，就是加入 CaO 后，熔渣中将会析出固态微粒，也使黏度增高。

在碱性渣中，MgO 对黏度的影响最大，当渣中 MgO 含量超过 $10\% \sim 12\%$，都会使得渣中出现固态微粒，增加炉渣的黏度。

由于 CaF_2 的电离度高，产生的 F^- 离子可以替代 O^{2-} 离子促使 $Si_xO_y^{z-}$ 解体，能够降低炉渣的黏度。

Al_2O_3 属于两性氧化物，在中性渣或者碱性渣中，显示酸性，所以能够和 SiO_2 一样，形成复合铝氧阴离子，使得炉渣的黏度增大。在酸性渣中，Al_2O_3 会显示碱性，有破坏复合阴离子的作用。

FeO、CaF_2 及 Al_2O_3 均能降低碱性渣黏度，CaF_2 还能降低酸性渣的黏度。

（3）温度。一定成分的炉渣，升高温度以后，可以提供液体流动所需要的黏流活化能，而且可以使某些复杂的复合阴离子解体，或是使得固体微粒消失，所以能够降低炉渣的黏度。随着冶炼温度的升高，酸性渣和碱性渣的黏度均有所降低，而碱性渣的过热敏感性比酸性渣强，特别是在温度较低时，升高温度对提高碱性渣的流动性更有效。这可能是由于温度对熔渣内摩擦系数的影响也不同。

综上所述，影响熔渣黏度的因素可大致归纳以下几条规律：

（1）碱性氧化物可降低酸性熔渣的黏度，提高碱性熔渣的黏度；酸性氧化物可降低碱性熔渣的黏度，提高酸性熔渣的黏度。但也有例外，如 FeO，这是由于 FeO 自身的熔点较低。而两性氧化物对熔渣黏度的影响尚无确切的规律。

（2）熔渣黏度与氧化物在渣中存在的形态有关。如果氧化物以尺寸较小、结构简单的离子（阳离子 Ca^{2+}、Mn^{2+} 和阴离子 O^{2-}）形态存在时，会降低渣的黏度；如果是形成结构复杂的络合负离子（$Si_xO_y^{z-}$），会提高渣的黏度，而且结构越复杂，在渣中堆积越紧密，黏度越高；如果氧化物在渣中呈固态微粒状态存在时，数量越多黏度越高。

（3）均匀熔渣的黏度较低，非均匀熔渣的黏度较高，由均匀熔渣向非均匀熔渣过渡时，熔渣的黏度将急剧升高。

（4）炉渣的熔点高，黏度也高，如果向熔渣中加入高熔点的同类性能氧化物，则炉渣的黏度升高。

（5）温度升高时，熔渣的黏度降低。碱性渣的敏感性更强。

以上的这些特点，是渣处理改质过程中的重要依据。

1.1.4 钢渣的焓

热力学上，焓是一个状态函数，表示为：

$$H = U + pV$$

式中，U 为体系内能；p 为压力；V 为体积；pV 为体积功。

熔渣的焓变量是指单位质量的熔渣温度升高时所吸收的热量，焓变量的计算公式如下：

$$\Delta H_{slag} = \Delta H_T - \Delta H_{298} = \int_{298}^{T_{熔}} C_s dT + L_{熔} + \int_{熔}^{T} C_1 dT$$

式中，ΔH_{slag} 为熔渣的焓变量；C_s、C_1 分别为熔渣在固态和液态的比热容；$L_{熔}$ 为熔化潜热。对碱性钢渣，其熔化区间为 1250 ~ 1525℃。基本的热力学数据为：

$$C_s = 0.7757 + 2.615 \times 10^{-4}t + 1.6318 \times 10^{-7}t^2 \text{kJ}/(\text{kg} \cdot \text{℃})$$

$$L_熔 = 167.36 \sim 209.2 \text{kJ/kg}$$

$$C_1 = 1.1966 \text{kJ}/(\text{kg} \cdot \text{℃})$$

一般认为，在 1000℃ 时，固体碱性渣的比热容为 1.255kJ/(kg·℃)，1650℃时液体渣的比热容约为 2.51kJ/(kg·℃)。在 1600～1650℃ 时，液体碱性渣的熔变值为 1670～2343kJ/kg。不同渣的熔见表 1-2。

表 1-2　不同渣的熔

炉渣种类	温度/℃	$\Delta H/\text{kJ} \cdot \text{kg}^{-1}$
高炉炉渣	熔融温度	1673～2092
转炉渣	1600	1925～1967
	1700	2030～2072
	1800	2135～2197
电炉渣	熔融温度	2197～2343

1.1.5　钢渣的导热性

钢渣的导热性常用导热系数（热导率）λ 来表示，单位是 kJ/(m·℃)。炼钢过程中，没有搅拌和对流条件，也没有气泡上浮的多元熔渣的导热系数为 8.368～12.55kJ/(m·℃)，比熔化状态的平静金属的导热系数低 86%～91%，略有搅拌的泡沫渣的导热系数可达到 16%～25.1%。当熔池处于剧烈的脱碳反应期间，钢渣的导热系数可以提高到 368.8～418.4kJ/(m·℃)，同时金属的导热系数可以提高到 7530～8370kJ/(m·℃)，从而使得熔池快速升温。固态钢渣的导热系数约为 0.4W/(m·K)，玻璃相的为 1～2W/(m·K)，晶体相的约为 7W/(m·K)。

凝固后的钢渣的导热性较差，所以炼钢的渣罐采用铸钢件制作，就是利用了这一原理。

1.1.6　钢渣的导电性

熔渣的导电性是钢渣的重要参数之一。目前的冶金工程的发展，已经扩展到液态钢渣的循环利用。例如高碱度的转炉液态钢渣加入电炉替代渣辅料、精炼炉铸余钢渣的循环利用、转炉液态钢渣热兑到矿热炉冶炼电石和合金等，所以钢渣的导电性对钢渣的应用很重要。

在炼钢过程中的渣料大多属于离子晶体。从分子理论的角度出发，可以推断渣料的导电性很差或者基本上不导电。炼钢过程中的化学溶解或者高温区的物理溶解，使得渣料在液体状态下，解离为不同的离子或者络合物，属于典型的电解质溶液，使得熔渣具有很大的导电能力，这样才使电炉炼钢和 LF 精炼工艺成为可能。在一定的电压下，熔渣中带电荷的离子和其中的自由电子的混合流动使熔渣具有了导电性。事实上，熔渣的导电能力，在冶炼过程中是一个由弱变强的过程。熔渣的导电能力常用电导率 γ 或 σ 表示，等于电阻率的倒数，单位为 S/m 或 S/cm。熔渣电导率的大小主要取决于渣中离子数目的多少，当然也取决于正、负离子间的相互作用力，即离子在渣中移动的内摩擦力。

影响熔渣导电能力的主要因素有：

（1）熔渣黏度。熔渣的电导率 γ 与黏度 η 有下列关系：

$$\gamma^n \eta = 常数$$

式中，n 为大于 1 的指数。这种关系是因为熔渣黏度的降低，引起了带电荷的离子和自由电子的移动所受的阻力（内摩擦力）减小的缘故。一般情况下，熔渣电导率的增长要比黏度的减小速度慢。这是由于渣内质点的活动性不同造成的，电导率取决于活动性较大的带电离子和自由电子，而熔渣的黏度取决于活动性较小的离子。

（2）温度。一般规律表明，熔渣的电导率随着温度的升高而增加。这是因为温度升高可以使熔渣的黏度降低，熔渣中的带电离子和自由电子的活化能增大，使它们的运动加快，所以导电能力增加。

（3）熔渣成分。实验证明，熔渣中碱性氧化物越多，导电能力越强，酸性氧化物越多，导电能力越差，因此酸性渣的导电能力不如碱性渣。另外，低价氧化物的熔渣具有较大的电导率，这是因为电子和离子能同时导电的结果，所以熔渣中 FeO 含量增加会使电导率增大。因此，氧化性熔渣的导电性能比还原性熔渣的好。其中，渣中的一些典型物质对炉渣导电性的影响如下：

Al_2O_3 和 SiO_2：Al_2O_3 和 SiO_2 本身的电导率很低，熔渣中 Al_2O_3 和 SiO_2 的含量增加后，使电阻增高而电导率降低，这也决定了还原性熔渣的导电能力不如氧化性熔渣的好。

CaO：在一定的碱度范围内，CaO 一般能提高熔渣的导电能力，尤其是在酸性渣中更为显著。

碱性氧化渣的电导率可根据实验确定的下述公式算出：

$$K_{1600℃} = -0.032 - 0.054w(Al_2O_3) - 0.0569w(SiO_2) - 0.062w(P_2O_5) +$$
$$0.015w(SiO_2) + 0.753w(MnO) + 0.34w(FeO) - 0.35w(Fe_2O_3) -$$
$$0.13w(MgO) - 0.145w(CaO)$$

式中，各组元的含量为其质量分数，适用范围是：Al_2O_3 5% ~ 11%，SiO_2 18% ~ 25%，P_2O_5 1% ~ 3%，S 0.1% ~ 0.3%，MnO 9% ~ 16%，FeO 7% ~ 14%，Fe_2O_3 0.6% ~3.5%，MgO 8% ~13%，CaO 24% ~40%。

固体钢渣中空隙多，其间又充满了空气，所以一般没有导电能力或导电能力极差。

1.1.7　钢渣的透气性

熔渣的透气性是指熔渣传递氢的能力，即在单位时间内透过熔渣而使钢液吸收氢的数量。常用符号 $\Delta[H]$ 表示，也可用氢在熔渣与钢液中的含量比值 $\frac{(H)}{[H]}$ 的变化趋势来表示。$\frac{(H)}{[H]}$ 下降，表明熔渣的透气能力增强；$\frac{(H)}{[H]}$ 上升，表明熔渣的透气能力降低。

炉气中的水蒸气一部分离解成氢原子直接被钢液吸收外，还有一部分氢以 $(OH)^-$ 状态溶解于熔渣中，而 $(OH)^-$ 穿过渣层及渣钢界面扩散到钢液表面并在表面层分解为 $[H]^+$ 和 $[O]^{2-}$，同时放出电子使钢液的表面层带负电荷，为了维持钢液表面层的电负性，就要吸引渣中正电性较强的 Fe^{2+} 和 Mn^{2+} 向钢液转移，进而促使 $(OH)^-$ 不断地转移。因此，熔渣的透气现象既有物理过程又有化学过程。

影响熔渣透气性的主要因素有：

（1）炉气中水蒸气分压。熔渣的透气性随着炉气中水蒸气分压的增大而增大。实践已证明，$\Delta[H]$ 与气相中的 $\sqrt{p_{H_2O}}$ 成线性关系。因此，在热闷渣处理过程中，增加压力是一种强制性加压渗透的工艺手段。

（2）熔渣成分。熔渣的成分决定了熔渣的物化性质，如碱度、黏度及氧化或还原能力等。一般说来，提高渣中 CaO 含量或降低 SiO_2 含量均使熔渣的碱度升高黏度增大，而熔渣的透气性降低。实验指出，熔渣的碱度为 2.5 时，还原渣黏度为最低，流动性最好，透气性也最大；当碱度大于或小于 2.5 时，黏度都增大，熔渣的透气性也相应减小。在熔渣中降低铁离子和锰离子的含量也能使熔渣的透气性降低。氧化渣的透气性较差而还原渣的透气性较好的道理可能就在于此。

（3）温度。炉渣的透气性随着温度的升高而增强，这与氢在钢液中的溶解度随着温度的升高而升高，而氢在渣中的溶解度却随温度的升高而降低的结果是一致的。

1.1.8　钢渣的表面张力

熔渣具有表面张力，其主要影响渣钢间的物化反应及熔渣对夹杂物的吸附等。冶金学者早已发现熔体表面张力的大小与键型有关。金属键物质的表面张力最大，一般在 $1 \sim 2N/m$ 之间；离子键物质为 $0.3 \sim 0.8N/m$；共价键物质最小，在 $0.1N/m$ 以下。

钢和铁属于金属键结构，表面张力大。熔渣是多种键型氧化物的混合体，而组成渣的氧化物多是离子键型及共价键型结构，因此熔渣的表面张力多是介于这些氧化物的表面张力之间，所以熔渣的表面张力普遍低于钢液的表面张力。电炉钢熔渣中含有多种合金元素，在一般情况下，其表面张力要高于平炉钢或转炉钢熔渣的表面张力。电炉钢各种熔渣的表面张力大致如下：

氧化渣（CaO 35%～45%、SiO_2 10%～20%、Al_2O_3 3%～7%、FeO 8%～30%、P_2O_5 2%～8%、MnO 4%～10%、MgO 7%～15%）的表面张力为0.2～0.35N/m。

还原渣（CaO 55%～60%、SiO_2 20%、Al_2O_3 2%～5%、MgO 8%～10%、CaF_2 4%～8%）的表面张力为0.35～0.45N/m。

钢包处理用的$CaO-Al_2O_3$系合成渣（CaO 55%、Al_2O_3 20%～40%、SiO_2 2%～15%、MgO 2%～10%）的表面张力为0.4～0.5N/m。浇注用的合成渣（CaO 10%～20%、SiO_2 20%～25%、FeO 1%～2%、MnO 5%～20%、CaF_2 30%～35%）的表面张力为0.2～0.3N/m。

影响熔渣表面张力的主要因素有：

（1）温度。单一氧化物的熔渣的表面张力一般是随着温度的升高而降低。温度升高，体系内的质点热运动增强，质点间距增大，相互作用力减弱，使表面张力降低。对复杂多元的熔渣来说，由于温度的升高引起渣的成分及浓度均匀性的改变，而且这种改变对熔渣表面张力的影响尚无普遍规律，既有可能使表面张力降低，也有可能使表面张力增强。一般情况下，在高温冶炼时，由于温度的变化范围较小，所以温度对熔渣表面张力的影响也小。因此，在研究熔渣的表面张力时，也很少考虑温度的影响。

（2）熔渣成分。根据柯札克维奇等人的实验研究，在同等条件下，向简单的FeO熔体中分别加入Al_2O_3、CaO、MnO、SiO_2及P_2O_5等氧化物，在1400～1430℃保持恒温，测其表面张力得知：SiO_2和P_2O_5降低FeO熔体的表面张力。这是因为该两种氧化物是酸性氧化物，在FeO熔体中形成复合阴离子$Si_2O_7^{6-}$与PO_4^{3-}，它们的静电矩比简单阴离子O^{2-}更小，而组分的静电矩越小，溶剂的表面张力降低就越大。因此，它们多是被排斥到表面发生吸附，即SiO_2和P_2O_5是FeO熔体的表面活性物质，从而使表面张力降低。Al_2O_3则相反，即使补加量不大时，也可提高表面张力。当加入CaO时，开始降低表面张力，随后逐渐增加，这是因为复合阴离子在相界面的吸附量发生了变化。MnO的作用近似于CaO。

对复杂的碱性渣而言，一般认为凡降低简单FeO熔体表面张力的物质，也同样降低此渣系的表面张力，即SiO_2和P_2O_5氧化物将使复杂的碱性熔渣的表面张力降低。而CaO、MnO及Al_2O_3可在不同程度上使此渣系的表面张力增加，这是由于该三种氧化物能在熔渣中电离出金属离子和O^{2-}的缘故。最后应指出，柯札克维奇等人的实验结果没有考虑含量的变化以及反应热效应等因素的影响，因此也有局限之处，所以一般只能用于定性、粗略地讨论问题。

1.1.9　钢渣的显微硬度

钢渣中含有大量 C_2S、C_3S、C_2F、镁铝尖晶石以及纯铁相等。在反光下观察到黑色类圆形矿物为 C_2S，黑色板状为 C_3S，富含铁的浅色中间相（以晶态、非晶态共存，FeO、铁酸盐和富铁玻璃相居多），分布在浅色中间相中的深灰色点滴状为富含镁铝硅的深色中间相（晶态、非晶态共存，镁铝尖晶石和富硅玻璃相居多）。在反光下，还可观察到部分已经消解的粉化区及一定量的气孔，钢渣中孔隙分布不均匀，孔径大多在 1mm 以下。另据 X 射线衍射分析表明，粉化区的矿物相以 $Ca(OH)_2$、$CaCO_3$ 和 FeO 为主。

由上述可知，钢渣的矿物组分种类较多，分布很不均匀，通过某一个矿物相的显微硬度值无法反映钢渣整体的显微硬度特性，国内的研究人员针对不同的矿物相选区，分别测定其维氏硬度，以从整体上了解钢渣的显微特性。表 1-3 列出了不同选区的显微硬度值，该硬度值为 4 ~ 8 个测定点的平均值。

表 1-3　不同选区的显微硬度值

选　区	C_2S	深色中间相	C_3S	浅色中间相	粉化区	铁　相
HV/MPa	194.6	336.9	181	325.6	49.8	112.3

从显微硬度值可以看出，钢渣的矿物相不同，显微硬度值也不同。含玻璃相的浅色和深色中间相的显微硬度值最高，达 300MPa 以上。C_2S 和 C_3S 其次，分别达 194.6MPa 和 181.0MPa。纯铁的维氏硬度也很高，达 100MPa 以上。但在钢渣粉化区内维氏硬度值极低，仅约 50MPa。这也表明粉化区是影响钢渣整体强度的薄弱点。该粉化区的出现是由于游离氧化钙遇水水化形成氢氧化钙，进而碳化为碳酸钙的过程中造成体积膨胀，从而使得钢渣粉化。

1.1.10　液态钢渣的温度

1.1.10.1　液态钢渣的温度范围

从工艺角度上讲，要求炼钢炉渣的熔点低于冶炼钢种的液相线温度。长期以来，讨论渣温的文献不多。根据已经公开的文献和现场实测的数据分析，炼钢的钢渣温度在炼钢炉内高于钢液温度 5 ~ 30℃，这与炼钢测温取样环节中使用快插式热电偶测温的操作结果是一致的。有时候测得的温度高，但出钢以后钢水的温度偏低，就是热电偶插入渣层，而没有插入一定深度的钢液中造成的。渣温高于冶炼钢液温度的主要原因如下：

（1）转炉炼钢过程中，吹氧操作的主要反应区在钢渣界面，炼钢的主要热源是化学热,所以钢渣吸收的热量最多。依据热力学第二定律,热量由高温区向低温区传递,所以转炉的渣温高于转炉内吹炼的钢水的温度。

(2)电炉炼钢过程中,电能占主导地位,电炉炼钢利用钢渣脱磷脱碳的主要任务是在废钢原料基本熔清以后进行的,在此时需要炉渣将电弧埋住,以提高电能效率。电弧区的温度在 3000 ~ 6000℃,所以电弧区的渣温高于熔池钢水,并且向熔池传热,吹氧冶炼的主要反应区也在钢渣界面,所以电炉炉渣的温度也是高于钢水的温度。

(3)LF 炉的加热和电炉电弧加热的原理一致,所以 LF 精炼渣的渣温高于熔炼钢水的温度。例外的是,特殊情况下,LF 钢水的温度过高,需要加入渣料,然后强烈搅拌钢水,促进高温钢水的温度向钢渣传递,此时钢水的温度高于渣温。

在钢水冶炼过程以后,钢渣起到覆盖钢液,防止钢液温度散失的作用,在没有了冶金物理化学反应以后的一段时间,炉渣向环境或者体系辐射散热,此时,钢渣的上部温度一般低于钢液的温度。表 1-4 是武钢研究人员给出的铁水温度、钢水温度和渣温的统计结果。其中,铁水、铁渣、钢水和钢渣温度采用快速微型热电偶测量。

表 1-4　铁水温度、钢水温度和渣温的统计结果　　　　　　　　(℃)

炉　号	铁　水	铁水渣	钢　水	钢水渣
115581	1297	1294	1655	1662
115582	1341	1330	1649	1665
115583	1330	1319	1668	1673
115584	1333	1329	1659	1670
平　均	1325.3	1318	1657.8	1667.5

1.1.10.2　不同温度条件下钢渣的色泽特征

辐射传热过程中伴随着能量形式的转变,即热能转变为辐射能。能够进行热辐射,并且能够被一般的工程材料在常用温度范围内所吸收的射线称为热射线。热射线的主要部分是波长为 0.1 ~ 800μm 的射线(可见光的波长为 0.4 ~ 800μm),其中起决定作用的热射线是波长为 0.8 ~ 40μm 的红外线,而红外线的波段为 0.8 ~ 800μm。

在每一个温度下,都有一个最大的辐射强度,随着温度的升高,最大辐射强度的波长变短,物体的颜色由暗红逐渐转变到发白的程度。

钢渣在不同温度下的颜色各异,这是由于钢渣在 800℃以下,为对流散热,高于 800℃,以辐射方式散热,辐射以红外线为主,温度越高,波长越短,故液态高温的钢渣为白色,钢水也如此。

1.1.10.3 转炉和电炉氧化渣红热状态有燃烧火焰的原因

由于钢渣中存在含铁的金属料，而这些金属料中或多或少的含有碳元素。碳元素的特点是在铁液中的碳含量在4%左右，并且碳元素在铁液中将会随温度的降低而析出，进一步氧化为一氧化碳。这是普通的转炉氧化钢渣在红热状态下着火燃烧的原因。LF还原渣中的铁含量很低，故红热状态没有燃烧的火焰，只是颜色为红色。

1.2 钢渣的化学性质

熔渣的化学性质主要取决于熔渣中主要氧化物的含量和性质。就炉渣的化学性质对渣处理的影响来讲，影响渣处理工艺的主要因素有炉渣的碱度、氧化性、还原性和微观结构。

1.2.1 钢渣的碱度

1.2.1.1 氧化钢渣的碱度

碱度是判断熔渣的酸碱性及其强弱的指标。碱度取决于渣中碱性氧化物和酸性氧化物具体的种类和含量。根据氧化物对 O^{2-} 离子的行为，一般将能供给氧离子 O^{2-} 的氧化物定义为碱性氧化物，如 CaO、MnO、FeO、MgO、Na_2O、TiO 等；将能吸收 O^{2-} 而形成复合阴离子的氧化物定义为酸性氧化物，如 SiO_2、P_2O_5、V_2O_5 等；将在强酸性渣中可供给 O^{2-} 而呈碱性，而在强碱性渣中会吸收 O^{2-} 形成复合阴离子而呈酸性的氧化物定义为两性氧化物，如 Al_2O_3、Fe_2O_3、Cr_2O_3、ZnO 等。

熔渣中氧化物碱性或酸性强弱的次序（按氧化物的阳离子静电场强的大小）表示如下：

$$CaO、MnO、FeO、MgO、CaF_2、Fe_2O_3、Al_2O_3、TiO_2、SiO_2、P_2O_5$$

$$碱性增强 \leftarrow 中性(两性) \rightarrow 酸性增强$$

熔渣的碱度通常是碱性组元的和与酸性组元的和之比，常用 R、B 等表示，碱度的概念表示如下：

$$R = w[(CaO) + (MgO) + (MnO) + (FeO)]/w[(SiO_2) + (P_2O_5) +$$
$$(Al_2O_3) + (Fe_2O_3)]$$

这种方法比较麻烦，又没有考虑到各种酸碱氧化物的强弱的不同，实际生产中应用的较少。在实际生产中常用的表示方法有：

（1）分子论的表示方法：

1）原料中P含量较低时，用碱性最强的 CaO 和酸性最强的 SiO_2 的质量百分比表示：

$$R = \frac{w(\text{CaO})}{w(\text{SiO}_2)}$$

2）炉料中 P 含量较高时，考虑到渣中 P_2O_5 与 CaO 结合组成稳定的 $3\text{CaO} \cdot P_2O_5$，要消耗部分的 CaO，所以用以下公式表示：

$$R = \frac{w(\text{CaO}) - 1.18w(\text{P}_2\text{O}_5)}{w(\text{SiO}_2)}$$

式中，$1.18 = 3\text{CaO}/\text{P}_2\text{O}_5 = 3 \times 56 \div 144$。有时候为了简便，也采用以下公式表示：

$$R = \frac{w(\text{CaO})}{w(\text{SiO}_2) + w(\text{P}_2\text{O}_5)}$$

加白云石造渣，渣中（MgO）含量较高时，也可以采用下式表示：

$$R = \frac{w(\text{CaO}) + w(\text{MgO})}{w(\text{SiO}_2)}$$

理论研究中，采用摩尔分数比或者 100g 熔渣中物质的量之比来表示碱度：

$$R = \frac{x_{\text{CaO}}}{x_{\text{SiO}_2}}$$

$$R = \frac{x_{\text{CaO}} + x_{\text{MgO}}}{x_{\text{SiO}_2}}$$

$$R = \frac{x_{\text{CaO}} - 4x_{\text{P}_2\text{O}_5}}{x_{\text{SiO}_2}}$$

$$R = \frac{n_{\text{CaO}}}{n_{\text{SiO}_2}}$$

$$R = \frac{n_{\text{CaO}} + n_{\text{MgO}}}{n_{\text{SiO}_2}}$$

（2）离子论的表示方法。从炉渣的离子理论出发，炉渣的碱度应该是渣中自由氧离子的浓度。因为在酸性渣中，氧离子的浓度几乎为零。但是在碱性渣中，这一数值很高，当渣中加入酸性氧化物时，会发生以下反应：

$$\text{SiO}_2 + 2\text{O}^{2-} = \text{SiO}_4^{4-}$$

$$\text{Al}_2\text{O}_3 + 3\text{O}^{2-} = 2\text{AlO}_3^{3-}$$

$$\text{Fe}_2\text{O}_3 + 3\text{O}^{2-} = 2\text{FeO}_3^{3-}$$

$$\text{P}_2\text{O}_5 + 3\text{O}^{2-} = 2\text{PO}_4^{3-}$$

因此炉渣中 $w(\text{SiO}_2) + w(\text{Al}_2\text{O}_3) + w(\text{P}_2\text{O}_5)$ 的总值越小，渣中自由氧离子（O^{2-}）的浓度越大，炉渣的碱度也越高。

此外，炉渣的碱度还取决于渣中阳离子的种类，当（Ca^{2+}）/（Fe^{2+}）的比值增加时，由于与熔渣的键能减小，氧离子的活度增加，所以炉渣的碱度增加。

如果熔渣是理想溶液，碱度可以表示为：

$$R = x_{FeO^{\cdot}} + x_{MnO} + x_{MgO} + x_{CaO} - 3x_{Fe_2O_3} - 3x_{Al_2O_3} - 3x_{P_2O_5} - 2x_{SiO_2}$$

由于实际生产中大部分的熔渣中，$w(SiO_2) + w(Al_2O_3) + w(P_2O_5)$ 都超过15%，所以不能当做理想溶液来处理。

（3）光学碱度（optical basicity）。光学碱度是 1971 ~ 1975 年间由 J. A. Duffy 和 M. D. Ingram 在研究玻璃等硅酸盐物质时提出的，而为 Sommerville 所倡导，应用于炉渣的理论研究领域。但是在钢渣处理工艺中鲜有应用，在此不做赘述。

1.2.1.2 精炼还原渣的碱度

通常精炼渣分为高碱度渣和低碱度渣，一般碱度 $CaO/SiO_2 > 2$ 为高碱度渣，高碱度渣适用于一般铝镇静钢二次精炼，在钢水脱硫等方面具有较好的效果。对具有特殊要求的钢种，如帘线钢、钢丝绳钢、轴承钢等，需采用低碱度渣，例如碱度在 1 左右的中性渣。在这些钢中，为了避免在脱氧过程中生成过多 Al_2O_3 夹杂，大多采用 Si-Mn 脱氧，采用中性精炼渣，甚至酸性渣，精炼后形成较低熔点的圆形或椭圆形复合夹杂物，在加工时可以变形，危害较小。现在常见的白渣碱度的表达式如下：

$$R = \frac{\Sigma(CaO + MgO)}{\Sigma(SiO_2 + Al_2O_3)}$$

通常 R 在 1.4 ~ 1.8 之间时精炼效果是较好的。碱度在 1.5 左右的钢渣呈现黄白色，并且钢渣冷却以后伴有玻璃体析出，此类钢渣主要特点是熔点较低，用于全程吸附钢液中的夹杂物；碱度在 1.5 以上的钢渣，主要是以脱氧和脱硫为目的。调整碱度的主要物质是石灰、合成渣及 Al 脱氧产物 Al_2O_3。需要说明的是，如果渣中碱度不够，炉渣很难转变成为白渣。在一些以吸附夹杂物为主的渣系中，钢渣的碱度保持在 1.5 ± 0.3，渣中始终存在玻璃体，渣子的颜色也以黄白渣为主色，很难在低碱度条件下转变为白渣。要形成色泽鲜明的白渣，碱度 R 须在 1.5 以上。

1.2.2 熔渣的氧化能力

炼钢生产中，熔渣的氧化性是指熔渣向金属相提供氧的能力，也可以认为是熔渣氧化金属熔池中杂质的能力。但是不同性质的钢渣之间，也会发生传质反应，利用这一特点，能够为渣处理过程中的改质提供理论依据。

1.2.2.1 熔渣氧化能力的表示方法及主要影响因素

按照分子理论，由于 FeO 在钢液和熔渣两相之间的溶解服从分配定律，因此用渣中氧化铁（FeO 和 Fe_2O_3）含量的多少来表示炉渣的氧化性。氧化能力的表示方法较多，启普曼等冶金学者用渣中 FeO 的活度 $a_{(FeO)}$ 来表示的方法比较完善。在酸性渣中，$a_{(FeO)}$ 等于浓度，所以该种渣的氧化能力可用（FeO）的浓度直接来表示。在酸性渣冶炼的氧化期，如果向渣中加入足够的 CaO，不仅可以增加熔渣中的 O^{2-}，也可降低自由态 SiO_2 浓度，既增大自由态 FeO 的浓度，同时提高该种熔渣的氧化能力。

在碱性渣中，由于 CaO 等氧化物对 FeO 的活度有影响，即这种渣不是理想溶液，因此其氧化能力不能像酸性渣那样直接用 FeO 的浓度来表示，通常采用下式表示：

$$a_{(FeO)} = \frac{[\%O]}{[\%O]_{饱和}}$$

式中，$[\%O]$ 为与任意熔渣相平衡时铁液中的氧含量；$[\%O]_{饱和}$ 为与纯 FeO 熔渣相平衡时铁液中的氧含量。

而：

$$\lg\frac{[\%O]}{a_{(FeO)}} = -\frac{6320}{T} + 2.734$$

设 $L_0 = \frac{1}{[\%O]_{饱和}} = \frac{a_{(FeO)}}{[\%O]}$，则：

$$\lg L_0 = \frac{6320}{T} - 2.734$$

式中，L_0 为氧在渣铁间的平衡分配系数。

熔渣的氧化能力主要取决于组成和温度。在一定的温度下，随着熔渣中 $a_{(FeO)}$ 的升高，铁液中 $[\%O]$ 含量也相应增高。当 $a_{(FeO)}$ 一定时，随着温度的升高，铁液中 $[\%O]$ 含量也提高，即熔渣对铁液的氧化能力提高。在其他条件相同的情况下，高温钢液的脱碳速度比低温钢液的脱碳速度快就与此有直接关系。

以上的公式只适用于铁液中除氧外而无其他杂质的情况，如铁液中含有其他合金元素或脱氧元素时，就不能正确地反映熔渣的氧化能力。因此，对钢液来说，该式并不适用，在这种情况下，就得寻找其他办法来加以解决。熔渣对钢液的氧化能力一般是用钢液中与熔渣相平衡的氧含量和钢液中实际氧含量之差来表示，即：

$$\Delta[\%O] = [\%O]_{渣-钢} - [\%O]_{实}$$

用离子方程式表示为：

$$(FeO) = (Fe^{2+}) + (O^{2-}) \xrightarrow[还原]{氧化} [Fe] + [O]$$

当 $\Delta[\%O] > 0$ 时，渣中的氧能向钢液中扩散，使钢液不断氧化，此时的熔渣称为氧化渣；当 $\Delta[\%O] < 0$ 时，钢液中的氧能向渣中扩散转移，即熔渣

能夺取钢液中的氧，这时的熔渣具有脱氧能力，被称为还原渣；当 $\Delta[\%O]=0$ 时，说明熔渣既不能向钢液供氧，又不能夺取钢液中的氧，这时的熔渣称为中性渣。

$[\%O]_{渣\text{-}钢}$ 可用下式求得：

$$[\%O]_{渣\text{-}钢} = \frac{a_{(FeO)}}{L_0}$$

式中，$a_{(FeO)}$ 为熔渣中 FeO 的活度，与熔渣的组成和温度有关；L_0 为氧在熔渣与钢液间的分配系数。

而 $[\%O]_{实}$ 在氧化末期主要与碳含量有关，因此可得出 $\Delta[\%O]$ 的关系式如下：

$$\Delta[\%O] = f\{\Sigma(FeO)、R、[C]、T\}$$

上式说明 $\Delta[\%O]$ 是熔渣 FeO 的总量、碱度、钢液中的碳含量及温度的函数。当 $\Sigma(FeO)$ 一定时，在同样的温度下，$a_{(FeO)}$ 随着熔渣中碱度 R 的改变而改变：在低碱度（$R<1.87$）范围内，随着熔渣碱度 R 的升高，$a_{(FeO)}$ 也增大；在高碱度（$R>1.87$）范围时，随着碱度 R 的升高，$a_{(FeO)}$ 下降。$a_{(FeO)}$ 随着碱度改变的原因主要是由于在低碱度渣中酸性氧化物 SiO_2 增加并与 FeO 形成 $2FeO \cdot SiO_2$，从而降低了 $a_{(FeO)}$，减弱了熔渣对钢液的氧化能力。在这种情况下，如果增加渣中 CaO 和 MgO 等强碱性氧化物的含量，由于 CaO 和 MgO 分别与 SiO_2 形成比 $2FeO \cdot SiO_2$ 更稳定的 $CaO \cdot SiO_2$ 和 $2MgO \cdot SiO_2$ 等硅酸盐，并从 $2FeO \cdot SiO_2$ 中释放出 FeO，提高了 $a_{(FeO)}$，从而使熔渣对钢液的氧化能力增强。在其他条件相同的情况下，当 $R=1.87$ 时，熔渣对钢液的氧化能力最大，钢液中溶解的氧也最多。因此炉渣有较高的碱度时，就能够使之有较高的氧化性。据测试，炉渣的碱度达到 2 时，氧化铁的活度最大。

简而言之，熔渣的氧化能力，可以使用以下的两点来概括：

（1）熔渣的氧化能力取决于其中未与 SiO_2 或其他酸性氧化物结合的自由 FeO 的浓度；

（2）在熔渣—金属熔体界面上，氧化过程的强度及氧从炉气向金属液中转移的量都与渣中自由 FeO 的浓度有关。

1.2.2.2　氧化钢渣和还原钢渣的定义和色泽特点

炉渣基本上是由氧化物组成的，转炉钢渣、电炉钢渣、还原渣对渣中的氧化物组分的要求是不同的。转炉和电炉炉内（非三期冶炼的电炉）的炼钢是一个以氧化反应为主体的过程，这一过程主要依靠炉渣来完成，起到决定性作用的组分是炉渣中的 CaO、MgO、FeO、SiO_2。渣中的 FeO 是向钢渣界面传递氧、调解反应的关键物质，所以转炉和电炉炉内的钢渣 FeO 含量保持在 14% ~ 25%，才能够完成脱磷、脱硅、脱碳等氧化反应。

在电炉和转炉出钢以后，钢包内钢液的顶渣会或多或少地进入电炉、转炉的钢渣，此时钢水已经实现了脱氧和合金化，钢液中含有 Al、Si、Ti 等易氧化的元素，钢渣中存在的 FeO 和 MnO 会与之反应，将它们氧化为各自的氧化物，留在钢水中，或者上浮到顶渣中，此时钢包内的顶渣也具有氧化性，尽管其中的（FeO）和（MnO）含量远远低于 14%，工厂内通常也称为氧化渣。笔者在研究中发现，1 座 120t 的转炉，下渣 500kg 的时候，冶炼铝镇静钢的钢包顶渣中的（FeO）和（MnO）含量在 3% 左右，所以氧化渣没有明确专属的定义，按照还原渣的概念，氧化渣的定义为（FeO + MnO）>1% 的钢渣称为氧化渣。

由于氧化钢渣中的 CaO、MgO 等均以化合态的形式存在，其中 MnO、FeO、CaO、MgO 的分子半径相差较大，能够互相固溶，形成 RO 相，含铁的物质均大部分存在于 C_2S、C_3S 等中。转炉渣的主要成分以这些物质为主，而 FeO、MnO 的颜色以黑为主，故渣呈现黑色。所以从颜色上区分，黑色的钢渣基本上属于氧化渣的范围。

（FeO + MnO）<1% 的称为还原渣。在平衡条件下，熔渣的还原能力主要取决于渣中（FeO）的含量和碱度 R，碱度为 1.87 时，钢液中的［O］含量最高。碱度相同时，（FeO）含量越低，［O］含量越少。在碱度为 3.0 的条件下，如（FeO）含量为 0.5% 时，［O］含量为 0.009%；如（FeO）含量为 0.25% 时，［O］含量为 0.005%。因此，为了保证钢液具有合乎要求的氧含量，还原期熔渣的碱度应保持在 3.0 左右，出钢前渣中（FeO）含量应小于 0.5%。电炉钢的还原渣和炉外精炼用渣常把 Σ(FeO) 降到 0.5% 以下，碱度控制在 3.0 ~ 4.0。保护浇注用的酸性渣，Σ(FeO) <0.5%，碱度要控制在 1 以下。在生产中为了充分发挥熔渣的还原作用，除控制 Σ(FeO) 和碱度外，还要控制熔渣中还原物质（C、Si 等）的数量、搅拌程度、还原渣的流动性及保持时间等，因为这些参数均和钢液中的［O］含量有直接关系。LF 精炼渣中 FeO、MnO 含量少，故呈现白色。

不同钢种由不同含量的 Mn、Si、B、Ti、Al、RE 等元素组成。随着钢中这些元素含量的提高，熔渣中组元的化学稳定性相对降低；在冶炼碳素钢时原来稳定的组元可能变得不稳定，有的反而会对钢中元素起氧化作用，如在冶炼 18CrMnTi 钢时，因钢液中含 Ti，渣中或耐火材料中的 SiO_2 可成为氧化剂，在出钢和浇注过程中 Ti 含量不断减少，Si 含量不断增加。再如渣洗用的 $CaO-Al_2O_3$ 渣系、电渣重熔用的 $Al_2O_3-CaF_2$ 或 $CaO-CaF_2$ 渣系、保护浇注用的 $CaO-Al_2O_3-SiO_2$ 渣系，含 FeO 量都很少，具有良好的还原能力。随着熔炼温度和金属中易氧化元素含量的提高，熔渣中的 SiO_2 也可能起氧化剂的作用。

1.2.2.3 炉渣氧化性的表示方法

熔渣碱度和氧化性是熔渣的重要指标。熔渣的碱度表示其去除钢液中 S、P 的能力，同时保证炉渣对钢包炉衬的化学侵蚀性最低。熔渣的氧化性强弱取决于渣中最不稳定的氧化物——氧化铁活度（a_{FeO}）的高低。熔渣的碱度对 a_{FeO} 数值的影响起着重要的调整作用。渣中（FeO + MnO）的含量越低，氧化性就越弱。当（FeO + MnO）< 1.0% 时，还原很充分，很利于反应进行。由于钢渣之间的扩散关系，氧在钢渣间存在着平衡分配关系。

$$a_{FeO} = \frac{100w(FeO)}{1.3w(CaO) + w(FeO) + w(MnO) - 1.8w(SiO_2 + P_2O_5 - MgO) - 0.3w(Fe_2O_3 + Al_2O_3)}$$

但在初炼时期两者并没有立即平衡，需要搅拌和反应时间。在1600℃时，钢液中的 [O] 含量和渣中（FeO）含量之间存在以下关系：

$$w([O]) = 0.23 \times a_{FeO}$$

通过钢渣接触、氩气搅拌，钢中 [Al] 能直接同渣中的（FeO + MnO）发生反应，也可以将脱氧剂加入渣面，例如铝粒和铝粉、硅铁粉、碳化硅粉等，直接降低 $w(FeO + MnO)$。同理，在钢渣改质工艺中，向渣中吹氧或加入氧化铁等，也能够增加炉渣的氧化性，实现改变炉渣结构的目的。

1.2.3　钢渣的硫容量与磷容量

炼钢生产过程中，对钢铁有害的物质例如硫、磷、氮、氢、水蒸气都能够在熔渣中溶解，并且保留在渣中。通常把熔渣容纳或者溶解这些物质的能力称为炉渣的容量。炼钢过程中常见的是硫容量和磷容量。

1.2.3.1　钢渣的硫容量

炼钢过程中的钢渣硫容量是一个状态函数，记作：

$$C_S = \left(\frac{K_{[S]}}{K_{[O]}} \right) C_S'$$

式中，C_S' 为金属熔体中的硫；C_S 是在熔渣中溶解的硫容量；$K_{[S]}$、$K_{[O]}$ 分别为气体硫和氧气在金属熔体中的平衡常数：

$$\frac{1}{2}O_2 = [O] \quad lgK_{[O]} = \frac{6118}{T} + 0.151$$

$$\frac{1}{2}S_2 = [S] \quad lgK_{[S]} = \frac{7054}{T} - 1.224$$

实验测得硫容量与碱度 R 的关系可以表示为：

$$lgC_S = -5.57 + 1.39R$$

大量的研究表明，炉渣的硫容量随着炉渣碱度的提高而增加。由于 Al_2O_3 的酸性比 SiO_2 弱，所以使用 Al_2O_3 代替 SiO_2，能够提高炉渣的硫容量。

实际炼钢生产中的炉渣硫容量往往比计算的数值大许多，这是因为炼钢的热力学条件和动力学条件比较优越。在碱度不变的情况下，通过改变动力学条件，炉渣的硫容量会大幅度增加。例如三期冶炼的电炉，在出钢过程中先出还原渣，然后出钢水，炉渣的硫容量将增加 0.5~5 倍。

1.2.3.2 硫在钢渣中的存在形式

文献研究的结果表明，硫在钢渣中存在的形式，主要以硫化钙为主存在于钙铝酸盐与钙硅铝酸盐中。

何环宇教授等人对以 $CaO\text{-}Al_2O_3$ 为主的精炼钢渣进行 X 射线衍射试验以后，结合计算证实，在含硫相中，静电势较低的 S^{2-} 与 Ca^{2+} 形成 CaS 离子对，并与铝酸钙基体相发生置换反应，最终硫以铝酸钙硫化物的形式赋存于精炼钢渣的低熔点渣相中。高熔点硅酸钙物相首先析出，低熔点的铝酸钙物相以基体相形式析出。根据熔渣碱度不同，首先析出高熔点物相 C_3S（Ca_3SiO_5）或 C_2S（Ca_2SiO_4），由于这类高碱度物相熔点高，质点扩散速度慢，物相析出呈随机分布，在整个视场下并不均匀。对以 CaO 和 Al_2O_3 为主要成分的渣，低熔点相 $C_{12}A_7$（$12CaO \cdot 7Al_2O_3$）和 C_3A（$Ca_3Al_2O_6$）由于熔点低、质点扩散快，在渣中均匀析出，成为固渣的基体组织。MgO 等物质由于熔点过高（$T_m = 2852K$），无法在渣中进行有效反应，因此往往以单一物质形式在渣中存在。X 射线衍射表明渣中存在复杂含硫相 $Ca_{12}Al_{14}O_{32}S$，$C_{12}A_7$ 为渣中主要存在的铝酸钙物相，其与渣中的 CaS 发生置换反应生成含硫复杂化合物，该置换反应式为：

$$Ca_{12}Al_{14}O_{33} + CaS \Longrightarrow Ca_{12}Al_{14}O_{32}S + CaO$$

$$\Delta_r G^\ominus = -92050 - 4.72T$$

若生成物和反应物均以纯物质为标准态，则高温冶炼温度下上述置换反应的 $\Delta G^\ominus$ 负值很大，使得对应 ΔG 小于零，上述反应是一个可自发进行的过程，因此在精炼过程中脱硫形成的 CaS 最终会和渣中的 CaO 和 Al_2O_3 形成复杂物相 $Ca_{12}Al_{14}O_{32}S$ 而稳定存在，该复杂物相的组成为 $CaO : Al_2O_3 : CaS = 11 : 7 : 1$，但受到冷却速度和扩散的影响，$Ca_{12}Al_{14}O_{32}S$ 在硫赋存区域的量并不为一定值。故不同的脱硫反应其产物各有差别。

东北大学吕宁宁等人的研究表明，以 $CaO\text{-}Al_2O_3$ 为主的渣系，硫以 $11CaO \cdot 7Al_2O_3 \cdot CaS$ 形式存在，钢渣的处理模式和冷却速度对硫的赋存形式难以改变；在 $CaO\text{-}SiO_2\text{-}Al_2O_3$ 的渣系中，当 SiO_2 含量较高、Al_2O_3 含量较低时，硫以 CaS 的形式存在；在当 SiO_2 含量较低、Al_2O_3 含量较高，快速冷却时，硫以 CaS 的形式存在，缓冷时，以 $11CaO \cdot 7Al_2O_3 \cdot CaS$ 形式存在。

1.2.3.3 钢渣的磷容量

在转炉或者电炉炼钢过程中，脱磷绝大多数是在氧化的气氛中进行的（还原气氛下也能够脱除部分的磷），炉渣中的磷一般是以离子状态存在的，磷在氧化渣中的溶解度可以利用磷容量或者磷酸盐容量来表示，故钢渣的磷容量也是一个状态函数。

转炉和电炉炼钢的熔渣中，加入碱性较强的氧化物，而且阳离子半径越小，炉渣的磷容量越大。所以含有 Na_2O 和 BaO 的渣系，磷容量较大。由实验得到的金属熔体中的磷在炉渣中的容量 $C'_{PO_4^{3-}}$ 与熔渣的光学碱度 Λ 关系可以表示为：

$$C'_{PO_4^{3-}} = \frac{29990}{T} - 23.74 + 17.55\Lambda$$

在超低磷钢种的冶炼和脱磷操作比较复杂的不锈钢冶炼过程中，采用石灰和 BaO 的渣系是优化脱磷操作的最佳选择之一，所以有的钢渣中含有 BaO。

1.2.3.4　磷在钢渣中的存在形式

磷元素主要分布在 C_2S 和 C_3S 中，而且主要是以脉石矿物磷灰石的形式存在。磷灰石的成分见表1-5。

表1-5　磷灰石的成分　　　　　　　　　　　　　　　　　　（%）

元　素	O	Mg	Al	Si	P	Ca	Mn	Fe
成　分	14.82	0.55	0.29	1.8	20.01	46.31	0.54	1.12

以上研究表明，磷主要以磷灰石形式赋存于钢渣中，因此，钢渣中磁选的金属铁料往往磷含量较高，是限制渣钢在炼钢过程中直接使用的限制因素，故去除磷灰石是钢渣脱磷的关键。

1.2.4　氢、氮在熔渣中的溶解

熔渣中的氢是由炉气中的水蒸气和（O^{2-}）反应生成，并以（OH^-）形式存在。反应式如下：

$$\{H_2O\} + (O^{2-}) \Longleftrightarrow 2(OH^-)$$

渣中 O^{2-} 越多，溶解氢的能力越强，而（O^{2-}）是碱性氧化物解离产生的，所以碱性渣溶解氢的能力比酸性渣大得多，碱度越高，即渣中 CaO 的含量越高，氢的溶解度越大。当熔渣组成和温度一定时，溶解氢的数量和 $\sqrt{p_{H_2O}}$ 成正比。氢在渣中的分布是不均匀的，熔渣越黏越不均匀，一般是与炉气接触的渣面氢含量高于渣钢界面处的氢含量。

熔渣中的氮常以 CN_2^{2-}、CN^-、N^{3-} 形式存在，它在熔渣中的溶解根据炉气中分压力的大小而定。氮化物比氧化物的稳定性较弱，所以氮在还原性熔渣中的溶解度比在氧化性熔渣中小。

1.2.5　钢渣的结构特点

1.2.5.1　液态炉渣的结构

组成熔渣的离子是简单离子以及由两个以上原子或离子结合成的复合阴离子。氧化物形成熔渣后，离子间距增加，作用力减弱，活动性增加，出现了电离过程，如：

$$CaO \Longrightarrow Ca^{2+} + O^{2-} \qquad 2MeO \cdot SiO_2 \Longrightarrow 2Me^{2+} + SiO_4^{4-}$$

$$MnO \Longrightarrow Mn^{2+} + O^{2-} \qquad 3MeO \cdot 2SiO_2 \Longrightarrow 3Me^{2+} + Si_2O_7^{6-}$$

$$FeO \Longrightarrow Fe^{2+} + O^{2-} \qquad 3CaO \cdot P_2O_5 \Longrightarrow 3Ca^{2+} + 2PO_4^{3-}$$

$$MgO \Longrightarrow Mg^{2+} + O^{2-} \qquad FeO \cdot Fe_2O_3 \Longrightarrow Fe^{2+} + 2FeO_2^{-}$$

$$SiO_2 + 2O^{2-} \Longrightarrow SiO_4^{4-} \qquad 2FeO \cdot Fe_2O_3 \Longrightarrow 2Fe^{2+} + 2Fe_2O_5^{4-}$$

$$Al_2O_3 + O^{2-} \Longrightarrow 2AlO_2^{-} \qquad CaS \Longrightarrow Ca^{2+} + S^{2-}$$

$$P_2O_5 + 3O^{2-} \Longrightarrow 2PO_4^{3-} \qquad CaF_2 \Longrightarrow Ca^{2+} + 2F^{-}$$

鲍林指出，化合物没有纯粹的离子键或共价键，而是部分离子键和部分共价键的混合。在液态钢渣中，离子键分数与 MeO 离解为简单离子，离子键分数可以表示为：

$$离子键分数 = 1 - \exp\left[-\frac{1}{4}(X_A - X_O)^2\right]$$

式中，X_A、X_O 分别为金属（或准金属）原子、氧原子的电负性。

金属（或准金属）原子与氧原子的电负性相差越大，离子键分数越大，氧化物离解为简单离子的趋势也越大。对 CaO，Ca—O 键中的离子键分数是 77.4%，熔融态时可以离解为简单离子；对 SiO_2，Si—O 键中的离子键分数为 44.7%，熔融态时不能离解成简单离子而是形成复合离子。常见的氧化物键强度、静电场强度和配位数见表 1-6。

表 1-6　氧化物的键强度、静电场强和配位数

氧化物	阳离子	配位数	离子半径 /nm	电负性	单键强度 /kJ·mol^{-1}	静电场强 z_c/d^2 /m^{-2}
K_2O	K^+	6	0.169	0.82	54.4	0.10×10^{-12}
Na_2O	Na^+	6	0.116	0.93	83.7	0.15×10^{-12}
BaO	Ba^{2+}	8	0.156	0.89	138.1	0.23×10^{-12}
CaO	Ca^{2+}	8	0.126	1.00	133.9	0.28×10^{-12}
MnO	Mn^{2+}	6	0.081	1.55		0.41×10^{-12}
FeO	Fe^{2+}	6	0.075	1.83		0.43×10^{-12}
ZnO	Zn^{2+}	4	0.074	1.65	150.6	0.44×10^{-12}
MgO	Mg^{2+}	6	0.086	1.31	154.8	0.46×10^{-12}
Cr_2O_3	Cr^{3+}	6	0.076	1.66		0.64×10^{-12}
Fe_2O_3	Fe^{3+}	6	0.069			0.69×10^{-12}
Al_2O_3	Al^{3+}	4	0.053	1.61	330.5 ~ 422.6	0.81×10^{-12}
TiO_2	Ti^{4+}	6	0.075	1.54	305.4	0.87×10^{-12}
SiO_2	Si^{4+}	4	0.040	1.90	443.5	1.23×10^{-12}
V_2O_5	V^{5+}	4	0.050	1.63	376.6 ~ 468.6	1.39×10^{-12}
P_2O_5	P^{5+}	4	0.031	2.19	368.2 ~ 464.4	1.71×10^{-12}

1.2.5.2　炉渣中 Me—O 单键强度与氧化物酸碱性的特点

Me—O 键的单键强度取决于氧化物的离解能（由氧化物晶体离解为气态原子所需要的能量）和金属阳离子的氧配位数。单键强度越大，氧化物的酸性越强；单键强度越小，氧化物碱性越强。

炼钢熔渣的氧化物中，离子按照鲍林第一定律来排列：每个阳离子为最大数目的氧离子所包围，形成密堆结构。阳离子的配位数（与阳离子紧密邻近的 O^{2-} 离子数目）取决于阳离子半径与氧离子半径之比。半径较大的阳离子（Ca^{2+}、Fe^{2+} 等）形成配位数为 6 的八面体结构，此种结构的结合力较弱，故形成阴离子 O^{2-} 包围阳离子的键结构（离子键）；半径小的阳离子（Si^{4+}、P^{5+} 等）形成配位数为 4 的四面体结构，此种结构的结合力较强，形成了稳定性很强的共价键；这种氧化物不能献出 O^{2-}，而是形成共价键的复合离子，成为熔渣的基本结构单元。

1.2.5.3　硅氧复合离子的空间构型

SiO_2 的结构特点，对钢渣成渣反应与凝固过程中的生成物有重要的影响作用。SiO_2 的单位晶胞特点是在硅离子 Si^{4+} 的周围有 4 个氧离子 O^{2-} 的正四面体结构，配位数为 4，其结构如图 1-1 所示。

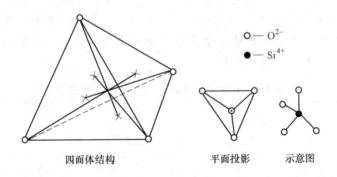

$\bigcirc — O^{2-}$
$\bullet — Si^{4+}$

四面体结构　　　　　　　平面投影　　示意图

图 1-1　SiO_2 的结构

这些四面体在共用顶角的氧离子下形成有序排列的三度空间网状结构。硅氧四面体的三种连接方式如图 1-2 所示。

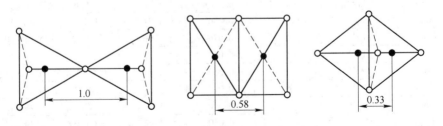

1.0　　　　　　　0.58　　　　　　0.33

图 1-2　硅氧四面体的三种连接方式

　　复合离子是比较稳定的共价键结构，其键能远高于它与周围阳离子的离子键能，所以能在渣中稳定存在。复合离子是参加反应的结构单元，每个酸性或两性氧化物都能在熔渣中形成一系列结构比较复杂的复合离子。对于 SiO_2，因熔渣中 O/Si 原子比的不同，可形成一系列的硅氧复合离子 $Si_xO_y^{z-}$，如图 1-3 所示。

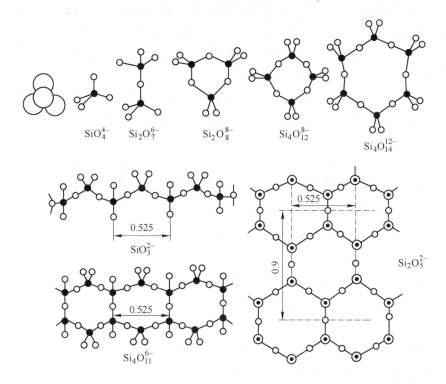

图 1-3　硅氧复合离子

不同离子类型和 O/Si 比的结构形状和形成的矿物名称见表 1-7。

表 1-7　不同离子类型和 O/Si 比的结构形状和形成的矿物名称

离子种类	O/Si 比	离子的结构形状	化学式	矿物名称
SiO_4^{4-}	4	简单四面体	M_2SiO_4	橄榄石
$Si_2O_7^{6-}$	3.5	双连四面体	$M_2Si_2O_7$	方柱石
$(SiO_3^{2-})_n$	3	由 3、4、6 个四面体构成环状	$MSiO_3$	绿柱石
$(SiO_3^{2-})_n$	3	无限多个四面体构成线状	$MSiO_3$	辉　石
$(Si_4O_{11}^{6-})_n$	2.75	无限多个四面体构成链状	$M_3Si_4O_{11}$	闪　石
$(Si_2O_5^{2-})_n$	2.5	多个四面体构成网状	MSi_2O_5	云　母
$(SiO_2)_n$	2	三度空间格架	SiO_2	石　英

1.2.5.4　钢渣熔体中 Si—O 键和 R—O 键的特点

硅酸盐熔体中的基本离子为：硅、氧和碱土或碱金属离子。Si^{4+} 电荷高、半径小，它有着很强的形成硅氧四面体的能力。Si—O 键既有离子键又有共价键成分（52% 为共价键）。

Si—O 键的键能高、方向性强和配位数低。R—O 键（R 指碱土或碱金属）的键型是以离子键为主。当 RO、R_2O 引入硅酸盐熔体中时，由于 R—O 键的键强度比 Si—O 键弱得多，Si^{4+} 能把 R—O 键上的氧离子拉到自己周围。

桥氧（BO）：硅酸盐熔体中与两个 Si^{4+} 相连的氧。非桥氧（NBO）：硅酸盐熔体中与一个 Si^{4+} 相连的氧。在 SiO_2 熔体中，由于 RO、R_2O 的加入使桥氧断裂，使 Si—O 键的键强度、键长、键角都发生了变化，如图 1-4 所示。

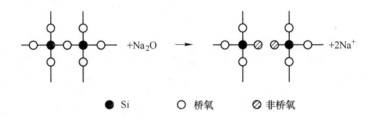

$$● \ Si \qquad ○ \ 桥氧 \qquad ◨ \ 非桥氧$$

图 1-4　桥氧与非桥氧

1.2.5.5　硅氧复合离子的聚合与解体

A　硅氧复合离子的聚合

随着渣中 O/Si 原子比的降低，即加入的酸性氧化物（SiO_2）使 SiO_2/RO 比（RO 代表碱性氧化物）增大，需消耗 O^{2-} 转变成复合离子，因而许多个 SiO_4^{4-} 离子聚合起来共用 O^{2-}，形成复杂的复合离子。

B　硅氧复合离子的解体

随着渣中的 O/Si 原子比增加，即加入的碱性氧化物（RO）降低了渣中 SiO_2/RO 比，供给的 O^{2-} 则可使熔渣中由聚合而形成的结构复杂的硅氧复合离子分裂成结构比较简单的硅氧复合离子。

$$3SiO_4^{4-} \Longrightarrow Si_3O_9^{6-} + O^{2-}$$

$$3SiO_2 + 3O^{2-} \Longrightarrow Si_3O_9^{6-}$$

$$3SiO_2 + 3SiO_4^{4-} \Longrightarrow 2Si_3O_9^{6-}$$

熔渣中可能有许多种硅氧复合离子平衡共存。

C　熔渣中的其他复合离子

酸性氧化物 P_2O_5 形成复合阴离子：$(PO_3^-)_n$、$P_4O_{12}^{4-}$、$P_3O_9^{3-}$、$P_2O_7^{4-}$、PO_4^{3-}。

两性氧化物 Al_2O_3、Fe_2O_3、V_2O_5 等在碱性渣中也将形成复合阴离子：

AlO_3^{3-}、AlO_2^-、$Al_3O_7^{5-}$、FeO_2^-、$Fe_2O_5^{4-}$、FeO_3^{3-}、VO^{2-}。

Al_2O_3、Fe_2O_3、V_2O_5 等在酸性渣中将形成简单离子,熔渣中同时存在更复杂的硅铝氧络阴离子。

1.2.5.6　固体氧化物的结构与性质

X 射线衍射结果表明,简单氧化物及复杂化合物的基本组成单元均为离子—带电质点。

FeO、MnO、CaO 等氧化物属于 NaCl 型晶格——八面体结构。其中每个金属阳离子 Me^{2+} 被 6 个氧阴离子 O^{2-} 包围着,而每个 O^{2-} 离子也被 6 个金属离子包围,配位数为 6。熔渣中复杂化合物:如 $2CaO \cdot SiO_2$ 由 Ca^{2+} 与硅氧离子 SiO_4^- 组成,$2CaO \cdot P_2O_5$ 由 Ca^{2+} 与磷氧离子 PO_4^{3-} 组成,$FeO \cdot Al_2O_3$ 由 Fe^{2+} 与铝氧离子 AlO_2^- 组成。其中 CaO 和 SiO_2 的晶体结构如图 1-5 所示。

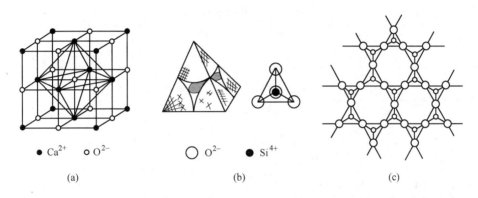

　●Ca^{2+}　○O^{2-}　　　　　　○O^{2-}　●Si^{4+}

　　(a)　　　　　　　　　(b)　　　　　　　　(c)

图 1-5　CaO 和 SiO_2 的晶体结构图

(a) CaO 的结构;(b) 四面体的结构;(c) SiO_2 的二维网状结构

1.3　精炼渣(白渣)的性质

精炼渣也叫还原渣、白渣、精炼炉铸余渣等,主要来源于 LF、LFV、VD、VOD 等精炼过程中的造渣工艺,以及三期冶炼的电炉在还原期产生的还原渣统称精炼渣,约占钢产量的 0.8%~2%。

1.3.1　白渣的概念

白渣是指二元碱度 $CaO/SiO_2 > 1.5$,渣中($FeO + MnO$)$< 1.0\%$,呈现白色的炉渣。

转炉出来的钢水氧、硫及杂质含量较高或波动较大的情况下,顶渣碱度和渣中氧含量不同,渣子的颜色和理化性能也各不相同。为了稳定地调整钢水的化学成分,减少误差,例如化学成分的波动:[C] $< 0.01\%$、[Mn] $< 0.01\%$、[S] $<$

0.01%、$[O]<10^{-5}$，关键是要有良好的造渣工艺，即必须有良好的吸附介质——白渣。对于钢水成分要求特殊的一些钢种，例如低 Si（低碳深冲钢、冷轧 SPHC、汽车板）、低 Al 的钢种（硬线钢、30~65 号钢、弹簧钢等），发生在白渣和钢液界面之间的脱氧反应，氧以 FeO 形式被渣子吸收，并在渣中被还原，使钢渣中的氧含量达到一定的平衡值。形成白渣是冶炼此类钢种时脱硫、除夹杂的前提。

用白渣和惰性气氛保护、搅拌，氧、硫及夹杂会很容易地被除去。在实际生产应用中，通常用细铁棒或者钢管插入熔渣后，取出观察黏附在铁管上熔渣的表征来了解其有关性能。理想白渣的组分见表 1-8。渣中的（FeO）含量对白渣的形成有决定性的作用，不同的渣中（FeO）含量范围以及对脱硫的影响（硫分配系数）见表 1-9。

表 1-8　理想白渣的组分　　　　　　　　　　　（%）

组　分	CaO	Al_2O_3	MgO	SiO_2	FeO + MnO
含　量	50~60	30~35	8~12	3~6	<1.0

表 1-9　各类渣的组成及 a_{FeO} 和硫分配系数

组　分		WB/%								a_{FeO}/%	L_s
		S	TFe	P_2O_5	CaO	Al_2O_3	MgO	SiO_2	FeO + MnO		
含量	黑渣	0.198	5.27	0.047	45	33	7.08	5.6	5.1	9.04	10.2
	玻璃渣	0.399	1.25	0.021	47	38.5	8.43	7.2	1.2	2.26	82
	灰白渣	0.52	0.71	0.015	55	21.05	7.32	4.81	0.6	0.877	274

1.3.2　精炼渣的颜色和成分的关系

渣子的颜色可能是黑色、褐色、灰色、绿色、黄色或白色，它们之间有许多细微差别，渣子颜色的变化随着渣子的还原程度从黑色到白色。

黑色：（FeO + MnO）>2%，渣的氧化性很强，不具备还原功能，需要进行强烈的还原脱氧。

灰色到褐色：（FeO + MnO）= 1%~2%，渣的氧化性较弱，但还需要进一步还原。

白色到黄色：这种渣子还原得较好，黄色表明发生了脱硫，这种渣冷却下来后会碎裂成粉状。

绿色：渣中有 Cr_2O_3。

玻璃状落片：表明 SiO_2、Al_2O_3 或 CaF_2 含量太高。

熔渣形状表现为玻璃状落片，渣面平滑且厚，这种渣子冷却后应会碎裂，渣况是理想的。如果不碎裂，那么铝酸盐可能偏高，可少量加石灰。

1.3.3 硅镇静钢渣系和铝镇静钢渣系的差别比较

钢水、氧化渣和石灰类等造渣材料充分脱氧是造白渣的前提，钢液通常用 Si 或 Al 脱氧，生成 SiO_2、Al_2O_3 等酸性氧化物能消耗氧，Al 的脱氧能力比 Si 强，但 SiO_2 消耗的氧比 Al_2O_3 多，所以 Al_2O_3 比 SiO_2 更有利于脱硫。根据渣系相图可知，该体系生成的三元化合物和二元化合物中，钙斜长石 $CaO \cdot Al_2O_3 \cdot 2SiO_2$（$CAS_2$）和 $2CaO \cdot Al_2O_3 \cdot SiO_2$（$C_2AS$）都是稳定化合物。$CAS_2$ 熔点为 1553℃，C_2AS 熔点为 1593℃，而 C_2S 熔点为 2130℃，CS 熔点为 1544℃，C_3A 熔点为 1535℃，$C_{12}A_7$ 熔点为 1455℃。因此，控制生成 CAS_2、C_2AS 等稳定产物是最佳选择。在通常的条件下，Si、Al 是两种较常用的脱氧剂，硅、铝脱氧钢的渣成分见表 1-10。一种硅铝镇静钢的白渣成分见表 1-11。

表 1-10　硅镇静钢和铝镇静钢精炼渣成分　　　　　　　（％）

铝镇静钢		硅镇静钢	
组　元	含　量	组　元	含　量
CaO	50 ~ 60	CaO	50 ~ 60
SiO_2	6 ~ 10	SiO_2	15 ~ 25
Al_2O_3	20 ~ 25	Al_2O_3	< 12
$FeO + MnO + Cr_2O_3$	< 1	$FeO + MnO + Cr_2O_3$	< 1
MgO	6 ~ 8	MgO	6 ~ 8

表 1-11　一种硅铝镇静钢的白渣成分　　　　　　　（％）

组　分	CaO	SiO_2	P_2O_5	TFe	Al_2O_3	MgO
质量分数 w	50 ~ 56.51	12 ~ 15	约 0.03	0.3 ~ 1.5	13 ~ 25	0.5 ~ 5

1.4　按照性质对钢渣分类

1.4.1　酸性渣和碱性渣的划分

按照渣中的酸性氧化物和碱性氧化物的比例，钢渣可以分为酸性渣和碱性渣：

$$R = w[(CaO) + (MgO) + (MnO) + (FeO)]/w[(SiO_2) + (P_2O_5) + (Al_2O_3) + (Fe_2O_3)]$$

如果 $R > 1$，称为碱性渣；如果 $R < 1$，称为酸性渣；如果 $R = 1$，称为中性渣，或者偏酸性、偏碱性渣。

在目前的冶金领域，绝大多数的转炉钢渣和电炉钢渣、精炼白渣、脱硫渣均为碱性渣。

1.4.2 按照钢渣的功能划分

钢渣的功能有氧化功能和还原功能，还有脱硫功能与吸附铁液中夹杂物的功能等。在电炉和转炉的炼钢过程中，钢渣用于氧化去除铁液中的有害杂质，例如磷、硫、碳、硅等，此类钢渣中的氧化铁含量在 14% 以上；在 LF 精炼炉等精炼工艺中，钢渣用于脱硫和扩散脱氧，渣中的氧化铁与氧化锰的含量通常低于2%。所以，按照渣中氧化铁含量区分，$(FeO + MnO) > 2\%$ 称为氧化渣，反之称为还原渣。

而铁水脱硫渣和连铸机中间包弃渣则是两种特殊的钢渣，将在后续章节中介绍。

1.4.3 按照钢渣的矿物组织划分

由于钢渣是在热环境不稳定的条件下形成的，其大多数矿物呈不规则的形状，同时，钢渣不稳定的形成条件及其组成的复杂性，使其矿物的结晶规律性受到极大的影响，导致形状规则的矿物含有较多的固溶物。文献资料一致认为钢渣的矿物组成主要取决于其化学成分，根据碱度不同可分为橄榄石渣、镁蔷薇辉石渣、硅酸二钙渣和硅酸三钙渣。至于各类渣的碱度分类数据，意见不尽相同，这是由于钢渣成分复杂，其他成分也将影响矿物的形成。表 1-12 是两位外国专家对钢渣的分类数据，钢渣的物理特性见表 1-13。

表 1-12 钢渣按照碱度的分类

渣 名 称	碱度($CaO/(SiO_2 + P_2O_5)$)	
	Mason	Ладин
橄榄石渣	0.9 ~ 1.4	0.9 ~ 1.5
镁蔷薇辉石渣	1.4 ~ 1.6	1.5 ~ 2.7
硅酸二钙渣	1.6 ~ 2.4	1.5 ~ 2.7
硅酸三钙渣	> 2.4	> 2.7

表 1-13 钢渣的物理特性

类 别	I 类	II 类	III 类
主要矿物组成	C_2S、C_3S、C_4A	CaO、MgO、SiO_2	C_2S、C_3S、C_4A、C_4AF、C_2PS
氧化物相	MgO、FeO	Fe_2O_3、FeO	MgO、Fe_2O_3、FeO
游离氧化物	CaO、MgO		CaO
碱 度	2.0 ~ 2.5	1.8 ~ 2	2.8 ~ 3.5

类 别	Ⅰ 类	Ⅱ 类	Ⅲ 类
流动性相对值/mm	250~600	71~260	60~110
容重/t·m^{-3}	0.7~1.2	1.8~2.0	1.6~2
干渣密度/t·m^{-3}	1.3~1.8	3.0~7.0	3.2~3.5
熔解热(潜热)/J·kg^{-1}	209340	293400	2093400
热容量(比热容)/J·(kg·℃)$^{-1}$	1173	1110	1248
熔点范围/℃	1400~1500	1200~1400	1500~1600

钢渣的生成与主要组分的存在形式

钢渣的矿物组织结构决定了钢渣利用的途径,不同钢渣的矿物组织各不相同,所以认识钢渣的矿物组织对钢渣处理工艺的选择、钢渣的深加工和再利用至关重要。长期以来,关于钢渣的矿物组织,在不同时期都进行了大量的研究,并且有代表性的结果。因为在不同的冶炼阶段,不同冶炼工艺,不同的铁水成分、废钢成分、渣料成分,产生的钢渣成分不同,矿物组织也不同。例如转炉在不同的冶炼阶段,不仅温度有很大的差异,而且钢渣中的成分各不相同。20世纪80年代的转炉炼钢产生的炉渣和90年代产生的炉渣,首先在碱度和渣处理的工艺上有明显的区别,脱磷转炉和脱碳转炉的钢渣就是一个典型的例子。炉渣形成后参与各种冶金化学反应,在完成炼钢任务以后,被排出炼钢炉外,进行不同的渣处理工艺,液态的高温钢渣在冷却结晶的过程中,其成分受温度变化和渣处理工艺的影响,形成的矿物组织也有差异。所以不同的阶段,钢渣的矿物组织是不一样的。

转炉的特点是利用铁水中的物理热和化学热完成炼钢过程中的物理化学反应。钢渣的主要功能是脱磷脱碳和脱硫,由于所有的冶金反应大多数是在钢渣界面完成的,所以转炉的钢渣必须保持较高的碱度,确保高碱度炉渣向熔池传递氧化物完成炼钢任务,所以大多数转炉钢渣的碱度较高(相对电炉而言)。另外,转炉渣中加入含镁的渣料,一是可以提高成渣的速度,二是增加渣中氧化镁的含量可以提高炉渣的黏度,减少炉衬的侵蚀。而且,目前国内大多数转炉都采取溅渣护炉工艺。

转炉钢渣中,不仅具有碱度和氧化镁含量较高的钢渣,而且也有碱度和氧化镁含量较低的钢渣,钢渣的成分各不相同。这也是钢渣不能够像某一种钢铁材料一样有一个通用的标准和成分范围的原因。

需要说明的是,目前转炉炼钢工艺已有了多种变化,例如脱磷转炉,这种转炉是转炉脱碳以后,将钢渣留在转炉炉内,用其脱除铁水中的磷,然后倒出炉内的钢水,到另一个转炉进行脱碳后出钢,所以脱磷转炉的碱度不一定高。脱硅转炉也是将高硅铁水的硅脱除后,将炉渣倒出,这种脱硅渣的碱度也不高。

一些技术先进的钢厂采用双联操作,即转炉有脱碳转炉与脱磷转炉之分。即一座转炉脱碳出钢以后,高碱度的炉渣留在转炉炉内,兑加铁水,然后加入适当的脱磷剂脱磷,当铁水中的磷脱至较低的水平,从炉内倒出炉渣和铁水,再将低磷铁水倒入另外一个转炉进行脱碳,如此循环往复。这种工艺产生的炉渣中,磷含量相对较高。某厂的三种不同类型的钢渣成分见表2-1。

表 2-1　某厂的三种不同类型的钢渣成分　　　　　　（%）

钢渣的类型	CaO	SiO$_2$	FeO	Fe$_2$O$_3$	Al$_2$O$_3$	MgO	MnO	P$_2$O$_5$	f-CaO
脱磷渣	58.21	13.56	8.12	8.95	3.17	1.59	0.69	2.88	4.6
脱碳转炉渣	40.2	14.78	9.21	10.11	3.54	8.1	1.11	1.1	2.53
常规转炉渣	43.22	15.34	8.12	9.18	5.16	7.78	0.81	1.8	2.68

综上所述，不同的冶炼工艺和原料条件，产生的钢渣成分和性质存在着一定差别，研究钢渣必须从钢渣的成渣反应条件和渣处理工艺为起点展开。

2.1　炼钢过程中的成渣反应

炼钢过程中，不论是转炉还是电炉，采用的原料中含有不同的金属元素和非金属元素。例如，轴承废钢中含有 Cr、Cu，不锈钢废钢中含有 Cr、Ni、Cu 等。其中有些是有害元素，必须加以去除，如非金属元素 P、S 会造成钢材产生缺陷，其氧化以后，会生成相应的氧化物进入渣中，成为钢渣的一部分。所以，不同的炼钢原料和炼钢工艺，产生的钢渣是有一定区别的，这种区别在于不同炼钢工艺过程中的不同成渣反应，而成渣反应又取决于形成钢渣的各种氧化物的化学性质和反应温度等条件。

在成渣反应过程中，以下常见的物质，碱性依次增强：

$P_2O_5 \rightarrow V_2O_5 \rightarrow B_2O_3 \rightarrow SiO_2 \rightarrow TiO_2 \rightarrow Fe_2O_3 \rightarrow Cr_2O_3 \rightarrow SnO_2 \rightarrow V_2O_3 \rightarrow Al_2O_3$

另外一些物质，碱性依次增强：

$ZrO_2 \rightarrow BeO \rightarrow CuO \rightarrow Cu_2O \rightarrow FeO \rightarrow ZnO \rightarrow CdO \rightarrow PbO \rightarrow MnO \rightarrow MgO \rightarrow CaO \rightarrow BaO \rightarrow Li_2O \rightarrow Na_2O \rightarrow K_2O$

陈肇友院士指出，在以上的酸碱性的强弱顺序中，有的氧化物虽然彼此靠近，例如 MgO 和 CaO，但是从其生成硅酸盐的标准自由能变化与温度的关系看，其位置相差较远，即二者的碱性相差较大，例如白云石中含有少量的 SiO$_2$，由于 CaO 的碱性比 MgO 强，在高温条件下，少量的 SiO$_2$ 将优先与 CaO 生成 C$_2$S 或者 C$_3$S。在炼钢过程中，以下的反应会经常发生，就是基于上述原因：

$$2MgO \cdot SiO_2 + 2CaO = 2CaO \cdot SiO_2 + 2MgO$$
$$2MgO \cdot SiO_2 + 3CaO = 3CaO \cdot SiO_2 + 2MgO$$
$$3MgO \cdot 2SiO_2 + 4CaO = 2(2CaO \cdot SiO_2) + 3MgO$$
$$3MgO \cdot 2SiO_2 + 6CaO = 2(3CaO \cdot SiO_2) + 3MgO$$

当 CaO : SiO$_2$ = 1 时，可能进行的固相反应如下：

$$SiO_2 + CaO = CaO \cdot SiO_2$$
$$CaO + SiO_2 = \frac{1}{2}(2CaO \cdot SiO_2) + \frac{1}{2}SiO_2$$
$$CaO + SiO_2 = \frac{1}{3}(3CaO \cdot SiO_2) + \frac{2}{3}SiO_2$$

根据热力学的数据可知：

CaO/SiO$_2$ = 1 时，反应只能够生成 CaO · SiO$_2$；

CaO/SiO$_2$ < 1 时，也只能够生成 CaO · SiO$_2$。

当 CaO/SiO$_2$ = 3 : 1，温度低于 1250℃时，会发生以下反应：

$$SiO_2 + 3CaO \xlongequal{\hspace{1cm}} CaO + 2CaO \cdot SiO_2$$

即

$$SiO_2 + 2CaO \xlongequal{\hspace{1cm}} 2CaO \cdot SiO_2$$

以下是陈肇友院士给出的由氧化物生成硅酸盐或钙盐的标准生成自由能与温度的关系等，涉及成渣过程中的关系如图 2-1 ~ 图 2-4 所示。

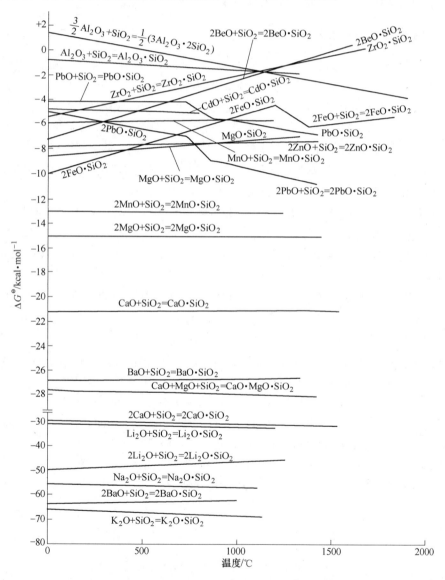

图 2-1 由氧化物生成硅酸盐的标准生成自由能与温度的关系

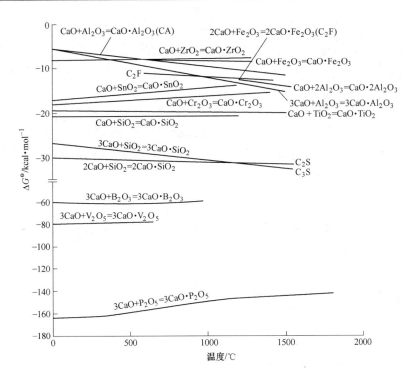

图 2-2 由氧化物生成钙盐的标准生成自由能与温度的关系

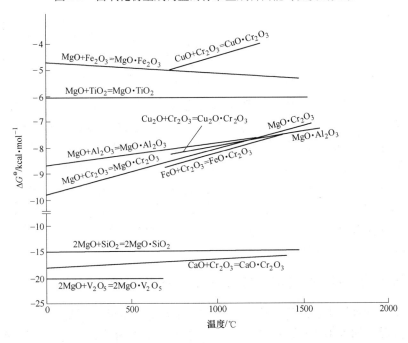

图 2-3 由氧化物生成镁盐或者铬酸盐的标准生成自由能与温度的关系

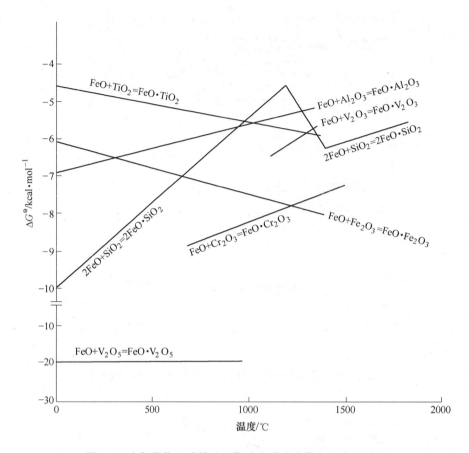

图 2-4 由氧化物生成铁盐的标准生成自由能与温度的关系

根据以上关系，就可以大致判断出上述物质在具备反应条件的情况下，反应生成的岩相结构，即矿物组织结构。例如转炉炼钢过程中，加入石灰、白云石以后，氧气氧化熔池内的 Si、Mn、P、Fe，渣中存在 CaO、MgO、P_2O_5、SiO_2、MnO、FeO 等物质，其中 P_2O_5 酸性最强，SiO_2 次之，CaO 碱性最强，MgO 次之。故 CaO 首先与 P_2O_5 反应生成磷酸盐，如果反应结束，渣中的 CaO 有剩余，其将与 SiO_2 反应生成 C_2S、C_3S；如果还有剩余，会进一步与 Fe_2O_3 等酸性物质反应，生成相应的化合物；若 CaO 仍有剩余，会以游离的状态存在。其余的 MnO、FeO、MgO 则容易形成固溶体。

2.2 转炉冶炼过程中钢渣成分的变化和矿物组织的形成

转炉炼钢过程中，造渣使用的石灰和白云石等通常分为两批次加入，即氧气开吹的同时，加入 1/3 ~ 2/3 的量，其余的在开吹 3 ~ 8min 加完。在冶炼初期，高速氧气冲击熔池时，各元素的氧化产物：SiO_2、MnO、FeO、MgO、P_2O_5、

Fe_2O_3 等形成了熔渣。加入的石灰块就浸泡在初期渣中，被这些氧化物包围着。这些氧化物从石灰表面向其内部渗透，并与 Fe_2O_3 发生化学反应，生成一些低熔点的矿物，引起了石灰表面的渣化。这些反应不仅在石灰块的外表面进行着，同时也在石灰气孔的内表面进行。石灰就是这样逐渐被渣化。在吹炼前期，由于 TFe 含量高，虽然炉温不太高，石灰也可以部分渣化，发生以下的反应：

$$2[Fe] + \{O_2\} =\!\!= 2(FeO)$$

$$4(FeO) + \{O_2\} =\!\!= 2(Fe_2O_3)$$

$$3(FeO) + 2[Al] =\!\!= 3[Fe] + (Al_2O_3)$$

$$5(FeO) + 2[P] =\!\!= (P_2O_5) + 5[Fe]$$

$$2(FeO) + [Si] =\!\!= 2[Fe] + (SiO_2)$$

$$(P_2O_5) + 2(CaO) =\!\!= (2CaO \cdot P_2O_5)$$

$$(CaO) + (SiO_2) =\!\!= (CaO \cdot SiO_2)$$

$$2(CaO) + (SiO_2) =\!\!= (2CaO \cdot SiO_2)$$

$$(CaO \cdot Fe_2O_3) + (CaO) =\!\!= (2CaO \cdot Fe_2O_3)$$

$$(FeO) + (CaO) + (SiO_2) =\!\!= CaO \cdot FeO \cdot SiO_2$$

$$(FeO) + [Mn] =\!\!= [Fe] + (MnO)$$

$$(FeO) + (CaO) + (SiO_2) =\!\!= (CaO \cdot FeO \cdot SiO_2)$$

$$(MnO) + (SiO_2) =\!\!= (MnO \cdot SiO_2)$$

$$m(MgO) + n(SiO_2) + x(CaO) =\!\!= (xCaO \cdot mMgO \cdot nSiO_2)$$

$$m(MgO) + n(SiO_2) + x(Al_2O_3) =\!\!= (mMgO \cdot xAl_2O_3 \cdot nSiO_2)$$

$$(MgO) + (SiO_2) =\!\!= (MgO \cdot SiO_2)$$

$$(MgO) + 2(FeO) =\!\!= (MgO \cdot 2FeO)$$

以上是炉渣的熔化阶段，熔池中 Si、Mn、P 迅速发生氧化反应，此阶段的 (MnO)、(FeO) 与 (MgO) 对化渣速度影响的关系可以表示为：

$$J_{CaO} \approx K_1(CaO + 1.9MnO + 2.75FeO + 1.35MgO - 1.09SiO_2 - 39.1)$$

式中，J_{CaO} 为石灰在渣中熔化速度，$kg/(m^2 \cdot s)$；K_1 为比例系数；CaO、MnO、FeO、MgO、SiO_2 为渣中相应氧化物浓度，%。

在这一阶段产生的低熔点的矿物组织见表2-2。

表2-2 熔化、氧化阶段低熔点的矿物组织

化合物名称	化 学 式	熔点/℃
铁酸钙	$CaO \cdot Fe_2O_3$	1230
正铁酸钙	$2CaO \cdot Fe_2O_3$	1420
硅酸锰	$MnO \cdot SiO_2$	1285
锰橄榄石	$2MnO \cdot SiO_2$	1345
钙镁橄榄石	$CaO \cdot MgO \cdot SiO_2$	1390
钙铁橄榄石	$CaO \cdot FeO \cdot SiO_2$	1205
钙黄长石	$2CaO \cdot MgO \cdot 2SiO_2$	1450
磷酸二钙	$2CaO \cdot P_2O_5$	1320
蔷薇辉石	$MnO \cdot SiO_2$	1291
锰铝榴石	$3MnO \cdot Al_2O_3 \cdot 3SiO_2$	1195
锰钙长石	$MnO \cdot Al_2O_3 \cdot 2SiO_2$	约1400
锰堇青石	$2MnO \cdot 2Al_2O_3 \cdot 5SiO_2$	约1415

随着石灰白云石、镁球等渣料的不断加入，碱度增加，转炉熔池温度升高，脱碳反应开始。由于碳的激烈氧化，TFe被大量消耗，熔渣的矿物组成发生变化（$2FeO \cdot SiO_2 \rightarrow CaO \cdot FeO \cdot SiO_2 \rightarrow 2CaO \cdot SiO_2$），熔点升高，石灰的渣化有些停滞，出现返干现象。在吹炼接近终点，钢中的碳被氧化到较低水平时，渣中的氧化铁增加，炉渣的熔点降低，流动性变好，有可能发生以下反应：

$$(CaO \cdot Fe_2O_3) + 3[C] = 2[Fe] + (CaO) + 3\{CO\}\uparrow$$

$$2(CaO) + (SiO_2) = (2CaO \cdot SiO_2)$$

$$(2CaO \cdot SiO_2) + (CaO) = (3CaO \cdot SiO_2)$$

$$2(CaO \cdot RO \cdot SiO_2) + CaO = 3CaO \cdot RO \cdot 2SiO_2 + RO$$

$$3CaO \cdot RO \cdot 2SiO_2 + CaO = 2(2CaO \cdot SiO_2) + RO$$

$$2CaO \cdot SiO_2 + CaO = 3CaO \cdot SiO_2$$

$$2CaO + Fe_2O_3 = 2CaO \cdot Fe_2O_3$$

此阶段炉渣中产生的矿物组织的熔点见表2-3。

表 2-3　脱碳反应阶段炉渣中产生的矿物组织的熔点

化合物名称	化 学 式	熔点/℃
锰尖晶石	$MnO \cdot Al_2O_3$	1560
镁蔷薇辉石	$3CaO \cdot MgO \cdot 2SiO_2$	1550
硅酸二钙	$2CaO \cdot SiO_2$	2130
镁橄榄石	$2MgO \cdot SiO_2$	1890
硅酸钙	$CaO \cdot SiO_2$	1550
硅酸镁	$MgO \cdot SiO_2$	1557

转炉终渣的流动性温度平均为 1389℃ 左右。终渣流动性温度 $t_{熔}$ 与成分的关系如下式：

$$t_{熔} = 1468.3 - 3.02MgO + 18.6R + 28.1P_2O_5 - 14.9MnO - 2.74(TFe) - 30.6Al_2O_3$$

式中，MgO、P_2O_5、MnO、TFe、Al_2O_3 分别为各种物质在炉渣中的质量百分数浓度；R 为炉渣的碱度，$R = CaO/SiO_2$。

杨文远高工 2000 年对宝钢 300t 转炉冶炼过程中的成渣跟踪研究表明：吹炼初期，炉渣中柱状橄榄石（$CaO \cdot (MgO, Fe, Mn)O \cdot SiO_2$）占 90%，白色点状的 RO 相约占 10%；吹炼中期，炉渣中条状的镁硅钙石（$3CaO \cdot MgO \cdot SiO_2$）约占 40%，粒状的硅酸二钙约占 40%，基质胶结相橄榄石约占 10%，白色粒状的 RO 相约占 10%；吹炼终点时，炉渣中的硅酸二钙占 40%，硅酸三钙占 35%，未熔化的 MgO 和 RO 相之和占 15% ~ 20%，C_2F 为 5% ~ 7%。从岩相观察看来，钢渣中钙镁橄榄石多呈板柱状，镁蔷薇辉石除纺锤状外，有时结晶发育相当良好，晶体很大。

2007 年，杨文远等人用岩相检验的方法了解炉渣的矿相组成和分布，发现不同的条件下，包括铁水的硅含量、磷含量、碱度的不同，炉渣中的矿物组织也各不相同。钢铁研究总院的研究人员在宝钢第一炼钢厂的 300t 转炉利用副枪每隔 3min 左右取一次渣样、钢样并测温。所取试样都进行化学分析，炉渣进行岩相检验和熔点测定，结果见表 2-4。

表 2-4　吹炼过程炉渣岩相组成的变化　　　　　　　　　（%）

序号	吹氧时间/min	碱度	橄榄石	镁硅钙石	硅酸二钙	硅酸三钙	RO 相	MgO	铁酸钙
1	3	0.92	90				10		
2	6	1.43	80	5			10		
3	9	1.8	10	40	40		8 ~ 10		
4	12	2.4		35	40		15		
5	16	3.02			45	30	15	5	3

杨文远等人还对不同成分铁水冶炼的渣样做了分析，其电镜照片如图 2-5 ~ 图 2-8 所示。

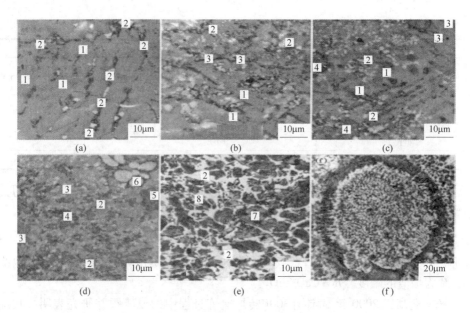

图 2-5　普通铁水吹炼过程炉渣岩相状况的变化
1—橄榄石；2—RO 相；3—镁硅钙石；4—硅酸二钙；5—未熔 CaO；
6—未熔 MgO；7—硅酸三钙；8—C_2F

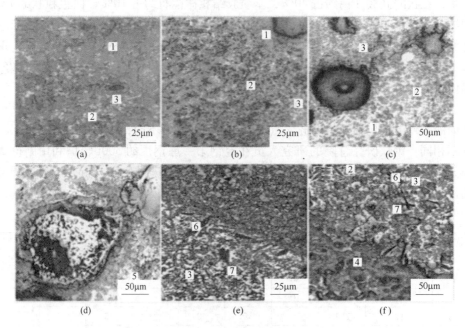

图 2-6　低硅铁水（Si% <0.3%）吹炼过程炉渣岩相状况的变化
1—CMS；2—硅酸二钙；3—RO 相；4—未熔石灰；5—未熔白云石；
6—硅酸三钙；7—未熔 MgO 结晶

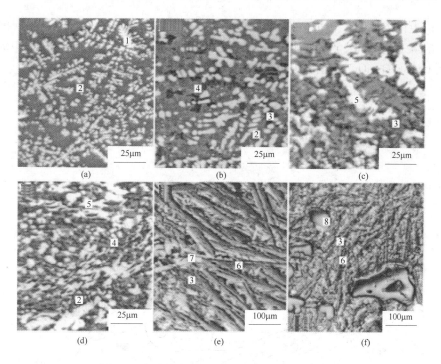

图 2-7　中磷铁水吹炼过程炉渣岩相状况的变化

1—富氏体（RO 相）；2—玻璃相（硅酸盐）；3—硅酸二钙；4—磷酸钙；
5—铁酸钙；6—硅酸三钙；7—RO 相 + 铁酸钙；8—未熔 MgO 结晶

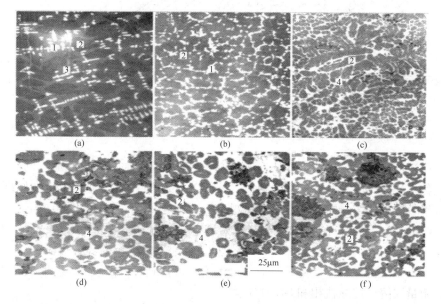

图 2-8　高磷铁水吹炼过程炉渣岩相状况的变化

1—RO 相；2—硅磷酸钙；3—玻璃相；4—铁酸钙

以上论述说明了转炉渣在冶炼过程中矿物组织的基本特点，但是不同的转炉，冶炼工艺不同，产生的钢渣成分差异也会很大。转炉钢渣在冶炼过程中的成分在 CaO-FeO-SiO_2 三元相图中的变化如图 2-9 所示。

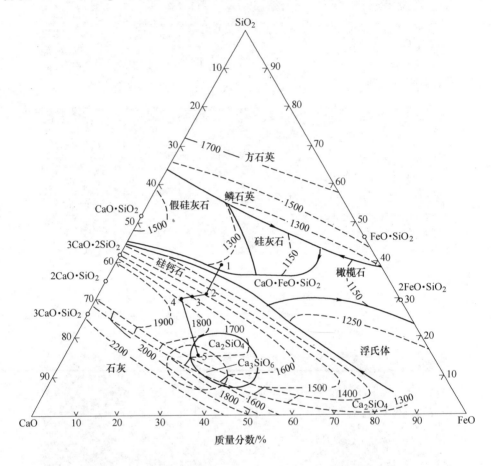

图 2-9　转炉吹炼过程中炉渣成分在 CaO-FeO-SiO_2 三元相图中的变化

在炼钢过程中，虽然不同的造渣制度、冶炼工艺和原材料导致渣中的氧化物组织各不相同，但是各种氧化物的结合形式、存在形式，却是遵循以上原理的。侯贵华教授根据大量的能谱数据分析得出，钢渣之间的主要元素分布如下：

（1）Ca 主要在硅酸盐和铁酸二钙两种矿物中存在，少量的以 f-CaO 的形式存在，微量的固溶于铁镁相中。

（2）Fe 主要以 Fe^{2+} 或 Fe^{3+} 存在于铁酸二钙和铁镁相中，少量形成金属铁珠，微量固溶于硅酸盐相和 f-CaO 中。

（3）P 元素只固溶于硅酸盐相，Mg、Mn 基本上只固溶于铁镁相和 f-CaO 中，而 Al 不固溶。

（4）S 以 CaS 的形式存在于钢渣中的钙铝酸盐中，而精炼渣中的 S 以 $11CaO \cdot 7Al_2O_3 \cdot CaS$ 存在于钙铝酸盐中。

2.3 氧化钙和氧化镁在钢渣中的存在形式

2.3.1 氧化钙在钢渣中的赋存状态及嵌布特征

众多的研究人员结合偏光显微镜、扫描电子显微镜和 X 射线能谱分析，得出的结论都认为，含钙矿物主要为硅酸二钙和铁酸二钙，其次为铁酸钙、水化硅酸钙、钙铁黄长石、硅酸三钙以及白云石残留体和游离氧化钙。钙在钢渣中的赋存状态见表 2-5。

表 2-5 钙在钢渣中的赋存状态 （%）

钙赋存状态	钙含量	钙的分布率
游离氧化钙	0.48	1.6
与硅结合态	19.65	65.57
与铁结合态（无硅）	7.31	24.39
其他结合态	2.53	8.44
总钙	29.97	100

为了进一步研究钢渣中含钙矿物相的特点，研究人员根据反光偏光显微镜的观察结果表明，各物相之间嵌布关系极为复杂，含钙矿物主要以球粒状、微细颗粒状及不定型形式存在，与其他矿物呈线状、港湾状和包裹状接触，且嵌布粒度极不均匀。含钙矿物典型的嵌镶关系如图 2-10 所示。

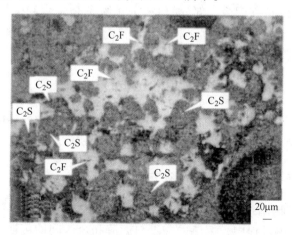

图 2-10 铁酸二钙呈胶结相存在于硅酸二钙颗粒之间

岑永权教授的文献给出了不同钢渣的矿物组织成分及其范围，见表2-6。

表2-6　不同钢渣的矿物组织成分及其范围

矿物组织及缩写	化学式	分 类	化学成分(质量百分数)/%					
			FeO	MgO	MnO	CaO	SiO$_2$	P$_2$O$_5$
石灰（C）	CaO	未渣化 CaO	6 ~ 10	1 ~ 4	5 ~ 6	69 ~ 93	0	0
		结晶 CaO，粒状	7 ~ 10	2 ~ 3	8 ~ 9	76 ~ 82	0	0
		C$_3$S 分解生成的 CaO	—	—	—	—	—	—
		与 MF′同时析出的 CaO	10 ~ 16	0 ~ 2	7 ~ 14	67 ~ 77	0 ~ 1	0 ~ 1
		与 C$_2$S 结合的 CaO	6 ~ 7	0 ~ 1	3 ~ 6	74 ~ 81	0 ~ 4	0 ~ 1
		变形 CaO	—	—	—	—	—	—
亚铁酸镁（MF′）	(Mg,Fe)O	未渣化 MF′	17 ~ 43	50 ~ 80	7 ~ 11	1 ~ 2	0	0
		结晶 MF′，粒状	26 ~ 69	26 ~ 59	11 ~ 23	1 ~ 6	0	0
		与 CaO 同时析出的 MF′	52 ~ 59	10 ~ 16	17 ~ 22	9 ~ 20	0	0
		与 C$_2$F 结合的 MF′	65 ~ 78	11 ~ 13	10 ~ 13	1 ~ 4	0	0
		与 C$_2$F 共晶的 MF′	56 ~ 60	7 ~ 8	14 ~ 24	10 ~ 20	0	0
硅酸二钙（C$_2$S）	2CaO·SiO$_2$	结晶 C$_2$S，粒状	0 ~ 3	0 ~ 1	0 ~ 1	56 ~ 66	23 ~ 33	1 ~ 8
		由 C$_3$S 分解生成的	0 ~ 1	0	0 ~ 1	60 ~ 62	28 ~ 30	3 ~ 4
		与 CaO 结合的 C$_2$S						
		与 MF′共晶的 C$_2$S	0 ~ 3	0 ~ 1	0 ~ 1	60 ~ 62	24 ~ 26	5 ~ 6
硅酸三钙（C$_3$S）	3CaO·SiO$_2$	自形 C$_3$S，片状	0 ~ 3	0 ~ 1	0 ~ 1	65 ~ 72	20 ~ 25	0 ~ 2
铁酸钙（C$_2$F）	2CaO·Fe$_2$O$_3$	变形 C$_2$F	40 ~ 50(Fe$_2$O$_3$)	0 ~ 2	0 ~ 2	41 ~ 43	0 ~ 1	0 ~ 1
		自形 C$_2$F，片状	41 ~ 43(Fe$_2$O$_3$)	0 ~ 1	0 ~ 1	37 ~ 38	0 ~ 1	0 ~ 1

以上的数据表明，钙主要存在于钙硅相中，还有一部分存在于铁酸钙相中。此外，还有少量的 CaO 固溶了部分的 Fe$_2$O$_3$（约为15%）和少量的 MgO、MnO，几乎不固溶 SiO$_2$ 和 Al$_2$O$_3$。当炉渣的碱度较高时，钙也以游离状态存在，即游离氧化钙。炼钢过程中生成硅酸盐的主要反应和自由能的数值如下：

$$CaO + SiO_2 = CaO \cdot SiO_2 \qquad \Delta G_{CaO \cdot SiO_2} = -238.6kJ/mol$$

$$2CaO + SiO_2 = 2CaO \cdot SiO_2 \qquad \Delta G_{2CaO \cdot SiO_2} = -356.5kJ/mol$$

$$3CaO + SiO_2 = 3CaO \cdot SiO_2 \qquad \Delta G_{3CaO \cdot SiO_2} = -420.3kJ/mol$$

以上的关系，已被炼钢学理论所证实。

2.3.2　氧化镁在钢渣中的作用和存在方式

炼钢过程中加入含 MgO 原料（白云石或镁球）的主要目的有以下几点：

（1）转炉炼钢过程中，熔渣的黏度与熔渣和金属间的传质和传热速度有密切的关系，因而其影响渣钢的反应速度和炉渣的传热能力。黏度过大的熔渣使熔池不活跃，冶炼不能顺利进行；黏度过小的熔渣，容易发生喷溅，而且严重侵蚀炉衬的耐火材料，降低炉子的寿命。熔渣黏度的影响因素主要是熔渣的组成和冶炼温度。因此，为了保证钢的质量和良好的经济技术指标，就要保证熔渣有适当的黏度。而加入含有 MgO 的造渣材料被证明是最有效的调整炉渣黏度的工艺。

（2）在转炉冶炼过程中保证炉渣中有适量 MgO 是减少 MgO-C 砖的熔蚀、降低 MgO-C 砖中 MgO 在渣中溶解度的有效措施。

（3）当熔渣中 TFe、碱度 R 一定，（MgO）<8% 时，添加 MgO 可降低炉渣的熔点，形成各类含 Mg 的低熔点的橄榄石和蔷薇辉石，促使炉渣熔化；当（MgO）>8% 时，随 MgO 含量增加，炉渣熔点升高。

（4）渣中加入（MgO）<10% 有利于提高 C_2S 在渣中饱和溶解度，即有利于石灰溶解和提高液态渣碱度，对去磷有利。

（5）转炉冶炼过程中分批加入含镁质的调质剂（如白云石），使初期渣（MgO）含量在 6% 左右，终渣（MgO）含量在 10% 左右，是溅渣护炉合理的成渣方式，其成渣途径与不溅渣护炉时没有原则区别。

有研究对（FeO）含量为 12% ~ 20% 的钢渣，进行 MgO 含量与炉渣熔点关系的测试，结果如图 2-11 所示。从图中可看出，当 MgO 含量小于 8.7% 时，随着 MgO 含量增加，炉渣熔点呈下降趋势；当 MgO 含量大于 8.7% 时，随着 MgO 含量增加，炉渣熔点呈上升趋势。

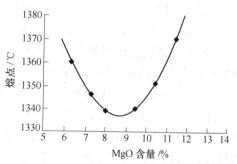

图 2-11　MgO 含量与炉渣熔点的关系

MgO 等在渣中的存在状态可以从 MgO-CaO 二组分系统的相平衡图做出分析，其相图如图 2-12 所示。

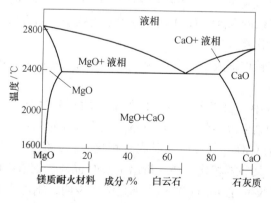

图 2-12　MgO-CaO 系相图

在此二元系中无化合物形成，只有一个温度很高的低共熔点。在高温下，MgO 与 CaO 彼此都能部分互溶；1600℃时，CaO 溶入 MgO 和 MgO 溶入 CaO 之量大约分别为 1% 与 2%；最大固溶度发生在低共熔点温度，即 2370℃，其固溶度分别为 7% CaO 与 17% MgO。氧气转炉炼钢所用耐火材料基本上都位于 MgO-CaO 二元系内。

研究表明，MgO 在钢渣中的存在状态取决于钢渣的碱度，在碱度低的钢渣中，主要为化合状态，形成钙镁橄榄石（$CaO \cdot MgO \cdot SiO_2$）和镁蔷薇辉石（$3CaO \cdot MgO \cdot 2SiO_2$），此时的 RO 相主要是方铁石；在碱度较高的钢渣中，MgO 已不可能结合于硅酸盐相中（除少量固溶外），而是与 FeO、MnO 同熔形成 RO 相，结晶形状多为圆粒状，也有树枝状。在偏光下随固溶体中 FeO 与 MnO 含量比值不同颜色就不同。纯 MgO 为无色或淡黄色，FeO、MnO 含量增多，颜色就加深。只有在还原渣中，由于 Fe 被还原，渣中几乎没有 FeO，则以纯方镁石存在。还应说明的是，钢渣成分极不均匀，在炼钢过程中，炉衬（白云石、镁砖等）将被渣熔蚀，但也有以块状掉入渣中而未熔化的（国外文献称之为捕房体），同时在造渣过程中加入的石灰石、白云石等也可能未完全熔化而以分解产物形式包含于钢渣中。因此在渣中还常能见到成堆的方镁石晶体，在有的钢渣中还可形成各种成分的尖晶石 $(Mg,Mn,Fe)O \cdot (Cr,V,Fe)_2O_3$。

还原渣中，由于 Fe 被还原，渣中 Fe_2O_3 含量很少，FeO 几乎没有，而碱度又较高，如果渣中的 CaO 含量足够，MgO 没有机会与 SiO_2 结合，在结晶时 MgO 为纯方镁石晶体。例如 MgO 含量超过 10% 的钢渣，其 MgO 结晶成菱形，晶体粒度较大，一般为 $20 \sim 40\mu m$，小的也有 $8 \sim 12\mu m$，在单偏光下近于无色，这也证明其基本上没有和其他氧化物形成固溶体。

2.3.3 游离氧化钙和游离氧化镁

钢渣中的 CaO 总量如果能够满足酸性氧化物（SiO_2、Al_2O_3、Fe_2O_3、P_2O_5）化合的需要，则多余的 MgO、CaO 就会成为游离状态结晶析出，称为游离氧化钙（f-CaO）和游离氧化镁（f-MgO）。

游离氧化钙在转炉钢渣中的含量较高，除了以上的原因之外，以下情况也能够产生 f-CaO：

（1）炼钢过程中，由于各种原因使得加入的石灰没有和渣中、钢中的其他物质反应，在炼钢结束以后仍然以 CaO 的形式存在于钢渣中；

（2）石灰中的 CaO 参与反应，形成岩相化合物，但是随着热力学条件和动力学条件的变化，某些岩相化合物又析出了 CaO 晶粒。钢渣中的 f-CaO 被 C_3S 和 C_2S 所包围，晶粒尺寸在 $40\mu m$ 左右。研究结果表明，钢渣中的部分 f-CaO 是由 C_3S 分解产生的，晶粒尺寸在 $10\mu m$ 左右。

2.4 铁在钢渣中的存在形式

2.4.1 钢渣中金属铁的来源

钢渣中铁以金属铁珠或者小颗粒存在，这是因为氧气顶底复吹转炉冶炼的基本工艺是向铁水和废钢组成的熔池表面上，吹入高速的氧气射流，通过氧化钢中的硅、锰、磷、碳、硫等元素，实现熔池内的铁液成分达到熔炼钢种成分要求的过程，转炉吹炼如图 2-13 所示。

在高速氧气射流冲击下，一方面射流冲击区熔池内的部分铁液被冲击脱离熔池进入熔池的上方，一部分的小颗粒被抽吸进入除尘系统，一部分颗粒偏大的铁液，凝固或者以液态的形式，在重力的作用下重新跌落，跌落过程中，一部分停留在渣中，另一部分停留在熔池上方加入渣料形成的钢渣中。另一方面，氧气射流冲击区域的铁液被氧气射流撕裂成金属液滴，在熔池内强烈的碳氧反应的作用下，会冲入渣中，与钢渣相互混合，形成乳化液。以上的两个方面造成钢渣中混有铁液或者铁珠，其形成示意图如图 2-14 所示。

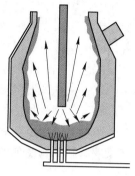

图 2-13 转炉吹炼示意图

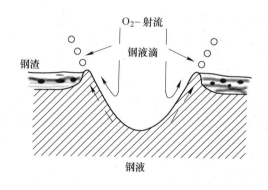

图 2-14 铁液进入钢渣的形成示意图

这些进入渣中的金属铁液或者铁珠，随着转炉冶炼的继续，一部分随着钢渣界面反应，会重新进入熔池，另一部分则留在钢渣中，在转炉倒渣过程中随钢渣进入渣罐，所以转炉钢渣中存在着部分金属铁珠，钢渣中铁珠的量占钢渣总量的 2% ~ 5%。

钢渣中的金属铁主要呈球粒状嵌布，少数呈斑点状解离充填，粒度一般介于 0.01 ~ 0.50mm，少数粒度达 0.60 ~ 0.90mm。这是因为只有不同相邻矿物的物理性质相差悬殊，且界面结合强度远小于界面两边矿物自身强度时，矿物才有可能在外力作用下优先从界面分离；而钢渣强度高，矿物之间界面结合强度大，铁元素又属于复合矿物相，相邻矿物物理性质差异不大，因此，很难通过机械破碎将各种矿物很好地分离。这也是钢渣破碎难度大、各种矿物难分离的主要原因。

此外转炉在吹炼过程中，熔池内的铁有一部分被氧化，成为氧化铁与渣中的各类物质结合，成为炉渣的一部分，其主要功能是脱磷、脱硅、脱碳等。渣中存在氧化铁也是转炉炼钢得以顺利进行下去的必要条件，例如渣料石灰，其熔点很高（2570℃），转炉熔池的温度达不到石灰熔解的温度，所以石灰的熔解首先靠渣中的氧化铁进入石灰颗粒内，与氧化钙反应生成低熔点的铁酸钙、假硅灰石、铁橄榄石等，这些物质的熔点大多数在 1200~1450℃，它们从石灰颗粒上剥离下来，继续参与成渣反应和冶金反应，如此循环进行，以实现石灰的熔解，石灰依靠氧化铁熔解的相图如图 2-15 所示。

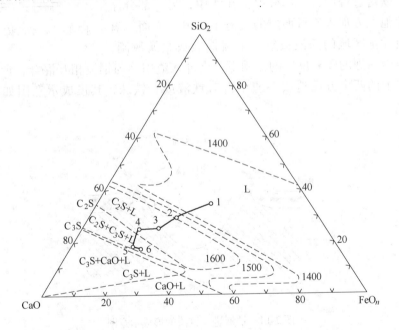

图 2-15 转炉钢渣在 CaO-SiO_2-FeO_n 相图中的成渣途径

除了与氧化钙反应以外，氧化铁还能够与氧化镁反应，生成低熔点的各类橄榄石相，故渣中的铁主要与氧化钙和氧化镁结合，即铁钙相，是占转炉渣岩相组分较大的一类矿物组织。图 2-16 为有 Fe 存在的 MgO-CaO 相图。

不同的钢渣处理工艺，会造成钢渣中铁的氧化过程的差异，这种差异最终将导致凝固后钢渣中矿物相种类的变化以及部分矿物相化学组成的不同。

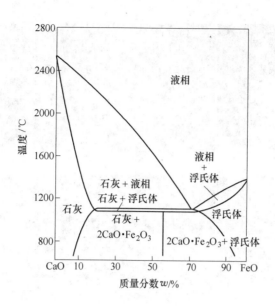

图 2-16 有 Fe 存在的 MgO-CaO 相图

2.4.2 钢渣中含铁物质的矿物组织与存在形式

2.4.2.1 钢渣中含铁物质的矿物组织与分布

转炉炼钢过程中炉渣中铁的氧化物在熔融状态下主要以 FeO 形式存在,其中液渣下层与钢液接触,主要是二价铁;而渣的上层与炉气接触,主要是三价铁。然而 FeO 在室温下并不稳定,低于 527℃ 时则分解为 Fe_3O_4,同时析出铁,但在钢渣中由于相平衡而与 Fe 和 Fe_2O_3 共存,并被 CaO 和 MgO 等二价氧化物所稳定。

钢渣中由于 CaO 和三价铁氧化物中金属元素的价态不同,使化合物的晶体结构不同,几乎不形成固溶体,而是以铁酸盐($2CaO \cdot Fe_2O_3$)形式存在。而 FeO 和 MgO 这两个组元都是氯化钠型晶体结构,且点阵常数很接近,因而它们之间可以完全互溶生成镁浮氏体。如果钢渣堆放于渣场,进行洒水并暴露于空气中,与 O_2、H_2O 和 CO_2 等接触,会发生化学反应生成少量的 $Fe_2O_3 \cdot nH_2O$ 和 $FeCO_3$ 等。

不同的冶炼工艺,包括冶炼的钢种、铁水和原料成分的不同,渣处理工艺的不同,使得渣中铁的存在形式和含量也各不相同。

有研究人员经过 SEM 对钢渣试样局部分析,发现钢渣中各种含铁物相的存在和分布照片如图 2-17 所示。图中,SC 为硅酸钙,CF 为磁铁矿,HF 为赤褐铁矿,Bi 为玻璃体。

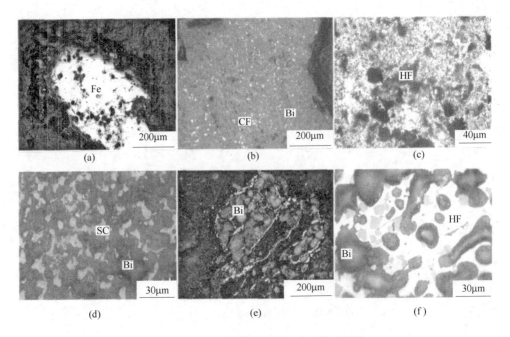

图 2-17　电子显微镜下试样中含铁物相照片

（a）金属铁；（b）硅酸钙中的磁铁矿颗粒；（c）含水氧化铁无定形颗粒；
（d）硅酸钙和玻璃中的氧化铁；（e）金属铁中的球状玻璃；
（f）氧化铁中包裹硅酸钙和玻璃质

在图 2-17 中可以观察到有金属铁、磁铁矿、赤铁矿、褐铁矿等含铁物相和大量玻璃相。经分析，试样中还有少量的碳酸铁、硅酸铁、硫酸铁相等。为进一步分析含铁物相具体含量，采用电子探针显微分析仪（EPMA）分析薄片试样中含铁物相微区的化学组成。具体含量见表 2-7。

表 2-7　含铁物相微区的化学组成　　　　　　　　　　　（%）

矿 物 名 称	质 量 分 数	占 有 率
金属铁和磁铁矿中的铁	12.75	54.51
赤、褐铁矿中的铁	7.72	33.01
碳酸铁中的铁	2.37	10.13
硅酸铁中的铁	0.45	1.92
硫酸铁中的铁	0.1	0.43
合　计	23.39	100

从钢渣含铁物相分析结果可以看出，钢渣全铁品位为 23.39%，含铁相主要以金属态（Fe）、简单化合态（FeO、Fe_3O_4、Fe_2O_3、$Fe_2O_3 \cdot nH_2O$ 和 $FeCO_3$ 等）、铁酸盐（$2CaO \cdot Fe_2O_3$）和固溶体（$MgO \cdot 2FeO$）四种形式存在，且分布

比较分散。

试样中还发现大量玻璃态矿物的存在，经分析其主要化学成分是 SiO_2 和 CaO，其形成主要是因为钢渣在冷却过程中喷水导致冷却速度过快，熔渣没有足够的析晶时间。

还有一些科研人员，对渣中铁存在的化学物相及分布做了研究，结果见表2-8。

表2-8 渣中铁存在的化学物相及分布 （%）

参 数	硅酸盐中铁	赤铁矿中铁	金属铁	磁铁矿中铁	硫酸铁中铁	硫化铁中铁	总 量
含 量	10.44	4.46	2.17	1.22	0.22	0.08	18.59
占有率	56.16	23.99	11.67	6.56	1.18	0.44	100

由表2-8可知，钢渣中的铁主要分布在硅酸盐中，占全铁含量的56.16%，金属铁和磁铁矿含量很少只有3.39%。金属铁呈现球状或粒状分布，铁的氧化物以氧化亚铁固溶体为主，还有少量的磁铁矿、磁赤铁矿以及 MgO 等多种矿物共生的复合矿物相。在反射光下呈白色，多呈球状及树枝状，根据晶体粒度可将其分为细粒和微粒两类，前者粒度多在 0.06mm 以上，后者粒度大部分小于 0.01mm，两者的矿物含量比约为94:6。钢渣中铁与氧化亚铁固溶体的显微结构特征如图2-18所示。

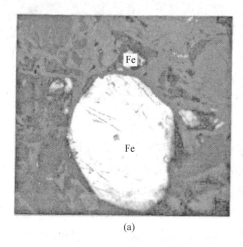 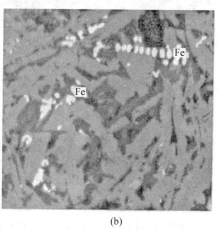

(a)　　　　　　　　　　　　　　　(b)

图2-18 钢渣缓冷结晶以后渣中铁及氧化亚铁固溶体的显微结构特征
(a) 细粒金属铁呈球粒状嵌布（反光，×200）；
(b) 微粒氧化亚铁固溶体呈斑点状嵌布（反光，×400）

王忠青、刘安平等人在对铁的赋存状态及嵌布特征进行的研究中发现，铁在钢渣中的赋存状态见表2-9。结合偏光显微镜、扫描电子显微镜和 X 射线能谱分析，可知含铁物相主要为铁酸二钙和铁酸钙，其次为铁方镁石、RO 相、钙铁黄长石、金属铁和褐铁矿。

表 2-9　铁的赋存状态　　　　　　　　　　　　（%）

铁赋存相态	铁含量	铁的分布率
金属铁	0.28	1.42
铁的氧化物	5.75	29.1
与硅的结合态	3.53	17.86
与钙的结合态（无硅）	10.2	51.62
总铁（全铁）	19.76	100

根据反光偏光显微镜观察，含铁矿物主要以不定型形式和大小不一的球粒状形式存在，与其他矿物呈包裹状、线状和港湾状接触，且嵌布粒度极不均匀。含铁矿物典型的嵌镶关系见图 2-19 和图 2-20。

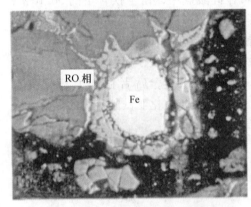
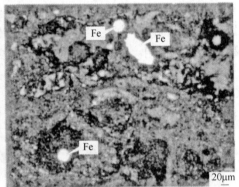

图 2-19　金属铁球粒的连生体　　　图 2-20　金属铁呈板条状、球粒状存在形式

2.4.2.2　TFe 的概念

通过以上的分析可知，钢渣中的铁存在的形式有多种，大部分以氧化物的形式存在。渣中的氧化铁含量可以通过控制吹氧工艺等手段进行有效的控制。炼钢学术界通过大量的实践和论证已经证明，钢渣是参与化学反应的主要介质，转炉炼钢过程中的脱碳、脱磷的绝大部分任务是通过炉渣来完成的，渣中氧化铁含量决定了炉渣的流动性和脱磷、脱碳能力，当其含量过高时对冶炼有以下几个不利的方面：

（1）钢水中的氧含量相应较高，增加了脱氧的成本和难度。

（2）钢铁料被过多地氧化为氧化铁，从钢渣中流失，增加了冶炼成本。

（3）对转炉的炉衬侵蚀严重。

基于以上原因，在分析转炉的冶炼控制效果时，需要了解渣中的 TFe 含量，即钢渣中金属铁、氧化铁等含铁物质中折算成铁元素的浓度总和。例如钢渣中的 TFe 含量为 15%，即表示钢渣中含有的各种含铁物质的铁元素总量为 15%，即每吨渣含铁化合物折算后相当于 150kg 的金属铁。

2.4.2.3　浮氏体的概念

铁的氧化物有 Fe_2O_3、Fe_3O_4、FeO 三种。前两种的理论含氧量分别为 30.06% 和 27.64%，纯 FeO 的理论含氧量为 22.28%，但实际存在的却是含氧量变动在 23.16% ~ 25.60% 的非化学计量的（non-stoichiometric）氧化亚铁相，这种固溶体称为浮氏体（Wüstite）。

2.4.2.4　氧化亚铁的组成

在自然界存在的氧化亚铁（FeO），其中 Fe 原子与 O 原子的比不是 1∶1，而总是 O 原子多于 Fe 原子。图 2-21 为 Fe-O 系平衡相图。

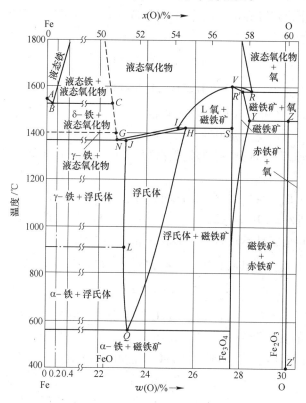

点	温度/℃	$w(O)$/%	点	温度/℃	$w(O)$/%	点	温度/℃	$w(O)$/%
A	1539	—	J	1371	23.16	S	1424	27.64
B	1528	0.16	L	911	23.10	V	1597	27.64
C	1528	22.60	N	1371	22.91	Y	1457	28.36
G	1400	22.84	Q	560	23.26	Z	1457	30.04
H	1424	25.60	R	1583	28.30	Z'	—	30.06
I	1424	25.31	R'	1583	28.07			

图 2-21　Fe-O 系平衡相图

由相图可知，并不存在分子式为 FeO 的化合物，在组成为 FeO 的右边存在的是一个浮氏体固溶体区域。已知浮氏体固溶体为 NaCl 型晶格，晶格中氧离子已填满了其应占的结点，而属于铁的结点却没有被铁离子填满，而有空位，所以浮氏体固溶体是一种缺位式固溶体。由于部分铁离子位置是空着的，为了保持晶体的电中性，因此必须要有一定量的 Fe^{2+} 转变为 Fe^{3+}。不能生成 Fe 与 O 原子数之比为 1 的 FeO 的原因，是因为这种组成的化合物不能形成最紧密的堆积。

由于氧化亚铁相（浮氏体）中 O 原子总是多于 Fe 原子，因此氧化亚铁常以 FeO、$Fe_xO(x<1)$ 或 $FeO_n(n>1)$ 来表示。从 Fe-O 相图还可看出，低于 570℃ 时，浮氏体是不能稳定存在的，其会分解为 $Fe+Fe_3O_4$；高于 570℃ 时，则会发生以下反应：

$$Fe(s)+1/2O_2(g)=\!=\!=FeO(s)$$

$$3FeO(s)+1/2O_2(g)=\!=\!=Fe_3O_4(s)$$

在 570～1371℃ 之间，与 Fe 处于平衡的 FeO(s)，其组成随温度的关系按图 2-21 中的 QLJ 线变化。这就是说通常所列的 FeO 标准生成热或标准生成 Gibbs 自由能等热力学数据，其 FeO 也不是浮氏体区域内的组成，而是随温度升高沿 QLJ 线变化的组成。

温度达 1371℃ 时，FeO 熔化，根据图 2-21 附表上的数据：J 点与 N 点的平衡氧含量（w）分别为 23.16% 与 22.91%，表明在"FeO"的熔点 1371℃ 时，处于平衡的液相与固相组成是不同的，按元素摩尔数计算为：

$$Fe_{0.964}O(s)=\!=\!=Fe_{0.950}O(l)$$

或

$$FeO_{1.037}(s)=\!=\!=FeO_{1.052}(l)$$

在 1371℃ 以上，金属 Fe 与液态"FeO"平衡时，液态"FeO"的组成随温度的升高是沿 NGC 线变化的。

陈肇友指出，一些含氧化亚铁"FeO"的相图或活度图，如 $FeO\text{-}SiO_2$ 系、$FeO\text{-}Al_2O_3$ 系、$FeO\text{-}Al_2O_3\text{-}SiO_2$ 系、$FeO\text{-}CaO\text{-}SiO_2$ 系等，其实都是在有金属 Fe 平衡共存的实验条件下进行测定的。因为只有在金属 Fe 存在的条件下，才能保证"FeO"的组成在一定温度下是一定值，自由度为 1。这就是说，有金属 Fe 存在时，含"FeO"的一些体系的相图或活度图，其"FeO"的组成是位于 Fe-O 系相图 QLJ-NGC 线上所指定温度的固定位置上，而不是变化的。在有铁液存在的情况下，Fe_2O_3 由高价铁向低价铁转变，发生以下的反应：

$$Fe_2O_3+Fe=\!=\!=3FeO$$

或者可以写作：

$$2Fe^{3+}+Fe(l)=\!=\!=3Fe^{2+}$$

Fe_2O_3 的熔点为 1576℃，FeO 的熔点为 1355℃。转炉炼钢过程中，尤其是吹炼初期，有足够多的氧在参与反应，并且在转炉的脱碳最激烈的期间，渣中的氧化铁有可能被熔池中的碳还原，渣中铁的氧化物会不断地变化。前面讲过转炉炼钢过程中，钢渣的温度高于钢液的温度，转炉后期的渣温通常在 1600～1720℃，故炉渣中的含铁氧化物也在不断地发生变化。

2.4.2.5　钢渣中 FeO 的作用

钢渣中 FeO 是炼钢过程中最主要的反应介质，主要起到化渣脱碳、脱磷、脱硅等冶金功能，取碱度 $R(CaO/SiO_2)$ 为 3.2、(MgO) 含量为 10%～14% 的渣样，进行 FeO 含量与炉渣熔点关系的测试，结果如图 2-22 所示。由图可知，当 FeO 含量由 12% 提高到 15% 时，炉渣熔点由 1410℃ 降到 1360℃，即随着炉渣中 FeO 含量的提高，炉渣的熔点下降，且下降的幅度较大。FeO 含量低的炉渣，其熔点较高。因此可以推断 FeO 含量对炉渣熔点影响较大，且 FeO 含量越高，渣流动性越好。

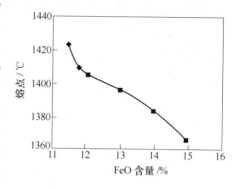

图 2-22　FeO 含量与炉渣熔点的关系

2.5　磷在钢渣中的存在形式

2.5.1　炼钢过程中磷参与的成渣反应

在转炉炼钢的吹氧过程中，脱磷原理以如下化学反应式表示：

$$2[P] + 5(FeO) + 3(CaO) = 3CaO \cdot P_2O_5 + 5[Fe]$$

$$2[P] + 5(FeO) + 4(CaO) = 4CaO \cdot P_2O_5 + 5[Fe]$$

也有学者根据炉渣中的岩相结构证明，炼钢过程中，还会发生以下反应：

$$3FeO + P_2O_5 = 3FeO \cdot P_2O_5$$

$3FeO \cdot P_2O_5$ 在高于 1470℃ 时不稳定，会和硅酸钙形成多种固溶体，如纳钙斯密特石。国内外进行的多年相关研究表明，在转炉液态钢渣的凝固过程中，熔渣中大部分 P_2O_5 随 C_2S 首先结晶析出。国外也有学者研究了 C_2S 粒子同 CaO-SiO_2-Fe_2O_3 系熔渣之间 P 的平衡分配比，结果表明，体系中 Fe_2O_3 的增加使其分配比增大，进而使渣中最多可达 98% 的 P 进入到 C_2S 中。B. Deo 等人对不同 Mg、Al、P 的钢渣中 P 的分布状况研究结果表明，P 在 C_2S 中的最大固溶量可达 5%，远大于在铁酸盐中的 0.32%（最大值）。这些研究都表明在合适的条件下，钢渣中的 P 能以较大的比例进入到 C_2S 相中。所以钢渣中的磷元素主要分布于 C_2S 和

C_3S 形成的固溶体相中；当炉渣碱度过高时，部分磷元素会赋存于以 C_3S 为主的矿物相中；当炉渣冷凝的过冷度太高时，部分磷元素会留存于冷凝的炉渣相中，来不及完成析晶长大以及物质迁移的过程。其他物相中则基本不含磷元素。杨文远高工研究转炉吹炼过程中的渣样，对硅磷酸钙所进行的扫描电镜分析结果（质量分数）列于表 2-10。

表 2-10　硅磷酸钙相的元素分析　　　　　　　　　　　（%）

冶炼时间	Si	P	Ca
8min 渣样	11.98	23.86	64.16
终点渣样	9.78	18.5	71.72

在以上渣样中的磷元素含量较高，硅磷酸钙的分子式接近于 $4CaO \cdot SiO_2 \cdot P_2O_5$。安徽工业大学的王玉吉和邓志豪使用 SEM（扫描电镜）和 EDS（能谱分析仪）分析不同 P 含量的试样，结果表明，钢渣中转炉渣系的 P 主要以 $3CaO \cdot P_2O_5$ 的形式赋存于 C_2S 相中，随着渣中 P 含量的增加，深灰色 C_2S 相所占区域逐渐扩大，连成一片，而浅灰色铁酸钙基质则逐渐减少，方镁石相也逐渐消失。在其他矿相当中并未发现磷元素的存在，这也说明，脱磷以后磷以氧化物的形式进入渣中的 C_2S，而 C_2S 是钢渣中的主要矿物组织，如简单地将钢渣返回烧结利用，则必然会造成 P 在铁液中的循环富集，并最终限制钢渣的再利用；如直接将钢渣用作为托马斯磷肥的原料，又嫌 P 含量太低。所以，钢渣的利用一直处于两难的境地，这也是了解 P 在钢渣中的矿物组织对含 P 钢渣优化利用的一个目的。

2.5.2　凝固钢渣中富磷相的形成与选择

离子理论认为，熔渣是由带电质点（原子或原子团），即离子组成。但并不否定其内有氧化物或复合化合物，这是带电荷的离子团。在碱性转炉钢渣中，SiO_2、P_2O_5、Al_2O_3 均属于熔体中的网络形成物，而 CaO 为网络修饰物，MnO、MgO、FeO 属于中间氧化物。由于钢渣中的 SiO_2 含量高于 P_2O_5 和 Al_2O_3，因此在凝固过程中，首先是以 SiO_4^{4-} 为网络形成物形成矿相，如 C_2S 和 C_3S 等。P_2O_5、Al_2O_3 是钢渣中最容易替代 SiO_4^{4-} 成为网络组成的氧化物，且钢渣中的 P 含量不高。因此，渣中的 P 只会以 PO_4^{3-} 析出矿相，如 C_3P 相，并且只能附属在以 SiO_4^{4-} 为网络形成物所形成的矿相中。在钢渣中，难以看到 C_3P 独立的矿相存在，钢渣中的磷元素分布于多个矿相中，呈分散分布。

根据 C_2S-C_3P 的二元相图，C_3P 相和 C_2S 相可以以任意比例形成固溶体。C_3P 相也可以与 C_3S 相生成固溶体，因此钢渣中的 P_2O_5 含量与 SiO_2 相比较少，

当形成 C_3P 相析出时，很容易与 C_2S 相和 C_3S 相形成固溶体，使 P 分散在多个矿物相中。

选择 C_2S 相而非 C_3S 相作为磷元素的富集相基于三个原因：

（1）C_3S 相属于高温稳定相，在 1300℃ 下会转化成 C_2S 相；

（2）C_3P 相与 C_3S 相生成的固溶体不能无限地互溶；

（3）从矿物形貌看，C_2S 相呈球形且结构致密，而 C_3S 相呈长条状且结构疏松。

为了避免 C_3S 相的生成，应该对钢渣进行改性，将二元碱度调节至小于 3，从而将大部分的磷元素从基质相富集到 C_2S 相中。由此，C_2S 相就成为 P 的富集相。

国内外的研究还表明，当磷元素分布在 C_2S 中时，该相中其他金属元素的氧化物含量很低。这样的矿物相如果能够被以较高的比例分离出来，则钢渣其余的部分完全可以返回冶金流程循环利用，而分离出来的部分则可以用作生产钙硅磷肥的原料。

2.5.3　含磷矿物组织的成分组成

钢渣中的含磷物质通常称为磷灰石（脉石矿物）。磷灰石单矿物的扫描电镜能谱成分（质量分数）分析结果见图 2-23 和表 2-11。

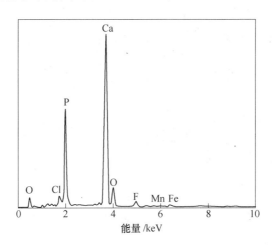

图 2-23　钢渣缓冷结晶以后渣中磷灰石的能谱图

表 2-11　磷灰石的成分　　　　　　　　　　　　（%）

成　分	O	Mg	P	Si	Ca	Mn	Al	Fe
含　量	14.82	0.55	20.01	1.8	46.31	0.54	0.29	1.12

　　王玉吉等人的研究还发现，渣系中磷含量增加，硅酸钙相增多，铁酸钙基质相则逐渐减少，方镁石相也逐渐消失。当磷含量为 1% ~ 3% 时，转炉渣系的方镁石相含量逐渐减少；当磷含量大于 5% 后，没有发现方镁石相，而在铁酸钙基质相中发现有 $MgO \cdot Fe_2O_3$ 相存在并逐渐增多。从转炉渣性能方面来说，磷含量的增加有可能抑制了方镁石相的生成，有利于改善转炉渣的安定性能，同时铁酸钙相的减少也有利于改善钢渣的易磨性。

钢渣凝固后的矿物组成与显微结构

近十多年来，人们研究钢渣的微观组织，主要是为了研究钢渣胶凝性的激活途径和制备新材料的可行性，根据钢渣的矿物组织特点，提取钢渣中的不同物质分类利用，以提高钢渣的使用效率，减少对环境的危害。

研究钢渣的方法较多，在炼钢企业经常采用荧光光谱仪和化学溶液分析法等。此外，X 射线衍射、电子显微镜等也是研究钢渣的常用手段。

由于每一种晶体都有其特定的结构参数，故不同晶体的 X 射线衍射图案是不同的。各国的科学家将不同晶体的 X 射线衍射特点制作成为标准图谱，在研究物质的组织结构时，通过 X 射线衍射的方法，得到衍射图案上的衍射线的数目、位置及强度，将它们与标准图谱对照（常见的有 ASTM 等），就可以从试样的衍射图案中将各个物相一一鉴别出来。

为了详细地分析钢渣的矿物组织，XRD 法（X 射线衍射分析法）使用得较为普遍。其基本原理是通过对材料进行 X 射线衍射，分析其衍射图谱，查阅相关手册标准图谱，以确定材料的成分构成、材料内部原子或分子的结构或形态等信息。此外，扫描电镜—能谱仪（SEM-EDX）、岩相显微镜分析也是研究钢渣矿物组织的有效手段。

钢渣中矿物的性质决定钢渣的利用途径，对钢渣的矿物相，鉴别方法主要有偏光显微镜分析法和 XRD 法。它们均能辨别出钢渣中所含的主要矿物，但对无定形相的类别和组成以及 C_3S 等规则形貌相的固溶组分无法辨别，致使至今人们尚不能对钢渣的矿物相组成有全面的认识。例如，由于组成未知，人们一直把钢渣中所含的一种固溶体定名为 RO 相。扫描电镜的背散射电子像是根据材料组分的原子序数差异而呈现出不同的亮度，因此可对原子序数相差较大的组成进行辨别，再结合 X 射线能谱仪对材料中微小尺寸的矿物进行成分测定，从而完成材料物相的鉴别。

XRD：常见的有丹东射线集团公司的 Y500X 射线衍射仪分析钢渣矿物相成分（工作条件：CuK_α，管电压 40kV，管电流 20mA，扫描速度 0.06°/s）。

SEM-EDXA 研究钢渣的方法为：将钢渣破碎、磨面、抛光、清洗处理制得试样，用扫描电子显微镜背散射电子像观察试样的显微形貌，并用 X 射线能谱仪测定微区元素组成，结合 SEM 的背散射电子像和 EDXA 分析结果，得出钢渣所含的矿物相及其组成。

钢渣的矿物成分主要有 C_2S 等，为了简化读写，文献中通常习惯按照该组分中氧化物的第一个大写字母来标记，例如 CaO 标记为 C、SiO_2 标记为 S、Al_2O_3 标记为 A、RO 相标记为 R、Fe_2O_3 标记为 F、游离的氧化钙标记为 f-CaO、游离氧化镁标记为 f-MgO、P_2O_5 标记为 P。常见的主要矿物组织的名称举例见表 3-1。

表 3-1 常见的主要矿物组织的名称

矿物组织	名 称	缩写	矿物组织	名 称	缩写
$CaO \cdot SiO_2$	硅酸钙	CS	$3CaO \cdot RO \cdot 2SiO_2$	蔷薇辉石	C_3RS_2
$2CaO \cdot SiO_2$	硅酸二钙	C_2S	$CaO \cdot RO \cdot SiO_2$	橄榄石	CRS
$3CaO \cdot SiO_2$	硅酸三钙	C_3S	$2CaO \cdot Al_2O_3 \cdot SiO_2$	黄长石	
$2CaO \cdot Fe_2O_3$	铁酸二钙	C_2F	$CaO \cdot Fe_2O_3$	铁酸钙	CF
$12CaO \cdot 7Al_2O_3$	七铝十二钙	$C_{12}A_7$	$3CaO \cdot Al_2O_3$		C_3A
$7CaO \cdot P_2O_5 \cdot 2SiO_2$	纳盖斯密特石	C_7PS_2			

目前没有非常用的渣中氧化物的简写，如 Cr_2O_3 和尖晶石类等。

3.1 转炉钢渣凝固后的矿物组成

3.1.1 典型钢渣矿物组成

不同的转炉，冶炼工艺不同，从转炉倒出炉渣的时机不同，钢渣的化学成分也不同。在钢渣采用不同渣处理工艺时，钢渣的结晶凝固特点不同，其钢渣的矿物组织也有千差万别，为了充分地利用钢渣，我国科技工作者对凝固钢渣的矿物组织做了大量的研究，其中有代表性的如下：

（1）李光辉、邬斌、张元波等人在 2009 年对经缓冷处理后转炉钢渣（热泼渣）的工艺矿物学特征及其综合利用技术进行研究，见表 3-2。

表 3-2 经缓冷处理后的转炉钢渣成分 （%）

成分	CaO	SiO_2	TFe	Fe_2O_3	FeO	Al_2O_3	MgO	MnO	TiO_2	S	P_2O_5	碱度（CaO/($SiO_2+P_2O_5$)）（-）
含量	46.95	10.63	18.28	9.65	13.45	3.64	4.86	2.48	0.7	0.08	1.85	3.76

从表中可以看出，此钢渣碱度较高，结果表明：转炉钢渣的主要物相组成为 C_3S、C_2S、金属 Fe 与 FeO 同溶体以及少量铁酸钙和磷灰石等，李光辉给出的转炉渣的 X 射线衍射图谱如图 3-1 所示，钢渣的矿物组织及其含量见表 3-3。

表 3-3 钢渣的矿物组织及其含量 （%）

成分	C_3S	C_2S	FeO 固溶体(含金属 Fe)	铁酸钙	铁橄榄石	f-CaO	磷灰石	其他
含量	41.68	23.79	13.45	5.58	4.03	3.93	3.36	3.00

（2）王玉吉等人在 1981 年对转炉钢渣的研究结果认为，转炉渣的主要矿物

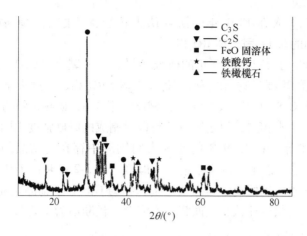

图 3-1　李光辉给出的转炉渣的 X 射线衍射图谱

为 C_3S、C_2S 及其含磷固溶体、C_2F 和 RO 相、游离石灰及其含 Fe 固溶体等。徐光亮等认为低碱度钢渣是以橄榄石、镁蓝薇石、RO 相和 C_2S 为主要矿物。

（3）侯贵华等人在 2007 年对鞍钢、南钢、宝钢的三种钢渣，使用扫描电子显微镜和能谱仪进行了研究，分析结果表明三个钢厂的转炉钢渣中高碱度（碱度大于 2.6）钢渣主要矿物相为 C_2S、铁铝钙及镁铁相固溶体，还含有少量的 C_3S、f-CaO 和 MgO。C_3S 呈黑色六方板状；C_2S 主要呈圆粒状，有时呈树叶状；铁铝钙相呈灰色无定形状，并常以连续延伸的形式镶于黑色硅酸盐相和白色中间相中；铁镁相主要呈现白色无固定的形状，有时连续延伸，有时呈现孤立的圆粒状；MgO 和 CaO 均以堆积形式存在，呈现黑色和灰色圆粒状。

（4）钢铁研究总院工艺所的佟溥翘、崔淑贤、丁永良，在 1999 年采用英国 12D 型热台高温显微镜，进行了高温熔渣研究。该高温显微镜是以热电偶、发热体和样品支架为一体的微型高温炉为主体，Pt-Rh 热丝炉可迅速将约 0.1mg 试样加热到 1650℃ 以上，并可利用放大 50 倍的显微镜观察渣的熔化状态。同时利用其良好的散热条件，在达到测试温度时，通入氮气或氩气以 800~1000℃/s 的高冷却速度，急冷熔渣。使渣样保持其高温状态，并制成透光、反光试样，研究熔渣急冷后的显微结构，结果见表 3-4。

表 3-4　钢渣的岩相结构

钢渣类型	化学成分/%							物相组成/%				
	TFe	SiO_2	MgO	CaO	Al_2O_3	MnO	R	C_2S	C_3S	FeO(浮氏体)	RO 相	C_2F
A	31.76	12.26	5.18	31.36	2.58	2.26	2.56	42	10	40		8
B	27.15	12.83	6.82	35.21	1.63	4.68	2.74	50	5	35		10
C	23.44	11.46	9.68	39.54	0.79	5.04	3.45	20	35		25	20

（5）欧阳东等人在 1991 年的研究认为转炉钢渣的主要矿物为 C_3S、C_2S、C_2F 和组成未知的含 Fe 固溶体 RO 相。

（6）朱桂林、孙树杉 2010 年的研究结果表明，碱度（$CaO/(SiO_2 + P_2O_5)$）大于 1.8，钢渣的主要矿物组织为 C_2MS_2、C_2S、RO 相；碱度大于 2.75，钢渣的主要矿物组织为 C_3S、C_2S、RO、C_2F；碱度大于 3.6，矿物组织与碱度大于 2.75 以后的矿物组织基本相同，但是钢渣磨粉以后制成的胶砂强度不同。

（7）唐明述等人在 1979 年的研究表明钢渣中存在着结晶的 MgO、FeO 和 MnO，它们的结晶状态主要取决于钢渣的碱度。图 3-2 是热闷渣中的主要矿物通过光学显微镜观察，单偏光中的亮黄色条状物为 C_3S 和一轴晶负光性。C_3S 属三方晶系，晶体为板状或柱状，底面解理不完全，横断面为多角状（六角形、三角形），如图 3-2(b) 所示。

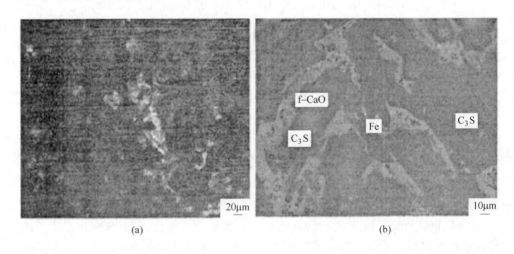

图 3-2 热闷渣中的主要矿物形态

（a）闷渣中为亮黄色的 C_3S（单偏光）；（b）灰色的含有 f-CaO 的 C_3S（反射光）

3.1.2 凝固速度对矿物组成的影响

3.1.2.1 钢渣冷却速度对钢渣凝固后矿物组成的影响

一些研究学者对于钢渣的矿物组成给出不同的结论，这主要是由于钢渣中 C_2S 和 C_3S 组分所占的比例问题引起的，并且这涉及钢渣后续的利用这一核心问题。由 SiO_2-CaO 二元相图可知，C_3S 属高温稳定相，形成于熔渣冷凝的高温段，在常温下属于热力学亚稳相，所以易于发生化学反应（此温度为 1250℃）失稳而出现结构转变。故转炉钢渣中的 C_2S 和 C_3S 的含量，要根据钢渣处理工艺来确定。笔者认为不同的阶段，渣处理的工艺不同，钢渣的结晶过程不一样，矿物组织也就各不相同。但是低碱度的钢渣，由于缺少足够的 CaO，所以钢渣的岩相结构，在结晶前后的变化不大，即当钢渣的碱度为 0.78～1.8 时，主要矿物为 CMS（钙镁橄榄石）、C_3MS_2（镁蔷薇辉石）；这一点在众多的学者研究结果中基本上是高度一致的。但是对高碱度的钢渣，需要根据钢渣的碱度、冶炼过程中的工艺条件、渣处理工艺的条件加以分别对待。武钢研究总院的李继铮、方宏辉、王悦等人将各种钢渣样用环氧树脂镶嵌后，分别磨制成光片和薄片，在偏光显微镜下观察分析，认为不能单纯根据钢渣碱度来判断钢渣的主要物相组成。李辽沙教授认为，不同的钢渣稳定化预处理工艺会对钢渣的成分、稳定性、物相组成、矿相形貌及矿相颗粒大小等理化特性产生影响。首钢总公司的冯向鹏、李世青、唐卫军、廖洪强将首钢渣场没有打水的钢渣磨细后，放入石墨坩埚然后升温熔化再冷却，冷却分为水淬、空冷和随炉冷却。研究发现随炉冷却的钢渣呈灰褐色，气孔少、质地致密；水淬处理钢渣呈灰黑色，孔隙多；空气中冷却钢渣中的 C_3S 和 C_2S 结晶程度较高，表征 C_3S 的衍射峰较高。水淬冷却钢渣仍保持较好的结晶状态，这是因为在水淬温度下，钢渣的黏度较高、流动性较差，从而致使水淬效果较差。同时，刚出炉的热态钢渣在水中快速冷却时，不仅大大缩短了钢渣中形成 C_3S 的时间，而且已形成的活性矿物也将发生水化反应，从而使钢渣的反应性能降低。结合其他学者的研究结果，可以认为不同的渣处理工艺，其钢渣的矿物组织各不相同，其特点可以总结为以下几点：

（1）炉渣凝固过程中，按照熔点高低先后析出结晶凝固，而钢渣的熔点与渣中的氧化铁、氧化铝、氧化锰、炉渣的碱度有密切的关系，以上各个因素都会对钢渣的凝固结晶影响很大，故冷却速度决定了结晶的过程。钢渣冷却速度对显微结构具有明显影响，可以将钢渣分为快冷钢渣（滚筒渣、粒化轮钢渣和风淬渣）和缓冷钢渣（热闷渣和热泼渣、干泼渣），按照各种钢渣的特点讨论其矿物组织更为具体。

（2）C_3S 在高温炼钢过程中是炉渣的主要矿物组织之一，并且在高温下高碱度的炉渣中也是钢渣的主成分之一，在水淬工艺、风淬工艺、热闷工艺、热泼工艺中，C_3S 的含量低于 C_2S 的含量。

（3）慢冷钢渣中主要为 C_2S，其次为 C_3S，f-CaO 比较多，玻璃相比较少，结构不均匀，易水化。

（4）快冷钢渣中玻璃相比较多，而且玻璃相中 CaO 含量比较高；f-CaO 少，结构均匀，玻璃相呈网状将 C_2S 颗粒包裹，这种结构使快冷钢渣不易水化。

（5）不同的钢渣处理工艺，钢渣中金属氧化物的最终组成也各不相同。滚筒水淬法由于冷却速度快，处理过程供氧不足，因而熔渣氧化困难，处理后的渣样铁元素主要以 FeO 形式存在，其含量约为 Fe_2O_3 的 2 倍；风淬法由于以压缩空气冲击高温熔渣，提高了熔渣与空气中的氧发生反应的反应界面，因而利于渣的氧化，处理后的渣样中 Fe_2O_3 含量比 FeO 高；热泼法则由于熔渣与空气自然接触，因而渣的氧化介于滚筒水淬法和风淬法之间，处理后的渣样中 Fe_2O_3 含量与 FeO 相近。总之，不同的稳定化预处理方式引起熔渣氧化过程的差异，最终将导致凝固后钢渣中矿物相种类的变化以及部分矿物相化学组成的不同。

3.1.2.2　玻璃相的概念与作用

玻璃相（glass phase）又称过冷液相，是陶瓷显微结构由非晶态固体构成的部分。陶瓷坯体中的一部分组成在高温下会形成熔体（液态），冷却过程中原子、离子或分子被"冻结"成非晶态固体即玻璃相。玻璃相在陶瓷体中的分布可以是间断的，也可以是连续的。钢渣属于非均质体，与陶瓷结构在一定程度上相似。故钢渣结晶过程中，会出现玻璃相，它存在于晶粒与晶粒之间，起着胶黏钢渣晶粒的作用。

钢渣冷却速度对显微结构和钢渣中玻璃相的形成具有明显影响，将钢渣分为快冷钢渣（滚筒渣和风碎渣）和缓冷钢渣（热闷渣和热泼渣）进行分析发现有以下的特点：

（1）快冷钢渣中玻璃相比较多，而且玻璃相中氧化钙含量比较高；游离氧化钙少，结构均匀，玻璃相呈网状将硅酸二钙颗粒包裹，这种结构使快冷钢渣不易水化。

（2）慢冷钢渣中主要为硅酸二钙，其次为硅酸三钙，游离氧化钙比较多，玻璃相比较少，结构不均匀，易水化。

3.1.2.3　钢渣结晶过程的特点

钢渣的凝固和结晶与金属铁液的凝固与结晶既有相似之处，也有很大的差别。金属凝固结晶过程中，也就是在金属原子间的作用力（金属键）下，金属原子形成一个金属体，温度对其铸态组织有决定性的影响。

关于高温液态渣从 1600℃ 冷却到 100℃ 以下室温的过程，根据所选择的冷却工艺不同，最后的终渣成分也明显不同。在不同温度段，有如下关键反应：

1600℃ 左右：液态渣炉内高温形成稳定熔融渣；

1200℃ 左右：半液态渣 C_3S 分解为 C_2S；

800 ~ 700℃：固态渣 β-C_2S 分解；

500℃ 以下：固态渣活性稳定，但安定性未定。

采用快冷工艺，数秒钟之内渣温度从 1600℃ 降到 600℃，快速通过了两个不稳定温度区，使分解反应较少发生，因此渣成分基本上保持炉内高温渣成分（95%），活性成分得以保留。

由于钢渣的导热性差，不同的冷却处理工艺，对钢渣的结晶和矿物组织结构影响都很明显，在不同的工艺条件下，钢渣的矿物组织各不相同。在缓冷的条件下，钢渣内的各个组分按照熔点的高低，先后凝固析出，例如转炉渣中的 C_2S 和

C$_3$S 在钢渣温度降低的情况下，首先凝固结晶析出，其结晶相对比较充分，温度较低的铁酸钙和钙铝酸盐也按照熔点的不同，先后结晶凝固，这种工艺条件下的矿物组织的晶体结构独特。在热泼渣工艺事故状态下，由于缺少喷淋水冷却，到钢渣缓冷条件下，钢渣结晶成为一个巨大的渣体，这种现象与钢渣的充分结晶有直接的关系；而在钢渣的水淬等工艺中，由于钢渣的冷却强度大，各个组分之间的结晶反应来不及进行就凝固，所以与缓冷工艺状态下的钢渣矿物组织有明显的不同。

快冷钢渣由于冷却比较快，高温下的液相不可能完全结晶，一部分冷却成玻璃相，玻璃相呈网状分布，将 C$_2$S 颗粒包裹（如图 3-3 所示），f-CaO 比较少，分散分布。在自然环境下，玻璃相呈网状包裹其他物相的这种结构，具有两个作用：（1）使钢渣中易水化的物相难以与空气和水接触，使水化速度降低；（2）使 f-CaO 水化膨胀而产生的应力分散，不至于引起钢渣的粉化。

热闷渣工艺是介于滚筒渣和热泼渣工艺之间的一种工艺。热闷渣和热泼渣属于缓慢冷却，而且冷却不均匀。热闷渣和热泼渣是对热态钢渣打水，让其部分胀裂，外部冷却速度快，内部则冷却缓慢，所以其显微结构不均匀，钢渣中有 C$_2$S 和 C$_3$S，颗粒大小不等，常常连成片，玻璃相分布不均匀，含量相对比较少，玻璃相大部分是孤立分布（如图 3-4 所示），钢渣颗粒周围常常见一圈水化圈，特别是玻璃相少的钢渣颗粒水化严重。

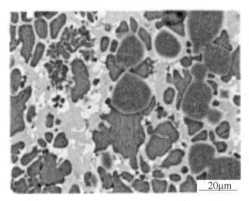
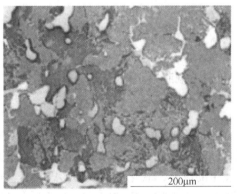

图 3-3　风淬渣中玻璃相（白色）　　　　　图 3-4　热闷渣中玻璃相（白色）
　　　　呈网状结构　　　　　　　　　　　　　　　呈孤立状分布

3.1.3　渣铁分层

关于渣和铁在液态下的存在状态，有两种不同的看法。传统的看法，认为液态渣铁由于密度、黏度等物理特性的不同，在渣罐（渣包）内存在一个分层接触的界面。另一种看法认为，实际上这一明显界面并不存在，而是液态渣铁相互混溶与共存。

最新综合的研究结果认为，在倒渣初期，应是混溶状态；通过搅拌、静置一段时间后，应会分层，铁沉于底部。由于渣中含铁一般在10%左右，而铁的密度比渣的密度大2~3倍，所以铁的体积一般只占总熔渣体积的3%~5%，即很薄的一层，这一点与生产中的实际情况是一致的。图3-5是转炉渣罐底部形成的凝固铁块的实体照片。

图3-5　转炉渣罐底部形成的凝固铁块

渣铁是否分层对后续各工序都有影响，甚至与是否加磁选设备和能否渣铁预分离都有重要关系。

3.1.4　钢渣中矿相组成分析

3.1.4.1　钢渣中主要矿物相的组成简介

从各种钢渣的化学成分来看，转炉钢渣的碱度都比较高，一般情况下，钢渣碱度高，形成的硅酸二钙、硅酸三钙、游离氧化钙就比较多。由于钢渣处理方式发生的改变，氧化钙的存在形式是否会产生变化及其对钢渣的性能到底有多大的影响，这都需要了解钢渣凝固过程中的结晶规律。

对钢渣试样进行扫描电镜分析结果可以看出，风淬渣中的游离氧化钙水化产物聚合物比较小，而且被玻璃相包裹；热闷渣中的游离氧化钙水化产物聚合物比较大，量也比较多，大部分氧化镁颗粒都固溶了氧化铁。不同渣处理工艺中，黏结相为玻璃相的化学成分分析结果见表3-5。

从黏结相的玻璃相成分来看，快速冷却钢渣的玻璃相中有大量的氧化钙，其含量大于40%；而缓冷钢渣的玻璃相中，氧化钙含量很低。

表 3-5　玻璃相的化学成分分析结果

钢渣类型	玻璃相的化学成分/%							
	SiO$_2$	Al$_2$O$_3$	CaO	MgO	MnO	FeO	P$_2$O$_5$	TiO$_2$
滚筒渣	2.04	3.63	45.26	0.44	0.81	44.64	0.41	2.77
风淬渣	2.88	3.47	46.12	0.49	1.19	34.08	0.64	11.14
热泼渣	—	—	3.21	20.96	7.76	68.06	—	—
热闷渣	0.47	—	4.2	18.34	14.48	62.5	—	—

从四种碱度都大于 3 的钢渣分析，按热力学平衡计算，钢渣中应该形成更多的硅酸三钙。但是从以上四种钢渣矿物组成和各物相的元素分析研究结果可以看出，氧化钙除了形成硅酸二钙和硅酸三钙外，在快冷钢渣中有部分氧化钙分布在玻璃相中，而且含量比较高，这样就减少了钢渣中硅酸二钙、硅酸三钙以及游离氧化钙的总量，这与钢渣显微结构分析结果一致。在缓冷钢渣中，氧化钙主要形成了硅酸二钙、硅酸三钙以及游离氧化钙，其他物相中含氧化钙比较少。从表 3-5 中四种钢渣显微结构分析可知，快速冷却处理的钢渣结构均匀，性能稳定，适合建材行业使用。

3.1.4.2　钢渣中各个矿物相的组织和成分

侯贵华等人研究了鞍钢、宝钢、南钢三种类型钢渣，钢渣的化学成分见表 3-6。

表 3-6　鞍钢、宝钢、南钢三种类型钢渣的化学成分

钢渣来源	化学成分/%									碱度
	CaO	SiO$_2$	Al$_2$O$_3$	Fe$_2$O$_3$	MgO	MnO	P$_2$O$_5$	TiO$_2$	其余	
鞍钢	43.31	13.23	2.9	25.25	12.6	1.13	0.81	0.41	0.36	3.08
宝钢	40.01	9.86	1.12	33.63	9.26	2.77	1.47	0.42	1.46	3.53
南钢	43.55	14.22	0.83	24.26	7.32	2.52	2.32	1.05	3.93	2.63

根据 EDX 对 SEM 照片中两千多个不同形貌的微区进行元素成分的测定，根据微区的颜色和测得的主要化学成分，将测得数据归为三类：钙硅相、铁钙相、铁镁相。

将钢渣破碎、磨面、抛光、清洗处理制得试样，用美国 Fei 公司（QANTA 200）扫描电子显微镜（SEM）背散射电子像（BEI）观察试样的显微形貌，根据形貌进行矿物归类。用 ThermoNORAN 公司 Vantage 型能量色散 X 射线（EDX）仪测定不同形貌相的微区元素组成，根据元素组成进行数据统计分析，确定各种形貌相的化学组成，进而初步确定钢渣中具有相同形貌特征相的矿物类别及其固溶组成。利用丹东射线集团公司的 Y500 X 射线衍射（XRD）仪对试样进行分析，结合 SEM_EDXA、XRD 和统计分析结果，侯贵华、李伟峰等人得出钢渣所

含的矿物相及其组成。他们对不同厂家的钢渣进行了显微研究，认为转炉钢渣中代表性矿物主要形貌为：黑色六方板状、圆粒状和树叶条状的硅酸盐相；灰色无固定形状，并常以连续延伸的形式镶于黑色硅酸盐相和白色中间相的铁钙相；白色无固定形状，有时连续延伸，有时孤立而成圆粒状的铁镁相。另外，还含有少量的以堆积形式出现的黑色圆粒状 MgO 和灰色 CaO，以及明亮的圆铁粒子。这项研究结果和实践结果比较吻合。

众多研究表明，不同的钢渣处理工艺，钢渣的硅酸盐相结构也存在差异，钢渣中的矿物组成主要可以分为钙硅相、铁钙相和铁镁相三大类，以下作简要的介绍。

A　钙硅相

使用 EDX 对 SEM 照片中不同形貌的钢渣进行区分研究，可以得出钢渣中的第一类是钙硅相，其微区颜色较深（一般为黑色），主要化学成分是 SiO_2 和 CaO，且两者总量超过 70%。其化学成分分布范围及平均值的统计结果见表 3-7。

表 3-7　钙硅相的成分

钢渣来源	电子显微镜区域数量	统计参数	化学成分/%						
			CaO	SiO_2	Fe_2O_3	Al_2O_3	MgO	MnO	P_2O_5
鞍钢	504	范　围	54~75	20~41	0~9	0~9	0~8	0~3	0~4
鞍钢	504	平均值	64	31	3	1	0.5	0.4	2
宝钢	409	范　围	56~71	22~38	0~10	0~5	0~3	0~4	0~6
宝钢	409	平均值	64	30	4	0.8	0.5	0.5	4
南钢	433	范　围	55~72	21~37	0~10	0~3	0~5	0~8	
南钢	433	平均值	64	28	6	0.7	0.6	0.7	6

由表 3-7 可知，钢渣黑色钙硅相的主要化学成分是 CaO 和 SiO_2，平均含量分别约为 64% 和 30%，由此可以断定该物相为硅酸盐。同时还发现除了含有少量铁外，其他杂质含量较少。不同钢渣硅酸盐相的 CaO 与 SiO_2 的摩尔比在 1.5~3.5，这表明钢渣的硅酸盐相主要是以 C_2S 和 C_3S 的形式存在，且晶体结晶较好，部分钢渣也有以玻璃态形式存在的，造成这种差异的原因应该是熔渣冷却处理工艺的不同，当冷却速度较快时，熔渣没有充足的析晶成形时间，从而造成部分钢渣中存在玻璃态结构分布。

侯贵华、李伟峰等人对黑色六方板状硅酸盐矿物进行微区分析，结果显示该相 CaO 与 SiO_2 的摩尔比在 2.9 左右，从而可以断定该物相为 C_3S；其他圆形黑色硅酸盐相中的 CaO 与 SiO_2 摩尔比在 2 左右，应为 C_2S。同时还发现六方板状形貌的物质在钢渣中出现频率较少，考虑到钢渣的 CaO 与 SiO_2 摩尔比均较低，所以认为 C_3S 不可能是转炉钢渣中的主要矿物。转炉钢渣中的主要矿物为 $\beta\text{-}C_2S$，它在钢渣中含量较高，且晶形不太规整，是固溶成分含量较多的矿物。

B　C_3S

某种钢渣中，通过对 C_3S 的扫描电镜能谱成分分析结果（质量分数）可以看出，C_3S 中除含 MgO、Al_2O_3 和 f-CaO 外，还含有极少量的金属 Fe 和 P，它们以微粒体形式嵌镶于 C_3S 中，包体粒径一般在 5μm 以下，这也是钢渣尾矿中金属流失的主要原因。因此，在热闷渣、水淬渣的工艺中，降低尾矿铁品位难度较大。C_3S 的各种元素的能谱图和成分分别见图 3-6 和表 3-8。

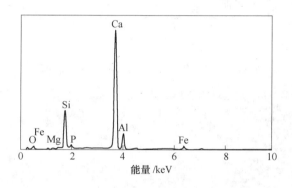

图 3-6　钢渣缓冷结晶以后渣中 C_3S 的能谱图

表 3-8　C_3S 中各种元素的成分　　　　　　　　　　（%）

元　素	O	Mg	Si	P	Ca	Fe
含　量	14.38	0.97	15.55	1.92	63.54	3.64

C　C_2S

C_2S 在 525℃ 发生 β-C_2S→γ-C_2S 的晶型转变，因此，转炉钢渣中大部分是 γ-C_2S。C_2S 中也含有少量的 P 和 Fe，而且 C_2S 中的 P 含量高于 C_3S 中 P 含量。C_2S 的成分见表 3-9。

表 3-9　C_2S 的成分　　　　　　　　　　（%）

元　素	O	Si	P	Ca
含　量	15.52	16.36	3.84	47.66

高碱度钢渣的主要矿物中，由于钢渣在冷却过程中，如果冷却速度较快，C_3S 析出 f-CaO 转变为 C_2S，所以 C_2S 是转炉钢渣中主要的矿物组成。C_2S 的能谱照片如图 3-7 所示。

通过光学显微镜观察到，薄片中浅黄色晶体主要呈粒状、柳叶状，其形状随冷却条件的变化而变化，快冷者多呈浑圆形，如图 3-8 所示。由于晶型的转变使体积发生膨胀，因此，在光片中可看到解离过程中产生的裂纹，并且有部分 C_2S 与 C_3S 环状连生，完全解离比较困难，其嵌布粒度为 0.01~0.05mm。

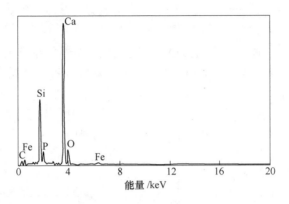

图 3-7　钢渣缓冷结晶以后渣中 C_2S 的能谱图

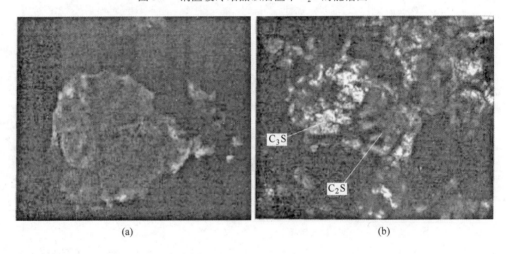

(a)　　　　　　　　　　　　　　(b)

图 3-8　钢渣缓冷结晶以后渣中硅酸二钙的显微结构特征

（a）闷渣中呈淡黄色的粒状 C_2S（单偏光，×400）；（b）闷渣中的 C_2S 与 C_3S 环状连生（单偏光，×200）

D　铁钙相

铁钙相主要是铁酸盐（$2CaO \cdot Fe_2O_3$）固溶体，在其 SEM 微区颜色较浅（一般为灰色），简称灰色铁钙相，化学成分主要有 Fe_2O_3 和 CaO，无固定形状居多，在转炉钢渣中所占的比例很大，常固溶 Al_2O_3，其代表性化学式为 $Ca_2(Al,Fe)_2O_5$，在钢渣中 C_2F 的化学式系数比偏离 2，主要是固溶的 Al^{3+} 取代了 Fe^{3+} 的位置造成的。灰色铁钙相的化学成分见表 3-10。

表 3-10　灰色铁钙相的化学成分

CaO/%	SiO₂/%	Fe₂O₃/%	Al₂O₃/%	MgO/%	MnO/%	CaO 与 Fe₂O₃ 的摩尔比
35 ~ 51	0 ~ 11	36 ~ 57	0 ~ 8	0 ~ 6	0 ~ 9	1.8 ~ 4.2

由表 3-10 可以看出：CaO 和 Fe_2O_3 是灰色铁钙相的主要化学成分，且两者总含量超过 70%，两者含量相当，都在 40% 左右，变化范围不大，未超过平均值的 10%，除固溶了少量的 Al、Si 以外，其他元素固溶少，未测到 P 的存在。该物相中 CaO 与（$Fe_2O_3 + Al_2O_3$）摩尔比的平均值接近于 2。不同的钢渣中摩尔比有所不同，但是基本上集中在 1.8～2.2 之间。由此可见，该矿物的 CaO 与 Fe_2O_3 摩尔比应为 2，即固溶了少量 Al 的 C_2F，其代表性组成可写成 $Ca_2(Al, Fe)_2O_5$。出现 CaO 与 Fe_2O_3 摩尔比偏离情况的原因是 C_2F 固溶了元素 Al，Al 取代了 C_2F 中 Fe 的晶体位置，从而使得 CaO 与 Fe_2O_3 的摩尔比稍高于 2。

侯贵华等人对不同钢渣中铁钙相的化学成分统计见表 3-11。

表 3-11　灰色铁钙相的化学成分

钢渣来源	电子显微镜区域数量	统计参数	化学成分/%						摩尔比	
			Fe_2O_3	CaO	Al_2O_3	SiO_2	MgO	MnO	CaO/Fe_2O_3	$CaO/(Fe_2O_3 + Al_2O_3)$
鞍钢	212	范围	33～56	35～51	0～8	0～10	0～4	0～4	1.8～4.2	1.7～3.2
鞍钢	212	平均值	48	43	4	3	1	1	2.6	2.1
宝钢	222	范围	38～57	36～48	0～8	0～9	0～3	0～5	1.8～3.5	1.5～2.9
宝钢	222	平均值	49	41	5	3	1	1	2.4	2.0
南钢	219	范围	39～57	35～46	0～7	0～11	0～6	0～9	1.8～3.2	1.5～2.7
南钢	219	平均值	51	41	4	3	1	1	2.3	2.0

李光辉对一种高碱度钢渣中铁酸钙的扫描电镜能谱成分分析结果（质量分数）见图 3-9 和表 3-12。

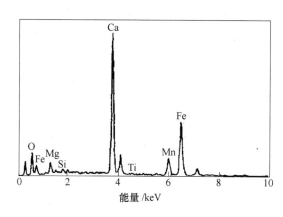

图 3-9　钢渣缓冷结晶以后渣中铁酸钙的能谱图

表 3-12　铁酸钙的成分　　　　　　　　（%）

元　素	O	Mg	Ti	Si	Ca	Mn	Fe
含　量	21.16	5.27	0.15	1.43	33.46	7.76	30.77

热闷渣渣中铁酸钙的显微结构见图 3-10，可以看出，铁酸钙含量较低，晶体呈板状，薄片中为血红色（图 3-10（a）），大部分被硅酸三钙包裹，还有极少量的橙黄色铁酸二钙与之共生（图 3-10（b））。其嵌布粒度为 25～60μm。

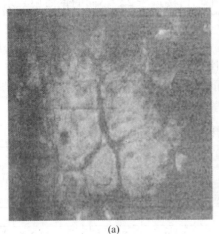
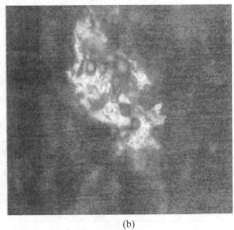

(a)　　　　　　　　　　　　　　(b)

图 3-10　钢渣缓冷结晶以后渣中铁酸钙的显微结构特征
（a）闷渣中呈血红色的铁酸钙（单偏光，×300）；（b）铁酸钙与橙黄色
铁酸二钙共生并赋存于硅酸三钙中（单偏光，×300）

E　铁镁相

在转炉钢渣中，铁镁相的含量仅次于钙硅相和铁钙相，其微区颜色明亮（一般为白色），主要化学成分是 Fe_2O_3 和 MgO，且两者总含量超过 50%。其化学成分见表 3-13。

表 3-13　白色镁铁相的化学成分

钢渣来源	电子显微镜区域数量	统计参数	化学成分/%						摩尔比
			Fe_2O_3	MgO	MnO	CaO	Al_2O_3	SiO_2	FeO/MgO
鞍钢	203	范围	56～77	8～32	2～10	1～12	0～2	0～7	0.9～5.9
鞍钢	203	平均值	67	18	7	7	0.2	1.2	2.1
宝钢	211	范围	57～77	7～32	2～12	2～13	0～1	0～6	0.9～5.8
宝钢	211	平均值	69	17	7	6	0.1	0.7	2.2
南钢	200	范围	55～78	6～32	2～12	1～14	0～2	0～5	0.9～5.5
南钢	200	平均值	70	16	7	5	0.2	0.6	2.3

侯贵华等人通过 X 射线衍射仪（XRD）对钢渣进行分析，结合扫描电镜（SEM）、能量色散 X 射线（EDX）仪，观察到钢渣中存在近似圆状的颗粒，其直径在 20μm 左右，外层亮白，中间暗黑，没有明显的边界，是由两种原子序数差异

较大的元素组成的。研究结果证明，这是铁液向氧化镁粒子渗透而形成的铁镁相。

对白色镁铁相的数据统计分析表明，在钢渣中其化学成分主要为铁氧化物，其次为 MgO，并含有少量的 CaO（平均值约为 6%），其他元素含量少，未测到 P 的存在。根据形貌和能谱分析结果表明，该物质的结构可以表示为 $MgO \cdot x FeO$ 固溶形式。对 FeO 与 MgO 摩尔比进行了频率分布统计，统计研究结果表明，不同钢渣的 FeO 与 MgO 摩尔比 70% 以上分布在 1~3 之间，几乎不低于 1，超过 3 以后频率急剧下降，到达 4 时接近于 0，在 2 附近出现明显频率峰。由此认为该固溶物可记为 $MgO \cdot 2FeO$，是一种最为常见和最重要的 RO 相。

F　RO 相

由于 Mg^{2+}、Fe^{2+}、Mn^{2+} 离子半径分别为 0.078nm、0.083nm、0.091nm，比较接近，差异小于 15%，在 Ca^{2+} 不足的前提下，可形成连续固溶体，即通常所说的 RO 相，R 代表二价金属。

唐明述院士的研究表明，前后期渣中 RO 相的成分是不相同的，在碱度低时形成的 RO 相，在反光下为树枝状，雪花状的情况也很常见，在偏光下这种树枝状构造的 RO 相为黑色。在这种 RO 相中，主要是含少量 Fe_2O_3。唐明述院士在首钢转炉渣中发现 Mn 含量较高时，其 RO 相呈深红色，而在前期渣中以 FeO 为主的 RO 相在偏光下为黑色。以 FeO 为主的固溶体，又称为方铁石。RO 相的相图如图 3-11 所示。

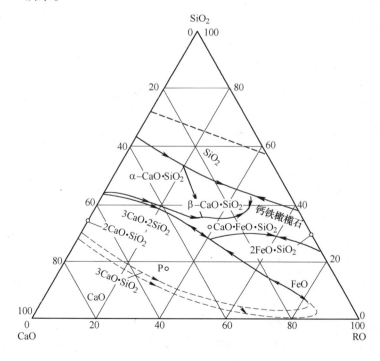

图 3-11　RO 相相图

RO 相的化学成分见表 3-14。

表 3-14　RO 相的化学成分

CaO/%	SiO₂/%	Fe₂O₃/%	Al₂O₃/%	MgO/%	MnO/%	Fe₂O₃ 与 MgO 的摩尔比
1~14	0~7	55~78	0~2	2~12	2~12	0.9~5.9

3.1.5　钢渣中的其他矿物组织

在钢渣中，除了含量较高的三种矿物相外，还对含量相对较少的 CaO 相进行了研究，它以灰色颗粒状堆积或分散形式出现。CaO 平均含量为 75%，其次含有平均含量为 15% 的 FeO 和少量的 MnO、MgO，两者含量在 5% 左右。另外，SiO₂的含量极少，几乎不含 Al₂O₃。由此可知，钢渣中的 CaO 主要固溶了 FeO 和少量的 MgO、MnO，几乎不固溶 SiO₂ 和 Al₂O₃。

3.2　电炉钢渣凝固后的矿物组成

电炉钢渣的特点是碱度远远低于转炉钢渣，这是因为电炉钢渣的冶金功能决定的。电炉渣的一个重要功能是埋弧，即电炉钢渣能够包围电炉电极送电过程中产生的弧光，以提高热效率和保护炉衬，这就需要电炉渣具有良好的泡沫化功能。炉渣碱度（CaO/SiO₂）为 2 时，炉渣的发泡能够达到最佳，加上电炉原料中的杂质较多，带入的含有 SiO₂ 酸性物质多于转炉，故电炉的氧化渣碱度一般在 1.4~2.5，并且由于电炉冶炼时间长等特点，电炉渣中的氧化铁含量高于转炉渣。电炉氧化渣的主要化学成分及其与转炉渣的区别见表 3-15。

表 3-15　转炉渣和电炉氧化渣的主要化学成分　　　　（%）

钢渣来源	化 学 成 分								
	CaO	SiO₂	FeO	Fe₂O₃	Al₂O₃	MgO	MnO	P₂O₅	f-CaO
宝钢转炉	40~49	13~17	11~22	4~10	1~3	4~7	5~6	1~1.4	2~9.6
马钢转炉	45~50	10~11	10~18	7~10	1~4	4~5	0.5~2.5	3~5	11~15
邯钢转炉	42~54	12~20	4~18	2.4~13	2~6	2~8	0.2~2	0.4~1.4	2~4
成钢电炉氧化渣	29~33	15~17	19~22	10~24	3~4	12~14	4~5	0.2~0.4	—

电炉钢渣的矿物组成主要为 RO 相（2FeO·MgO 等固溶体）、镁蔷薇辉石和硅酸二钙的固溶体（Ca₅MgSi₃O₁₂）、钙铝黄长石（C₂AS）、钙铁橄榄石、碳酸钙（CaCO₃）和玻璃相。并且钢渣中的硅主要存在于镁蔷薇辉石中，少量存在于钙铝黄长石、钙铁橄榄石以及玻璃相中。由于渣中的游离氧化钙和游离氧化镁含量较低，故电炉钢渣的活性较低。

此外，由于电炉使用的主要原料是废钢，含铬废钢和含锰废钢中的铬和锰被部分氧化，进入钢渣中，铬大部分存在于由（MnO·FeO·MgO）·Cr₂O₃ 形成的尖晶石中。由于中国电炉钢所占比例较低，故目前对电炉钢渣的研究远远滞后于转炉钢渣的研究。

3.3　精炼渣的凝固与结晶

LF 精炼炉弃渣的特点表现为不同钢种的 LF 精炼炉弃渣的成分各不相同，但是它们都属于一种非均质体。在 LF 精炼炉弃渣的自然冷却过程中，熔点高的组分首先析出凝固结晶，然后是熔点低的组分随着温度的进一步降低而结晶凝固；在强制冷却过程中，结晶凝固速度要快于自然冷却的过程，但是由于钢渣的非均质体特点、钢渣的黏度随着温度的降低而下降以及结晶过程中的动力学条件较差等因素的影响，炉渣组分在冷却速度很快或者铸余白渣混有钢液的情况下，精炼炉白渣结晶和凝固以后，其矿物组织的结构取决于冷却的速度和精炼渣的组分与其他条件。在专题研究文献中，典型的结论有以下两个：

（1）何环宇的 X 射线衍射结果表明，在 LF 炉精炼过程中加入的活性石灰、铝矾土和硅石等造渣材料在高温下生成了多种复杂化合物，使得精炼完成后的废渣物相组成比较复杂。LF 炉精炼废渣中存在的主要物相有 $11CaO \cdot 7Al_2O_3 \cdot CaS$（$C_{11}A_7 \cdot CaS$）、$3CaO \cdot SiO_2$（$C_3S$）和 $2CaO \cdot SiO_2$（C_2S）。

（2）安徽工业大学的任雪、李辽沙的研究表明，CaO 与 Al_2O_3 的矿物相组成主要为 C_3A 与 $C_{12}A_7$。

在生产过程中结晶凝固的精炼炉白渣和不同的生产条件下形成的精炼炉白渣，凝固后的矿物组织成分存在差别。实际生产中，精炼炉白渣的化学成分和实物矿物组织，不仅含有以上的矿物相，还含有其他的矿物相组织。精炼炉白渣其矿物组织可以从以下的几个方面展开介绍。

3.3.1　硅酸盐的凝固与结晶

精炼废渣渣系属 $CaO\text{-}Al_2O_3\text{-}SiO_2$ 三元渣系，何环宇教授对渣样成分如表 3-16 的精炼炉白渣进行了研究，物相析出过程的相变及对应液固相反应如图 3-12 和表 3-17 所示。

表 3-16　渣样成分　　　　　　　　　　（%）

成　分	CaO	SiO_2	Al_2O_3	MgO	FeO	CaF_2	S
含　量	58.1	13.7	18.78	5.4	0.76	1.4	0.51

表 3-17　精炼废渣物相析出过程变化及对应析出反应

液相组成点	物相组成点	析　出　反　应	物　　相
$O \rightarrow O_1$	P	L = CaO	CaO
$O_1 \rightarrow h$	$P \rightarrow P_1$	$L = CaO + C_3S$	CaO，C_3S

续表3-17

液相组成点	物相组成点	析出反应	物　相
h	$P_1 \rightarrow P_2$	$L + CaO = C_3A + C_3S$	CaO, C_3A, C_3S
$h \rightarrow k$	$P_2 \rightarrow P_3$	$L = C_3A + C_3S$	C_3A, C_3S
k	$P_3 \rightarrow O$	$L + C_3S = C_3A + C_2S$	C_3S, C_3A, C_2S

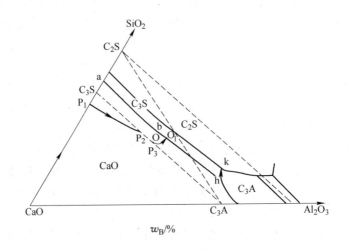

图 3-12　精炼废渣物相析出过程相变

按照相图 3-12 分析，废渣析出的物相有三种，分别是 C_3S、C_3A 和 C_2S，三种物相的含量见表 3-18。

表 3-18　废渣析出物相的含量　　　　　　　　　　　（%）

物　相	C_2S	C_3S	C_3A
含　量	8.56	42.55	48.89

由表 3-18 可知，精炼废渣的析出物相中，C_3S 与 C_3A 质量分数之和超过 90%，C_2S 的质量分数很小，加上 C_2S 的相平衡温度很高，故难以大量存在。实际过程中，如果熔渣冷却速率很快，析出产物难免存在 $C_{12}A_7$ 和 CaO（$C_{12}A_7$ 和 CaO 是 C_3S-C_2S-C_3A 三角形的邻近物相），故结晶产物主要有 C_3S、C_3A、$C_{12}A_7$ 和 CaO，精炼废渣的 SEM/EDS 分析结果也证明了这一点。

在 LF 精炼炉弃渣的组分中，C_2S（2130℃）析出结晶凝固以后，随着温度的进一步降低，会发生 γ-$2CaO \cdot SiO_2 \rightarrow \beta$-$2CaO \cdot SiO_2$ 的晶型转变，晶型转变过程中伴随有 5% 的体积膨胀，造成 $2CaO \cdot SiO_2$ 晶体碎裂为一个个的小颗粒晶体，也就是产生粉化。LF 精炼炉弃渣中主成分 $2CaO \cdot SiO_2$ 的晶型转变粉化如图 3-13 所示。

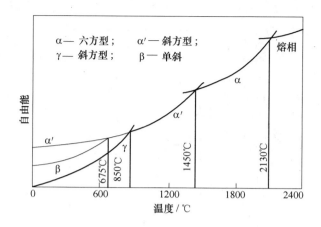

图 3-13　$2CaO \cdot SiO_2$ 的多晶型转变示意图

白渣中的 C_2S 粉化以后，成为粒度小于 1mm 的粉末状渣粒，极易随风漫天飞扬，这是精炼炉弃渣产生污染的最主要原因。

3.3.2　方镁石的结晶凝固与析出

唐明述院士认为，在精炼炉还原渣中，MgO 以方镁石晶相为主凝固析出，以固态的形式存在。笔者在生产中观察到，以方镁石为主的精炼炉矿物组织多存在于钢液凝固的区域，与天然的大理石色泽有相似之处，但是成分化验得到，其中的 MgO 含量通常不足 10%。

3.3.3　铝酸盐的结晶与析出

LF 精炼炉弃渣中的钙铝酸盐（$mCaO \cdot nAl_2O_3$），其熔点远低于硅酸盐中的 C_2S 和 C_3S，但是钙铝酸盐有多种，其形成取决于精炼炉白渣中 CaO、Al_2O_3 含量，其中 $CaO-Al_2O_3$ 的平衡相图如图 3-14 所示，$CaO-Al_2O_3$ 系相图如图 3-15 所

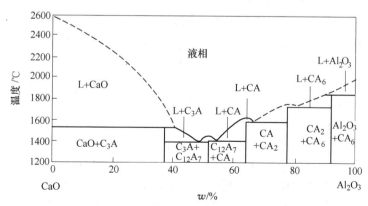

图 3-14　$CaO-Al_2O_3$ 的平衡相图

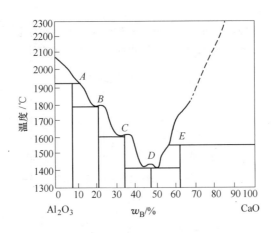

图 3-15 CaO-Al₂O₃ 系相图

A—CaO · 6Al₂O₃；B—CaO · 2Al₂O₃；C—CaO · Al₂O₃；D—12CaO · 7Al₂O₃；E—3CaO · Al₂O₃

示；各种钙铝酸盐的组成特点见表 3-19。

表 3-19 各种钙铝酸盐的组成

钙铝酸盐	化学式简写	化学组成（w）/%		熔点/℃	显微硬度 /kg · mm⁻²
		CaO	Al₂O₃		
3CaO · Al₂O₃	C₃A	62	38	1535	—
12CaO · 7Al₂O₃	C₁₂A₇	48	52	1455	—
CaO · Al₂O₃	CA	35	65	1605	930
CaO · 2Al₂O₃	CA₂	22	78	约1750	1100
CaO · 6Al₂O₃	CA₆	8	92	约1850	2200
Al₂O₃	—	0	100	约2000	3000 ~ 4000

安徽工业大学的任雪、李辽沙对马钢所产 LF 炉无氟预熔精炼渣进行了研究，其 LF 炉精炼渣化学成分检测结果（质量分数）为：36.81% Al₂O₃，52.75% CaO，3.71% MgO，1.63% SiO₂，3.21% TFe，0.58% S，0.08% MnO，1.23% 其他。他们对精炼炉白渣进行了 XRD 分析，结果表明 LF 炉精炼渣中 Ca、Al 元素的矿相组成为 C₃A(3CaO · Al₂O₃)、C₁₂A₇(12CaO · 7Al₂O₃)，并且存在一定量的 f-CaO，其 XRD 的结果见图 3-16。

同时他们对 LF 炉精炼渣块状样品在矿相显微镜下观察到的形貌如图 3-17 所示。矿物显微镜的镜像分析结合 XRD 得出，马钢的 LF 炉精炼渣主要有 A 相 C₃A 和 B 相 C₁₂A₇ 两个含铝矿物相。其中，颜色较深的 C₃A 物相，结晶形貌较完整，以中心对称，其枝状结构在三维空间呈辐射状生长，主要原因是 C₃A 熔点高于 1535℃，而 C₁₂A₇ 的熔点在 1455℃，所以在渣降温的过程中，熔点较高的 C₃A 先

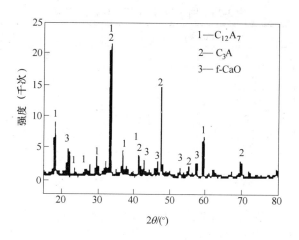

图 3-16　LF 精炼渣的 XRD 物相分析图

于 $C_{12}A_7$ 析出，其晶体在三维空间有足够的时间与空间生长，因而结晶较完整，平均粒径在 $100\mu m$ 以上，易于机械单体解离，便于选矿分离利用。C_3A 相体积分数约为 60%；$C_{12}A_7$ 相为基底相，颜色较浅，体积分数约为 40%。且两个矿相均夹杂一定的 f-CaO，$w(f\text{-CaO}) = 9.22\%$，使得晶体结构中空隙较大，极易通过化学手段破坏原有结构。

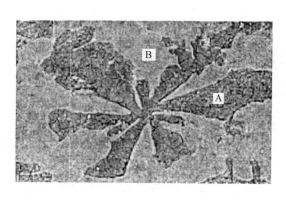

图 3-17　精炼炉白渣的电镜扫描结果

为了确定组成，任雪、李辽沙对钢渣进行了能谱分析，能谱分析结果见表 3-20。通过能谱分析可知，渣中 Mg 基本固溶在 C_3A 和 $C_{12}A_7$ 两相中，Si 仅固溶于 C_3A 中。这是因为 C_3A 中 CaO、Al_2O_3 的质量分数比较大，碱度较 $C_{12}A_7$ 高很多，与酸性氧化物 SiO_2 结合的趋势更强，所以 SiO_2 更易固溶于 C_3A 中。能谱数据计算表明，$C_3A = 21.67\%$，$C_{12}A_7 = 58.67\%$，在 $C_{12}A_7$ 相中 $Al_2O_3 = 78.86\%$。其中 A、B 相的组成见表 3-20。

表 3-20 图 3-17 中 A 相、B 相的组成

元 素	A 相		B 相	
	质量分数/%	摩尔分数/%	质量分数/%	摩尔分数/%
MgK	2.75	3.86	5.26	7.09
AlK	27.24	34.47	36.91	44.79
CaK	63.8	54.35	53.5	43.7
SiK	4.73	5.75		
SK	1.47	1.57	4.33	4.42
总量	100.0		100.0	

笔者对八钢第二炼钢厂的精炼炉白渣中没有粉化的部分进行了针对性化验，化验过程中按照颜色的不同划分为 A、B、C、D 四类，化验的成分见表3-21，与之对应的实物照片如图 3-18 所示。

表 3-21 LF 弃渣中主成分 （%）

分 类	SiO$_2$	Al$_2$O$_3$	CaO	MgO
A	6.36	29.14	58.29	4.97
B	6.29	19.14	59.96	6.08
C	5.53	29.51	54.69	6.89
D	10.33	26.23	55.87	5.19

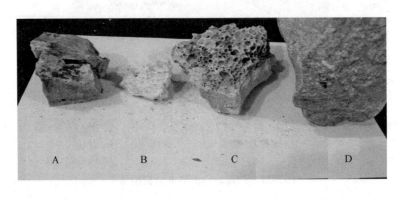

图 3-18 固态白渣的实物照片

3.3.4 精炼渣中的硫与游离氧化钙

3.3.4.1 硫在精炼渣中的存在形式

精炼炉白渣的重要功能之一是扩散脱氧和脱硫，所以硫在白渣中的含量较高，其存在形式对精炼炉白渣的循环使用和深加工都有直接影响。

对这一问题，何环宇的研究认为，在 LF 炉精炼过程中，加入的活性石灰、铝矾土和硅石等造渣材料在高温下生成了多种复杂化合物，使得精炼完成后的废渣物相组成比较复杂。X 射线衍射结果表明，LF 炉精炼废渣中存在的主要物相有 $11CaO \cdot 7Al_2O_3 \cdot CaS(C_{11}A_7 \cdot CaS)$、$3CaO \cdot SiO_2(C_3S)$ 和 $2CaO \cdot SiO_2(C_2S)$。脱硫反应产物为 CaS，与热力学化学反应式表明的结果一致，但在废渣中硫并不是以简单的 CaS 形式存在。根据三元相图和 SEM/EDS 的分析表明，在精炼渣的析出过程中，钢中的硫形成 CaS 进入渣中，渣中的 CaS 与低熔点的物相 $C_{12}A_7$ 发生置换反应，生成铝酸钙硫化物 $11CaO \cdot 7Al_2O_3 \cdot CaS$，该复杂物相中 $nCaO:nAl_2O_3:nCaS = 11:7:1$，反应的方程式如下：

$$12CaO \cdot 7Al_2O_3 + CaS = 11CaO \cdot 7Al_2O_3 \cdot CaS + CaO \quad \Delta G^{\ominus} = -92050 - 4.72T$$

其研究过程中对 LF 炉精炼废渣的 X 射线衍射结果如图 3-19 所示。

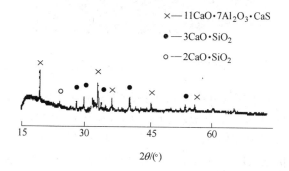

图 3-19 LF 炉精炼废渣的 X 射线衍射结果

LF 炉精炼废渣光学显微镜照片如图 3-20 所示。

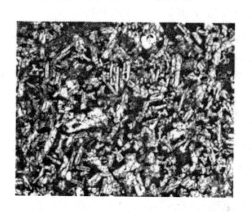

图 3-20 LF 炉精炼废渣光学显微镜照片

光学显微照片显示，LF 炉精炼废渣物相分别呈现狭长条状、发射絮状和立方板块样三种形状。三种形状的物相在废弃的精炼渣中均匀分布，表明在精炼过程中各造渣料互熔并进行了较充分的反应。在这三种物相中，立方板块样物相尺寸和面积最大，发射絮状物相次之。精炼渣的扫描电镜照片如图3-21所示。

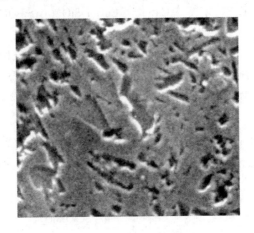

图 3-21　精炼渣的扫描电镜照片

扫描电镜结合电子探针分析结果表明，大块立方板状物相有硫存在，结合 X 射线衍射分析结果可知，立方板块物相为 $C_{11}A_7 \cdot CaS$（$11CaO \cdot 7Al_2O_3 \cdot CaS$）；狭长条状物相为 C_3S（$3CaO \cdot SiO_2$）；发射絮状物相为 C_2S（$2CaO \cdot SiO_2$）。从扫描电镜结合能谱分析结果还可以看出，由于 LF 炉精炼废渣碱度很高，其中还存在大量的 f-CaO，这些 f-CaO 在冶炼过程中并未与其他组分发生反应，小部分仍然以未熔固态颗粒状存在，大部分熔化后包裹在其他物相表面，这些 f-CaO 使 LF 炉精炼完毕后废渣还具有一定的硫容量。

3.3.4.2　精炼炉白渣中游离氧化钙的特点

由于 LF 炉精炼渣为还原渣系，四元碱度在 1.3～1.9 之间，其中 CaO 质量分数可达 50% 甚至更高，使得精炼渣中可能产生游离氧化钙（f-CaO）。不论哪一种脱氧模式使用的精炼渣，渣中都存在着不同程度的游离氧化钙，其含量一般远远高于转炉氧化钢渣中的含量，在 5%～12% 范围内波动。精炼炉白渣含有较多的游离氧化钙，还含有 C_3S 等水泥熟料的成分，使得精炼炉白渣的处理工艺上有较大的局限性，不适合水淬工艺，例如热闷渣工艺和滚筒渣工艺进行处理。

3.4　不同渣处理工艺的钢渣矿物组成

3.4.1　干泼渣的矿物组成

干泼钢渣的概念即最初的冷弃法产生的钢渣，即高温液态热熔钢渣泼倒至渣坑后，自然缓慢冷却，然后进行后续处理的渣处理工艺。某厂干泼冷弃渣实体工艺照片如图 3-22 所示。

图 3-22　某厂干泼冷弃渣实体工艺照片

对这种钢渣进行取样分析发现，干泼钢渣中游离钙的物相组成及体积分数为：金属铁 1.1%，颗粒状游离石灰 3%～6%，被包裹游离石灰 15%，其他 90%～95%。干泼钢渣中的游离石灰含量较高，为直接利用带来了潜在的危害。干泼钢渣电子显微结构如图 3-23 所示，为镁元素主要聚集区。干泼钢渣矿相以硅酸二钙为主，其他为铁方镁石、RO 相和铁酸盐，还含有较高的游离氧化钙，只有硅酸钙中含有磷。硅酸二钙多呈他形，大、小粒状分布比较均匀，硅酸三钙多呈短板状，分布不均匀，基质相是铁酸盐与 RO 相，分布不均匀。渣中氧化钙含量高，部分氧化钙与氧化硅、氧化铝、氧化镁和氧化铁并没有化合，这部分氧化钙经高温成 "死烧状态"，结构致密，颗粒粒径范围在 8～30μm，此氧化钙水解形成 Ca(OH)$_2$ 过程缓慢，通常需要 3 天才明显反应，水泥硬化之后固相体积

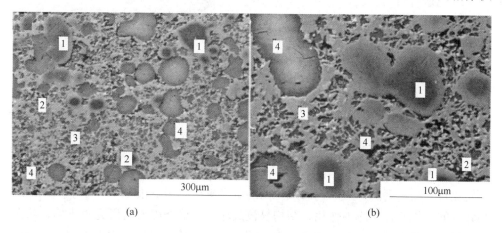

(a)　　　　　　　　　　　　　　　(b)

图 3-23　干泼钢渣显微结构
1—铁方镁石；2—铁酸盐；3—RO 相；4—C$_2$S

膨胀。带水解环的游离石灰光学显微结果如图 3-24 所示。

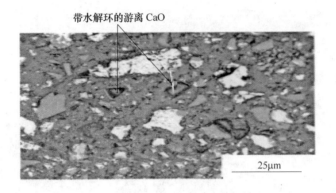

图 3-24 带水解环的游离 CaO 形貌

3.4.2 热泼渣的矿物组成

热泼渣工艺是将渣罐中的熔融钢渣倾倒在有一定坡度的处理区域，渣层厚度一般控制在 30cm 以下。熔渣在空气中凝固、表面温度降至 350～400℃时，适量喷水加速其冷却，然后自然降温至 100℃ 以下，再进行后续的处理和利用。热泼法处理钢渣时炉渣冷却速度比自然冷却快 30～50 倍。李辽沙等人对热泼法处理后的钢渣经 5 天时效后的扫描电镜照片如图 3-25 所示。

经 EDS 分析可知，A 的成分接近硅酸二钙；B 为 RO 相；C 为覆盖于表面的黑色微小颗粒"浮霜"，成分为游离氧化钙；D 为铁铝酸钙固溶体；E 为"浮霜"下的"条

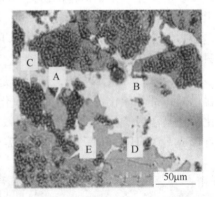

图 3-25 热泼渣的扫描电镜照片

状"矿物，是硅酸二钙与硅酸三钙的混合体。"浮霜"多处以硅酸二钙为主，尚未"起霜"的部分以硅酸三钙为主，这说明"浮霜"（游离氧化钙）是因硅酸三钙不稳定发生分解反应而从中游离、析出，硅酸三钙也因此转变为硅酸二钙。显然，由硅酸三钙析出游离氧化钙而得到的硅酸二钙的宏观结构和形貌与熔渣在冷凝过程中先期析出的硅酸二钙 A 不同：A 较致密，结构与成分相对均匀、稳定；而转化自硅酸三钙的硅酸二钙因氧化钙的游离析出，留下很多微孔或空隙，加之相转变的体积变化与应力作用，结构易被破坏。李继铮等人的研究也表明，热泼渣试样中主要为硅酸二钙，少量硅酸三钙、氧化镁和玻璃相。热泼渣的显微结构如图 3-26 所示。硅酸二钙为圆粒状，有些呈他形粒状镶嵌，晶粒之间黏结相少。

氧化镁颗粒孤立分布，呈黄色至黑色，固溶大量铁，夹杂在硅酸二钙之间。

　　以上分析结果表明，热泼渣中的硅酸三钙很不稳定，随着时间的推移，不断有氧化钙从中慢慢析出。对钢渣进行稳定化预处理的目的之一是消除其中不稳定的硅酸三钙，减少游离氧化钙的量。而经热泼法处理的钢渣，其中仍含有较多的硅酸三钙，这必然造成钢渣结构的不稳定。

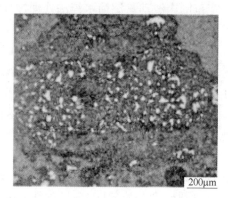

图 3-26　热泼渣的显微结构特征

　　由于热泼法处理过程使熔渣有相对充足的冷凝与矿物析出时间，所以处理后的渣中出现五种不同矿物，物相组成相对另外两种处理方式更接近于平衡缓冷（热力学意义上的）处理的结果。由于相的数目多，按吉布斯相律，该渣系的自由度相对少，因此理论上反应活性相对低（除硅酸三钙外），这也是后续资源化利用的不利因素。

3.4.3　滚筒渣的矿物组成

　　滚筒水淬渣渣样的电镜照片如图 3-27 所示，滚筒渣的显微结构如图 3-28 所示。

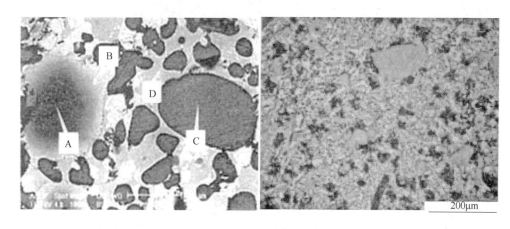

图 3-27　滚筒水淬渣的电镜照片　　　　　图 3-28　滚筒渣的显微结构特征

　　结合 EDS 能谱分析可知，A 和 B 均为方镁石相，但因镁含量不同，形貌有所差异；A 含镁较多，B 中含铁的杂质较多；A 被 B 所包裹，A、B 间无明显相界面。C 是典型的硅酸二钙相，呈深灰色，被包裹于浅灰色的基体矿物铁铝酸钙 D 之中。另有部分 RO 相，其主要成分为 FeO、MgO 和 MnO 的固溶体，比例可在一定范围内波动。滚筒水淬法处理过程中钢渣的冷却速率快，析出的矿物相来不及充分结晶、长大。

将三元碱度较高的的转炉钢渣采用滚筒水淬处理，按相关的文献介绍和理论分析，这种钢渣如果在接近热力学平衡状态下自液态缓冷，最终得到的固态渣中主要物相应有 C_3S。但在实际的滚筒水淬渣样中没有发现 C_3S 相，大量出现的是 C_2S，其面积占到总面积的 41.6%。这说明熔融钢渣经滚筒水淬法预处理后消化比较完全，相应的处理环境阻碍了 C_3S 的生成。

对滚筒渣显微结构特征分析表明，滚筒渣试样中主要为 C_2S，其次有 C_3S 和方镁石，黏结相为玻璃相。C_2S，无色，圆粒状；C_3S，无色，呈板状，结晶比较好。MgO 呈圆粒状，固溶 Fe_2O_3 呈黄色。黏结相主要为铁质玻璃，红褐色至黑色，半透明。玻璃相呈网状将 C_2S 和 C_3S 隔开。试样结构比较均匀。以上分析表明，经滚筒水淬法处理后的钢渣在后续的资源化利用时，不会再因结构失稳而被破坏。

3.4.4　风淬渣的矿物组成

图 3-29 为李辽沙用扫描电子显微镜得到的风淬渣渣样的电镜照片。

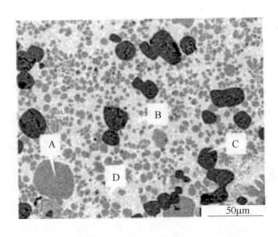

图 3-29　风淬渣的电镜照片

与热泼法和滚筒水淬法相比，风淬法处理过程中，熔渣的冷却速度非常快，熔渣组分在凝固过程中来不及进行充分的扩散传质，因而冷凝后钢渣的组元分布、晶粒大小等基本取决于风淬处理前熔渣的结构与特性。图 3-29 中 A 为硅酸二钙，B 是以铁酸钙为主的基体矿物，C 为方镁石，D 为 RO 相。

EDS 分析结果显示，以铁酸钙为主的矿物相中，全铁含量为 32.5%，并富集了渣中 85% 以上的铁氧化物，说明风淬渣中铁元素的氧化程度相对较高。风淬渣中的各矿物相比较稳定，矿物颗粒细小且比较均匀，因而适宜将风淬渣用于建材或相关领域。不足之处在于风淬渣中铁酸钙较多，这可能导致风淬渣作为水泥掺和料使用时，其反应和胶凝活性逊于水淬渣。

对风淬渣的显微结构的研究表明，风淬渣的试样多数呈圆形颗粒。试样中主要为硅酸二钙，其次为方镁石和玻璃相，少量铁酸钙。硅酸二钙颗粒很细小，呈米粒状、麦穗状。黏结相主要为玻璃相，其中有少量铁酸钙，颜色为红褐色。钢渣颗粒边缘常常有层薄的玻璃相包裹。方镁石为圆粒状，黄色，稀散分布，局部方镁石富集成团。试样未见明显的水化现象。试样显微结构如图 3-30 所示。

图 3-30　风淬渣的显微结构特征

3.4.5　热闷渣的矿物组成

热闷渣的矿物组织主要为硅酸二钙，其次为硅酸三钙、氧化镁、玻璃相，局部见铁酸钙。金属铁与氧化亚铁固溶体，以及少量的铁橄榄石和 f-CaO。

有些钢渣颗粒周围有水化现象，细粉基本都水化了，仅留下不水化的物相，主要是氧化镁固溶体和玻璃相。硅酸二钙颗粒呈粒状，结晶颗粒有大有小；少量硅酸三钙呈板状，在硅酸钙之间有氧化镁颗粒，硅酸钙之间的黏结相比较少，黏结相一般为玻璃相，有少量铁酸钙。试样显微结构如图 3-31 所示。

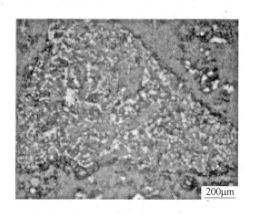

图 3-31　热闷渣的显微结构特征

参 考 文 献

[1] 陈家祥. 炼钢常用图表数据手册[M]. 2版. 北京：冶金工业出版社，2010.

[2] 李红霞. 耐火材料手册[M]. 北京：冶金工业出版社，2009.

[3] F. 奥特斯. 钢冶金学[M]. 北京：冶金工业出版社，1998.

[4] 华一新. 冶金过程动力学导论[M]. 北京：冶金工业出版社，2004.

[5] 岑永全. 转炉钢渣风化膨胀及处理方法[J]. 上海金属，1986(3).

[6] 张岩，张红文. 氧气转炉炼钢工艺与设备[M]. 北京：冶金工业出版社，2010.

[7] 俞海明，秦军. 现代电炉炼钢操作[M]. 北京：冶金工业出版社，2009.

[8] 俞海明. 转炉钢水的炉外精炼技术现代电炉炼钢操作[M]. 北京：冶金工业出版社，2012.

[9] 高泽平. 炼钢工艺学[M]. 北京：冶金工业出版社，2006.

[10] 黄希祜. 钢铁冶金原理[M]. 北京：冶金工业出版社，2002.

[11] 冯向鹏，李世青，唐卫军，等. 冷却温度和处理方式对钢渣反应性能的影响[J]. 矿业快报，2008(6).

[12] 侯贵华，李伟峰，郭伟，等. 转炉钢渣的显微形貌及矿物相[J]. 硅酸盐学报，2008，36(4):436-443.

[13] 肖琪仲. 钢渣的膨胀破坏与抑制[J]. 硅酸盐学报，1996，24(6):635-640.

[14] 钱光人，徐光亮，李和玉，等. 低碱度钢渣的矿物组成、岩相特征与膨胀研究[J]. 西南工学院学报，1997(1):35-39.

[15] 张朝晖，等. 转炉钢渣的物理化学和矿物特性分析[J]. 钢铁，2011，46(12).

[16] 唐明述，袁美栖，韩苏芬，等. 钢渣中 MgO、MnO、FeO 的结晶状态与钢渣的体积稳定性[J]. 硅酸盐学报，1979，7(1):35-46.

[17] 张鉴. 冶金熔体的计算热力学[M]. 北京：冶金工业出版社，1984.

[18] 冯捷，张红文. 炼钢基础知识[M]. 北京：冶金工业出版社，2005.

[19] 徐曾启. 炉外精炼[M]. 北京：冶金工业出版社，2003.

[20] 王玉吉，叶贡欣. 氧气转炉钢渣主要矿物相及其胶凝性能的研究[J]. 硅酸盐学报，1981(3):302-309.

[21] 叶贡欣. 钢渣中的二价氧化物及其与钢渣水泥体积安定性的关系[C]. 水泥学术会议论文集编委会. 水泥学会会议论文选集. 北京：中国建筑工业出版社，1980.

[22] 李辽沙，曾晶，等. 钢渣预处理工艺对其矿物组成与资源化特性的影响[J]. 金属矿山，2006(12).

[23] 夏德宏，余涛，吴祥宇，等. 热辐射波在介质内的散射机理[J]. 北京科技大学学报，2006(2).

[24] 郑沛然. 炼钢学[M]. 北京：冶金工业出版社，2003.

[25] 武杏荣，安吉南，陈荣欢，等. 转炉钢渣中磷的富集与富磷相长大[J]. 安徽工业大学学报（自然科学版），2010(3).

[26] 李辽沙，于学峰，余亮，等. 转炉钢渣中磷元素的分布[J]. 中国冶金，2007(1).

[27] 范永平，王申，王延兵. 钢渣中磁性矿物的赋存特性对分选效果的影响研究[J]. 环境

工程，2012(2).

[28] 李光辉，邬斌，张元波，等. 转炉钢渣工艺矿物学及其综合利用技术[J]. 中南大学学报（自然科学版），2010(6).

[29] 欧阳东，谢宇平，何俊元. 转炉钢渣的组成、矿物形貌及胶凝特性[J]. 硅酸盐学报，1991(6):488-493.

[30] 侯贵华，李伟峰，郭伟，等. 用扫描电镜的背散射电子像分析转炉钢渣中的矿物相[J]. 材料导报，2008(22).

[31] 孟华栋，刘浏. 钢渣稳定化处理技术现状及展望[J]. 炼钢，2009(6).

[32] 陈肇友，柴俊兰，李勇. 氧化亚铁与铁铝尖晶石的形成[J]. 耐火材料，2005(3).

[33] 陈肇友. 氧化物酸碱性强弱与复合氧化物的生成自由能[J]. 硅酸盐通报，1983(5).

第二篇

钢渣处理工艺与操作

 # 4 钢渣处理工艺概述

　　钢渣是在转炉、电炉或精炼炉熔炼过程中所排出的，由炉料中的杂质、造渣材料等熔化形成的以氧化钙、氧化硅、氧化铁、氧化镁、氧化铝等氧化物为主，有时还含有少量氟化物、硫化物及碳化物的复杂岩相化合物。

　　20 世纪 70 年代前，钢铁业作为国家的支柱性产业，其高额利润使得人们认为，钢渣只是一种钢铁制造的副产品，国内外各钢铁企业对钢渣的处理方面关注较少，缺少必要的研究和投入，尾渣多弃置。钢渣利用的主要目的是回收其中的金属铁，因产钢量较小，钢渣对环境和生态带来的影响尚未引起人们的足够重视。此后，伴随冶金技术的日新月异，一些工业发达国家钢产量大幅上升，从而导致钢渣的产生量与累积量与日俱增，对一些土地资源受限制的区域和国家的环境产生了较大的影响，例如当时的冶金大国日本，其冶金生产带来的环境与生态问题日益显著。世界第二次能源危机以后，日本进行了产业结构重组和调整，冶金工业由此开始向"资源节约型"与"生态友好型"方向发展。为此，如何解决包括转炉渣资源化在内的各类冶金二次资源利用问题，开始被逐步纳入政府管理的政策与法规范畴内，各冶金企业纷纷成立冶金渣利用研究所或相应机构。可以认为，这是真正意义上对钢渣规模化利用的开始。鉴于当时的钢主要由转炉生产，所以这一阶段也称转炉渣利用的第一阶段。

　　20 世纪 80 年代初期，随着钢铁业的逐步扩张、世界冶金资源和能源经济格局的改变，在保护环境和缩减经济规模、减少温室气体排放的压力下，促使能耗大户——钢铁业，开始关注如何从钢铁制造环节中节约和回收能源、循环利用钢铁制造环节产生的废弃物。这一阶段，转炉冶炼煤气、蒸汽的回收，是负能炼钢的里程碑。在这个基础上，先进的钢铁企业开始关注从钢渣中回收热能和循环使用钢渣以及炼钢粉尘。这可以认为是钢渣研究和利用进入实质化的第二个阶段。

这一阶段的努力，促成了回收钢渣热能的渣处理技术，以及厂内循环利用钢渣技术的发展。但是在这一阶段，对钢渣特点的研究不够，很多基础研究多致力于熔渣的冶金性能，关注其冶金功用，而对凝渣本身的物理化学特性及资源化利用过程中的行为等均不清楚，相关基础研究非常薄弱，很多在今天看来是显而易见的道理，在当时却使冶金、环境乃至材料方面的专家困惑多年。规模化利用钢渣，引发的问题很多，甚至事故频发，以致转炉渣规模化利用技术长时间难以得到突破。一直到 20 世纪 80 年代末，对转炉渣的利用技术，无论国内、国外，均无重大进展，规模化利用的模式并未建立。一些西方国家政府不得已开始采用对企业进行补贴的负经济效益方式对钢渣加以利用，以解决其带来的环境污染问题。

20 世纪 80 年代以后，关于转炉渣碱度高、自由氧化钙含量高、亚稳相多（因快冷过程相的非平衡演化导致），以及其时效分相导致氧化钙游离及结构的重组与破坏等，这一系列的本质性问题才基本清晰。随后钢渣的处理技术也得到了完善和发展，至此，钢渣的处理和利用才进入大规模实现的阶段。

我国钢铁企业建立转炉渣规模化利用研究机构并引起政府层面的关注与干预，是在 21 世纪初。我国自从 20 世纪 80 年代进入快速淘汰平炉建设转炉的时代以后，钢产量迅速增加，国内历年钢产量见表 4-1。尤其是 1986 年钢产量达到5220 万吨以后，钢渣的产生量剧增，对钢渣的研究也逐渐得到重视。由于我国80% 以上的钢产量来源于转炉，所以转炉钢渣的开发利用研究较多，也取得了一系列成果。具有国内自主知识产权的滚筒渣技术、热闷渣技术、嘉恒法处理钢渣技术、马钢的风淬钢渣技术等，代表了钢渣处理的发展方向。

表 4-1　国内历年钢产量　　　　　　　　　（万吨）

年　份	钢产量	钢渣量	年　份	钢产量	钢渣量
1970	1779	284.64	1991	7100	1136
1971	2132	341.12	1992	8094	1295.04
1972	2338	374.08	1993	8956	1432.96
1973	2522	403.52	1994	9261	1481.76
1974	2112	337.92	1995	9536	1525.76
1975	2390	382.4	1996	10124	1619.84
1976	2046	327.36	1997	10894	1743.04
1977	2374	379.84	1998	11559	1849.44
1978	3178	508.48	1999	12426	1988.16
1979	3448	551.68	2000	12850	2056
1980	3712	593.92	2001	15163	2426.08
1981	3560	569.6	2002	18237	2917.92
1982	3716	594.56	2003	22234	3557.44

年　份	钢产量	钢渣量	年　份	钢产量	钢渣量
1983	4002	640.32	2004	28291	4526.56
1984	4347	695.52	2005	35310	5649.6
1985	4679	748.64	2006	42266	6762.56
1986	5220	835.2	2007	48966	7834.56
1987	5628	900.48	2008	50092	8014.72
1988	5943	950.88	2009	56800	9088
1989	6159	985.44	2010	62696	10031.36
1990	6635	1061.6	2011	68327	10932.32
合　计	77920	12467	合　计	549182	87869

目前在已投产的老钢厂和建设中的新钢厂，渣处理工艺装备是必须的。而渣处理工艺的选择，是决定钢渣能否实现附加值最大化、对环境危害最小化的关键。不同的区域和资源结构情况下，钢渣处理的工艺也各不相同。例如，在新疆，砂石料供应丰富，取材方便，钢渣作为砂石料的替代品显然在成本上没有优势；而在内地的江浙等砂石料紧缺的区域，钢渣替代砂石料，应用于道路的建设、建材的制作，就具有竞争力。所以钢厂渣处理的工艺选择，需要和当地的资源情况、环境情况等紧密结合，以达到渣处理工艺对环境和经济效益都有贡献的目的。

4.1　常用钢渣处理工艺简介

渣处理工艺的目的是解决转炉渣的利用问题。在钢渣规模化利用初期，基本采用的是未加处理粗放式的直接利用，在含铁料组分回收后，尾渣大部分用于冷弃堆积、建筑回填、铺路、填海造地等。钢渣的冷弃法，就是钢渣倒入渣罐（盘）缓冷后（有的喷水强制冷却）直接运至渣场抛弃。由于钢铁业较高的利润，在工业化程度一般的国家或者区域，钢渣的问题一直被寻求发展的渴望掩盖着，人们刻意回避钢渣处理的问题。所以许多钢铁企业厂区都有大量钢渣堆积，形成渣山，著名的有首钢在石景山形成的渣山、太钢的厂区渣山等。典型的是鞍钢从1919年到1985年形成占地2.2平方千米、高47米、总堆积容量达到上亿吨的渣山。这些渣山，在雨水充沛、湿度较大的区域，对环境的污染会由于降水因素而减弱；可在缺水的地区，钢渣的污染会造成很严重的环境问题。冷弃工艺属于典型的落后工艺，钢渣的利用率很低，目前已经被淘汰。某厂热泼冷弃钢渣的实体照片如图4-1所示。

为了解决钢渣冷弃的短板问题，优化钢渣处理工艺，国内外的科技工作者做了大量的工作，尤其是我国的科技工作者，推动了钢渣由冷弃向水淬的方向发展。

图 4-1　某厂热泼冷弃钢渣的实体照片

水淬法目前是我国采用较多的方法之一。早期的水淬工艺是将钢渣直接倒入水池，此工艺由于钢渣带铁引起爆炸的现象频繁，被后期开发的各种水淬工艺取代。典型的水淬工艺与高炉的水淬渣工艺有异曲同工之处，即液态高温渣在流出、下降过程中，被压力水分割、击碎、速凝，在水幕中进行粒化。1969 年冶金部建筑研究院矿渣组与成都 65 厂协作，进行了平炉钢渣水淬的系统试验。1970 年马鞍山钢铁公司的工人成功创造了带孔中间罐法平炉前期渣的炉前水力冲渣工艺，为钢渣综合利用做出了贡献，湘潭、天津、上海等地的钢厂的平炉前期渣均采用过这种工艺。上海、湘乡、齐齐哈尔等厂的电炉也已采用过这种炉前水淬工艺。其工艺流程如图 4-2 所示。

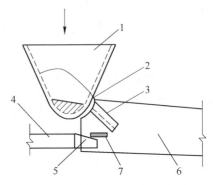

图 4-2　钢渣带孔中间罐法水淬工艺流程
1—渣罐；2—流渣孔；3—导渣槽；4—水管；
5—水喷嘴；6—输渣槽；7—压水板

这种工艺是在罐侧底部开一个适当大小的流渣孔，使熔渣从炉子流进渣罐之后，让熔渣从流渣孔流出，并保证渣流量，液态钢渣较少而又稳定。熔渣流出渣孔，遇到适当压力和适量水束，借水力将熔渣喷散成粒后，落入输送水沟中，排至集渣池。天津有钢厂的平炉渣子流出后直接流入冲渣沟，省略了中间罐，方法更为优越。

首钢和原冶金部建筑研究院矿渣组协作借鉴上述工艺流程，进行了转炉钢渣水淬试验。先将罐的流渣孔用黄泥、黄砂堵住，接渣后运至渣处理场地。然后将流渣孔用氧气烧开，熔渣从流渣孔流出的同时，使用压力水对熔渣进行水淬。以前的济南钢厂转炉和上海铁合金厂电炉钢渣处理采用的就是这种水淬工艺流程，其炉外倾翻渣盘水淬的工艺如图 4-3 所示。

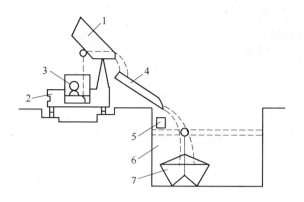

图 4-3 转炉钢渣的渣盆倾翻水淬工艺

1—渣盆；2—倾翻机构的电源系统；3—倾翻机构；4—钢渣溜槽；5—冲击水水箱；
6—水池；7—水渣收集斗

　　早期的水淬工艺，为钢渣的处理和应用开创了新的局面，钢渣的规模化应用在一些大钢厂相继展开。随着应用钢渣的工作进展，发现一些用于建筑领域的钢渣处理技术实施后问题很多，研究人员认识到转炉渣组成与物性的不合理，使其无法直接利用，必须将转炉渣出炉后先进行预处理。转炉渣的"稳定化"预处理技术解决了其利用问题，一方面利于其中含铁组分的回收，另一方面可以保证其组成与结构的基本稳定。将出炉渣进行预处理，或"稳定化"处理，其主要目的是预先消除或消解以自由及游离氧化钙为主的亚稳相，使转炉渣在被利用前组成与结构基本稳定，并利于渣、铁分离。之后可以将预处理好的转炉渣依据需要，进行资源化利用。为此，相继开发出转炉渣的多种预处理技术，按照工艺特点，大致分为热泼渣工艺、浅盘渣工艺、水淬渣工艺、风淬渣工艺、滚筒渣工艺、热闷渣工艺、嘉恒粒化轮渣处理工艺等。这些渣处理利用技术，各有特点，适合于不同钢厂的经营形式，有的已经退出历史舞台，有的一直沿用至今，并仍起着主导作用。

　　滚筒渣工艺、浅盘法渣处理工艺、嘉恒渣处理工艺、水淬渣工艺均属于水淬工艺的范畴。该类方法的优点有：处理量大、效率较高，处理后的钢渣中游离氧化钙含量较低、粒化较为均匀且粒度分布较为理想，自由氧化钙消解也较为理想，渣中铁较少氧化，多以二价铁或金属铁存在，利于后续磁选分离；缺点有：对渣流动性要求较高，因冷却速度快，凝渣的相析出经历淬冷的非平衡演化完成，因此其结构内应力较大，化学活性相对较高，并存在时效相变的潜在机制。

4.1.1　热泼渣工艺

　　热泼渣工艺属于渣处理工艺过程发展阶段中的一种过渡性工艺，介于浅盘渣工艺和冷弃渣工艺之间，最早在太钢等钢厂应用。其工艺产生的背景是为了解决钢渣排放的占地引起的污染，通过回收钢渣中含铁金属料，实现钢渣的深加工开发利用。目前属于污染严重、占地较多、安全问题突出、钢渣整体加工费用较高的一种渣处理工艺，因此除了电炉炼钢以外，规模化的转炉炼钢企业，基本上已经不再采用此工艺作为钢渣的主要处理模式，仅将其作为其他渣处理工艺的一种补充处理工艺。例如滚筒渣工艺过程中，渣罐内上部有异物、滚筒渣处理以后的罐底渣含有大量金属铁时，不适合滚筒渣处理工艺，采用热泼渣工艺只是一种应急情况下的选择。

热泼渣有厢式热泼和渣场热泼两种工艺。渣场热泼工艺场地占用较大，作业时的相互干扰因素较多，效率低，所以目前转炉钢厂的热泼渣工艺基本上全部是厢式热泼渣处理。

厢式热泼的冷却工艺为：高温液态钢渣在炼钢厂装入渣罐后，用渣罐运到炉渣间，再用天车将渣罐吊起，将高温液态钢渣均匀泼在渣厢中。将整个渣厢泼满后，集中连续喷水冷却 8 ~ 45h，再滤水 2h 左右，可将钢渣平均温度冷却到 50℃左右。然后开采装车将钢渣运至渣场进行加工处理。

4.1.2 浅盘渣工艺

浅盘法 ISC（Instant Slag Chill Process）钢渣处理工艺由美国 AF 公司首创，1974 年在日本新日铁得到应用，效果良好，因而在当时得到重视，宝钢在 20 世纪 80 年代采用此技术进行钢渣处理。但是从现在的工艺角度来讲，则是一种落后的工艺，目前新建的钢厂均不再采用这种工艺。其工艺过程如图 4-4 所示。

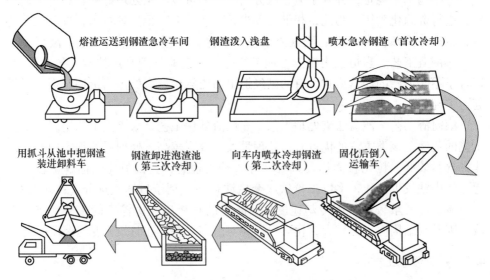

图 4-4 浅盘法钢渣处理工艺过程

浅盘渣工艺的基本流程是：液态熔渣首先倒入渣罐，渣罐向浅盘热泼，再向浅盘内喷水冷却，然后将浅盘渣拉运到水池并倒入水池，冷却至100℃以下捞出，然后进入下一步的钢渣加工回收流程。

浅盘法渣处理工艺粉尘污染小、钢渣活性高、自动化程度高，但是工艺环节较多、投资高、运营成本高、渣盆容易变形、事故较多、含尘蒸汽对厂房和设备的危害大、吨渣处理的水耗高、对钢渣的流动性有一定要求，黏度高、流动性差的钢渣不能用该方法处理。

4.1.3 热闷渣工艺

转炉钢渣的热闷工艺就是将具有一定温度的热态钢渣，倒入专用热闷池内，通过喷水冷却、加盖保压等手段，利用钢渣急冷时产生的热应力、温度降低过程中钢渣矿物组织的相变应力，使钢渣龟裂破碎同时产生大量常压饱和蒸汽渗入炉渣中，使渣中游离氧化钙和热闷过程中矿物变化产生的游离氧化钙消解成氢氧化钙，产生体积膨胀，使得钢渣碎裂成为便于回收利用的小颗粒钢渣，待钢渣降温至正常温度，进行挖渣，进入筛分、磁选等深加工流程。该技术是目前应用最广、处理钢渣成本最优的一种渣处理工艺。

热闷渣工艺对钢渣的流动性要求不高，碱度要求不严格，工艺易于掌握，操作难度低，机械化程度高，处理后的钢渣游离氧化钙含量低，与渣钢易于分离，钢渣的利用率较高，仅仅适用于转炉、电炉的氧化钢渣。但是，对钢渣的处理温度有一定的限制，处理周期较长，尾渣的粒度不均匀。

4.1.4 风淬渣工艺

风淬渣工艺也叫做钢渣风淬粒化技术。风淬渣处理工艺是将出炉熔渣倒入渣罐，运到风淬装置处进行处理。处理时，熔渣流被高速喷出气流打碎并呈抛物线运动，最终落入水池并被捕集。用于风淬的气体可以是压缩空气、氧气、氮气或高压蒸汽等。被加热的气体可通过另外的热交换装置进行热量回收。该法处理获得的渣粒粒径较小、粒径分布范围较窄，此法处理的渣冷凝速度最快，自由氧化钙消解也最为彻底，各晶相分布均匀，晶粒非常细小。相对其他处理方式，颗粒硬度较大，凝渣的结构内应力最大，往往会在一周内或稍长时间出现时效相变与结构重组，重组后的主晶相主要是硅酸二钙，且晶粒变大。用该法处理转炉熔渣，如采用不同的气体作风淬介质，得到的凝渣微粒在性能上存在较大差异。如以空气或纯氧为介质，熔渣氧化剧烈，凝渣中铁以三价铁为主，后续铁组分基本无法磁选回收，因此铁损较大。如以氮气为介质，则凝渣中铁以二价铁为主，并有少量金属铁与之共存，经时效相变后可磁选回收部分金属铁。采用风淬工艺处理时，同样要求钢渣有良好的流动性与低黏度。

日本福山制铁所最早开发并采用风淬法，回收余热。我国马钢 1988 年开发出同类技术，而后在成都钢铁厂（1991 年）开始初步应用，以氮气为载气，马钢则于 2007 年投入运行，以压缩空气为载气。

风淬法工艺简单，能够有效地回收钢渣的显热，粒化彻底，钢渣处理的水耗低，但对待处理钢渣的要求较高，只能够处理流动性良好的转炉液态钢渣，对黏度较高的钢渣和固态钢渣无法处理，而且现场噪声大，水蒸气发生量大。

4.1.5　滚筒渣工艺

滚筒渣工艺过程是将熔渣以适宜流速进入滚筒以后，在急冷条件下，在离心力、喷淋水以及滚筒本体内钢球的挤压摩擦作用下，钢渣被粒化。这种工艺的污染小、现场整洁、处理效率高，处理后的钢渣粒度均匀、游离氧化钙稳定、钢渣能够直接被利用。但是对待处理钢渣的含铁量要求严格，出渣带钢水，极易引发爆炸，设备的磨损严重，渣处理成本较高，并且对待处理钢渣的块度有要求。

虽然目前已经开发出能够处理固态渣的滚筒渣设备，但是局限性依然存在，不能够全量地处理转炉钢渣。

4.1.6　嘉恒渣处理工艺

嘉恒法渣处理工艺的基本过程是高温钢渣首先被转动的粒化轮粒化，然后进入冷却水池中，粒化好的钢渣被脱水、进行渣钢分离、钢渣进入利用加工流程，渣钢被炼钢回用。

该工艺避免了爆炸的问题、污染小、自动化程度高、钢渣的粒化效果好，但是该工艺流程对设备磨损严重，对待处理的钢渣有块度要求，金属回收率较低，对罐底渣、带炉口的钢渣难以处理。

4.1.7　钢渣余热自解热闷工艺

钢渣余热自解热闷工艺是较早开发的转炉渣预处理技术，也是国内钢企最早采用及引进的处理工艺。原理是将出炉渣置于可封闭罐内，利用出炉渣自身的显热与潜热，喷水对其作用，产生带压蒸汽，从而对钢渣强行"消解"。该工艺对欲处理钢渣没有特殊要求，钢渣消解较彻底，渣铁易于分离，回收铁组分后的尾渣矿物组织比较稳定、均匀，利于后续粗放式利用；缺点是间歇性处理、处理效率很低、占用处理场地大、处理时间偏长、综合处理成本偏高、安全性控制要求也较高。正因为如此，该工艺不太适合钢产量大的企业，所以多数企业在产能扩张后，摒弃了该工艺。但是该工艺可以作为一种补充工艺，在特殊情况下比较有效。图4-5为钢渣余热自解热闷工艺的实体照片。

图4-5　钢渣余热自解热闷工艺实体照片

4.2　钢渣处理工艺的评价方法——钢渣的生命周期

如何选择渣处理工艺，从环保的角度出发，目前有学者采用钢渣的生命周期评价模式来评价渣处理工艺的优劣。

生命周期分析（Life Cycle Assessment，LCA），是制品在其一生中对环境所造成的负荷评价的一种方法，从制造、运输、买卖、使用、废弃、再生为止对环境所产生的负荷的综合评价。普通的技术分析只考虑渣处理间的过程中的消耗和排放，而使用生命周期评价的方法则可以评估包括渣进入系统到最终处置的所有过程的消耗和排放，因此结果更为科学合理。这也直接说明了渣处理工艺的效果：钢渣产生到循环利用的环节越少，钢渣的生命周期越低，对环境和资源损耗的危害越小。

安徽工业大学的柴文波、丁晓、孙浩针对目前主要的渣处理工艺，闷罐法（热闷渣）、热泼法、浅盘法、滚筒法、风淬法进行清单分析，将钢渣处理技术的评估边界延伸至转炉渣进入系统开始的渣处理间、运输、破碎、磁选、筛分、废弃物处置的所有生命周期过程。

通过清单分析可以得到钢渣处理系统的主要资源消耗、能源消耗和环境排放，然后计算系统的生命周期成本，通过比较不同钢渣处理系统的收益，用于判断钢渣处理系统的优劣。这五种处理工艺的评价边界如图4-6～图4-10所示。

通过比较不同的钢渣处理技术的生命周期清单指标，得到环境性能好的钢渣处理系统，为环境决策提供依据。其中，钢渣处理系统的功能定义为转炉渣的处理，功能单位为吨渣。综合五种钢渣处理过程的输入、排放及产出的特点，选取主要的环境指标（见表4-2）进行分析。

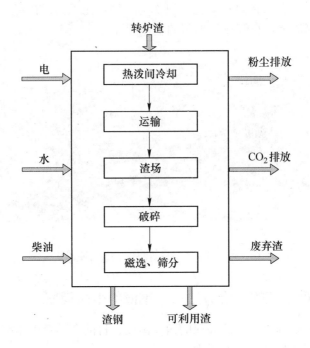

图 4-6 热泼渣工艺的评估边界

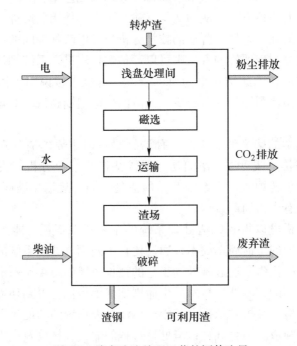

图 4-7 浅盘法渣处理工艺的评估边界

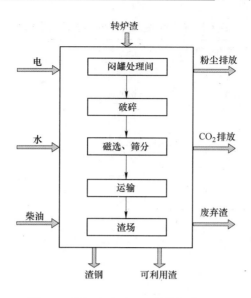

图 4-8　热闷渣渣处理工艺的评估边界

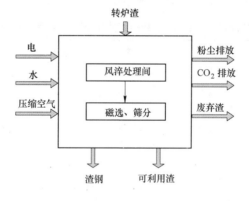

图 4-9　风淬渣渣处理工艺的评估边界

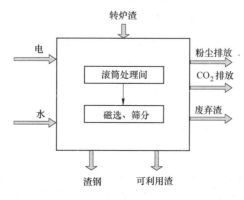

图 4-10　滚筒渣渣处理工艺的评估边界

表 4-2 转炉渣处理主要的环境评估指标

评 估 指 标		单 位
能源、资源消耗	水 耗	kg
	一次能耗	MJ
	电 耗	kW·h
	土地占地面积	m²
环境排放	CO_2 排放	kg
	粉尘排放	g
	废水排放	kg
固体废弃物及产品产出	渣 钢	t
	渣（0~10mm）	t
	渣（10~40mm）	t
	不可利用渣	t

对生命周期清单结果和生命周期成本的计算结果见表 4-3。

表 4-3 五种钢渣处理系统的生命周期清单结果和生命周期成本计算结果

处理方法	水耗 /kg·t⁻¹	一次能耗 /MJ·t⁻¹	电耗 /kW·h·t⁻¹	土地利用 /m²·t⁻¹	CO_2 排放 /kg·t⁻¹	粉尘排放 /g·t⁻¹
热泼法	328.00	258.11	18.36	0.12	34.20	38.18
浅盘法	329.08	256.45	19.07	0.10	33.91	22.64
热闷法	478.00	197.70	18.36	0.03	28.33	32.15
风淬法	677.17	61.71	6.02	0.00	9.05	7.28
滚筒法	1004.86	31.98	3.18	0.00	4.69	5.66

处理方法	废水排放 /kg·t⁻¹	渣钢 /t·t⁻¹	渣(0~10mm) /t·t⁻¹	渣(10~40mm) /t·t⁻¹	不可利用渣 /t·t⁻¹	生命周期成本 /元·t⁻¹
热泼法	49.83	0.12	0.16	0.17	0.46	-9.65
浅盘法	41.95	0.12	0.16	0.17	0.46	-10.69
热闷法	13.88	0.10	0.40	0.32	0.18	-41.82
风淬法	2.01	0.10	0.88	0.02	0.00	-82.19
滚筒法	1.04	0.10	0.86	0.05	0.00	-80.76

注：成本为负表示收益。

从表 4-3 中看出，滚筒法在资源消耗、能源消耗和环境排放方面除了水耗比较高以外，其余的环境指标均最小，而且在产出的产品中没有不可利用渣。风淬法、滚筒法的生命周期成本均较小，处理一吨钢渣分别可以为企业带来 82.19 元和 80.76 元的效益。而环境性能最差的是热泼法，虽然其水耗最小，但是其余的环境指标均较高，而且不可利用渣的产量最大，生命周期成本也最大。

虽然各个工艺后期经过了改善，但是以上的评价结果与实际基本情况还是比较吻合的，这也说明，滚筒渣和风淬渣工艺，以及与滚筒渣工艺相近的嘉恒渣处理工艺，是环保友好型的工艺方法。

4.3　不同钢渣处理工艺的比较

4.3.1　不同渣处理工艺流程的特点

国内学者对不同钢渣处理工艺做过系统的评价，他们的评价认为，在渣处理工艺的发展过程中，不同渣处理工艺的优缺点见表4-4。

表4-4　不同渣处理工艺的优缺点

处理工艺	冷弃法	浅盘法	热泼渣	热闷渣	水淬工艺	风淬工艺	嘉恒工艺	滚筒渣工艺
处理周期	长	较长	长	较长	短	短	短	短
处理后的钢渣粒度/mm	0~1000以上	0~1000	0~500	<20占80%以上	约10	<5	5~10	<50
处理后的钢渣均匀性	极差	差	差	良好	好	好	好	好
处理后的钢渣稳定性	差	差	差	好	好	好	好	好
处理后的钢渣分离	差	差	差	好	好	好	好	好
金属回收率	低	低	低	≥95%	约90%	好	好	好
可靠性	好	好	好	好	差	较好	好	故障率较高
钢渣处理率	100%	100%	100%	100%	50%	40%~60%	50%~60%	50%~95%

目前常见的渣处理工艺特点见表4-5。

表4-5　目前常见的渣处理工艺特点

处理工艺	环保性能	可处理的钢渣的种类	电耗	水耗	占地	一次性投资	运行成本
风淬法	较好	流动性好的液态渣	少	0~0.05	小	少	很低
热闷法	粉尘污染严重	各类热态渣	多	0.2	大	大	较低
滚筒渣工艺	好	流动性好的液态渣和粒度合适的固态渣	多	1	较小	大	高
嘉恒工艺	好	流动性好的液态渣和粒度合适的固态渣	较少	0.6	小	较少	低

4.3.2　大型钢厂渣处理工艺的选择原则

不同区域的钢厂、不同的资源情况和地理环境位置，其钢渣处理工艺的选择也要根据区域的特点来考虑。钢厂选择渣处理工艺的同时，要充分考虑到钢渣能否造福钢厂所在的区域，成为一种可用资源。钢铁大国要实现钢铁让人民受益的最高目标，必须要做好钢渣处理及其综合利用。

从目前的各种渣处理工艺来看，仅仅靠某一种工艺，是无法实现钢渣预处理最优化的。采用组合式的处理工艺处理钢渣，使钢渣也成为一种冶金产品，是促进钢渣处理工艺进入良性循环的关键，以下作简要说明：

（1）在沿海繁华的工业化城市，对环境保护要求严格，实施滚筒渣渣处理工艺，用于消除大部分钢渣处理过程中的污染，但是剩余的罐底渣，还需要热泼、热闷渣（包括渣罐内打水热闷）工艺，才能够处理彻底，部分的钢渣还需要直接返回转炉利用。渣处理工艺可以采用：1）流动性较好的钢渣（倒炉渣）进行滚筒渣处理，滚筒渣处理不了的罐底渣，进行热闷渣工艺处理，也可以将罐底渣破碎，直接加入废钢斗子进入转炉冶炼；2）溅渣护炉产生的黏度较大的钢渣，采用热闷渣工艺处理，部分含铁量较高的罐底渣，冷却后加入废钢斗子，进入转炉冶炼直接使用。

（2）在炼钢所需要的各类原料（如石灰、矿石等）紧缺的区域，采用热闷渣工艺，磁选出含铁的原料，炼钢直接回收使用，炼钢的尾渣用于烧结工艺，或作为高炉炼铁的熔剂使用，也可以选择制作钢渣微粉或者钢渣水泥。

（3）在南方化工工业聚集的区域，多雨、缺少砂石料，加上化学工业产生的废酸和各类有害化学物质，可以考虑采用滚筒渣工艺和热闷渣工艺、嘉恒法渣处理工艺，将渣处理过程中产生的尾渣、pH 值较高的渣处理废水，用于治理化学工业的各类有害物质，将是一种不错的选择，同时将具有一定级配的钢渣作为钢渣砂替代砂石效益明显。

（4）在缺少能源的区域，采用风淬渣工艺、热闷渣工艺、滚筒渣工艺，利用钢渣回收的显热，解决能源不足的矛盾，也是一种积极的工艺措施。

采用大中型转炉、电炉炼钢的钢厂，渣量较大，宜采用滚筒渣、风淬渣、嘉恒渣处理工艺和热闷渣处理工艺，对生产流程的优化和工艺环节的衔接有利；小型转炉、电炉由于渣量少，热闷渣工艺是一种最有效的选择。

4.3.3 对不同钢渣处理工艺的综合评价

不同的钢渣处理工艺，各有优劣点，可以概括为以下几点：

（1）无论哪一种钢渣处理工艺，都不能够全方位地处理好炼钢厂产生的各类钢渣。冷弃法已经被时代所淘汰；热泼法作为一种辅助的渣处理工艺，还具有一定的生命力；风淬法、滚筒法、热闷法、嘉恒法则是现代渣处理工艺中具有竞争力的代表工艺。

（2）热泼法处理一些特殊的钢渣，如罐底渣、渣中带有大块渣铁的钢渣，还有一定的优势，但是不适合规模化的处理转炉和电炉的钢渣，在一些年产钢低于 50 万吨、水资源充沛的钢厂也是一种边缘化的工艺选择。

（3）风淬法投资最少，并且环保、节能，但对流动性不好的钢渣处理起来缺陷突出，现场的噪声控制也要进一步优化，钢渣处理率方面还需不断努力。风淬法与热泼法、风淬法与热闷法的组合，将能够取长补短。

（4）滚筒法具有显著的环保优势，但技术含量较高，对待处理钢渣的要求较高，渣处理过程中限制的因素较多，设备老化速度较快，渣处理成本较高，渣处理过程中的安全问题也值得关注，应朝着简化设备、易于使用和维修、降低运行成本方向发展。滚筒法与热闷法、热泼法的组合，是一种行之有效、能够全方位处理氧化钢渣的工艺方法。

（5）嘉恒法是一种环保、节能的技术，在安全上弥补了滚筒法工艺上的不足，但是对流动性不好的钢渣和固态钢渣的处理有一定的局限性，并且要不断地完善工艺和设备，减少设备维修量。

（6）热闷法是一种低成本、高效、适应能力较强的渣处理工艺，对不同状态的氧化钢渣、液态钢渣和固态渣都能够处理，但是处理周期较长，需要不断优化热闷工艺参数，提高粉化率及回收利用余热。

（7）浅盘法处理钢渣的工艺，效率较低，能耗高，不宜在大中型钢厂采用。

（8）固态渣采用热闷法、热泼法处理，液态渣采用滚筒法、风淬法、嘉恒法处理，效率较高。

总之，钢渣处理工艺的选择，要结合当地的经济、环境和资源和综合考虑，实施两种或者两种以上的渣处理工艺的组合，取长补短，才能够收到满意的效果。实践证明，钢渣处理工艺作为最近兴起的工艺技术，也是一种能够产生很大经济效益的产业，只要有良好的工艺装备和精细化的管理，并且像对待炼钢一样对待钢渣处理，将会收效显著。

热泼法钢渣处理工艺

热泼渣处理工艺的流程有两种：

（1）钢渣在渣厢内热泼，待渣厢内的钢渣堆积到一定的程度以后，进行喷水冷却，等待钢渣充分冷却到环境温度，然后开采钢渣，拉运进行深加工处理。

（2）转炉出渣→渣车开到渣场→渣场行车吊起渣罐挂好倾翻吊钩→开始向渣厢内均匀地倒渣→渣厢倒满 2/3 以后→喷淋水进行冷却→冷却一定时间后进行采挖作业→将钢渣向另外的渣厢倒运→将红渣归堆→向归堆的红渣进行喷淋水冷却→冷却到一定的温度以后装车拉运→装车过程中向渣堆持续打水冷却降尘→钢渣进行深加工处理和利用。

第一种流程的热泼渣工艺，占地较多，钢渣内部有板结。

5.1 热泼渣处理工艺原理

水在 0～100℃区间的比热容为 4.178～4.224kJ/（kg·℃），而水在 100℃时的汽化潜热为 2.5MJ/kg，也就是说，将 100℃的 1kg 水变成 100℃水蒸气所吸收的热量是 1kg 水温度上升 1℃所吸收的热量的 598～592 倍。热泼钢渣温度为 1500～1650℃，通过适量喷水，使喷入的水全部汽化，充分利用水汽化吸热量大的特性，在吸收相同热量的条件下，可以大幅度地减少冷却水量。所以热泼渣的渣池厢体上，设有冷却水回路和喷淋水的喷淋点，每个喷淋点的打水喷淋的控制阀门可以独立控制，也可以同时控制，以便喷淋水对倾倒在渣厢内的高温钢渣渣面进行喷水冷却。为了强化喷水的效果，喷淋水可在渣厢上部和下部同时设置。武钢热泼渣喷淋水的设置如图 5-1 所示。

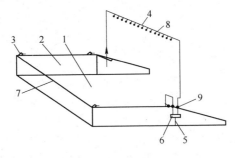

图 5-1 武钢热泼渣喷淋水的设置示意图

1—渣厢；2—厢壁；3—喷水枪；4—上喷水管；5—供水管；6—分配器；
7—下喷水管；8—喷头；9—电动球阀

利用喷水冷却和自然冷却给钢渣快速降温，然后对冷却温度达到要求的钢渣进行分类，进行深加工或者利用。

5.2 热泼渣打水控制

打水冷却是热泼渣工艺的关键环节，打水分为前期、中期和后期三个阶段，进行分段打水控制。

5.2.1 前期的打水控制

由于水汽化带走的热能最多，也最快，故热泼渣的打水控制，以水打入渣层表面上，能够迅速汽化为原则。打水量在最开始的时候以少量喷淋水为宜，主要考虑以下两点：

（1）钢渣热泼在渣厢以后，钢渣的表面温度很高，打水过多，冷却水在渣面形成膜状沸腾，冷却换热在冷却水和渣面的沸腾水之间进行，影响对钢渣的冷却效果，钢渣在800℃以上，晶粒之间相互融合长大，造成钢渣结块，影响打水的效果，钢渣不容易碎裂，造成表层的钢渣温度低，底部的温度高，影响处理效果，增加了处理难度。

（2）表面的钢渣在温度转变以后，表面开始出现龟裂，由于渣厢中的钢渣有一定厚度，水沿着龟裂的缝隙进入钢渣内部，在吸收高温钢渣的大量热量后迅速汽化，需要沿缝隙向上逸出。如果喷水量过大，上面新喷入的水会阻止水蒸气的逸出，形成气泡，在水和热钢渣中形成一个隔层，阻断了水与热钢渣的接触。当气泡内的压力足够大，超过水的压力时，气泡破裂，水蒸气逸出，新进入的水才能与热钢渣接触，进行下一次汽化吸热。

5.2.2 中期的打水控制

在渣厢内的钢渣表面产生的蒸汽减少以后，采用必要的作业对热泼渣渣厢内的钢渣进行松动采挖作业，钢渣的松动采挖作业将中底部的钢渣倒运到相邻的渣厢内堆放，此过程可以避免钢渣结成大块。倒运结束以后，向此渣厢内的钢渣进行喷淋水冷却作业，开始喷水以水量较低的原则进行控制，以水能够汽化、渣厢内无积水流出为原则。打水一次渣厢有明显的积水时，停止打水30～120min后，再次打水降温。这主要是由于钢渣的导热性较差，打水降温过程中，钢渣的表面温度降低，钢渣内部的热能传导，导致钢渣又会二次升温，所以此阶段的打水需要考虑到钢渣的中期温度降低以后再次回升的问题。

5.2.3 后期的打水控制

热泼渣的后期，是指钢渣表面温度降低到50℃左右，钢渣温度满足能够装车外运、能够在皮带机系统上进行磁选、破碎等工艺要求的阶段。

由于钢渣的导热性较差，故钢渣整体达到温度较低需要的时间较长，效果很难如愿，加上此阶段，钢渣内游离氧化钙的含量较高，铲运装车过程中是粉尘污染最严重的阶段，故后期的打水，在表层钢渣铲走以后，应向钢渣进行较大水量的喷水作业进行降温降尘，打水量以能够满足钢渣迅速降温、降尘为原则，水从渣厢内有少许渗出为宜。

5.3　热泼渣的安全作业

5.3.1　热泼渣作业过程中常见的危险因素

热泼渣作业，是渣处理作业中危险因素较多的一种工艺，其危险因素主要有以下几个方面：

（1）在热泼过程中，钢渣的飞溅，容易引起车辆的火灾事故和员工的烫伤事故。

（2）热泼作业过程中，渣厢内积水或者潮湿，容易引起爆炸事故。

（3）渣厢内打水冷却钢渣，打水以后钢渣表面上水分没有完全蒸发时，再次倒渣，会引起爆炸事故。

（4）铲运钢渣，倒运红渣时，在有积水的情况下，红渣会产生爆炸。

（5）高温粉尘和含尘蒸汽可能造成人员烫伤，对厂房结构、运行设备均有不利的影响。

5.3.2　热泼渣作业过程中爆炸产生的原因

热泼渣爆炸产生的原因有以下几个方面：

（1）渣厢积水。在清理热泼渣渣箱内温度达到环境温度的钢渣以后，底部积水没有清理，或者残存在渣块下面和死角渣尘下面的潮湿物料没有处理，在倾倒液态钢渣的过程中，容易发生爆喷事故，如果渣罐内有钢水倒出，爆炸的威力就更大了。

（2）渣厢未垫干渣，渣子潮湿。在清理干净渣箱底部处理好的钢渣以后，底部难免有潮湿的细颗粒钢渣或者其他的潮湿物料，如没有彻底将其清理干净，在液态钢渣倾倒过程中，极易发生爆炸。即使地面没有潮湿的物料，在湿度较大的天气条件下，渣箱的底部温度较低，热泼液态钢渣时，也极容易发生爆炸。

（3）渣坝高度不够，渣子倒出渣厢外。渣坝是围在渣箱前部，防止液态钢渣流出渣箱法兰边的一种工艺，渣坝前面为回水沟，内有积水或者潮湿物料。渣坝高度不合理，钢渣热泼过程中，液态钢渣流出渣坝，遇到潮湿的区域就会发生爆炸。

（4）行车操作失误，倒渣过快，或者渣子倒出渣厢。这种情况下发生爆炸的原因与以上的爆炸原因基本一致。

（5）红渣在铲运归堆的过程中，如果地面有积水，红渣覆盖会引起爆炸。热泼渣的一种工艺是红热态钢渣归堆打水。在归堆的地点，如果遇到积水，固态红热态钢渣也会造成积水的气化，引起爆炸。

5.3.3 热泼渣作业过程中控制爆炸事故的措施

热泼渣运行过程中控制爆炸事故的措施如下：

（1）渣厢的建设和设计上，渣厢底部应该建设成有一定的倾斜角度，以利于打水以后，多余的积水能够从渣厢的底部流出，避免渣厢积水。

（2）渣厢使用前，将渣厢内的钢渣清理干净，铲好渣厢后，渣厢平面必须高出渣厢外基础面20cm以上；渣厢前水沟清出的淤泥应及时清运。

（3）渣厢底部表面必须垫20cm干渣方可使用；渣厢场地如有积水产生，应用干渣或热渣垫干后方能再次进行铲红渣作业。

（4）渣厢的前部要垫起一道渣坝，渣坝围起高度应与渣墙平行。

（5）铲完渣厢及泼渣前必须对渣厢内的情况进行确认，必须有专人指挥，并设置好警戒线。

（6）指挥行车泼渣，泼渣时间不少于5min/罐，泼渣时行车要多移动，避免泼渣不均匀。泼渣时严格禁止将热渣流出渣厢。

（7）行车工严格按操作规程操作，缓慢均匀泼渣，泼渣高度不超过渣坝的4/5。

（8）铲红渣作业时，必须确认渣温以及红渣结壳状况（红渣未结壳时，不得进行铲渣作业），铲车铲运红热钢渣，遇蒸汽过大或视线不清时必须停止作业，待视线恢复后方可继续。翻倒红渣时，铲斗距地面高度不得超过500mm，翻倒红渣时铲斗要缓慢倾翻，并且归堆点严禁进行洒水作业，同时不得将红渣倾倒在积水上以免发生响爆。

（9）块渣场内翻罐、破碎作业时，铲车必须及时避让到块渣场区域15米以外安全的地方。并将铲斗举升、挡在操作室面前，以免碎渣飞溅伤人。

（10）发现块渣场内有积水时，禁止用红渣垫积水，应用干渣或热渣来垫。遇暴雨时，渣场必须做好防水措施。

（11）铲红渣时禁止进行洒水作业，要慢进快出。行车翻完底渣，待液态红渣结壳，表面无积水后，铲车方可进行铲渣。

（12）行车翻罐后必须对红渣区域进行洒水降尘、降温作业，同时禁止有积水产生。

（13）渣罐垫罐作业时严禁使用含水分的渣子垫罐，以免渣罐受渣时发生响爆。

（14）热泼温度较高的钢渣时，热泼过程中注意渣罐的表面结壳情况。如果渣罐的表面结壳，可使用机械车辆的方法，击碎渣壳，方可允许热泼，防止结壳渣罐热泼过程中，大量的钢渣突然涌出引起的爆炸。

（15）禁止使用冰雪覆盖渣厢内的红热态钢渣。

（16）热泼渣作业过程中，热泼渣渣厢的对面和四周不能够有车辆人员逗留或者通过，作业前应该将该区域作为重点危险区域加以封闭。

5.4　热泼渣的改进工艺

热泼渣的改进工艺作业分为热泼渣渣厢轮流作业和渣罐预处理的热泼工艺作业两种。

5.4.1　热泼渣渣厢轮流作业

热泼渣渣厢轮流作业一般是指在渣场设置 3~8 个小渣厢，先将其中的一个渣厢倒入 1~5 炉的转炉液态钢渣以后，喷水冷却一段时间，然后开采挖渣，倒运到邻近的渣厢，继续打水再次冷却，然后拉运进入下一个处理工艺，即钢渣的深加工处理。

此工艺作业的关键在于以下几点：

（1）渣厢底部垫入粉末状的干渣 10~50cm，然后进行泼渣作业。每热泼一炉，向上部渣面喷水冷却凝固以后，停止喷水，使用履带式装载机铲运红热态的钢渣倒入另一个小渣厢内归堆，然后迅速向归堆的钢渣喷水。

（2）喷水冷却一段时间以后，将此渣厢内的钢渣再次翻搅一遍后迅速喷水，然后将冷却好的钢渣拉运。

（3）钢渣装车以后，在喷淋水打水点可以继续对装在车辆上的热态钢渣进行喷水冷却。

此工艺的优点在于：

（1）处理周期短。采用这种模式，一炉钢渣的处理周期能够控制在 50min 内处理完毕，关键是车辆的配合要及时，铲运和拉运的车辆必须随时能够满足生产的需要。

（2）处理后的钢渣块度合适。这种作业模式下，钢渣热泼后的打水、铲运、归堆、再次翻搅，能够较为迅速地使钢渣降温，避免钢渣结块。

（3）安全性较好。此工艺能够有效地避免热泼过程中的响爆问题。

缺点在于：

（1）车辆铲运的作业条件较为恶劣，拉运钢渣的车辆必须保证足够。

（2）对现场作业的职工要求较高，职工承受的高温作业条件苛刻。

5.4.2　渣罐预处理的热泼工艺

对一些热泼渣炉次不多的厂家，将渣罐内的高温钢渣进行预处理后，作业的效率和强度将会得到改善。

钢渣渣罐内的预处理工艺，就是在渣罐内对高温的液态钢渣进行喷淋水降温，然后翻罐热泼，再进行热泼渣打水、开采、倒运、翻搅、打水的正常工艺流程。这样，热泼后的渣温较低，喷淋水冷却以后，后续的作业程序将会简化，响爆问题发生概率会大幅度降低，渣中的含铁物质会沉降到渣罐底部，有利于回收大块渣钢。

钢渣渣罐内的预处理作业流程如下：转炉出渣→渣罐车开出→行车吊起渣罐摆放于渣场打水点→使用雾化水（水量较大会引起渣罐内液态钢渣的爆炸）向渣罐表面喷淋→渣罐表面结壳→使用喷淋水进行喷淋降温→行车吊起降温的渣罐→翻罐→炮头车破碎→喷淋水喷淋冷却→倒运到另外的渣厢→再次打水降温→翻搅→再次打水降温→拉运深加工。

渣罐打水作业条件的确定：

（1）转炉液态钢渣确认进行热泼作业的炉次。

（2）渣罐内液态钢渣不能够有飞溅现象和沸腾现象。有以上情况的，必须进行自然冷却，待渣罐表面平静以后才能执行上述作业。

（3）以上异常炉渣，重点针对带有钢水的渣罐和带有炉口的钢渣，首先热泼掉炉口和液态渣的 $1/3 \sim 1/2$，然后进入打水作业流程。

（4）对带有大量钢水的渣罐，泼去 $1/2$ 的钢渣，然后进行打水作业。

打水作业流程为：转炉钢渣热泼的确认→渣罐掉下渣车→按照上述的条件确认渣罐打水的时机→进行打水→打水结束→翻罐。

由于水的蒸发带走的热能最多，所以打水的标准为：首先用较小的水量（雾化水）打水 30min，然后以较大的水量打水 8h，然后关闭冷却水，静置 1h，待渣表面没有积水和蒸汽时，在渣厢内进行翻罐。

翻罐以后渣体的处理：

（1）渣罐倾翻以后，首先使用红外线测温枪对渣体测温，温度低于 350℃的，可以破渣，高于此温度的，继续向渣体喷水冷却或者自然冷却，达到目标温度的，方可进行破渣作业。

（2）翻罐以后，使用炮头车破渣处理，挑选其中的钢铁料，并将剩余的钢渣铲运到另外的渣厢继续处理或者直接装车拉运即可。

5.5 电炉钢渣的热泼工艺

电炉炼钢属环保型的炼钢技术，2009 年美国的电炉钢的比例超过 60%，作为一种社会工业化标志的炼钢工艺，其钢渣处理工艺也就格外引人关注。

电炉出渣是电弧炉炼钢的操作工序之一，冶炼过程中，炉渣除自流以外，在传统的三期冶炼的小电炉，还必须辅以人工或机械扒渣。炉渣流入渣盘（或渣罐）后，还需输送到翻渣场冷却、翻渣、落锤破碎、回收残渣等一系列操作。

现在电弧炉出渣方式主要有三种：（1）置于平车上的传统小渣包；（2）抱罐车；（3）热泼渣。这三种出渣方式的优缺点见表5-1。

表 5-1　三种出渣方式的优缺点

出渣方式	优　点	缺　点
小渣包	可用多只渣包，不受泡沫渣影响	炉下布置困难，影响生产节奏
抱罐车	出渣方便，不影响生产节奏	需抱罐车设备，大渣罐易损坏
热泼渣	出渣方便，不影响生产节奏	炉下环境差，易损坏厂房设备

大部分的现代化电炉，除了采用渣罐受渣以外，采用电炉热泼工艺也是一种快捷简便的选择。

5.5.1　渣罐受渣后的渣场热泼处理工艺

渣罐受渣后的渣场热泼处理工艺类似于常规转炉的渣罐装渣后，把炉渣运出电炉至渣场进行处理，如浦钢公司100t直流电弧炉工程采用50t电动平车，在平车上叠放两只容积为$6m^3$的渣盘，接受电弧炉流出的液态泡沫渣，先流至叠放的上渣盘，充满后，溢流至下渣盘，直到一炉出渣结束，运出炉外。安钢100t电弧炉也采用这种形式，只是该厂用1只$14m^3$的渣盘盛渣。电动平车开到起重机能吊运的位置，由起重机吊起渣盘放在早已等候的汽车上，再运至渣场热泼或者进行其他的渣处理工艺。

宝钢集团公司电炉分厂150t直流电弧炉采用60t抱罐车和容积为$18m^3$的渣罐。由抱罐车先将渣罐放在炉前出渣的位置，出渣时液态泡沫渣流入渣灌，出渣结束后由抱罐车抱起渣罐运到渣场热泼。天津无缝钢管公司150t交流电弧炉也采用这种出渣形式。这种工艺的基本流程如图5-2所示。

5.5.2　电炉炉下渣坑直接热泼渣处理工艺

电炉将炉渣直接倒入电炉下方的炉坑内，然后从炉坑内铲运出来以后，再采用热闷渣工艺或者滚筒渣工艺等进行处理。

下列条件对此工艺很关键：

（1）流渣区地坪要平整，不能有大的凹坑，不能够积水，否则炉渣流入会引起爆炸。

（2）要保证装载机及翻斗车运行路线畅通，操作方便。

（3）要保证装载机能及时将炉渣铲出，并保持装运设备状态良好。

（4）设置带铸铁板或者钢板的挡渣墙，防止熔融状态的炉渣流出挡渣墙，墙的高度要保证炉子有关设备不受炉渣的辐射热危害。

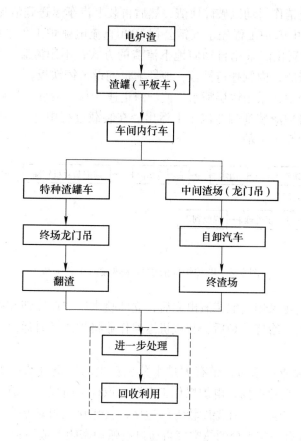

图 5-2   渣罐受渣后的渣场热泼处理工艺流程

电炉氧化渣采用炉下热泼的工艺，从基建投资角度看，节省了渣罐、渣罐车及清理渣罐的场地等投资。国外著名的电炉炼钢企业 BSW，其两座 90t 的交流电炉，冶炼周期最快的为 28min 左右，其排渣的模式就是采用这种工艺，效率很高。珠钢也曾采用这种工艺，其渣池如图 5-3 所示。

宝钢五钢公司 100t 直流电弧炉炼钢采用炉前热泼渣工艺。液态泡沫渣从电弧炉出渣口直接流到炉前地面上，地面

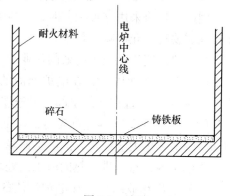

图 5-3   渣池

铺有硅砂垫底，砂上覆盖大块铸铁板。出渣后，适当喷水加速冷却和粉化。配备两台 ZY65 型履带式装载机，当泡沫渣冷却到表面呈现黑色时，开动铲车铲入渣

层中，将每铲渣稍作抖动以破碎块渣，然后再装上汽车运送到渣场。张家港润忠钢厂的90t交流电弧炉工程先于五钢公司100t直流电弧炉工程采用炉前热泼渣，其90t竖炉炉前氧化渣采用自动向地下流渣的方式，不用渣罐。为避免热辐射，设计了三面挡渣墙，内侧挂铸铁板，地坪上也铺设了铸铁板。

在流渣过程中，采用逐层喷水，使渣迅速冷却，冶炼一炉后，即用履带式装载机分几次将炉渣装到翻斗汽车上运出。在装载过程中进一步喷水冷却炉渣，其工艺流程如图5-4所示。

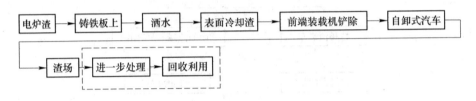

图5-4　电炉炉前渣坑直接热泼渣工艺流程

国内有的企业采用当泡沫渣出完后，立即喷水以加速冷却和碎化，进行逐层喷水冷却的方法，冶炼一炉后，装载机迅速作业将炉渣及时运出。这种的模式存在以下缺陷：

（1）对热泼渣喷水时，带有大量水分、灰尘的热空气从电炉的倒渣炉门和电弧炉平台周边空隙上扬，电炉操作工在测温取样的时候会造成烫伤。

（2）水蒸气的弥漫，在湿度较大的地区，会恶化电弧炉平台的劳动条件和操作环境，这种含有一定水分的热空气再通过电弧炉密闭罩或屋顶罩进入除尘系统，增加了灰尘黏结度，对除尘效果有负面影响，对电炉的本体设备也有较大危害。

（3）喷水控制不合理的时候，倒渣过程中会发生爆炸，造成安全事故。

因此，目前采用这种工艺时，一般不对炉下热泼的热态泡沫渣喷水冷却，仅在特殊需要时，允许喷少量水。

炉下热泼钢渣，较为有效的作业工艺如下：

（1）每次作业以前，在电炉倒渣的下方，铺垫一层干燥的常温钢渣，厚度为10~50cm，并且在前部垫起一道渣坝，避免钢渣四处流淌。

（2）钢渣热泼以后，首先将渣坝的碎钢渣铲入电炉的热泼渣内，冷钢渣与泡沫状的电炉热泼渣混合，能够迅速降温至固态红热状，铲车从底部铲运到炉坑外的渣池子内，然后进行热闷渣工艺处理，或者滚筒渣工艺处理即可。

（3）每次作业结束，在电炉钢渣的落点区域，循环使用遗留下的一部分干燥的碎钢渣作为垫底材料，既可以防止电炉出渣下钢水难以处理，又可以使液态钢渣向固态钢渣传热，便于后期的处理。宝钢八钢70t电炉热泼渣的实体照片如图5-5所示。

（4）铲运红热态钢渣到渣场归堆的地点，不能够有积水，防止发生倒运过程中的爆炸事故。

图5-5　宝钢八钢70t电炉热泼渣的实体照片

宝钢八钢电炉氧化渣采用炉坑热泼处理工艺，操作如下：

（1）渣场底部采用在土壤层上部铺垫碎钢渣，然后铺设220mm的板坯为平面，板坯间留有20~50mm的缝隙，便于喷水冷却过程中积水的渗透。

（2）每次作业前，在倒炉渣钢渣溅落区域铺垫100~300mm厚的碎钢渣，钢渣保持干燥，铺垫面积为5~9m²，在钢渣铺垫层的前面利用碎钢渣修建一道高500mm、宽400mm的渣坝。

（3）电炉氧化期前期，尽量不放渣，保证炉渣有足够的发泡高度，氧化期中后期进行适量的放渣作业，放渣过程中禁止向渣面和渣坑打水或者喷水。

（4）电炉放渣过程中，允许铲车铲运边缘区域的红热态钢渣，铲运过程中，首先从底部铲起铺垫的碎钢渣，然后铲运红渣，倒运到炉坑外的渣场。

（5）确保炉坑外的渣场底部无积水，铲运的红渣归堆点保持干燥。

（6）电炉钢渣铲运归堆结束，向渣堆进行喷水冷却，喷水量以喷水接触钢渣以后，能够迅速汽化，地面无积水为原则。

（7）归堆钢渣表面冷却变黑以后，铲车进行二次倒运，将归堆钢渣倒运成为另外一个渣堆，然后继续喷水冷却，待倒运以后的钢渣堆表面变黑以后，铲车进行装车拉运。

（8）归堆作业过程中，禁止打水作业，防止蒸汽伤害驾驶员，以及蒸汽遮挡视线，产生误操作事故。

（9）渣场蒸汽较大的情况下，使用轴流风机进行驱散蒸汽作业，之后如果蒸汽浓度仍然较大，禁止钢渣的铲运作业。

（10）渣场铲运钢渣期间，禁止渣场区域周围有人员、车辆逗留和穿行。

（11）渣场铲运钢渣的铲车，应使用防爆玻璃，并且外部加装金属丝网做好防护。

（12）钢渣装车过程中，现场应有充足的作业空间，铲运的钢渣不许超过拉运车辆车厢的法兰边。

（13）装车的钢渣，出现温度较高的情况时，必须追加冷却作业，方可拉运，防止拉运过程中红渣引起的火灾事故。

（14）渣场的钢渣铲运过程中，钢渣的堆放高度不允许超过渣场法兰边上沿。

（15）渣场内严禁倾倒各类生活垃圾和工业垃圾。

（16）冬季作业，渣场每次要留有部分的红热态钢渣，用于渣场的干燥和驱潮作业。

（17）禁止冬季在冰雪上面堆放红热态的钢渣。

（18）渣场区域范围200米以内，禁止车辆进行加受油作业。

5.5.3　两种处理工艺的综合比较

炉坑下热泼渣处理工艺的缺点在5.5.2节中已有介绍，而渣罐受渣存在的缺点有以下几个方面：

（1）当炉前采用泡沫渣工艺时，往往更换渣罐频繁，并影响炉前冶炼生产，如溢渣还会对机械、电气设备造成损害，增加劳动强度等。

（2）一次性的投资大，需要的渣罐和渣罐车成本较高，同时清理残渣对设备的影响所花费的成本也较高，并且存在安全风险。

（3）需要的工作人员较多。

相比于渣罐受渣，采用炉坑下热泼的优点在于：

（1）对炉前操作干扰少。

（2）设备简单。热泼渣处理所需的设备主要有：前端装载机和自卸式汽车，而渣罐式则需有备用渣罐、平板车、特种渣罐运输车、中间渣场龙门吊、自卸式汽车、弃渣场龙门吊。因此，前者的损耗及维修费大大减少。

（3）处理周期短。热泼渣处理过程可浓缩在一个房间内完成，残渣可一次便直接运至渣场；而渣罐方式则须经过中间渣场周转。

（4）生产效率高。热泼渣处理所需的人少，每班只需配备司机两名，其他工作由炉前人员完成，劳动生产率高。

（5）占地面积小（没有中间渣场）。

采用炉坑热泼的模式，需要注意以下几个问题：

（1）炉坑下的钢渣每一炉都要及时清理干净，防止钢渣集堆以后，红热态的钢渣对炉底产生热辐射，影响电炉运行，损坏水路系统，甚至造成直流电炉底电极系统被破坏。

（2）电炉从炉门下钢水是冶炼过程中常见的一种事故，采用炉坑热泼需要考虑到炉坑进入钢水以后，铲车铲渣作业的难度。

（3）铲车发生故障以后的应急处置方法。

（4）雨季防止蒸汽影响视线。

（5）做好热防护。一般采用耐热水泥浇筑的水泥墙，外面再悬挂铸铁板的方法。图 5-6 是某钢厂直流电炉热泼渣防护的示意图。

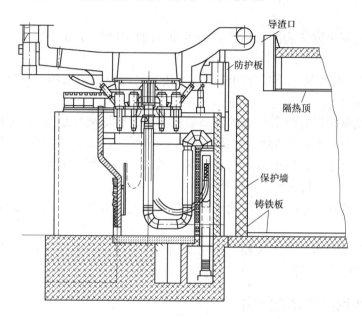

图 5-6　直流电弧炉炉前热泼渣的保护措施图

新疆八钢第二炼钢厂 70t 电炉的炉坑隔热防护改造，采用厚度为 220mm 的板坯替代铸铁板，效果远远优于传统的铸铁板防护，在板坯表面喷涂一层防粘渣剂，对隔热板坯黏附溅渣冷钢以后的清理很有效。

5.6　铸余白渣的热泼工艺

大多数钢厂的白渣处理工艺，基本上采用渣罐盛装精炼炉铸余钢渣，待渣罐内钢渣装满，冷却凝固以后，将渣罐拉运到处理区域，翻罐，然后机械或者落锤破碎，选取其中的废钢以后，白渣再进行下一步的深加工处理。这种作业模式存在以下缺陷：

（1）渣罐周转紧张，需要多个渣罐才能够满足精炼炉的倒渣作业。

（2）安全问题突出。精炼炉铸余的危险性前面章节中已有表述，破渣作业过程中容易发生爆炸安全事故。

（3）由于多炉白渣倒在一个渣罐内，钢渣的导热性较差，造成混杂于其中的铸余钢水相互融合凝固成为一个大块，铸余渣钢不易分离，由此造成的大包铸余，切割加工难度很大，氧耗高，污染大。

（4）白渣的粉化引起的污染严重。

鉴于以上缺陷，笔者所在的钢厂，经过铸余白渣的热泼实验、跟踪分析和实践验证以后，得出的结论如下：

（1）白渣热泼可以有效地缓解以上问题，尤其是铸余块度过大造成的切割困难。

（2）白渣热泼工艺能够适应产能扩张后的生产以及处于事故状态的异常情况。

鉴于以上情况可知，精炼白渣采用热泼的处理模式，也是一种积极的工艺。其工艺过程如下：

（1）精炼炉做好铸余渣罐的倒渣管控工作，精炼渣尽量按照时间段集中倒在一个渣罐中，铸余钢渣达到渣罐容积的2/3时，马上组织进行热泼。

（2）连铸出现结瘤或其他的退钢水事故时，钢水倒入渣罐以后，渣罐必须在最快的时间内进行热泼，不能够延误。

（3）热泼还原渣或者铸余钢水时，热泼的速度宜缓慢，热泼的厚度控制在10cm以内。

（4）热泼以后的钢渣表面，迅速使用喷淋水降温，然后铲运归堆，挑选其中的金属铁后，残渣按照正常的处理程序进入下一步的流程即可。

5.7　热泼钢渣的显微结构

热泼钢渣显微结构如图 5-7 所示。C_2S 多呈他形粒状，分布比较均匀；C_3S

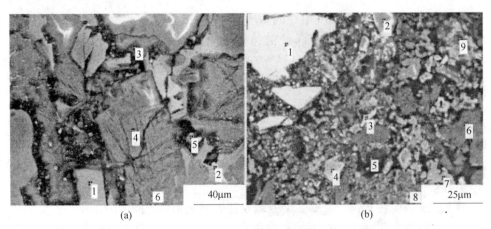

图 5-7　热泼钢渣显微结构

（a）热泼钢渣 1：1，2—RO 相；3—f-CaO；4—C_2S；5—铁酸盐；6—铁方镁石；

（b）热泼钢渣 2：1—RO 相；2—刚玉；3—铁酸盐；4，5—镁硅钙石；6，8—方镁石；7，9—C_2S

多呈长板状,分布不均匀;基质相是铁酸盐与 RO 相,分布不均匀。当钢渣缓慢冷却时,硅酸盐中的氧化钙一部分析出成为游离氧化钙。经水急冷后的钢渣,C_3S 含量要稍高于缓冷钢渣,说明急冷有助于硅酸盐的生成和保持。同时,热泼钢渣与干泼钢渣相比,铁方镁石和方镁石大幅减少(约 60%),表明黏结相中不存在 MgO,即硅酸盐与 MgO 不兼容,而 MgO 大部分与 FeO 固溶为 RO 相,致使钢渣的活性进一步降低。

5.8 热泼钢渣的深加工

热泼渣在冷却到能够在皮带机系统处理的温度以内,将钢渣拉运到深加工的厂区。首先采用筛网将大块钢渣分离出来,粒度合适的在磁选皮带机进行选铁作业。选出的铁料回收用于炼钢,其余钢渣进入破碎机进行破碎,或者进入磨碎线进行磨碎以后磁选。磁选出大部分的含铁料以后,尾渣应用于建筑业或者其他行业。某厂钢渣热泼以后的处理工艺流程如图 5-8 所示。

对筛网过滤出的大块钢渣进行落锤作业,将其击碎,或者采用免爆机械(液

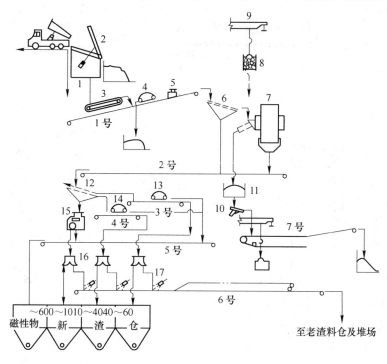

图 5-8　破碎、筛分、磁选系统工艺流程

1—原料仓;2—翻转筛;3—板式给料机;4—1 号磁选机;5—皮带电子秤;6—1 号振动筛;

7—自磨机;8—装球斗;9—吊车;10—电机振动给料机;11—金属仓;12—2 号振动筛;

13—2 号磁选机;14—3 号磁选机;15—4 号磁选机;16—三通阀;17—喷水装置

压炮头车）将其破碎，再进入磁选线和磨碎线进行常规作业。大块铁料渣钢，尺寸能够满足炼钢需要的，直接用于炼钢；尺寸较大的，进行落锤破碎或者氧割加工，成为炼钢需要的合格尺寸以后，加以利用。

图5-9为自磨机精磨处理流程，该生产线采用的气流排出型自磨机如图5-10（a）所示，周边排出型自磨机如图5-10（b）所示。

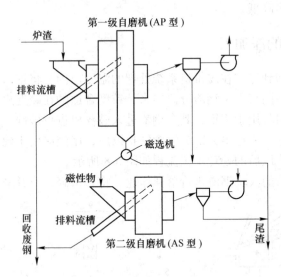

图 5-9　自磨机精磨处理流程

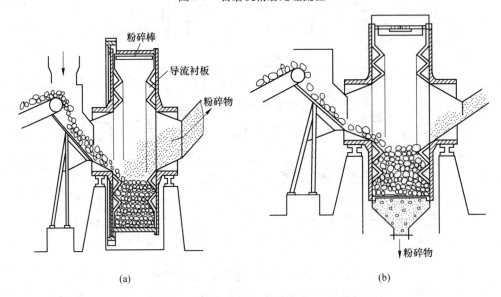

(a)　　　　　　　　　　　　　　　　(b)

图 5-10　气流排出型自磨机和周边排出型自磨机
(a) 气流排出型自磨机；(b) 周边排出型自磨机

另一钢厂的钢渣处理工艺流程如图 5-11 所示。武钢某厂早期的转炉钢渣的加工生产线流程如图 5-12 所示。

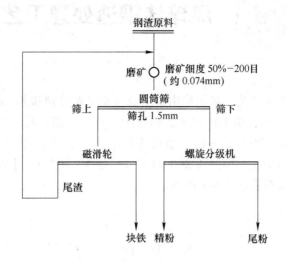

图 5-11 某厂热泼钢渣处理工艺流程

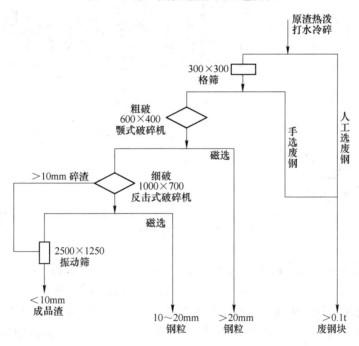

图 5-12 武钢某厂早期的转炉钢渣加工流程

风淬法钢渣处理工艺

风淬法钢渣处理工艺，最早是由日本三菱重工业公司和 KoKan 公司合作，于 1977 年开始研发，主要用于转炉液态钢渣的处理。初期试验在 1978 年初，在日本 KoKan 公司福山厂专门建造的小型设备上开始进行。第一套工业化转炉钢渣的风淬设备，在福山钢铁厂第三炼钢车间建成，于 1981 年 11 月 26 日开始投入生产。其工艺的平面布置如图 6-1 所示。

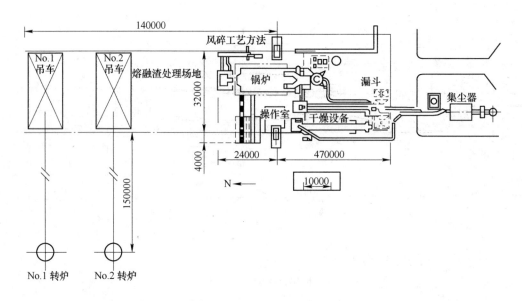

图 6-1 风淬工艺的平面布置图

这套设备是以改变高温熔融渣性能（商品化）以及余热回收为主要目的。其工艺流程是：渣罐接渣后，运到风淬装置处，倾翻渣罐，熔渣经过中间渣罐流出，被粒化器内喷出的高速气流击碎，加上表面张力的作用，使击碎的液渣滴收缩凝固成直径为 2mm 左右的球形颗粒，撒落在水池中。在罩式锅炉内回收高温空气和微粒中所散发的热量并捕集渣粒。这套转炉渣风淬设备每月处理转炉渣 2 万吨，利用回收的蒸汽每月干燥 1.1 万吨在轧钢过程中产生的氧化铁皮。据介绍，在当今节省资源和能源的时代，它也是世界最先投入使用的设备。其工艺示意图和设备配置的轮廓图分别如图 6-2 和图 6-3 所示。

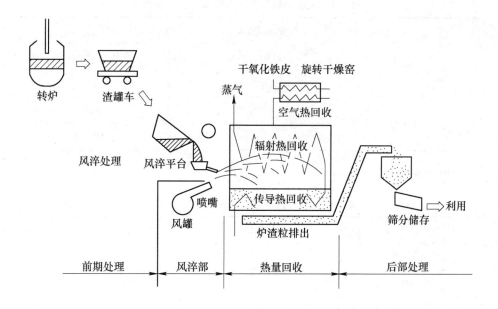

图 6-2　风淬钢渣的工艺示意图

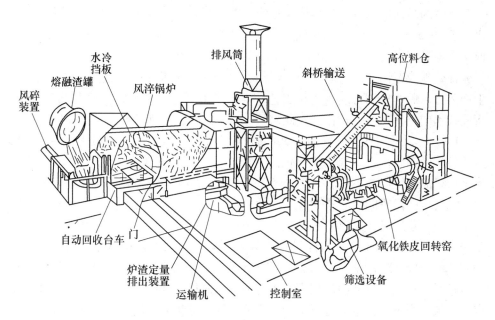

图 6-3　风淬设备的轮廓图

由于该厂的设备复杂，渣处理能力小，操作过程不容易控制，压缩空气消耗量较大，渣处理成本较高，不宜推广。该厂的生产条件见表 6-1。

表6-1 福山钢铁厂第三炼钢车间生产条件

风淬条件	风淬渣的速度/t·h⁻¹	80(最大)
	风量/m³·h⁻¹	56700
	风速/m·s⁻¹	100
熔渣条件	温度/℃	1600
	钢种	低碳钢

工艺结果统计见表6-2。

表6-2 福山钢铁厂第三炼钢车间工艺结果

蒸汽量/t·h⁻¹	15(最大)
排风温度/℃	500
排风风量/m³·h⁻¹	110000
出口渣粒温度/℃	294

我国的马钢从20世纪70年代开始，进行钢渣风淬粒化相关技术的研究，该研究于1985年正式列入冶金部重点课题，1987年通过冶金部技术鉴定，1988年取得中国专利权。1991年10月，成都钢铁厂建成国内的第一条风淬渣生产线，每分钟处理液态钢渣2~2.6t，耗气量为40~60m³/t渣。在该条生产线投入实际生产运行以后，成钢持续改进该工艺，申报了多项国家专利，并且与马钢合作，将此技术向重钢、石钢转让。至此，风淬渣工艺在渣处理领域占据了一席之地。

1995年，马钢在第三炼钢厂50t转炉炼钢车间建成当时国内最大规模的钢渣风淬粒化生产线，也实现了规模化的生产应用，渣处理能力为2~3t/min。由于该生产线的公辅设施不完备、生产工艺各个环节的配合不流畅等因素，该风淬渣生产线运行一段时间以后被中止。一直到20世纪末，马钢为扩大产能规模而兴建第四钢轧总厂时，风淬渣工艺被列入规划并且得到实施，之后对该工艺结果不断努力完善。2006年5月1日起，马钢正式实施《风淬粒化钢渣（试行）》(Q/MGB 326—2006)企业产品标准。2007年6月，马钢又在新区300t转炉炼钢厂同步建设和投产了目前国内规模最大的钢渣风淬粒化生产线。目前该生产线已安全、高效、稳定、正常地进行生产，担负在线资源化处理转炉总渣量40%~70%的生产任务，确保两座300t转炉的快速正常生产，吨渣消耗气体40~80m³。得益于风淬工艺对钢渣稳定性的贡献，马钢风淬渣产品已经100%直接投料用于冶金烧结熔剂原料、高性能混凝土细集料、钢渣复合水泥混合材和钢渣微粉等，做到了产品产销平衡。马钢风淬渣处理工艺的实体照片如图6-4所示。

图 6-4　马钢风淬渣处理工艺的实体照片

6.1　风淬法渣处理工艺原理

转炉熔融渣风淬以二流体喷射理论为依据，即连续的液体（熔融炉渣）受外力作用，外力与表面张力（渣粒）相平衡时生成球状渣粒为基础。即：

$$D = KD_{m}\left(\frac{We}{Re}\right)^{n}$$

式中，D 为转炉炉渣粒径，mm；D_{m} 为液态炉渣厚度，mm；We 为液态炉渣韦伯数；Re 为空气雷诺数；K，n 为实验中确定的常数。

图 6-5 是早期的风淬渣研究中，得出的在风淬过程中，空气流速与产生球状炉渣的粒度以及熔融炉渣表面张力三者的关系。

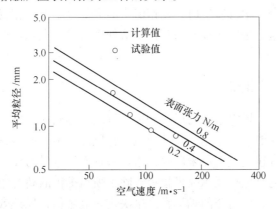

图 6-5　空气速度与风淬渣粒度及表面张力三者的关系

简而言之，风淬法工艺原理，就是利用在高温液态下的钢渣分子之间相互作用的分子力较小，使用较少能量就能将它们彼此分开的基本原理，用高速空气流对空中连续下落过程中的高温液态钢渣流股进行冲击，使它们分散粒化为细小液滴，并随气流沿水平方向向前飞行。飞行过程中因表面张力作用，液滴收缩为球形并逐渐凝固，但中心仍为液态。飞行一段距离后表面凝固的球形渣粒受重力作用，都全部分散落入设置于飞行下方的冷却水池中，迅速冷却为固态球状渣粒。钢渣中混入的少量钢水也同样被粒化和冷却为钢珠，通过磁选可以将它们分离和回收。

由于在空中进行液态钢渣风淬粒化过程，钢渣的改质反应产生了良好的动力学条件和热力学条件，不仅瞬间完成粒化（物理尺寸变化）的任务，而且同时完成了稳定性处理的化学改质任务。以弥散固溶状态形式存在于液态钢渣中的不稳定相，如 f-CaO 相、CaO·FeO 相和 MgO·FeO 相，将以极快的反应速度与压缩空气中的氧发生如下改质反应：

$$2CaO + 2FeO + \frac{1}{2}O_2 =\!=\!= 2CaO \cdot Fe_2O_3$$

$$2CaO \cdot FeO + \frac{1}{2}O_2 =\!=\!= 2CaO \cdot Fe_2O_3$$

$$2MgO \cdot FeO + \frac{1}{2}O_2 =\!=\!= 2MgO \cdot Fe_2O_3$$

上述改质反应形成的产物 $2CaO \cdot Fe_2O_3$ 相和 $2MgO \cdot Fe_2O_3$ 相，不仅性能十分稳定，而且具有一定的活性。钢渣中还会有部分大颗粒的纯石灰相，在空中它们不能被氧化改质，但是一旦落入水池中后，立即与水发生消解改质反应，即：

$$CaO + H_2O =\!=\!= Ca(OH)_2$$

水中改质反应形成的 $Ca(OH)_2$ 相，也是非常稳定的相。因此，经过空中和水池中发生的四个化学改质反应，使钢渣中的大部分不稳定相变为具有一定活性的稳定相成分。这也是风淬技术与其他钢渣处理技术，在稳定性原理方面的根本区别之一。

6.2　粒化器工艺机理

在实际应用中，风淬系统的风量和风压视渣况不同而不同。由于粒化液态钢渣需要一定的风淬能量，采用一般的通风进行风淬是不可能将钢渣击碎的，故风淬粒化器采用超音速空气射流来破碎钢渣。超音速气流最为经济和有效的是拉瓦尔喷嘴，与转炉的氧枪拉瓦尔喷嘴接近。除了喷嘴提供的超音速射流气体外，风淬是否彻底、完全，也由渣的黏稠程度来决定。渣越稀，风淬效果就越好，风淬也就越完全、彻底。风淬的气体介质可以是氮气、压缩空气，也可以是氧气、蒸汽。从经济的角度出发，使用压缩空气、氮气、蒸汽是一种低成本的选择。从安全的角度上讲，使用氮气会引起粒化区和风幕区氮气浓度超标，人员缺氧中毒，氧气容易引起粒化区和风幕区的设备损坏，所以压缩空气和蒸汽是较为安全的选择。

6.2.1　超音速喷嘴

超音速喷嘴是法国工程师拉瓦尔（Laval）首先提出的，由收缩段、喉部及扩散段三部分组成，使气流从亚音速加速到超音速的一种喷管。

拉瓦尔喷嘴设计的总原则是喷管必须能有效地将气流的压力能转换成动能，关键是合理地设计喷管的结构尺寸。拉瓦尔喷嘴的物理模型如图6-6所示。

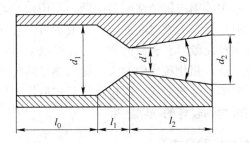

图6-6　拉瓦尔喷嘴的物理模型

d_1—喷管进口直径；d_2—喷管出口直径；d'—临界喉部截面直径；θ—喷管扩张段的锥角；

l_0—入口稳定段长度；l_1—亚音速收缩段长度；l_2—超音速扩张段长度

入口稳定段的设计目的是使进入喷管的气流均匀，降低紊流度，一般取 $l_0 = 15 \sim 20$mm。收缩段的性能取决于收缩段进口面积和出口面积的比值及收缩段的形状，喷管收缩段长度常取 $l_1 = (3 \sim 5)d'$。喉部是气流从亚音速转变为超音速的临界位置，是整个喷管设计中最为重要的部分。扩张段因气流完全在超音速范围内工作，故必须考虑实际流动时的摩擦损失和涡流损失。管道过长，摩擦不可逆损失太大；而管道过短，则截面扩张过大，会使气流与管壁分离，产生涡流损失。这些对能量的转换都是不利的。根据经验，一般取 $\theta = 8° \sim 12°$。因此，l_2 可由下式求得：

$$l_2 = \frac{d_2 - d'}{2\tan(\theta/2)}$$

由图6-7可见，出口速度随入口压力的增加而增大。到一定的程度后，

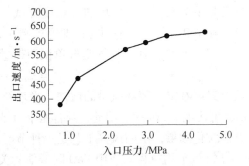

图6-7　出口速度与入口压力的关系

再增大入口压力，出口速度的增加变缓。

河北理工大学李俊国等人对粒化器喷嘴做了系统的研究，主要结果如下：

（1）马赫数为 1.0、1.4 和 1.75，喷嘴气体射流核心段长度的模拟值分别为 0mm、80mm、115mm，与理论计算值相近。

（2）不同马赫数的组合式喷嘴气体射流在喷嘴出口前融合距离分别为 250mm、260mm、300mm。为了稳定地对液态渣流进行气淬粒化，喷嘴与渣流的距离最好分别大于 250mm、260mm、300mm。也就是说，粒化器喷嘴与渣流的距离随着马赫数的增加而增加。

（3）拉瓦尔喷嘴适于对液态钢渣进行气淬粒化。

以上的研究证明了风淬渣粒化器采用超音速喷嘴的科学性和合理性。此外，如果为了减少粒化过程中喷嘴被钢渣堵塞的问题，采用超音速集束喷枪，能够增加液态钢渣放流粒化时渣流与喷嘴之间的距离，或者可以增加粒化后钢渣在空气中的飞行距离，对强化粒化效果有积极的意义。也可以采用蒸汽作为超音速集束喷嘴辅助射流的气体介质，强化粒化的效果，提高热量的传导和回收效果。

实验结果表明，喷嘴的结构形式，双排孔拉瓦尔型优于单排孔型，马赫数控制在 1.4~1.75 之间可达到较好的喷吹效果。

6.2.2　喷嘴工艺参数的经验公式

液态钢渣从渣罐倒出的温度在 1450℃ 以上，在氮气（空气）射流作用下粒化成渣滴，渣滴在飞行过程中冷却凝固，但由于钢渣导热性差，其飞行距离决定渣滴能否凝固形壳。

李文翔高工对 1986 年工业性试验数据进行数学模型处理后，得出以下平均粒径与各工艺参数之间的定量关系式：

（1）平均粒径与钢渣过热度之间的关系：

$$d = 3.14 - 5.32 \times 10^{-3} \Delta T$$

从上式可看出，平均粒径 d 与钢渣过热度 ΔT（液态钢渣温度与熔点之间的差值）呈负相关关系，过热度增加（黏度降低，流动性增加），平均粒径变小。过热度控制在 109℃ 以上，平均粒径即可控制在 2.56mm 以下，达到满意效果。

（2）平均粒径与压缩空气单位消耗量的关系：

$$d = 2.8 - 0.015Q$$

从上式可看出，随耗风量的增加，平均粒径下降。但是耗风量达到 16m³/t 渣时，d 就可达到 2.56mm。因此，风淬粒化工艺不需消耗过多的压缩空气就能达到满意的粒化效果，说明风淬工艺是一种节能的工艺。

（3）平均粒径与渣中 FeO 降低值的关系：

$$d = 3.15 - 0.110 \Delta \text{FeO}$$

$$\Delta FeO = FeO_{处理前} - FeO_{风淬处理后}$$

从上式可看出，风淬处理后的钢渣 FeO 含量值与风淬之前原渣之中的 FeO 含量差值越大，即 FeO 降低越多，平均粒径 d 就越小，同时也标志粒化渣的稳定性改质反应进行得越彻底。

（4）平均粒径与渣中 ΔFe_2O_3 值的关系：

$$d = 2.26 - 0.098\Delta Fe_2O_3$$

$$\Delta Fe_2O_3 = Fe_2O_{3风淬处理后} - \Delta Fe_2O_{3处理前}$$

从上式可看出，平均粒径 d 和 ΔFe_2O_3 有密切的关系，d 随 ΔFe_2O_3 值的增加而减少，ΔFe_2O_3 值越大，稳定性改质反应就越彻底，形成的铁酸钙和铁酸镁稳定相就越多。

（5）平均粒径与各参数的关系。平均粒径 d 与过热度 ΔT、钢渣碱度 R、氧化亚铁降低值 ΔFeO、三氧化二铁增加值 ΔFe_2O_3 以及单位耗风量 Q 诸工艺参数之间的多相关系式如下：

$$d = 2.314 - 2.77 \times 10^{-3}\Delta T + 0.173R - 0.014\Delta FeO + 0.084\Delta Fe_2O_3 - 0.014Q$$

经综合上述关系式，可以找出合理的工艺参数，早期的研究给出了风淬渣工艺过程中，比分量（单位熔融炉渣与所供风量之比，m^3/t）与氧化率之间的关系，即渣中 FeO 向 Fe_2O_3 转化的关系，如图 6-8 所示。

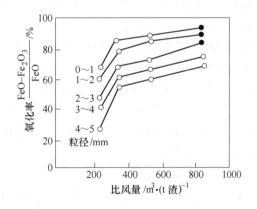

图 6-8 风量与渣粒氧化率的关系

根据目前的文献介绍，风淬法主要工艺参数的控制范围是：ΔT 应控制在 109℃以上，即高于钢渣熔点 109℃以上；$Q_{风量}$ 应控制在 16m^3/t 渣以上。

6.3 钢渣粒化过程的特点

河北理工大学的邢宏伟博士对风淬渣粒化钢渣相变传热问题，包括相的变化与热传导两种物理过程做了研究。研究的钢渣粒初始温度为1823K，渣粒直径为2mm，低温氮气以不同速度流过高温渣粒表面，吸收渣粒的热量，使得渣粒放出凝固热而由球壁向球内逐渐凝固，直至整个球内完全发生相变。渣粒的凝固过程伴有相变导热和自然对流换热的复杂过程。考虑球径较小，液相温度差别不大，因此，球内液相温差所造成的自然对流作用相对导热作用较微弱。为分析方便，对物理模型作如下假设：

（1）由于钢渣粒化后粒度较小，将其看作粒径均匀的小圆球。

（2）渣粒内部初始温度均匀。

（3）渣粒相变温度恒定，由于渣粒固态相变潜热远小于凝固潜热，忽略固态相变的影响。

（4）相变介质中热量传递以导热为主，忽略自然对流的影响。相变的发生从外层到里层，不考虑中心等轴晶的上浮和沉积。

（5）相变介质固、液两相比热、导热系数、密度均为常数值。

根据以上的假设，应用计算流体力学软件 Fluent，针对高温（1600℃）粒化钢渣的相变过程进行数值传热分析，结果显示：

（1）风淬渣的渣粒温度是由外层向内层逐步冷却的，渣粒表面温度在氮气冷却条件下迅速下降，中心点的温度基本没有变化。随着低温氮气的进一步冷却，表面温度和中心温度进一步下降，而中心点的温度下降速度不如表面快。

（2）在气流的作用下渣粒被冷却，伴随着熔渣的冷却和相变过程，熔渣将热量传递给低温氮气，同时渣粒周围氮气温度升高。

（3）渣粒在迎风面的温度较背风面温度相对低一些。

（4）渣粒球内温度场是由外层向内层逐步变化的，上、下表面点（距表层0.01mm）及中心点温度，均有大幅度下降，渣粒同一层面上下表面点明显存在温差，正是由于冷却氮气从渣粒下部喷吹的结果，经过1.0s后处于凝固点以下的温度场的区域明显增大，而且冷却氮气先流过的渣粒部分比后流过的部分温度差达到20~30K。结果如图6-9所示。

图6-10给出了直径2mm渣粒在风速1m/s冷却条件下，不同冷却时间（0.1~1.0s）固相和液相的比例随时间变化的云图。由图可明显看出，渣粒与氮气进行热交换过程遵从渣粒由外层向内层逐步冷却的规律，并具有以下的特点：

（1）由喷吹冷氮气的一端开始先产生固相并逐渐增多，整个渣粒是由外向内逐层凝固的规律；渣粒冷却在开始0.3s无明显变化，渣粒在迎风一面冷却得较快，0.9s开始形成固相，在背风一面冷却速度相对较慢一些。

（2）经过1.0s后，球内相界面的位置变化以及球内凝固区域逐渐增加，液相比例逐步减小；同时也可以看出，固相区域由冷却氮气先流过的渣粒部分向后流过的部分逐渐增多，并且相界面是沿着球径由外向内逐层推进，经过1.0s后，

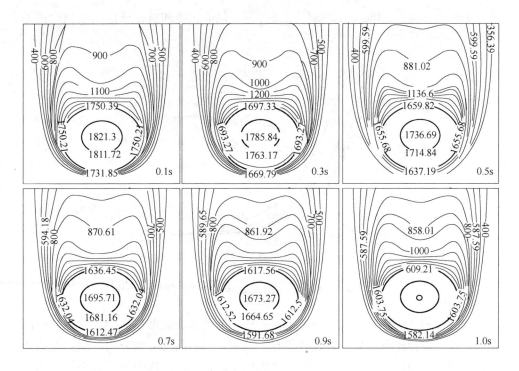

图 6-9　风速为 1m/s 时 2mm 直径渣粒的温度场 (0.1~1.0s)

冷却氮气先流过的渣粒部分已形成一定厚度的凝固坯壳，而后流过的渣粒部分还没有凝固。

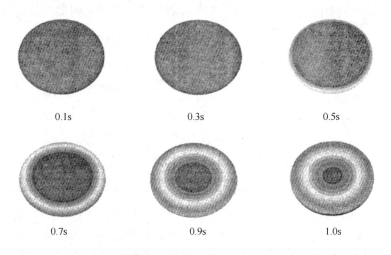

图 6-10　风速为 1m/s 时 2mm 直径渣粒凝固过程的液相和固相的比例 (0.1~1.0s)

图 6-11 表示直径为 2mm 渣粒，在冷却氮气初始温度 300K，冷却气流速度分

别为 1m/s、5m/s、10m/s、20m/s 的条件下，钢渣粒冷却过程球内固液相比例的特性。

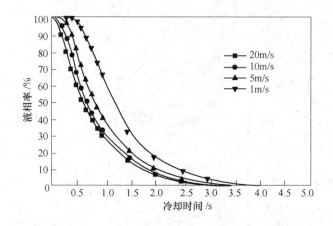

图 6-11 渣粒表面固液相比例与时间的关系

这种液相比例随时间的关系是下凹曲线，随着相变表面移向中心，冷却时间人人延长，液相比例越少，表现越明显。液相比例的曲线大致分为三段：开始阶段，其液相比例随时间延长减少最快，中间次之，最后阶段曲线趋向平缓。由图 6-11 可见，渣粒冷却 2s 时，各不同风速下渣粒液相比例均低于 20%，即冷却 2s 时渣粒 80% 以上已变为固相。表 6-3 为经过模拟计算得到的不同冷却条件下、不同球径的中心点温度随冷却时间变化（渣粒凝固时间）的关系，即不同氮气流速、不同球径渣粒中心点温度达到 1573K（渣粒相变温度）时的冷却时间。

表 6-3 高温液态钢渣粒在不同冷却条件下变为固态的冷却时间

直径/mm	不同氮气流速下的凝固时间/s			
	1m/s	5m/s	10m/s	20m/s
0.7	1.32	1.19	1.09	0.997
1	1.611	1.377	1.235	0.738
2	8.799	8.021	7.905	7.102
3	20.44	18.635	18.106	16.322

由表 6-3 可知，高温液态钢渣粒在不同冷却条件下变为固态的冷却时间。结合图 6-11 可知，不同风速下冷却 3.5s 时，渣粒液相比例均低于 2%（相反渣粒固相均高于 98%），渣粒基本已经凝固，但要完全使渣粒凝固，即渣粒液相比例为 0 所需时间（见表 6-4）至少要延长一倍。由此可知，粒化钢渣相变传热过程会瞬间释放出大量热量。

表 6-4   不同风速冷却条件下不同渣粒液相比例下的凝固时间

氮气流速/m·s⁻¹	不同渣粒液相比例下的凝固时间/s			
	99.90%	20%	2%	0
1	0.29	1.85	3.429	8.799
5	0.103	1.5	2.944	8.021
10	0.0708	1.389	2.792	7.905
20	0.0296	1.256	2.613	7.102

由表 6-4 可知，不同风速冷却条件下，比较渣粒液相比例由 2% 降为 0 的时间长短可知，风速大小对剩余 2% 液相渣的相变影响不大，分析原因主要是渣粒的凝固是由外层向内层进行的，固液相导热值不同，剩余液相越少固相越多，因而传热越慢所致。渣粒粒径越大，这种水平趋势的延长时间越长。因此，对高温液态渣粒相变所包含的丰富热焓，在冷却的瞬间，即 3s 之内，即可放出 90% 以上，而其余 10% 的热量释放需要的时间远大于 3s。因此，对液态高温钢渣的热量回收，要严格控制时间，否则冷却换热效率将大大降低，同时由于整体冷却速率减小，将使气固换热温度下降，从而使换热效率降低。

以上研究说明，生产中，采用不同风速冷却渣粒，可以有效改变渣粒的凝固时间，加快渣粒的冷却速度。在氮气冷却条件下，气淬液态钢渣的冷却装置只要能保证一定的冷却时间，即可使粒化渣粒之间不发生粘连，但是生产中为了解决好粒化后钢渣的粘连问题，最有效的工艺是将粒化后的钢渣直接排入水中。

此外，喷吹氮气的流速大小对渣粒温度场的影响很大，流速较小时，其冷却作用较弱，冷却时间较长。流速越大，冷却越强，冷却时间明显缩短，但随着氮气流速增大，渣粒表面凝固时间缩短的趋势变缓，尤其是氮气流速大于 10m/s 以后，这种现象尤其明显。这一结论，在生产中能够指导操作的工艺条件，即粒化所需气体的压力不足时，不宜采用风淬工艺，并且风淬压力高于一定值的时候，需要调整风淬气体的压力值，减少浪费。总之，气淬液态钢渣的冷却气体的流速应结合余热回收所要求的气体温度条件适当选择，不宜过大，也不宜过小。喷吹气体的速度与钢渣的粒度分布如图 6-12 所示。

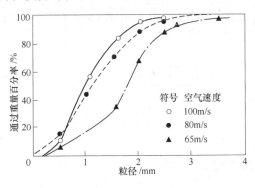

图 6-12   喷吹气体的速度与钢渣的粒度分布

第二篇 钢渣处理工艺与操作

6.4 风淬粒化的工艺流程和操作控制

6.4.1 风淬粒化工艺流程

转炉风淬钢渣水冷工艺，其工艺系统由气体调控系统、粒化器、中间包、支承及液压倾翻机构、主体除尘水幕、水池等设备组成。处理工艺过程是将装满液态熔渣的渣盆，使用行车吊放到倾翻支架上，将液态钢渣逐渐倾倒入中间包后，渣液依靠重力作用，经出渣口从中间包、溜渣槽流到粒化器前方，被粒化器内喷出的高速气流击碎，加上钢渣表面张力的作用，被击碎的液渣滴收缩凝固成直径为 2mm 左右的球形颗粒，散落在水池中。颗粒冷却后经过磁性筛分和吸渣泵抽吸，实现钢、渣分离，加以回收利用。回收后的渣钢可作为炼铁原料在高炉冶炼中使用，渣粒可以在建筑领域和冶金领域进行直接利用。从目前渣处理的合理性上来看，高温的液态钢渣也可以直接进入粒化器前方进行粒化处理。

马钢的风淬渣工艺流程如图 6-13 所示。300t 转炉冶炼过程中，副产品高温液态钢渣约 25t，倒入炉下渣罐车上的 26m³ 接渣罐之后，渣罐车立即开到钢渣处理车间，由 100t/30t 行车吊运至风淬粒化装置的中间包前，对准后启动行车副钩，将接渣罐中的液态钢渣缓慢倒入中间包中。液态钢渣经中间包控制流量后，从中间包水口流出，经流槽到达槽口处，自由下落，下落过程中，遇到设置于流槽下方的粒化器喷出的高速空气流股的冲击和分割，液态渣向前飞行，然后分散落入气流下方的收集渣粒的水池中，被迅速冷却为常温固态渣粒产品，再由 20t/5t 行车抓出放到皮带磁选机上，经过两道磁选，钢珠和粒化渣分离，钢珠入金属料仓，然后由汽车送到炼钢车间，加入 300t 转炉炼钢。

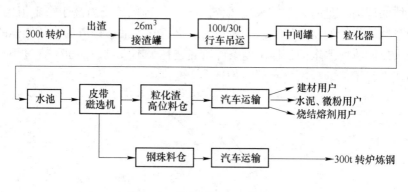

图 6-13 马钢风淬渣工艺流程

6.4.2 风淬粒化操作控制

钢渣风淬的整个工艺过程分为：接渣准备、接渣、运送、风淬准备、风淬操

· 136 ·

作等五个具体环节。这五个环节的简要操作过程如下：

（1）接渣准备。根据风淬工艺的要求，渣罐在使用前需进行喷防粘渣剂进行处理，渣罐做到完好、干燥、清洁、无粘钢、粘渣，然后将渣罐吊上转炉渣车，开至转炉的出渣位装备受渣。

（2）接渣。风淬渣以处理转炉的倒炉渣为主，对于溅渣护炉以后的黏度较高的钢渣，可根据具体情况决定。符合风淬条件流动性较好的钢渣准备进行风淬渣处理，否则，另做处理。

（3）运送。转炉出完渣后，将载有渣罐的渣车迅速开入渣跨，由行车将专用渣罐吊至风淬渣场地，放置在倾翻支架上，等待风淬。

（4）风淬准备。检查中间包水口及流槽是否通畅；开启水雾除尘系统；开启压缩空气供应系统；调节气体的压力至合适的范围。在风淬前，要首先观察渣况，判断是否适于风淬，否则，无法粒化的钢渣堆积在粒化器前，易堵塞粒化器喷嘴，造成损失。

（5）风淬操作。采用倾翻装置的风淬渣，在上述工艺装备好以后，启动液压泵，使油缸缓慢升起，顶起倾翻支架，使渣盘内的熔渣均匀、缓慢地流入中间包内，经中间包水口流出的熔渣被粒化器吹出的高压气体击碎成粒径极小的碎珠，落入蓄水的接渣池内，冷却、抓斗抓出，装车外运。在风淬过程中，要随时监视渣流情况，调整气体的压力、流量，若遇渣子黏稠，要随时停止风淬。在风淬时，使用氮气为风淬渣介质气源的情况下，操作人员应注意不要靠近或站在氮气风幕区内，以免造成氮气窒息。渣罐中的熔渣风淬完后，及时清理中间包水口、流渣槽，粒化器喷嘴，关闭除尘水系统和气源供应系统，准备下一次操作。

使用行车倾翻的，在准备工作就绪以后，提升渣罐底部销轴，倾翻渣罐，放流钢渣进行风淬渣处理。

6.4.3　异常情况的处理

风淬渣异常情况的处理有以下几个方面：

（1）渣罐内掉入炉口，是转炉倒渣过程中常见的情况。出现这种情况时，需要将罐内的炉口倒出，或者吊出，然后再进行处理。

（2）渣罐内出现钢水，或者没有熔化彻底的大块废钢夹杂其中。此时可待液态钢渣倒出后，其余的做热泼或者热闷渣处理。

（3）渣罐受渣以后，如果渣罐表面结壳，可采用破渣作业，待渣罐表面破碎，能够流出液态钢渣，再进行放流作业，禁止大角度倾翻渣罐破渣放流，防止钢渣突然大量倒出。

（4）在条件允许的情况下，采用扒渣机或者专用的破渣装置。

（5）风压不足时，不许进行风淬渣工艺的处理。

6.5　风淬渣的通风方式

转炉钢渣风淬水冷工艺产生废气和粉尘，是一个阵发性、温差变化大、水蒸气量大、多种污染物和毒化物质共存的危险源点，也是造成生产区域产生大量雾霾和部分烟霾的主要污染源。目前许多老钢铁厂的风淬钢渣水冷工艺采用的是无组织自然通风法，即仅在水池周围做简单的围护挡板，让风淬过程产生的污染物自然扩散。这种方式导致生产作业时各类污染物气体弥漫厂房空间，影响作业环境和行车操作视野。不仅如此，飞扬的烟尘最终将沉积在车间管道及设备表面，造成厂房内积灰严重；水蒸气在无组织上升过程中遇冷凝结，加快厂房顶部钢结构的腐蚀，给工厂生产带来严重的安全隐患。为避免这种状况的发生，必须对风淬钢渣水冷工艺产生的污染物采用有组织控制和有序排放，可采用以下三种方式：

（1）密闭罩加气楼正压排风法。对冷却水池加设密闭罩，利用产生的水蒸气造成的密闭罩内正压将污染气体排出，罩子上部设置多个面积尽可能大的自然排风管进行排风，在排风处加装雾化喷淋水降尘设备，或者将排放管接入除尘系统，进行布袋除尘或者电除尘，降低处理过程中的粉尘污染。这种方法运行费用较低，对罩子结构的密闭性要求较高。该方法受熔渣冷却量和季节性影响较大，排风难以进行人为控制和调节。

（2）密闭罩加机械排风法。对冷却水池加设密闭罩，利用风机排出罩内气体，并保证罩内负压。加装设备或装置可实现对罩内产生的粉尘、水蒸气及噪声的稳定控制。

（3）采用封闭式粒化区，将粒化区隔离，并且粒化区的外排烟气采用专用或者共用的除尘系统，进行净化后外排。

6.6　风淬钢渣工艺的总体特点

风淬法钢渣处理工艺过程有以下优点：

（1）处理能力大。对高温液态的钢渣处理能力较大，平均每分钟能处理 4 ~ 6t 液态渣。马钢两座 300t 转炉，一套风淬钢渣生产线就能够处理转炉总渣量 40% ~ 70% 的生产任务。300t 转炉炼钢，每炉产生 25t 高温液态钢渣，只需 4 ~ 7min 就能风淬粒化处理完毕，一套风淬粒化装置也完全能满足 3 座转炉钢渣的处理需要。

（2）能耗能够处于可控的范围。据生产统计表明，每吨风淬渣产品的主要能耗，即压缩空气的消耗量为 30 ~ 40m³，其价格为 2.1 ~ 2.8 元。说明风淬技术的节能效果好，生产运行成本低。

（3）渣中金属的回收较为便利。风淬工艺过程中，进入液态渣中钢水被粒化冷却为固态钢珠，经磁选后 99% 能被选出回收。结果检测表明，风淬粒化渣产品中金属铁的含量在 1% 以下，处于较好的控制水平。

（4）设备简单、投资低。除去公用设备如厂房、行车和空压机之外，非标设备中间包、粒化器和水池等投资不大。马钢的大型风淬粒化装置中，其非标准设备仅需投资 100 万人民币左右，比起滚筒法和嘉恒工艺来讲，价格低廉。

（5）产品可直接应用。风淬粒化技术能彻底消除钢渣中的不稳定相成分，最终得到性能稳定而且具有活性的风淬粒化钢渣产品，这种产品可以不必再经二次加工，就可直接投料用于建材、水泥和冶金烧结等领域，基本上做到产品全量利用。

（6）风淬钢渣的安全性较好。转炉液态钢渣经过风淬以后，再进行水淬，减少了直接水淬过程中的爆炸问题。此外风淬过程中渣中金属铁析出的碳，不论氧化成为 CO 或 CO_2，均不容易富集，造成人员中毒，爆鸣气 H_2 的富集情况也有改善。

（7）可以回收渣中的显热。现代风淬渣工艺设计的余热回收系统，可以把高温熔渣所含热量，以蒸汽形式回收熔渣含热量的 41%，有利于降低能耗指标。

风淬渣技术的缺点在于：

（1）喷嘴采用拉瓦尔喷嘴，作业过程中噪声大，不适合建造在人多的工作场所附近和有居民、办公室的区域，在建设以后要考虑隔音措施。

（2）对钢渣的流动性、转炉的出钢温度要求较高，所以不能够全量处理转炉的钢渣，例如不能处理溅渣护炉后的残渣和钢渣渣温较低的炉次。有文献研究说明，适合于风淬渣的炉渣其出钢温度和冶炼要求如图 6-14 所示。从图中可知，适合于风淬渣处理的钢渣出钢温度高于 1640℃。也就是说风淬渣的渣处理工艺有局限性，不能够处理固态红热钢渣。

（3）渣罐内的罐底渣和带有转炉炉口大块的钢渣，以及渣中带有大块废钢

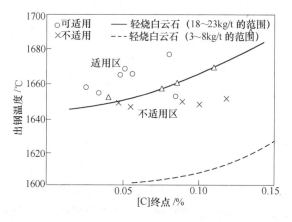

图 6-14　适合于风淬渣的炉渣其出钢温度和冶炼要求

没有熔化的钢渣，也不宜采用风淬渣处理。所以，风淬渣的优势在于快速处理转炉的液态高温渣。在风淬渣的应用之间应该考虑与热闷渣、热泼渣工艺进行组合处理。

（4）作业要求紧凑，对设备和人员的调配要求较高。由于转炉钢渣出渣后，渣罐表面散热较快，渣罐结壳以后，炉渣的放流作业就有困难，必须借助扒渣器等进行破渣作业，钢渣量越少，散热越快，需要尽快进行风淬处理，否则就会影响风淬效果和风淬处理量。小型转炉的出渣量少，降温较快，故不适合风淬渣的处理工艺。一般认为，风淬和水淬在大于120t的转炉钢厂比较适用，小于120t的转炉因渣量较少，热损失较大，黏渣较多，不宜进行风淬。

（5）风淬钢渣投资较少，但钢渣处理率仅有30%，且流动性较差的黏渣处理不了，现场操作环境比较恶劣。

6.7 浅闷钢渣的工艺

基于风淬渣的工艺原理，借助于超音速蒸汽喷射泵的技术，将蒸汽作为风淬介质气体，钢渣被汽淬以后，将其铲运到热闷渣的池子内进行短时间的热闷处理，也是一种有建设意义的工艺。

汽淬的原理比较简单，也是利用高压蒸汽在空中将落下的高温液态钢渣流股迅速击碎为细小液滴，液滴落下至筛板并与气流介质换热以回收显热。该过程中渣温被冷却至400℃左右，可以有效地防止钢渣粒化后的再结晶烧结粘连的问题。这种方法具有以下优点：

（1）高温液态铁极易氧化，这对渣钢的回用产生负面影响，采用蒸汽淬冷可减少渣中金属铁的氧化，从而多回收废钢；

（2）超音速蒸汽射流对液态渣流的破碎冲击能力优于气体介质，故汽淬的工艺效果优于传统的风淬效果；

（3）蒸汽的实质是 H_2O，在处理过程中可参与改善钢渣成分；

（4）汽淬过程中所需的蒸汽便于自产自用，在汽淬过程中蒸汽再次被升温成为饱和蒸汽，能够提高回收热效率。

浅闷的原理类似于传统的热闷渣工艺，也是利用水或带压蒸汽的作用稳定化处理渣成分，但是将闷渣时间大大缩短，即浅闷。浅闷的机理如下：采用蒸汽淬冷方法，可使液态渣瞬间粒化并使其成分基本稳定。淬冷过后的渣粒径为 $\phi 2mm$左右，已经达到普通热闷的粉化效果；蒸汽淬冷过后，主要活性物质 C_2S 和 C_3S含量高，活性好，渣中的 f-CaO 含量在1%左右，钢渣的稳定性好，此时如果进一步降温浅闷，渣中的 f-CaO 会进一步降低。并且浅闷这种工艺，可以减少渣处理过程中的水耗，因此浅闷工艺的换热效率和渣处理的水耗，以及渣中的含水率均可以得到较好的控制。由于汽淬后钢渣的温度在400℃左右，粒度合适，故传统的热闷渣约需十几个小时，而浅闷的时间控制在一小时左右。并且风淬渣处理不了的大块钢渣和罐底渣，也可以随着汽淬钢渣一起热闷，能够减少占地面积和投资。

6.8 风淬渣的物理性质及风淬渣的用途

控制风淬粒化渣产品的平均粒径大小是风淬渣工艺的关键，平均粒径控制在要求范围之内，才能达到风淬渣产品性能的稳定和直接投料使用的双重目标。

风淬粒化钢渣产品经 X 射线衍射分析，其主要矿物相组成是：$\beta\text{-}2CaO \cdot SiO_2$ 相、$2CaO \cdot Fe_2O_3$ 相、非晶态矿物相和少量 $2MgO \cdot Fe_2O_3$ 相，相当于低标号的水泥熟料成分，具有一定的活性。安徽工业大学学报上所述的研究也证明了国内某钢铁厂风淬渣矿物相大抵可分为三种：富集了 P 元素的深灰色椭圆状、少量块状或无规则状的 $2CaO \cdot SiO_2$ 相，固溶了少量 Fe 元素的黑色星状 MgO 相，以及浅灰色基质 $CaO \cdot Fe_2O_3$ 相。

关于风淬渣的应用，由于采用该工艺的厂家有限，故以马钢为例的研究较多。文献中以马钢风淬渣的粒化指标与普通弃渣对比，风淬渣的粒度组成、物理性能等指标见表6-5～表6-7。

表6-5 马钢风淬渣与普通弃渣的性能比较

项　目	风淬炉渣	普通弃渣
容重/kg·m^{-3}	2200	2000
吸水率/%	<1	2.72
安息角/(°)	12～16	35～40
硬度 HV	600～800	500～600
粒度/mm	0.5～3	0.5～3

表6-6 风淬渣的粒度组成

粒度/mm	5.0 以上	2.5～5.0	1.25～2.5	0.63～1.25	0.315～0.63	0.16～0.315	0.16 以下
占比/%	3.4	26.2	37.2	15	9.2	5.4	3.8

表6-7 风淬工艺处理后钢渣的物理性质和压碎指标值

表观密度/g·cm^{-3}	堆积密度/kg·m^{-3}	紧密密度/kg·m^{-3}	细度模数	孔隙率/%	吸水率/%	压碎指标值/%
3.58	2112	2188	2.87	38.9	1.9	20.1

根据风淬渣的物理性能和粒度特点，风淬渣的应用有以下几个方面：

（1）风淬粒化钢渣呈球形颗粒，粒度均匀，属中砂和粗砂级范围，因此可以直接投料配制混凝土。马钢使用风淬渣制备混凝土修建的厂区道路，性能和效果优于传统的混凝土修路效果。修路过程和厂区道路的实体图片如图6-15所示。

图6-15　马钢使用风淬渣制备混凝土修路的实体图片

（2）在水泥生产中，配加3.5%左右的风淬渣，用于替代硫酸渣等含铁原料，作为水泥生产中的铁质校正料，具有上火速度快、底火稳定的优点。

（3）使用磨机将风淬渣磨粉，在混凝土的施工中作为钢渣微粉加入，可以节约水泥熟料的用量，并且水泥产品的色泽较好。

（4）风淬渣可以直接用于生产普通的预拌砂浆、泡沫混凝土砌块、耐磨沥青混合料、外墙保温抹面砂浆等。

（5）经风淬后渣粒粒度在0.5～3.0mm之间的，可代替抛丸机用丸粒，其灰分少、呈弱碱性的优点，能够提高喷丸效率，减少消耗，并且物件在被喷丸处理后，物件表层较稳定，喷丸处理后生成防蚀层，有利于提高喷丸效果。

（6）用作水泥混凝土骨料。风淬后炉渣经蒸汽膨胀实验，作为预制混凝土骨料可达到 JASS 标准。这种代用料呈球状，流动性和充填性良好，较少的用量可得到高强度的预制件，水分管理也较容易控制。

（7）用于做铸造用砂。0.5mm 以下的风淬渣，可用于铸铁、铜合金、轻质合金的铸造用砂。并有以下特点：造型容易，砂型不易熔化，有良好的耐破坏性，当使用炉渣砂作为铸造用砂时，比硅砂节约 30% 的黏结剂。

（8）风淬炉渣还可以做减震材料、建筑用砂浆骨料等。

滚筒法钢渣处理工艺

滚筒法钢渣处理技术是典型的钢渣湿法水淬处理的代表。该工艺是在 1995 年，宝钢引进俄罗斯钢渣处理实验技术的基础上，成功地开发出的第一代新型钢渣处理生产工艺设备——滚筒法钢渣处理装置（Baosteel's short-flow），简称 BSSF 装置。其工艺过程为：炼钢车间出来的热态钢渣通过渣罐运至渣处理间，然后由行车将渣罐吊运并倾倒，或者行车将渣罐吊运到专用的倾翻架上，使渣罐中的熔融钢渣流入 BSSF 装置中，部分高黏度熔渣则通过扒渣机从渣罐中扒出并落入 BSSF 装置中；同时向筒体中通入冷却水。熔渣在装置中被冷却、破碎，约几分钟后变成小于 100mm 的固态粒渣，由装置的排渣口排出；排出的粒渣落到链板输送机上，然后经磁选、分选。渣处理装置生产过程中产生的蒸汽经喷雾除尘后通过烟囱集中排放；过程中产生的污水先进入沉淀池，经沉淀过滤后进入供水池循环使用。其工艺流程如图 7-1 所示。

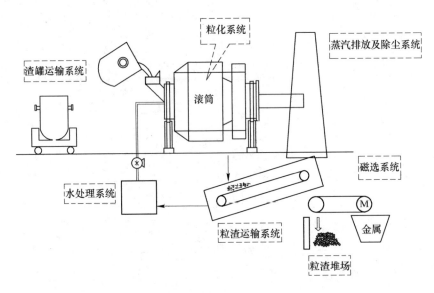

图 7-1　滚筒渣工艺流程图

滚筒渣技术中由于钢渣在液态（或者熔融状态）下就被破碎，因此处理速度快，流程短，占地面积小，粒渣中的游离氧化钙含量低，颗粒度较均匀，是集节能减排、渣产品资源化于一体的快捷高效的热态钢渣处理技术。

7.1 滚筒渣处理的工艺原理与工艺特点

7.1.1 滚筒渣处理工艺原理

BSSF 渣处理技术是将高温熔融态钢渣在一个转动的特殊结构的容器即滚筒中进行处理的。如图 7-2 所示,滚筒内部腔体设有提供喷淋水的喷淋环,动态地喷水冷却钢渣,腔体内还设有一定量的耐磨钢球,对钢渣起到机械破碎的作用。高温钢渣进入滚筒以后,首先是急剧的降温,引起钢渣的相变,钢渣晶体的相变过程中,在分子力的作用下,体积的膨胀首先使部分钢渣碎裂,部分游离的氧化钙、氧化镁发生水解反应。对部分硬度较高的钢渣,在钢球的相互挤压摩擦的作用下,得以碎裂。所以在滚筒渣处理工艺的过程中,多种介质和机械力作用下,高温钢渣被急速冷却和碎化,钢渣的显热转化为蒸汽,回收或者外排均可。

在该处理过程中,由于渣和钢的凝固点不同,含有铁元素的渣钢首先凝固成团,在冷却水的冲击和钢球的挤压下,大部分钢渣与渣铁分离,进入下一道处理程序。而钢渣经过工艺介质反复地冷却、破碎,达到一定粒度后从容器内输出,形成粒度均匀、性能较稳定的 BSSF 成品钢渣。渣钢和钢渣经过在线磁选、分级分离,分别形成可以直接返回冶金生产工序的渣钢、冶金熔剂及可直接利用的商品渣。

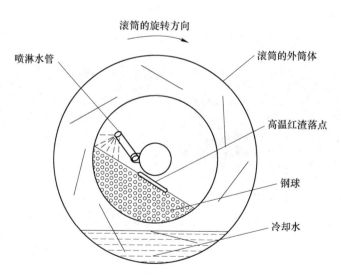

图 7-2 滚筒渣处理结构示意图

7.1.2 滚筒渣处理工艺特点

滚筒渣的工艺特点主要体现在以下几方面:

（1）BSSF 渣处理技术对钢渣的处理是在封闭的筒体内进行的，工艺过程中产生的污水循环使用，蒸汽集中排放且含尘量达标，消除了传统渣处理污染现象。宝钢采用滚筒渣技术以后，经宝钢环境监测站测定，处理液态钢渣时，该装置所排出的蒸汽中含尘量约为 $93.4 \mathrm{mg/m^3}$。图 7-3 为 BSSF 装置排放尾气粉尘量。其测定方法按照国家标准《固定污染源排气中颗粒物测定与气态污染物采样方法》（GB/T 16157—1996），无组织排放颗粒物粉尘的最高允许排放浓度为 $150 \mathrm{mg/m^3}$。因此，该渣处理工艺外排的含尘量浓度符合国家环保标准，可以避免以往大部分渣处理工艺所无法避免的环境污染问题，从而减轻炼钢生产对环境的污染。

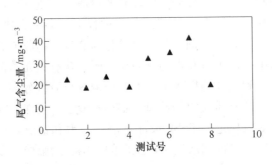

图 7-3　BSSF 装置排放尾气粉尘量

某厂热泼渣和滚筒渣作业的现场实体照片对比如图 7-4～图 7-7 所示。

图 7-4　热泼渣作业现场

图 7-5　拉运热泼渣的铲运作业现场

（2）需一次性投入机械、电、仪表和辅助设备，如热力、给排水等众多设施，因而投资成本较高，但设备每年的维修操作简便。

（3）基于 BSSF 技术的冶金渣余热回收技术，能够将渣处理过程中的高温蒸

图 7-6 滚筒渣拉运作业区域（整洁）　　图 7-7 滚筒渣作业现场（污染小）

汽回收用于发电和其他用途，热能回收效率较高；在线磁选及资源化技术，包括从滚筒渣磁选系统中选铁回收二次利用，剩余的滚筒渣作为其他冶金熔剂或者建材使用，使滚筒渣的产品实现全量回收或者利用。

（4）在转炉渣处理基础上，能够处理电炉渣等炼钢过程中的绝大部分钢渣，处理钢渣的范围较广。

（5）炉渣在线处理技术，省掉传统技术的渣跨、台车、渣罐等，实现真正意义的渣处理短流程。

7.2 滚筒渣处理的技术进展

在第一代滚筒法实现工业化生产之后，宝钢前后对滚筒法经过了四次改革，推出了第二代产品，目前第三、四代产品也已试制成功，逐步应用于钢渣的处理。实践证明，投入运行的 BSSF 装置已在钢渣处理生产上，无论是工艺、成本还是环保方面，都体现出了传统工艺无法比拟的优越性，所以滚筒渣处理技术在宝钢得到了长足发展。

7.2.1 BSSF-A 型钢渣处理装置

第一代滚筒法渣处理装置（BSSF-A 型）结构设计基本上采纳原俄罗斯模式，装置标高（从地面至进渣口高度）为 7.32m，如图 7-8 所示为适应黏渣处理，设计了可移动的块渣分离装置，需要时，可将渣块分离装置吊放至BSSF 渣处理装置的进料漏斗上，处理

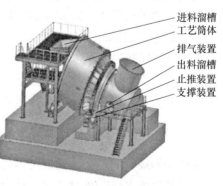

进料溜槽
工艺筒体
排气装置
出料溜槽
止推装置
支撑装置

图 7-8 BSSF-A 型滚筒渣处理装置示意图

稀渣时再由桥式起重机将渣块分离装置吊运至块渣堆场的存放架上。BSSF-A 型钢渣处理装置目前主要采用筒体轴线与水平面有一定倾斜的结构，可以很从容地处理流动性较好的炼钢液态或者接近液态的熔渣。结构简单，运行稳定可靠，但对高黏度的溅渣护炉渣、半凝固状态的钢渣存在黏结进料溜槽问题，渣中掺杂大块没有熔化的废钢，会对设备产生卡阻，损坏滚筒渣腔体，所以目前新建的钢厂已经很少采用 BSSF-A 型钢渣处理装置。BSSF-A 装置的驱动采用两个电机的双驱动方式，因而它的特点是双驱单滚筒，能处理具有流动性的转炉或者电炉钢渣，处理能力为 5t/min，如图 7-9 所示。

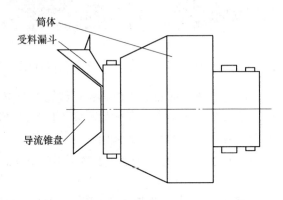

图 7-9　单筒体加动力导流盘钢渣处理装置

7.2.2　BSSF-B 型钢渣处理装置

第二代滚筒法渣处理装置（BSSF-B 型）结构设计采用双驱双滚筒 + 旋转分流盘的模式，承受热渣的分流盘与两侧滚筒筒体连为一体，随筒体转动，受热均匀，冷却效果好，提高了使用寿命。用户可根据自己的情况选用块渣分离装置。BSSF-B 型装置能处理流动性较好和具有流动性的转炉钢渣，在使用扒渣机扒渣的情况下，也可以处理一定粒度的固体渣（长度和宽度小于进料口和单侧腔体的宽度）。其设备结构如图 7-10 所示。

BSSF-B 型的进料漏斗位于筒体装置的上方，具有垂直进料的功能，优点是处理能力大，对不同流动性的熔渣适应性强，安全性较高；缺点是结构较复杂，局部衬板易磨损，更换钢球的工作量较大。

7.2.3　BSSF-RC 型钢渣处理装置

滚筒法的爆炸问题是困扰滚筒渣处理工艺的一个难题。嘉恒法首先粒化的工艺，与已开发的 BSSF-RC 型滚筒渣工艺原理上有异曲同工之处。BSSF-RC 型滚筒渣处理技术是在 BSSF 法炼钢熔渣处理技术的基础上引入高速粒化辊工艺思想，

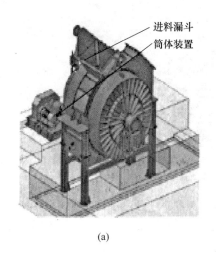

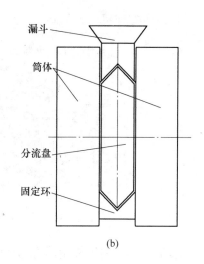

(a)   (b)

图 7-10　BSSF-B 型滚筒渣装置和本体设备示意图

并将二者有机地结合起来，特别是高黏度糊团状熔渣在进入滚筒装置之前，首先被高速旋转的粒化辊初步撕裂、粒化，形成较小的渣团，待较小的熔渣团进入筒体后再次被滚动的工作介质进行二次粒化，对高黏度熔渣的粒化能力强，可快速处理成理想的商品化钢渣。其原理如图 7-11 所示。

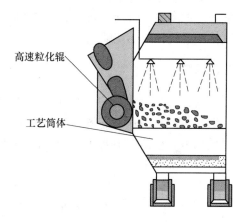

图 7-11　BSSF-RC 型炼钢熔渣处理装置原理

7.2.4　BSSF-D 型钢渣处理装置

　　BSSF-D 型是针对罐底渣和大块同态钢渣而设计的专用处理装置，其模型如图 7-12 所示。该装置在原有技术的基础上，增设了大容积的进料仓，配合大口径的进料口，实现一次进料，逐步渐次处理的功能，打破了现有滚筒技术边进渣边处理的工艺模式。结构保留了较成熟的单滚筒形式，设计采用单驱＋倾斜式单滚筒模式，滚筒呈 20°倾斜放置，并由一个电机驱动，设备标高也降低至 6m 以内（出料装置的链板机安装在地面以上）。这种结构使装置进料和出渣都得到改善，同时标高的降低，使一些受厂房标高制约的老企业也能考虑采用此先进技术，拓宽了使用范围。BSSF-D 型装置能处理高温液态钢渣和固态钢渣，其进料口辅以机械式封门，可以自动打开和关闭，并具备锁紧功能，共同实现批次进料功能，适合各类固态红渣和高温液态渣的处理，为 BSSF 渣处理装置实现炼钢熔渣全量化封闭处理奠定了基础。

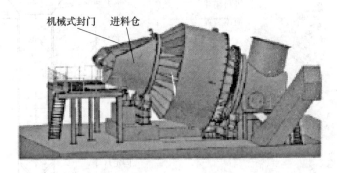

图 7-12　BSSF-D 型钢渣处理装置

7.3　滚筒渣处理技术的设备组成

　　BSSF 渣处理线主要由三大部分组成：工艺本体系统、配套系统和控制系统。工艺本体系统主要包括：受渣漏斗、筒体装置、传动装置、支撑装置、工艺冷却装置等。配套系统包括：行车、扒渣机、倾翻装置等辅助进料设备，供水系统，蒸汽排放系统和成品渣输送及分类系统等。

7.3.1　滚筒装置

　　一套台时产量为 40t 的 BSSF-B 型的滚筒渣设备的基本情况如下：

　　滚筒装置采用垂直进料工艺，结构上采用双腔机构，通过芯轴由一套传动装置提供动力，包括如下几个部分：漏斗装置、工艺筒体、支撑装置、传动装置、工艺喷淋系统、工艺平台、工艺介质。

　　7.3.1.1　工艺筒体

　　工艺筒体主要由 2 个工作腔和 1 个分流盘组成，每个工作腔由内外筒体构成，有芯轴和 2 个轴承座支撑。

算条数量：52×2 根　　　　　　　工作内径：$\phi 4000\mathrm{mm}$

工作宽度：2×1300mm　　　　　　分流盘直径：$\phi 4000\mathrm{mm}$

芯轴材料：42CrMo（铸件）　　　　导流块为铸钢件：ZG240-450

衬板：15Mn

　　7.3.1.2　传动装置

　　传动装置由电机、减速机、联轴器、小齿轮、大齿圈等组成，用于驱动 2 个工作腔。

电动机功率：31.5kW　　　　　　　系统速比：167

大齿圈材质：40Cr　　　　　　　　小齿轮材质：42CrMo

7.3.1.3   漏斗装置

漏斗装置具有快速更换功能。漏斗下部开口尺寸为940mm×830mm。

7.3.1.4   工艺喷淋装置

工艺喷淋装置用于钢渣冷却和筒体冷却。

最大冷却水量：300t/h   水压：0.3~0.5MPa

7.3.1.5   固定罩壳装置

固定罩壳装置用于防止渣处理时产生的水蒸气和粉尘外逸，罩壳上部连接排蒸汽烟囱。

7.3.1.6   工艺平台

工艺平台用于维修及操作，包括进料装置平台、检修平台、扒渣机平台。

7.3.2   输送装置

输送装置用于把滚筒渣处理后的渣输送到料仓，结构为全封闭式，具备漏渣清理功能。输送装置主要包括斗提机和组合式输送机。

7.3.2.1   组合式输送机

组合式输送机把滚筒渣处理后的渣输送到斗提机，结构为全封闭式。组合式输送机由链板式输送机和刮板机组成。

输送能力：240t/h   输送速度：20m/min

链板机驱动功率：30kW   刮板机功率：11kW

7.3.2.2   斗提机

斗提机把组合式输送机输出的渣输送到料仓，结构为全封闭式。

输送能力：240t/h   输送速度：20m/min

链板机驱动功率：30kW   刮板机功率：11kW

7.3.3   配套系统

7.3.3.1   渣罐倾翻装置

渣罐倾翻装置用于倾翻渣罐，将渣罐内红渣倾倒入滚筒内。倾翻装置由横移装置、锁定装置、夹紧装置、倾翻传动装置及倾翻平台等组成。

倾翻装置支承固定方式有法兰支承、销轴锁定、夹钳卡紧。

载重量：55t   最大倾翻力矩：2×97.5kN·m

倾翻角度范围：0°~90°

平移驱动：液压缸   平移行程：1600mm

主传动装置：

布置方式：双驱动，对称布置

传动形式：带制动液压马达与行星减速机组合

驱动功率：$2 \times 15 = 30kW$　　　减速比：315

输出转速：1r/min

卡紧用电动缸：

功率：0.75kW　　　　　　移动速度：25mm/s

锁紧电动缸：

功率：0.55kW　　　　　　移动速度：100mm/s

7.3.3.2　扒渣机

扒渣机用于处理渣罐罐口或罐底黏渣或大块渣，保证红渣流动均匀稳定。扒渣机由扒渣机旋转、扒渣臂上下摆动和扒渣臂组成。

型式：液压

旋转角度：±90°　　　　　上下摆动角度：+10°、-25°

扒渣能力：3t/min　　　　　伸缩行程：4000mm

功率：30kW　　　　　　　控制方式：遥控

7.3.3.3　漩流井设备

漩流井用于处理渣处理生产排水，通过长轴水泵加压送至滚筒渣处理装置用水。漩流井设备主要包括长轴泵，回水、工艺水、分流盘气动阀，手动闸阀，泄压阀，酸液投加装置，链板机冷却水、固定环冷却水气动阀和补水气动阀。

7.3.3.4　排蒸汽系统

排蒸汽系统用于将渣处理过程中的蒸汽通过蒸汽烟囱自然抽风排放至大气中，由滚筒设备排气系统、组合式输送机排气系统、排气烟囱等组成，主要设备包括波纹金属补偿器。滚筒波形金属补偿器尺寸为 $1990mm \times 1395mm$。

7.4　滚筒渣处理系统的操作流程和控制

7.4.1　滚筒渣处理工艺操作流程

渣处理系统主要由工艺设备（包括滚筒设备、组合输送机、斗提机、料仓、渣罐倾翻装置和扒渣机）、电气控制系统、水处理系统、压缩空气系统组成。其工艺操作过程如下：

（1）滚筒渣控制系统采用 PLC 控制，采用中央及现场两地操作方式。中央控制分自动和手动控制两种方式，均在操作室完成，操作室设有 HMI（操作站）和主操台，操作站可显示工艺流程、设备状态、相关参数（温度、压力、流量、液位、电流等）。主操台上设置主要设备（滚筒、输送机、水系统等）启动/停止按钮和紧急停车按钮；现场设备原则上都设机旁操作箱，在滚筒、输送机、倾翻机、液压站及水处理设备旁设置现场操作箱，现场操作箱主要用于现场检修、调试时使用，操作箱上设置"远程/就地"选择开关，"远程操作"为操作室内HMI操作方式，当选择远程操作方式时，系统为自动工作方式；"就地操作"为现场操作箱操作方式，当选择就地操作方式时，系统为手动工作方式。正常作业采用自动控制模式。在主操室HMI上设有所有设备的启动/停止操作功能，开机前检查这些设备开关的可靠性和设备的安全性，检测和操作分为自动和手动操作两种模式。检查主操作台主要设备包括：

1）滚筒设备启动/停止；

2）链板机启动/停止；

3）刮板机启动/停止；

4）斗提机启动/停止；

5）料仓电液颚式闸阀启动/停止；

6）滚筒供水泵启动/停止（两用一备）；

7）固定环及分流盘冷却水泵启动/停止（两用一备）；

8）滚筒冷却电动闸阀启动/停止；

9）链板机冷却电动闸阀启动/停止；

10）芯轴分流盘冷却电动闸阀启动/停止；

11）固定环冷却电动闸阀启动/停止；

12）补水管电动闸阀启动/停止；

13）压缩空气电动闸阀启动/停止。

在操作台上检查测试以下设置的操作按钮：

1）紧急停车按钮；

2）滚筒启动/停止按钮；

3）滚筒变频器复位按钮；

4）供水泵启动/停止按钮；

5）链板机启动/停止按钮；

6）刮板机启动/停止按钮；

7）试灯按钮。

（2）在电脑控制画面上检查设备的控制，合理的自动控制模式下，启动顺序依次为：滚筒供水泵启动后延时30s→斗提机启动，连锁延时10s→刮板机启动后延时10s→链板机启动后延时10s→滚筒启动，延时10s启动；停止顺序依次为：滚筒停止运行后延时1min→链板机停止运行后延时1min→刮板机停止运行后延时1min→斗提机停止运行后延时2s→停止喷淋水系统。

（3）渣罐倾翻装置的启动/停止及控制在HMI画面上有手动/自动切换功能，允许采用手动控制。

（4）现场检测设备本体内容见表7-1。

表 7-1 现场检测设备本体内容

序 号	检 查 内 容	标 准
1	倒渣口及倒渣口内耐材	无堵塞、耐材无损坏,若堵塞、耐材损坏时及时更换或者清理倒渣口
2	水池水位	水位在 4.5~5.5m 之间
3	钢球量	钢球面距离芯轴护套不低于 250~300mm
4	平台积渣情况	不得有大块冷渣及冷钢
5	设备润滑情况,电器仪表、水泵、电动阀	设备润滑情况良好,电器仪表、水泵、电动阀完好
6	滚筒放流点周围规定区域	周围规定区域范围内无人员
7	滚筒渣设备腔体内喷淋水水环	喷嘴喷水流畅无堵塞

(5) 设备检测结束以后,启动输送设备:依次启动斗提机、链板机、刮板机,待输送设备运转正常后,再启动滚筒,启动后取认是否正常,无异音,无异常振动,然后将装载转炉熔融态钢渣的渣罐由起重机运至渣处理的渣罐倾翻装置座包位,倾翻装置中的卡紧机构和锁紧装置将渣罐固定住,随后倾翻支撑架慢慢将渣罐倾动,并配合倾翻装置的平移机构使渣罐出渣对准滚筒漏斗入口。经滚筒处理后的炉渣变成小于 100mm 的固态渣粒由滚筒装置的排渣口排出,然后落到组合输送机,并通过斗式提升机将渣送入储渣料仓。渣罐倾倒完毕后复位,待渣罐锁紧机构松开,倾翻平台上的报警灯闪烁,行车方可将空渣罐吊运走。如果滚筒渣的翻罐采用行车倾翻的方式,必须待行车吊罐到达滚筒渣的下料口正上方,方可吊挂渣罐的倾翻吊耳,做好对准准备。

(6) 按照自动模式启动滚筒渣设备。切记,首先开水,然后进行下一步倒渣放流的处理流程。滚筒渣处理过程中的渣量和耗水量基本上接近 1:1。

(7) 放流的操作流程为:操作工将渣罐倾翻装置横移至等待位,倾翻至水平位置后锁定倾翻架,行车工将渣罐吊运至滚筒渣上方,将渣罐缓慢放置在倾翻台架上,由操作工操作夹紧缸夹紧渣罐。操作工将倾翻支架开到倒渣口上方,缓慢倾翻,调整位置对正倒渣口,将流动渣子倒入倒渣口内(滚筒内),如有爆响减少倒渣量或稍作停顿,待无响爆后再进行倾翻动作,遇到比较大的响爆时,必须停止进渣。对渣罐结渣壳冷钢、罐内有钢水、或余渣滚筒不好处理的渣类,行车吊运渣罐至热泼渣池进行热泼渣处理。待渣罐已倾翻成 30°,因遇流动性差的钢渣倒不出来时,用扒渣机进行扒渣,有助于多进渣,当确实再难进渣时,停止滚筒进渣作业。

(8) 在进行渣处理过程中,需确认滚筒运转是否正常,确认滚筒水量是否在安全范围内,确认斗提机、链板机和刮板机是否正常,溜槽、料仓、输送机有无发红,有无红渣溢出现象,若有上述异常及时通知操作工停止进渣,增加喷淋水流量，待异常情况消失以后再进行正常作业。

（9）待渣处理倾翻完毕，至90°左右，将倾翻装置倾翻后退至水平等待位置，将夹紧缸打开，行车工将渣罐从倾翻装置上吊运下来。

（10）滚筒及斗提机、链板机、刮板机在倾翻完毕后，继续运转5~10min，保证渣全部输送至料仓内，然后停止运转滚筒。

（11）待料仓料位计显示渣已装满，由操作工指挥车辆开至料仓下方，打开扇形阀，将处理好的渣子放至车内，拉运离开。

（12）待滚筒停止运转后，检查清理倒渣口、分流盘、滚筒底部渣子。

（13）检查设备是否正常，准备下一罐渣处理。

7.4.2　滚筒渣处理的异常情况

滚筒渣处理常见的异常情况有以下几个方面：

（1）滚筒电流显示及过载报警，比如某滚筒渣，额定电流为600A；当电流值大于800A时系统报警，当电流值大于1000A时自动停机。

（2）滚筒转速显示及调节，滚筒正常转速为1~5r/min。

（3）传动侧及非传动侧轴承温度显示及异常报警，温升大于100℃时报警，温升大于150℃时自动停机。

（4）刮板机卡阻报警并自动停机，一级输送机卡阻报警并自动停机。

（5）斗提机速度检测及料位开关卡阻报警并自动停机。

（6）料仓料位显示，设定高料位报警和低料位报警。

（7）供水系统状态显示，液位显示与报警；泵阀等设备的故障显示；设备冷却水系统状态显示，包括：

1）滚筒冷却水量显示、设定及异常报警；

2）链板机冷却水量显示及异常报警；

3）芯轴分流盘冷却水量显示、设定及异常报警；

4）固定环冷却水量显示及异常报警；

5）滚筒供水温度、供水压力显示及异常报警；

6）工业水（固定环和芯轴）供水压力、流量显示和报警；

7）链板机排水温度显示；

8）电动闸阀故障报警；

9）压缩空气流量和压力显示，切断阀报警；

10）滚筒排气温度、压力显示；

11）扒渣机油温异常报警，油位异常报警，电流过载报警，过滤器堵塞报警；

12）渣罐倾翻角度和倾翻速度显示。

异常情况出现以后的事故处理方法有：

（1）滚筒供水泵或工业新水供水泵出现故障时，渣处理设备禁止运行；

（2）滚筒设备作业时出现故障停机，渣罐倾翻装置应立即停机，但后续的链板机、刮板机、斗提机、料仓电液闸阀允许继续运行；

（3）链板机作业时出现故障停机，滚筒和渣罐倾翻装置应立即人工停机，一级链板机之后的刮板机、斗提机、料仓电液闸阀允许继续运行；

（4）刮板机作业时出现故障停机，滚筒、渣罐倾翻装置和链板机应立即人工停机，刮板机之后的斗提机、料仓电液闸阀允许继续运行；

（5）斗提机作业时出现故障停机，滚筒、渣罐倾翻装置、链板机和刮板机应立即人工停机，料仓电液闸阀允许继续运行；

（6）料仓电液闸阀出现故障时报警并停机，其余渣处理线设备应停机；

（7）设备冷却水量报警，滚筒设备禁止运行；

（8）滚筒、芯轴分流盘、固定环的冷却电动阀故障，滚筒设备禁止运行；

（9）输送机冷却电动阀故障，允许设备继续运行；

（10）滚筒供水泵出现故障时报警并停机。

常见的卡阻故障有：

（1）转炉有未熔化的大块废钢倒入渣罐内，从渣罐内进入滚筒腔体内造成卡阻；

（2）链板机断裂造成的掉链子卡阻；

（3）渣罐内有钢水粘死滚筒渣腔体造成的卡阻，或者钢水凝固形成大块造成的卡阻；

（4）设备原因造成的卡阻。

出现异物卡阻最常见的处理方法是待滚筒渣停止运行以后，人工清理出异物即可。但是滚筒渣内充填的钢球较多，出现异物的处理难度较大，危险因素也多，因此防止异物进入滚筒渣腔体内，对安全生产意义重大。

滚筒渣生产所产生的蒸汽通过烟囱集中排至大气，产生的浊水先进入漩流井，经过沉淀过滤进入清水井。漩流井的管控也很重要，漩流井操作的检查内容和标准见表7-2。

表7-2　漩流井操作的检查内容和标准

序号	检查内容	检 查 标 准
1	水池水位	水位在4.5~5.5m之间
2	水池pH值	pH值在7~9之间
3	清渣量	清渣操作必须每天进行，抓渣量保证漩流井的淤泥不会影响生产

漩流井酸碱度（pH值）控制操作：

（1）按照工艺要求，漩流井水质 pH 值要求控制在 7～9 之间，pH 值超过 9，水质对设备的腐蚀危害较大，滚筒渣必须停止生产，防止对设备及漩流井造成损害。

（2）漩流井酸碱度（pH 值）控制操作主要通过漩流井内酸度计（pH 计）进行检测，通过加酸液装置进行控制，可以采用工业盐酸或者轧钢厂使用以后的废酸。

（3）酸液选用工业盐酸（含量一般在 30% 左右）。酸罐内加酸液，通过耐酸泵泵入 $6m^3$ 储酸罐，加酸液管道接口处应封闭严实，防止泄漏。加酸液过程中，人员穿戴好耐酸防护用品（口罩、手套、防护眼镜等）；如溅入眼内或皮肤，需立刻用大量自来水冲洗所溅部位，再用 5% $NaHCO_3$ 溶液清洗，以防止对身体造成损伤；泄漏在设备或地面的酸液，需要用清水（或碱水）冲洗后擦拭干净。

（4）酸罐加酸由电动阀控制加入冲渣沟内，加入时应确认冲渣沟有流动的冲渣水，且冲渣沟内无操作人员滞留，防止对人员造成伤害。

（5）加酸时应少量多次投加，防止酸度过高（建议每次 500kg），pH 值过低（低于 7.0），以防止对设备造成损坏，及不必要的酸液浪费；加酸时应现场对照酸罐液位进行加注，防止投入过多，对设备造成损坏。

（6）操作人员需要每月对水质酸碱度（pH 值）进行抽查检测，可使用化验室 pH 试纸或 pH 计检测，并检查 pH 计是否正常，对 pH 计定期进行计量校验检查。

7.4.3　扒渣机的使用

在滚筒设备中，当大部分半流动钢渣因其黏性无法通过自重流入溜槽时，通过扒渣装置将渣罐内黏性钢渣扒入滚筒溜槽中，从而完成对流动性较差钢渣的处理，提升滚筒的处理能力和处理钢渣范围。扒渣机可以作为击破渣罐上表面结壳的有效工器具，且扒渣过程简单、安全。

扒渣机扒渣头为斗齿形，也可以制作成矩形，可以采用 Q215～345、16Mn 等材料制作，使用热轧薄板或者中厚板厂的切边等边角料均可以制作。使用扒渣机进行扒渣作业如图 7-13 所示。

延长扒渣机扒渣板寿命的方法有：

（1）在滚筒渣平台上设置一个冷却水水池，扒渣机每次工作以后，及时将红热状态的扒渣板浸入冷却水水池内冷却。

（2）在冷却后的扒渣板上涂刷石灰水、防粘渣剂，减少因钢渣的黏附而变形。

（3）扒渣板黏附有冷钢渣时，及时清理掉黏附的钢渣，可以有效地延长扒渣板的寿命。

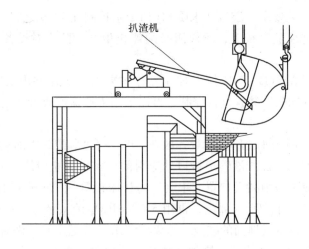

图 7-13 扒渣机作业

7.4.4 提高滚筒渣处理率和设备完好率的措施

滚筒渣平稳运行的情况下，其渣处理成本优势体现得比较明显。如果设备故障率较高，就会影响渣处理成本和渣处理的正常运行。滚筒渣常见的设备损坏是内衬的变形、磨损和链板机的故障。为了使滚筒渣处理量进一步提高，从以下几个方面做工作比较有效果：

（1）滚筒本体是钢构件，防止热变形很重要。处理液态或者高温钢渣时，先开水，后处理钢渣，杜绝先放流、再开水的现象，这一点对滚筒本体受热以后的变形很重要。这方面需要提高滚筒渣操作工的操作水平，加强作业过程中的监管，以杜绝操作事故，同时保证符合滚筒设备处理的转炉钢渣实现全量处理。

（2）平衡好滚筒渣本体设备处于一个合理的温度变化范围，是防止滚筒渣本体设备变形的关键。冬季设备开机时，防止设备从低温向高温的突然转变，热应力变化引起的设备变形。某厂发生过滚筒渣的链板机链板变形断裂的事故，发生事故的滚筒渣链板机六片链板变形、链节弯曲，严重影响设备正常运行，停机处理420min。经过分析发现，事故原因是操作工疏忽造成打开工艺冷却水时间过晚，致使链板温度过高又突然冷却造成链板变形，同时该炉冶炼出渣时将含有钢水的渣子倒入滚筒内，钢水和钢渣粘在链板上，温度过高又突然冷却，造成了这次链板变形的事故。

（3）加强设备的维护，减少设备故障，提高设备运行的完好率，同时重点保证扒渣机的完好，确保符合渣处理条件的钢渣全部处理，提高滚筒渣的作业率。

（4）加强与转炉和设备系统的沟通，做到滚筒渣检修和转炉开始检修时同步，保证滚筒渣处于良好的待机投入生产状态。

（5）滚筒渣作业过程中，大块的冷钢从渣罐中进入滚筒，尺寸较大的将会挤压滚筒的内衬，使其变形。这需要转炉和渣处理操作工加强沟通，转炉炉内若有熔化的大块废钢，不能够将其倒入渣罐，滚筒渣操作工在放流操作过程中，需要密切观察，防止大块冷钢进入滚筒内。若发现有大块冷钢，应停止作业，在热泼渣的场地将冷钢扒出渣罐，然后进一步处理。对转炉的炉口进入渣罐，必须扒出炉口以后，才能够进行滚筒处理，否则炉口掉入滚筒内，将损坏设备，影响滚筒渣的进一步处理。所以转炉贯彻钢渣分次处理的方法，即倒炉钢渣和溅渣护炉的钢渣分开处理，能够提高渣处理效率。

（6）滚筒渣在处理液态钢渣时，响爆现象普遍，按照"高温钢渣放流宜缓，低温钢渣放流适中"的原则进行，防止大的响爆发生，是防止滚筒受冲击破坏变形的关键。同时，转炉加强炉衬的维护，调整装入量，杜绝转炉出钢钢水出不尽而将多余钢水倒入渣罐的事故，减少转炉出钢侧不平造成出钢过程中的窝钢水现象，不得在倒终渣时将钢水倒入渣罐。

（7）强化转炉清理炉口的工作程序，杜绝炉口进入渣罐的现象。

（8）在保证全量处理转炉符合滚筒处理条件的钢渣的情况下，将没有冷钢的热泼渣装入渣罐，进入滚筒渣处理，其效果良好。

（9）滚筒渣处理以后，罐底渣通常含有较多金属铁，不宜加入滚筒进行处理，所以罐底渣一般采用热泼破碎，或者热闷渣处理，从滚筒渣处理后的罐底渣中，能够选取出含铁量较高的渣钢。

7.5 滚筒渣的磁选铁工艺

7.5.1 磁选分取流程与设备

转炉或者电炉炼钢过程中，产生的吨钢95~125kg的钢渣，渣中含有14%~25%的氧化铁，加上转炉吹炼过程中，钢渣中弥散的小铁珠，以及出渣过程中，因出渣卷钢导致部分钢液（一般为渣量的5%）随着热态渣进入滚筒渣处理工序。渣中的小铁珠和氧化铁，能够在滚筒渣后序工序中，直接采取磁选的方式筛选回收物后，成为金属物料的替代品，返回炼钢厂使用。

磁选分取流程是使用一台带永磁滚筒的皮带机，将其安装于滚筒渣处理斗提机和料仓之间，其中连续式永磁轮式磁选机的永磁轮做头轮（主动轮）使用。当钢渣通过皮带机时，永磁轮由内部高性能的永磁体产生径向磁力将有磁性物料吸向永磁轮表面，而永磁轮表面是直接包裹在运输皮带的下方。则被吸住的磁性物料由于摩擦作用，与筒体一起旋转，由于皮带的隔磁及张力作用，在运动过程中将磁性物料拉开一定的距离，当到达磁性非常弱的位置时，物料不能被吸住而以抛物线的运动方式掉入溜槽到达地面料斗中，实现磁选分取的目的。

以一座120t转炉配置的滚筒渣为例，滚筒渣的工艺技术参数见表7-3，滚筒渣处理后产品的特点和性能见表7-4。

表 7-3 120t 转炉配置的滚筒渣处理工艺技术参数

序 号	名 称	单 位	指 标
1	处理液态渣的能力	t/min	3
2	连续处理时间	min	25（最大）
3	冷却水量	t/h	120
4	蒸汽（废气）发生量	m^3/t 渣	500
5	蒸汽压力	—	常压
6	蒸汽温度	℃	100 ~ 120
7	蒸汽内含尘量	mg/m^3	<100

表 7-4 滚筒渣处理后产品的特点和性能

名 称	单 位	指 标	备 注
粒度：0 ~ 40mm	%	40 ~ 60	—
粒度：40 ~ 70mm	%	30 ~ 40	—
粒度：70 ~ 120mm	%	0 ~ 30	—
分解度	%	<5	高压釜内蒸汽处理时的质量损失
渣粒（块）温度	℃	<250	—
含铁物质可选取率	%	38	—

磁选皮带机如图7-14所示，设备参数性能如下：

输送（选取）能力：约180t/h　　输料密度：3.5 ~ 4t/m^3

输送机长度：约5m　　　　　　　输料管径：450mm

输送倾角：不大于11°　　　　　　衬铠式皮带宽度：650mm

滚筒直径：500mm（630mm）　　皮带线速度：1.25m/s

永磁滚筒型号：RCT-50/65　　　 筒表磁感应强度：2500Gs

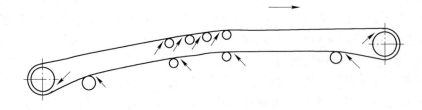

图 7-14 磁选皮带机

7.5.2 磁选分取作业操作步骤

皮带机磁选分取作业包括开机前的检查、磁选分取、作业过程中异常情况的处理。

开机前的检查作业：

（1）作业前，检查皮带机机旁按钮操作箱，进行操作箱的试灯，电源指示灵敏度和可靠性测试，如有故障及时处理。检查作业必须三人进行作业，两人机旁检查，一人操作室确认。

（2）检查机旁操作箱的转换开关是否完好，其中检查作业、检修作业和故障处理使用机旁操作箱的就地操作权，而集中操作权则用于自动作业远程控制；事故按钮用于事故状态下紧急断电停车。

（3）检查皮带机两旁的紧急断电停车开关拉绳是否完好。该装置用于事故状态下的应急抢险，拉下拉绳，皮带机即可实现断电停机。

（4）检查皮带机断带保护，皮带机头轮与尾轮产生速差时出现报警，必须停机处理，处理期间，斗式提升机前的三通阀切换至流向滚筒渣料仓位置。

（5）检查皮带机头的两个下料槽是否畅通，如有异常，不采用磁选分取作业。

（6）检查地面铁基磁选料料斗是否处于空斗或者半空的状态，如果料斗已满，必须及时清空，如果无法清空，必须有应急措施，包括人工干预和车辆工程做好干预准备。

（7）检查皮带机的安全防护设施是否完好，如有缺陷，不许启动皮带机作业。

以上检查的科目出现问题无法解决时，不进行磁选分取作业，但是滚筒仍可正常作业。

磁选分取的作业：

（1）确认机头两个溜槽畅通的状态下，首先启动磁选皮带机。皮带机操作前，必须鸣铃警示，确认无人在操作区域内作业。

（2）磁选皮带机运转正常的情况下，将斗式提升机前的三通分料阀开至磁选分取位置。

（3）滚筒渣设备正常启动，进行磁选分取作业。

（4）地面铁基磁选料料斗装满2/3时及时进行更换或者清理。

（5）磁选分取作业过程中，出现异常，将斗式提升机前的三通阀切换到滚筒渣料仓位置以后，滚筒渣可以正常运行，但磁选分取作业必须中止。

作业过程中异常情况的处理：

（1）皮带机运行过程中出现皮带打滑、断带等情况，首先切换斗式提升机前的三通阀至滚筒渣料仓位置（需人工操作），减少钢渣积压引起事故，然后将皮带机停电，进行检查，处理必须由专业人员进行，非专业人员禁止处理皮带机故障。

（2）溜槽出现堵料，可以通过敲打溜槽壁，通过震动的方式进行疏通，严重时，可在判断的堵料位置区域，采用电焊或者氧割，切开溜槽的局部进行处理，切开以后，进行捅料，但是严禁站在切开局部的正下方捅料。

（3）皮带机运行过程中出现事故状态，可拉机旁的拉绳进行紧急停机，或者将操作权转换到机旁操作箱，按下事故按钮紧急断电停车。

7.6 滚筒渣作业过程中的安全操作

7.6.1 滚筒渣作业过程中的安全控制

滚筒渣作业过程中的危险因素主要有以下几个方面：

（1）作业过程中有毒气体的析出。这些有毒气体主要包括磷化氢、硫化氢、二氧化硫、一氧化碳。在正常的操作情况下，滚筒渣操作平台经常充斥一些恶臭或者异味的气体，如果不加以防范，就会造成平台操作人员的慢性中毒或急性中毒，最有效的方法是在滚筒渣的倒渣口和平台，采用大功率的轴流风机，进行定期的排气作业，此外作业过程中减少人员在平台作业的时间和概率，对操作工的安全很重要。

（2）蒸汽的烫伤和灼伤以及次生伤害。滚筒渣作业过程中，大量的蒸汽从排气烟囱排出或者收集利用，但是在倒渣口及其附近的区域，会逸出部分蒸汽，容易造成以下几种伤害：

1）烫伤。蒸汽的温度高达100℃，人员接触以后，极易造成物理性烫伤。

2）蒸汽遮挡影响视线，造成跌伤或者碰伤等其他次生伤害。

3）蒸汽中还会掺杂其他的气体，例如 CO、H_3P 等，容易造成人员的缺氧中毒和化学性中毒伤害。

4）滚筒渣处理过程中，部分的蒸汽携带有 $Ca(OH)_2$ 小颗粒，极易造成眼睛和其他组织的化学性灼伤。

所以滚筒渣作业期间，禁止人员出没于有蒸汽聚集的区域，能够有效地防止蒸汽引起的伤害。

（3）爆炸伤害。爆炸是滚筒渣作业过程中最常见和危害最大的事故。除了倒渣过快引起蒸汽膨胀造成的物理爆炸以外，还有渣中带有金属铁、降温析出 CO 造成的物理爆炸，高温条件下水裂解成为 H_2 造成的爆炸，以及其他原因造成的爆炸，都是危害较大的。在渣处理过程中，防止爆炸的主要措施如下：

1）倒渣过程中，必须保持均匀，禁止一次性突然倒入大量的液态钢渣进入滚筒。

2）转炉出渣过程中必须杜绝将钢水倒入渣罐。如果钢水倒入渣罐，必须通知渣处理操作人员，渣罐内钢渣静置 10～30min，由于钢水和炉渣密度不同，大部分钢水会沉入罐底。注意，放渣操作时缓慢倒渣，倒渣到1/2 左右时，将剩余的钢渣热泼，或者热闷处理。

3）对渣罐表面结壳、倒渣有困难的渣罐，在扒渣机异常时，禁止采用增加倾翻渣罐角度、利用罐内钢渣重力作用将渣面冲破的做法，防止罐内液态钢渣大量涌入滚筒内，造成爆炸。

4）对一些温度较高的钢渣，尤其要注意倒渣过程中，密切监控水温变化和倒渣速度，以较慢的方式倒渣，这是防止高温渣处理过程中爆炸的关键。

5）对温度异常高的钢渣，在滚筒渣处理时，务必保证冷却水的水量为最大值，并以较慢的速度倾翻，倾翻1/3时停止3～5min，然后观察情况，滚筒内情况无异常，方可继续作业。

（4）机械伤害。滚筒渣是依靠设备水淬处理钢渣的，各类的机械伤害和综合伤害也是常见的。滚筒渣作业最为常见的安全作业流程如下：

1）滚筒的操作台及盘箱上不得放有杂物，以防杂物触动开关或按钮，造成设备误动作，而发生安全事故。

2）滚筒放流作业时必须确认周围环境，注意人员车辆、机械设备的交叉作业，加强安全防范，放流时严禁人员、机械设备进入内滚筒放流区域。

3）严禁触摸、检修、清扫、跨越、运转中的设备。上下楼梯扶好扶手防止滑跌。

4）严禁在运转的滚筒区域内逗留、休息、穿行，以免发生人员烫伤事故。用红白绳隔离作业区域。

5）疏通滚筒溜槽作业时，不得站在溜槽台沿以防掉入溜槽发生烫伤。正确系扣好安全带并使用专用工具操作，旁边应有专人监护。同时严禁与行车交叉作业，以免发生安全事故。更换滚筒溜槽时，必须要有指吊工专人进行指挥。

6）清理烟囱积渣作业时必须进行停机挂牌，同时应正确系扣好安全带，并且要实行轮换作业，每次清理时间不超过15min，旁边应设专人监护。

7）滚筒机械设备电源开关严禁乱开、乱动，以及用湿手触摸电器开关。

8）滚筒作业完毕后，必须对设备进行保养及清理、清洁、清扫工作，作业前需进行停机挂牌。

9）滚筒作业完毕后，滚筒内部、链板机必须保持空载状态。

10）春冬季零度左右，禁止洒水，防止结冰，造成设备故障停机。

11）冬季雾气大，视线不清的情况下，必须停止作业。

12）做好设备点检工作，设备检修时，必须严格执行"三方安全确认"挂、摘牌制度。

13）滚筒进行钢渣放流前，扒渣机务必保持正常，渣罐结壳、扒渣机异常情况下，禁止作业。

14）设备周围必须无人和机械设备，方可启动设备进行作业。

15）炉渣进滚筒放流处理前，操作工必须对渣罐渣面进行破壳处理。

16）滚筒进渣量控制在 1.5t/min 左右，放流口的尺寸不得大于 300mm。当链板输送机出渣色泽变淡灰色（或变红色）、温度升高、颗粒度增大时，应适当调高水管流量，并通知倾翻工暂停放流，直至出渣情况正常后，再开始放流，以免发生剧烈响爆。

17）钢渣放流过程中发现渣罐内有大块渣壳或结渣时，应立即停止再向滚筒内进渣，倾翻放流过程渣罐的倾翻旋转角度不得大于 95°。如有钢水、钢渣必须进行热泼处理。

18）渣罐放流结束，滚筒必须继续喷水冷却，直至钢球不发红后，方可停止喷水。

19）高处作业必须正确系好安全带，进行针对性的安全交底，禁止个人单独进入滚筒渣仓内作业，防止烫伤。

20）进入滚筒腔体内作业，必须对腔体内进行吹扫，清除蒸汽和各类有害气体，吹扫干净，务必做拉闸断电处理，防止误操作运转滚筒造成事故。

7.6.2　滚筒渣作业常见的危险源点和案例分析

滚筒渣处理工艺过程中，存在着安全风险，这些风险是完全能够控制和预防的，常见的事故有爆炸事故、机械绞碾等，最常见的事故和预防方法介绍如下。

7.6.2.1　钢渣的烫伤事故和预防

滚筒渣处理以后，钢渣的温度在 100～250℃ 之间，并且具有一定的含水量，操作中的注意事项如下：

（1）料仓必须做好隔离，在 100～250℃ 温度阶段还有可能产生毒化物质，故料仓区域应注意通风，防止毒化物质的聚集。

（2）储料时间不宜过长，否则料仓仓壁容易黏结钢渣，强度较高，清理难度较大。

（3）出料时，操作人员不能够站在料仓的下方捅料，防止滚筒渣散落在操作人员身上，造成烫伤。

7.6.2.2　滚筒内喷嘴堵塞引起滚筒渣的爆炸事故

2011 年 10 月 20 日，某厂 3 号转炉冶炼管线钢 X70，采用双渣冶炼，终渣倒入渣罐以后，按照规定上 1 号滚筒渣处理。操作工按照程序启动作业流程，启动前滚筒渣本体冷却水流量 237m³/h，链板机冷却水流量 39m³/h，当钢渣放流作业即将结束（放流 10min）、渣罐内尚有 1/4 时，滚筒渣本体内发生爆炸，钢球飞出，滚筒渣本体移位，造成停产。万幸的是滚筒渣作业区域没有人员，而未造成人员伤亡。

事发以后，区域相关人员迅速赶赴现场，在保留现场原貌的同时，进行实地勘察拍照、录像。经过对滚筒渣料仓储料情况、链板机的观察，基本上排除了操作工开机前没有开水造成误操作的因素，同时将该渣罐的剩余钢渣倾翻以后，没有发现有明显的钢水迹象，也排除了转炉下钢水造成爆炸的因素。

据现场操作工反映，该渣流动性特别好，渣温较高。随后，相关区域人员在场的情况下，对渣罐内剩余的钢渣进行了倾翻，发现钢渣除了表面结壳外，倾翻时不用破渣，钢渣依然流动性很好，渣温较高。经过调查，该渣是转炉冶炼X70，炉渣氧化铁含量高，出钢温度1687℃，事发以后，设备维护人员进入现场，在滚筒渣本体南侧，发现轴面上有大量的积渣，钢球炙热，北侧情况正常，根据现场爆炸物的飞溅轨迹断定，破坏性的爆炸来自南侧，是造成爆炸的主要根源。

根据以上的情况分析认为此次爆炸的主要原因如下：滚筒渣南侧的喷淋水水量不足，喷嘴堵塞，操作工检查时没有检查到这一异常情况。异常钢渣渣温高，流动性好，钢渣进入滚筒渣本体以后，渣液放流作业过程中，渣流大部分集中流向滚筒渣南侧，使南侧的冷却强度不够。加上转炉的渣温较高，放流作业过程中对这些异常现象缺少监控手段，也没有采取相应的措施加以调整，造成南侧筒体内钢球的温度不断升高，内腔积渣越积越多，最终造成水汽化量急剧增加，达到极限以后发生爆炸。这是本次事故发生的直接原因。

对此类事故的防范措施主要有：

（1）对渣温较高、流动性较好的钢渣放流作业，增加一条作业规定：放流速度缓慢进行，放流时间大于30min。

（2）增加连锁条件，包括冷却水没有开启则滚筒不能够操作等条件，防止误操作引起的事故。

（3）放流作业前，检查料口，若有缺陷及时采用耐火材料修补，防止放流过程中流股偏流，造成滚筒渣内腔局部温度过热。

（4）作业前检查喷嘴的供水情况，喷嘴堵塞后必须更换，确保完好才能够进行正常的渣处理作业。

7.6.2.3 滚筒渣倒渣过程中的爆炸事故

2010年10月11日，某厂当日滚筒渣的设备运转情况不好，1号滚筒渣处理的扒渣机接地无法投入使用，2号滚筒渣的扒渣机漏油严重，也存在安全隐患不能够投入使用。此时3号转炉出钢倒渣以后，钢渣较稀，该工艺点的乙班职工为了减少热泼渣的数量，认为可以不使用扒渣机就可以处理，于是将此炉钢渣渣罐吊上2号滚筒渣设备进行渣处理。此过程历时20min，此时渣罐表面结壳，没有使用扒渣机进行破渣处理，就进行滚筒渣处理。倒渣处理时钢渣从渣罐下沿一小孔处小流量流出，作业按照倒渣2min，随着倾翻角度的增加，渣罐内钢渣渣壳破裂，大量钢渣进入滚筒渣内腔引起爆炸，造成2号滚筒渣内部衬板破坏，滚筒渣停止运转，造成滚筒渣停止作业 4 小时进行抢修。这起事故就是由于大量液态钢渣短时间进入滚筒渣设备内腔，造成高温钢渣覆盖了水汽引起的爆炸。

事故防范措施：

（1）滚筒渣工艺点的职工需加强操作的规范性，在设备没有保障的情况下，禁止冒险作业。

（2）设备系统中加一个破渣器，在今后扒渣机出现故障的情况下，渣罐必须进行破渣以后方可倾翻。

7.6.2.4 滚筒渣处理过程中钢水进入引起的爆炸

钢水进入滚筒渣，除了引起爆炸以外，还会造成钢水将滚筒渣本体内的钢球黏结成为一个大块，或者钢水凝固形成大块，对滚筒渣的运转造成卡阻损坏。2012 年 3 月 7 日中午，某厂 3 号转炉渣罐出来，由 2 号行车工将其吊至 2 号滚筒进行渣处理。滚筒操作工将倾翻摇至 45°左右发现钢水，操作工回摇时滚筒发生爆炸，造成滚筒渣停产 128 小时、抢修的直接费用损失超过十万元。

此类事故的预防方法如下：

（1）转炉钢水进入渣罐以后，及时通知渣处理工位，将此渣罐进行镇静 10min 左右，待大部分钢水沉积到罐底，再进行放流作业，将渣罐内的钢渣缓慢放流，待放流出大部分的钢渣后，剩余的罐底渣进行热泼处理。

（2）转炉钢水进入渣罐以后，及时通知渣处理工位进行兑罐作业，即将下钢水的渣罐吊起，倒入另外一个空渣罐，倒渣时缓慢进行，下钢水的渣罐留下 $1/3 \sim 1/2$，进行热泼处理，兑罐后的钢渣，进行滚筒渣处理。

（3）滚筒渣放流前，镇静一段时间，放流时严格关注和控制倾翻角度，不能够将整罐钢渣全量倒入渣罐，留下渣罐底部部分，这样可以预防钢水进入滚筒渣内腔引起的爆炸。

7.6.2.5 滚筒渣磁选皮带机的安全管理

皮带机的连锁条件及提示报警的技术条件对防止皮带机事故有重要作用，编著者所在的钢厂制定的皮带机连锁条件如下：

（1）皮带头轮与尾轮速差精度大于 5%，计算机操作画面提示皮带打滑报警，提醒操作工需通知维修人员做皮带紧度调整；大于 30% 时须停车，以避免长期打滑发热导致皮带烧损或断带后事故扩大。

（2）滚筒渣启动，选铁机三通阀处于选取位，而皮带机未启动时，计算机操作画面将发出皮带机未启动报警，若 30 秒后仍未启动，滚筒渣停车。

7.6.2.6 滚筒渣设备的检修挂牌制度

设备检修是发生伤害事故的高发区，滚筒渣工艺涉及有限空间作业和皮带机、链板机的作业，一个微小的失误就有可能造成人员受伤，所以挂牌检修在滚筒渣处理工艺中特别重要。而三方联络挂牌的基本流程是：检修前，项目单位项目负责人填写"安全检修牌"一式两联（正联和反馈联）后通知检修方项目负责人到滚筒渣操作室签字挂牌，滚筒渣操作室操作工接到《安全检修牌》正联后停车、停电并在《安全检修牌》上签字，相应操作室操作工对相应的操作开关按钮上贴安全封条（使用计算机操控的不贴封条，但必须对挂牌设备进行停电封锁），并将《安全检修牌》正联挂在"检修及自力项目安全挂牌公示栏"上，检修方项目负责人和项目单位项目负责人携带《安全检修牌》反馈联到相应电气控制室按《安全检修牌》通知电气控制室电气点检员由检修方电工对停电设备开关拉闸停电、挂牌和确认，由检修人员检查、修理、更换设备。

三方联络摘牌流程在检修完毕后，由滚筒渣试车前项目单位项目负责人到滚筒渣电气控制室摘牌，然后由相应电气控制室点检员确认、摘牌。由检修方电工送电，检修方项目负责人和项目单位项目负责人携带《安全检修牌》反馈联到滚筒渣操作室摘牌，滚筒渣操作室操作工确认、执行摘牌并撕下相应开关上的安全封条（或在计算机操控画面中对封锁的相关设备开锁），然后项目单位项目负责人指挥试车。在这一过程中，必须遵守以下原则：

（1）检修完毕后需启动设备时，检修方项目负责人、项目所在单位项目负责人和操作工共同确定需启动设备周围、上下、内部及与之有关联设备周围、上下和内部是否有人。如有人严禁启动设备。

（2）检修完毕后需启动设备时，由项目所在单位项目负责人统一指挥试车或启动设备。检修方人员负责对本检修区域和与之有关联区域的现场监护。与之有关联区域现场由该项目所在单位项目负责人负责协调监护，该项目检修方项目负责人负责对本区域进行监护。

（3）检修及自力项目完毕条件：设备达到或满足可进行正常生产的条件。满足该条件后检修及自力项目结束。

（4）项目所在单位项目负责人指挥试车严禁站在操作室内，必须站在操作工能够看见且本人也能看见试车设备周围、内部、上下的位置，并能随时保持与操作工的联系。试车时严禁多人指挥。

7.7　滚筒渣的应用

7.7.1　滚筒渣的产品特点

滚筒渣处理技术处理后渣子的粒度小、均匀，能够实现渣钢分离这种工艺，节省了后续工艺上千万的投资，而且渣钢的品位和回收率都远高于传统工艺，因此滚筒渣的利用价值较大。采用滚筒法处理工艺后，滚筒钢渣的粒度分布见表7-5。

表 7-5　滚筒钢渣的粒度分布

粒径/mm	百分比/%
>15	2.21
15.0~10.0	9.69
10.0~5.0	43.48
5.0~2.5	21.71
2.5~0.9	14.13
<0.9	8.39
合　计	100

　　某厂滚筒渣处理后钢渣的化学成分和岩相结构，与热泼渣的对比见表 7-6 ~ 表 7-8。

表 7-6　滚筒渣的主要化学成分　　　　　　　　　（%）

成　分	CaO	SiO_2	Al_2O_3	MgO	TFe	MnO	P_2O_5
含　量	33	10.5	1.33	10.22	24.77	6.12	1.9

表 7-7　热泼渣的主要化学成分　　　　　　　　　（%）

成　分	CaO	SiO_2	Al_2O_3	MgO	TFe	MnO	P_2O_5
含　量	33~58	11~18.5	1.33~2.5	7.8~14	15.1	5.1~7.2	1.1~2.3

表 7-8　两种炉渣的矿物岩相成分　　　　　　　　　（%）

矿　物	热泼渣	滚筒渣
$CaFeO_2$	15	12
$Ca_2Fe_2O_5$	15	24
Ca_3SiO_5	16	—
Ca_2SiO_4	—	17
$Ca_2Fe_9O_{13}$	10	—
RO	27	22
$Ca(OH)_2$	6	14

　　滚筒渣工艺处理后的钢渣，X 射线衍射谱图如图 7-15 所示。图中验证了有大量氢氧化钙相存在，说明滚筒渣中的游离氧化钙得到了有效消解。

　　BSSF 渣样的电子显微图如图 7-16 所示。

　　从图 7-16 中可以看出有许多微观孔洞，是游离氧化钙经过消解后留下的。采用滚筒法处理工艺后，钢渣中 CaO 膨胀粉化的稳定期来得早，且游离 CaO 比例小于 4%，符合国家建材标准，可直接作为建材的原料。

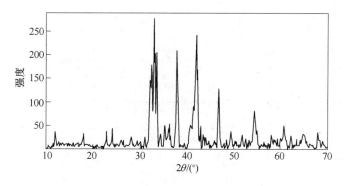

图 7-15　BSSF 渣样的 X 射线衍射谱图

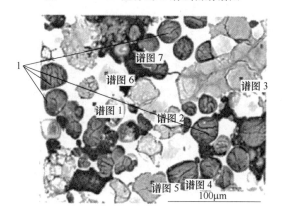

图 7-16　BSSF 渣样的电子显微图

7.7.2　滚筒渣的应用途径

7.7.2.1　滚筒渣作为公路建设的基层材料和水稳层材料的替代品

德国的钢渣开发部门认为，钢渣作为铺路材料有很好的工程特性，承载力大、坚固性好、耐冰冻体积稳定性强、耐磨性好、耐浪花拍打和潮流的冲击，尤其是混合炉渣（钢渣、高炉干渣和高炉水渣）铺路，其承载力比普通材料铺路更高，这样，沥青层的厚度也可以减少 2cm，降低造价。因此，推荐在水利工程、堤坝建筑以及铺路中使用钢渣。

滚筒渣具有良好的成型性，笔者所在的钢厂在滚筒渣工艺运行产生第一批滚筒渣以后，为了消除热泼渣打水过多引起的地面泥泞问题，而使用滚筒渣铺设在相对泥泞的路面，收到了很好的效果。铺路以后，经过 40t 履带式装载机和装入量 50t 的车辆碾压，成型时间为 5 天左右，车辆通过频率为 4～10 次/h。成型以后，路面硬化程度可以满足承载 50t 以上车辆的碾压，路面变形量小。实际效果如图 7-17 和图 7-18 所示。滚筒渣直接铺路的效果能够满足一般简易公路的路面敷料的要求，而且碾压以后路面的透水性依然很好。

图 7-17　滚筒渣铺路前实体照片（粒度低于 20mm）

图 7-18　滚筒渣铺路经过履带车辆碾压 30 天后的实体照片

　　2012 年在某厂区采用 9000t 以上的滚筒渣和砂石混合以后，用于路面的水稳层材料铺设，然后再在水稳层上铺设沥青混凝土路面，现场的实体照片如图 7-19～图 7-22 所示。该路段总长 4km，直接在土壤层上铺设稳定层，自从 2012 年 1

图 7-19　滚筒渣和砂石料的混合施工现场

图 7-20　混合以后压成的基础路面

月开放后，效果超过预期，至今3年来，无任何路害现象发生。

图 7-21　表面采用沥青砂石路面　　　　图 7-22　建设以后用于拉罐重车通过

7.7.2.2　滚筒渣用于厂房地坪的铺设

绝大多数钢厂的连铸坯通常需要专门的场地堆放，由于高温铸坯的特点，而对地面的铺设有较高的要求，目前炼钢的铸坯堆放区域采用的是炼铁的水泡渣，该钢渣的碱度一般在 0.75~1.2，渣系熔点较低，呈现弱酸性，渣的宏观结构中经常有玻璃相出现。使用以后出现钢坯粘渣现象，影响钢坯的质量；同时铸坯随着温度的降低，其表面会脱落部分的氧化铁皮，一定时间以后需要清扫。由于水泡渣的不定型性，需要将原有的全部清理，然后敷设新的水泡渣，不仅费时，还需要磁选混在水泡渣中的氧化铁皮，浪费较大。使用滚筒渣替代该钢渣以后，解决了以上问题，并且地面的固化现象良好，清扫氧化铁皮时比较方便，不损伤已经固化的地面。作业程序减少，对降低炼钢的成本非常有益。实体照片如图 7-23 和图 7-24 所示。

图 7-23　铺设前的崎岖厂房地面　　　　图 7-24　滚筒渣填料的效果图

7.7.2.3　用于水患频繁区域的地面治理

在沼泽地带和湿软地区修建路桥时，通常采用抛石挤淤和换土填方工艺。滚筒渣具有较好的透水性和一定的活性，将其作为填充材料治理水患严重区域，能够起到稳定地基和防止淤泥危害的作用。

为了证明滚筒渣的透水性，笔者在热泼渣现场，将滚筒渣堆积至积水点，覆盖积水。实践证明，滚筒渣的吸水性好。此外，对堆放的滚筒渣进行喷水 40min 的试验，滚筒渣的透水能力较强，喷水流量为 50kg/s 时滚筒渣可以同步透水，透水试验 3 小时以后，环境温度大于 55℃，滚筒渣表层下方 3cm 处依然有水迹，也说明了滚筒渣良好的水合性。做污水透水性试验结果表明，滚筒渣对大颗粒的污物具有过滤作用。试验效果如图 7-25 和图 7-26 所示。

图 7-25　堆状滚筒渣透水以后的　　　　　图 7-26　平铺的滚筒渣大量饱和
　　　　　实体照片　　　　　　　　　　　　　透水后的实体照片
　　　（水冲击时不易变形）　　　　　　　　　　　（蓄水性良好）

笔者所在的钢厂 2008 年采用滚筒渣治理厂房雨檐下部的湿软区域，效果显著。该区域在填放滚筒渣 6 个月以后，呈现固化状态，透水性良好，优于透水混凝土的治理效果。

7.7.2.4　转炉使用滚筒渣磁选铁替代球团矿的新工艺

在转炉冶炼生产过程中，使用球团矿或者铁矿石主要作为助熔剂和冷却剂。助熔的原理是利用以上原料中的氧化铁降低石灰熔点，达到助熔炉渣的目的。作为冷却剂的原理是基于以下两点：

（1）利用以上原料热容较大的原理，吸收熔池中的热量；

（2）利用原料中的氧化铁氧化熔池中的碳，该反应为还原反应，过程中吸热，起到降低熔池温度的作用。

使用以上的原料存在以下缺点：

（1）以上原料中的二氧化硅含量较高，增加了冶炼所需的石灰用量；

（2）氧化铁含量较高，如果加入量不当，会增加渣中氧化铁含量，容易引起转炉的溢渣和喷溅事故；

（3）用于转炉终点降温的效果特别明显，但是会造成渣中的氧化铁含量高，则钢水中的氧含量较高，使脱氧剂的用量增加。

滚筒渣磁选铁装置磁选出的含铁元素较高的滚筒渣成分见表7-9，可以替代铁矿石（表7-10）应用于转炉的冶炼生产。

表7-9　磁选分取的钢渣成分　　　　　　　　　　　　　（％）

成　分	SiO$_2$	CaO	MgO	TFe	FeO	P	S
含　量	8.7	34.2	12.1	33.2	10.93	0.73	0.14

表7-10　传统工艺使用的球团矿的成分　　　　　　　　（％）

项目名称	级　别	TFe	SiO$_2$	S
指　标	一级品	>64	<5.5	<0.02
	二级品	>62	<7.0	<0.06

使用滚筒渣磁选铁的流程为：地下料仓上仓→皮带机输送到转炉高位料仓→转炉冶炼使用。

使用滚筒渣磁选铁替代球团矿工艺的有益效果为：

（1）滚筒渣磁选铁在皮带机上的运输稳定性好，在皮带机上跑滚散落的量远远低于球团矿和铁矿石。

（2）有害的二氧化硅含量低于球团矿，加入滚筒渣磁选铁以后的化渣效果优于铁矿石和球团矿。

（3）全铁高于球团矿，有利于降低钢铁料消耗。

（4）作为冷材，后期加入300kg，降温热效应为5~7.4℃（125t熔池钢水，滚筒渣磁选铁中30%的氧化铁含量计算值），球团矿为6~10.4℃，降温效果不及球团矿。但加入球团矿，操作不慎，容易引起喷溅，滚筒渣磁选铁相对较为稳定。

（5）磷、硫含量高于球团矿，但是加入300~800kg，按照滚筒渣磁选铁中磷、硫的存在形式，热力学条件对其的影响，可以认为滚筒渣磁选铁对熔池的磷、硫含量的负荷基本上可以忽略。

综上所述，滚筒渣磁选铁用于炼钢，是推动实现厂内钢渣循环利用、降低钢铁料消耗、降低成本的一项较为实用的工艺，唯一的不足之处为降温效果不及铁矿石，在铁水量供应较充足、炼钢生产节奏较快、废钢比较低的情况下不宜大量使用。但是在铁水量不足、废钢比较高的情况下，作为转炉的冷材使用，是一种大有前途的铁矿石替代品，能够产生立竿见影的经济效益。

7.7.2.5　利用滚筒渣磁选铁作为电炉脱磷剂使用

滚筒渣中磁选出的渣钢无需进行提纯，作为电炉冶炼过程中的脱磷剂，在铁水热装条件下加入电炉，能够起到迅速化渣、高效脱磷的作用。

滚筒渣磁选铁可以通过电炉的高位料仓加入电炉，也可以将其与石灰渣料，在料篮加料过程中一次性加入，或者在电炉磷含量高以后，作为脱磷剂，与石灰一起加入电炉，效果显著，其已经在 70t 直流电炉冶炼过程中得到了很好的应用。

7.7.2.6　滚筒渣做隔热材料

由于钢渣的导热性较差，可以使用选铁后的滚筒渣做特种车辆的隔热材料，应用于红热钢坯、红热钢渣的拉运车辆，将其铺垫在车厢底部，再在上面焊接车厢地板，其隔热效果优于隔热石棉和纤维毡等常用隔热材料。

在炼钢的钢坯存放区域，采用高炉渣或者其他隔热材料作为地面的隔热材料时，红热钢坯在接触这些隔热材料以后，由于其中的部分组分熔点低，容易黏附在钢坯上，在轧制过程中会成为钢坯的外来夹杂物，影响钢坯轧制的质量。而使用滚筒渣作为钢坯存放点的地面隔热材料，具有隔热效果好、钢坯不宜黏附的优点，这已经在一条 120t 转炉生产线的板坯库得以应用，节约建设成本上百万元，并且效果优异。

8 嘉恒法(粒化轮法)钢渣处理工艺

嘉恒法又称粒化轮法，起源于俄罗斯的"图拉法"，结合炼钢工艺及钢渣的特点研制开发而成。在国内由唐山市嘉恒实业有限公司为主要供应商，主要应用于高炉渣的粒化处理，也作为一种炼钢钢渣处理工艺，具有设备占地面积小、产品粒度小、效率高的优点。嘉恒法与滚筒法不同之处在于，前者是通过粒化轮及水淬冷却实现钢渣粒化，而后者是通过装在滚筒内的钢球挤压及水淬冷却实现钢渣粒化，在安全性上嘉恒工艺控制钢渣处理过程中的响爆问题优于滚筒渣工艺。但是两种工艺各有优劣，国内首钢 210t 转炉、沙钢 6 座 180t 转炉、邯钢、唐山国丰等钢厂都采用了嘉恒法钢渣处理工艺。该工艺粒化轮转速为 160~330r/min，最大处理钢渣的能力为 8t/min，滤网寿命 1.5 年。其工艺示意如图 8-1 所示。

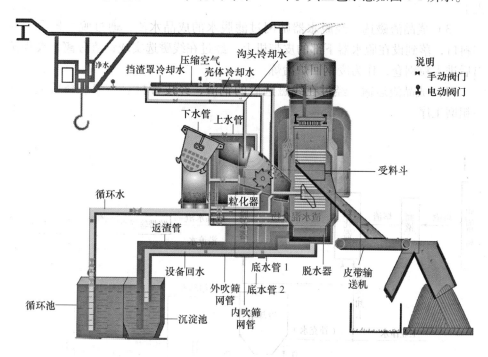

图 8-1 嘉恒法钢渣处理工艺示意图

嘉恒工艺分为华科法（HK）和嘉恒法。这两种工艺的差别在于粒化渣的提升装置，前者是通过旋转的滚筒提升脱水，后者是通过提升脱水器来提升脱水。

8.1 嘉恒法渣处理工艺流程与特点

8.1.1 嘉恒法渣处理工艺流程

嘉恒渣处理工艺流程如图8-2所示,可以分为以下几个工艺步骤:

(1) 钢渣粒化。液态钢渣(1500~1700℃)由钢渣包运至作业现场的倾翻支架上,倾翻支架将渣罐倾翻进行钢渣的放流作业,在渣罐表面钢渣结壳的情况下,使用扒渣机进行破渣壳和扒渣作业,以便于液态钢渣从渣罐内顺利流出。

从渣罐流出的钢渣,经溜槽均匀地流入粒化器,被高速旋转的粒化轮机械破碎,并沿切线方向抛出,同时受粒化器内高压水射流冷却和水淬作用形成水渣产品。

(2) 成品渣的脱水。从粒化器下来的渣水混合物落入脱水器筛斗中,通过筛斗中1.0~4.0mm间隙的筛网实现渣水分离形成0~4mm的颗粒。筛斗中的渣徐徐上升,达到顶部时翻落下来进入受料斗,通过受料斗下面出口落到皮带机上。

(3) 成品渣磁选。经脱水器筛网过滤脱水的成品水渣,通过脱水器受料斗卸料口,落到设在脱水器下部的皮带机上,经过在线磁选实现钢渣分离,粒钢选出后进入粒钢仓,作为废钢回炉冶炼。

(4) 成品渣运输。经过在线磁选后的钢渣,经皮带机运往储渣仓后进入下一粗磨工序。

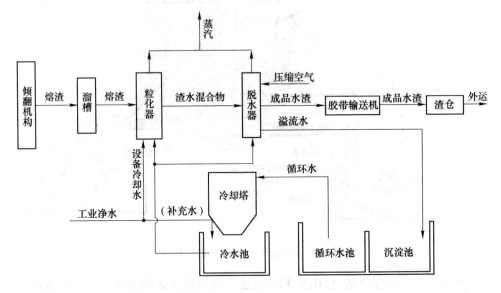

图8-2 嘉恒法渣处理工艺的流程

循环供水：通过脱水器筛网过滤的循环水，经溢流口和回水管道进入集水池，在集水池用循环水泵打到粒化系统，水在整个系统中循环使用，达到零排放。

嘉恒法的主要工艺装置包括渣罐倾翻机、扒渣机、熔渣流槽、粒化器、二次水淬渣池、给料机、提升脱水器、集汽装置等。其中，粒化器采用耐热钢制作。此外，还有工业水和压缩空气等辅助设备。

（1）渣罐倾翻机是将渣罐内熔渣倒入熔渣流槽，主要包括液压锁紧系统、液压倾翻系统。在具体工艺配置时，如果行车的能力足够，采用行车倾翻也是一种不错的选择。

（2）流槽将转炉熔渣导入粒化器，并起缓冲均匀布料作用，通常采用铸钢件或者铸铁件预制，也可以采用焊接制作。为了便于作业以后对粘在溜槽的凝固钢渣进行清理，在溜槽表面上涂刷石灰水、防粘渣剂等，可以有效地缓解清理结渣的劳动强度。

（3）粒化器是对熔渣进行机械粒化、一次水淬的核心装置。熔渣经流渣熔槽流入粒化器，被高速旋转的粒化轮切割，粉碎成粗颗粒，同时由喷嘴喷射的高压水对粉碎的熔渣进行一次水淬。粒化器主要由传动系统、粒化轮、粒化罩、冷却水管路、一次水淬喷嘴等部分组成。

（4）二次水淬渣池在正常和特殊情况下保有固定液面，与提升脱水器封闭连通。该设施主要是对粒化渣进行二次水淬。

（5）提升脱水器是对粒化水淬的成品渣进行脱水外运的核心设备，主要由主轴驱动装置、头部组件、封闭壳体、尾部组件、提升脱水斗、斗链组成。

（6）给料机安装在二次水淬渣池与提升脱水器之间，将成品渣定量地从二次水淬渣池给入提升脱水器，防止提升脱水器重车启动和压料。给粒机主要由给料轮、机体、传动装置组成。

（7）集气装置将一次水淬和二次水淬产生的蒸汽集中高空排放。

（8）辅助设备。嘉恒法粒化装置需要工业水和 0.4MPa 压力的压缩空气。工业水供应的最大供水强度为 900m³/h，压力为 0.3MPa。压缩空气用于在处理水渣过程中清扫脱水转鼓筛网，压缩空气消耗量在标态下为 15m³/h。

8.1.2　嘉恒法渣处理工艺特点

嘉恒法渣处理工艺的优点在于：

（1）成品渣质量好。绝大部分成品渣粒度在 5~10mm 之间，渣中含水量在 10% 以下，渣中的游离氧化钙含量低于 4%，有利于钢渣的直接资源化利用。浅盘法、滚筒法和嘉恒粒化轮法处理的钢渣，渣中游离氧化钙的含量对比见表 8-1，粒度分布见表 8-2。

表8-1 不同渣处理工艺的渣中游离氧化钙含量 （%）

项 目	滚筒法工艺	浅盘法工艺	嘉恒工艺
处理前	9.28	9.28	10.3
处理后	3.92	7.66	3.5

表8-2 不同渣处理工艺的粒度分布

渣处理工艺	粒度/mm	比例/%
滚筒法工艺	7.5	1 ~ 4
	5 ~ 15	10 ~ 22
	1.25 ~ 5	40 ~ 69
	< 1.25	10 ~ 24
浅盘法工艺	> 200	25 ~ 35
	50 ~ 200	40 ~ 65
	< 50	10 ~ 20
嘉恒工艺	10	15 ~ 20
	5 ~ 10	40 ~ 50
	< 5	25 ~ 30

（2）安全性好。浅盘法、滚筒法和嘉恒法作为水淬钢渣工艺的典型代表，浅盘法工艺由于成本高、环节多、占地面积较大、处理后钢渣的粒度参差不齐，故其发展已经处于停滞状态；滚筒法工艺在处理高温钢渣时，发生爆炸事故引起的设备和人员安全事故，已经成为该工艺的瓶颈问题；嘉恒粒化工艺中，特殊结构的粒化器将熔渣破碎，同时进行一次水淬，避免了大量熔渣将少量水覆盖或包裹的现象，从而降低了爆炸事故的发生几率，故安全性优于滚筒渣处理工艺。

（3）能源消耗少。该工艺耗水量仅为 0.5 ~ 0.9t/t 渣，其中被蒸汽带走的水量占大部分的耗水量。由于采用独特的提升脱水器，在捞渣过程中，大部分水被脱出，成品渣含水量仅为 10%。一座 120t 转炉配置的嘉恒粒化工艺的运行参数见表8-3。

表8-3 120t 转炉配置的嘉恒粒化工艺的运行参数

项 目	参 数	项 目	参 数
转炉出钢量/t	120 ~ 125	每吨渣耗水量/t·(t·渣)$^{-1}$	0.4 ~ 0.6
每炉的渣量/kg·t^{-1}	75 ~ 145	每吨渣耗电量/kW·h·(t·渣)$^{-1}$	< 3
渣罐的容量/m^3	11	成品渣粒度/mm	0.5 ~ 10
出渣的温度/℃	1500 ~ 1700	钢渣粒化率/%	80 ~ 90
炉渣的放流速度/t·min^{-1}	1.3 ~ 4	成品渣含水率/%	8 ~ 10
循环水量/t·h^{-1}	400 ~ 500	成品渣堆比重/t·m^{-3}	1.6
水压/MPa	0.32 ~ 0.38	成品渣游离氧化钙含量/%	< 4
蒸汽发生量/m^3·min^{-1}	2795		

（4）钢渣的粒化率较高。流动性较好的钢渣，正常粒化率为 80% ~ 90%。

（5）生产现场比较整洁，处理流程较短，含铁部分可以直接在皮带机上进行磁选，环保及生产条件较好。成品渣通过皮带转运至渣仓，减少了炼钢厂的弃渣排放量。

（6）由于系统采用自动化控制和数字信息处理技术，设备的操作和运行参数的调整均在控制室完成，故设备的运行管控工作稳定可靠，并且工人的劳动强度低。

（7）该工艺装备占地面积小，能够节约钢厂的投资。

该工艺的不足之处在于：

（1）对钢渣流动性要求高，固态渣和流动性差的渣不能处理，对含铁较多的罐底渣无法处理。

（2）粒化轮易损坏，流渣槽冲刷较严重，流渣槽中央部位经常会出现凹坑，需补焊，影响作业率，同时粘渣时的清理时间较长。

（3）作业的节奏要求较高，转炉出渣以后，需要尽快进行处理。

（4）如操作不当，对设备的损坏较为频繁。转炉下钢水、转炉的异常高温渣，都会对设备产生不利的影响和损坏，爆炸问题不能够杜绝。

（5）工艺环节衔接紧凑，一个环节故障，就会影响渣处理的正常进行。

8.2 嘉恒法渣处理工艺设备与基本操作

8.2.1 嘉恒法渣处理工艺装置概述

没有任何一种渣处理工艺，能够全方位地处理好转炉液态钢渣，故嘉恒粒化工艺的配置一般与热泼渣、热闷渣工艺组合，工艺上相互补充，效果会更好。而嘉恒粒化的工艺装备，与转炉一一对应进行配置，即一座转炉配备一套嘉恒粒化装置，或者三座转炉配置两套的嘉恒粒化装置，需要根据具体的情况决定。需要考虑的因素主要有以下几点：

（1）嘉恒粒化工艺设备的故障是难免的，作为主体渣处理设备，三座转炉配置三套嘉恒粒化设备，实施开二备一，有利于生产的调配和平衡。

（2）嘉恒粒化工艺作为主体渣处理工艺，在环保要求较高的区域，主体渣处理设备故障，会直接引起环境问题，故配置较为充足的工艺装备，是减少渣处理工艺压力的最好途径。例如本钢的三座 120t 转炉共用了两套粒化系统。

某厂三座 180t 转炉配置嘉恒粒化工艺运行的实绩见表 8-4。

表 8-4　某厂三座 180t 转炉配置嘉恒粒化工艺的运行实绩

序　号	项　目	工艺参数	序　号	项　目	工艺参数
1	转炉参数/t	180×3	7	处理物料的形态	液态钢渣
2	日出钢次数/min·炉$^{-1}$	12	8	吨渣补充水/t	0.7
3	出渣时间/min	12	9	压缩空气压力/MPa	0.3
4	熔渣流量/t·min^{-1}	4~8	10	消耗量/m³·min^{-1}	10
5	渣水比	1:3	11	作业制度	与转炉同步
6	水压/MPa	0.3			

8.2.2　粒化装置

嘉恒工艺的粒化装置有两种：一种是由耐热铸铁（RTCr2）或者耐热钢制作的粒化轮，在电极的驱动下高速旋转，内部通冷却水或者冷却气体。粒化轮的实体照片如图 8-3 所示。另外一种粒化轮，是在高速旋转的情况下实现粒化轮机械破碎钢渣，并沿粒化轮的切线方向抛出，同时受粒化器内高压水射流冷却和水淬作用形成颗粒状渣。随后，渣水混合物同时落入脱水器筛斗中，进入脱水程序。

图 8-3　粒化轮

8.2.3　嘉恒法渣处理工艺基本操作

嘉恒法渣处理工艺的基本操作如下：

（1）钢渣放流作业以前，检查倾翻架、粒化轮等关键设备的完好情况，检查皮带机等有无卡料等情况。

（2）转炉出渣以后，渣车开至渣跨，行车迅速吊起渣罐，定位于嘉恒粒化装置的倾翻架上定位、锁定。

（3）在倾翻渣罐之前，系统水开始启动，粒化轮进行旋转以后，方可开始放流作业。

（4）放流作业不畅时，使用扒渣机等手段人工干预处理，放流速度控制在流入粒化轮的钢渣能够被及时粒化水淬，不能够大流量放流钢渣，避免大量的钢渣突然进入粒化轮，凝固表面，造成积渣。

（5）放流过程中注意观察渣罐倾翻到一定的角度时，渣罐内的情况，避免罐底钢液和没有熔化的大块废钢进入粒化轮，砸坏设备或者堵塞溜槽。

（6）在放流钢渣的时候，启动皮带机系统。

（7）放流过程中，渣罐内有转炉炉口等异物，需要及时清理完毕以后，方可继续作业。

（8）一罐钢渣处理结束，及时清理钢渣溜槽。

（9）对罐底渣和流动性不好的钢渣，进行热泼处理。

（10）翻罐放流前，与转炉做好沟通，对于倒渣下钢水进入渣罐的炉次，钢渣倾翻到一定的角度时，密切观察渣罐内的钢水情况，防止钢水进入粒化器粘死设备或者造成设备的损坏。

9 热闷法钢渣处理工艺

1994 年,《环境工程》杂志刊登的由冶金部建筑研究总院高维安、杨斯馥、梁富智以及上钢五厂蒯振刚、徐雪峰撰写的《钢渣热闷工艺的推广前景》一文中写道:上钢五厂面临渣场用地紧张,因排渣困难而影响正常生产的问题。为彻底解决钢渣出路,使之资源化,上钢五厂与冶金部建筑研究总院合作,首创钢渣热闷工艺,在其新建的上海五洋冶金废渣利用厂试产成功,并已投入正常生产,不仅开辟了钢渣处理的新途径,而且为大工业生产闯出了新的道路。从此文可以认为在 1994 年上钢五厂与冶金部建筑研究总院合作,是钢渣热闷工艺迈出的第一步,也是第一代的热闷渣工艺技术,第一代的热闷渣工艺如图 9-1 所示。

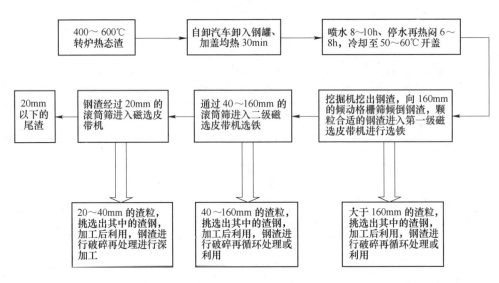

图 9-1 第一代热闷渣处理工艺简图

此后这种技术由于其处理工艺简单、处理效果较好、处理成本较低的优点,被有识之士所关注,并且被不断地发展、改进。

1996 年《炼钢》杂志刊登了由本钢设计研究院赵玉兰工程师发表的题为《热闷罐法治理转炉钢渣在本钢的研究与试验》的文章,介绍了本钢将渣温在 300 ~ 600℃ 之间的钢渣倒入由钢板焊接而成、规格为 3m×3m×3m 的闷罐内进行喷水工业试验,效果与现在的热闷渣工艺效果接近,这也是热闷渣发展过程中的一个重要贡献。

热闷渣工艺经过十多年的不断发展，目前已经成为最有效和最经济的钢渣处理工艺之一。据文献介绍，中冶建筑研究总院有限公司在调研和总结块状钢渣的热闷渣工艺以后，于2004年开发出将液态钢渣冷却到800℃，即可进入热闷渣装置进行热闷处理的工艺，成为第二代热闷渣技术。第二代热闷渣技术是将钢渣放置于渣罐内自然冷却或者强制冷却，当其温度达到工艺要求时，即可将罐内的高温钢渣倒入热闷池处理。与第一代技术相比，第二代技术缩短了钢渣的冷却时间和热闷周期，减少了附属的热泼设施，使得此工艺在韶钢、太钢、天铁资源公司等得到应用。但是此工艺暴露出的弊端如下：

（1）为了满足钢渣降温到可进行处理的工艺要求，一般有两种做法：1）有部分厂家采用液态钢渣首先热泼，热泼急剧降温凝固以后，用特种铲车铲运到热闷池进行热闷，这样会造成现场的粉尘污染严重，车辆的战伤损坏率较高；2）另一部分厂家采用钢渣在渣罐内冷却到处理温度，导致钢渣在罐内的冷却时间较长，需要投入的渣罐数量较多，渣处理成本投入较大，并且渣罐的增加还占用了场地，作业现场比较繁忙。

（2）钢渣在渣罐内冷却，钢渣结晶比较充分，会出现许多大块钢渣，结构致密，影响了热闷渣的效果。这些大块的钢渣有部分难以进行热闷处理，需要落锤工艺和液压处理设备进行专门处理。

（3）由于热闷渣处理的作业周期较长，其处理能力受到了一定的限制，大型钢厂还需要其他的渣处理工艺与之配套，弥补钢渣热闷处理能力的不足。

在第二代热闷渣技术研发的基础上，中冶建筑研究总院有限公司随后在2007年申报了专利，研发出第三代热闷渣工艺技术。第三代热闷渣技术直接将液态的钢渣倒入热闷渣池子进行处理，消除了第二代和第一代热闷渣技术中炉渣的冷却时间，同时也改进了第二代热闷渣工艺出现的设备损坏频繁、现场铲运粉尘严重等问题。第三代热闷渣技术与第二代热闷渣技术具有以下几点不同之处：

（1）最初的热闷渣工艺是处理300~600℃的固态转炉钢渣，目前热闷渣的处理技术基本上已经能处理液态的转炉钢渣，渣温高达1500℃以上。

（2）最初的热闷渣处理能力为每次每池热闷处理总量在300t以下的钢渣，目前已经实现单池处理1000t以上的钢渣，每个热闷渣的处理车间有4~20个热闷池的处理工位，可以对一条年产1000万吨的转炉生产线的转炉钢渣实现全量的热闷处理。

（3）热闷渣处理以后，钢渣的后续深加工处理工艺不断被完善。采用热闷渣配套工艺处理的钢渣，可以实现100%被处理和全量回收利用，其中各个不同规格的渣钢被回收加工利用，尾渣可以直接应用于工程建设和厂内回收利用、制造各类钢渣制品和水泥等。

9.1 热闷法渣处理工艺流程和技术特点

9.1.1 热闷法渣处理工艺流程

热闷法渣处理的基本工艺流程如图9-2和图9-3所示。

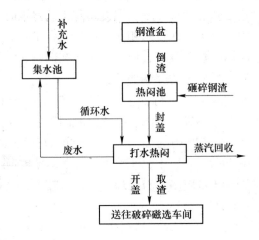

图9-2 钢渣热闷技术工艺流程示意图1

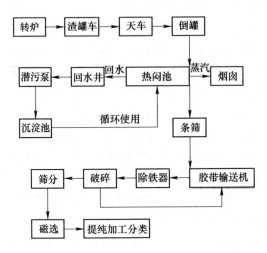

图9-3 钢渣热闷技术工艺流程示意图2

某钢厂2010年投产的热闷渣生产线的工艺流程如图9-4所示。

9.1.2 热闷法渣处理技术特点

通过以上不同阶段的不断完善和发展，热闷渣工艺成为目前国内的主力渣处

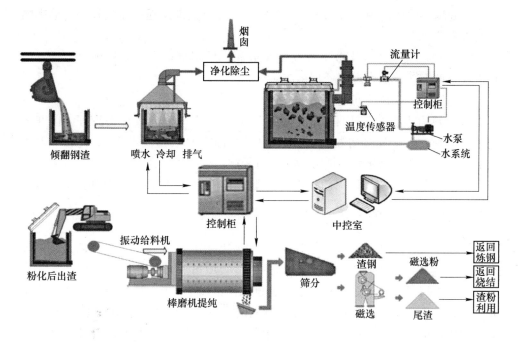

图9-4　某钢厂热闷渣生产线的工艺流程

理工艺之一。与其他的渣处理工艺相比，热闷渣的特点可以简述如下：

（1）钢渣粒度小于20mm的量占60%～80%，大于20mm的钢渣，多数采用多级破碎设备进行破碎再次深加工处理。

（2）热闷渣工艺处理的钢渣，渣中的渣钢和钢渣分离效果好，大粒级的渣钢铁品位高，金属回收率高，尾渣中金属含量小于1%，有效地减少了金属资源的浪费。

（3）经过热闷处理的钢渣，游离氧化钙f-CaO约为2.63%～3.27%，明显低于热泼钢渣，可使尾渣中的f-CaO和游离氧化镁（f-MgO）得到较为充分的消解。与其他热熔钢渣处理工艺相比，热闷渣工艺对钢渣安定性有明显的改善作用，在消解钢渣中的f-CaO、f-MgO等不稳定物质方面具有明显的优势。消除钢渣不稳定因素，使钢渣用于建材和道路工程的安全性提高，尾渣的利用率可达100%。

（4）粉化钢渣中水硬性矿物硅酸二钙、硅酸三钙的活性不会降低，保证了钢渣后续加工使用的质量。

（5）钢渣最终的终端产品粒度小，用于建材工业不需要破碎，磨细时也可提高粉磨效率，节省电耗。

（6）钢渣热闷技术可以通过蒸汽回收系统回收高温蒸汽，吨渣耗电量仅为1kW·h/t。在处理过程中，钢渣转运时间短，整个处理过程在热闷池中进行，消除了粉尘污染，改善了劳动环境。通过废水回收系统收集产生的废水和蒸汽冷凝水，处理后循环使用，节约了大量水资源，并且处理过程中能耗和环境污染物排放水平低。

（7）处理系统自动化水平和安全系数高，后期维护少，渣处理成本低，适宜于大中型钢铁企业大规模处理钢渣。

热闷渣工艺存在的问题有：

（1）热闷渣新工艺处理后钢渣的粒化效果、渣铁分离效果均较好，但并未完全消解 f-CaO、f-MgO 等物质，其热闷后钢渣 f-CaO 含量高于 2%，还需在露天下进行一定程度的风化后才能应用于建材领域。

（2）热闷渣工艺处理周期较长，处理过程中的爆炸问题还需要加强管控。

9.2 热闷法渣处理工艺原理

热闷渣的工艺过程为：转炉出渣后，渣罐盛装转炉液态钢渣，罐装的转炉液态钢渣（或者是温度大于 300℃ 的固态钢渣），用吊车吊至闷渣坑倾翻倒渣（有时候也采用汽车拉运高温钢渣直接倾倒进入闷渣坑）。当闷渣坑内的渣满足要求时（上部自由空间在 500mm 以上），盖上闷渣坑盖，喷水闷渣处理 8~12h。闷渣处理后，钢渣冷却至 50℃ 左右，吊起闷渣坑盖，使用行车吊挂电磁盘进行磁选钢渣中的大块铁，用挖掘机将渣抓至汽车运走，或者直接抓入皮带机系统进行选铁处理。在这一过程中，发生如下的物理化学作用，实现钢渣的热闷目的：

（1）高温的液态钢渣、固态钢渣倒入热闷渣渣池子以后，使用挖掘机进行铺摊作业。这一过程中，使得红热态的钢渣裸露在空气中，迅速降温。由于温度降低，钢渣中的各种矿物组织，按照熔点的高低先后凝固析出，钢渣的非均质体特性使得这些炉渣晶体结构发生体积变化，钢渣碎裂，避免了高温状态下炉渣晶体的长大和致密化，使得许多的高温钢渣不至于生长成为一个个大块，影响后续的打水热闷程序。

（2）开始打水以后，高温钢渣急冷条件下，遇水的上部钢渣温度降低，钢渣晶体间产生巨大的应力。当热的钢渣表面受到水的急冷作用时，表层要收缩，而内部钢渣的收缩却没有表层那么大，从而使表层钢渣的收缩受到阻碍。也就是说，钢渣表层要受到内部钢渣的排斥力，而钢渣内部要受到表层钢渣的压力，于是在钢渣内部产生应力。这种因温差引起的应力越大，越易使钢渣扭曲粉碎。典型的如硅酸二钙，冷却温度的范围通过 1100~900℃ 区间时，开始发生 α-C_2S、β-C_2S 向 γ-C_2S 的相变，此时体积膨胀 10%~12%，从而使最先结晶的炉渣主要组分硅酸二钙粉化。

（3）持续的打水降温，使得钢渣在热闷坑内受到热应力和相变应力的双重影响。热闷渣渣坑内渣堆表层与内部之间的温差进一步增加，从而产生热应力改变钢渣形态，同时潜热的物质产生相变，相变的应力时常伴有放热以及体积变化，使得钢渣继续破裂。典型的是硅酸三钙向硅酸二钙转变，并且有游离氧化钙析出。

（4）汽蒸。高温钢渣在遇水时产生大量的过饱和蒸汽，温度在105℃以上，压力在0.24kPa以上，并且向碎裂的钢渣缝隙内扩散、渗透，使得钢渣处于饱和蒸汽的环境中。高温钢渣的温度继续降低，钢渣晶体之间的应力不断增大，大块钢渣继续碎裂疏松。

（5）钢渣在饱和蒸汽环境下，饱和蒸汽与钢渣中的 f-CaO、f-MgO 发生如下反应：

$$f\text{-}CaO + H_2O \longrightarrow Ca(OH)_2 \quad 体积膨胀97.8\%$$

$$f\text{-}MgO + H_2O \longrightarrow Mg(OH)_2 \quad 体积膨胀148\%$$

（6）其他的一些热膨胀反应，在前面的章节中已有表述，而这些膨胀反应对热闷渣工艺的贡献有多少，目前还没有相关的文献介绍。

9.3 热闷法渣处理工程设计需要关注的问题

热闷渣工艺在具有巨大竞争力的同时，其工艺过程中也出现许多问题。例如，热闷池作业过程中承受高温的热闷装置本体、衬板易变形断裂，使用寿命短，钢渣粉化效果不稳定，以及热闷过程易发生爆炸等，是目前困扰国内各钢厂热闷法处理钢渣的难题。这些问题有一部分是要通过热闷池及其系统的设计来加以优化的。钢渣热闷系统的设备主要包括热闷池、自动打水系统、废水回收循环系统、蒸汽回收系统和钢渣运输系统。某厂的热闷渣工艺设计如图9-5和图9-6所示。

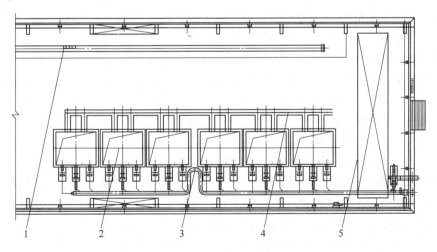

图 9-5 热闷渣的厂房简图

1—皮带输送机；2—热闷池；3—蒸汽回收管道；4—回水管道；5—翻渣行车

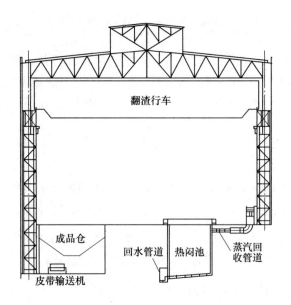

图 9-6　钢渣热闷系统横断面布置简图

　　为了满足热闷渣作业的工艺要求，热闷渣工艺从厂房的设计、热闷池的布置等各个方面，吸取其他工程实例的经验，取长补短，争取系统功能的最优化。

9.3.1　厂房的设计要求

　　热闷渣的厂房设计主要考虑到以下几点：

　　（1）由于热闷法可处理固态钢渣和液态钢渣，渣池容积大、缓冲时间长，对炼钢冶炼周期的影响具有较强的适应能力，因此钢渣热闷处理厂房既可紧邻炼钢主厂房布置，也可远离炼钢主厂房布置。

　　（2）厂房可以根据现场的实际情况建设相应的热闷渣池，厂房的结构要考虑其承受高温辐射的能力，具有足够的强度，在受到渣罐等吊物的碰撞后不会变形。

　　（3）热闷渣工艺过程中会产生 CO 和 H_2 等毒化物质和易爆物质，故厂房应有宽敞的作业环境，通风采光良好，有利于散热和排放烟气。厂房内人员的取暖休息场所不宜设置在热闷渣池旁边，防止中毒受伤。

　　（4）为了减少热闷渣处理工艺过程中发生的响爆对厂房的损坏和人员、机械的伤害，热闷渣池与厂房围墙应有合理的距离，防止爆炸引起厂房的频繁破坏，相邻的热闷池也要保持一定的安全距离（4～8m）。

　　（5）热闷渣工艺过程中会有响爆问题发生，热闷渣的厂房设计要充分考虑人员作业时的安全要求，设置相应的应急避险场所或区域。

　　（6）热闷渣工艺的厂房行车能力要略有富余，行车额定起吊能力能够满足渣罐在异常情况下超重的吊运作业。例如转炉在事故状态下，有可能将钢水倒入渣罐，渣罐要超重，故行车具有在承受渣罐和各类受渣容器等载荷条件的基础上，有10%~25%的过载能力，并且行车能够灵活地更换不同的吊具和起吊方式，满足现场的作业要求。

（7）热闷渣工艺会产生大量的蒸汽，为了不影响厂房内的视线，厂房设计要考虑厂房高度，厂房屋顶应设排气装置，增加通风口，或者增加风机排气，厂房的钢结构需要做好除锈措施，喷涂防锈漆等。

（8）热闷渣工艺过程中，车辆、行车的作业频繁，是典型的立体交叉作业区域，所以厂房的布局要合理，厂房内应有足够的空间，满足车辆作业、渣罐停留等需求，热闷渣池相互的间隔不宜太近，厂房的地下结构要合理，能够经受冲击而不沉降。

（9）热闷渣工艺过程中，外排蒸汽大多含有一定的粉尘，需要注意排气管路的通风设计，防止排气管路在排气过程中对其他建筑产生影响，还要做好进一步回收蒸汽热能等工艺的拓展预留位置。

（10）热闷渣厂房内要设置必要的处理大块渣和罐底渣的区域，以满足特殊作业情况下的空间需要。

（11）热闷渣厂房内地面要经常经受载重车量和特种车辆的行驶、碾压，故地面设计耐压强度要高，还要考虑到耐热防护问题。

（12）热闷渣厂房内粉尘的产生量较大，厂房屋顶的二次除尘很重要，在一些生态环境要求较高的地区需考虑增加厂房的二次除尘。

（13）钢渣运输系统包括翻渣行车、抓斗行车、电磁吊、成品仓和皮带输送机，主要用于装卸运输钢渣，其布置设计应该遵循就近输送、减少倒运的原则。

（14）为减少倒渣时闷渣坑内粉尘从坑中飘出，造成环境污染，可在闷渣坑侧面设喷雾降尘装置。

（15）针对处理液态钢渣的热闷渣池，在渣池旁边设置相应的水枪或者打水装置，以满足液态钢渣兑入渣池以后的快速打水降温的需要。

例如，一个年产200万吨钢水的中型钢厂，热闷渣厂房设备的主要建设内容包括热闷装置及其处理系统、热闷渣排汽系统、喷水除尘系统及钢渣筛分—磁选—储存系统。主要建筑物包括跨度30m、长207m的主厂房、变电及控制室、水处理设施（水泵房、地下回水泵房、吸水井和平流沉淀水池）、风机房、5m×7m×5m的热闷池、地下排水通廊和皮带机通廊、破碎间、棒磨机房、筛分间、磁选间、喷雾沉降室及回水泵房、转运站、尾渣库、渣钢库、磁选粉库等。

9.3.2　热闷坑的设计要求

热闷渣工艺由最早的闷罐法工艺发展而成，热闷渣池由炉体、闷盖、水封槽及排水、排气装置等组成。原始的闷罐法工艺如图9-7所示。

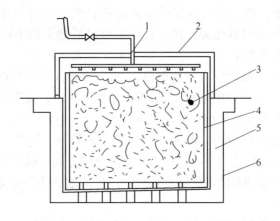

图 9-7　原始的闷罐法工艺示意图

1—给水管路；2—渣坑密封盖；3—钢渣；4—罐体；5—基础；6—排水孔

现在的热闷渣工艺，其原理基于以上的原始雏形。热闷渣池内衬相当于原始的闷罐，热闷渣内衬有的采用工作衬插入固定在混凝土池壁上的安装架内，工作衬与混凝土池壁之间的间隙用各种材料填充，包括水渣、钢渣、耐热混凝土等；有的采用整体浇筑预埋件，采用机械固定的方法。图 9-8 是某厂热闷渣池内壁采用板坯作为工作层的安装示意图。

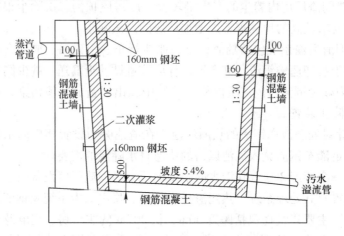

图 9-8　热闷渣池内壁采用板坯作为工作层的安装示意图

热闷装置一般为地下闷渣池，闷渣池的工作环境极为复杂和恶劣。根据工艺要求，钢渣入池温度为 200～1600℃，为了达到更好的处理效果，钢渣的入池温度一般要求在 300℃ 以上。钢渣入池后，盖上闷渣盖喷水急冷。此时，闷渣池内压力最高达到 0.01MPa 以上，压力越大，闷渣效果越好。在整个闷渣过程中，闷渣池要长期处于高温、高压、高湿的工艺环境中，同时还要经受挖掘机斗等的机械碰撞。因此在很多项目中，闷渣池使用不长的时间后（一般不超过一年），混凝土就会出现贯通裂缝及漏水、漏气等现象，对闷渣的工艺效果产生很大影响。严重时，闷渣池会完全失去工作能力，甚至出现倒塌现象。

综上所述，热闷渣池的设计需要考虑的情况如下：

（1）闷渣池全部设置于地下，池顶相对标高为0.3m。在闷渣池工作过程中，地下池体可以依靠池外土压平衡闷渣池内由于高温和喷水造成的高压。所以在设计计算过程中，池壁外侧钢筋采用土压为控制外力，池壁内侧则主要靠构造措施保证安全。

（2）拼装结构的工作层易变形、易断裂，由于工作衬变形可能导致混凝土池壁发生爆裂，采用整体浇筑的效果要优于拼装结构。例如，热闷渣池外壁与内壁的浇筑层为整体结构，外壁中采用钢筋网搭建浇筑模型，预埋件预先均匀分布在钢筋网上，然后与内壁中的钢筋网焊接相连，最后采用耐热混凝土整体浇筑。这种设计形式的渣池稳定性要优于拼装结构的渣池。

（3）由于铸铁件硬度高、塑形变形能力较差，受到频繁变化的热应力以后，容易开裂损坏，故渣池工作层内壁宜采用废弃的板坯或者厚钢板制作，不宜采用耐热铸铁板制作。某厂的实例图片如图9-9所示。

图9-9　某厂热闷渣处理实例照片

（4）混凝土浇筑热闷渣池时，渣池外壁采用耐热混凝土浇筑，能够提高混凝土的耐热效果，延长混凝土池壁的使用寿命。

（5）将闷渣池一字排开、连续设置的工艺设计使用实例中，出现过由于每次闷渣时不能全部使用，造成使用中的闷渣池侧壁承受巨大压力，隔壁不使用的池中没有压力，所以闷渣池之间的侧壁容易因为巨大压力而被破坏。在侧壁出现贯通裂缝后，会降低使用一侧池体内部压力，严重影响闷渣效果。为了消除这一缺陷，设计热闷渣池时，可采用两个闷渣池一组，每组之间间隔2~8m，闷渣池组之间填土压实。每次使用时以组为单位，两个闷渣池同时使用，则两个闷渣池之间的侧壁两侧的压力大致相同，避免侧壁承受巨大压力后造成渣池损坏的情况出现。

（6）挖掘机作业时，易将渣池底部的滤水装置钩出，一旦更换不及时，排水装置缺乏滤水功能而使部分渣随水流出，堵塞排水口，导致排水不及时而严重影响闷渣效果。为了避免这一问题，在闷渣池下方排水装置设计中，宜将其隐埋在内壁以内，排水装置不外露，其排水面板中部安装把手，手持排水面板的把手，将排水面板凹槽对准卡口板，旋转一定角度后将排水面板固定在排水管内，便于排水面板拆卸清洗或更换，可以有效防止挖掘机出渣作业过程中损坏排水装置。这种改进设计对热闷渣池排水系统的安全性很有帮助。

（7）渣池内壁固定衬板的螺栓会因衬板热应力变形而受力损坏，为了防止渣池内壁衬板失去锚固作用造成内衬板倒塌，要充分考虑内衬板使用的紧固螺栓受热应力的影响，衬板应以 80~250mm 的整体板坯或者钢板制作，加强其持久性。图 9-10 为某厂热闷渣池的设计示意图，也有不同的设计如图 9-11 所示，后者在安全牢固性上更有竞争力。

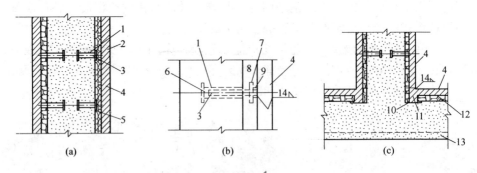

(a)　　　　　　　(b)　　　　　　　(c)

图 9-10　热闷渣池设计示意图 1

（a）侧壁构造；（b）螺栓详图；（c）底板构造

1—墙内预埋 ϕ108mm 钢管；2—调节螺母；3—M64 螺栓；4—连铸废板坯；5—隔热材料；

6—钢管底封板（200mm×200mm×20mm）；7—垫板（200mm×200mm×20mm）；

8—全丝；9—单螺母；10—预埋钢板；11—连铸废方坯；12—玄武岩或

安山岩碎石压实填充；13—混凝土垫底

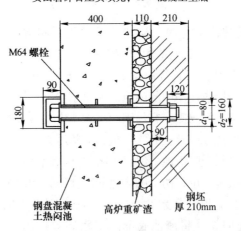

图 9-11　热闷渣池设计示意图 2

（8）混凝土材料选用耐高温混凝土，配置极限温度大于1200℃。混凝土中粗细骨料选用膨胀系数小的耐火材料，并掺入适量矿渣微粉和高铝粉。耐热骨料中严禁混入石灰石等普通混凝土用的石子。

（9）为了防止内衬板坯向坑外壁混凝土的传热，损坏混凝土强度，热闷渣池内衬板与混凝土侧壁结构之间应预留120mm左右的缝隙，采用隔热耐材填充，减少热闷时热传递对混凝土基础的冲击。

（10）渣池深度不宜过深，控制在3米以内为宜，以便于挖掘机出渣，或者行车抓斗出渣。此外，渣池子过深，打水效果不好，影响热闷渣工艺效果，出现闷不透和热闷时间长的现象，并且影响热闷后钢渣的产品质量。

9.3.3 闷渣盖（罩）的设计

热闷渣池上部的闷渣盖，是在热闷工艺过程中热闷渣池内的关键设备，既有向渣池内的钢渣喷水冷却的功能，还有保持渣池内具有一定压力的作用。设计闷渣盖过程中应考虑以下几个方面：

（1）热闷渣工艺过程中产生的大量蒸汽，如不能及时排出，就有可能在密闭的闷渣坑内形成高温、高压，有发生爆炸的危险。为此，除了在热闷渣工艺实施前检查蒸汽管路，保证蒸汽排出管路畅通以外，还需要在闷渣盖上设闷渣盖锁紧装置，将闷渣盖与闷渣坑固定，防止发生蒸汽爆炸时将闷渣盖掀起，钢渣四溅，发生事故。

（2）在闷渣盖上应设防爆阀，当闷渣坑内压力达到一定时（0.01MPa），防爆阀装置自动打开，释放闷渣坑的压力。

（3）闷渣盖上的防爆阀也可以设计为卸压孔结构。即卸压孔上连接有卸压管，在卸压管口处增设密封且可拆卸安装的卸压膜，卸压膜用上、下压块和紧固螺栓固定。与防爆阀相比，卸压膜可根据具体情况随时调整压限，机动灵活，操作弹性较强。

（4）闷渣盖钢结构整体的焊接制作强度要满足在受热条件下，整体不变形，或者变形量不影响使用的要求。

（5）闷渣盖内的喷淋水打水用的喷嘴，要在工艺条件下，满足不易被含有粉尘的蒸汽堵塞、不易损坏的需要，圆锥形喷嘴是一种常见的选择。

（6）非移动式的闷渣盖，采用行车吊运，吊挂点设有操作性较强的吊耳或者吊孔。吊耳或者吊孔的设置要满足闷渣盖的重心在受力吊具的中心点，满足吊具起吊过程中闷渣盖保持水平，并且要防止起吊过程中的误操作和安全事故。

9.3.4 排气装置的设计

热闷渣工艺过程中产生的大量蒸汽，需要按照不同的热闷渣工艺阶段外排。

热闷渣过程中的爆炸问题，有一定的比例与热闷渣工艺排气设施的设计有关。众多厂家的实践表明，热闷渣工艺过程中的排气系统，应遵循以下条件：

（1）每个热闷渣池的排气系统要独立排气，使产生的可燃气体能够及时排出，禁止不同渣池的排气系统相互串联。

（2）排气管路的密封性要好，防止漏气引起的火焰四处燃烧和爆炸，也要保证排气管道通畅，便于清理积灰和结垢。

（3）每个热闷渣池的排气管道设计时应设置备用管道，或者一个渣池设有多个排气管，保证排气通畅，以及在其中的某一个排气管出现故障的情况下，不影响工艺实施。例如，某厂每个闷渣坑有 3 根 DN200 钢管，每根钢管设一个手动蝶阀，可根据情况调节闷渣坑内蒸汽压力，同时配合闷渣盖上的卸压孔和呼吸阀（9.3.3 节），这样就从系统上完善了热闷渣池的排气工艺。

（4）排气管道的末端必须高于厂房顶部，防止碱性蒸汽对厂房的侵蚀，或者导致厂房局部积灰，影响美观。

（5）排气管道的末端要设有防雨雨帽装置，防止雨雪天气雨雪流入处于闲置状态的排气管，影响排气管的使用。

（6）在设计排气管的位置时，在北方要考虑冬季结冰后坠冰对地面设备和行人的伤害，并且应便于清理积冰。

某厂排气装置的设计实例如图 9-12 所示。

图 9-12　某厂排气装置的设计实例

9.3.5　移动罩车的设计

移动罩车是中国京冶自主研发的设备，专门应用在钢渣热闷处理工艺上，它可以对生产中的烟尘进行喷雾抑尘和有组织除尘。移动式排蒸汽罩是一个带捕集罩的小车，可在 8 个热闷装置工位间来回移动。热闷装置在倾倒钢渣时，移动式排蒸汽罩就开到该工位边，自动控制罩车内喷嘴进行喷雾降尘和冷却；待倾倒完一罐钢渣，移动式排蒸汽罩就移到热闷装置正上方，将整个工位罩住，喷水将表面钢渣冷却结壳，移开喷雾抑尘罩。冷却过程中产生的水蒸气通过捕集罩由引风机经管道有组织地排放。因为排蒸汽罩要在 8 个工位间来回移动，所以在排蒸汽罩上设置有管道对接装置，确保移动式排蒸汽罩上的管道与固定管道之间的良好对接，从而保证良好的水蒸气捕集效果。

9.3.6　水路系统的设计

热闷渣工艺需要的水路系统主要有自动打水系统、废水回收系统以及废水的处理循环利用系统。

热闷渣的打水工艺，是通过热闷渣盖上的喷淋水系统向渣池内的钢渣打水，一部分汽化外排或者回收，另外一部分通过热闷池底部的多个排水孔排入排水流槽，然后进入回水井或者沉淀池，经过处理以后，再进入吸水井或者泵房循环使用。图 9-13 ~ 图 9-15 是三个不同厂家的水循环利用的简图。当吸水井或者沉淀池的水量不足时，自动补水装置可自动补充新鲜水，经泵组加压后供闷渣循环使用。

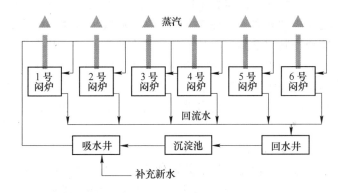

图 9-13　某厂热闷循环水处理工艺流程图 1

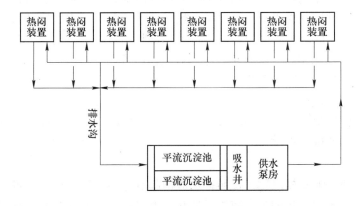

图 9-14　某厂热闷循环水处理工艺流程图 2

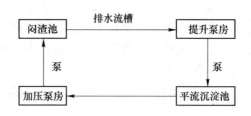

图 9-15 某厂热闷循环水处理工艺流程图 3

9.3.6.1 热闷渣的打水系统

热闷渣采用水作为处理剂，水量的控制很重要。自动打水系统可实现钢渣热闷过程水量全自动控制，自动打水系统主要包括给水泵、供水管路、压力计、流量计和控制计算机，以确保最佳供水工艺，保证钢渣热闷过程安全高效地进行。

9.3.6.2 喷水的控制设备组成

钢渣热闷设备组成中，每个热闷池上都有钢结构制作的护罩，护罩上均匀分布喷淋水管，以及安装在喷淋水管上的喷嘴（螺旋喷嘴、雾化喷嘴等）。喷淋水管都通过调节阀连接到总管上，由 1~6 台给水泵从给水池抽水。热闷池两侧有放散孔，由放散阀控制放散蒸汽，每个放散孔上都装有一个热电偶，以测量蒸汽温度。热闷池底部有回水口，废水可以流到集水池，再由 1~6 台提升泵抽到给水池，给水池侧设有补水阀和液位监控，随时可以自动补水。喷雾装置设在装置盖内顶部。当装置内温度过高时则自动打开排气阀放气。为保证安全，盖上装有安全阀。

9.3.6.3 蒸汽回收系统

蒸汽回收系统包括蒸汽压力调节装置和蒸汽回收装置。钢渣热闷过程中产生大量高温蒸汽，高温蒸汽与钢渣接触越充分反应越彻底，但同时蒸汽压力不能过大，否则会有爆炸危险。蒸汽回收系统通过压力变送器将蒸汽压力数据导入自动控制系统，通过控制供水流量自动调节热闷池中的蒸汽压力，保证钢渣热闷过程安全高效进行，同时回收高温蒸汽进行余热再利用。由于热闷渣工艺过程中会产生 CO 和 H_2，随水蒸气一起排出，故回收蒸汽时要防止中毒。

9.3.6.4 主要循环水处理设施

A 水处理设施

水处理设施包括管廊、排水沟、回水井、平流沉淀池、循环水泵房、加药间，以及必要的设备设施。

a 管廊

因闷渣池为地下构筑物，按照排水流槽起点标高设计，排水流槽及人行道建筑形式为地下通廊。热闷装置使用过的水经由热闷装置底部排水孔通过一道算网进入排水沟（排水沟深度根据工艺要求确定），为了节省占地、减少投资和方便维护检修，管廊在热闷装置边与排水沟合并，污水由排水沟两端向中间汇流，最后流入回水井。管廊出口端设置人行步道。为了防止蒸汽弥漫，影响人员操作，应在排水沟上部加罩，出口加风机抽蒸汽。排水沟设冲洗水点，排水流槽按照冲渣沟的形式设计，采用圆底矩形断面，流槽内壁使用耐磨料。排水流槽一侧设有人行道，供清渣、检修使用。排水管廊与闷渣池设排水孔一侧池壁平行设置，从两端向中间汇流，可以减小流槽进入提升泵房吸水井处的埋深，从而减少土建投资。同时，排水管廊与闷渣池共壁，可节约占地、减少投资。

b　回水井

回水井也叫做提升泵房，提升泵房为半地下构筑物，排水流槽进入吸水井的内底标高为 -6m 左右，水泵安置平台标高为 -5m 左右。泵房上部设有电动单梁悬挂起重机，用于水泵等设备检修。

污水经排水流槽自流汇集后进入回水井，由耐磨杂质泵提升后进入沉淀池。回水系统存在的常见问题有：

（1）热闷渣工艺生产用水的回水具有温度高、易蒸发、碱度高、容易结垢等特点，会造成排泥管道堵塞，管道内壁结垢。故泥浆泵安装流量表，采用变频污泥泵来实现连续排泥的运行方式，根据泥浆浓度的变化来调节泥浆泵的转速，以调整排泥浓度，对泥系统保持最佳状态有显著作用。同时加强对水质监测，根据每天进水悬浮物与送出水悬浮物差和 24h 水量计算污泥处理系统近期所产生的泥量，实施动态管控，也能够缓解以上矛盾。

（2）污泥系统由于含固态量比较高，泥浆阀容易被损坏，所以泥浆泵房内的泥浆阀的质量很关键。

考虑闷渣用水量变化较大，而且回水中可能含有大的固体颗粒，水泵选用耐热耐磨无密封的自控自吸泵，自控自吸泵具有独特的自吸能力，水泵安装在吸水井上部平台，移动灵活、拆卸简便，可减少检修工作量。为防止颗粒物在回水井内沉积，可在回水井内设置压缩空气搅拌装置进行搅拌。

c　沉淀池

沉淀池一般选用平流沉淀池，通常设计两格或三格平流沉淀池。提升泵房水泵设有两路出水管，根据需要进入任意一格沉淀池，满足单格沉淀池可清空的需要。平流沉淀池每格平面尺寸根据需要进行设计，平流沉淀池上设 1~2 台 5t 左右的单梁抓斗起重机，配容积为 $1m^3$ 左右的抓斗，沉淀池旁设泥渣脱水池一个，沉淀池中的污泥用抓斗抓至泥渣脱水池脱水后，定期用汽车外运。也有的设计采用刮渣机刮泥的方式，即污泥由刮渣机刮到泥斗，通过电动单轨抓斗被起重机抓走的工艺模式。

d　水泵房及吸水井

加压泵房为半地下构筑物。水泵间设有 1 台电动单梁悬挂起重机，用于水泵等设备的检修。水泵选用耐热耐磨无密封的自控自吸泵，一用一备。因工艺用水情况复杂，且不连续稳定，在供水管路上设置有调压阀，平衡用水波动，并对泵组进行保护。设计中选用变频泵组，在满足工艺用水变化的同时可节约电耗。

平流沉淀池与加压泵房吸水井可以共壁布置，也可以分开布置，每格平流沉淀池池壁上设铸铁镶铜闸门，保证每格内的水可单独进入吸水井。

水泵为热闷及喷雾沉降室喷水供水系统，一般选用卧式离心泵，用水压力为0.35~0.45MPa，悬浮物颗粒小于0.25mm，可间断使用并对水温没有要求，分为就地和在值班室两种操作模式，采用变频水泵组，定压变量供水。为了防止闷渣池盖喷水装置堵塞，在供水泵组出水总管上设管道过滤器。与提升泵房类似，泵房设置在吸水井上部，减少占地面积，节约投资。也有的设计取消了回水井及回水泵，将沉淀池、吸水井、供水泵房采用一体化形式设计，热闷回水自流入沉淀池处理，虽然增加了沉淀池埋深和土建工程量，但结构更紧凑，减少两者连接管道，避免了由于回水温度高造成回水泵及其配套仪表出故障等问题，也是一种积极的设计选择。

B 水控制系统

水处理区域内设电气室，将水处理设施中主要设备的操作及运行监视集中在电气控制室内。控制系统共有三种操作模式：自动、主控室 HMI 操作、现场手动操作。

自动模式下，操作员只需在 HMI（监控操作机）点击"热闷开始"按钮，整个热闷过程将自动完成。热闷池两侧共设有 4~8 个热电偶，系统根据 4~8 个热电偶的平均值来控制调节阀调整水量和开闭蒸汽放散阀。当出现 2 个及以上热电偶失效后，系统会报警，报警信息将显示在 HMI 画面上。给水泵变频器根据总管的压力来自动调节转速。所有的现场阀门和泵类均可在 HMI 上操作。所有报警信息都将显示在报警画面中，同时现场的操作盘上对应报警灯也会点亮。关键工艺数据，如温度、流量等都会记录在趋势画面中，方便查看。在自动模式下，现场工和主控室操作员随时可以手动介入操作。手动操作优先级最高，HMI 次之，自动优先级最低。

9.3.7 热闷渣的磁选破碎设计

当热闷周期结束时，则自动打开排气阀，泄出装置内余气。履带式挖掘机将热闷装置内粉化钢渣抓运至振动给料筛上料仓中，送入胶带输送机，然后进入破碎、筛分、磁选、提纯加工生产线。不同厂家设计的磁选加工工艺各不相同，厂家的设计应该以钢渣的全面综合利用考虑实施。以下是一些厂家的设计实例。

某厂从钢渣利用的角度（表9-1）设计工艺流程，设计的磁选加工工艺流程如图9-16所示。

表 9-1　钢渣的用途

产　品	粒度/mm	含铁品位/%	用　途
渣钢	>200	TFe>90	炼钢使用
渣钢	0~200	TFe>80	炼钢使用
渣钢	10~50	TFe>60	粒钢加工生产线提纯
磁选粉	0~10	TFe>42	烧结配料
尾渣	10~50	MFe<3	道路材料、干粉砂浆
尾渣	<10	MFe<3	钢渣粉、水泥生料配料

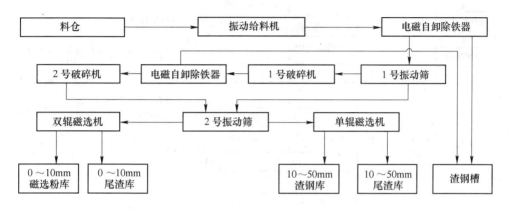

图 9-16　磁选加工工艺流程

　　这种设计的工艺流程为：料仓中的钢渣通过振动给料机由胶带输送机输送至孔径为 50mm 的 1 号振动筛。在胶带输送机上设有电磁自卸除铁器，将 0~200mm 的大块渣钢吸出暂落至渣钢槽中。1 号振动筛筛下的物料通过胶带输送机送至孔径为 10mm 的 2 号振动筛，筛上物料进入 1 号液压颚式破碎机，破碎机的出料口大小为 80mm，经破碎机破碎后的物料通过电磁自卸除铁器将 0~80mm 的渣钢选出落入渣钢槽中。0~80mm 的钢渣经过胶带输送机进入 2 号液压颚式破碎机，该破碎机的出料口大小为 50mm。经破碎机破碎后的 0~50mm 钢渣经过胶带输送机返回 2 号振动筛。2 号振动筛筛下的物料经胶带输送机送至双辊磁选机，选出 0~10mm 的磁选粉直接进入磁选粉库，0~10mm 的尾渣通过胶带输送机进入尾渣库。2 号振动筛筛上 10~50mm 的物料经胶带输送机送至单辊磁选机，选出 10~50mm 的渣钢进入渣钢库，10~50mm 的尾渣经胶带输送机进入尾渣库。

　　新余钢铁公司钢渣处理的磁选工艺流程如图 9-17 所示。这种设计的破碎→筛分→磁选工艺采用"干磨干选"，全流程无生产污水和湿式尾渣进入环境；采用周边排料式干式棒磨机，避免了中心排料式干式球磨机处理能力低、易堵料等缺点，使钢渣中相互包裹的渣与金属铁充分解离；采用干式盘式钢渣磁分离机，克服了常规干式磁选机处理细粒物料时由于分散差、磁团聚等造成的选择性差的缺点。工艺处理后得到的磁选尾渣可用于制备钢渣微粉，也可以做水泥和混凝土的掺和料。

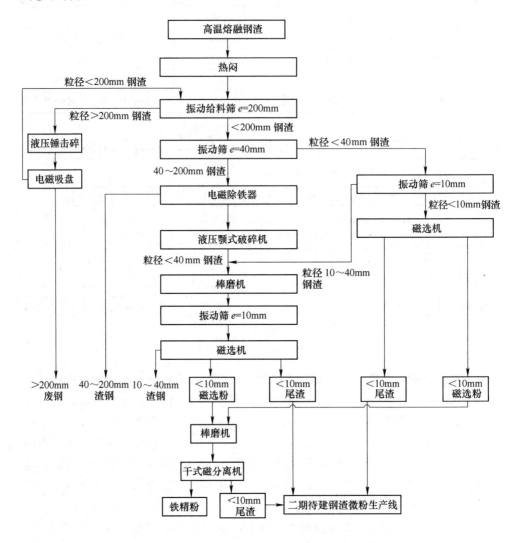

图 9-17 新余钢铁公司钢渣处理的磁选工艺流程

某厂在热闷渣挖渣出渣以后，直接通过筛网过滤大块的渣钢。由于热闷渣处理以后，钢渣之间的大块金属铁与钢渣分离的比较充分，可以将不同粒度的钢渣进行分级磁选，利用棒磨机进行破碎。棒磨机的优点是磨矿过程中磨矿介质与物料呈线接触，因而具有一定的选择性磨碎作用，产品粒度比较均匀，过粉碎矿粒少，产品粒度为 1~3mm。配之以双辊强磁磁选机能够将大部分的金属回收，确保尾渣中金属质量分数小于 1%。已有的工艺设计实例选用 2 ~ 4 台直径为 2100mm、长度为 3600mm 的钢渣专用棒磨机，棒磨机的生产能力为 30 ~ 50t/h，既能够满足生产产量要求，又达到渣钢提纯目标的要求。某厂热闷渣棒磨破碎设计的实体照片如图 9-18 所示。

(a)　　　　　　　　　　　(b)　　　　　　　　　　　(c)

图 9-18　某厂热闷渣棒磨破碎实例
（a）挖渣出渣；（b）筛网过滤大块渣钢；（c）棒磨机

9.4　热闷法渣处理作业

热闷渣作业过程分四个阶段：

（1）急冷。喷水量占总喷水量的 45%，钢渣温度降到 180℃左右；

（2）汽蒸。喷水量占总喷水量的 30% 左右，由于钢渣表面与内部温度存在温差的回热现象，温度从 200℃降至 100℃左右；

（3）热闷。喷水量占总喷水量的 20% 左右，温度从 150℃降到 80℃；

（4）降温。喷水量占总喷水量的 10% 左右，温度从 120℃降到 50℃，最终回升温度到 60℃时，吊盖冷却，准备挖渣出坑。

在不同的阶段，其作业内容各有不同。

9.4.1　热闷渣的通用作业程序

热闷渣主要的作业步骤包括：（1）作业前的检查和准备；（2）进渣作业；（3）出渣作业。

作业前的检查和准备的步骤如下：

（1）热闷渣池的使用以两个一组同时投运为宜，作业保持同步，或者前后交替进行，即两个渣池同时进渣、同时热闷；或者一个渣池开始热闷，另外一个开始出渣，以平衡渣池之间的压力、防止响爆事故发生。

（2）作业前检查热闷装置状况，包括热闷渣渣盖装置的安全挂钩和链条是否正常、排水是否畅通；热闷渣渣池底部排水系统是否潮湿有杂物等；水封槽是否清理干净；排气系统是否正常有无堵塞。

（3）热闷装置装渣前，必须检查排气阀是否打开正常，装置内有无清渣操作人员，热闷装置底部有无积水，排水系统是否堵塞；检查供排水系统电器、水泵、阀门的工作状态；检查操作室测温等仪表显示值是否处于原始状态。

（4）检查并试开喷水管，调节水量大小，保持喷管畅通。

（5）池盖吊动前必须认真检查挂钩及安全钢丝绳是否完好。

（6）及时把热闷池钢渣排空并垫好钢渣。

（7）及时清理排水沟，保持排水沟畅通。

进渣作业的作业程序与要求如下：

（1）翻罐前，要确认热闷池内无积水、无潮湿，水封槽内水已放干，且热闷池周围地面无积水，底部垫不低于20cm厚的干渣，以防"放炮"事故发生，且周围人员已撤离至安全距离。

（2）精炼渣、脱硫渣和除尘灰等严禁入热闷池。

（3）渣罐车进入翻渣跨时，必须有专人指挥。吊罐前应对渣罐的吊耳检查，以防渣罐吊耳断裂后渣罐掉落，液态渣飞溅伤人和打坏设备。空罐应在渣罐车上放平稳，行车离开，确定安全后方可指挥渣罐车离开翻渣跨。

（4）当班者指挥行车向热闷池内倒渣前，要仔细认真检查池内是否有人、积水、杂物，严禁在热闷池周围5m范围内站人。使用盖板将水封槽盖严，防止钢渣溅入。

（5）在指挥倒渣时，必须按规定指挥，并站在安全和有退路的地方指挥，其他人员必须站在安全场所。严禁向有积水的热闷池翻渣。

（6）表面结壳的渣罐，必须将结壳打碎后，方可向热闷池倾倒。

（7）在倾倒液态渣时，应均匀缓慢倾倒，罐离地面小于1m，不能过高，以防液态渣飞溅伤人。倒渣过程中，不能够集中在一个点上倾倒钢渣，必须合理地移动行车，将液态钢渣均匀地倾倒在渣池内。

（8）每罐液态渣倒在热闷池后，进行均匀喷水作业，防止大的水流密集，引起爆炸。打水1~10min后，液态渣表面变黑，结壳，停止打水。等水分完全蒸发干后，指挥挖掘机翻动，翻动过程中将渣块捣碎至50cm以下，且挖斗必须挖至足够深度，彻底将内部熔融液态渣与固化黑渣相互搅匀，如果熔融渣过多无法搅匀，则需要再次实施表面打水重复以上操作，直至达到要求充分搅匀。如果有捣不碎的，需用挖掘机挖出。蒸汽散尽，且钢渣表面无积水后，可进行第二次倒渣（重复上一过程）。打水量可通过钢渣的降温热量等于打水的水升温气化过程吸收的总热量简要计算，公式为：

$$W_2 = \frac{W_1 c_1 (t_1 - 800)}{c_2(100 - t_2) + c_3}$$

式中，W_1 为一罐钢渣的量，kg；c_1 为液态钢渣的比热容，J/(kg·℃)；t_1 为高温钢渣的温度，℃；800 为热闷工艺要求的温度，℃；c_2 为水的比热容，J/(kg·℃)；t_2 为使用冷却水的温度，℃；c_3 为水的汽化热，J/(kg·℃)。

（9）在液态渣入池完成后，开始急冷，用水量为 40～150m³/h，喷水 20min 后停喷 10min，然后再重复一次，总用水量为 40m³。急冷后，需等蒸汽散尽，方可盖盖。装入量应在排气孔下 500mm 为宜，进渣时间应控制在 4h 内。

（10）盖盖前，仔细检查闷池内渣面是否成凹形，池盖内的打水管道和池盖上的安全阀是否畅通，如有堵塞及时疏通，要把水封槽内的杂质清理干净。

（11）盖好热闷盖以后，仔细检查接水管是否接好，四周的卡钩及安全保险装置是否卡牢，往水封槽注水 2/3。

（12）各工序确认无误后，通知中控室热闷打水，同时需注意热闷过程中出现的异常情况，以及时通知中控室调节打水量。通常的用水总量为钢渣量的一半，即水渣比为 0.5m³/t，也可以采用前面的公式计算，然后根据计算结果进行优化。

（13）热闷喷水过程分为四个阶段，不同热闷渣池的打水工艺各有不同，但是相差不大。例如，一个装渣量为 250t 的热闷渣池，打水规定每个阶段为 1h，其中喷水时间为 40min，回温时间为 20min。喷水速度分别为 12～120m³/h、14～120m³/h、16～120m³/h、18～120m³/h，总用水量为 40～600m³。也可以根据热闷渣池内水蒸气的压力调节打水流量，例如某厂 150m³ 的渣池，每次装渣 400t，根据水蒸气压力来调节供水流量，见表 9-2。

表 9-2　不同水蒸气压力下的供水流量

蒸汽压力/kPa	<0.5	0.5～1.5	1.5～2.5	2.5～3.5	3.5～4.0	>4.0
供水流量/m³·h⁻¹	0	30	50	40	10	0

（14）降温阶段，本阶段喷水速度为 16～40m³/h，喷水时间为 1.5h，总用水量为 30～100m³。某厂的热闷渣工艺打水控制参数见表 9-3。

表 9-3　某厂热闷渣工艺打水控制参数

阶　段	喷水时间/min	水流量/m³·h⁻¹	喷水量/m³	停水热闷时间/min
1	180	82	240	30
2	120	64	120	20
3	180	52	120	40
4	240	46	120	60
合　计	720		600	150

（15）出渣前，首先打开排气管道阀门，散气 0.5h 后确认池内处于常压状

态，盖温在60℃以下，方可开盖出渣。

（16）出渣时，挖掘机司机必须精心操作，严禁剧烈撞击四壁及池底，禁止野蛮操作，遇有大块废钢，用挖掘机挖出。

（17）出渣后，必须按要求将池底、排水沟清理干净，并用粒度大于10mm的干渣堆放在排水口外侧，起过滤作用。并派专人监护，以防意外事故发生。

（18）盖闷渣盖时，热闷工与行车工需密切配合，注意手脚不要放在热闷池水槽上，防止被挤压。

出渣作业的作业程序与要求如下：

（1）摘下安全链和安全钩，将水带快速接头从进水接口扭开，并摆放好。

（2）指挥行车起吊顶盖，放置在支架上。

（3）指挥挖掘机翻动钢渣，排出余气，加速冷却。并及时出渣，将热闷装置内钢渣挖运至条筛。挖掘机应控制挖送速度，不要过快，在格筛仍有堆料时不得将下一斗钢渣送上格筛。防止挖机回转操作速度过快、过猛，造成油缸碰撞罐体及原料筛。需确认作业时旋转半径内无人、机、物。

（4）出渣完毕，挖出轨面及装置底四周余渣，疏通热闷装置排水口挡板网孔并清理水封槽积渣。

（5）热闷装置清理完毕，应在装置底中间部分铺垫干碎渣，并在排水口挡板网孔前堆放部分鹅卵石，排水口外侧堆放粒度大于10mm干渣，以保护排水口及利于排水。

（6）出渣时发现池内闷渣中有红渣现象，严禁盖盖继续闷渣，必须采取边人工打水，边用挖机翻料进行降温出渣。

9.4.2　不同类型钢渣的处理

9.4.2.1　黏度较低的转炉渣的处理

黏度偏低的渣，就是我们经常说的稀渣。这种稀渣又分为三种类型，一种是转炉补吹处理，钢水过氧化（钢水中的碳含量低于0.08%，也有的厂家界定在0.045%），钢渣中的氧化铁含量高（FeO>20%）；第二种是双渣操作，即转炉铁水的硅含量较高、或者磷含量较高，需要在冶炼过程中倒渣两次，第一次倒出的钢渣，碱度较低，炉渣熔点低，渣子稀；第三种是渣温高、渣中氧化铁含量也高的钢渣，主要是冶炼高级别的低碳钢形成的钢渣。处理以上类型的钢渣，主要要求如下：

（1）转炉出渣前，向渣罐内加入厂内副原料系统在运输石灰渣辅料过程中散落的、含有CaO为主的垃圾、合金加料系统产生的合金粉末或者廉价的焦粉等，能够起到降低渣中氧化铁含量、提高炉渣的碱度、降低渣温的作用，有利于提高热闷渣工艺效果。

（2）渣子摊开操作难度较大，液态钢渣倒入渣池以后，容易板结，渣子的导热性较差，造成闷不透的情况较多。在处理这一类钢渣时，将钢渣倒入渣池时，要均匀倾翻渣罐，倒渣的厚度不宜超过100mm，钢渣入池以后挖掘机要多加搅动，来回翻搅钢渣，适量喷水快速降温，防止钢渣的晶粒长大结块。

（3）转炉做好炉渣的调整。一是过吹的钢渣，转炉出钢前加入终渣改质剂，降低终渣中氧化铁含量，改变炉渣的组分。二是在出渣过程中，向渣中加入改质剂，例如KR脱硫渣，利用KR脱硫渣中的还原剂成分和铁滴中的硅、锰、铝、碳等，还原渣中的氧化铁，达到炉渣改质的目的。

（4）每罐高温钢渣入池子以后，必须保证喷水冷却一次和利用挖掘机松动一次，防止钢渣的二次结晶长大，形成板结。

9.4.2.2 高碱度钢渣的处理

高碱度的炉渣流动性较差，容易结块，并且渣中的铁珠与钢渣之间不好分离，处理不当会使渣中析出的游离氧化钙含量较高，打水以后容易与渣中的其他物质反应生成胶凝性物质，从而阻隔水和蒸汽的渗透，影响热闷效果。关于此类钢渣的处理，以下是经过理论论证或实践证明的成熟工艺：

（1）高碱度的钢渣热闷时，需先使用挖掘机对钢渣进行充分的破碎处理，铺摊均匀，然后进行下一步处理。

（2）高碱度炉渣中的大渣块直径不能太大，特别是终点改质渣的炉次。凝固的大块钢渣好比一把雨伞，将其下面的钢渣护住，影响打水的冷却效果，使透水性很差。

（3）转炉在出渣过程中，随着钢渣倒出向渣罐内加入碎的玻璃垃圾、钢液铸造废弃的石英砂或者高炉渣，用以降低炉渣的碱度。

（4）热闷渣池内装渣量减少，有助于高碱度炉渣热闷效果的改善。

9.4.2.3 温度较高的钢渣的处理

温度较高的钢渣流动性较好，倒入热闷渣池内，会造成渣池内其余钢渣的二次结晶，造成板结，或者增加打水、松动的作业量。以下为实践中总结出的有效的工艺方法：

（1）转炉冶炼要求出钢温度较高的高温钢时，出渣之前，通知向渣罐内加入部分的冷钢渣，起到降低渣温的作用。有条件的，可向渣罐内加入冷钢渣和含有还原剂的垃圾或者廉价的原料。

（2）转炉出渣以后，如果渣罐内的钢渣温度仍然很高，可考虑向渣罐内加入部分冷钢渣（必须是干燥的），或者高炉渣等。

（3）转炉出渣以后，对温度较高的炉渣，采用兑罐的方法，降温速度很快，这一点将在后面钢渣改质一章中予以详细介绍。

（4）向渣罐表面喷雾化水，注意压力和水量不能过大。

（5）让渣罐自然冷却降温，冷却4~24h后，钢渣再进行热闷处理，只是这种方法效率较低。

9.4.2.4　精炼炉白渣的处理

精炼炉白渣会在垫罐或误操作的情况下，进入渣池内。由于精炼炉白渣中含有硅酸二钙等胶凝性物质，粉化以后，打水作业使其表层产生水泥性质的胶凝层，阻隔水的渗透，进而影响热闷渣的效果。所以一般情况下，精炼炉白渣不能够进行热闷渣工艺处理。倒渣过程中，如果出现精炼炉白渣入坑的现象，量大的情况下需将白渣使用挖掘机挖出，量小的情况下将其使用挖掘机翻搅均匀，然后再进行热闷处理。

9.4.3　热闷时间、水渣比、封盖温度对粉化率的影响

9.4.3.1　热闷时间和钢渣块度的关系

热闷时间和钢渣块度对粉化率影响显著。山东省冶金设计院的李术川的研究表明，当水渣比为 0.5m³/t、钢渣封盖温度为 800℃ 时，粉化率随时间的变化如图 9-19 所示。随着热闷时间的延长，粉化率显著上升。当钢渣块度为 300mm 时，热闷时间达到 8h 后其粉化率不再增加；当钢渣块度为 500mm 时，钢渣需要更长的时间才能使其充分粉化。在实际操作过程中，进行热闷操作前必须将大块钢渣砸碎，否则会影响钢渣的透水性，导致钢渣粉化不彻底。

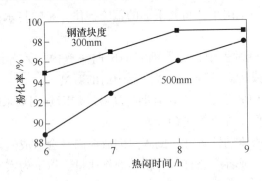

图 9-19　钢渣热闷时间和钢渣块度对粉化率的影响

9.4.3.2　水渣比对粉化率的影响

当热闷时间为 8h、钢渣块度为 300mm、钢渣封盖温度为 800℃ 时，水渣比对粉化率的影响如图 9-20 所示。随着水渣比的增加，粉化率提高。但实际操作中，应根据实际情况优化配水制度。供水流量过大，会导致处理成品含水量高，给后续自动化储运设备带来不利影响；供水流量过小，会延长闷渣周期，且钢渣粉化不彻底。实践经验表明，当水渣比为 0.5m³/t 时，成品钢渣含水量对后续设备的影响在允许范围内，钢渣粉化率接近 98%，完全能满足后续钢渣破碎磁选工序的要求，且闷渣周期能与转炉生产周期相匹配，综合效果最好。1997 年徐雪峰

高级工程师的研究结果是，电炉渣热闷的入炉温度在 250~700℃ 之间，水渣比应该在 0.25~0.55m³/t 之间，不宜超过 0.55m³/t，也说明热闷渣过程中的水渣比在 0.5m³/t 左右是合理的。徐雪峰的研究结果如图 9-21 所示。

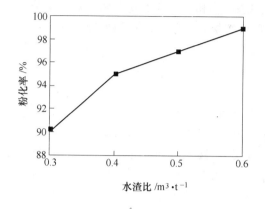

图 9-20　水渣比对粉化率的影响

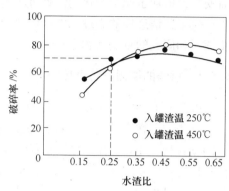

图 9-21　水渣比对破碎率的影响

9.4.3.3　钢渣封盖温度对粉化率的影响

李术川等人研究了当钢渣块度为 300mm、热闷时间为 8h、水渣比为 0.5m³/t 时，钢渣封盖温度对粉化率的影响如图 9-22 所示。从图中可以看出，钢渣封盖温度对粉化率影响不明显，500~800℃ 的钢渣封盖温度都能达到很好的粉化率，800℃ 时粉化率最高。但在实际中应避免钢渣封盖温度过高，特别要避免有大量液态钢渣的存在，因为在高温条件下钢渣易结成大块堵塞排水口，并影响粉化率。

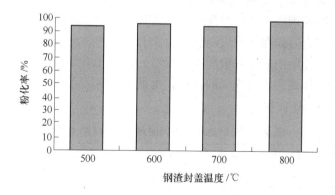

图 9-22　钢渣封盖温度对粉化率的影响

9.5　热闷渣作业过程中的安全操作

热闷渣工艺最常见的事故是爆炸危害、各类粉尘危害和蒸汽烫伤危害等。热闷渣处理过程中的爆炸一种是向热闷渣池内倾倒红热态钢渣时发生的爆喷，另一种是热闷过程中热闷渣池内气体产生的爆炸，其中气体爆炸的频率相对较高。热闷装置（热闷池）爆炸严重影响了钢渣处理的顺利生产，甚至威胁到职工的生命安全，增加了职工对热闷渣处理工艺的恐惧感和工作的不安全感，甚至部分职工产生了迷信恐怖的心理。如何防止热闷装置爆炸，是钢渣热闷处理工艺要进一步探索和研究的重要问题之一。

9.5.1 爆炸的原因与防爆控制

9.5.1.1 热闷装置产生可燃气体的原因

钢渣中存在含铁的金属料，而这些金属料中或多或少的含有碳元素。在铁液中的碳含量在4%左右，并且随着温度降低，在铁液中的碳元素会随温度的降低而析出，进一步氧化为CO。这是普通钢渣在热态情况下着火燃烧的原因。在热闷渣工艺过程中，向高温钢渣打水产生大量且高浓度的蒸汽，蒸汽分子与闷渣池内的空气置换，导致池内氧气分子减少，这些就为CO的产生提供了条件。在热闷渣工艺中，产生CO的同时还会产生H_2。因为水（H_2O）的分子里有一个氧原子和两个氢原子，一旦水遇上火热的碳，氧原子立刻被碳夺走，结果生成CO和H_2。CO和H_2都是会燃烧的气体，工业上把这样的混合气叫"水煤气"，其反应式如下：

$$C + H_2O(高温) = CO + H_2 \qquad （主反应）$$
$$C + 2H_2O(高温) = CO_2 + 2H_2 \qquad （主要副反应）$$

CO和H_2都是无色无味的易燃气体，现场人员是无法闻到的。这也就验证了在作业现场，高温钢渣入池后分层打水降温时有燃烧火焰产生这一现象。另外，这也就可以解释有时候在热闷后期热闷池盖上面排气阀产生的燃烧火焰，以及有时在热闷前期时热闷池的水封槽周围缝隙里的燃烧火焰的产生原因了。不同厂家在热闷渣池周围检测到了有煤气的存在，也证明了这一点。表9-4为热闷池周围不同时段检测的CO含量。

表9-4 热闷池周围不同时段检测的CO含量 （μL/L）

检测位置	红渣打冷却水	热闷初期	中 期	末 期	开盖时	出渣时
含 量	3~660	5~50	4~30	1~10	5~50	5~300

9.5.1.2 热闷渣爆炸的原因

可燃气体或粉尘与空气的混合物并不是在任何比例下都有可能发生爆炸的，有一个最低的爆炸浓度（爆炸下限）和一个最高的爆炸浓度（爆炸上限）。如果可燃物质在混合物中的浓度低于爆炸下限，由于空气所占的比例很大，可燃物质浓度不够，因而遇到明火，既不会爆炸，也不会燃烧。如果可燃物质在混合物中的浓度高于爆炸上限，由于含有大量的可燃物质，空气不足，缺少助燃的 O_2，遇到明火，虽然不会爆炸，但接触空气却能燃烧。气体浓度只有在这两个浓度之间，才有爆炸的危险。所有气体爆炸的发生都是有一定条件的，即气体的浓度在爆炸极限范围以内。其中 CO 爆炸的条件有：

（1）含量达到爆炸极限（12.55% ~74.25%）；

（2）温度达到 CO 的着火点（650℃）；

（3）有足够的氧气供给燃烧；

（4）空间有限，处于相对封闭的系统。

H_2 爆炸的条件比较简单，即 H_2 加上 O_2 在爆炸极限范围（4% ~75%）内遇到明火之后在短时间内产生大量的水蒸气，使得体积急剧膨胀，发生爆炸。

热闷渣的基本工艺是将高温转炉钢渣倾翻到热闷池内，当装渣量达到70% ~80% 时，盖盖后给水封槽加水进行密封，挂好安全挂钩。最后，开始打水产生大量水蒸气进行热闷作业。

在热闷初期不但产生大量温度较高的水蒸气，而且这时水蒸气的密度较大，其量积累以后产生的压力大于大气压，即负压现象，造成大部分蒸汽从池盖上面的排气阀和池壁上的排气孔排出，池内产生的可燃气体密度均小于这个时段水蒸气的密度（CO 的密度为 1.25g/L 和 H_2 的密度为 0.0899g/L），见表9-5。也就是说，可燃气体在水蒸气的上方，它们会随着水蒸气迅速排出热闷渣池。

表9-5　水蒸气密度随温度的变化

温度/℃	100	105	120	124	150	180	200
密度/kg·m⁻³	0.61	0.71	1.12	1.26	2.55	5.39	7.86

因此，在热闷初期池内产生的可燃气体都能够及时排出。现场生产运行结果也表明，在热闷初期阶段一般不会发生爆炸，原因就是如此。

随着打水热闷工艺的展开，炉渣温度逐步下降，池内温度降低，蒸汽量减少，它们产生的压力也在逐步减小，高温蒸汽降温以后，体积减少，加上加盖热闷的这一工艺特点，如果蒸汽压力低于热闷工艺的要求，这些混合气体就被密闭在热闷渣池内，这时可燃气体 CO 和 H_2，就逐渐富集在池内某个空间，随着含量的增加，有可能达到爆炸极限范围；同时随着池内温度和压力降低，O_2 的相对浓度逐渐加大，加上钢渣的导热性差，此时如热闷池内局部余留少量红渣，或者邻近的热闷池进行翻罐作业遇到明火，则极易发生爆炸。此外，以下情况也会造成热闷渣池的爆炸：

（1）在一些特殊的情况下，热闷渣池密封不严时，CO 和 H_2 会沿着压力降低的缺口处扩散，在扩散点，如果满足爆炸要求，就会发生爆炸，这叫做外爆。在热闷渣池排气管道附近，就发生过数起此类爆炸事故，原因就是密封不严，主

要气体是 H_2，即爆鸣气。

（2）热闷渣池相隔的距离太近，如一个热闷池在翻罐，相邻热闷池处于热闷后期作业，开盖或者密封不严，有气体泄漏时，也会引起爆炸。

（3）排气系统。多个热闷池共用一条排气主管道，也容易造成热闷渣池间串气。例如一个热闷渣池在热闷渣的初期，产生大量的气体排出，密度较小的 CO 和 H_2 排出过程中，有可能进入热闷渣处于热闷后期的作业或者开盖作业，也有可能是翻罐作业，这时串气就会引起爆炸。在实践中，笔者多次采用煤气报警仪检测燃烧冒火区域的 CO 浓度，发现 H_2 是遇火响爆的主要原因，爆炸具有典型的爆鸣气的特点。

（4）转炉出渣过程中，由于操作不当，导致有较多的钢液、未熔化的生铁、废钢进入渣罐，没有做好处理，直接翻入热闷渣池，造成水煤气的发生量剧增、闷不透的现象也会更加明显，这样爆炸的几率更大。

（5）排气管道内壁积累的粉尘结垢，造成排气困难，容易引起热闷渣池内的气体压力增加，造成爆炸。

9.5.1.3　热闷装置防止气体爆炸的安全控制

由上述分析可知，要防止热闷渣装置的爆炸，主要控制措施如下：

（1）结构设计上，要保证热闷渣池之间保持一定安全间距，做好封闭，杜绝渣池之间相互串气。

（2）排气系统要保证排气管道通畅，并独立排气，即每个热闷渣池有一条独立的排气管道，并且排气通道禁止相互串联，使产生的可燃气体能够及时排出。

（3）热闷池的布置方式上尽量不采用连体浇筑式热闷渣池，而使用独立的热闷渣池，中间保持 2m 以上的间距，避免热闷池间串气。

（4）热闷渣池的深度必须保证在工艺配置的挖掘机作业时，挖掘机能够将残渣清理干净。

（5）容易串气的区域打孔放气，减少外爆。

操作方面需要注意的事项有：

（1）要对热闷池盖本身和安全装置以及排气系统进行检查、清理和改造，使产生的可燃气体能够及时排出。

（2）严禁直径在 1m 以上的大块红渣入池，装渣时间应该要分散不要集中，使钢渣中析出的 CO 与空气接触充分燃烧。

（3）热闷池内每装一罐红渣后，就打一定量的水使产生的可燃气体能够提前及时排出，然后用挖掘机彻底搅拌一次，使钢渣中的 C 与空气中的 O_2 充分接触燃烧。这样可以有效降低热闷池在盖盖后池内产生的可燃气体浓度。

（4）在热闷后期要保证池内的温度低于可燃气体的着火点，池外周围要严禁明火以及要尽可能避免红渣飞溅的现象发生。

（5）控制打水作业时间和热闷时间，促进可燃气体随蒸汽排出，中间用挖掘机将红渣彻底搅拌，使钢渣中的 CO 能充分燃烧；绝对禁止热闷池周边明火作业。

（6）渣中的铁珠在重力的作用下会沉降在渣罐罐底，罐底渣一般含铁量较高，所以需将转炉的罐底渣冷却一段时间，待其中含铁物质中的碳析出燃烧充分以后，再入坑热闷。罐底渣含铁量较多的，考虑直接回炉利用或者其他的加工方式处理。

（7）生产过程中要控制好翻罐节奏，错位作业，避免红渣集中入池。

9.5.2　防止爆喷的措施

为了做好防治爆喷事故，需要从以下几个方面做好工作：

（1）热闷渣池深度不宜过深，深度以满足挖掘机能够充分清理渣池底部残渣为宜。每次出渣以后，挖掘机将底部残渣清理干净。

（2）每次倒渣（也叫进渣）前，保持渣池底部干燥，无明显水迹，向排水孔附近垫铺热态干渣，堵住排渣孔，防止液态钢渣流入排渣孔遇水爆炸。

（3）渣池底部铺垫干渣，然后倒入高温固态渣，再倒入液态渣，这样能够有效地防止早期倒渣的爆喷事故。

（4）在液态钢渣入池以后的打水量不宜过大，防止液态钢渣表面积水，早期的打水以水接触渣面能够迅速蒸发为宜。

9.5.3　弱化热闷工艺爆炸影响的炼钢操作

降低热闷渣爆炸风险的炼钢工艺方法，是从生成 CO 角度来考虑。将空渣罐底部内加入部分焦粉，然后向空渣罐内倒入液态的转炉钢渣，促使钢渣中的含铁氧化物以及其他金属氧化物与焦粉反应。此反应为还原反应，在反应过程中，渣中氧化铁被还原成为铁，同时排出 CO 气体过程中，使钢渣的结构较为疏松，渣中含有的铁珠也容易沉降到渣罐罐底。由于此反应为吸热反应，沉降到渣罐罐底的金属铁容易聚集凝固成为大块的铁，在翻罐以后容易被挑拣回收，不再随钢渣进行热闷，这对减少热闷渣工艺过程中的响爆事故和降低管理成本有显著作用。

具体实施方法以 120t 转炉的生产线为例说明。转炉渣量为吨钢 120kg，具体的操作顺序如下：

（1）将转炉倒出的罐装液态钢渣，通过钢渣车拉运到渣场待用。

（2）将空渣罐罐内预先装入 400kg 或 420kg 或 450kg 的焦粉，焦粉碳含量为 75%。

（3）行车将罐装的液态钢渣吊起，倾翻渣罐，向空渣罐内缓慢兑加液态钢渣，使得液态钢渣和焦粉能够充分反应。

（4）将反应以后的钢渣倒入热闷渣池内，采用挖掘机将渣罐底部凝固的含铁物质挖出，直接返回炼钢作为金属料循环使用，其余的钢渣按照正常的热闷渣工艺进行热闷处理，就可以减少钢渣热闷过程中 CO 的产生量，防止由于 CO 引起的爆炸事故。

这种方法的有益效果为：

（1）可有效地减少热闷渣过程中，由钢渣中的铁带入的碳产生 CO 的量，降低了热闷渣工艺过程中由 CO 引起的爆炸风险。

（2）钢渣中的氧化铁大部分被还原成为铁，能够直接被返回利用，按照渣中 10% 的氧化铁被还原，每吨转炉钢渣中能够有 22.5kg 的铁被还原，按照铁 2.5 元/kg 计算，每吨转炉钢渣会产生 56.25 元的直接经济效益。

（3）钢渣被还原处理以后，渣中的含铁量降低，有利于钢渣的进一步磨碎深加工，能够有效地降低钢渣的深加工成本。

9.5.4 防止蒸汽和粉尘伤害的措施

（1）向热闷池内洒水时，必须带好防护口罩，严禁大水量直接洒水。

（2）拉水管时，脚下必须站稳，上下平台、楼梯，拉好扶手防止滑跌。使用工具时，用力要均衡，脚下站稳，以防地面潮湿，人员滑倒。

（3）清理水沟、沉淀池时要戴好口罩、防护镜，必须用工具撬掀盖板，防止砸脚。掀盖板时必须抓牢，防止脱手。清理沉淀池时，加强对潜水泵、泥浆泵的安全检查，防止触电，禁止将污水直接排向下水道。人员清理作业不得连续超过 20min，必须进行替换，以防止中毒。作业场地地面潮湿，脚下要站稳，与其他设备或机械交叉作业时要加强自我防范，提高安全意识，要保持一定的安全距离，同时加强相互监护工作。

（4）热闷渣厂房内应采用射雾器或者干雾喷淋装置进行抑尘作业。

浅盘法钢渣处理工艺

浅盘法 ISC(Instant Slag Chill Process) 钢渣处理的工艺流程可以描述为：转炉熔渣流入渣罐后，由受渣渣车送到渣处理车间。渣处理车间摆放数组浅盘，每组 2~5 个浅盘，浅盘放置于 2~3m 高的架子上，下面可以通行电动铲车，用于清理放流作业时飞溅到地面的钢渣。行车将渣罐内的液态钢渣倒入钢板制的受渣容器（ISC-BOX）中形成薄层，进行空冷 3~5min。第一次喷水冷却喷水 2min，停 3min，如此重复 4 次，耗水量约为 0.33m³/t，钢渣表面温度下降至 500℃ 左右，钢渣产生龟裂。然后将浅盘中凝固并破碎的钢渣倾倒在排渣车上，排渣车长 10m 左右，宽 2~3m，高 3~5m，四壁有排水的小孔，运送到二次冷却站进行第二次喷水冷却，喷水 4min，耗水量为 0.08m³/t，钢渣温度下降至 200℃ 左右。再将钢渣倒入水池内进行第三次冷却，冷却时间约 30min，耗水量 0.04m³/t，至此钢渣温度降至 50~70℃，随后输送至粒铁回收线。

10.1 浅盘法渣处理工艺的特点

ISC 工艺具有以下特点：

（1）机械化、自动化程度高，作业安全顺行。

（2）用水强制快速冷却，处理时间短，每炉渣 1.5~2.5h 即可处理结束，处理能力大。

（3）处理过程除产生大量白色蒸汽外，扬尘情况控制得较好。

（4）处理后钢渣粒度小而均匀，可减少后段破碎筛分加工工序。

（5）处理后的钢渣粒度小，游离氧化钙含量较低，有利于综合利用。

（6）厂房占地面积大，设备投资比热泼法高。

（7）操作工艺繁琐，环节多，生产机械设备多，维修费用高。

（8）大块钢渣中有 2%~5% 的游离氧化钙仍没有消解，使用时会出现安定性不良现象，黏度高、流动性差的钢渣不能用该方法处理。

10.2 浅盘法渣处理的作业流程

浅盘法处理的工艺原理为在一次冷却时，将渣温骤降到 500~700℃，因发生相变而自然龟裂，使冷却面积增大。钢渣自然冷却时，中心温度与冷却时间的关系如图 10-1 所示。

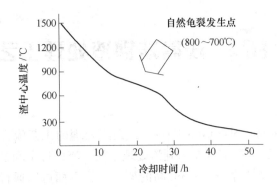

图 10-1　钢渣自然冷却时中心温度与冷却时间的关系

渣越稀，发生自然龟裂时间就越短，就越易增加冷却面积，处理速度就越快；相反，炉渣越稠，此过程就越慢。为了按照不同的钢渣特点进行处理，宝钢按炉渣流动性分为 A、B、C、D 四类，可自身流淌成 30~80mm 厚的渣称 A 渣，80~120mm 厚的称 B 渣，120~200mm 厚的称 C 渣，200~450mm 小丘状的称 D 渣。上述 A 渣、B 渣、C 渣均在渣盘上处理，属半凝固状态炉渣，在渣盘上形成，倒在块渣场处理。宝钢转炉渣的流动情况如下：A 渣和 B 渣占 60%，C 渣占 19.5%，D 渣占 20.5%，即约有 80% 的渣在 ISC-BOX 中处理。

一般的浅盘渣工艺步骤如图 10-2 所示。

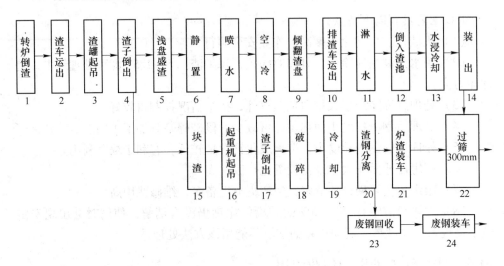

图 10-2　浅盘渣的工艺步骤

其作业的步骤和关键点的控制如下：

（1）将渣罐放置于渣车，将渣车开至转炉出渣位置。

（2）转炉出渣以后，开出渣车到渣场。

（3）渣场的行车将渣罐吊起，向浅盘准备泼渣放流作业。

（4）浅盘放流作业前，浅盘上保证无水、无湿渣。如有水，使用压缩空气吹扫干燥，或者采用热钢渣进行干燥处理。

（5）放流作业的周围无人及危险物品，红渣飞溅的可能去向附近无燃烧物。

（6）放流完毕，渣罐复原，将渣罐放置于渣车。

（7）开始向浅盘进行洒水作业，作业时不得定点洒水，喷水点应均匀洒水，由前向后进行。

（8）炉渣渣面没有产生渣壳及龟裂时，禁止使用大水冲击渣面，以免发生爆炸。

（9）渣面不产生龟裂或洒水后产生水蒸气的时间不满 3min 的情况下，要增加冷却作业的时间。

（10）冷却时间达到 2h 以上，钢渣温度达到 700℃以下，进行浅盘的倾翻作业。

（11）浅盘倾翻作业时，必须确认钢渣冷却状态是否符合倾翻标准，浅盘必须在排渣车大箱中。

（12）浅盘复位后，必须确认浅盘口是否有湿渣、大块渣或冷钢，若有，则必须清除。

（13）对排渣车内的钢渣进行二次冷却喷水，根据生产情况，尽量延长二次冷却时间，使钢渣冷却好。

（14）炉渣冷却至 200℃左右，进行翻渣作业。

（15）在水池处翻渣时，必须确认门吊抓斗的位置，并且分批次倾翻。

（16）渣场作业时，必须确认渣场及其周围无人、物、车辆，场地无积水、无湿渣，必须鸣警示意人员远离到 15m 以外。

10.3　渣盘裂纹的产生与预防措施

ISC-BOX 形如一只大簸箕（图 10-3），底部是一整块钢板，前端焊有上倾 10°的钢板，后部及两侧围有 50～80mm 的侧板。为减少因热应力而造成渣盘变形，渣盘不设筋板，也无焊缝。受渣面积占总底部面积的 78%，其余的 22% 不与炉渣接触。这两条措施是减少渣盘变形的关键。

ISC-BOX 寿命在 1000 次左右。渣盘出现变形和裂纹是影响其寿命的关键因素。ISC-BOX 变形是渣盘的共性，但有快有慢；裂纹是个别现象，只有特定条件下才出现。其形成过程如下：

（1）渣盘变形是在受渣过程中的

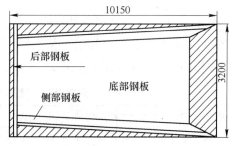

图 10-3　浅盘

激冷激热周期变化造成的。实际操作时渣盘在高温条件下，同时受热渣的动能冲击，加速了变形。

（2）变形过程可分孕育、发展、平静三期。孕育期（0~200次），虽受激冷激热影响，但并不发生变形，底部完整平坦，侧板也笔直。

（3）发展期（200~600次）：在热渣冲击处逐渐出现上凸点，其他地方也产生不同程度的凹凸小坑。随着作业次数增加，变形加快，凸坑向上下左右扩展，整个底部高低不平加剧，侧板出现弯曲。

（4）平静期（600次以上）：这时变化速度显著减慢，沿着原来的变形继续扩张，波谷与波峰高差达500mm，波谷盛满炉渣时，波峰无渣，倾翻渣盘时，炉渣往往会被卡住，被迫采用人工清理，这时渣盘已接近使用寿命终点进入报废程序。

渣盘裂纹的产生主要有以下几个原因：

（1）渣盘的裂纹不像变形那样慢慢地出现。当热应力大于渣盘强度极限时，突然出现贯穿整个断面的横裂，并发出巨大的响声。据计算，使渣盘发生横断所需的热应力高达100MN。文献介绍，在室外气温较低时，渣盘倾倒完毕，冷却速度达200℃/h，渣盘温度降到40℃，产生的应力足以使钢板拉断。为保证不再出现此类事故，在冬天对暂时不用的渣盘，应用热渣保温，减缓冷却速度。

（2）春冬季节，渣盘处于温度较低的状态下，使用渣盘受渣，渣盘温度从环境温度上升到250℃以后，产生的热应力足以撕裂渣盘。

防止渣盘产生裂纹的措施：

（1）渣盘使用前，在渣盘表面涂刷一层石灰水、耐火泥料、防粘渣剂，对渣盘升温到50℃左右后投用。

（2）对长时间不用的渣盘，投用前使用热钢渣对渣盘进行升温以后，再进行放流作业。

（3）室外温度较低时，注意在渣盘倾翻以后，使用热钢渣对渣盘进行保温。

10.4 浅盘法处理后钢渣的应用

10.4.1 浅盘法渣处理对炉渣性质的影响

浅盘法工艺对炉渣成分的影响已有研究，表10-1是研究得到的经过ISC处理后50只样品的全分析平均值。从中可见，处理前后成分无明显变化，从而说明ISC处理不改变炉渣成分，只起到加速冷却破碎炉渣的物理作用。

表 10-1 经过 ISC 处理后 50 只样品的全分析平均值 （%）

项目	MFe	SiO_2	CaO	P_2O_5	MgO	f-CaO	MnO	S	FeO	Al_2O_3	Fe_2O_3
处理前	未分析	15.9	44.1	1.3	6.1	5.5	4.9	0.03	未分析	未分析	未分析
处理后	5.8	16.08	43.2	1.24	5.2	5.06	5.14	0.05	16.5	1.48	7.72

同时浅盘法工艺对钢渣中 f-CaO 与碱度影响的研究结果也表明，f-CaO 含量与炉渣碱度有关。炉渣的稳定性与 f-CaO 含量直接相关。经浅盘渣工艺处理以后，f-CaO 含量略有下降，但是降低的幅度较小。炉渣直接冷却后，表面呈黑色。经过处理从水池中抓起干燥后，则表面呈灰色，从而说明渣内 f-CaO 经过水解变为 $Ca(OH)_2$，附在炉渣表面。

目前已有的文献介绍，浅盘法渣处理工艺后的钢渣岩相组成见表 10-2。

表 10-2　浅盘法渣处理工艺后的钢渣岩相组成　　　　(%)

铁酸钙	RO 相	C_2S	C_3S	阿利特	橄榄石
—	38	30	12	3	9

ISC 工艺处理后的炉渣，其块度大多在 100mm 左右，经过破碎磁选，可把炉渣分为 <3mm、3~13mm、13~30mm 规格，并分级利用。

经 3 次冷却后的炉渣，由液体变为固体时，冷却速度达 25℃/min。炉渣在激冷下破碎，硬度增加。实践证明，经 ISC 处理后的炉渣，在破碎过程中，破碎机衬板磨损增加，破碎机效率下降 30%。

10.4.2　浅盘法处理后钢渣综合利用的原则

ISC 炉渣利用范围很广，其综合利用的原则和实例介绍如下：

（1）ISC 钢渣硬度较大，以渣代石，是一种较好的选择。用钢渣作路面的基础层、面层材料时，只要对钢渣采用一定的稳定化处理，就能够满足潮湿地区的路面需要，至于开放式路面，更不会影响其质量，而且可改善交通环境。

（2）ISC 渣经一定时效处理后，性能逐步稳定，破碎成一定规格与水泥原料拌和做成空心的小砌块，以砌围墙、房屋用。ISC 渣硬度高，破碎成 2~4mm 的粒度可制成除锈人造磨料，喷在钢板上可去锈斑。

（3）ISC 渣在经稳定化处理后，加上盐、水、炭粉做成发热保温剂，替代食盐，每包 100g，温度保持时间较长，可作为医学中物理疗法的工具，或作为冬天的暖手材料。

（4）ISC 处理工艺后的钢渣耐磨相较多，不宜用于磨成粉作水泥添加料或者砂石料，适用于作烧结原料。

（5）ISC 炉渣中的 f-CaO 较高，钢渣经缓慢水化后有板结的特点，代替黄土围海造堤后具有牢固耐冲刷的特点，作为江河河堤的护堤材料也很好。宝钢利用 ISC 钢渣的实践证明，随着时间的推移，钢渣护堤材料越来越牢固，经 12 级台风及大海浪的袭击，仍能够保持良好的抗冲刷性。

参 考 文 献

[1] 王少宁，龙跃，张玉柱，等. 钢渣处理方法的比较分析及综合利用[J]. 炼钢，2010(2).

[2] 胡东风，仵增瑞. 转炉钢渣风碎技术在石钢 30t 转炉的应用[J]. 河北冶金，1997(1)：35-39.

[3] 苏兴文. 转炉钢渣处理中能源利用的探索与研究[J]. 冶金标准化与质量，2010(2).

[4] 杨志杰，苍大强，李宇，等. 冶金熔渣保温剂的保温性能研究[J]. 冶金能源，2012(2).

[5] 李成威，王琳，孙本良，等. 钢渣处理与综合利用[J]. 冶金能源，2007，26(4):54-57.

[6] 宋佳强. 钢渣梯级利用的应用基础研究[D]. 西安：西安建筑科技大学，2007.

[7] 李辉. 熔渣双利用保温容器中降温规律与控温的研究[D]. 北京：北京科技大学，2010.

[8] 黄志芳，周永强、杨钊. 谈谈钢渣综合利用的有效途径[J]. 有色金属设计，2005，32(2).

[9] 叶平，陈广言，刘玉兰，等. 钢渣综合利用途径及处理工艺的选择[J]. 安徽冶金，2001(3).

[10] 王向锋，于淑娟，侯洪宇，等. 鞍钢钢渣综合利用现状及其发展方向[J]. 鞍钢技术，2009(3).

[11] 王玮，赵庆社，陈利兵. 莱钢钢渣处理工艺及其资源化利用技术[J]. 莱钢科技，2009(3).

[12] 周勇，陈伟. 高温熔融钢渣显热回收分析[J]. 余热锅炉，2010(2).

[13] 赵凤俊. 转炉的溅渣护炉操作[J]. 上海金属，1999(5):10.

[14] 曾庆磊，向琴琴. 钢渣处理中闷渣池结构设计方法[J]. 工业建筑，2012(42).

[15] 沈建中. 钢渣综合利用和处理方法的述评与探索[J]. 中国冶金，2008，18(5).

[16] 朱桂林，杨景玲，孙树彬. 发展循环经济，科学选择钢渣处理工艺及综合利用途径实现钢铁渣零排放[J]. 冶金环境保护，2006(4).

[17] 牛东杰，孙晓杰，赵由才. 工业固体废弃物处理与资源化[M]. 北京：冶金工业出版社，2007.

[18] 朱桂林. 钢铁渣“零排放”与循环经济、节能减排[J]. 冶金环境保护，2009(1).

[19] 刘树振. 钢渣在炼钢领域中的应用[J]. 炼钢，1994(6)：54.

[20] 杨国清，刘康杯. 固体废物处理工程[M]. 北京：科学出版社，2001.

[21] 黄勇刚，狄焕芬，等. 钢渣综合利用的途径[J]. 工业安全与环保，2005(31).

[22] 朱桂林，杨景玲，等. 科学选择钢渣处理工艺，加快钢渣综合利用[C]. 2005 中国钢铁年会论文集，2005.

[23] 孙树衫，朱桂林. 加快钢铁渣资源化利用是钢铁企业的一项紧迫任务[J]. 冶金环境保护，2007(2).

[24] 宁新周，张计民，等. 国内钢渣处理和应用方式的调查分析[J]. 冶金环境保护，2007(2).

[25] 叶平，陈广言，等. 钢渣综合利用途径及处理工艺的选择[J]. 安徽冶金，2006(3).

[26] 李辽沙，曾晶，等. 钢渣预处理工艺对其矿物组成与资源化特性的影响[J]. 金属矿山，2006(12).

[27] 冷光荣，朱美善．钢渣处理方法探讨与展望[J]．江西冶金，2005(4):46.

[28] 肖永力，李永谦，等．渣处理技术的发展[J]．世界钢铁，2009(6).

[29] 孙锦彪，王伟鸣．转炉钢渣利用探讨[J]．江苏冶金，2006(3).

[30] 郭红．钢渣处理工艺的选择[J]．冶金能源，2011(4).

[31] 王绍文，梁富智，王纪曾，等．固体废弃物资源化技术与应用[M]．北京：冶金工业出版社，2003.

[32] 柴文波，丁晓，孙浩．钢渣处理技术的环境性能比较[J]．环境工程，2011(29).

[33] 赵修太．日本废弃物处理及再利用现状[J]．国外环境科学技术，1994(3).

[34] 单志峰．国内外钢渣处理技术与综合利用技术的发展分析[J]．工业安全与防尘，2000(2).

[35] 刘华．钢渣处理在炼钢分厂的应用[J]．天津冶金，1999(5).

[36] 陈锦松，章耿，蒋晓放．炼钢废弃资源在宝钢的综合利用[C]．中国金属学会．2007中国钢铁年会论文集．北京：冶金工业出版社，2007.

[37] 孙世纯，译．转炉熔融渣的风淬[J]．炼钢，1986(1).

[38] 王雁，叶平，张伟，等．风淬钢渣砂在混凝土中替代黄砂的试验研究[J]．安徽冶金科技职业学院学报，2008(2).

[39] 李欣，胡加学，李东．钢渣处理工艺的技术特点与选择应用[J]．四川冶金，2011(5).

[40] 谢光荟．重钢钢渣处理工艺研发及综合利用[J]．重庆科技学院学报（自然科学版），2009(4).

[41] 王占英，聂永强．转炉钢渣处理风淬工艺的探讨[J]．河北冶金，1995(6).

[42] 孙明明，沈恒根，法正皓，等．转炉钢渣回收风淬水冷工艺的排风量确定[J]．环境工程，2010(5).

[43] 张亮亮，卢忠飞，闫文．使用风淬粒化钢渣代替天然砂配制道路混凝土[J]．商品混凝土，2008(5):17-20.

[44] 李俊国，曾亚南，韩志杰，等．钢渣粒化喷嘴气体射流数值模拟及冷态试验[J]．钢铁钒钛，2010(5).

[45] 杨宪礼，孙宜化．济钢25t转炉钢渣水淬工艺技术的应用[J]．钢铁，1999(5).

[46] 龙跃，张玉柱，李俊国，等．气淬渣粒飞行动力学模拟试验研究[J]．中国冶金，2011(1).

[47] 谢良槐．液态钢渣水淬粒化的防爆技术[J]．钢铁，1994(10).

[48] 解星原．转炉渣风淬设备[J]．鞍钢技术，1982(1).

[49] 赵连琦．转炉钢渣处理新方法与利用[J]．冶金工程，2009(增刊).

[50] 杨钊．转炉钢渣综合利用的可行性研究[J]．有色金属设计，2007(4).

[51] 雷震东，谈庆．汽碎浅闷余热回收法处理转炉熔融钢渣[J]．中国钢铁业，2011(2).

[52] 王晓娣，邢宏伟，张玉柱．钢渣处理方法及热能回收技术[J]．河北理工大学学报（自然科学版），2009，31(1).

[53] 王晓娣．液态钢渣气淬过程换热分析与计算[D]．唐山：河北理工大学，2009.

[54] 邢宏伟，王晓娣，龙跃，等．粒化钢渣相变传热过程数值模拟[J]．钢铁钒钛，2010(1).

[55] JojiAndo, 鲍梅颖. 氧气顶吹转炉炉渣风淬粒化和热回收系统的开发[J]. 冶金能源, 1985(5).

[56] 陈静, 胡博平, 甘万贵. 转炉炼钢渣厢式热泼工艺改进[J]. 武钢技术, 2008(3).

[57] 叶斌. 转炉钢渣气淬工艺技术及产业化[D]. 重庆: 重庆大学, 2003.

[58] 章耿. 宝钢钢渣综合利用现状[J]. 宝钢技术, 2006(1):20-24.

[59] 舒型武. 钢渣特性及其综合利用技术[J]. 钢铁技术, 2007(6):48-51.

[60] 舒型武. 钢渣特性及其综合利用技术[J]. 有色冶金设计与研究, 2007, 28(5):31-34.

[61] 吴启兵, 杨家宽, 肖波, 等. 钢渣热态资源化利用新技术[J]. 工业安全与环保, 2001, 27(9):11-13.

[62] 刘钰天, 沈恒根, 晏维华, 等, BSSF滚筒法液态钢渣水淬尾气净化工艺的分析[J]. 环境工程, 2011(4).

[63] 肖永力, 刘茵, 李永谦. 宝钢BSSF渣处理工艺技术的研究与工业应用[J]. 宝钢技术, 2009(4):90-94.

[64] 刘茵, 李永谦, 肖永力. 喷雾除尘技术在宝钢BSSF渣处理装置上的应用研究[J]. 宝钢技术, 2009(3).

[65] 金强, 徐锦引, 高卫波. 宝钢钢渣处理工艺及其资源化利用技术[J]. 宝钢技术, 2005(3).

[66] 沈成孝, 等. 宝钢新型渣处理技术[J]. 中国冶金, 2004(5).

[67] 顾立民. 滚筒法钢渣处理新型进料装置研发[J]. 上海金属, 2008(6).

[68] 曹志栋, 谢良德. 宝钢滚筒法液态钢渣处理装置及生产实绩[J]. 宝钢技术, 2001(3).

[69] 沈成孝. 滚筒法渣处理技术的现状及发展[J]. 冶金设备, 2003(3).

[70] 徐雪峰. 罐式热闷法在电炉钢渣处理中的应用[J]. 钢铁, 1997(2).

[71] 梁军. 热闷渣工艺过程中的爆炸机理分析与控制措施[J]. 工业加热, 2013(4).

[72] 李术川, 陈晓曦, 刘明亮. 环境友好型钢渣热闷技术的设计和生产实践[J]. 环境污染与防治, 2011(7).

[73] 柴轶凡, 彭军, 安胜利. 钢渣综合利用及钢渣热闷技术概述[J]. 内蒙古科技大学学报, 2012(3):251.

[74] 夏俊双, 孙红亮. 转炉钢渣热闷技术在济钢的开发应用[J]. 工业安全与环保, 2009(3):45.

[75] 郭强, 王明毅, 等. 基于PLC控制的钢渣热闷系统[J]. 自动化应用, 2011(8).

[76] 苗刚, 刘洪波, 尹卫平. 济钢转炉钢渣热闷技术的开发应用[J]. 山东冶金, 2009(4).

[77] 牛兴明, 王军, 等. 鞍钢鲅鱼圈转炉钢渣热闷工艺改进实践[J]. 鞍钢技术, 2012(1).

[78] 吕志国. 转炉钢渣热闷工艺循环水处理设计实例[J]. 冶金动力, 2011(5).

[79] 高维安, 杨斯馥, 梁富智, 等. 钢渣热闷工艺的推广前景[J]. 环境工程, 1994(6).

[80] 栾秀莉, 郑帅强. 钢渣热闷的优化与改进[J]. 装备制造技术, 2012(3).

[81] 栾秀莉, 宿庆利. 钢渣热闷循环水余热回收利用系统的设计与应用[J]. 机电信息, 2012(9).

[82] 谷金生, 薛军. 钢渣热闷技术及再利用分析[J]. 鞍钢技术, 2010(5).

[83] 陈砚生, 靳志刚. 谈热闷渣法钢渣处理技术及钢渣微粉生产工艺的设计实践[C]. 山东

省科学技术协会．东南十省水泥发展论坛会刊，2007.

［84］高维安，杨斯馥，梁富智．钢渣热闷工艺的推广前景[J].环境工程，1992，10(6).

［85］高虹．鞍钢鲅鱼圈钢渣热闷处理工程的 EPC 总承包项目管理实践[J].环境工程，2009，27(6):94-96.

［86］谢传贤，林培芳．钢渣热闷装置改造实践[J].南方金属，2011(1):57-58.

［87］赵玉兰．热闷罐法治理转炉钢渣在本钢的研究与试验[J].炼钢，1996(6):39-421.

［88］尹卫平．转炉钢渣热焖技术的开发应用[J].钢铁研究，2010，38(2):24-25.

［89］王少宁，龙跃，张玉柱，等．钢渣处理方法的比较分析及综合利用[J].炼钢，2010(2).

［90］唐为军．钢渣处理新工艺[J].江西冶金，2005，33(3):53.

［91］苏兴文．转炉钢渣处理中能源利用的探索与研究[J].冶金标准化与质量，2010(2).

［92］刘树振．炼钢炉渣的处理方法[J].炼钢，1991(5).

［93］陈盛建，高宏亮．钢渣综合利用技术及展望[J].南方金属，2004(5).

［94］谭明祥，李志成．HK 法钢渣粒化系统及其在本钢的应用实践[J].冶金管理，2004(4).

［95］潘利文．液态钢渣的离心粒化设备研制及水淬法模拟研究[D].西宁：广西大学，2005.

［96］张维田．嘉恒法钢渣综合处理利用展望[J].炼钢，2006(6).

第三篇

精炼渣与脱硫渣的处理与综合利用途径

 11 精炼渣的处理与综合利用途径

精炼渣也叫还原渣、白渣、精炼炉铸余渣等，主要来源于 LF、LFV、VD、VOD 精炼过程中的造渣工艺以及三期冶炼电炉在还原期产生的还原渣，约占钢产量的 0.6% ~ 1.5%。

精炼渣的主要作用如下：

（1）深脱硫。转炉生产线的大部分脱硫控制在铁水脱硫和转炉出钢过程中的脱硫这两个关键点，深脱硫在 LF 工序完成，在这一工序起到关键性脱硫作用的是精炼渣。

（2）扩散脱氧和吸附脱氧后的夹杂物。

（3）在精炼过程中泡沫化，实现埋弧操作，减少电能损失和电弧辐射对包衬的侵蚀。

（4）防止钢液二次氧化和保温作用。

（5）去除钢中非金属夹杂物，净化钢液。

精炼渣根据其功能由基础渣、脱硫剂、还原剂、发泡剂和助熔剂等部分组成。基础渣最重要的作用是控制渣的碱度，实际精炼渣的熔点一般控制在 1300 ~ 1500℃，液态炉渣的黏度一般在 0.25 ~ 0.6Pa·s（1500℃）。

精炼渣的基础渣一般多选 CaO-SiO_2-Al_2O_3 系三元相图的低熔点位置的渣系，其相图如图 11-1 所示。

冶炼钢种不同，精炼渣的成分也各有不同。例如，在硅镇静钢和硅铝镇静钢的冶炼过程中，精炼渣的渣系成分主要以 CaO-SiO_2-Al_2O_3 为主；冶炼铝镇静钢过程中的渣系，主要以 CaO-Al_2O_3 为主。表 11-1 和表 11-2 是某厂冶炼硅铝镇静钢和硅镇静钢精炼渣的成分。

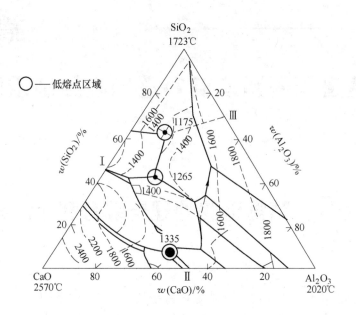

图 11-1　CaO-SiO$_2$-Al$_2$O$_3$ 渣系熔点图

表 11-1　硅铝镇静钢精炼渣的成分 （%）

CaO	SiO$_2$	P$_2$O$_5$	Fe	S	Al$_2$O$_3$	MgO	MnO
46 ~ 52	5 ~ 15	0.01 ~ 0.07	0.33 ~ 0.8	0.1 ~ 0.5	20 ~ 38	0.5 ~ 7.0	0.06 ~ 0.7

表 11-2　硅镇静钢精炼渣的成分 （%）

SiO$_2$	Al$_2$O$_3$	CaO	MgO	TFe	S	P$_2$O$_5$
15 ~ 20	2 ~ 10	58 ~ 65	5 ~ 15	0.6 ~ 0.8	0.7 ~ 1.5	0.012 ~ 0.3

从表 11-1 和表 11-2 可以看出，LF 炉精炼废渣中大量存在的 CaO、SiO$_2$、Al$_2$O$_3$ 和 MgO 是炼钢渣和精炼剂的主要成分。一些钢厂的精炼渣主要成分见表 11-3。

表 11-3　一些钢厂的精炼渣主要成分 （%）

企 业	CaO	SiO$_2$	Al$_2$O$_3$	MgO	TFe	CaF$_2$	S	MnO	R_4（四元碱度）（ - ）
Columbus 钢厂	45 ~ 48	9 ~ 20	20 ~ 21	6 ~ 6.3	—	0 ~ 14			约 1.51
天钢	42 ~ 48	<5	36 ~ 40		—			7 ~ 8	约 1.31
鞍钢	47 ~ 54	12 ~ 19	14 ~ 27	8.1 ~ 8.4	2.1 ~ 3.3				约 1.7
宝钢	49	9.8	29.5	8.0					约 1.46
马钢	44 ~ 54	1.2 ~ 15	19 ~ 34	3.9 ~ 5.6	0.7 ~ 2.7		0.3 ~ 0.6	0.1 ~ 0.46	约 1.57

11.1　精炼渣的处理工艺和安全控制措施

钢包内的钢水在浇注结束以后，钢包内会存在 $1 \sim 5kg/t$ 的铸余钢水，主要原因如下：

（1）由于精炼渣的独特性，如果排到钢包，会对钢水的浇注质量带来负面影响，误导对钢水重量的判断。钢水通过钢包水口进入中间包，钢渣粘在水口内，在装配钢包时，会成倍地增加水口的清理难度。所以，精炼渣不能够排放到中间包，只能够留在钢包内。钢包浇注钢水从水口流出时，钢包内的钢液和顶渣内形成两个流场，由于流场作用，部分顶渣会优先从水口流出，即钢包下渣。为了防止下渣，钢包内就会或多或少地留有部分钢水。

（2）钢包内钢水中的夹杂物会从底部向上部运动，在靠近顶渣的位置夹杂物相对多一些。在浇注一些优钢时，为了防止夹杂物超标，将钢包内最后剩余的钢水留在钢包内，是冶炼一些优钢常用的方法。所以，在冶炼优钢时，可以留一部分钢水在钢包内，这是生产工艺的需要和特点。

（3）钢包在浇注过程中，会出现钢水低温和中间包结瘤的情况。这两种情况出现以后，为了保证连铸机正常作业，少量钢水应留在钢包内。

精炼渣是处理难度较大的一种钢渣。其主要原因是精炼渣常常混有铸余钢水，处理过程中钢渣和铸余金属铁难以分离，处理不当极易发生爆炸和火灾事故，渣罐的安全性面临挑战。

精炼渣由于含有铸余钢水，渣量较转炉渣较少，钢渣中含有水泥熟料的成分以及较高的游离氧化钙，故不宜采用滚筒渣等水淬工艺。精炼渣的处理主要有冷却破碎、热泼、热剥、隔栅一体化技术等处理工艺。

精炼渣随钢包铸余钢水一起倒入渣罐，自然冷却 $8 \sim 48h$，或者向渣罐喷水冷却 $1 \sim 8h$，待其在渣罐内凝固成为一个大渣坨后翻罐，使用炮头车热剥铸余渣渣体，使用人工挑选的方法选取其中的铸余钢块，剩余弃渣再进行深加工。

将精炼渣冷却到室温的过程中，一是钢渣的自然粉化，对环境的污染严重；二是占用渣罐和场地；三是在冷却到室温的过程中，钢渣晶粒长大，分子间的作用力加强，机械处理的难度增加。所以，精炼渣多采用炮头车进行热剥处理，或者采用渣盘、渣罐的隔栅一体化技术。炮头车进行热剥铸余如图 11-2 所示。

11.1.1　精炼渣热剥处理流程和安全管理

在精炼渣热剥的过程中，常见的安全问题是热剥过程中的爆炸和火灾。

精炼渣热剥过程中发生爆炸的主要原因有两个：

（1）精炼渣铸余热剥作业过程中，渣体内有渣液或者钢液，热剥流出以后，热剥场地潮湿或者有水，二者接触引起爆炸。这是精炼渣热剥爆炸的主要原因，

图 11-2　热剥铸余的实体照片

也是危害最为严重的爆炸类型之一。

（2）精炼渣铸余自然冷却过程中，由于外壳逐渐降温冷却凝固，内部少量的气体被逐渐收缩的渣壳壳体压缩，成为压缩状态，热剥壳体突然破裂，气体喷出，造成爆炸。此类爆炸真正的威力不大，但是高温气体携带的能量却能够给人员以严重的伤害。

渣罐热剥以后的实体照片如图 11-3 所示。

图 11-3　渣罐热剥以后的实体照片

精炼渣的热剥处理流程如下：

（1）钢水在连铸浇注结束以后，行车吊起钢包，使用行车的小钩钩住钢包的吊耳，然后行车开到渣罐的摆放点，缓慢将钢渣倒入渣罐。

（2）渣罐内应该使用带有转炉渣膜的渣罐，防止倒渣过程中，铸余钢水熔穿渣罐，或者铸余钢水粘罐，使得渣罐翻罐困难，在使用有完整渣壳的渣罐时，对倒渣的控制没有特殊要求，只是要求倒渣速度适中，避免钢渣倾倒过程中引起飞溅。

（3）在使用没有渣膜的渣罐时，底部铺垫部分的钢渣、废弃耐材等，防止倒渣过程中钢水冲击渣罐的罐底，造成渣罐的穿罐、粘罐、损伤。

（4）在使用没有渣膜的渣罐时，渣罐使用前应该喷涂一层防粘渣剂，倾倒前保证罐内干燥，倾倒时，首先沿着渣罐壁缓慢倒入精炼渣，使得精炼渣在渣罐内形成一层渣膜，此时间需要 2 ~ 10min，待渣膜形成以后，再缓慢倒入精炼渣。

（5）为了防止粘罐，铸余量较大时，铸余不宜一次性倾倒在一个渣罐内，应该分别倒入 2 ~ 3 个渣罐。

（6）渣罐内铸余精炼渣倒满 2/3，离渣罐上口法兰边有 30cm 的安全距离。

（7）由于钢渣的导热性较差，渣罐内的渣液和钢液散热慢，一般自然冷却 24h 以后，渣罐内还有可能存在液体钢渣，故如果精炼渣的铸余采用自然冷却热剥的工艺，渣罐必须冷却到 16h 以上，才可以翻罐。翻罐以后，必须对精炼渣的铸余渣体进行测温，渣体温度保证在 80 ~ 220℃ 的范围内，方可使用炮头车热剥，如果温度过高，可以采用向精炼渣铸余渣体上进行打水降温的操作，打水量以喷向渣体的冷却水能够完全蒸发为标准。

（8）由于精炼渣的铸余热剥具有相当大的危险性，故精炼渣的冷却时间和冷却方式应做规范统一的记录，设置确认制，对渣罐热剥的安全是很有帮助的。

（9）精炼渣铸余热剥的场地应保持干燥，车辆保证没有漏油，车体没有油污沉积。

（10）炮头机驾驶员接到现场负责人口头指令后，驾驶炮头机到达作业现场，先确认铸余罐传递工作卡记录的冷却时间达到要求，现场确认作业地面无积水，保证地面干燥，达到安全作业标准。

（11）驾驶人员操作炮头机作业前，对常温冷却的铸余罐，要先用测温枪多点测量铸余罐渣体表面温度，达到安全作业温度标准以下方可作业；对注水冷却的铸余罐，驾驶员接到作业冷却记录传递卡后，与现场负责人共同确认破碎铸余罐温度，多点测温达到 220℃ 以下再作业，避免作业时红渣液体喷溅造成机械失火、人员烫伤。测温使用红外线手持测温枪进行，如图 11-4 所示。

（12）作业前顺时针绕炮头机巡视一周；现场拉警戒带设置警戒区域，确认

图 11-4　现场的测温操作

炮头机周围没有人员，高空无障碍物。如遇行车正在作业或通行时，炮头机应该暂时停机避让。

（13）伸大臂作业：油缸伸缩接近两个端点时，应缓慢操作，避免冲击。炮头机拨动渣体时，要与渣体保持一定的安全距离，避免渣体滚动砸伤机械、人员。超出机械自身重量的冷钢渣体严禁作业。

（14）驾驶员上机后操作机械，将液压锤放置在渣体顶部附件区域进行击打，逐步破碎，将渣铁和精炼渣铸余分离。

（15）炮头机作业时发现作业范围 10m 内有人员、车辆或氧割中包作业，立即停止作业，防止作业过程中的飞溅引发火灾和爆炸等次生灾害。

（16）热剥渣体结束，及时将铸余渣钢调离现场，保持现场的整洁。

（17）整块的精炼渣渣体，及时拉运到堆放区，进行下一步处理。

（18）由于渣场的行车起吊能力有限，不可将钢包内的钢水倒满一个渣罐，这将影响渣场行车的安全运行。

钢渣的热剥处理工艺的优缺点如下：

（1）采用热剥处理工艺，渣罐的装渣量可以装多炉铸余钢渣，对渣罐的周转比较有利，也比较有规律。

（2）规范使用这种工艺，钢渣能够迅速和铸余金属铁分离。但是由于多炉铸余倒在一个渣罐内，铸余钢水相互融合，凝固成为一个个大块，炼钢返回使用时由于其尺寸较大，需要加工切割，处理冷钢的成本较大。

（3）此工艺过程中，如果处理不当，容易发生爆炸，这种爆炸可能发生在翻罐过程中和热剥作业的全过程中。

11.1.2　精炼渣的热泼处理工艺

对渣场场地较为宽松、整个炼钢体系运力较为充裕的炼钢厂来讲，对精炼炉白渣采用热泼处理，不失为一种有效的手段。其工艺流程为：钢包→向渣罐倒入精炼炉白渣→渣罐拉运到渣场→渣场的行车吊起渣罐→向渣场的 2～4 个热泼渣渣箱缓慢倒渣→倒渣以后迅速向渣面喷水快速降温→温度降低以后使用炮头车破碎渣体挑拣渣中金属铁→残渣拉运到后续处理点待处理。

热泼白渣的工艺优点是：由于热泼过程中白渣的降温速度快，热泼白渣成为一摊摊的渣堆以后，渣中的金属铁和白渣易于分离，作业效率较高，处理过程中白渣发生爆炸的现象能够得到有效控制；缺点是渣罐的倒运和翻罐作业的次数较渣罐冷弃法多。

白渣热泼以后，可以向渣面喷水处理，也可以自然冷却处理，冷却到满足处理要求的温度以后，进行分选作业，挑选其中的金属料，将剩余的白渣做下一步处理即可。

11.1.3　精炼渣的冷却破碎处理

将多炉钢渣倒入一个渣罐，渣罐充分冷却后翻罐，翻罐以后，将渣体进行机械破碎。机械方法有落锤击打、炮头车破碎、爆炸法爆破、氧割等。由于精炼渣充分冷却以后，渣中的硅酸二钙粉化污染严重，方镁石晶相结构致密，难以破碎与铸余金属铁分离，是一种处理成本较高的工艺；但优点是可以彻底杜绝精炼炉白渣处理过程中的爆炸问题。由于弊端较多，此工艺的使用需要考虑特定的环境条件。

11.1.4　精炼渣的格栅一体化技术

铸余钢水和钢渣从钢包倒入渣罐后凝固，形成一个大块渣坨子。这些渣坨子中的金属料，如果重新入炉使用，尺寸必须有一定的要求，电炉使用的条件更加苛刻，需要剥离大部分钢渣，将其中的钢块加工成为符合转炉或者电炉使用的尺寸，故这些大渣坨往往需爆破、切割、重锤破碎等措施才能入炉使用。并且在切割、加工过程中存在污染和切割损失等弊端，格栅一体化技术由此诞生。

格栅一体化技术，就是按照一定的尺寸，在渣罐内设置格栅，将铸余钢渣分隔成为几个独立的小块。格栅的尺寸与入炉废钢的尺寸联系起来，确保在凝固翻罐挑拣以后，每个格栅内形成的铸余钢块都能够直接满足转炉或者电炉的尺寸要求。

格栅一体化技术原理就是格栅制品与铸余钢水钢渣在高温条件下的相容性（互相不排斥），及其不同材料的差异性（可分离性），实现预置渣罐的格栅＋液态受渣融合→分隔分离→实现自然解体的目的。

不同的企业，使用的格栅材料也不相同。可以使用耐火水泥制作预制块，也可以使用一般的材料，例如钢渣砖、普通建筑砖块等。渣盘、渣罐的格栅实体照片如图 11-5 ~ 图 11-7 所示。其砌筑的材料就是采用建筑业的普通红砖、钢渣砖、灰砖。翻罐以后，完整的砖块可以循环利用。

格栅一体化技术的优点体现在以下几点：

（1）从源头防止了大渣坨的生成，被格栅分隔的大部分大渣钢（铁）都能达到入炉要求，无需氧割加工，节约了资源，降低了处理成本，而且消除了落锤作业和氧割作业生产的安全隐患，降

图 11-5　一种 8m 渣罐的格栅示意图

图 11-6　一种设置 9 个格栅的渣盘示意图

图 11-7　$16m^3$ 的渣罐一体化格栅

低了对环境的污染。

　　（2）铸余钢渣倒入渣罐以后，格栅材料的吸热，能够加速钢渣的凝固，缩短渣罐的使用周期。

　　（3）能够提高炼钢铸余钢渣的后期处理速度，迅速挑选其中的铸余钢块以后，其余的残渣可以轻松地分类选用，从根本上为提升与发展钢渣综合利用工作创造了有利条件。

　　一种 $11m^3$ 渣罐砌筑格栅以后翻罐处理的实体照片如图 11-8 所示。

图 11-8　$11m^3$ 渣罐砌筑格栅以后翻罐处理的实体照片

11.1.5　铸余钢水的分层处理工艺

　　铸余钢水的处理，除了格栅一体化技术以外，还可以使用钢水阻断剂将铸余钢水进行分层处理，是笔者 2014 年研发的实用技术，这项技术已经在宝钢集团八钢公司推广使用。

该技术将废弃中间包涂料破碎，作为钢水阻断剂，在处理铸余钢水的工艺中使用，能够防止不同炉次的铸余钢水倒入同一个渣罐以后相互渗透凝固，为铸余钢水的后续回收利用创造了有利条件。

11.1.5.1 背景技术

铸余钢渣处理工艺，最为有效的方法之一是在渣罐内放置全冶金渣混凝土隔板，将铸余钢渣分隔成为 4~8 块，然后可以直接回收其中的含铁原料用于炼钢。但是这种工艺需要专门的渣罐用格栅（隔板）生产线，投资大；隔板加入渣罐，占用渣罐容积，影响渣罐盛装铸余钢渣的能力；格栅材料使用以后，也成为一种废弃物，加大处理成本。

利用耗散结构理论和晶界工程原理，将连铸机使用后的中间包废弃涂料粉末，制作成为铸余钢水阻断剂。利用这种钢水阻断剂将不同炉次的铸余钢水分隔成为一层层的片状，单重能够满足炼钢生产需要的含铁原料直接回收利用，部分尺寸较大的再处理，能够降低氧割加工的难度，对减少氧割污染和损失有积极的意义。

11.1.5.2 技术原理与作用

通常中间包涂料在使用前采用湿法搅拌成为泥团状，或者采用黏结剂，在中间包内壁上涂抹成型，然后烘烤作为耐材使用。连铸机在作业过程中，镁钙质涂料有一部分在钢水的物理冲刷作用下进入钢液，成为夹杂物上浮于中间包表面的渣层内，或者沿着孔隙进入中间包涂料内，或者留在钢液内，这一部分占中间包涂料的 1/3，其余 2/3 涂料随着中间包一个浇次的结束被倾翻到中间包翻包区，成为一种炼钢废弃物。在含有 MgO 和 CaO 的耐火材料中，由于热态下钢液容易被氧化，会产生部分 FeO 进入中间包的覆盖剂内，在翻包过程中与中间包涂料混杂在一起。由于 Mg^{2+}、Fe^{2+} 离子半径各为 0.078nm、0.083nm，离子半径比较接近，差异小于 15%，在 1480℃ 以上的温度、Ca^{2+} 不足的前提下，可形成连续固溶体，即通常所说的 RO 相。RO 相是钢渣和耐火材料成分中出现烧结层陶瓷相的主要组分，具有能够抵抗钢水冲刷和渗透的能力，而中间包涂料中的氧化钙与氧化铁又会产生部分液相，促进烧结相之间晶粒的融合与长大，起到抵抗钢液冲刷和防止不同炉次的钢液相互渗透的作用。

采用这种铸余钢水阻断剂，解决了 2~8 炉铸余钢水倒入同一个渣罐内，相互渗透凝固成为大渣坨，难以破碎和难以回收铁元素的难题，实现了连铸机废弃的中间包涂料再生利用，增加了其潜在价值。同时，中间包废弃的涂料加入到渣罐以后，在烧结过程中吸热，能够明显降低渣罐内液态钢水和钢渣的凝固时间，提高精炼渣和铸余钢水的处理效率。钢水阻断剂的使用工艺如图 11-9 所示。

11.1.5.3　具体实施方式

阻断剂的配制：将连铸机使用后废弃的中间包涂料破碎（有条件的可以磨粉），将粉末状的部分装袋后就成为钢水阻断剂。装袋的大小依据各自厂里的具体情况决定，例如采用行车吊入渣罐内的，行车运力紧张的区域，包装成为一个大的袋子；运力充裕的，包装为若干个小袋子；采用人工投加的，包装规格为 5 ~ 20kg/袋。在中间包翻包区域，现场直接将粉末状的废弃中间包涂料装袋作为阻断剂更加简

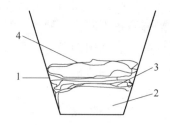

图 11-9　钢水阻断剂使用的工艺示意图
1—渣罐本体；2—渣罐内倒入的第一次铸余钢水；
3—在第一次铸余钢水上部表面加入的第一层
铸余钢水阻断剂；4—在第一层铸余钢水
阻断剂上部倒入的第二次铸余钢水

洁。炼钢厂中间包翻包区域产生的废弃中间包涂料的实体照片如图 11-10 和图 11-11 所示。

图 11-10　黏附在中间包铸余钢块上的
中间包涂料

图 11-11　从中间包内壁脱落的废弃涂料

在一炉铸余钢水倒入渣罐以后，在铸余钢水的表面加入阻断剂，然后再倒入下一炉铸余钢水。前后两次倒入铸余钢水的时间控制在 10min 以上，如此循环操作，直到渣罐内盛满铸余钢渣。待其冷却凝固以后翻罐，罐内的铸余钢水就会被分隔成一层层的渣钢。剥离去表面的大部分钢渣后，剩余的铸余渣钢单重较小，尺寸合适的可以直接回收利用，尺寸较大的经过氧割或者落锤作业破碎以后，也用于炼钢，减少了氧割落锤加工量和加工成本。使用这种工艺后的现场实体照片如图 11-12 和图 11-13 所示。

图 11-12　解体精炼渣铸余　　　　　　　图 11-13　解体后的剖面

以上技术在处理事故钢水倒入渣罐情况时，效果显著。

11.1.6　铸余渣罐打水冷却过程中 H_2S 的析出和控制

向铸余渣罐内打水冷却，水热浸出是控制温度，在饱和水蒸气条件下用水选择性地浸溶固体物料中某个组元或一些组分，并由此与其他不溶组分初步分离的过程。武汉科技大学的何环宇教授在钢包炉废渣水热浸出去硫反应机理研究的过程中，发现精炼炉白渣在打水过程中会产生 H_2S，其原理如下。

精炼渣脱硫以后的脱硫产物往往以 CaS 为基体形成稳定的铝酸钙硫化物，对高温的精炼渣打水作业，精炼渣中的硫遇水会发生以下的水热浸出反应：

$$CaS(s) + 2H_2O(l) = Ca(OH)_2 + H_2S(g)$$

$$\Delta_r G = 29570 - 65.8T + RT\ln\frac{p_{H_2S}^2}{p^\ominus} \quad (298.73 \sim 600K)$$

以上条件表明，温度越高，析出 H_2S 的条件越好。所以，精炼渣的打水区域需要做好防止 H_2S 中毒的工作。最好的方法是打水处理区域远离人员聚集区域，打水工作开始以后，做好场地的通风换气。

11.2　精炼渣的防粘罐技术与粘罐后的处理

11.2.1　精炼渣的防粘罐技术

在炼钢生产节奏较快、LF 精炼钢水比例较多的企业和厂家，精炼渣的倒渣通常是在连铸机下方，或者修包区附近摆放数个渣罐，为了防止空罐接受铸余钢渣时底部受到密度较大的铸余钢水的伤害，通常在空渣罐底部垫入部分钢渣，然后将铸余钢水和精炼渣一起倒入渣罐，一个渣罐接受 1 ~ 15 炉的铸余钢渣和钢水，渣罐装满后运到渣厂，等待冷却凝固以后，使用行车吊挂该渣罐进行翻罐作业。其工艺实体照片如图 11-14 和图 11-15 所示。

图 11-14　从钢包向渣罐倒出精炼渣和　　　　图 11-15　凝固后的精炼渣铸余的
　　　　　　铸余钢水的作业　　　　　　　　　　　　　　翻罐作业

在使用行车吊挂渣罐的翻罐作业过程中，渣罐内的铸余渣体往往不能顺利从罐内翻出，主要原因如下：

（1）铸余钢渣内铸余钢水较多，并与渣罐内壁接触，熔化罐壁，冷却以后粘连在一起，造成罐内的渣体翻不出渣罐。

（2）渣罐内壁不平整，造成翻罐过程中的阻力，影响翻罐。

（3）渣罐接受多炉次的精炼渣铸余，渣罐中的钢水和炉渣体积反复变化，与渣罐内壁挤压接触紧密，造成渣体和罐壁空隙很小，影响翻罐。

此防粘罐技术存在的弊端如下：

（1）渣罐底部垫渣，铸余倾翻以后，钢水和底部的钢渣混合成为一个渣中有钢、钢中有渣的牢固整体，不利于破碎和氧割作业，给铸余钢渣的后续处理带来了困难。

（2）翻罐困难，最快捷的方法是使用炮头车敲罐作业，但这种作业严重影响渣罐寿命。据介绍，某钢厂渣罐的寿命只有 300~900 炉。

（3）翻罐困难，影响渣罐的周转，必须增加渣罐数量，这样也就增加了渣处理的成本。

使用钢渣垫罐以后的实体照片和敲罐的作业实体照片如图 11-16 和图 11-17所示。

为了消除这些弊端，笔者开发出的新工艺的实施方法如下：

（1）对转炉渣罐进行喷涂防粘渣剂处理，或者喷涂石灰水（也可以省略喷

图 11-16   底部为垫罐钢渣的翻罐渣体   图 11-17   敲罐的实体照片

涂作业，钢渣和渣罐相互黏附，便于后续获得附着于渣罐内壁的渣壳），然后将渣罐放置于转炉的钢渣车上，接受转炉的倒炉钢渣。

（2）转炉接渣作业按照正常工艺进行，然后钢渣按照正常程序进行热泼、滚筒渣处理、热闷渣处理、风淬处理等工艺。

（3）倾翻渣罐，倒出罐内渣液以后，控制翻罐角度，保留渣罐内壁的渣壳在渣罐中，实体照片如图 11-18 ~ 图 11-20 所示。

图 11-18   热泼钢渣或者倒渣   图 11-19   倾翻渣罐进行风淬/滚筒处理
　　　　　以后留下的渣膜   　　　　　以后留下的渣膜

（4）将这个带有转炉渣壳的渣罐，直接用作渣罐，接受精炼炉铸余钢渣。

（5）如果转炉钢渣温度较高，炉渣较稀，可以将这罐炉渣向另外一个空渣

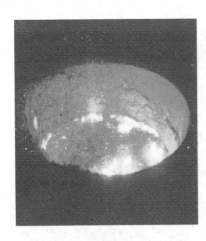

图 11-20　装入精炼渣和
铸余钢水的实体照片

罐（不需垫罐和喷涂）倒入液态钢渣，然后将这个渣罐内的液态钢渣迅速倒出，也可以快捷地获得一个带有转炉钢渣渣壳的渣罐。

（6）精炼炉钢渣倒满渣罐以后，按照正常的工艺进行打水冷却、翻罐和破碎等其他处理。

这种工艺的原理如下：

（1）转炉钢渣的主要成分为硅酸二钙、硅酸三钙，熔点较高，凝固以后，在 1600℃以下的温度不会很快将其熔化，转炉溅渣护炉工艺就是基于此原理。而对渣罐来讲，如果铸余钢渣浇注结束以后的钢渣温度和钢水温度在 1580℃以下，转炉渣壳就能够充分抵御其侵蚀，使之实现与渣罐内壁隔离，达到防止粘连的目的。某种转炉渣的成分见表 11-4。

表 11-4　转炉渣的主要成分（质量分数）

CaO/%	SiO$_2$/%	TFe/%	Al$_2$O$_3$/%	MgO/%	TiO$_2$/%	CaO/SiO$_2$(R)
42~55	10~15	6~18	0.1~1.2	6~18	0.4~5	2.8~4.8

（2）精炼渣渣罐接满钢渣以后，首先凝固析出的是精炼渣中熔点最高的相，如硅酸二钙，然后是温度较低的相依次析出。硅酸二钙等随着温度的降低，晶形转变引起的体积变化，会使渣膜和精炼渣渣体之间的分离较为轻松，即翻罐以后，白渣和黑渣容易分离。

（3）渣罐打水冷却以后，转炉渣壳之间的硅酸钙不仅进行晶形转变，并且其中的游离氧化钙和游离氧化镁发生膨胀，使得渣壳碎裂，翻罐过程极为容易，基本上能够杜绝精炼渣铸余粘罐的事故。使用渣壳的渣罐接受精炼渣铸余以后的翻罐实体照片如图 11-21 所示。

本工艺的优点如下：

（1）采用此工艺，能够极大地提高翻罐率，减少炮头车的敲罐作业，能够有效减少投入渣罐的数量，降低渣处理的成本。

图 11-21　翻罐以后的实体照片

（2）减少敲罐作业，对渣罐寿命的提高非常显著。笔者所在的钢厂，3 座120t 转炉，年产钢 450 万吨，采用 30 个渣罐就能够同时满足精炼炉铸余钢渣用罐、2 座滚筒渣的用罐和热泼渣、2 座 KR 脱硫渣用罐的需求，最高的渣罐寿命突破万炉以上。

（3）渣罐内渣壳完整的铸余渣罐，在特殊场合，可以作为倾倒事故钢水的容器。

11.2.2 渣罐砌筑耐火材料和倒渣控制以防粘罐

在一些钢厂，精炼炉使用的渣罐一般和转炉的渣罐通用，有些情况下会将渣罐作为事故钢水的倾倒容器，并且这种情况是难以避免的突发事故，那么穿罐事故和粘罐事故就在所难免，在没有采用带渣膜的渣罐的情况下，以下的安全控制措施会减轻事故的损失：

（1）渣罐内砌筑耐火材料。由于精炼渣的温度低，所以砌筑的耐火材料可以采用废弃耐火材料，包括钢包拆包作业以后的钢包砖、转炉或电炉拆炉以后废弃的炉体砖、廉价的黏土砖，也可以使用连铸机中间包废弃的涂料，在渣罐内壁涂抹一层耐火材料，这样可以有效地防止渣罐穿罐的事故。

（2）提高精炼渣的倒渣专业化管理。精炼渣本身的温度是不足以熔穿渣罐的，精炼渣进入渣罐以后，首先形成一层急冷凝固层，可以防止钢渣的剧烈传热，所以倒渣过程中，需要缓慢倒渣，待到渣壳形成以后，就可以倒入剩余的钢渣和铸余钢水。

11.2.3 精炼渣粘罐后的处理

精炼渣粘罐主要是钢渣中的铸余钢水过多引起的，表现为渣罐内的钢渣冷却、倾翻以后，铸余钢渣无法从渣罐内分离，即使使用炮车敲打罐内的铸余钢渣，仍然不能使其完全从渣罐内剥离。粘罐以后，首先进行渣罐的打水冷却，利用精炼渣的温度变化，诱发其晶体快速转变，造成体积变化以后渣体部分碎裂。然后先使用炮头车剥离可以剥离的渣体部分，再将渣罐拉运到专门处理的区域，使用氧气或者乙炔气切割铸余钢块，成为小块，从罐内清理出来，直到完全清理彻底。敲罐作业过程中，一定要让渣罐安置在地面上，至少不能让吊运渣罐的行车受力过大。敲罐作业的实体照片和清理渣罐的现场作业照片如图 11-22 和图 11-23 所示。

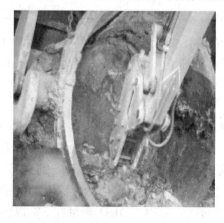

图 11-22　炮头车清理粘有冷钢的渣罐

图 11-23　切割渣罐内的冷钢

11.3　精炼渣的热态循环利用

由于精炼渣的主要成分之一为硅酸二钙，在温度低于675℃左右时，发生 γ-$C_2S \rightarrow \beta$-C_2S 的晶型转变，并且伴有5%的体积变化，即所说的粉化现象。这在白渣翻罐以后的后续深加工的倒运、装卸过程中存在污染问题，再利用的附加值较低。因此，减少白渣的产生量，是最为经济的选择，常见的就是铸余白渣的循环利用技术和白渣的回炉利用。

白渣的热态循环技术，即连铸机浇注结束以后，将钢包内的液态铸余钢渣倒入下一个转炉出钢的钢包内，然后钢包进入 LF 工位进行精炼。这种方法可以提高精炼炉的效率，减少石灰用量，降低电耗。其基本的技术原理基于以下两点：

（1）脱硫与脱氧为紧密关联的两个反应，脱氧良好能够促进脱硫的顺利完成。而脱硫任务主要在脱氧良好的前提下，在钢渣的界面完成，良好的钢渣是完成脱硫的前提。一般的脱硫渣主要靠加入的渣料来形成。某厂冶炼铝镇静钢的渣料情况见表11-5。

表 11-5　某厂冶炼铝镇静钢的渣料情况

原　料	成分/%						加入量 /kg·t^{-1}钢
	Al	CaO	Al$_2$O$_3$	MgO	SiO$_2$	CaF$_2$	
钢芯铝	48~50						1.0~1.5
顶渣石灰		>82		<10	<2.5		3.5~4.0
合成渣(铝矾土基)		35~45	>35		<7		2.0~2.5
精炼石灰		>82		<10	<4		6.0~8.0
精炼萤石					<7	>80	4.0~5.0
精炼铝粉	>93				<1		0.8~1.0
精炼铝线	>99						0.2~0.4

这些渣料加入以后，需要 LF 炉送电，依靠石墨电极端部的电弧提供大部分的热能将其熔化，参与冶金的脱硫反应。同比条件下，熔渣熔解越迅速，脱氧脱硫速度越快。而热态铸余钢渣的循环使用，可以实现精炼渣最快速度的熔化，并且节约了熔化钢渣所需要的电能。

（2）参与脱硫的钢渣主成分中，碱度增加有利于增加钢渣的硫容量，而 CaO 和 MgO 用于提高钢渣的碱度，Al$_2$O$_3$ 和 SiO$_2$ 是脱氧的副产品，Al$_2$O$_3$ 主要在炉渣中起到调节炉渣流动性的作用，炉渣的流动性较好有助于脱硫反应的进行。Al$_2$O$_3$ 和 SiO$_2$ 在渣中的存在对降低炉渣的熔点有决定性的作用，冶炼不同的钢种，对渣中的各个成分要求也各不相同。温度为1627℃、MgO 含量在5%以内时，四元渣系的等硫容量曲线图如图11-24所示。

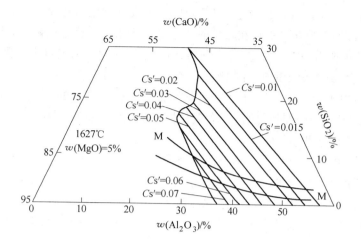

图 11-24　1627℃时四元渣系（CaO-SiO₂-MgO-Al₂O₃）的等硫容量曲线图

　　浇注结束以后，精炼渣中的有益组分，对脱硫有积极的意义。例如，Al₂O₃含量较高的炉渣，循环倒入下一个炉次冶炼后，可以补加石灰提高碱度，而合成渣和铝灰等渣料可以省略，从而降低冶炼成本。

　　热态白渣循环利用的有益作用可以概括如下：

　　（1）在热态钢渣的循环利用工艺中，钢渣全部回收，加入部分精炼炉造渣料，一些炉次也只是加入少量石灰，减少了渣料熔化带来的热量损失，缩短了钢水的升温时间，精炼炉的吨钢电耗下降 5~9kW·h，降低了生产成本。

　　（2）节省电能和电极消耗，钢包的使用寿命得以延长。

　　（3）铸余钢水的量得以减少，有利于吨钢钢铁料消耗的降低。

　　（4）在转炉条件不变的情况下，采用此技术后，在 LF 炉加热过程中的增碳、增氮有所降低，脱硫率明显升高。这主要是由于钢包内增加的渣量使渣层增厚，起到了一定的埋弧效果，减少了加热时电极电弧区的增碳增氮量。

　　（5）白渣的产生量减少，从而降低渣处理的成本和处理过程中的污染，社会效益明显。

11.3.1　热态白渣循环利用的条件

　　热态白渣的循环利用，需要满足以下工艺条件：

　　（1）生产组织必须紧凑。由于铸余钢渣与一包精炼好的钢水相比，其量很少，降温速度较快，不能长时间等待，否则就会在钢包内凝固或者结壳，影响工艺的进行，所以浇注的钢水在连铸时的浇注速度以及行车的吊运协调很关键。另外，转炉或者电炉的冶炼周期必须相对稳定，不然铸余钢渣等待转炉或者电炉出钢，也会影响工艺的实施。马钢的解养国工程师介绍，为了保证该工艺，马钢要求整体工序有一定的弹性，规定在 LF 炉单开炉次进行压站处理，即是 LF 炉须有 2 炉钢水，且第 3 炉在转炉正在吹炼时，第 1 炉钢水才允许上连铸台开浇。

（2）转炉或者电炉出钢以后的钢包，需要有一定的钢包自由空间，也就是有一定的空间接受铸余钢渣，同时还能够满足 LF 冶炼对钢包的净空要求。

（3）转炉或者电炉出钢过程中，需要加强下渣和脱氧的管理控制。这是因为精炼渣铸余属于还原性的钢渣，和氧化性较强的钢渣接触，会造成钢渣溢出钢包，影响冶炼的进程。

除了以上的工艺条件外，热态白渣循环利用还需要考虑以下几个因素：

（1）考虑到精炼渣的一个主要功能是脱硫，精炼炉钢渣循环利用以后，由于渣中的硫含量逐步积累，渣中对脱硫脱氧有负面影响的主成分也会逐步增多，对脱硫不利。精炼渣铸余循环利用次数和炉渣硫容量的关系如图 11-25 所示。

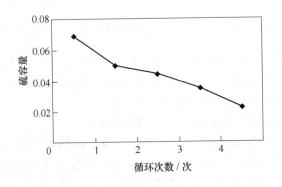

图 11-25　炉渣循环利用次数与硫容量的关系

所以，一般 1 个炉次的白渣循环次数不超过 3 次，即不再循环使用。采用此技术较为成熟的厂家循环使用率为 55%～60%。

（2）采用此工艺冶炼过程中，LF 炉的增碳作业难度增加，故对钢包炉的增碳有要求的炉次，需要注意转炉出钢过程中终点碳和增碳作业的控制。例如在生产需要增碳的钢种时，首先要求转炉出钢过程中提高钢水中碳含量，在 LF 炉钢渣只循环利用 2 次，不允许回渣大于或等于 3 次；另外，控制出钢量使钢包的净高度提高，从而满足增碳的需要。

（3）冶炼低硅铝镇静钢的过程中，钢水增硅的情况会有所恶化，需要注意钢水的脱氧操作和钢水酸溶铝的控制。

11.3.2　直上钢种的液态白渣改质

直上钢种，就是转炉出钢以后，将钢水的成分调整到目标成分，钢水不经过 LF、CAS、RH 等工艺处理，而是经过简单的吹氩搅拌，均匀钢水成分和温度，或者对钢水进行喂线（铝线、钙铁线、硅钙线、纯钙线等）处理，然后将钢水上连铸浇注的工艺。这种工艺的钢包顶渣对钢水的质量影响很大，故直上钢种工艺的关键是要对钢包的顶渣进行改质，也就是对顶渣进行脱氧改质，还要保证顶渣保持液态，以便于喂线和其他工艺的展开。

顶渣中的氧化铁是钢液二次氧化的决定因素。为了防止顶渣氧化铁含量过高，顶渣采用改性剂、电石、铝渣球等进行改质，以达到降低顶渣氧化铁含量的目的。采用热态白渣改质，即在转炉出钢以后，加入正常工艺一半的改质剂，钢包开到其吊运位置，将连铸机浇注完毕的铸余钢渣倒入钢包，然后搅拌。一是增加渣量，降低渣中的氧化铁含量；二是通过铸余钢水中的硅、铝、渣中的 CaC_2 等，对顶渣中的氧化铁进行还原，达到改质顶渣的目的。此技术的优点在于：

（1）节约出钢过程中加入的石灰等原料，降低转炉的出钢温度。

（2）单包钢水的平均铸余量减少。

（3）铸余钢水中的有效元素得到充分利用。

某厂的冶炼数据见表 11-6 ~ 表 11-8。

表 11-6　冶炼情况

炉 次	铁水加入量/t	废钢加入量/t	精炼白渣加入量/kg	渣样（始）	渣样（终）
1	123.264	18	220	玻璃状稀渣，呈黑色	渣子稀，呈黑色
2	123.791	18.1	220	渣子一般，呈微黄色	渣子一般，呈微黄色
3	123.384	18.2	160	灰白渣	玻璃状灰白渣

表 11-7　钢水的化学成分

工艺过程	化学成分/%						备 注
	C	Si	Mn	P	S	Al	
出钢样 1	0.075		0.12	0.023	0.017		出钢未加石灰
吹氩样 1	0.124	0.1672	0.3817	0.0217	0.016	0.0197	
吹氩样 2	0.126	0.147	0.3833	0.0249	0.0165	0.015	
出钢样 1′	0.07		0.106	0.0162	0.0163		出钢未加石灰
吹氩样 1′	0.1181	0.1516	0.3454	0.0139	0.0145	0.0226	
吹氩样 2′	0.13275	0.1452	0.35574	0.018	0.0164	0.01783	
出钢样 1″	0.1009		0.129	0.023	0.0128		出钢加石灰 200kg
吹氩样 1″	0.14	0.1598	0.3895	0.018	0.01		

表 11-8　渣样的成分分析

项 目	CaO/%	SiO₂/%	P₂O₅/%	Fe/%	Al₂O₃/%	MgO/%	MnO/%	CaF₂/%	TiO₂/%	CaO/SiO₂(R)
渣样 1（始）	36.5	13.5	0.1	1.2	26.0	14.3	1.8	3.6	0.9	2.7
渣样 1（终）	31.9	9.9	0.1	0.6	28.5	17.2	0.8	4.1	1.3	3.2

项　目	CaO/%	SiO$_2$/%	P$_2$O$_5$/%	Fe/%	Al$_2$O$_3$/%	MgO/%	MnO/%	CaF$_2$/%	TiO$_2$/%	CaO/SiO$_2$(R)
渣样 2(始)	36.7	14.0	0.1	0.7	26.0	14.6	1.3	3.8	0.9	2.6
渣样 2(终)	33.9	10.9	0.4	3.4	21.3	14.9	4.0	3.2	1.1	3.1
渣样 3(始)	42.9	5.9	0.1	0.1	30.2	12.4	0.3	4.9	0.4	7.3
渣样 3(终)	51.6	12.1	0.1	0.4	22.3	6.5	0.5	3.4	0.2	4.3

11.3.3　液态白渣直接应用于铁水脱硫

钢水脱硫的动力学条件和热力学条件与铁水脱硫相比，有一定的不同之处。国内公开的文献介绍，将精炼炉铸余钢渣直接倒入铁水罐，然后用铁水罐受铁，铁水从鱼雷罐内或者混铁炉内倒出，利用铁水的势能冲击铁水罐内的液态白渣，能够起到迅速脱硫的作用。这一点，在理论上是完全可行的，操作也较为简单。

11.3.4　液态白渣直接应用于转炉出钢过程中的渣洗脱硫

渣洗脱硫是精炼工艺最早发展阶段的核心，其工艺需要专门的矿热炉生产预熔渣，由于能耗高而被淘汰。但是该工艺的效果是显而易见的，将连铸机浇注结束后的铸余精炼渣，倒入将要出钢使用的钢包，然后接受转炉的钢水，转炉出钢过程中的脱硫效果将会得到优化，同时还能够减少转炉出钢过程中加入的石灰、渣料等。

11.3.5　精炼渣应用于转炉炼钢工艺

精炼渣液态或者固态都可以应用于转炉的炼钢过程中，在条件可能的情况下，将钢包内的液态铸余钢渣像兑加铁水一样可以加入转炉，转炉按照正常的程序进行冶炼操作；固态白渣可以在被破碎为 5~80mm 情况下，直接装入转炉加入的废钢斗子内，然后按照正常的配加废钢程序配加，最后白渣随废钢一起入炉，参与冶炼进程。其基本原理如下：

（1）LF 精炼渣中有害元素硫在渣中以 11CaO·7Al$_2$O$_3$·CaS 的形式存在，其在转炉炼钢的氧化性气氛的吹炼过程中，造成转炉钢水硫含量增加的回硫现象不会严重。

（2）转炉冶炼过程中的炉渣碱度（CaO/SiO$_2$）在 2.5~4.5 之间，炉渣黏度较大，流动性不好。为了调整转炉炉渣的流动性，在转炉冶炼过程中需要加入萤石和铁矿石等，起到化渣、调整流动性的作用，以便利用流动性较好的钢渣完成转炉的脱碳脱磷任务。使用萤石化渣的基本原理是利用萤石中的 F$^-$ 离子，切断影响石灰溶解的硅酸根 SiO$_3^{2-}$ 离子，实现石灰的继续溶解。一旦 F$^-$ 离子生成氟化物或者失去电子形成单质挥发以后，转炉的炉渣"返干"现象严重；而 LF 精炼炉还原渣中的 Al_2O_3，在高碱度的环境中具有弱酸性的特点，其与转炉渣中的硅酸二钙和硅酸三钙形成钙铝酸盐，其流动性优于转炉使用萤石化渣的效果，而且不会造成炉渣的"返干"，起到改善转炉炉渣流动性的作用。

以下结合实例对此工艺作进一步说明。以 3 座 120t 的转炉配置的 2 座 LF 精炼炉为例：

（1）按照日产钢 12000t 计算，LF 精炼还原渣吨钢 12kg，产生 LF 精炼炉还原渣 800t；

（2）LF 精炼还原渣废弃倒入以 16Mn 为材料的 $11m^3$ 的渣罐，冷却到 250 ± 30℃，将渣罐拉运到渣场翻罐；

（3）将渣罐内倾翻出的渣体破碎至 80mm 的块状渣块待用；

（4）将以上渣块装入转炉使用的 21t 废钢斗内的中后部，每斗加入 300 ± 40kg，然后按照正常的程序配入废钢，兑加铁水。实体照片如图 11-26 所示。

图 11-26　精炼渣块装入转炉废钢斗

（5）将 LF 精炼还原渣和废钢一起加入转炉，按照正常程序冶炼即可。

这种工艺的有益效果有：

（1）LF 精炼炉还原渣可以实现厂内转炉冶炼使用，解决了白渣在拉运、排放过程中的污染问题。

（2）每使用 600kg 的 LF 精炼炉还原渣，可节约 300kg 的萤石，相当于节约炼钢成本 362 元。

（3）LF 精炼炉还原渣转化为转炉钢渣，按照每吨钢渣 60 元的价格计算，每吨白渣可增值 60 元以上。

11.3.6　精炼渣在电炉流程的厂内回用

电炉流程的电炉冶炼需要热能，电炉流程的特点决定了电炉的冶炼周期和生产组织的灵活性。并且电炉冶炼的钢种主要以硅镇静钢和硅铝镇静钢为主，采用精炼白渣直接回炉利用，既可以消化铸余钢水，消除白渣的污染，还能够电炉节约热能，是一种不错的选择。其工艺较为简单，就是在钢水浇注结束以后，铸余钢水直接倒入电炉，最大限度地节约白渣的后续处理成本。

11.4　固体白渣的循环利用

固体白渣的循环利用在 20 世纪 80 年代末已经开始，即用废弃的白渣替代合成渣、精炼剂使用。由于采购的预熔渣等是在矿热炉内形成的，固体白渣是在精炼炉内形成的，因此在转炉钢水出钢过程中的脱氧、夹杂物的吸附上浮以及脱硫等方面的应用，固体白渣比预熔渣更加有竞争力。此技术的关键在于硅镇静钢的白渣不适合于铝镇静钢，而铝镇静钢的白渣可以通用于冶炼的铝镇静钢和硅铝镇静钢。此技术的效益在于固体白渣的化渣热优于预熔渣，可以替代合成渣、精炼剂，但是此类固体白渣中没有和氧化物发生反应的还原剂成分，故不宜单独使用，需要和电石等还原剂搭配使用。精炼渣也可以替代石灰等渣料在炼钢过程中应用。某钢厂铝镇静钢的白渣的成分见表 11-9。

表 11-9　某钢厂铝镇静钢的白渣成分

CaO/%	SiO$_2$/%	P$_2$O$_5$/%	Fe/%	S/%	Al$_2$O$_3$/%	MgO/%	MnO/%	R
46.5	6.2	0.012	0.81	0.15	20.5	7.1	0.16	3.7

从表 11-9 可以看出，LF 炉精炼废渣中大量存在的 CaO、SiO$_2$、Al$_2$O$_3$ 和 MgO 是炼钢渣和精炼剂的主要成分。

在精炼渣的析出过程中，物相中的 C$_3$S 与 C$_3$A 质量分数之和超过 90%，而 C$_2$S 的质量分数很小。又因 C$_2$S 的相平衡温度很高，可知 C$_2$S 难以大量存在，故精炼渣结晶产物主要有 C$_3$S、C$_3$A、C$_{12}$A$_7$ 和 CaO，其中钢中的硫形成 CaS 进入渣中，渣中的 CaS 与低熔点的物相 C$_{12}$A$_7$ 发生置换反应，生成铝酸钙硫化物 11CaO·7Al$_2$O$_3$·CaS。炉渣的硫容量与碱度 R 的关系可以表示为：

$$\lg C_S = -5.57 + 1.39R$$

炉渣的硫容量随着炉渣碱度的提高而增加。由于 Al$_2$O$_3$ 的酸性比 SiO$_2$ 弱，使用 Al$_2$O$_3$ 代替 SiO$_2$，能够提高炉渣的脱硫能力，并且白渣中存在的主成分使该固体白渣具有较低的熔点（1385℃），具有吸热小、成渣快的优点，能够实现顶渣吸附钢中夹杂物的目的。所以固态白渣的循环利用对降低脱氧的成本大有裨益。

11.4.1 精炼渣用于烧结生产

精炼渣中含有的钙铝酸盐和硅酸二钙中的氧化钙，是球团生产的必需原料。使用厂家介绍，炼钢精炼渣进行料槽皮带秤配料→烘干机混匀→润磨机百分百全磨，保证混合料的准确性、均匀性和活性→原料进入造球盘造球→竖炉焙烧燃烧室温度设定为1140℃→烘床烘干，保证烘干效果，完成造球。此工艺的精炼炉白渣加入量控制在35%左右，有助于烧结的生产。

11.4.2 精炼渣作为含有 Al_2O_3 的资源加以利用

任雪、李辽沙在采用化学成分分析、XRD、SEM、EDS 技术手段对 LF 炉精炼渣资源化特性进行检测、分析，结果表明，常见的 LF 炉精炼渣中，Al_2O_3 主要存在两个含铝矿物相，分别为 $C_{12}A_7$ 和 C_3A。其中，$C_{12}A_7$ 为基础相，C_3A 呈中心对称的条索状三维结构，且两个矿相均夹杂一定的 f-CaO，使得晶体结构中空隙较大，易于机械单体解离，便于选矿分离，无需煅烧就可以利用，直接进行酸碱处理提取 Al_2O_3。使用工业废酸酸溶解 LF 炉精炼渣，所得含 Al^{3+} 溶液可制备含铝精细化工产品，原料成本和运行成本均低于同类水平，获得的收益较高。少量的还可以直接用于教学的化学试剂使用。

11.4.3 精炼渣用于制作特种水泥的原料

精炼渣含铁低，使得精炼渣的强度和硬度较低，渣中的铝酸盐和硅酸盐与水泥的成分一致，故采用精炼渣制备水泥，尤其是特种水泥，在原料的磨制过程中，相当于传统的原料，具有较大优势。

11.4.4 精炼渣作为转炉钢渣的改质剂和压渣剂使用

含 Al_2O_3 的精炼渣熔点较低，从三元渣相图中可知，Al 脱氧渣系生成 C_2AS、C_3A、$C_{12}A_7$、C_2S，一般熔点在 1455～2130℃。白渣的熔点较低，转炉钢渣的温度远远高于白渣的熔点，在转炉倒炉渣的渣温条件下，可以转变为黑色的转炉钢渣。具体的作业程序如下：

（1）精炼渣破碎以后，粒度小于50mm，挑拣出其中的金属料，将白渣碎块在转炉倒渣过程中，一边倒渣一边同时加入渣罐。这种做法在处理转炉低碱度脱磷渣的时候效果较好，既解决了白渣的利用问题，又能够达到白渣改质的目的，防止白渣的粉化污染问题。

（2）将精炼渣碎块装袋，放置于转炉炉后，转炉出钢过程中，如果炉渣泡沫化程度严重，加入精炼渣用于压渣，可以有效地防止转炉渣从炉口流入钢包。

（3）将块状的精炼渣加入转炉的高位料仓，或者将粉化的精炼渣粉末压制成为 30～50mm 的球体，在转炉冶炼接近终点时加入，作为压渣剂使用，能够达到压渣消泡的目的。

（4）装有一炉液态白渣的渣罐，如果剩余的渣罐空间能够盛装一炉的转炉液态脱硅渣或者脱磷渣，能够将液态的白渣转化为转炉氧化渣。转炉冶炼时渣量为 85～150kg/t，精炼炉渣量为 9～15kg/t，即液态转炉钢渣和精炼渣二者的比例为 10∶1 的情况下，精炼渣全量转化为转炉氧化渣，对后续的渣处理工艺和金属料的回收大有裨益。

11.4.5　精炼渣作为炼钢工艺的脱硫剂和脱氧剂应用

精炼渣凝固过程中主成分的析出特点决定了精炼炉白渣凝固以后，比较有利于挑拣回收利用。矿热炉生产的钙铝酸盐的实体照片和现场精炼炉凝固白渣的矿物组织的实体照片如图 11-27 和图 11-28 所示。

图 11-27　精炼渣铸余的　　　　　　图 11-28　矿热炉生产用于炼钢脱氧
　　　　实体岩相结构组织　　　　　　　　　　的低硅钙铝酸盐

某厂提供的可供选择的方案如下：

（1）转炉冶炼 SPHC、L360 等铝镇静钢、硅铝镇静钢的精炼渣，收集其中块状的钙铝酸盐，简单的机械破碎以后装袋，每袋 10kg，粒度 5～50mm，吊运到转炉或者电炉炉后待用。这种方法主要为了方便人工加入操作，也可以破碎后进行料仓机械化系统加料作业。

（2）以钙铝酸盐为主的精炼渣，可以用于冶炼大部分的硅铝镇静钢和铝镇静钢、硅镇静钢，用于替代预熔渣和合成渣等。加入量与预熔渣和合成渣等脱氧剂的加入量相同，根据终点成分配加少量的电石进行脱氧。电石的加入量根据钢中的成分，即终点的碳含量决定。

（3）转炉出钢开始，钢水出至 3~10t 左右，即进行加入。加入时吹氩采用强搅拌，以目测钢包内的钢水剧烈沸腾、不飞溅为准。其余的物料加入依照原有的工艺进行。

（4）精炼渣中的白色粉末状物质多为硅酸二钙，手投加入时，可以直接利用袋装方式；采用自动化系统加料时，采用压球加入方法。

脱氧程度不同的精炼渣颜色不同，脱氧不好的固态精炼渣呈现黑色，尽量不予回收使用。

通过渣成分分析，可以看出表格中 A、C、D 类的精炼白渣，成分优于该厂采购的脱氧渣的成分，是值得开发利用的。例如，将 D 渣应用于硅镇静钢的出钢、LF 造渣的冶炼，将 A、B 渣应用于硅铝镇静钢的冶炼，在出钢和精炼环节都可以使用。

精炼渣造球工艺采用成分和转炉渣不同的精炼渣为原料，在精炼渣磁选出废钢后，加入少量辅料（主要为重油、蜜糖、纤维素等）起黏合作用来造球，制造炼钢使用的高纯度脱硫剂，配合其他造渣料返回精炼炉加以利用，或者在转炉出钢过程中使用，效果良好。

11.5 精炼渣粉化污染控制与拉运过程的管控

11.5.1 降低精炼渣粉化污染的措施

精炼渣中 CaO 含量高，碱度高，其矿物组成主要是 C_3S（硅酸三钙）、C_2S（硅酸二钙）、RO 相（二价金属氧化物固溶体）。其中，C_3S、C_2S 为活性矿物，具有水硬胶凝性，这些组分在一定条件具有不稳定性，钢渣在缓冷时，C_3S 会在 1250~1100℃ 时缓慢分解为 C_2S 和 f-CaO，C_3S 在 675℃ 时 β-C_2S 相变为 γ-C_2S，并且发生体积膨胀，膨胀率达 10%，所以在温度下降以后，精炼白渣体积膨胀造成现场有大量的小于 5mm 的细小白渣粉末，不仅造成污染，严重的是装车、拉运和卸车过程中，粉末漫天飞扬，对作业环境和周边区域造成严重的粉尘污染，是钢厂的主要污染源之一。

采用以下方法可以最大限度地降低现场白渣的污染：

（1）采用喷水强制冷却工艺，对精炼炉铸余钢渣的渣罐进行喷水冷却。喷水流量以先小后大为原则，即起初喷向渣罐渣面的水以能够被蒸发、不产生积水为标准，待水蒸气产生量减少时增加喷水流量，直到渣罐内水向渣罐罐底渗透一部分以后，停止喷水，等待渣罐内的水蒸发，一般的打水冷却时间限制在 4h 以内。

（2）喷水结束，进行翻罐作业，进入后续处理。以下以一个铸造重量为 33t、容积为 $11m^3$、罐内盛装 30t 铸余钢水和钢渣的渣罐为例加以说明：

1）在存放精炼渣铸余罐的罐架旁安装喷水装置，对精炼铸余白渣实施喷水（打水）降温。

2）打水时间4h，打水量先小后大，然后再次减少，要保持喷水作业的连续性，喷水量（水/铸余）为：0.09t/t，保持45min；0.4t/t，保持120min；0.05t/t，保持60min。

3）罐体表面蒸汽浓度以能够看清渣罐表面为准，然后翻罐。

4）翻罐以后，使用红外线测温枪对倾翻出的铸余渣体进行测温，温度低于250℃的，使用炮头车击打渣体进行破渣，高于此温度的，继续自然冷却到250℃以下，再进行破渣作业。

5）破渣以后，挑选出铸余中的钢铁料，剩余的钢渣直接使用卡车拉运到渣场进行下一步处理。

以上方法的优点在于：

（1）冷却水的冷却效果为自然冷却的十多倍，水冷的急剧降温，使得白渣中的渣相晶型转变被优化，白渣中含有的氧化镁大部分转变为方镁石晶相，即块度较大、不容易粉化的白渣颗粒，含有钙铝酸盐的转变为固态渣体，膨胀粉化的硅酸二钙粉末，迅速装入渣盆或者渣罐，进行喷水，将污染最为严重的硅酸二钙和游离氧化钙加湿，白渣粉化造成的污染大幅度降低，满足了钢厂对环保的需求。

（2）在喷水强制冷却工艺的基础上，通过数学建模计算，得出渣体温度在250℃以下，渣体内部的液态渣液和铸余钢水基本上凝固。此时钢渣分子间的作用力最小，破渣作业难度最低，也最经济。使用红外枪对渣体测温，就能够确保破渣作业的安全性。

（3）粉末状白渣的垫罐改质，块状的回收利用，是一种解决现场白渣污染的良好方法。

11.5.2　控制精炼炉白渣粉化的一些实用技术

由于11.5.1节所述的原因，即精炼炉白渣中的f-CaO含量高，渣中的主成分硅酸二钙随着温度的降低产生相变，造成白渣的粉化，白渣冷却到常温下通常粉末率较高，对环境的污染严重。图11-29是某厂两个不同的精炼渣处理区域，白渣在翻罐过程中和加工现场的粉尘污染情况的实体照片。

措施一：向白渣内加入硼砂等稳定剂。如果向硅酸二钙内添加 FeO、B_2O_5 等，能够防止白渣的粉化程度。此措施被太钢应用于不锈钢生产工艺过程中，即 AOD 出渣过程中，向其中喷吹含硼的改性剂，抑制不锈钢渣粉化的效果明显，改善了环境。

措施二：向白渣内按照温度特点喷水。白渣的粉化是相变原因引起的，如果

图 11-29　白渣在翻罐过程中和加工现场的粉尘污染情况

按照相变规律，对白渣喷水速冷，也能够降低白渣的粉化程度。

措施三：采用雾炮处理。雾炮也叫射雾器，是处理精炼炉白渣铲运装卸过程中扬尘的一种有效手段。该工艺在笔者所在的钢厂得到了较好的验证。

11.5.3　精炼渣拉运过程的管控

一些钢厂精炼渣破碎以后需要拉运到另外的一个场地进行下一步处理，这种拉运多数是依靠卡车来完成。由于考虑到卸车时白渣粉尘对环境的污染较大，多数情况下采用将装车以后的钢渣进行打水加湿，然后卸车。由于白渣中的粉末多为硅酸二钙和游离氧化钙，打水过程中以下三个方面的问题较为常见：

（1）打水不合适时，粉末状的白渣会黏附在车厢底板上，卸车过程中容易造成车辆侧翻，造成事故。

（2）白渣粉末遇水以后，黏附在车厢底板上的白渣，会逐渐形成水泥一样的大块，很难清理，给车辆的运营带来困难。

（3）因为白渣粉末具有和水泥一样的自胶凝性，在打水过程中，上部的粉末状白渣遇水以后，会阻碍水向下面的白渣渗透，造成打水降尘的效果不明显。

在白渣拉运过程中采用以下方法可以有效避免上述问题：

（1）在车厢底板上均匀铺垫一层 15～30cm 厚的转炉氧化渣，首先将这部分氧化渣打水，并在上面装白渣，然后打水，再在上面盖一层氧化渣，再次打水，效果会明显一些。

（2）将白渣先打水至潮湿状态，在车厢底部垫一层氧化渣，然后装车。

（3）白渣不打水加湿，在卸车过程中采用雾化喷淋水喷淋系统捕集粉末颗粒进行降尘。

（4）采用车厢顶部加盖的厢式车辆进行运输，在密闭的厂房内卸车。

（5）采用渣罐车，将白渣装入渣罐内，然后拉运。

12 铁水脱硫渣的处理与综合利用途径

铁水预脱硫处理是现代钢铁冶金工艺中一项重要的工艺，其脱硫效率是钢铁冶金流程中效率最高的一个工艺环节，主要的原因如下：

（1）合格铁水中含有 3.8% ~ 4.5% 的碳、0.1% ~ 0.8% 的硅、0.2% ~ 1.2% 的锰以及部分的磷、硫，所以从脱硫的动力学条件来讲，铁水中的氧含量低，是脱硫最为理想的铁液。

（2）铁水脱硫工艺具有独特的脱硫优势。例如，喷吹脱硫属于典型的喷粉冶金，它克服了反应表面积小，即渣—金属界面小的问题，以及硫从渣—金属界面向渣整体界面移动困难的两大难点，能够将铁水硫含量降至很低水平；KR 机械搅拌法具有较强的机械搅拌作用，增加了脱硫反应的渣—钢反应界面，优化了脱硫反应的动力学条件。

基于以上原因，铁水脱硫工艺技术的投用，对钢铁制造流程起到了巨大的优化改善作用。主要体现在以下几个方面：

（1）对铁矿石原料中硫含量的要求降低。

（2）可以放宽对高炉铁水硫含量的限制，减轻高炉脱硫负担，降低焦比，提高产量。

（3）炼钢工序的脱硫生产成本得以大幅度降低。

（4）炼钢工序的脱硫效率得到提高，转炉冶炼的操作难度降低，低硫钢种的产品生产工艺得到简化。

（5）采用低硫铁水炼钢，可减少渣量和提高金属收得率。与炼钢炉和炉外精炼脱硫相结合，可以实现深脱硫，为冶炼超低硫钢创造条件，满足用户对钢材品质不断提高的要求，有效提高钢铁生产流程的综合经济效益。

所以针对铁水脱硫工艺的优化研究在不断持续进行，脱硫工艺也在不断完善和进步。发展到今日，脱硫工艺已经日臻完美，其发展历程见表12-1。

目前欧美新建的以铁水为主原料的钢厂全量采用铁水脱硫预处理工艺，对没有铁水预处理工艺的老厂进行改造和改建，对脱硫工艺陈旧的老厂进行新工艺改造；日本多数钢厂采用全量铁水脱硫预处理。新一代钢厂多采用全量铁水"三脱"预处理工艺，从而加快转炉生产节奏，实现紧凑、高效、节能的循环型炼钢生产模式，高效、低成本地生产洁净钢。

表 12-1 铁水脱硫工艺的发展历程

年 代	发 展 历 程	备 注
试验期（19 世纪末至 20 世纪 60 年代）	1877 年，英国伊顿等用苏打在高炉铁水沟脱硫； 1927 年，美国拜尔斯公司在化铁炉铁水罐中加苏打脱硫； 1947 年，瑞典人卡林用石灰粉在卧式回转炉中脱硫； 1959 年，瑞典人 Eketop 和 Kaling 在 3t 摇包上用 CaC_2 脱硫； 1962 年，日本神户制钢试验了 40t 双向摇包； 1963 年，日本新日铁开始研究 KR 法搅拌脱硫； 1965 年，在日本，机械搅拌法（KR 法）脱硫用于工业生产； 1968 年，德国蒂森公司用吹气搅拌法（DO 法）脱硫（95t 炉）	除 KR 法外，其他多数试验因效率低、温降大、炉衬寿命短等原因被淘汰
发展期（20 世纪 70 年代至 80 年代）	20 世纪 70 年代以来，氧气转炉迅速取代平炉，同时喷射冶金技术迅速发展，新日铁混铁车顶喷法（TDS）投入使用，1974 年日本神户加古川厂开始用 200 大气泡泵法（CMR 法）脱硫。世界各大钢铁公司纷纷建成了专用的铁水脱硫站，脱硫站位置多设在高炉和转炉之间的运输线上，使用原有的铁水罐和鱼雷罐脱硫。该时期，美国各大钢厂盛行镁焦法，将含镁焦炭压入铁水进行脱硫。20 世纪 80 年代，世界先进钢铁企业都采用了铁水脱硫工艺，铁水处理量在 20% ~ 100% 不等，平均约 80% 的铁水要经过炉外脱硫处理	因镁焦法加入量无调节余地，后来都改为喷吹法
成熟期（20 世纪 90 年代至今）	由于炼钢工艺技术的发展，要求铁水带入的化学热减少，铁水含硅量降低到 0.3% 以下，实现少渣炼钢。新钢种的开发和洁净钢的需求增加，进一步开发了深脱硫工艺，也开展了脱硅同时进行脱磷脱硫的技术研究	

我国铁水脱硫预处理工艺的研究开始于 20 世纪 50 年代，采用苏打撒入高炉出铁沟脱硫的方法。由于工艺过程中苏打分解的液态氧化钠有很强的腐蚀性，氧化钠挥发污染环境，用苏打脱硫产生的渣流动性好使得除渣困难，加上苏打价格相对较高，所以国内的铁水脱硫工艺没有得到有效发展。现在绝大多数的钢企，铁水脱硫的工艺基本上从国外引进。其基本情况为：

（1）1976 年，武钢首先引进日本新日铁的 KR 法。

（2）1985 年，宝钢引进日本新日铁的 TDS 法。同期，鞍钢、天钢、宣钢、攀钢、酒钢和冷水江等钢厂先后建成我国自行设计的铁水脱硫站。

（3）1988 年，太钢引进铁水"三脱"技术，建成铁水预处理站。

（4）1998 年，宝钢一炼钢厂又从美国引进石灰加镁粉复合喷吹脱硫技术，宝钢二炼钢厂从日本川崎制铁引进铁水"三脱"技术，进行混铁车喷吹铁水预处理。同年，本钢引进加拿大霍戈文厂工艺和美国罗斯伯格喷粉设备，建成石灰加镁粉复合喷吹脱硫站。

（5）1999 年，鞍钢二炼钢厂也从美国引进石灰加镁粉复合喷粉设备。随后，包钢从美国引进了石灰加镁粉复合喷吹技术，并建成铁水脱硫站。

（6）2003 年，宝钢、鞍钢再次引进 ESMI 镁基复合喷吹技术。

（7）2004 年，本钢引进 Danieli Corus 镁基复合喷吹技术；武钢二炼钢厂增建 1 套 KR 法脱硫装置。

（8）2005 年，江阴特钢引进了 Diamond 公司的 KR 法脱硫装置。

在随后新建冶炼优钢的大中型钢厂，国内的钢企基本上全部采用有铁水脱硫预处理工艺的设计，使得我国钢厂的生产流程得以优化。实践证明，铁水脱硫是脱硫效率最高、脱硫成本最低的一种工艺，也是钢铁制造流程中最为成功的应用科学之一。铁水脱硫可以提高产品质量和连铸坯合格率，减轻高炉和转炉负担，其中高炉可以采用低碱度操作，降低焦比，转炉可以降低碱度和出钢温度，提高钢水收得率和炉衬寿命，降低钢铁料消耗等。

铁水预脱硫的方法很多，主要有投掷法（将脱硫剂投入铁水中）、喷吹法（将脱硫剂喷入铁水中）和搅拌法（KR 法）。投掷法、喷吹法和 KR 法三种铁水预脱硫方法指标比较见表 12-2。

表 12-2 三种铁水预脱硫方法指标比较

工艺方法	投掷法	喷吹法	KR 法
脱硫率/%	60～70	90～95	85～95
脱硫剂种类	苏打粉	钝化（镁＋石灰）	高铝渣粉＋混合粉
脱硫剂消耗/kg·t^{-1}	8～15	0.5～3	10～15
脱硫后最低硫的质量分数/%	0.015	0.001	0.001
铁耗/kg·t^{-1}	30	10～30	15～25
温度损失/℃	30～50	10～25	20～50
脱硫成本	—	10～18	8～15
投资成本	低	一般	较高

目前，脱硫预处理容器多用混铁车和铁水罐。混铁车预脱硫处理具有动力学缺陷，受工艺制约，物流匹配难度大，在铁水运输、存放、兑铁过程中，回硫在0.001%～0.003%。为保证混铁车的脱硫效果，必须对混铁车脱硫前后进行扒渣，不仅影响了混铁车的周转和调配，而且降低了金属收得率。而铁水罐脱硫所具有的灵活性，使其成为目前铁水脱硫的主要方法。铁水罐脱硫主要有喷粉冶金为代表的喷吹法和机械搅拌法（KR）两种主流工艺，其中喷吹镁脱硫工艺具有粉剂单耗低、处理时间短、温降低、铁损少、脱硫效率高、环境污染小等优点，使得其成为超低硫钢冶炼的首选工艺，并且中国是镁资源大国，镁脱硫剂来源十分广泛，所以喷吹镁脱硫是国内喷吹工艺中的首选工艺之一。

12.1 脱硫剂和脱硫反应

12.1.1 铁水脱硫的主流工艺与脱硫剂

12.1.1.1 喷吹法脱硫工艺原理

喷吹法脱硫的基本原理是靠一定压力和流量的载气，把脱硫剂喷入到铁水中。脱硫剂在上浮的过程中与铁水中的硫发生化学反应，同时载气和脱硫剂的冲击与上浮能够搅拌铁水，但其上浮造成的铁水对流运动很弱，只有部分脱硫剂与硫反应，脱硫剂耗量比 KR 法大，脱硫效率较低。喷吹法脱硫工艺如图 12-1 所示。

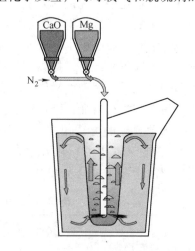

12.1.1.2 KR 法脱硫工艺原理

KR 法是将一个外衬耐火材料的搅拌器插入铁水罐内，搅拌器旋转搅动铁水，产生旋涡，经过称量的脱硫剂由给料器加入到铁水表面，并被旋涡卷入铁水中，与高温铁水混合、反应，达到脱硫的目的。该脱硫方法大大改善了脱硫的动力学条件，具有脱硫效率高、脱硫剂消耗少、作业时间短、金属收得率高、耐火材料消耗

图 12-1　铁水喷吹脱硫的喷吹系统示意图

低等特点。KR 法脱硫剂一般以石灰粉和萤石粉混合而成的脱硫粉为主，添加部分高铝渣粉，脱硫成本低，脱硫效果好。武钢 KR 法生产实践表明，搅拌 5min 就可使脱硫剂得到充分的利用，脱硫速度快、效果好，铁水原始的硫质量分数为 0.03% 时，处理终点硫的质量分数可达 0.001% 以下。综合比较，铁水罐 KR 法脱硫的动力学条件优越。一种铁水罐 KR 法脱硫工艺如图 12-2 所示。

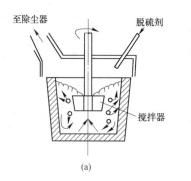

(a)　　　　　　　　　　　(b)

图 12-2　KR 法脱硫工艺

（a）铁水包的 KR 法脱硫示意图；（b）KR 法脱硫实体照片

12.1.1.3 脱硫工艺的比较和脱硫剂

常见的脱硫剂及其脱硫工艺的优缺点见表12-3。一些常见脱硫剂的成分见表12-4。

表12-3 常见的脱硫剂及其脱硫工艺的优缺点

脱硫剂	优 点	缺 点
苏打或碳酸钠	价格便宜、且无需使用昂贵的设备	(1) 脱硫过程是吸热过程; (2) 硅酸钠渣对各种耐火材料具有强腐蚀作用; (3) 脱硫后渣流动性好,扒渣困难; (4) 脱硫效率低; (5) 污染环境
石灰/煅烧石灰	价格便宜、来源广泛	(1) 脱硫速度慢,易产生固态反应物及固体产品; (2) 需使用精细粒度(约50μm)的石灰; (3) 渣量大,铁损高
碳化钙	(1) 价格便宜,易于获得; (2) 铁水温度高时,脱硫效率很高	(1) 碳化钙的运输必须保存在惰性气体内; (2) 需使用防爆仪器,投资高; (3) 铁水温度低时脱硫效果差; (4) 渣量大,铁损高
钝化镁	(1) 脱硫能力强、耗量少; (2) 渣量少、铁损低; (3) 温降低	(1) 高温时,镁的蒸气压很高,脱硫效率低; (2) 要求喷入铁水罐的深度大; (3) 价格高; (4) 脱硫过程中喷溅大,铁损较大
复合脱硫粉	(1) 脱硫能力较强、耗量少; (2) 脱硫渣组成稳定、扒渣过程造成的铁损低; (3) 温降低	(1) 深脱硫的能力较喷吹钝化镁的能力低; (2) 脱硫需要的温度条件有限制

表12-4 一些常见脱硫剂的成分

原料名称	Mg/%	CaO/%	SiO_2/%	CaF_2/%	C/%	S/%	粒度/目
钝化镁粉	>92					<0.002	100
石 灰		>90	<3				100
萤 石				>85			100
石墨碳					>95		100

喷吹钝化镁脱硫,除具有一定的优势外,存在喷吹过程中喷溅严重、铁损大、喷吹过程中喷入的镁粉到达不了铁水罐底部而存在无法完成脱硫的"死区"、处理不当会导致脱硫铁水兑入转炉以后铁水的回硫情况严重等缺点。而搅拌脱硫法(KR)脱硫,具有脱硫成本低、脱硫过程中喷溅少、铁损较低等优点,使其成为冶炼常规钢种的一种优先选择的脱硫工艺。二者在成本对比上,KR法

脱硫的成本也低于喷吹法，某厂 KR 法脱硫的吨铁成本比喷吹法低 4 元以上。

12.1.2 脱硫反应和脱硫渣

苏打脱硫时通常先发生分解反应：

$$Na_2CO_3 = Na_2O + CO_2$$

生成的氧化钠再与硫反应。当铁水硅含量较高时，脱硫反应为：

$$\frac{3}{2}(Na_2O) + [S] + \frac{1}{2}[Si] = (Na_2S) + \frac{1}{2}(Na_2SiO_3)$$

当铁水硅含量较低时，脱硫反应为：

$$(Na_2O) + [S] + [C] = (Na_2S) + \{CO\}$$

石灰是一种曾大量使用的廉价铁水脱硫剂，其成本较低，对环境污染较小，但其脱硫效率低，成渣量较大，造成温降及铁损较大，并且容易受潮。石灰放置一天，水分增加 3.05%；放置两天，水分增加 7.08；放置三天，水分增加 14.0%；放置四天，水分增加 19.2%（质量分数）。当铁水硅含量在 0.05% 以上时，脱硫反应为：

$$2(CaO) + [S] + \frac{1}{2}[Si] = (CaS) + \frac{1}{2}(Ca_2SiO_4)$$

当铁水硅含量很低时，脱硫反应为：

$$(CaO) + [S] + [C] = (CaS) + \{CO\}$$

根据理论计算，1350℃时，铁水的平衡硫含量为 0.0037%。因脱硫产物中有高熔点的硅酸二钙，它在石灰粒表面形成很薄而致密的一层，阻碍了脱硫反应的继续进行，从而降低了氧化钙的脱硫效率和脱硫速度。

在喷粉法中，为了提高脱硫剂的利用率，加入 10% 左右的碳酸钙或碳酸镁等反应促进剂。碳酸钙在铁水中产生大量的二氧化碳气体能使运载气体的气泡破裂，将裹在气泡中的脱硫剂释放出来，同时还能强烈地搅拌熔池，促进硫的扩散。此外，碳酸钙分解时产生的细小而多孔的活性氧化钙也有很强的脱硫能力。为了提高氧化钙的利用率和降低脱硫成本，还可在脱硫剂中加入木炭粉，炭粉能使反应界面保持还原性气氛，有利于脱硫反应的进行。

铝酸盐具有很强的溶解硫的能力。为了提高氧化钙的脱硫效率和脱硫速度，可在脱硫剂中加入适量的铝。向铁水中加铝后，石灰表面生成 CaS、2CaO·SiO$_2$、12CaO·7Al$_2$O$_3$、2CaO·Fe$_2$O$_3$、4CaO·Al$_2$O$_3$·Fe$_2$O$_3$，含硫量可达10%～40%（质量分数）。KR 脱硫剂以铝粉、氧化铝粉为主要添加剂。

宏观上，脱硫剂与铁水中的硫发生相关脱硫反应，形成的化合物或者混合物上浮到铁液表面，形成脱硫渣。加上铁厂炼铁渣在出铁过程中进入到鱼雷罐或者铁水罐，鱼雷罐在向铁水罐倒铁水时，炼铁的铁水渣随着铁水进入铁水包，与脱硫渣一起，通过扒渣进入渣罐，形成脱硫渣。表 12-5 是某厂部分炉次的铁水渣的成分。

表 12-5 铁水渣的成分

CaO/%	SiO$_2$/%	Fe/%	S/%	Al$_2$O$_3$/%	MnO/%	CaO/SiO$_2$
25. 127	21.4965	46.8437	1.5836	3.68	0.19	1.16
25. 1563	21.4894	46.5468	1.5858	3.6679	0.19	1.17
13. 8966	23.9048	58.1525	2.3252	5.7567	0.29	0.58
26. 9236	23.347	30.7011	2.2799	1.941	1.52	1.15
17. 6636	24.6608	55.0997	1.4839	4.9205	0.41	0.71

此外，为了方便扒渣，向脱硫渣中加入聚渣剂，扒渣过程中，向渣罐加入脱硫渣阻断剂，也是脱硫渣的组成来源。而扒渣过程中，进入渣罐的铁液凝固以后也成为脱硫渣的一部分。所以，不同的脱硫工艺，脱硫渣的成分各不相同。

12.2 铁水脱硫后的扒渣与捞渣

铁水脱硫渣中富集了大量的含硫物质，如果将它们加入到炼钢容器里，会发生硫化物分解后溶解到钢液里的扩散反应，即回硫现象。所以，为了防止脱硫铁水的回硫，通常需要将脱硫渣从脱硫铁水的铁水罐内扒出或者捞出，即铁水脱硫渣的扒渣和捞渣作业。

12.2.1 扒渣

铁水罐脱硫工艺过程中，铁水罐被放置在一个能够倾翻的铁水脱硫车上，如图 12-3 所示。脱硫工艺结束以后，倾翻铁水罐，通过扒渣机前部的钢板，将脱硫渣扒入渣盘，如图 12-4 所示。

图 12-3 铁水罐倾翻车

图 12-4 脱硫扒渣示意图

也有的厂家采用铁水"三脱"工艺，直接在铁水罐内完成脱硫、脱硅和脱磷，然后再在固定的区域扒渣，脱硫渣、脱硅渣和脱磷渣混合存放，如图12-5所示。

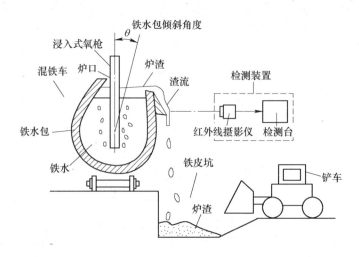

图 12-5　铁水"三脱"扒渣示意图

12.2.2　捞渣

由于扒渣过程中，铁水罐需要倾翻，并且铁水随着扒渣进入渣盘的几率较大，所以采用捞渣也是一种铁水罐除渣的好方法。

铁水的捞渣采用捞渣机。在捞渣时将耙头下降进入铁水中，然后快速旋转捞渣耙180°，使二者合拢，脱硫渣被装进渣斗中，移动捞渣机到渣罐上方，反方向打开渣斗，使脱硫渣掉入渣罐中。捞渣机在每次捞渣结束后，将捞渣耙浸入水槽冷却，然后浸入渣耙专用涂料槽中，蘸有涂料的渣耙不粘铁渣，并且能提高渣耙使用寿命。由于捞渣耙在铁水罐内旋转180°，捞渣耙的大小可以根据铁水罐直径进行设计，因此合适大小的捞渣耙捞渣时会覆盖整个铁包，捞渣效率高，残留在铁水罐中的脱硫渣较少。

由于捞渣机运行稳定，捞渣耙穿过渣层后就可以进行捞渣，加上捞渣耙的特殊设计，底面具有一定的倾斜角度，在捞渣时带出的铁水较少，能够有效地降低铁损。捞渣机操作控制方便灵活，既可以在控制室操作，也可以遥控操作，采用液压驱动。在捞渣过程中，捞渣机大臂前后左右上下的操作比较连贯，运行稳定，操作比较容易。综上所述，捞渣机具有效率高、铁损少、布置灵活不用倾翻机构的优势。

铁水捞渣的实体照片如图12-6所示。

图 12-6　铁水捞渣

12.2.3   一种提高扒渣板寿命的工艺方法

铁水脱硫结束,扒出铁水罐表面的脱硫渣是必不可少的工艺。在扒渣的过程中,扒渣机的钢质扒渣板与高温铁水和铁水脱硫渣相接触,铁水的温度在1230~1350℃,铁水脱硫渣的温度在1100~1200℃之间,低于扒渣板材料用钢的熔点在100~180℃,钢板受铁液和脱硫渣的传热,扒渣作业过程中扒渣板的温度在800~900℃。在这一温度下,扒渣板将脱硫渣从铁水罐内扒出,扒渣板与脱硫渣之间的机械力、扒渣板与底部铁液接触的摩擦作用,造成其高温烧损。此外,扒渣板粘铁变形严重,也是影响扒渣板寿命的重要因素,使得扒渣板的寿命维持在8~35次,扒渣板的更换次数较多,不仅钢板的消耗量增加,并且更换过程中的人工劳动量较大。延长扒渣板的寿命,是降低脱硫操作成本的关键。

文献介绍马钢股份有限公司第一钢轧总厂的铁水扒渣板,为了提高其寿命,使用了主要成分为纳米石墨、高温树脂的铁渣隔离剂,在扒渣前先将渣耙浸入隔离剂中,其表面形成一层高温隔离膜,扒渣过程中使铁水、熔渣不黏附于扒渣耙表面并保持渣耙不变形,同时又解决了因铁水和渣子黏附渣耙上而形成大铁坨的问题,增强了扒渣效果,减少了铁损。

笔者所在的钢厂,采用防粘渣剂喷涂扒渣板或者向扒渣板喷涂石灰水,能够大幅度提高扒渣板的寿命。

12.3   喷吹法脱硫渣的处理

12.3.1   喷吹法脱硫渣的组成与特点

目前大多数钢厂已淘汰喷吹苏打等原料脱硫。目前的喷吹法脱硫,主要指喷吹钝化镁和钝化石灰粉,或者单喷吹镁颗粒,以及喷吹电石粉等脱硫剂的脱硫工艺。

12.3.1.1   喷吹钝化镁粉的脱硫渣组成

喷吹过程中的颗粒镁进入铁水后,会出现两种反应:一是镁蒸气在铁液表面进行多相脱硫反应;二是溶解于铁液中的镁与铁水中的硫发生单相化学反应:

$$Mg(g) + [S] \xlongequal{\quad\quad} MgS(s)$$

$$[Mg] + [S] \xlongequal{\quad\quad} MgS(s)$$

使用复合喷吹工艺中,喷吹钝化镁和钝化石灰粉,石灰粉参与脱硫主要起到分散剂的作用,用于提高喷吹脱硫的效率。在标准状态下,铁水温度为1350℃,脱硫反应的化学平衡常数 K_1 和铁液平衡硫含量的计算值见表12-6。

表 12-6　脱硫反应的化学平衡常数 K_1 和铁液平衡硫含量的计算值

脱硫剂	Na$_2$O	CaO	CaC$_2$	Mg
K_1	5.0×10^4	6.5	6.9×10^5	2.1×10^4
$[\%S]_{平衡}$	4.8×10^{-7}	3.7×10^{-3}	4.9×10^{-7}	1.6×10^{-5}

喷吹法脱硫的渣量少，渣中存在 MgS，部分 MgS 在空气中进一步转化为 MgO。脱硫渣主要物相为镁橄榄石，介于 2MgO·SiO$_2$ 和 MgO·SiO$_2$ 之间，其熔点为 1557~1900℃，在铁水预处理温度范围（1280~1350℃）内难以熔化，故炉渣的黏度较大，要比铁液的黏度高 100 倍以上。扒渣过程中难免将铁水扒出铁水罐进入渣罐，但是必须将脱硫渣扒干净，否则会在铁水兑入转炉以后引起回硫。尽管有的研究人员认为铁水回硫是脱硫喷枪插入铁水罐的深度引起的脱硫反应"死区"造成的，但是扒出脱硫渣是炼钢优化操作的一个必须的工艺，至少可以减少转炉炼钢渣量，从而优化转炉冶炼控制。这种含有硫化镁、铁水的炉渣扒出进入渣罐以后，不仅具有一定的危险性，而且处理难度很大。

脱硫反应结束以后，由于密度的不同，脱硫产物上浮达到铁水罐的上方，与铁包内原有的铁厂出铁带的高炉渣、没有参与反应的脱硫剂、专门为有利于扒渣加入的聚渣剂一起形成脱硫渣。表 12-7 为某厂喷吹法脱硫渣的成分。

表 12-7　喷吹法脱硫的渣样成分

渣样情况		CaO/%	SiO$_2$/%	Fe$_2$O$_3$/%	S/%	Al$_2$O$_3$/%	CaO/SiO$_2$
1	脱硫前	20.0	29.7	28.2	0.5	4.2	0.7
	脱硫后	17.1	26.6	46.2	2.1	4.6	0.6
2	脱硫前	7.5	29.3	63.0	0.8	5.8	0.3
	脱硫后	29.2	19.1	42.4	1.9	3.4	1.5
3	脱硫前	1.7	35.2	62.8	0.6	5.8	0.0
	脱硫后	16.6	30.5	32.8	1.2	3.3	0.5
4	脱硫前	6.4	32.6	58.8	0.6	6.4	0.2
	脱硫后	17.7	24.7	55.1	1.5	4.9	0.7

已有的研究表明，采用喷吹钝化镁粉和钝化石灰粉为工艺形成的脱硫渣，最终脱硫产物仍然为 CaS，并且主要和 CaO、MgO、SiO$_2$ 共生，其组成（摩尔分数）为：O 43.9%，Mg 6.7%，Si 12.7%，S 2.8%，Ca 33.9%。周围的渣相有硅酸二钙（2CaO·SiO$_2$）和铝酸二钙（2CaO·Al$_2$O$_3$）。脱硫渣的岩相结构不均匀，有的区域为硫化物 CaS 和 FeS 共生，CaS 和 FeS 含量分别达到 39.7% 和 60.3%；脱硫渣渣中含有 MgO、CaO、Fe 以及铁镁尖晶石相，有些部位存在少量板状的铁铝酸钙，也有单独的 CaS 和 SiO$_2$ 存在；含有铁镁固溶体的尖晶石相组成为：MgO 75%，CaO 2.1%，FeO 22.9%；以 CaO 为主的渣相主要为含有少量

Al_2O_3 的硅酸三钙，存在有发育较好的柱状镁橄榄石，大致组成为 $Ca_4MgSi_3O_{11}$。

将钝化镁粉与其他的脱硫剂（Na_2O）造粒干燥以后，然后再与 CaO 等混合，即为包覆型的脱硫剂。脱硫后的产物主要是 CaS、$(Mn,Fe)S$ 的共生物或含 SiO_2 的 CaS，脱硫渣中含钙的岩相结构为硅酸三钙和硅酸二钙，MgO 以含铁固溶体存在。

含有 CaO 的镁基脱硫剂的脱硫产物，脱硫渣的物相主要为硅酸三钙和硅酸二钙；Ca 多存在于渣相界面或反应边上。

图 12-7 为笔者所在钢厂存放三年的喷吹脱硫渣的实体照片。

图 12-7　存放三年的喷吹脱硫渣

12.3.1.2　喷吹电石粉的脱硫渣组成

喷吹电石粉的脱硫工艺，由于电石易于吸水潮解等原因，安全风险较大，脱硫效果不及钝化镁粉，目前使用该工艺的厂家较少。

喷吹 CaC_2 粉，认为脱硫产物多是 CaS。从脱硫渣的结果分析来看，CaS 多和 CaO、SiO_2 共生，脱硫产物的组成为：O 45.5%，Si 13.3%，S 3.4%，Ca 37.8%。其周围的渣相以硅酸三钙（$3CaO \cdot SiO_2$）为主。

12.3.1.3　喷吹 CaO 系（CaO 和 CaF_2 混合粉）脱硫剂的脱硫渣组成

CaO 系脱硫剂多含 10%左右的 CaF_2，加入 CaF_2 的目的是降低脱硫渣的熔点和流动性。理论上认为 CaO 的脱硫产物是 CaS，但是从脱硫渣的分析表明：单独存在的 CaS 很少，CaS 多和 CaO、SiO_2、Al_2O_3 共生。脱硫的产物组成（摩尔分数）为：O 47.5%，Al 2.9%，Si 1.4%，S 1.3%，Ca 26.1%，Fe 20.8%。

脱硫渣中的主要矿物为硅酸二钙 $2CaO \cdot SiO_2$，其组成（原子比）为：Si 4.36%、Ca 28.46%、O 57.18%。CaO 脱硫时，铁水中的 Si、C 将其中的[O]夺取，Ca^{2+} 才有可能与 S 生成硫化物夹杂上浮。脱硫产物 CaS 多和 CaO、SiO_2 共生，证明 Si 是参与氧化反应的。之所以 CaS 脱硫剂的利用率高，是因为其中 C 夺[O]能力强，Ca^{2+} 容易产生，与 S 反应生成 CaS，CaS 与 CaO、SiO_2 共生物中 S 含量高，成渣为 C_3S，易于上浮，因而脱硫能力强。

由于喷吹钙基脱硫剂为主的喷吹法脱硫的周期较长、铁液温度损失严重等缺陷，已被喷吹钝化镁和钝化石灰粉的工艺取代，故关于喷吹电石粉剂脱硫渣特点的研究文献较少。

12.3.2　脱硫渣聚渣剂的使用

喷吹脱硫渣多以颗粒状漂浮于铁水表面，难以形成块状烧结态，不利于扒渣。为了减少铁水脱硫以后，扒渣困难和扒渣带铁量较多的问题，使用聚渣剂是一种有效的方法。加入一定量的聚渣剂，即与脱硫渣形成相互"润湿"的低熔点渣系，从而降低脱硫渣熔点，使得脱硫渣容易扒除。

12.3.2.1　聚渣剂材料选用的原理

聚渣剂材料选用的原理主要基于以下几点：

（1）由1500℃时 $CaO\text{-}Al_2O_3\text{-}SiO_2$ 系等黏度曲线图可知，在 MgO 含量一定的情况下，随着渣系组元中 SiO_2 含量的增加，理论上脱硫渣的黏度升高，有利于脱硫渣的黏结。但是 SiO_2 含量太高，使得熔化温度和软化温度增高，在铁水预处理温度范围内脱硫渣难以形成有效黏结相，因此适当的 SiO_2 含量有助于脱硫渣的聚集。合理配制聚渣剂的化学组成，既可以降低脱硫渣的熔点，又能与脱硫渣相互"润湿"聚集。这是脱硫渣聚渣剂使用含有 SiO_2 为主要成分的出发点。

（2）原子半径较小的材料，如 K、Na，能够降低渣系的熔点，所以 K、Na 是配置聚渣剂的辅助材料。

（3）氧化铁能够降低炉渣的熔点，还能够和铁水中的碳反应产生 CO 气泡，促进脱硫渣泡沫化，有利于扒渣，聚渣剂中采用氧化铁，效果也会很好。

（4）萤石具有的独特性能，使其能够在短时间内分解，助熔脱硫渣，也是常用的配置材料。

工业化生产中，一种以 SiO_2 和 CaO 渣系为基础，采用 $CaO\text{-}Al_2O_3\text{-}SiO_2\text{-}CaF_2\text{-}Na_2O$ 渣系配制试验用的聚渣剂成分见表12-8。

表 12-8　试验用的聚渣剂成分　　　　（%）

渣　号	SiO_2	CaO	Al_2O_3	CaF_2	Na_2O
1	62.0	0.5	15.0	18.0	0.5
2	14.0	46.0	14.0	9.0	9.0
3	10.0	50.0	10.0	15.0	15.0
4	45.0	5.0	2.0	17.0	19.0

研制的聚渣剂理化性能：粒度小于5mm，熔点小于1150℃，密度为2.8 g/m³，成分见表12-9。

表 12-9　研制的聚渣剂成分　　　　　　（%）

CaO + MgO	SiO$_2$	FeO	H$_2$O	Al$_2$O$_3$	Na$_2$O + K$_2$O
<5	50~60	<2	<1.5	20~30	0.7

根据以上的成分要求，脱硫渣聚渣剂一般以珍珠岩为主要成分，添加其他的辅助原料制备而成。其中，珍珠岩是一种火山喷发的酸性熔岩，经急剧冷却而成的玻璃质岩石，因其具有珍珠裂隙结构而得名。珍珠岩矿包括珍珠岩、黑曜岩和松脂岩。三者的区别在于珍珠岩具有因冷凝作用形成的圆弧形裂纹，称珍珠岩结构，含水量为2%~6%；松脂岩具有独特的松脂光泽，含水量为6%~10%；黑曜岩具有玻璃光泽与贝壳状断口，含水量一般小于2%。珍珠岩的成分见表12-10。

表 12-10　珍珠岩矿石的一般化学成分　　　　　　（%）

名　称	SiO$_2$	Al$_2$O$_3$	Fe$_2$O$_3$	CaO	K$_2$O	Na$_2$O	MgO	H$_2$O
珍珠岩	68~74	±12	0.5~3.6	0.7~1.0	2~3	4~5	0.3	2.3~6.4

除了珍珠岩以外，石英砂也是聚渣剂的选用材料之一。

12.3.2.2　聚渣剂的使用

聚渣剂在铁水罐或者铁水罐脱硫作业结束时加入，可人工加入，或者机械加入。聚渣剂具有以下优点：

（1）过程炉渣化透，成渣效果好。

（2）炉渣呈大块状，扒渣容易，扒渣头动作次数得以减少，节约扒渣时间，提高工序处理能力。

（3）脱硫以后的铁水带渣量减少，有效地改善入炉铁水条件。

（4）加入聚渣剂后，扒渣过程中铁水进入渣罐的量减少，渣铁损可降至1kg/t铁以下。

（5）加入聚渣剂以后对铁水脱硫率的影响很小。

12.3.3　脱硫渣阻断剂的使用

一炉脱硫渣和携带的铁液凝固以后，还不至于凝结成为一个大块。而两炉以上的脱硫渣相互凝固，如果不采用任何措施，就会造成这些脱硫渣中的铁液相互融合凝固，成为铁中带渣的大块，转炉和电炉都难以回收利用，并且破碎处理异常困难，许多钢厂采用就地掩埋的方法，造成金属铁料的浪费。某厂的大块脱硫渣的实体照片如图12-8所示。

图 12-8　大块脱硫渣

在扒渣机扒渣后的间歇期，加入适量的阻断剂，使得前后扒渣操作之间形成阻断层，从而在脱硫渣上下之间形成隔离带，以减少不同炉次脱硫渣和渣中铁液相互之间的接触。重复进行这种操作，在脱硫渣装满一个罐后形成多层隔离带，将前后进入渣罐的脱硫渣大部分阻隔开来，翻罐以后，脱硫渣分层，容易破碎，能够回收其中的金属铁料，达到可以深度处理的目的。

12.3.3.1　阻断剂的工作原理和常见材料

所谓的阻断，就是将不同炉次的脱硫渣进行分层，阻断剂要实现阻断功能，必须要承受铁水温度条件下铁水和脱硫渣的冲击。这需要阻断剂具有一定的耐火度、抗冲击强度等。首先其耐火度必须大于铁水的温度，即耐火度大于1500℃，在高温条件下具有一定的膨胀性和铺展性。然后还要具有防止铁液渗透的功能，即材料之间在高温下具有一定的强度，热膨胀系数合适，材料的不同颗粒晶界互相交接，形成晶界网络，对铁液具有不浸润的特性最好，材料间的组织结构能够形成陶瓷相，这样阻断剂和铁液在凝固翻罐后，便于分离，实现钢铁料的回收利用。

笔者试验过用滚筒渣制作的阻断剂、河沙制备的阻断剂，均是由于在高温条件下，材料抗铁液的渗透能力不足，造成铁液和材料黏结成为一个大块，更加难以处理。所以阻断剂的材料不仅有耐火度的要求，还要有合适的粒度，使得阻断剂和脱硫渣、铁液之间发生反应后分为反应层、烧结层和原质层（没有反应的部分）三部分。

阻断剂的材料类似于耐火材料，不同的厂家使用的阻断剂的成分也各不相同，主要以高铝质材料、炼钢尾渣、白云石、石灰石等为材料制备而成。在阻断剂的开发上，先后应用过不同材料的阻断剂，具体情况如下：

（1）石英砂阻断剂。石英砂主要成分为 SiO_2，含量在90%以上。选用0～

1mm 的石英砂为主料，并配加一定量的黏土细粉和助熔剂。其原料配比为：石英砂 80%～90%、黏土细粉 10%～15%、助熔剂 5%～10%。

在将脱硫渣扒入渣罐一次后立即加入 200～300kg 石英砂阻断剂，形成隔断层，共试验 4 个渣罐。试验结果显示，翻渣后 4 个渣罐中的脱硫渣均未自行隔断，表明石英砂阻断剂未形成较好的烧结层，高温强度不理想，隔离层被烧穿，冷却收缩性小，无法达到隔断的目的。

（2）白云石阻断剂。白云石主要成分为 CaO 和 MgO，选用 0～1mm 的白云石，配加比例为：白云石 75%～85%、黏土细粉 10%～20%、助熔剂 5%～10%。

白云石阻断剂加入方式同石英砂，共试验 5 个渣罐。其中的 4 个均未成功隔断，另外一个分成两大块，隔断效果不理想。表明白云石也未能形成较好的烧结层，无法有效隔断，即使有一罐渣被分成两块，也是偶然。

（3）复合型阻断剂。复合型阻断剂是由高铝质耐火粉、石英砂等原料组成，各种原料粒度均控制在 0.2mm 以下。一种复合型阻断剂原料配比为：高铝耐火粉 40%～50%、石英砂 30%～40%、萤石粉 5%～10%、焦粉 5%～10%；另一种的复合阻断剂由二级矾土粉、铁基硅锰矿、萤石粉、硫化剂组成，原料配比为：矾土粉 30%～50%、铁基硅锰矿 30%～40%、萤石粉 5%～10%、硫化剂 2%～5%。

12.3.3.2　阻断剂的加入方式

不同的阻断剂，加入的时机和方法也略有不同。脱硫渣在进入渣罐时，由于在较高温度时就进行隔断，为达到隔断效果，每扒一次渣要根据渣量情况投加一次阻断剂，然后再进行二次扒渣，如此往复即可。

12.3.3.3　一种利用钢厂内部废弃物制作阻断剂的技术

连铸机是炼钢厂的必备设备，连铸机的中间包内衬的材料多数由镁钙质和镁铝质的耐火材料制成的涂料涂抹而成，其耐火度在 1600℃ 以上。在使用过程中，一部分被钢水的物理冲刷和化学侵蚀所消耗，随钢液进入铸坯。还有一部分在使用以后，中间包翻包结束后，倾翻在中间包的翻包区域，以粉末状和块状存在。由于在连铸过程中，钢液中的夹杂物 Al_2O_3、SiO_2 等进入了中间包涂料中，造成耐火度下降，所以它们一般不会作为耐火材料循环利用。将它们的粉末状装袋以后，作为阻断剂使用，效果和成本都会很理想。笔者所在的钢厂采用此技术以后，解决了喷吹脱硫渣结块难以破碎处理的难题。几种中间包涂料的成分见表 12-11。

表 12-11　中间包涂料成分　　　　　　　　　　　　　　（%）

中间包涂料类别	CaO	SiO_2	MgO
镁钙质	10～15	<2.5	≥80
镁铝质	5～15	<2.0	≥75
干式料	2～5	<1.5	≥95

12.3.4　喷吹法脱硫渣处理

喷吹法脱硫渣由于能够析出多种毒化物质,具有较大的危险性。渣罐接满脱硫渣以后直接翻罐,显然危险重重,故喷吹脱硫渣的处理一般先进行喷水冷却,或者依靠自然降温缓冷以后再翻罐。这两种工艺翻罐以后,渣中的金属铁液凝固,与脱硫渣凝结成为坚固的大块,成为渣山的一部分,造成浪费。所以目前各个钢厂都是从减少扒渣过程中的带铁量,然后使用脱硫渣阻断剂处理扒渣过程中脱硫渣的结块问题,以期望实现脱硫渣的处理简易化。

12.3.4.1　脱硫渣的翻罐方法

脱硫渣在热状态下翻罐,容易出现燃烧和爆炸等事故;选择喷水冷却到渣盘彻底凝固再翻罐,即使是加入了最优质的阻断剂,也有部分的铁液会相互渗透连接在一起,处理具有一定的难度。采用热状态下翻罐,利用高温状态下分子间的作用力较小的特点,加以处理,处理难度较小。所以脱硫渣根据情况,采用热态下的安全翻罐是节约成本的一种选择。

例如,一个 $8m^3$ 的渣盘,在采用加入阻断剂的工艺条件下,渣罐盛满脱硫渣以后,冷却 3~8h 翻罐,脱硫渣是最容易碎裂成块的。实践证明,加入脱硫渣阻断剂以后,扒入渣罐的铁液和脱硫渣,经过阻断剂的吸热,凝固速度较快,在装满脱硫渣以后 2~4h 进行翻罐,罐内的铁液基本上凝固,既没有爆炸燃烧的危险,也没有凝固结块的现象。和精炼渣铸余一样,对渣盘的表面测温,探索出翻罐的最佳温度,有利于保障安全,并且提高处理效率。

12.3.4.2　喷吹脱硫渣的处理和利用

喷吹法脱硫渣中由于含有 MgS、CaS 等物质,与扒入渣罐中的铁液相互黏附,如果不去除而是直接利用,这些物质会进入铁液和渣相,或是增加了冶炼炉内金属液的硫含量,或是降低了炉渣的硫容量,降低或者减弱了脱硫的效果。喷吹脱硫渣的处理首先是选取其中的含铁部分,即脱硫渣铁,经过机械破碎或者其他破碎工艺,然后水洗等工艺处理,尽可能地去除脱硫渣,然后返回炼钢、炼铁使用。化验脱硫渣和转炉钢渣混选以后得到的粒钢,最高硫含量为 0.255% 。

脱硫渣在选取其中的金属铁以后,剩余的脱硫渣中含有较高的 MgO、SiO_2 ,常见的处理方法有:

(1) 碱度较低,适合作为添加材料制备脱硫渣渣砖、砌块等。

(2) 制作炼钢使用的镁球的辅助添加剂,也可以作为化渣剂的辅助原料使用。

(3) 作为制作钢渣镁肥的原料使用。

(4) 作为填埋材料,用于矿坑等领域的填埋处理。

喷吹脱硫渣渣铁的处理,有以下几种方法:

处理，处理成本高。本工艺将其制备为渣罐的防粘渣剂，减少了固废的外排量，变废为宝，有显著的环境效益。

在生产铝—碳化硅—碳质砖的过程中，铝—碳化硅—碳质砖中储存了大量的机械能，发明者依据"机械力化学反应"原理，通过破碎与磨粉，应用机械力产生的化学效应，将炼钢厂废弃的铝—碳化硅—碳质砖进行破碎磨粉，激发其反应活性，然后配入部分钢渣微粉制作为水溶液，用做炼钢渣罐使用的防粘渣剂，将铝—碳化硅—碳质砖中的 SiC 与 C 的活性充分发挥，与高温钢渣反应，起到防止渣罐粘渣的作用。某炼钢厂废弃的耐材成分见表 13-9。

表 13-9　某炼钢厂废弃的耐材成分　　　　　　　　　（%）

成　分	Al_2O_3	SiC	C
含　量	>71	11	11

将废弃的铝—碳化硅—碳质砖耐材经过颚式破碎机破碎，然后经过雷蒙磨磨细为 3mm 以下的小颗粒，与粒度在 3mm 以下的钢渣微粉粉末混匀，制成水溶液，喷涂在炼钢用渣罐的内壁。

喷涂了以上原料的渣罐，在接触转炉高温钢渣以后，材料中的 C 具有与钢渣的不浸润性，能够有效抵抗钢渣的渗透；材料中的 SiC 与渣中的氧化物反应，使得涂料层产生疏松，便于翻罐；材料中的主成分 Al_2O_3（含量大于 71%），其耐火度在 1790℃ 以上，能够有效抵抗高温渣液的热冲击，其中发生的化学反应如下：

$$MnO + C =\!=\!= Mn + CO \uparrow$$

$$FeO + C =\!=\!= Fe + CO \uparrow$$

$$3MnO + SiC =\!=\!= 3Mn + SiO_2 + CO \uparrow$$

$$3FeO + SiC =\!=\!= 3Fe + SiO_2 + CO \uparrow$$

本工艺的技术效果有：

（1）解决了炼钢厂铝—碳化硅—碳质砖的外排难题，变废为宝。

（2）本技术工艺生产的防粘渣剂工艺简单，能够降低防粘渣剂的生产成本。

（3）这种防粘渣剂的使用过程中，废弃铝—碳化硅—碳质砖中各个组分与钢渣中的氧化物能够充分反应，最大限度地发挥了废弃铝—碳化硅—碳质砖的潜在利用价值。

该工艺在某厂 120t 转炉生产线使用一年以来，翻罐率一直稳定在 98.5% 以上，效果显著。

13.5　一种防止渣罐开裂的措施

渣罐是炼钢过程中盛装转炉、精炼炉液态和高温固态钢渣的重要容器。渣罐本体的安全性，尤其是渣罐开裂漏渣穿渣事故，是关系到炼钢渣处理能否顺利进行的关键。所以渣罐使用过程中产生的裂纹预防和消除，是渣罐使用过程中重要的安全管控因素。

在国内西北、东北的部分地区，冬季的温度在 −30℃ 左右。在这些区域的钢厂，投用的渣罐因为钢厂的生产原因和工艺原因等停用一段时间，渣罐本体的温度会与环境温度接近，如果将这些渣罐直接投用，就会由于渣罐本体的温度变化过大而引起的热应力造成渣罐开裂事故。

渣罐的开裂是渣处理工艺中常见的问题。转炉的液态钢渣在缓慢冷却凝固过程中，有以下特点：

（1）液态转炉钢渣的成分中 TFe 含量较高，碱度大于 3.5 以后，流动性较差，不利于转炉钢渣均匀地黏附于铸钢渣罐的内壁。

（2）转炉高温液态钢渣倒入钢质的渣罐以后，最先接触渣罐内壁的液态钢渣，迅速与铸钢渣罐本体进行热交换，液态钢渣中熔点较高的硅酸二钙和硅酸三钙首先凝固析出，结晶过程中硅氧离子形成的网络结构将钢渣的各种矿物组织凝结在一起，形成基本结构为非均质相的玻璃相和陶瓷相的渣膜，黏附于渣罐的内壁。其中，钢渣中的主要矿物组织硅酸二钙的熔点很高（2130℃），凝固以后，很难再次被液态钢渣熔化，故能够作为特殊的耐火材料使用，但是形成的渣膜厚度不均匀，渣罐底部较厚，罐壁渣膜较薄，不做处理会影响渣罐盛装钢渣的有效容积。

转炉固态钢渣的热导率很小，仅有 0.4W/(m·K)，也就表明转炉固态钢渣的导热性较差。材质为 Q235 的渣罐，其热导率远远高于固态钢渣，具体的数据见表 13-10。

表 13-10　材质为 Q235 渣罐的热导率　　　　（W/(m·K)）

温度/℃	20	100	200	300	800
热导率	53.8	51.2	48.8	45.4	28.1

由表 13-10 可知，如果固态钢渣作为隔热层，液态钢渣通过固态钢渣以热传导的形式传递热量给铸钢渣罐，渣罐能够迅速向环境对流传热（渣罐本体的最高温度在 800℃ 以下，认为是对流传热）。由于铸钢件渣罐通过热对流向环境空气传递出的热量，大于液态钢渣通过固态钢渣传递给铸钢件本体的热量，所以能够有效地防止渣罐本体升温过快，减少了由于渣罐本体温差过大引起的渣罐开裂事故。带有渣膜的渣罐如图 13-8 所示。

采用以下工艺，能够有效地将转炉钢渣进行改质的同时，使其能够均匀地黏附于渣罐铸钢件内壁。其工艺步骤为：

（1）环境温度较低时，正常循环使用的热态空渣罐，待罐内钢渣倒出以后，不再喷涂防粘渣剂。

　　投用前向空渣罐内加入一定量的石油焦粉末和硅铁粉末。其中，加入石油焦粉末的作用是还原渣中的氧化铁，在氧化铁被还原的同时，产生的CO气泡促使液态炉渣泡沫化，液态转炉炉渣在泡沫化过程中能够均匀的黏附于渣罐内壁；加入硅铁粉末的作用是在还原渣中氧化铁的同时，产生的SiO_2能够降低炉渣的碱度，有利于调整液态炉渣的流动性，能够保证钢渣顺利地从渣罐中倒出。

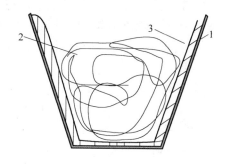

图 13-8　带有渣膜的渣罐
1—铸钢渣罐的本体；2—高温钢渣（液态、固态）；
3—黏附在渣罐内表面上的固态钢渣

　　（2）将以上的空渣罐放置于转炉的渣车上，接受转炉液态钢渣。

　　（3）渣罐装满转炉液态钢渣以后，渣车开出，将渣罐内的液态钢渣按照正常的渣处理工艺处理以后，留下黏附于渣罐内壁的渣膜，将带渣膜的空渣罐，根据生产的需要，摆放于任意位置待用。使用时不论渣罐的本体温度如何，不做任何处理，直接使用接受转炉或者精炼炉的铸余钢水即可。

　　以上工艺特别适用于以下情况：

　　（1）环境温度低于0℃，渣罐闲置等待时间过长，渣罐本体温度较低，渣罐用于直接盛装转炉高温钢渣。

　　（2）环境温度低于0℃，作为精炼炉铸余钢渣的渣罐使用。

　　以1条120t转炉生产线为例，该生产线配置有工称容量为120t转炉3座，使用11m³的渣罐，每座转炉每次出渣量为14t，钢渣的温度为1680℃，钢渣的化学成分见表13-11。

表 13-11　钢渣的化学成分

CaO/%	SiO₂/%	Al₂O₃/%	TFe/%	MgO/%	MnO/%	P₂O₅/%	其他/%	碱度
40~55	9~16	0.5~3	25.25	9~12	0.6~3.5	0.81	0.77	3.08

　　该生产线冬季环境温度低于0℃，转炉需要检修、限产等原因，停产时间大于12h。在上述情况下使用渣罐，需进行以下操作：

　　（1）转炉渣罐在使用以前，不再喷涂渣罐防粘渣剂，向渣罐内加入碳含量为90%、粒度小于1mm的石油焦粉末168kg，以及硅铁粉末238kg。其中，硅铁粉末的硅含量为75%，粒度小于3mm。然后，渣罐可以正常在转炉进行盛装转炉液态钢渣的受渣作业中使用。

　　（2）转炉受渣以后，按照正常的渣处理工艺进行钢渣处理。

（3）以上的渣处理工艺过程中，将渣罐中的液态钢渣处理完以后，留下黏附于渣罐内壁的固态渣膜，将此渣罐摆放于任何区域待用。

（4）转炉生产再次正常进行时，直接使用上述渣罐，进行盛装转炉液态钢渣的作业即可。

其工艺效果为：

（1）有效地减少环境温度较低情况下，渣罐直接盛装转炉液态钢渣引起渣罐开裂的事故。

（2）能够防止渣罐直接盛装液态钢包铸余，引起渣罐本体升温过快，造成渣罐开裂的事故。

以下工艺用于盛装脱硫渣能够有效地防止渣罐开裂：

（1）由于脱硫渣的温度和产生的量较少，故渣罐首先用于脱硫站的扒渣，扒渣 1~2 炉，待渣罐的温度达到正常的温度以后，可直接应用于转炉或者电炉的受渣作业。

（2）如果脱硫渣罐与转炉使用的渣罐不一致，将热态的脱硫渣倒入冷态的空渣罐预热，待渣罐温度达到预期目标值以后，可应用于转炉的受渣作业。

13.6　防止渣罐穿罐的措施

13.6.1　铺垫中间包废弃涂料

除了使用有渣膜的渣罐以外，以下专利技术对防止渣罐的穿罐也很有效。

每个钢厂都有连铸机，连铸机中间包涂料使用以后，在翻包过程中中间包的涂料会部分剥落成为工业垃圾，其主成分为氧化镁和氧化钙，也有部分的以氧化镁和氧化铝为主，都是较好的耐火材料。将它们垫入渣罐或者涂抹在渣罐内壁，接受转炉异常渣，非常有效。其原理在于：（1）将铺垫的钢渣作为防止钢渣冲击渣罐底部的保护层，同时吸收部分的钢渣和钢水的热量，然后再和渣罐底部的中间包涂料接触。（2）氧化性较强的钢渣和底部的镁质中间包废弃的涂料接触，钢水或者渣中的氧化铁降低了镁质废弃涂料的耐火度，并且参与反应形成 RO 陶瓷烧结相，阻隔了洗炉渣直接接触罐底本体，从而起到了防止穿罐的作用；从陶瓷相烧结的吸热效应来看，每形成 200kg 的陶瓷相烧结层，可以吸收 720kW·h 的热能，可以迅速促使高温渣液由液态向凝固态转化，能够有效地防止渣罐接受异常高温钢渣作业时的渣罐熔穿事故。

具体实施方式以 120t 转炉使用的 11m^3 的渣罐为例：

（1）在渣罐装载渣料前，先在渣罐底部铺垫中间包废弃涂料，其厚度为 100~250mm，再铺垫 800kg、粒度小于 100mm 的废弃转炉氧化钢渣，然后即可使用。

（2）中间包废弃涂料含 80% 的粉末和 20% 的颗粒物（粒度 40mm），成分为：MgO 75% ~82%，CaO 12% ~20%，Al_2O_3 3% ~8%。以上原料在连铸生产后利用铲车收集即可。

其中，铺垫中间包废弃涂料可以采用干式施工和湿法施工两种工艺：

（1）干式施工是使用铲车直接将收集的原料300kg装入渣罐内，再以同样的方法装入800kg普通转炉固态钢渣，然后沿着渣罐上沿四周、顺着渣罐内壁均匀加入500~1000kg的中间包废弃涂料，便可以将渣罐投入使用，接受转炉洗炉渣，进行正常的热泼或者滚筒渣处理作业。

（2）湿法施工是将废弃的中间包涂料加水拌和，将原料制成面团状，然后将面团状的原料涂抹在渣罐内壁底部100cm高度的范围，然后装入800kg的红热钢渣，烘烤干燥以后将渣罐投入使用，接受转炉洗炉渣，进行正常的热泼或者滚筒渣处理作业即可。

13.6.2 转炉出渣过程中的倒渣操作

转炉出渣过程中的以下措施，也是防止渣罐穿罐的有效方法：

（1）转炉出异常渣时，除了渣罐垫渣以外，采用分段出渣。首先出渣一部分，然后停留2~10min，等待钢渣在渣罐内壁结壳形成一层保护膜以后，再继续出渣，出渣量不宜过多，然后换上另外一个渣罐，使用多个渣罐接渣。

（2）在渣罐的底部放置冷材、工业垃圾，如废玻璃垃圾、石英砂垃圾、脱硫渣渣铁等，既能够降低渣温，防止渣罐的熔穿事故，又能够转化消化工业垃圾，变废为宝。

（3）转炉采用缓慢出渣的操作模式，或者出渣前根据具体情况加入压渣剂、冷钢渣等原料，对钢渣进行消泡降温，防止出渣过快，将钢水出到渣罐内部。

（4）转炉洗炉以后或者停炉前，需要将转炉内的钢水出到渣罐内时，一定采用带有渣膜的渣罐或者特殊处置的渣罐（如罐内砌筑了耐火材料的渣罐等）。

（5）转炉出渣过程中，罐内的钢渣与渣罐上部法兰边至少有30cm的安全距离。

（6）转炉溅渣护炉以后剩余的残渣内多含有转炉出钢过程中没有出尽的钢水，使用带渣膜的渣罐盛装转炉溅渣护炉后剩余的残渣，有防止渣罐穿罐事故和钢水黏结在渣罐底部造成渣罐报废事故的功能。

（7）盛装倒炉渣后的渣罐，继续盛装转炉溅渣护炉后剩余的残渣，基本上可以避免转炉炉内钢水进入渣罐造成的穿罐事故。这是因为转炉在倒出倒炉渣时，只要没有将钢水倒入渣罐，进入渣罐的钢渣在内壁形成的渣膜，有利于防止钢水倒入渣罐造成的穿罐事故。

13.6.3 防止转炉补炉倒渣穿罐的工艺

针对转炉倒空补炉时有残留钢水进入渣罐的现象，为了杜绝穿罐危险，常见的工艺措施如下：

（1）转炉倒空炉子的炉次，将此炉的倒炉渣倒罐，将罐内的渣液倒入另外一个空渣罐，留下罐内的渣膜，去接受转炉补炉倒空的炉渣，受渣后，如果转炉通知下钢水，此罐倒罐处理，上部的钢渣倒在另外的空渣罐，罐底的钢水倒入热泼渣池进行回收。

（2）在上述工艺无法实施、来不及倒罐的情况下，将带膜的渣罐直接用于盛装转炉倒空炉子的渣子和残余钢水。

（3）转炉洗炉渣按照倒空炉子的工艺标准实施。

14 钢渣处理过程中的安全控制

钢渣和除尘灰在处理过程中，首先会产生各类有害的化学物质，主要有 CO、CO_2、C_2H_2、SO_2、H_2S、H_5P 等，均能对职工和作业现场造成伤害或者造成职工形成职业病；其次是钢渣处理过程中的高温伤害、爆炸伤害和粉尘伤害等。

14.1　化学物质的危害及其典型案例

14.1.1　钢渣处理过程中 CO 的产生机理与中毒表现

14.1.1.1　钢渣处理过程中 CO 的产生机理

炼钢过程中，不论是转炉渣还是电炉渣、脱硫渣，渣中都含有溶解碳元素的金属铁（其含量为渣量的 5%～15%），其在渣处理过程中，随着温度的降低，按照铁碳相图的规律开始析出碳，与环境中的氧发生不完全反应，生成 CO，反应方程式如下：

$$Fe_3C === 3Fe + C \qquad C + 1/2O_2 + \Delta Q === CO$$

在有水分存在的情况下产生 CO 和 H_2，这是渣处理过程中煤气的主要来源，铁碳平衡相图如图 14-1 所示。某种转炉钢渣样的成分见表 14-1；某种喷吹脱硫

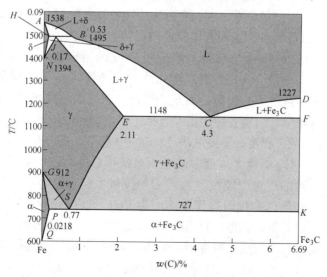

图 14-1　铁碳相图

渣样的成分见表14-2；某种电炉钢渣样的成分见表14-3。

表14-1 某种转炉钢渣样的成分 （%）

成 分	CaO	SiO$_2$	P$_2$O$_5$	Fe	FeO	MgO	MnO	CaF$_2$	TiO$_2$
渣样1	50.8178	12.8805	0.8101	6.9412	15.4862	6.3231	1.5331	3.2697	1.584
渣样2	48.5432	14.4071	1.0532	5.9101	10.7635	5.6551	1.3018	3.6095	1.5238
渣样3	42.8449	12.5773	0.8952	4.545	11.7628	11.476	1.8915	0.4937	3.1238
渣样4	44.6826	13.1596	0.914	8.7068	16.7585	9.5374	1.8259	0.8059	3.1005

表14-2 某种脱硫渣样的成分 （%）

成 分	SiO$_2$	CaO	Al$_2$O$_3$	TFe	S
含 量	29.2 ~ 30.03	31.53 ~ 34.93	3.8 ~ 4.3	22.75 ~ 32.86	1.6 ~ 2.9

表14-3 某种电炉钢渣样的成分 （%）

成 分	CaO	SiO$_2$	P$_2$O$_5$	Fe	FeO	MgO	MnO
含 量	45	22.42	0.14	3.55	19.44	3.3	3.31

钢渣和除尘灰处理过程中，CO对职工的危害最大，也最为明显，尤其是脱硫渣和除尘灰的处理。

14.1.1.2 CO的危害因素简介

一氧化碳（CO）是一种对血液和神经系统毒性很强的毒化物质，所以CO最大的危害是造成人员的中毒，即CO中毒。

CO中毒机理是CO与血红蛋白的结合力比氧与血红蛋白的结合力大200 ~ 300倍，碳氧血红蛋白（COhb）的解离速度只是氧血红蛋白（O2hb）的1/36。空气中的CO通过呼吸系统进入人体血液内，与血液中的血红蛋白、肌肉中的肌红蛋白、含二价铁的呼吸酶结合，形成可逆性的结合物。中毒原理表示为：HbO$_2$ + CO ══ HbCO + O$_2$（Hb为血红蛋白化学式的简写）。CO与血红蛋白的结合，不仅降低血球携带氧的能力，而且还抑制、延缓氧血红蛋白的解析与释放，造成中毒人员的缺氧，出现各种中毒综合征。

CO对机体的危害程度，主要取决于空气中CO的浓度与机体吸收高浓度CO空气时间的长短。CO中毒者血液中的碳氧血红蛋白的含量与空气中CO的浓度成正比关系，中毒的严重程度则与血液中的碳氧血红蛋白含量有直接关系。此外，机体内的血红蛋白的代谢过程也能产生CO，形成内源性的碳氧血红蛋白。正常机体内，一般碳氧血红蛋白只占0.4% ~ 1.0%，贫血患者则会更高一些。

心脏与大脑是与人的生命最重要的组织与器官，心脏与大脑对机体供氧不足的反应特别敏感，因此，CO中毒导致的机体组织缺氧，对心脏与大脑的影响最为显著。CO中毒后，人体血液内的碳氧血红蛋白可达到2%以上，从而引起神经系统反应，如行动迟缓、意识不清。例如，CO 浓度达到 0.003%，人体血液内的碳氧血红蛋白可达到 5% 左右，可导致视觉与听力障碍；当血液内的碳氧血红蛋白达到 10% 以上时，机体将出现严重的中毒症状，如头痛、眩晕、恶心、胸闷、乏力、意识模糊等。

CO 中毒对心脏也能造成严重的伤害。当碳氧血红蛋白达到 5% 以上时，冠状动脉血流量显著增加；达到 10% 时，冠状动脉血流量增加 25%，心肌摄取氧的数量减少，导致某些组织细胞内的氧化酶系统停止活动。CO 中毒还会引起血管内的脂类物质累积量增加，导致动脉硬化症。动脉硬化症患者，更容易出现 CO 中毒。碳氧血红蛋白为 2.5%，甚至 1.7% 时，就可能使心绞痛患者的发作时间间隔大大缩短。

由于 CO 在肌肉中的累积效应，即使在停止吸入高浓度的 CO 后，在数日之内，人体仍然会感觉到肌肉无力。CO 中毒对大脑皮层的伤害最为严重，常常导致脑组织软化、坏死。

CO 除了造成人员中毒以外，还会造成爆炸伤害。渣处理过程中产生的煤气是无色、无味、易燃、易爆、有剧毒的可燃气体，密度约为 $1.25kg/m^3$，CO 含量为 26% ~30%，着火温度约为 560~600℃；爆炸极限下限为 30% ~35%，上限为 70% ~80%。在热闷渣和滚筒渣工艺、脱硫渣的处理工艺过程中，这种危害尤其突出，这一点将在各个工艺点的操作中予以详细叙述。

14.1.1.3　CO 中毒症状表现

CO 中毒症状表现在以下几个方面：

（1）轻度中毒。患者可出现头痛、头晕、失眠、视物模糊、耳鸣、恶心、呕吐、全身乏力、心动过速、短暂昏厥。血中碳氧血红蛋白含量达 10% ~20%。

（2）中度中毒。除上述症状加重外，口唇、指甲、皮肤黏膜出现樱桃红色，多汗，血压先升高后降低，心率加速，心律失常，烦躁，一时性感觉和运动分离（即尚有思维，但不能行动）。症状继续加重，可出现嗜睡、昏迷。血中碳氧血红蛋白约在 30% ~40%。经及时抢救，可较快清醒，一般无并发症和后遗症。

（3）重度中毒。患者迅速进入昏迷状态。初期四肢肌张力增加，或有阵发性强直性痉挛；晚期肌张力显著降低，患者面色苍白或青紫，血压下降，瞳孔散大，最后因呼吸麻痹而死亡。经抢救存活者可有严重并发症及后遗症。

CO 中毒以后的后遗症表现为：中、重度中毒病人有神经衰弱、震颤麻痹、偏瘫、偏盲、失语、吞咽困难、智力障碍、中毒性精神病或去大脑强直。部分患者可发生继发性脑病。

14.1.1.4　典型案例

某钢厂建有两套 KR 脱硫装置，其脱硫渣就建设在 KR 操作室外 20m 处。2010 年 11 月 ~2011 年 5 月，KR 操作室长期煤气浓度超标，在 0.03% ~0.07%

之间，职工头痛、恶心症状普遍。该厂要求设备系统普查该工艺范围区域所有的使用煤气的设备，看是否有漏点。经过认真普查，没有发现任何设备有煤气泄漏，但是现场的煤气浓度始终超标，KR 操作室的工人极度恐慌，一度要求 KR 工艺停工。该作业区的安全员屈某和邓某使用煤气报警仪在 KR 脱硫渣池旁测出煤气浓度超标的原因，该厂随即采用优化处理工艺，解决了这一问题。

此外，脱硫站在除尘系统良好、渣罐区域通风良好的情况下，CO 会被除尘系统抽吸，现场的 CO 浓度会在一个适合工作的安全状态下。但在除尘系统故障的情况下，会发生现场人员中毒的情况。2014 年 8 月，某钢厂发生了除尘系统故障约 30min，现场就有职工出现中毒现象。

14.1.2　钢渣处理过程中 SO_2 的产生机理与中毒表现

14.1.2.1　钢渣和除尘灰处理过程中 SO_2 的产生机理

渣处理过程中，转炉渣、电炉渣、脱硫渣和精炼渣都含有一定量的硫，尤其是脱硫渣和精炼渣，还有精炼炉除尘灰的处理。在采用水冷降温或者水淬工艺过程中，都会产生 SO_2，不同的钢渣产生 SO_2 的机理不同。一般认为，SO_2 产生的途径可以用以下的方程式表示：

（1）含硫物质在温度变化的情况下析出硫单质，燃烧生成 SO_2：

$$S + O_2 \stackrel{}{=\!=\!=} SO_2$$

（2）硫化氢高温燃烧生成硫单质，然后进一步反应生成 SO_2。燃烧的化学方程式为：

$$2H_2S + 3O_2 \stackrel{点燃}{=\!=\!=} 2H_2O + 2SO_2(O_2\ 过量)$$

$$2H_2S + O_2 \stackrel{点燃}{=\!=\!=} 2H_2O + 2S(O_2\ 不足)$$

$$S + O_2 =\!=\!= SO_2$$

14.1.2.2　SO_2 对职工的危害

SO_2 是造成大气酸化的主要物质，其物理性质在常温下为无色有刺激性气味的有毒气体，密度比空气大，易液化，易溶于水（约为 1:40），密度为 2.551 g/L（气体，20℃下），熔点为 -72.4℃（200.75K），沸点为 -10℃（263K）。

对职工的危害表现为：

（1）易被湿润的黏膜表面吸收生成亚硫酸、硫酸。对眼及呼吸道黏膜有强烈的刺激作用。大量吸入可引起肺水肿、喉水肿、声带痉挛而致窒息，形成急性中毒。

（2）轻度中毒时，发生流泪、畏光、咳嗽、咽喉灼痛等；严重中毒可在数小时内发生肺水肿；极高浓度吸入可引起反射性声门痉挛而致窒息。皮肤或眼接触发生炎症或灼伤。慢性影响：长期低浓度接触，可有头痛、头昏、乏力等全身症状以及慢性鼻炎、咽喉炎、支气管炎、嗅觉及味觉减退等，少数人会有牙齿酸蚀症。

（3）SO_2 还可被人体吸收进入血液，对全身产生毒性作用，它能破坏酶的活力，影响人体新陈代谢，对肝脏造成一定的损害。慢性毒性试验显示，SO_2 有全身性毒性作用，长期接触者可能会有呼吸道疾病发病率增加或感冒后不易痊愈的症状，除由于 SO_2 的直接刺激作用外，还可能与免疫反应受抑制有关。

曾经对长期接触平均浓度在 $50mg/m^3$ SO_2 的人员进行调查，发现慢性鼻炎的患病率较高，主要表现为鼻黏膜肥厚或萎缩、鼻甲肥大或嗅觉迟钝等；其次为患牙齿酸蚀症；脑通气功能明显改变，肺活量及最大通气量均值降低；肝功能检查与正常组比较有显著差异；此外 SO_2 还具有促癌性。

14.1.2.3　SO_2 与粉尘联合作用的危害

SO_2 和粉尘的联合作用会使身体健康受到极大损害。SO_2 随飘尘形成气溶胶微粒进入人体肺部深层，毒性将增加 $3\sim4$ 倍，导致肺泡壁纤维增生。如果增生范围波及广泛，形成肺纤维性变，发展下去可使肺纤维断裂形成肺气肿。据某冶炼厂统计，300 名接触 SO_2 的职工，有 30% 的人患有不同程度的支气管疾病。当大气中 SO_2 浓度为 $0.21\times10^{-4}\%$，烟尘浓度大于 $0.3mg/L$，可使呼吸道疾病发病率增高，慢性病患者的病情迅速恶化。如伦敦烟雾事件、马斯河谷事件和多诺拉等烟雾事件，都是这种协同作用造成的危害。

14.1.2.4　SO_2 中毒典型案例

某钢厂渣场内建设有 2 套滚筒渣工艺装备，4 个热泼渣渣池子，1 个 KR 脱硫渣渣池子，9 个除尘系统，均有卸灰点。在滚筒渣处理现场，有 1/3 的现场职工均不定期出现咳嗽，咽、喉灼痛等症状；在精炼炉除尘灰卸灰点，职工卸灰加湿作业 1 次，回家喉痛 3 天左右，食物吞咽困难。经过相关医学辨识，表明为现场 SO_2 的毒化作用造成的。

14.1.3　钢渣处理过程中硫化氢的产生机理与中毒表现

14.1.3.1　钢渣和除尘灰处理过程中硫化氢的产生机理

在含有硫的渣尘处理过程中，硫化氢的析出较其他的硫化物的析出更加普遍。笔者在滚筒渣、脱硫渣等作业现场，经常被硫化氢特有的臭味所困扰，受害匪浅。何环宇教授在精炼渣的水热浸出去硫反应机理研究过程中，发现精炼渣能够产生硫化氢的反应机理。其过程如下：

$$2CaS + 2H_2O \rightleftharpoons Ca(HS)_2 + Ca(OH)_2$$

$$Ca(HS)_2 + 2H_2O \rightleftharpoons Ca(OH)_2 + 2H_2S$$

故含有硫化钙的物质，产生硫化氢的方程式为：

$$2CaS + 2H_2O == Ca(OH)_2 + 2H_2S(g)$$

14.1.3.2　硫化氢对职工的毒化危害

硫化氢气体是一种具有臭鸡蛋气味的气体，是一种强烈的神经毒素，对黏膜有强烈刺激作用，易燃，与空气混合能形成爆炸性混合物，遇明火、高热能引起燃烧爆炸。硫化氢气体比空气重，能在较低处扩散到相当远的地方，遇明火会引起回燃。接触浓度较高的硫化氢气体，会发生不同的中毒临床表现。

急性硫化氢中毒一般发病迅速，出现以脑和（或）呼吸系统损害为主的临床表现，也可伴有心脏等器官功能障碍。其中以对中枢神经系统的损害最为常见，分为以下几种：

（1）接触较高浓度硫化氢后可出现头痛、头晕、乏力、共济失调，可发生轻度意识障碍。常先出现眼和上呼吸道刺激症状。

（2）接触高浓度硫化氢后以脑病表现最为显著，出现头痛、头晕、易激动、步态蹒跚、烦躁、意识模糊、谵妄、癫痫样抽搐可呈全身性强直——阵挛发作等；可突然发生昏迷，也可发生呼吸困难或呼吸停止后心跳停止。眼底检查可见个别病例有视神经乳头水肿。部分病例可同时伴有肺水肿。脑病症状常较呼吸道症状出现早，可能因发生黏膜刺激作用需要一定时间。

（3）接触极高浓度硫化氢后可发生电击样死亡，即在接触后数秒或数分钟内呼吸骤停，数分钟后可发生心跳停止；也可立即或数分钟内昏迷，并呼吸骤停而死亡。死亡可在无警觉的情况下发生，当察觉到硫化氢气味时可立即嗅觉丧失，少数病例在昏迷前瞬间可嗅到令人作呕的甜味。死亡前一般无先兆症状，可先出现呼吸深而快，随之呼吸骤停。

急性中毒时多在事故现场发生昏迷，其程度因接触硫化氢的浓度和时间而异，偶可伴有或无呼吸衰竭。部分病例在脱离事故现场或转送医院途中即可复苏。到达医院时仍维持生命体征的患者，如无缺氧性脑病，多恢复较快。昏迷时间较长者在复苏后可有头痛、头晕、视力或听力减退、定向障碍、共济失调或癫痫样抽搐等。

硫化氢的另外一个重要的化学性质就是能够燃烧，燃烧产物二氧化硫也是对职工产生毒害的毒化物质。

14.1.3.3　炼钢厂渣尘处理过程中的典型案例

某钢厂电炉生产线精炼炉除尘系统，为了减少扬尘，采用加湿处理工艺。在加湿过程中，该区域始终弥漫着坏鸡蛋的恶臭和发霉的臭蒜味，引起在机旁操作职工的恶心、呕吐，以至于该区域只要卸灰加湿，就没有人愿意在该区域停留。经过气体分析表明，此工艺方法产生大量硫化氢，严重损害了职工的健康。

某钢厂喷吹脱硫站与1号LF精炼炉比邻，该区域职工反映在扒渣过程中有恶臭气体困扰，经过辨识也是产生硫化氢引起的。

14.1.4　钢渣处理过程中磷化氢的产生机理与中毒表现

14.1.4.1　磷化氢的产生机理

磷化氢化学式为 PH_3，是一种无色、易燃、具有大蒜味和鱼腥味的有毒气体。磷化氢的产生主要有三个方面：

（1）磷的金属化合物的生产、储存、运输过程中，若防潮不良，空气湿度过高，吸收水分或遇酸时，可产生磷化氢。

（2）在生产过程中，只要有黄磷燃烧的烟雾就可有磷化氢的存在，这是由于磷的低价氧化物三氧化二磷（P_2O_3）与热水反应产生磷化氢。

（3）乙炔生产和使用过程中，由于乙炔的原料碳化钙（CaC_2，俗称电石）中含有少量的磷化钙（Ca_3P_2）杂质，在加水反应时有磷化氢混合于乙炔气体之中，可致急性磷化氢中毒。

炼钢过程中，磷存在于金属铁和含钙的各类原料中，如转炉渣、电炉渣、精炼渣，炼钢除尘灰中的磷化二铁、磷酸三钙、磷酸四钙等。其反应生成磷化氢的方程式如下：

$$3CaO \cdot P_2O_5 + H_2O \longrightarrow Ca(OH)_2 + PH_3 + H_3PO_4$$

$$Ca_3P_2 + H_2O \longrightarrow Ca(OH)_2 + PH_3$$

14.1.4.2　磷化氢的危害

磷化氢非常易燃并具有爆炸性，与空气接触可以引发自燃现象。吸入磷化氢会对心脏、呼吸系统、肾、肠胃、神经系统和肝脏造成影响。急性磷化氢中毒起病较快，数分钟即可出现严重中毒症状，但个别病人潜伏期可达 48h。急性磷化氢中毒主要表现头晕、头痛、乏力、恶心、呕吐、食欲减退、咳嗽、胸闷，并有咽干、腹痛及腹泻等。严重时还会造成颤抖、痉挛、黄疸、肝脏及心脏功能紊乱、肾发炎及死亡。磷化氢慢性侵入人体以后，还会造成骨骼的病理变化。对于磷化氢，我国车间空气卫生标准 MAC 规定其浓度上限为 0.3mg/m^3，美国 ACGIHTLV-TWA 的规定为 0.42mg/m^3。

14.1.5　钢渣处理过程中乙炔气的产生机理与中毒表现

14.1.5.1　钢渣和除尘灰处理过程中乙炔气的产生机理

渣处理过程中乙炔气产生的来源主要有以下几个方面：

（1）精炼炉精炼渣中含有的电石成分和电石渣水解产生乙炔气，方程式如下

$$CaC_2 + H_2O \longrightarrow C_2H_2 + Ca(OH)_2$$

（2）脱硫渣中的氧化钙和渣中的碳反应产生电石，打水冷却过程中水解反应产生乙炔气。

（3）精炼炉除尘灰中吸入的精炼炉电石粉末水解过程中产生乙炔气。

14.1.5.2　乙炔对职工的伤害

乙炔是最简单的炔烃，又称电石气，分子式为 C_2H_2。气体密度为 0.91 kg/m^3，火焰温度为 3150℃，热值为 53.56MJ/m^3。

纯乙炔是无臭的，但渣处理过程中产生的乙炔由于含有硫化氢、磷化氢等杂质，而有一股大蒜的气味。纯乙炔属微毒类，具有弱麻醉和阻止细胞氧化的作用。高浓度时排挤空气中的氧，引起单纯性窒息作用。由于乙炔中常混有磷化氢、硫化氢等气体，故常伴有此类毒物的毒作用。人接触 100mg/m^3 浓度的乙炔能耐受 30~60min，当乙炔含量为 20% 时引起明显缺氧，30% 时共济失调，35% 时 5min 引起意识丧失，在含 10% 乙炔的空气中 5h，会有轻度中毒反应。

动物长期吸入非致死性浓度的乙炔，会引起亚急性和慢性毒性，出现血红蛋白、网织细胞、淋巴细胞增加和中性粒细胞减少，有支气管炎、肺炎、肺水肿、肝充血和脂肪浸润症状（脂肪肝）。

14.1.6　氢氧化钙的危害和产生机理及其防护

所有种类的钢渣和炼钢除尘灰，除了低碱度的酸性渣，在使用水作为冷却工艺的过程中，均会产生氢氧化钙，属于强碱类，人体接触，会造成化学性的灼伤、严重的表皮烧伤、肌肉神经组织不可痊愈的化学性伤害。

其产生的机理较为简单，主要是渣中游离氧化钙的水解和含有氧化钙原料的水解反应生成的，化学方程式如下：

$$CaO + H_2O = Ca(OH)_2$$

防止氢氧化钙化学灼伤的常见处理方法是：现场的钢渣不宜堆积过多，渣处理宜采用水淬工艺，对现场的粉尘及时洒水、打水进行处理，渣处理的循环水需要及时采用特殊工艺加以处理，例如滚筒渣循环水采用加入工业盐酸的方法处理。

14.1.7　化学物质危害的典型案例和防范措施

某钢厂在对精炼炉除尘灰的加湿处理过程中，产生各种气味难闻的气体，一直没有得到合理的处理。某日，除尘灰卸灰的职工一脚踏空，掉入正在加湿的汽车车厢内，手臂和脚腕被严重烧伤，造成永久性伤害，此事故引起了极大的震动。在对精炼炉除尘灰的危险因素的辨识过程中，发现了乙炔气、硫化氢、磷化氢气体。随后的某日，汽车在卸灰加湿，电焊工在汽车上部做焊接作业的过程中，一个焊渣掉入车厢内，引起车辆车厢内上部燃起了熊熊烈火，险些造成一起火灾事故。

所以，在处理含有相应毒化物质的钢渣和渣尘时，必须根据其原理加以预防，或者预先采用防范措施加以避险。

防止钢渣处理工艺过程中的毒化气体中毒事故，主要原则有以下几点：

（1）渣处理的厂房必须通风良好，渣处理过程中的现场不宜堆积过多钢渣。

（2）对局部通风不良的区域，在渣处理过程中采用强制通风。

（3）对脱硫渣和转炉钢渣，宜采用快冷工艺，促使渣中的 CO 快速的析出燃烧。

（4）在渣处理现场，不宜设置休息室和密闭的休息场所，防止富集 CO 等有毒物质。

14.2　粉尘的危害及防护措施

14.2.1　粉尘及其危害

14.2.1.1　粉尘的分类

根据粉尘的性质，可以分为三类：（1）无机性粉尘。包括矿物性粉尘，如硅石、石棉、煤等；金属性粉尘，如铁、锡、铝等及其化合物；人工无机粉尘，如水泥、金刚砂等。（2）有机性粉尘。包括植物性粉尘，如棉、麻、面粉、木材；动物性粉尘，如皮毛、丝、骨质粉尘；人工合成有机粉尘，如机染料、农药、合成树脂等。（3）混合性粉尘，即上述两种粉尘混合在一起。

14.2.1.2　粉尘的组成

能在大气中飞扬的粉尘主要是直径 $150\mu m$ 以下的微小颗粒，其中 $75\mu m$ 以下的粉尘可长期悬浮在密闭空间内，造成作业环境污染；$20\mu m$ 以下的粉尘悬浮在空中，随风可飘浮几百米甚至几百公里，污染大气环境；尤其是直径 $10\mu m$ 以下的粉尘颗粒，属于可吸入粉尘，是造成矽肺病的根源。所以，粉尘治理的重点是抑制直径 $150\mu m$ 以下的粉尘，特别是危害最大的直径在 $10\mu m$ 以下无组织排放的可吸入粉尘颗粒。

14.2.1.3　粉尘对健康的影响

根据化学性质不同，粉尘对人体健康可导致纤维化、中毒、致敏等损害，如游离二氧化硅粉尘的致纤维化作用。直径小于 $5\mu m$（空气动力学直径）的粉尘对机体危害性较大，也易达到呼吸器官的深部。粉尘的浓度大小，与对人体的危害程度相关。

粉尘对健康的影响主要有以下几点：

（1）全身作用。长期大量吸入生产性粉尘，可使呼吸道黏膜、气管、支气管的纤毛上皮细胞受到损伤，破坏呼吸道的防御功能，肺内尘源积累会随之增加，因此，接尘工人脱离粉尘作业后还可能会患尘肺病，而且会随着时间的推移病程加深。如吸入铅、铜、锌、锰等毒性粉尘，可在支气管壁上溶解而被吸收，由血液带到全身各部位，引起全身性中毒。铅中毒是慢性的，但中毒者如果发烧，或者吃了某些药物和喝了过量的酒，也会引起中毒的急性发作。过量吸入含铜的烟尘可能导致溶血性贫血。锌在燃烧时产生氧化锌烟尘，人吸入后产生一种类似疟疾的"金属烟雾热"疾病。长期吸入锰及其氧化物粉尘或烟雾，对中枢神经系统、呼吸系统及消化系统会产生不良作用。

（2）局部作用。接触或吸入粉尘，首先对皮肤、角膜、黏膜等产生局部的刺激作用，并产生一系列的病变。如粉尘作用于呼吸道，早期可引起鼻腔黏膜机能亢进，毛细血管扩张，久之便形成肥大性鼻炎，最后由于黏膜营养供应不足而形成萎缩性鼻炎，还可形成咽炎、喉炎、气管及支气管炎。作用于皮肤，可形成粉刺、毛囊炎、脓皮病，如铅尘浸入皮肤，会出现一些小红点，称为"铅疹"。

（3）致癌作用。接触如镍、铬、铬酸盐的粉尘，以及接触放射性矿物粉尘，容易引起肺癌；石棉粉尘可引起皮癌。

（4）感染作用。有些有机粉尘如破烂布屑、兽皮、谷物等粉尘常附有病原菌，如丝菌、放射菌属等，随粉尘进入肺内，可引起肺霉菌病等。

（5）毒性作用。铅、砷、锰等有毒粉尘，能在支气管和肺泡壁上被溶解吸收，引起铅、砷、锰等中毒。

14.2.2　可吸入颗粒物及其危害

14.2.2.1　可吸入颗粒物来源

大气颗粒物指的是分散在大气中的固态或液态颗粒状物质，根据其粒径大小，又可分为总悬浮颗粒物 TSP（空气动力学直径小于或等于 $100\mu m$）和可吸入颗粒物 PM10（空气动力学直径小于或等于 $10\mu m$）；可吸入颗粒物又可分为细颗粒（空气动力学直径小于或等于 $2.5\mu m$）和粗颗粒（空气动力学直径介于 $2.5 \sim 100\mu m$ 之间）。颗粒物在大气中呈双峰分布，最小分布在 $1 \sim 3\mu m$ 之间，这些颗粒物的来源、形成特点以及污染危害水平各不相同。

粗颗粒物主要是由工业源和生活源燃烧排放、机械粉碎过程和交通运输等产生的原生粒子和各种自然界产生的粒子组成，钢渣产生的粗颗粒物与机械粉碎过程产生的粗颗粒物有相似之处。这部分粒子是大气气溶胶的体积浓度和质量浓度的主要贡献者。由于重力沉降作用大，它们在大气中存在的时间不长；除了特殊的气象条件，不能作长距离输送。

细颗粒物是大气中最稳定的气溶胶粒子，主要是由细粒子通过碰并、凝聚、吸附等物理效应长大而成。此外也可由挥发性组分凝结、气—粒转化生成，或来自于细小的地面粉尘。这部分粒子在大气中可以停留几小时、几天甚至几年，飘浮的范围从几公里到几十公里，甚至上千公里，因此，它们一旦被排入大气，很容易被人体吸收。钢铁企业中除了焦化和烧结厂、原料堆场外，钢渣产生的细颗粒物的量很大。笔者所在的钢铁企业，以前为粗放式的钢渣处理阶段，造成钢厂的天空是灰蒙蒙的，钢渣产生的渣尘使得头屯河两边的植物叶片上面，终年覆盖着钢渣粉尘，该地区属于高度粉尘污染区域，区域的尘肺病和肺癌的发病率高于正常城区。

细颗粒物的形成方式有三种：直接以固态形式排出的一次粒子；在高温状态下以气态形式排出、在烟雨的稀释和冷却过程中凝结成固态的一次可凝结粒子；由气态前的污染物通过大气化学反应而生成的二次粒子。细颗粒物中的一次粒子主要产生于化石燃料（主要是石油和煤炭）和生物质燃料的燃烧，在钢渣处理过程也会产生大量的一次细颗粒。一次粒子的来源还包括铺装路面、未铺装路面的无组织排放以及矿物质的加工和精炼过程等；其他的一些来源，如建筑、农田耕作、风蚀等地表尘，对环境细颗粒的贡献则相对较小。可凝结粒子主要由可在环境温度下凝结而形成颗粒物的半挥发性有机物组成。二次细颗粒由多相（气—粒）化学反应而形成，普通的气态污染物通过该反应可转化为极细小的粒子。在大多数地区，硫和氮为所观察到的二次细颗粒的主要组分。二次有机气溶胶在一些地区也可能是其重要的组成部分。

14.2.2.2　可吸入颗粒物对环境和人类的影响

A　对大气能见度的影响

自 20 世纪 70 年代以来，大气颗粒物对能见度的影响就一直是环保部门关注的问题之一。尽管颗粒物在大气中只占很少的一部分，但颗粒物对城市大气光学性质的影响可达 99%。大量的研究表明，PM10 与能见度密切相关。大气能见度主要是由大气颗粒物对光的散射和吸收决定的。空气分子对光的散射作用很小，其最大的视距（极限能见度）为 $100 \sim 300 km$（具体数值与光的波长有关）。在实际的大气中由于颗粒物的存在，能见度一般远远低于这一数值：在极干净的大气中能见度可达 30km 以上；在城市污染大气中，能见度可在 5km 左右甚至更低；在浓雾中能见度只有几米。在大气气溶胶中，主要是粒径为 $0.1 \sim 1 \mu m$ 的颗粒物通过对光的散射而降低物体与背景之间的对比度，从而降低能见度。在这一粒径范围的颗粒物中，含有硫酸根和硝酸根的粒子最易散射可见光。

PM10 对光的吸收效应几乎全部是由碳和含有碳的颗粒物造成的。尽管全世界每年的碳排放仅占人为颗粒物排放量的 1.1% ~ 2.5% 和全部颗粒物排放量的 0.2% ~1.0%，但其引起的消光效应却要高得多，在某些地方甚至可以使能见度降低一半以上。国外学者的研究显示，在澳大利亚布里斯班，细颗粒物的吸光系数占总消光系数的 27.8%。

B　对人体健康的影响

在五大洲至少 35 个不同国家和地区进行的研究表明，空气中颗粒物的水平与人体健康存在着一定的关系，而且粒径小于 $10 \mu m$ 的颗粒物由于其更易于进入人体，在环境中滞留时间更长，以及吸附的重金属和有毒有害的物质较多，因而对人体的危害也更大。可吸入颗粒物能越过呼吸道的屏障，粘附于支气管壁或肺泡壁上。粒径不同的细颗粒物随空气进入肺部，以碰撞、扩散、沉积等方式滞留在呼吸道的不同部位。各种粒径不同的微小颗粒，在人的呼吸系统沉积的部位不同，粒径大于 $10\mu m$ 的吸入后绝大部分留在鼻腔和鼻咽喉部，只有很少部分进入气管和肺部。这是因为粒径大的颗粒，在通过鼻腔和上呼吸道时，被鼻腔中鼻毛和气管内壁黏液滞留和黏着。据研究，鼻毛滤尘机能约为吸气中颗粒物总量的 $30\%\sim50\%$。由于颗粒对上呼吸道黏膜的刺激，鼻腔黏膜机能亢进、腔内毛细血管扩张，分泌液大量增加，直接阻留了更多的颗粒物。这是机体的一种保护性反应。若长期吸入含有颗粒状物质的空气，鼻腔黏膜持续亢进，致使黏膜肿胀，可发生肥大性鼻炎。此后由于黏膜细胞营养供应不足，可使黏膜萎缩，逐渐形成萎缩性鼻炎。进而滤尘机能显著下降，引起咽炎、喉炎、气管炎和支气管炎等。长期生活在细颗粒物浓度高的环境中，呼吸系统发病率增高，特别是慢性阻塞性呼吸道疾病，如气管炎、支气管炎、支气管哮喘、肺气肿和肺心病等发病率显著增高，且又可促使这些病人的病情恶化，提前死亡。

国家环保总局 1994 年与美国国家环保局合作开展了一项"大气污染对人体呼吸健康影响研究"的课题，对广州、武汉、兰州、重庆 4 个城市几年跟踪调查的数据表明，大气颗粒物浓度（尤其是小颗粒物）与儿童肺功能异常率有明显的相关性。美国进行的一项研究表明：当可吸入颗粒物日平均增加 $10\mu m/m^3$ 时，将导致婴儿早产死亡率增加 1%。不管所研究的颗粒物是来自煤烟型污染为主（即以 SO_2 和颗粒物排放为主）的城市，还是来自交通型污染为主（即以二次污染、光化学氧化物为主）的城市，上述死亡率与可吸入颗粒物间的关系均存在。基于对可吸入颗粒物（特别是细颗粒物）危害的认识逐步深入，各个国家对其制定的标准越来越趋于严格。美国环保署（EPA）1971 年制定了第一个有关 PM 的环境空气质量标准。最初的 PM 标准只是对总悬浮颗粒物（TSP）作了规定；1987 年质量标准中增加了对 PM10 的规定，为 $50\mu m/m^3$（年平均）和 $150\mu m/m^3$（24 小时平均）；1997 年又制定了新的环境空气质量标准，率先对 PM2.5 的质量浓度限值作出了规定，并制定了相应实施规划；同时还计划在全国建立 PM2.5 常规监测网，初期拟建 850 个测点，最终达到 3000 个测点，以便形成全国空气质量实时监测网络。欧洲对原有的 PM10 标准进行了修正，并分两个阶段进行。欧洲将 PM2.5 的监测纳入了 PMIO 的监测系统，明确表示在减少 PM10 的同时也包括 PM2.5。《中华人民共和国清洁生产促进法》已于 2003 年 1 月 1 日起正式实施，我国将加大以清洁生产为主要内容的结构调整和技术进步的支持力度。

14.2.3　粉尘作业工作场的职业卫生要求与个人防护措施

根据《中华人民共和国职业病防治法》第十三条规定，从事粉尘作业的工作场所有如下职业卫生要求：

（1）粉尘浓度符合国家职业卫生标准。

（2）有相适应的粉尘防护设施。

（3）工作场所生产布局合理，符合有害与无害作业分开的原则。

（4）有配套的更衣间、洗浴间和孕妇休息间等卫生设施。

（5）工作场所的设备、工具、用具等设施符合劳动者生理、心理健康的要求。

（6）符合法律、行政法规和国务院卫生行政部门关于保护劳动者健康的其他要求。

粉尘作业的个人卫生保健措施如下：

（1）加强个人卫生。一是要注意个人防护用品使用中的卫生，二是要注意个人卫生。

（2）科学加强营养。针对性食用高蛋白高维生素低脂肪的食品及适当量的糖，补充微量元素，多喝水。

（3）加强锻炼，促进代谢。

（4）禁烟、酒：酒（乙醇）可将储存在骨骼内的铅动员到血流中，产生铅中毒症状。

个人防护的要求有：

（1）依据粉尘对人体的危害方式和伤害途径，进行针对性的个人防护。

（2）粉尘（或毒物）对人体伤害途径有三种：一是吸入，通过呼吸道进人体内；二是通过人体表面皮汗腺、皮脂腺、毛囊进入体内；三是食入，通过消化道进入体内。针对伤害途径，建议个人防护对策为：一是切断粉尘进入呼吸系统的途径。依据不同性质的粉尘，佩戴不同类型的防尘口罩、呼吸器，对某些有毒粉尘还应佩戴防毒面具。二是阻隔粉尘对皮肤的接触。正确穿戴工作服（有的还需要穿连裤、连帽的工作服）、头盔（人体头部是汗腺、皮脂肪和毛囊较集中的部位）、眼镜等。三是禁止在粉尘作业现场进食、抽烟、饮水等。另外，改善作业环境，比佩戴防护用具要好得多。

14.2.4　钢渣处理过程中粉尘的产生机理与分类

钢渣处理过程中的每个环节都能够产生不同程度的粉尘污染，尤其以精炼炉白渣和脱硫渣为甚，这些粉尘是影响渣处理环境的一个重要的危害因素。其中，精炼炉白渣在相变过程中产生的白渣具有粒度细小、比重较轻的特点，容易随风飘散，对环境的危害极为严重。而脱硫渣的粉尘是由脱硫原料组成的，本身颗粒极细，加上脱硫渣中带有的铁珠，温度降低以后析出的石墨碳也是一种粉尘污染。某厂渣处理间的污染状况如图14-2所示。

钢渣粉尘的产生，其随机性很强，即属于无组织排放的范围，常规的除尘抑

图 14-2 某厂渣处理间的污染状况

尘技术，对无组织排放的 $10\mu m$ 以下可吸入性粉尘（PM10）的治理有一定的难度。

渣处理过程中能够产生各类粉尘，根据不同的粉尘产生来源加以控制，是钢企治尘的关键。

转炉渣、电炉渣、精炼渣、脱硫渣、除尘灰在处理和拉运过程中，都会产生大量的粉尘，主要原因如下：

（1）转炉渣、电炉渣中含有游离氧化钙 f-CaO，一般其含量为 1% ~ 12%。在热泼渣工艺、风淬渣工艺、浅盘法渣处理工艺过程中，析出的游离氧化钙粒度小，形成渣处理过程中危害最为严重的粉尘颗粒。此外，以上工艺的渣处理过程中，钢渣的晶体随温度变化，发生晶型转变，也会导致粉化而产生粉尘颗粒。

（2）游离氧化镁 f-MgO 在转炉渣中含量不高，但体积膨胀率极高，也是渣处理过程中粉尘产生的一个来源。

（3）硅酸二钙相变的影响。精炼渣中含有相当数量的硅酸二钙矿物，由于没有固溶氧化铁和氧化锰，其冷却通过 1100 ~ 900℃ 区间时开始发生 $\alpha\text{-}C_2S$、 β-C_2S向 γ-C_2S 的相变，此时体积膨胀 10% ～12%，从而使钢渣粉化。

（4）精炼渣中的游离氧化钙含量在 6% ～12%，高于氧化渣，故白渣的粉尘污染比氧化渣严重。

（5）脱硫渣采用钝化石灰粉、脱硫粉脱硫以后，由于温度的限制，各种脱硫产物和没有反应的石灰等原料以粉末状存在，也是污染严重的渣子。此外，扒渣操作不当时，扒入渣罐的铁液还会析出石墨碳，漫天飞扬，形成粉尘污染。

（6）炼钢的各种渣尘进入除尘系统，形成极细的颗粒，所以除尘灰是炼钢粉尘污染最为严重的污染源。

（7）各种采用水冷、水淬的渣处理工艺，水蒸气快速形成，会携带部分的渣尘飘扬在各处。对渣尘的沉积物化验表明，其中的氧化钙含量高于渣中的氧化钙含量，基本推断为游离氧化钙为水蒸气携带的粉尘主成分。

消除钢渣处理过程中粉尘污染的最有效方法是采用加湿和喷淋降尘工艺，这在后续章节将详细叙述。

14.2.5 钢渣处理过程中的粉尘治理

14.2.5.1 干雾湿法除尘

1976 年 4 月，美国的《煤炭时代》杂志发表的题为《科罗拉多煤矿学院解决可吸入尘埃的控制》一文中提到：水雾颗粒与尘埃颗粒大小相近时，吸附、过滤、凝结的几率最大。根据这一机理，干雾除尘的技术得到了发展，在煤炭行业的应用最为成熟，火电厂、烧结机、皮带机和港口货轮的装卸等行业应用干雾除尘效果也很理想。钢铁企业的粉尘治理，应用干雾技术以后，对抑制渣处理的粉尘有积极作用。干雾抑尘的现场照片如图 14-3 所示。

图 14-3　干雾抑尘的现场照片

学术界称直径 10μm 以下的水颗粒为干雾。微米级干雾抑尘装置的原理是：一定压力的空气进入喷头的文氏管腔体，通过高压空气喷头进行压缩并吸入水，文氏管因超音速产生音爆，把水颗粒粉碎成直径在 10μm 以下的微小颗粒，通过头部的喷孔喷出干雾。极少量的水就可以形成浓密的水雾。直径 1mm 的水颗粒，理论上可以形成 1000 个 $100\mu m$ 的水颗粒、100 万个 $10\mu m$ 的水颗粒，且因为音爆产生机械能超声波，具有非凡的防止粉尘粘连的功能。

A　干雾抑尘原理

美国科罗拉多矿业学院在解决可吸入尘埃控制的技术研究中发现："当水雾颗粒与尘埃颗粒大小相近时，吸附、过滤、凝结的几率最大。如果水雾颗粒直径大于粉尘颗粒，那么粉尘仅仅跟随水雾颗粒周围的气流运动，水雾颗粒和粉尘颗粒接触很少或者根本没有机会接触，是不会实现抑尘作用的。如果水雾颗粒和粉尘颗粒大小接近，粉尘颗粒随着气流运动时，就会与水雾颗粒碰撞、接触而黏结在一起。随着水雾颗粒越来越小，聚结的几率就越来越大，聚结的粉尘团变得大而重，从而很容易降落，水雾对粉尘的过滤作用就形成了"。所以目前对细小颗粒粉尘的抑尘工艺主要是微米级的干雾抑尘工艺。

干雾抑尘的工艺原理中，包括惯性碰撞、扩散效应、粘附作用和凝聚作用等。

（1）惯性碰撞。钢渣粉尘气流遇到液滴会改变方向，产生绕流，钢渣尘粒由于惯性将保持原有运动方向，脱离气流流线与液滴相碰，而进入液滴或被液滴粘附分离。尘粒的密度及粒径越大，效率也越高；气体的黏度越大则效率越低。尘粒直径和密度确定以后，对一个已定的湿式除尘系统，要提高其惯性碰撞数值，必须提高气液相对运动速度和减小液滴直径。目前工程上常用的各种湿式除尘器基本上是围绕这两个因素发展起来的。干雾抑尘原理如图 14-4 所示。

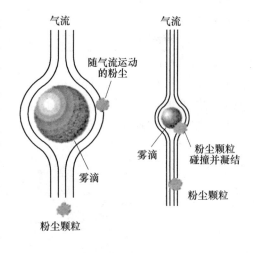

图 14-4　干雾抑尘原理

（2）扩散作用。一般的渣尘温度高于环境温度，粒径小于 $10\mu m$ 的颗粒所占的比例较大。由于流体湍动和微粒不规则热运动，使尘粒与干雾接触而被捕集。粒径在 $0.1\mu m$ 左右时，扩散是尘粒运动的主要因素。扩散和惯性碰撞相反，扩散除尘的效率随液滴直径、气体黏度、气液相对运动速度的减小而增加。

（3）黏附作用。粒半径大于粉尘中心到液滴边缘的距离时，则粉尘被液滴黏附而从粉尘流体中分离。

（4）凝聚作用。渣尘中常含有水蒸气和气态有机物等，随着温度降低，这些凝结成分就会被吸附在粉尘表面，使粉尘颗粒彼此凝聚成较大的二次粒子，易于被液滴捕集。

B　干雾抑尘过程

当水雾颗粒和粉尘颗粒大小相近时，粉尘经过雾池，水雾与粉尘碰撞、黏合聚集变大，形成粉尘团，粉尘团因重力降落，从而达到抑尘的效果。微米级干雾抑尘装置使用少量的水就可形成大量的水雾。在起尘点周围形成浓密的雾墙，对上扬的粉尘起到极大压制作用，使其不能飘浮到空气中。所以说，干雾抑尘装置是从粉尘源头进行治理，是抑尘领域的革命。干雾湿法降尘的原理如图14-5所示，降尘过程为图14-5(a)→图14-5(b)→图14-5(c)→图14-5(d)→图14-5(e)。

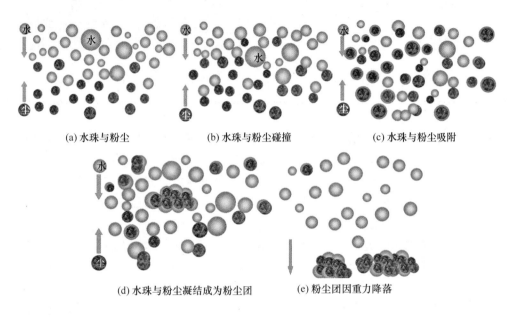

(a) 水珠与粉尘　　　　(b) 水珠与粉尘碰撞　　　　(c) 水珠与粉尘吸附

(d) 水珠与粉尘凝结成为粉尘团　　　　(e) 粉尘团因重力降落

图14-5　干雾湿法降尘的原理

粉尘可以通过雾化水被黏结而聚结增大，但那些最细小的粉尘只有当水滴很小（如干雾）以减小水的表面张力时才会聚结成团。微米级的干雾抑尘装置是由压缩空气驱动的声波振荡，通过高频声波将水高度雾化，形成成千上万个1~10μm大小的水雾颗粒，压缩气流通过喷头共振室将水雾颗粒以柔软低速的雾状方式喷射到粉尘的发生点，使粉尘凝结坠落，达到抑尘的目的。

14.2.5.2　射雾器除尘的应用

笔者所在企业的渣处理间，采用射雾器除尘，取得了较好的效果。

A　采用射雾器进行铲运和装车过程中的抑尘

射雾器是最近几年来发展的抑尘设备，其原理是采用专用的雾化水喷嘴，将水雾化以后，采用轴流风机或者压缩空气将雾化水吹出一定的距离，在风机的鼓风作用下，雾化水喷到粉尘产生的原发点区域，进行喷雾抑尘。其工艺流程如图 14-6 所示，射雾器作业照片如图 14-7 所示。

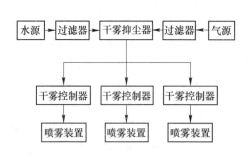

图 14-6 干雾抑尘系统流程图　　　　图 14-7 射雾器作业工作照片

B 精炼渣的粉尘控制措施

相变引起的白渣粉化现象严重，粉化后的颗粒细小，并且白渣的成分之中游离氧化钙含量较高，白渣的成分与水泥熟料的成分高度一致，对白渣的喷水加湿，一是引起白渣的水化反应造成结块，二是加湿以后，只能够加湿表面，表面一层形成的水化反应物阻止了水的进一步渗透，并且打水以后的白渣的倒运和加工性能恶化，影响了其后续利用工艺。

所以白渣的抑尘处理，一是根据其相变的特点，在其从液态向固态结晶的过程中，促使其向不容易粉化的物相转变，剩余的再采用干雾抑尘技术，控制其在倒运和利用阶段的粉尘。其作用机理是采用喷水强制冷却的工艺，白渣中的渣相晶型转变被优化，白渣大部分转变为方镁石晶相，即块度较大、不容易粉化的白渣颗粒，粒度在 30~500mm，白渣粉化造成的污染大幅度降低，因此消除了倒渣时的污染。

C 脱硫渣的抑尘

KR 法脱硫渣中存在游离氧化钙，含铁物质析出的游离石墨碳的污染现象严重。采用热态下的兑罐改质工艺，即一罐脱硫渣分别倒入其余的几个空渣罐路面，再向这些空渣罐中加入液态的转炉渣，进行改质。由于此时的脱硫渣在热态，处于烧结状态，扬尘不严重，能够控制粉尘的逸出量。

在无法实施改质工艺时，可向渣罐内喷入适量的水，也是抑制渣尘的好方法。如果 KR 法脱硫渣倒出渣罐，实施自然冷却的工艺，铲运和装卸过程中产生的粉尘量与精炼渣一样，污染严重。

在铲运和装卸 KR 法脱硫渣的过程中，采用射雾器和雾化水封锁作业点的上空，是有效的扬尘措施。

喷吹脱硫渣的热态倾翻，自然冷却，产生的粉尘污染和游离的石墨碳的污染严重，如果采用自然冷却的缓冷工艺，脱硫渣结块难以回收其中的含铁元素，向渣罐内喷水冷却，脱硫渣结块的程度更加严重。故喷吹脱硫渣也是在热态下，以一定的比例倒入装有液态转炉渣的渣罐内进行改质，是抑尘的好方法。

D 转炉炉坑渣的抑尘

转炉的炉坑渣是指转炉吹炼过程中，发生喷溅和溢渣后，有部分炉渣溢出炉口，从炉身掉落到炉坑，成为炉坑渣的主体。此外还有转炉倒渣和出钢过程中，部分炉渣溢出渣罐并意外进入炉坑，还有在加入渣辅料的过程中，渣辅料掉落进入炉坑，兑加铁水的过程中，铁花形成的细小铁珠进入炉坑，这些都是炉坑渣的主要部分。由于炉坑渣中的含铁量较高，很多企业选择就近磁选回收，在这一过程中的抑尘作业，有效的方法是采用射雾器进行。此外，将炉坑渣直接加入转炉的废钢料斗内回用，也是降低钢铁料成本和减少粉尘污染的重要方法。

E 射雾器在渣尘处理过程中的优点

笔者所在的钢企，投用射雾器以后，其抑尘的先进性和优势主要表现在以下几个方面：

(1) 抑尘效果好，抑尘率达到85%以上。

(2) 节能减排效果显著：1) 由于很少的水就可以形成大量的干雾抑制粉尘，所以节约用水量；2) 耗水量少，极大地减少热量损耗。

(3) 无二次污染，在抑尘过程中不产生任何废气及废水。

(4) 冬季可以正常使用。保温条件良好的情况下，能够在 -34℃的环境温度下使用。

(5) 安装简单，占空间小，全部为自动化控制系统，操作便捷。

14.3 爆炸、烫伤等危险及其典型案例

14.3.1 钢渣处理过程中危险性因素分析

钢渣的热伤害主要是钢渣处理过程中操作不慎造成的烫伤和化学性灼伤。所有的钢渣处理都涉及热态或者液态钢渣，容易造成人员的烫伤。此外，在采用水为处理介质的各种渣处理工艺中，泥浆状的渣体和产生的循环水中含有较多的氢氧化钙，水温较高，如果陷入其中，将会造成严重的化学性烫伤，而其中产生的毒化气体则是渣处理工艺环节必须高度重视的问题。

14.3.2 钢渣处理过程中引起爆炸的机理

14.3.2.1 爆炸的概念和分类

广义地讲，爆炸是物质系统的一种极为迅速的物理或化学能量释放或转化过

程，是系统蕴藏的或瞬间形成的大量能量在有限的体积和极短的时间内，骤然释放或转化的现象。在这种释放和转化的过程中，系统的能量将转化为机械功以及光和热的辐射等。

爆炸就是指物质的物理或化学变化，在变化过程中，伴随有能量的快速转化，内能转化为机械压缩能，且使原来的物质或其变化产物、周围介质产生运动。爆炸可分为三类：（1）由物理原因引起的爆炸称为物理爆炸（如压力容器爆炸）；（2）由化学反应释放能量引起的爆炸称为化学爆炸（如炸药爆炸）；（3）由于物质的核能的释放引起的爆炸称为核爆炸（如原子弹爆炸）。民用爆破器材行业所涉及的爆炸过程主要就是化学爆炸。

当均相的燃气—空气混合物在密闭的容器内局部着火时，由于燃烧反应的传热和高温燃烧产物的热膨胀，容器内的压力急剧增加，从而压缩未燃的混合气体，使未燃气体处于绝热压缩状态。当未燃气体达到着火温度时，容器内的全部混合物就在一瞬间完全燃尽，容器内的压力猛然增大，产生强大的冲击波，这种现象称为爆炸。

渣处理过程中的爆炸，既有物理爆炸，也有化学爆炸，是化学爆炸和物理爆炸交织进行的，危害较大。物理爆炸时的冲击波对人和建筑物的伤害和破坏作用见表 14-4。

表 14-4　物理爆炸时的冲击波对人和建筑物的伤害、破坏作用

标　准		说　明
超压 $\Delta P/\mathrm{MPa}$	对人的伤害作用	多数情况下，冲击波的破坏伤害作用是由超压引起的。超出周围压力的最大压力称为峰值超压 ΔP，一般情况下超压意味着侧向超压，即压力是在压力传感器与冲击波相垂直的条件下测量得到的
0.02 ~ 0.03	轻微损伤	
0.03 ~ 0.05	听觉器官损伤或骨折	
0.05 ~ 0.10	内脏严重损伤或死亡	
>0.10	大部分人员死亡	

14.3.2.2　高温液态和固态钢渣处理过程中引起爆炸的机理

A　高温钢渣在渣处理过程中引起爆炸的机理

高温液态钢渣和固态钢渣处理过程中引起爆炸的原因主要有两种，即高温钢渣与水不恰当的接触引起的爆炸和钢渣在使用水淬工艺过程中工艺特有的特点引起的复合型爆炸。

高温液态钢渣和固态钢渣常见的爆炸主要是与水和含水物质不恰当的接触引起的。钢渣覆盖在一个有水的区域，就成为一个壳体，壳体内的水分就等于被覆盖在一个相对的封闭体系，液态钢渣的热焓相当于每吨渣 486 ~ 650kW·h，大量的钢渣遇水以后，水吸收热量转变为蒸汽，蒸汽的膨胀，造成钢渣与水接触以后的爆喷事故。

例如转炉倒炉的液态钢渣，通常出渣温度约为 1660℃，水淬温度约为 1570℃，渣的比热容为 1.248kJ/(kg·℃)，潜热为 209.3kJ/kg。由此计算出 1000kg 渣的热含量可达 2.17GJ，这是一个巨大的数值。

标准状态下，相同重量的水与水蒸气的体积比为 $1.8 \times 10^{-5} : 2.2 \times 10^{-2}$，高温下渣的热量不但将卷入的水转变成饱和蒸汽，在临界温度 374℃ 以上还会将其转变成过热蒸汽，体积会增大几千倍，但渣壳的内腔容积并不能相应随之增大，这就导致渣壳内压力的急剧增大，一旦压力超过渣壳强度，会瞬时产生爆炸以释放能量，这种爆炸将对周围产生破坏作用。可以认为，钢渣的黏性越大，封闭系统越紧密，或其中卷入的水越多，则爆炸越剧烈，造成的破坏作用也会越大，爆炸发生的机理如图 14-8 所示。温度与封闭系统内的压力的关系见表 14-5。

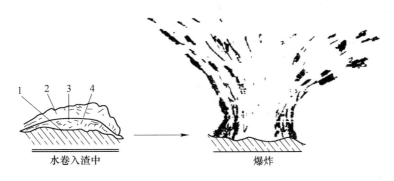

图 14-8　钢渣遇水发生爆炸的示意图

1—被熔渣覆盖的水；2—高温固态或液态熔渣；3—渣壳内壁；4—在渣壳和水之间形成的渣—气系统

表 14-5　温度与封闭系统内的绝对压力的关系

温度/℃	100	200	300	374	800
封闭系统内的绝对压力/MPa	0.101	1.6	8.878	22.85	100.63

所以，要防爆首先要破坏渣—气封闭系统，即要在熔渣水淬时将其充分分散、粒化，才能防止爆炸。

此外，水在 900~1200K（727~927℃）的温度之间，会发生裂解，分解为氢气和氧气，然后爆燃，又会形成化学性爆炸，伴随有火焰燃烧的现象出现，其化学反应方程式如下：

$$2H_2O + \Delta Q \Longrightarrow 2H_2 + O_2$$

高温钢渣，在使用水处理介质的过程中，由于其工艺特点会生成 CO、H_2、SO_2 等可燃气体，也可以引发响爆。

B 精炼渣热剥工艺的危险因素

钢渣的热剥是指还原渣渣罐内的铸余钢渣，在热态下对其进行破碎剥离的工艺。其潜在的危险因素之一就是爆炸。

精炼铸余渣的爆炸属于物理爆炸，主要是渣罐内部温度较高，液态精炼渣的热容在 $485 \sim 650 kW \cdot h/t$，渣罐外部温度低于内部温度，在冷却过程中，渣罐内的壳体收缩，在外部硬壳和内部热态（液态）钢渣之间存在的气体，在铸余渣渣壳破碎之时释放，在此过程中产生爆炸，如果中间还有液态钢渣流出，并且地面潮湿，就会产生次生爆炸，扩大事故。从此角度讲，杜绝此类爆炸事故，一是冷却到内部全部凝固，二是在热态下迅速热剥，减少铸余渣钢内外之间温差（能量的转换量较少，即不同温度渣之间晶型转变的温度最低）。

14.3.3 防止钢渣处理过程中发生爆炸的措施

为了防止渣处理过程中由于潮湿引起的爆炸，主要常见的措施如下：

（1）作为接渣使用的渣罐须保持干燥，提倡渣罐连续使用。在使用防粘渣剂喷涂渣罐以后，渣罐必须待其水分蒸发完全以后方可使用。在喷罐以后需要立即投用的，可采用红渣垫罐，可迅速将罐内的水分蒸发彻底。

（2）吊运液态钢渣的渣罐的运行轨迹内防止出现积水，渣罐内钢渣的量，满足渣面距法兰边保持相对的安全距离。

（3）热泼渣池的底部采用倾斜式设计，防止打水以后积水。在热泼前，必须检查渣池内部情况，如有潮湿情况，必须做好干燥或者蒸发处理。

（4）禁止使用冰雪覆盖液态钢渣。

（5）在水淬、滚筒渣等湿法钢渣处理工艺中，放渣流渣操作必须缓慢，不能够过快，防止倒渣过快引起爆炸。例如滚筒渣流渣作业，响爆严重时，需降低流渣的速度，防止发生破坏性的爆炸。

（6）热剥精炼渣铸余、热剥转炉渣罐内大块凝固钢渣时，现场保持干燥，同时对作业的渣体对象进行测温，待内部凝固以后再进行破渣热剥作业。

（7）钢渣和钢水的导热能力不同，钢渣中混有钢水时，需做特殊处理。钢水的密度大于钢渣，一般沉积在渣罐的底部，将渣罐底部的钢渣冷却凝固以后再处理，是防止钢渣中混有钢水发生爆炸的唯一方法。

防止钢渣化学作用发生爆炸的主要方法有：转炉钢渣、脱硫渣、固态除尘灰，由于其组成复杂，容易产生 CO、C_2H_2、SO_2、H_2S，根据不同的钢渣特点，采用不同的工艺加以处理，就能够有效防止其引起的化学爆炸。

14.3.4 钢渣产生的高温氢氧化钙的危险和热伤害

在水淬工艺的处理过程中，钢渣遇水后，钢渣中的 f-CaO 和 f-MgO 会与水反

应生成 $Ca(OH)_2$ 和 $Mg(OH)_2$，二者都是碱性物质，对于人员能够造成灼伤伤害。在高温阶段，水蒸气中夹杂的 $Ca(OH)_2$ 对于人员的伤害更加突出。典型的伤害事故案例如下：

（1）2011 年 10 月，某厂热泼渣工艺在打水过程中，红渣表面突然升腾的水蒸气夹杂着 $Ca(OH)_2$ 迅速向上扩散，造成在上方作业的两名电焊工颈部和面部严重灼伤。

（2）2013 年某渣场的漩流井内，操作工使用行车抓取漩流井内的淤泥，堆放在漩流井旁边。由于缺少安全辨识和防护，某钳工路过不慎一脚踩入淤泥中，造成脚踝部被淤泥灼伤。

对于钢渣产生的高温 $Ca(OH)_2$ 的危险和热伤害的预防，关键在于以下几个方面：

（1）向红热的钢渣表面打水过程中，周围及上方需要做好沟通，周围不能够有人员作业或者通过，防止高温蒸汽携带的 $Ca(OH)_2$ 围困和袭击人员造成热伤害。

（2）渣处理的回水沟必须加盖防护，或者采用密闭的管路系统。

（3）漩流井抓出的淤泥含有 $Ca(OH)_2$，淤泥的堆放要采用专用的淤泥池子，并且加以防护，设置醒目的警戒标志牌。

（4）向漩流井内加酸（HCl 等），以降低渣处理回水的 pH 值。

除了对于人员的伤害外，钢渣产生的高温 $Ca(OH)_2$ 对于设备也有腐蚀。在热泼渣、滚筒渣、热闷渣等厂房，其屋顶的钢结构，会不同程度受损，故渣处理的厂房屋顶，需要定期更换，在上面行走，需要格外地注意屋顶受腐蚀有可能造成的塌陷。

14.3.5 液态钢渣处置不当引起的典型事故

转炉液态钢渣的渣温高于钢水的温度，导热系数低，所以转炉液态钢渣的含热量较多。液态钢渣泼在渣车上、导轨上，可能会烧坏渣车的线缆、电动机，造成渣车本体钢结构变形。含铁量较高的钢渣还会粘附在渣车上，形成一个个粘渣物，增加渣车的运输重量，影响渣罐的平稳摆放；更加危险的是出渣过程中，如果渣坑内有水，还会造成钢渣的爆炸。如果处置不当，冶炼过程中的温度（钢水温度）过高，引起渣温异常（异常渣），出渣时有可能造成渣罐熔化穿洞，钢渣泄漏。所以在液态钢渣的处置过程中需要严格把控。以下是一些渣处理过程中由于液态钢渣处置不当引起的典型事故：

（1）2008 年秋冬交替之际，西北某钢渣场，行车工在操作一遥控行车调运一罐（$11m^3$）液态钢渣。由于渣罐出渣过满，渣场职工杨某准备挂链条翻罐时，在杨某挂好链条没有离开之际，行车工操作失误提升行车副钩，渣罐倾斜，罐内液态钢渣从杨某的头部浇下，造成杨某身体95%的面积烫伤，终身残疾，彻底毁灭了杨某的生活。

（2）2009年初春，某钢厂出渣结束，行车工吊运一11m³的渣罐准备上滚筒渣处理，渣罐的底部出现熔穿，罐内的钢渣和钢水从熔穿处流出，滚筒渣设备平台上一片火海，线缆被烧毁，滚筒渣处理设备直接停产3天，损失数十万元。

·（3）2008年，某钢厂渣场热泼转炉液态钢渣，由于渣池底部有潮湿钢渣没有清理造成爆炸，渣场对面50m外的风机房的钢结构厂房，被飞溅出的渣块击打出一个20cm×40cm的大坑，所幸无人员被击中。

（4）2011年11月，某钢厂滚筒渣处理过程中，发生剧烈爆炸，滚筒渣本体内直径15cm、质量达30kg的钢球击穿防护门，飞溅出30m远，威力之大，震惊了现场所有职工。

（5）2009年9月，某渣场司机从3号热泼渣池内铲运红热态钢渣到另外的4号渣池内，铲运的红热钢渣中有少量的液态钢渣，铲运到4号渣池倒渣时，4号渣池内有积水，造成爆炸，红热态钢渣飞溅到200m远的绿化带，将荒草点燃，引起火灾。

（6）2003年，某钢厂拉运红热钢渣的汽车在流动加油车辆进行加受油作业过程中，红热态钢渣飞溅出车厢，引起加油车燃烧，幸亏扑救得力，没有酿成惨剧。

（7）某钢厂转炉出钢结束以后，由于出钢过程中液态钢渣倾倒在钢包外面的钢结构上，然后脱落，脱落以后钢包外侧发红，造成精炼炉判断失误，认为钢包即将穿包，被迫采用应急措施倒包处理，经济损失严重。

14.4　转炉钢渣拉运的作业流程和安全规定

在一些炼钢厂家，转炉的渣处理区域远离炼钢厂，转炉出渣以后，需要将转炉的渣罐拉运到渣处理区域进行处理。由于液态转炉钢渣的拉运具有一定的危险性，以下为某厂的典型做法，该厂的渣罐拉运车辆如图14-9所示。

闷渣对钢渣的温度需求为300～1600℃，车辆拉运液态钢渣，拉运途中发生事故将会产生灾难性的后果，故根据炼钢厂的生产实际情况和各钢渣厂对钢渣的温度要求，制定相应的作业流程和安全管理措施很必要。

14.4.1　罐车拉运转炉钢渣的安全技术条件

罐车拉运转炉钢渣的安全技术条件有以下内容：

（1）罐车拉运转炉钢渣的作业标准分为连续使用带有渣膜的渣罐和喷涂防粘渣剂无渣膜的渣罐，按照装入钢渣的情况分为一罐装一炉渣和一罐装多炉渣等情况。

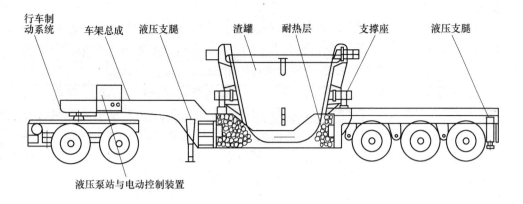

图 14-9　渣罐拉运车辆的示意图

（2）拉运的转炉钢渣主要包括转炉的液态钢渣和固态钢渣、精炼炉的铸余钢渣、脱硫渣等。

（3）为保障拉运车辆和拉运路线附近工辅设施的安全，以及拉运途中的行人安全，规定拉运的渣罐内的钢渣渣壳温度在 650℃ 以下（表面无红热态钢渣、表面发黑即可），渣罐铸钢本体温度小于 500℃。

（4）上述温度的确认，首先要对渣罐渣面的渣壳进行测温，确认渣罐能否拉运，然后对渣罐的拉运条件向接收方通报，再进入拉运程序。

（5）所有的拉运渣罐，其表面不允许有飞溅物发生的痕迹，典型的是渣面有气泡鼓出、渣面没有结壳、罐内有沸腾现象等。

（6）渣罐有裂纹和耳轴缺陷的，禁止罐车拉运。

（7）渣罐拉运车车况出现伤残和缺陷，包括结构缺陷、轮胎瘪气的情况下，禁止拉运。

（8）拉罐车作业区域存在交通不畅和其他危险的情况下，拉罐车不得进行拉罐作业。

（9）禁止行车吊运液态渣罐通过拉罐车上部。

（10）以上规定限于拉罐车向热闷渣渣场的长距离的渣罐拉运。

（11）所有的渣罐拉运，渣罐内钢渣的高度必须低于渣罐法兰边上沿 30cm。

（12）转炉渣的罐装炉坑冷渣，以及渣池内的钢渣拉运无限制。

14.4.2　人工打水干预安全标准

由于渣处理生产的不均衡性，为了满足生产需要，制定人工干预作业标准。

14.4.2.1　人工打水干预标准

转炉渣在没有满足拉运条件下，或者为了满足生产要求，执行人工干预作业标准，具体内容如下：

（1）转炉渣出渣以后，首先吊运至罐架上，自身带有支撑腿的渣罐摆放平稳以后，进行打水，打水工作在渣面平静后进行，禁止使用高压水对渣罐进行打水作业，打水的水流量小于 0.05Pa（现有使用不带压的冷却水）。

（2）在没有红外线测温枪的条件下，渣罐连续使用，带有渣膜的渣罐盛装两炉以上的钢渣，即渣罐内钢渣大于 16t 的，环境温度在 0℃ 以下渣罐自然冷却时间必须大于 20min，0℃ 以上 30min，0℃ 以下强制打水冷却（射雾器喷雾冷却）保证在持续 0.4 小时以上，在 0℃ 以上打水冷却 0.5 小时以上，之后可允许拉罐。渣罐盛装一炉钢渣，没有连续使用，渣罐内钢渣量少于 12t，环境温度在 0℃ 以下渣罐自然冷却时间必须大于 30min，0℃ 以上 30min，0℃ 以下强制打水冷却保证在持续 15min 以上，0℃ 以上打水冷却 20min 以上，之后可允许拉罐。

（3）转炉出渣的异常渣，包括洗炉渣、管线钢和汽车面板钢高温钢渣，必须保证持续打水 40min 以上，方可拉运。

（4）冬季不允许向转炉渣罐罐内结壳的表面覆盖冰雪，进行拉运过程中的降温作业。

（5）雨雪气象条件下，作业条件不变。

14.4.2.2　人工装干渣干预的作业标准

人工装干渣干预作业是指转炉的液态钢渣的渣温过高，喷雾化水冷却的工艺条件不合适，可向装有液态钢渣的渣罐内加入固态的冷钢渣，也是降温消除危险的一个有效工艺方法。人工装干渣干预作业的标准如下：

（1）渣罐受渣以后，渣罐内液态钢渣离法兰边距离在 500 ± 200mm 条件下，可采用人工装入干燥的炉坑渣和其余固态钢渣进行降温干预。

（2）每次装渣前，需确保渣罐摆放稳固，采用车辆向渣罐内装入干渣。

（3）首次装渣干预，装入的钢渣以粒度 100mm 以下的固态干渣为主，每次装入量小于 200kg，然后进行下一次的装渣作业，第二次可以增加装入的干渣量，但是不许超过 1000kg/次。禁止第一次向渣罐装入超过 500kg 的干渣和装入潮湿的钢渣。

（4）渣罐内装入的钢渣不许掺杂有可燃烧的垃圾和杂物。

（5）干预作业结束以后，待渣罐静置 30min 后，方可装罐上车拉运。

14.4.2.3　人工干预的兑罐工艺

（1）转炉液态钢渣出渣以后，执行兑罐工艺，即吊起装满液态钢渣的渣罐，向另外的一个渣罐倒出罐内的液态钢渣，此工艺有两个效果：1）获取有渣膜的渣罐；2）兑罐以后受渣，渣罐内的钢渣温度会急剧降低，以满足热闷渣拉运的条件。

（2）兑罐过程中的受渣渣罐必须摆放在一个安全平稳牢固的区域，受渣渣罐只是采用喷涂防粘渣剂，不再垫罐，以节约渣罐的空间。

（3）兑罐过程中，倒渣渣罐上沿离受渣渣罐的罐沿高度不得高于1m。

（4）兑罐过程中，附近20m区域严禁有人停留和通过，且禁止有车辆存在。

（5）兑罐过程中必须有专人指挥，吊挂链条必须有专人操作，使用的链条吊具无缺陷。

（6）非异常渣的受渣渣罐可以待渣面平静，直接装车拉运热闷处理。

14.4.3 拉运转炉 KR 脱硫渣的作业流程和安全控制措施

KR 渣在扒渣过程中，会将部分铁珠或者铁水扒入渣罐，故 KR 脱硫渣除了特有析出的硫化氢和二氧化硫气体以外，还会析出 CO，对环境的危害较大。因此，拉运 KR 脱硫渣，必须保证车辆的稳定性，车况不好，禁止拉运 KR 脱硫渣。此外，还需要注意以下要点：

（1）KR 渣拉运前，必须经过强制冷却，即渣罐内经过持续打水冷却4h以上，方可拉运渣罐。

（2）KR 渣罐的拉运途中，严禁拉运车辆在途中停留，尤其是在封闭或者半封闭的场所停留，防止有毒气体对人员产生中毒伤害。

（3）KR 渣的拉运过程中，必须有联保互保人员，防止拉运途中发生意外事故。

（4）KR 渣罐内允许混装转炉固态钢渣、精炼渣，允许在冬季向渣罐表面覆盖冰雪。

（5）KR 渣在渣罐内有火焰燃烧严重（火焰外焰高大于20cm）的情况下，禁止拉罐作业。

（6）渣罐内 KR 脱硫渣容量以不许超过渣罐法兰边为限，呈现锥形堆积的，锥形高度不得高于渣罐的法兰边上沿。

14.4.4 精炼渣铸余罐的安全拉运

精炼渣铸余罐的安全拉运必须遵守以下要点：

（1）精炼渣铸余必须在精炼跨倒满渣罐2/3以后，自然冷却6h以上，才可以直接拉运。倒满铸余罐没有自然冷却的，必须在渣场持续打水冷却4h以上，才可以进行拉运，否则禁止拉罐作业。

（2）精炼渣铸余法兰边上有悬挂物的渣罐，必须清理干净，方可拉运，否则禁止拉运。

（3）精炼渣铸余的地面残留物，可以直接拉运。

（4）经过解体的精炼渣渣体，允许装罐以后直接拉运。

参 考 文 献

[1] 顾祖希. 16m³ 渣罐在的半永久型铸造实践[J]. 铸造技术，1989(9).

[2] 贾泽春. 16m³ 渣罐的工艺设计与生产[J]. 铸造，2010(7).

[3] 徐敬. ZGC20 型渣罐运输车的设计特点[J]. 采矿技术，2004(1).

[4] 刘海滨. 宝钢渣罐裂纹的消除[J]. 机械工人，2005(9).

[5] 张相福. 大型冶金渣罐焊缝开裂修复及改进措施[J]. 焊接与切割，2011(20).

[6] 马金元，郝海文，宋建军. 大型渣罐的开发[J]. 包钢科技，2009(6).

[7] 彭润平. 钢渣罐修复裂纹原因分析及对策[J]. 武钢技术，2009(6).

[8] 任学平，王秉林，等. 渣罐复合应力的有限元分析[J]. 包头钢铁学院学报，2006(2).

[9] 罗红专. 渣罐开裂分析及结构改进[J]. 机械设计与制造，2005(4).

[10] 帅昌林. 渣罐运输车的安全防护设计[J]. 采矿技术，2003(2).

[11] 邵龙义，吕森林，时宗波，等. 大气颗粒物的矿物学研究现状与展望[C]. 第三届环境模拟与污染控制国际学术研讨会论文集，2013.

[12] 樊彦，郑炳志. 干雾抑尘技术的应用[C]. 全国火电大机组（300MW 级）竞赛第 38 届年会论文集，2009.

[13] 刘炳煌. 钢铁厂原料准备及输送系统的抑尘革命[C]. 2012 中国（唐山）绿色钢铁高峰论坛论文集，2012.

[14] 王涛. 钢铁企业原料场综合抑尘技术的革命[C]. 2012 中国（唐山）绿色钢铁高峰论坛论文集，2012.

[15] 王永斌. 皮带机干雾抑尘技术的应用[C]. 全国火电大机组（300MW 级）竞赛第 39 届年会论文集，2010.

[16] 梁军. 热闷渣工艺过程中的爆炸机理分析与控制措施[J]. 工业加热，2013(4).

第五篇

钢渣的破碎、细磨与逐级选铁

 15 **钢渣的逐级选铁与含铁渣钢的**
利 用 途 径

传统的钢渣冷弃和热泼工艺，钢渣的粒度较大，渣中带铁，铁中裹渣，要回收其中的铁元素，必须有一套完整高效的综合利用技术。工艺环节包括：钢渣破碎预处理工艺、钢渣加工分离工艺、渣钢提纯工艺和钢渣精加工工艺。

自炼钢炉排出的高温液态钢渣，要实现钢渣的选铁综合利用，必须将热熔钢渣预处理成粒径小于 300~500mm 的常温块渣，这些工艺将在后续章节介绍。将预处理后钢渣进行机械加工、磁选、筛分，实现渣、钢分离，选出不同 TFe 含量的渣钢和不同规格大小磁选后的钢渣，然后综合加工应用。现代先进的钢铁企业，采用的热闷渣工艺、滚筒渣工艺等，均能够在液态高温钢渣的渣处理工艺环节实现钢渣粒度最小化的目的。不同的渣处理工艺，处理后的钢渣粒度不同，每个钢铁企业，可以根据自身对钢渣的利用期望值，进行工艺的组合和取舍。

磁选炼钢钢渣，主要基于以下几点考虑：

（1）炼钢过程中，由于物理化学反应的需要和工艺的特点，一部分铁以铁及其氧化物的形式进入渣中，每吨转炉钢渣约含相当于 65~150kg 的纯铁，价值较大。如果要规模化利用钢渣，效益最明显的是回收利用钢渣中的含铁原料。

（2）研究表明，当钢渣中金属铁粒含量在 2.2% 以上时，压蒸试验的安定性不合格，因此钢渣必须经过磁选。按照标准《用于水泥中的钢渣》（YB/T 022—2008）中的规定，用于生产水泥的钢渣，其金属铁的含量必须低于 1%。

（3）将钢渣应用于水泥、建筑、污水治理、路桥工程等领域的前提是要将钢渣破碎，粒度越小、粒形越好，使用价值越高，应用的范围就越广。影响钢渣破碎的主要原因之一就是钢渣中含有铁，并与钢渣相互融合。磁选出含铁渣块，是防止其损坏破碎设备的必要手段。

（4）钢渣破碎以后的粉磨过程，是物料表面不断磨剥而生成大量细粉的过程，而含铁相的物料硬度较大，所以难以磨成有效微细粉。尽管这些物料的质量分数较小（小于5%），但含铁的夹杂在微细粉中对其作为混凝土掺和料有副作用。从这一角度讲，磁选出钢渣中的含铁相，是钢渣深加工利用的前提条件。

（5）钢渣的颗粒越细，磁选工艺越复杂。所以，如果能在粉磨工艺之前的原料预处理中进行磁选，将更有利于除铁，因而对微细粉中的含铁颗粒进一步筛析磁选是必要的。研究和实践已经证实，钢渣的磨细过程与磁选提铁相互促进。经磨碎—磁选—磨碎—磁选—磨碎—磁选过程后，钢渣中含铁量降低8.89%，磁选后精粉铁含量可达45%以上，可以直接应用于炼钢或者炼铁。而其余含铁物质少的钢渣尾渣进行机械破碎与磨粉，其生产成本会下降，尾渣的深加工性能会改善。

（6）钢渣应用于制作钢渣微晶玻璃的工艺中，渣中的铁对微晶玻璃的颜色、美观性及其他性能有很大的负面影响，因此必须进行除铁。

综上所述，对钢渣进行选铁处理，是钢渣加工工艺的一个重要环节。

钢渣加工磁选分离工艺主要是将常温下的钢渣经均匀给料、粗碎、中碎、细碎（或粗磨）、多级筛分、磁选，实现渣与钢的初步分离。

15.1　钢渣磁选的前提

所有的选铁工艺，所选的钢渣必须保持在一定的粒度范围内，即钢渣必须破碎到一定的粒度后，分级磁选，主要基于以下考虑：

（1）炼钢过程中的磷、硫大多数富集于钢渣中，磁选的含铁渣钢如果黏附的钢渣过多，会增加熔池的磷硫负荷。而转炉渣样在磨矿过程中表现出明显的选择性，转炉渣中含有的一些较粗的铁粒（约占0.2%~0.5%），经磨矿的磨剥作用后呈片状被保留下来，粒度最大在2mm左右，通过筛网隔渣系统很容易将其去除。所以，要从含铁的渣钢中分离非含铁物质，可将钢渣破碎，使得钢渣中非含铁的弱磁性物质从含铁物质中分离，是一种有效的手段。

（2）研究人员对钢渣的研究发现，强磁性的$(Mg,Mn)\cdot Fe_2O_3$与$2CaO\cdot SiO_2$形成嵌布，干扰磁选，故为了减少磁选的干扰因素，将钢渣破碎，减少其黏附，有利于选铁产品的品位。

（3）钢渣中的部分铁或者铁的氧化物粒度很小，固溶于钢渣中的矿物组织之中，钢渣磨细的粒度越小，含铁物质裸露的几率也就越大，选铁量也越多；粒度越大，含铁物质黏附的反磁性物质越多，磁铁吸出的含铁渣钢量越少，但是磁铁吸出物中的铁含量却增加。为了实现以上的目的，钢渣的选铁工艺通常钢渣进行分级破碎磁选，即在不同的阶段，选出含铁的渣钢。这样在不同的粒度阶段，磁选出尺寸不同的渣钢产品。初次选出块度较大的，称为大块渣钢；再下一级的称为中块渣钢；再下一级的称为粒钢（或豆钢）；最后磨细成为粉末状的称为钢渣精粉；剩余的含铁量很少的称为尾渣。

目前先进的渣处理工艺，如热闷渣工艺，可以将大部分钢渣在倒入热闷渣池的前期阶段，挑选出其中的大块渣铁，使之满足后续处理要求。在热闷渣工艺过程中，能够使一些尺寸适中的渣钢表面上黏附的钢渣膨胀脱落，在热闷工艺结束之后用挖掘机单独挖出，挑拣回用，对选铁较为有利。

15.2　钢渣粒度对磁选效果的影响

15.2.1　含铁物质的磁性特点

在有铁液存在的情况下，渣中有 FeO 存在，渣液中含有少量的铁液或者铁珠，故理论上分析，含铁物质在钢渣中的存在形式主要有三种：铁酸盐（C_2F 和 C_4AF）、方铁矿固溶体（FeO 同溶体）以及少量的金属粒铁。FeO 在室温是不稳定的化合物，但在钢渣中由于相平衡而与铁和 Fe_2O_3 共存，并被 CaO、MgO 等二价氧化物稳定形成复杂的 RO 相。渣中铁的氧化物在不同的情况下可以相互转化，常见的转化如下：

（1）高温渣液在温度降低过程中，Fe_3O_4 会分解产生 FeO。

（2）凝固的水淬渣在空气中放置一段时间以后，渣中的含铁原料、表面的铁被氧化成为 α-Fe_2O_3、γ-Fe_2O_3，呈现红色或者红褐色。

（3）在钢渣水淬或者存放一段时间，还会产生 $Fe_2O_3 \cdot nH_2O$ 和 $FeCO_3$ 等含铁物质，自然界中常见的 9 种氧化铁化合物的性质见表 15-1。

表 15-1　自然界中常见的 9 种氧化铁化合物的性质

化学式	颜　色	晶　系	磁　性
α-Fe_2O_3	红色	六方晶系	弱铁磁性/反铁磁性
γ-Fe_2O_3	红褐色	立方晶系	亚铁磁性
Fe_3O_4	黑色	立方晶系	亚铁磁性
ε-Fe_2O_3	—	正交晶系	—
β-Fe_2O_3	—	—	—
FeO	黑色	立方晶系	反铁磁性（无磁性）
α-FeOOH	黄棕色	正交晶系	反铁磁性（无磁性）
β-FeOOH	黄棕色	单斜晶系	反铁磁性（无磁性）
γ-FeOOH	橙色	正交晶系	反铁磁性（无磁性）

从表 15-1 可知，铁的氧化物的磁性是各不相同的，根据钢渣中含有磁性物质这一特点，采用磁选法回收钢渣中的金属铁和强磁性的含铁原料，是钢渣处理的基本工艺。渣钢是将钢渣经各级破碎、磁选，选出钢渣中的含铁组分，能够直接应用于炼钢或炼铁生产的块状物理铁或者粒状的含铁原料。由于渣钢是从钢渣中选出的，所以渣钢不同程度地黏附有钢渣。

15.2.2 钢渣中含铁原料的组成和磁性特点

张朝晖对转炉渣试样所做的电子扫描电镜（SEM）进行分析，样品中所含主要矿物形态在电子显微镜下试样中各矿相照片如图 15-1 所示。

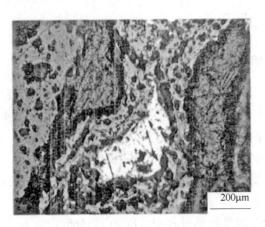

图 15-1 电子显微镜下试样中各矿相照片

结果表明：（1）黑色区域中长条状和圆粒状矿物是硅钙相，其主要化学成分是 SiO_2 和 CaO，其物相组成以 C_2S 为主并有少量 C_3S，还有少量不定形的黑色针状矿物，其主要成分是 Fe_2O_3；（2）深灰色区域是铁钙相，其主要化学成分为 Fe_2O_3 和 CaO，主要矿相是铁酸盐（$2CaO \cdot Fe_2O_3$）固溶体；（3）灰白色区域中为熟石灰，然而包边结构中灰白色为铁酸盐（$MgO \cdot 2FeO$）固溶体，中间的黑色矿物为氧化镁；（4）存在大量的银白色颗粒和亮斑是金属铁，这说明块渣中的金属铁较多。北京科技大学的杨志杰对钢渣所做的 XRD 分析结果如图 15-2 所示。

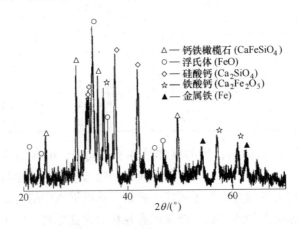

图 15-2 钢渣 XRD 分析结果

15.2.3   钢渣中含铁物相的组成分析

经过 SEM 对试样局部分析可以发现各种含铁物相的存在和分布。电子显微镜下试样中含铁物相照片如图 15-3 所示。

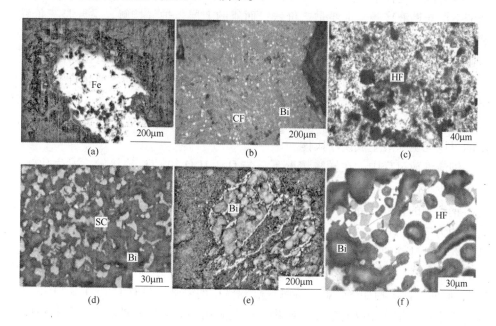

图 15-3   电子显微镜下试样中含铁物相照片

（a）金属铁；（b）硅酸钙中的磁铁矿颗粒；（c）含水氧化铁无定形颗粒；

（d）硅酸钙和玻璃中的氧化铁；（e）金属铁中的球状玻璃；（f）氧化铁中包裹硅酸钙和玻璃质

SC—硅酸钙；CF—磁铁矿；HF—赤、褐铁矿；Bi—玻璃体

在图 15-3 的电子显微镜下试样中含铁物相的照片中可以观察到有金属铁、磁铁矿、赤铁矿、褐铁矿等含铁物相和大量玻璃相。经分析，试样中还有少量的碳酸铁、硅酸铁、硫酸铁相等。在使用电子探针显微分析仪（EPMA）分析薄片试样中含铁物相微区的化学组成后，分析钢渣铁物相的分析结果见表 15-2。

表 15-2   钢渣铁物相的分析结果

矿 物 名 称	质量分数/%	占有率/%
金属铁和磁铁矿中的铁	12.75	54.51
赤、褐铁矿中的铁	7.72	33.01
碳酸铁中的铁	2.37	10.13
硅酸铁中的铁	0.45	1.92
硫酸铁中的铁	0.1	0.43
合 计	23.39	100

从钢渣含铁物相分析结果可以看出，钢渣全铁品位为 23.39%，含铁相主要以金属态 Fe、简单化合态（FeO、Fe_3O_4、Fe_2O_3、$Fe_2O_3 \cdot nH_2O$ 和 $FeCO_3$ 等）、铁酸盐（$2CaO \cdot Fe_2O_3$ 等）和固溶体（$MgO \cdot 2FeO$）4 种形式存在，分布比较分散。转炉炼钢过程中炉渣中铁的氧化物在熔融状态下主要以 FeO 形式存在，其中液渣下层与钢液接触，主要是二价铁；而渣的上层与炉气接触，主要是三价铁。然而 FeO 在室温并不稳定，低于 527℃ 时则分解为 Fe_3O_4，同时析出铁，但在钢渣中由于相平衡而与 Fe 和 Fe_2O_3 共存，并被 CaO 和 MgO 等二价氧化物所稳定。

钢渣中由于氧化钙和三价铁氧化物中金属元素的价态不同，使化合物的晶体结构不同，几乎不形成固溶体，而是以铁酸盐（$2CaO \cdot Fe_2O_3$）形式存在。而 FeO 和 MgO 这两个组元都是氯化钠型晶体结构，且点阵常数很接近，因而它们之间可以完全互溶生成镁浮氏体。

钢渣堆放过程中，在暴露情况下，与 O_2、H_2O 和 CO_2 等接触，发生化学反应生成少量的 $Fe_2O_3 \cdot nH_2O$ 和 $FeCO_3$ 等。

钢渣中的全铁含量在 20%～30%，其中 FeO 和 Fe_2O_3 含量约为 20%，MFe 含量约为 7%～10%。

若以软纯铁的磁吸力为 100.0，那么几种常见的强磁性矿如磁铁矿、锌铁尖晶石、钛铁矿、磁黄铁矿等亚铁磁性物质的磁吸力分别为 40.2、35.4、2.7、6.7，而弱磁性矿物如菱铁矿、赤铁矿、褐铁矿的磁吸力只有 1.8、1.3、0.8。从而可以看出，钢渣中既有强磁性矿物，磁铁矿相 Fe_3O_4 和金属铁；又有弱磁性矿物，赤铁矿、褐铁矿（主要成分以 Fe_2O_3 为主），还有无磁性矿物，如硅酸盐脉石和浮氏体 FeO。

其中，有磁性的物相为铁酸盐和金属铁。从铁在硅酸盐相的赋存状态看，多数硅酸盐脉石中普遍含铁，同时硅酸盐相内也普遍含有铁酸盐的析出物，从而导致硅酸盐脉石具有磁性。

弱磁选可回收的铁资源只有金属铁和磁铁矿中的铁，占有率只有 54.51% 左右；强磁选可回收的铁有赤、褐铁矿中的铁和碳酸铁中的铁，占有率为 43.14% 左右。其中，金属态和简单化合态中的铁资源可通过选铁的方式分离出来，而铁酸盐和固溶体中的铁很难被分离出来。

如果钢渣采用强磁选，含铁物质上粘附的钢渣较多，影响含铁物质的纯度，故从钢渣中选取含铁物质宜采用弱磁选系统和强磁选相结合的工艺，将钢渣逐级选铁，对已经初步选出的含有纯铁的大块钢渣，进行分级磁选、破碎、磁选。从钢渣中磁选铁的量，取决于钢渣处理工艺和钢渣的具体特性。

15.3　钢渣的逐级选铁工艺

对冷弃钢渣、热泼钢渣以及陈年堆存的渣山进行选铁，需要经过钢渣的粗碎，即大块钢渣破碎，选取其中的大块铁以后的钢渣进入中碎，然后磁选，磁选后的钢渣再进入细碎和磨粉及相应的磁选工艺。不同的钢渣预处理工艺，其选铁工艺各有独特的方面。

15.3.1　钢渣逐级破碎、磨细磁选对选铁的影响

贵州大学材料与冶金学院的李世桓等人在钢渣可磨性与磁选提铁交互性影响的实验研究中发现：随着粒度的增加，磁铁吸出量逐渐减少，磁铁吸出物中的铁含量却呈增加的趋势。在粒度等级为 $75\mu m$ 的条件下，磁选量为45.2%，提铁率为2.7%；相比之下，在粒度等级为 $200\mu m$ 的条件下，磁选量为2.3%，提铁率为32.6%；粒度等级在 $75\sim165\mu m$ 之间时，磁铁吸出物提铁率变化比较平稳；在粒度等级在 $200\mu m$ 时，磁铁吸出物提铁率上升趋势明显。由以上现象可知，钢渣中的铁粒子（金属铁）主要以大颗粒的形式存在，粒度主要分布在 $165\mu m$ 以上，而大颗粒的铁粒子又是钢渣可磨性差的制约性因素。钢渣磁选提铁可进一步减少钢渣中铁粒子，为改善钢渣可磨性创造了条件。钢渣粒度对磁选提铁的影响如图15-4所示。

由于细磨时间与钢渣可磨性的关系及钢渣粒度对钢渣磁选提铁的影响，

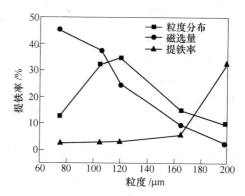

图15-4　钢渣粒度对磁选提铁的影响

采取了磨碎环节与磁选提铁间隔重复的研究方法。在球磨条件下，将500g钢渣进行1次磨碎实验，细磨时间为1h，测出钢渣的粒度分布，对样品钢渣进行1次磁选提铁，测出磁铁的磁选量，并测量精粉中的铁含量；将磁选处理过的钢渣进行2次磨碎，细磨时间为1h，2次提铁；3次磨碎，3次提铁。所得钢渣细磨与磁选提铁的相互影响结果见表15-3。

表15-3　钢渣细磨与磁选提铁的相互影响结果

项　目	粒度/μm	200	165	120	105	75
1次磨碎	粒度分布/%	31.30	35.60	19.40	9.10	4.60
1次提铁	磁选量/%			2.30		
	含铁量/%			53.10		
2次磨碎	粒度分布/%	20.40	24.80	30.70	16.30	8.80
2次提铁	磁选量/%			7.80		
	含铁量/%			48.60		

项　目	粒度/μm	200	165	120	105	75
3 次磨碎	粒度分布/%	8.20	9.40	34.70	38.10	13.60
3 次提铁	磁选量/%			8.30		
	含铁量/%			46.70		
	总提铁率/%			8.89		

由表 15-3 可知，钢渣经 3 次磨碎、3 次提铁后的粒度分布的峰值比在细磨时间为 3h 条件下的钢渣的粒度分布峰值位置靠前，3 次磨碎后钢渣的粒度分布峰值位置为（105μm，38.1%），细磨时间为 3h 的钢渣粒度分布峰值位置为（120μm，30.2%）。由此可见，钢渣的含铁量对钢渣的可磨性有重要影响。含铁量越少，有利于钢渣的磨碎、磁选。另一方面，在细磨过程中，钢渣的粒度由大变小，在钢渣中钢粒逐步"裸露"出来，为钢渣的磁选提铁提供了有利条件。在表 15-3 中，1 次提铁磁选量为 2.3%，含铁量为 53.1%，随着多次磨碎、提铁，磁选量可达 8.3%、含铁量为 46.7%。综上所述可知，钢渣的细磨过程与磁选提铁相互促进。经磨碎→磁选→磨碎→磁选→磨碎→磁选过程后，钢渣中含铁量降低 8.89%，磁选后精粉铁含量可达 45% 以上。

15.3.2　钢渣中金属铁的分布率和磨矿细度的关系

为了测定钢渣金属分布率和磨矿细度，张朝晖对转炉钢渣进行磨矿试验，测定结果即磨矿细度与时间关系见表 15-4，钢渣金属分布率测定筛析结果见表 15-5。

表 15-4　磨矿细度与时间的关系

磨矿时间/min	0	15	30	45	60
74μm 质量分数/%	16	60	83.33	91.98	94.26

表 15-5　钢渣金属分布率测定筛析结果

粒度/mm	产率/%	全铁品位/%	分布率/%
+2.0	12.3	36.8	17.49
-2.0 ~ +1.0	35.51	32.7	44.83
-1.0 ~ +0.5	15.3	28.1	16.6
-0.5 ~ +0.25	12.27	20.35	9.65
-0.25 ~ +0.15	6.15	15.6	3.71
-0.15 ~ +0.074	7.77	12.2	3.67
-0.074 ~ 0	10.7	9.8	4.06
合　计	100	25.9	100

同时也可以看出：在大于 0.5mm 粒级钢渣中，其产率为 63.11%，铁的金属分布率占 78.92%，而小于 74μm 的细粉中，主要是非金属氧化物，其中铁的品位只有 9.8%，金属分布率仅占 4.05%。

15.3.3 湿式弱磁选和湿式强磁选的对比

张朝晖等人对湿式弱磁选和湿式强磁选进行了实验研究，实验研究用的钢渣成分见表 15-6。

表 15-6 实验用钢渣成分 （%）

成 分	TFe	FeO	SiO$_2$	Al$_2$O$_3$	CaO	MgO	S	P	K$_2$O	Na$_2$O
含 量	23.08	20.2	16.16	4.2	46.88	4.82	0.18	0.36	0.18	0.17

钢渣湿式磁选磨矿细度试验是在弱磁场中进行的。试验固定磁场强度 0.16T，磨矿细度在 –200 目（小于 0.074mm）产品的含量分别为 60%、70%、80%、90%、95%。由试验数据得出的铁品位、回收率与磨矿细度的关系如图 15-5 所示。魏莹对钢渣成分接近的钢渣磨粉的磁选研究结果如图 15-6 所示。

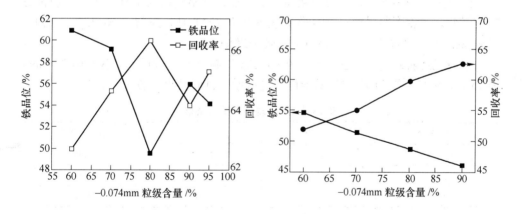

图 15-5　–0.074mm 粒级钢渣的磨粉
粒度与铁品位、回收率的关系

图 15-6　钢渣磨粉粒度对
钢渣磁选效果的影响

由图 15-5 可以看出，磨矿细度对铁精矿的铁品位与回收率均有较大影响。在磨矿细度为 –200 目（小于 0.074mm）占 70% 时，铁回收率约为 64%，铁品位约为 59%；在磨矿细度为 –200 目（小于 0.074mm）占 80% 时，铁回收率提高到了约 66%，但铁品位下降到了约 50%。综合考虑成本等各方面因素，磨矿细度以 –200 目（小于 0.074mm）占 75% 为宜。

15.3.4 湿式弱磁选磁场强度对磁选产品的影响试验

张朝晖对钢渣湿式磁选磁场强度进行的试验，是在固定磨矿细度为 − 200 目 （小于 0.074mm） 占 92%，磁场强度分别为 0.16T、0.145T、0.125T、0.10T 下 进行的。由试验数据得出的铁品位、回收率与磁场强度的关系如图 15-7 所示， 魏莹的研究结果如图 15-8 所示。

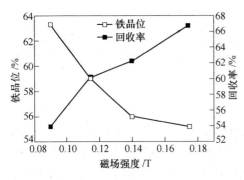 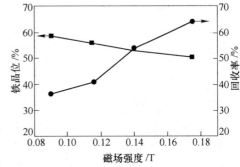

图 15-7　磁场强度与铁品位、回收率的关系　　图 15-8　磁场强度对钢渣磁选效果的影响

由以上实验结果可知，随着磁场强度增加，铁精矿的品位有所下降，但都在 50% 以上，回收率明显提高。在磁场强度为 0.175T 时，达到了 66.75%。因此， 弱磁场强度 0.175T 条件下的磁选效果较为理想。

钢渣湿式弱磁选验证试验；是在固定磨矿细度为 − 200 目 （小于 0.074mm） 占 75%、磁场强度为 0.175T 的条件下进行的。试验结果见表 15-7。

表 15-7　湿式弱磁选试验结果

产 品 名 称	产率/%	全铁品位/%	全铁回收率/%
铁精矿	31	60.6	66.99
尾 渣	69	13.42	33.01
原 渣	100	28.98	100

从表 15-7 可以看出，铁精矿 （也叫钢渣精粉） 产率为 31.00%，铁精矿品位 可以达到 60.60%，全铁回收率可达 66.99%。

15.3.5 湿式强磁选回收钢渣中氧化铁的试验

国内的研究人员进行了湿式强磁选磁场强度试验，钢渣样中有弱磁性矿物赤 铁矿、褐铁矿，为了进一步回收这部分赤铁矿、褐铁矿中的铁，进行了湿式强磁 选磁场强度试验。试验用原料为湿式弱磁选磁场强度验证试验的弱磁尾渣。由试 验数据可得铁品位、回收率与磁场强度的关系，如图 15-9 所示。

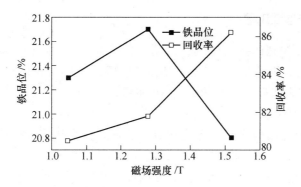

图 15-9　磁场强度与铁品位、回收率的关系

从图 15-9 可以看出，随着磁场强度的变化，铁精矿品位变化不大，回收率有所增加。但强磁选精矿品位仅仅有 20% 左右，无法获得合格的铁精矿。故钢渣磁选线的磁选强度不宜过大。

15.3.6　湿式强磁选再磨细度对磁选的影响

从钢渣湿式强磁选磁场强度试验结果可见，强磁选精矿品位仅仅只有 20% 左右，这可能是因为钢渣中赤铁矿、褐铁矿结晶粒度细小，没有达到单体解离的原因。因此，进行了强磁选再磨细度试验，试验磁场强度为 1.278T，试验结果见表 15-8。

表 15-8　湿式强磁选再磨细度试验结果

磨矿时间/min	产品名称	产率/%	铁品位/% TFe	回收率/% TFe
15	铁精矿	38.93	24	75.38
	尾 渣	61.07	5	24.62
	磁选尾渣	100	12.39	100
20	铁精矿	40.88	25.58	77.6
	尾 渣	59.12	5.1	22.4
	磁选尾渣	100	13.48	100

从表 15-8 可以看出，弱磁选尾渣经过再磨，在同一磁感应强度下进行选别，铁精矿品位只能达到 24% ~ 25%，距合格的铁精矿质量要求相差甚远，而且入选弱磁选尾渣铁品位只有 13% ~ 14%。继续提高再磨细度，势必增加磨矿成本，经济上不够合理，故从经济性的角度考虑，磁选钢渣的磨细程度不宜过小。

15.3.7　热泼渣选铁工艺

15.3.7.1　常见的热泼渣选铁工艺

钢渣的选铁工艺通常在挑选出大块渣钢以后，其余的在皮带机系统中进行磁选，某厂的钢渣多级磁选工艺如图 15-10 所示。

其工艺步骤为：

（1）将转炉红热钢渣汽车运输到渣厂，归堆打水热闷，待钢渣进行充分降温冷却到环境温度，或者温度满足皮带机输送的要求温度。

（2）热闷钢渣进仓前，经料仓上方钢板格筛除去大渣块和大渣钢，其中大渣块经破碎后再磁选，大渣钢经人工除渣后，尺寸合格的直接作为炼钢原料使

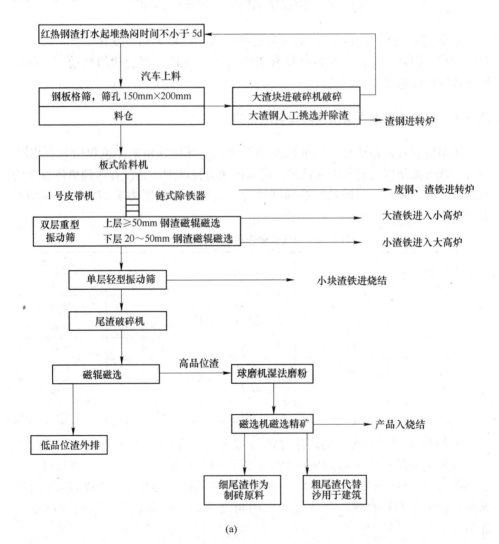

(a)

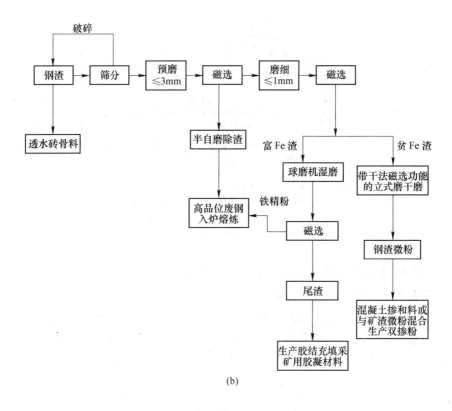

(b)

图 15-10 钢渣多级磁选的示意图

用，尺寸超大的，做切割处理然后供炼钢使用。一种带有振动的筛子示意图如图
15-11 所示。

（3）大渣块进行机械破碎，然后再次经过筛网，在皮带机磁选系统进行初级磁选，选出的小铁块成为中块渣钢，可以供给炼钢使用，剩余的再次通过筛分系统，尺寸较小的进入下一步磁选系统，尺寸较大的再次进行破碎或者磨碎，然后再进入磁选系统。磁选工艺流程如图 15-12 所示。

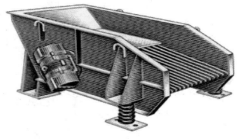

图 15-11 带有振动系统的筛子

其中，磁选的主要设备皮带机磁选部件采用永磁轮，永磁轮其内部采用高性能硬磁材料组成复合磁系，具有磁场强度高、深度大、结构简单、使用方便、不需维修、不消耗电力、常年使用不退磁等特点。

皮带机输送带将需要分选的物料输送至进料口，通过永磁轮将磁性物料和非磁性物料分选出来，分别通过不同的出料口分选出来。皮带机分选效果可以根据

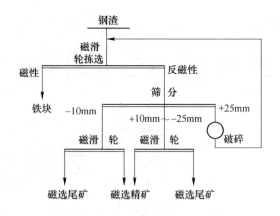

图 15-12　磁选工艺流程

需要来调节，通过变频电机调节皮带机的运行速度，还可以调节分选率。

15.3.7.2　一种热泼钢渣的选铁处理工艺

某厂热泼渣的选铁工艺如图 15-13 所示。这种选铁工艺，在一定程度上有独到的优势，但是工艺流程能耗大，产能低，并不适合大中型钢厂的渣处理工艺。

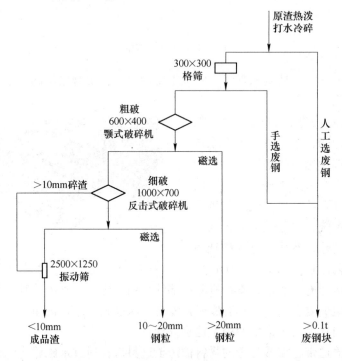

图 15-13　热泼渣的选铁工艺

文献介绍的一条钢渣高效综合利用工艺和设备生产线如图 15-14 所示。

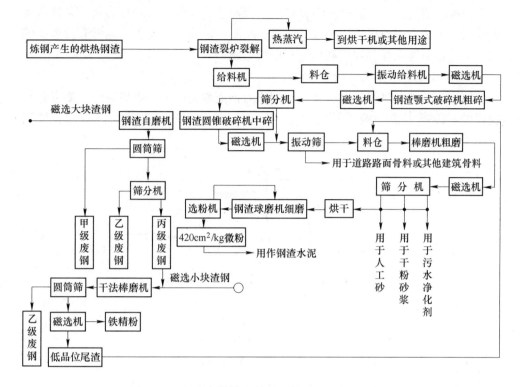

图 15-14　钢渣高效综合利用工艺流程及主要设备图

钢渣加工分离采用钢渣均匀给料、输送、粗选、粗碎、磁选、中碎、磁选、细碎（或粗磨）磁选工艺。主要采用振动喂料筛、钢渣颚式破碎机、钢渣圆锥破碎机、钢渣棒磨机、振动筛分机及磁选机等设备。

大块磁选渣钢提纯采用自磨、筛分、磁选工艺，主要设备是渣钢自磨机。

小块磁选渣钢提纯，首选干法棒磨，南方可选湿法球磨，主要设备是渣钢棒磨机和渣钢球磨机。

磁选后钢渣精加工采用干法棒磨、烘干、球磨、磁选工艺，主要设备是钢渣棒磨机和钢渣球磨机。

采用以上工艺和设备才能实现钢渣的高效综合利用，真正达到钢渣"零排放"，余热得到充分回收利用，磁选渣钢提纯后价格倍增，磁选后的尾渣精加工后得到高附加值应用。

15.3.8　冷弃钢渣的选铁工艺

冷弃钢渣，是一种粗放式的渣处理模式，这种模式产生的渣山，在处理过程中，工艺也是按照粗碎→中碎→细碎→磨粉的逐级磁选工艺进行，有的钢厂还采用了渣钢的球磨（干式球磨和湿法球磨）提纯工艺。目前已经开发的钢渣加工分离的振动喂料机、钢渣颚式破碎机、钢渣圆锥破碎机、钢渣棒磨机、各种钢渣振动筛等钢渣专用的粗碎、中碎、细碎、粗磨、筛分成套设备，能够有效解决陈旧渣山的钢渣选铁综合加工利用过程中的难题。

15.3.8.1　冷弃钢渣的破碎工艺

钢渣破碎工艺是根据原料条件和用户对钢渣粉的产率、质量和粒度要求进行设计的。破碎工艺一般采用三段破碎、两段筛分、三次磁选闭路流程，如图15-15所示。

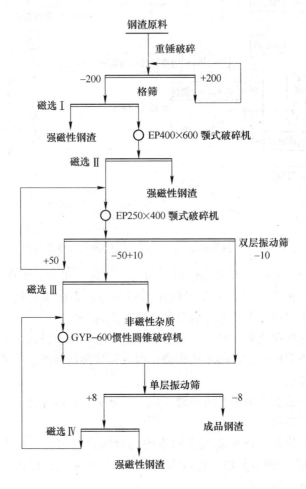

图 15-15　破碎工艺流程

渣山堆积的钢渣及钢厂新来的钢渣用 ZL50C 铲装机配合汽车卸入储料区，+200mm 的渣料进行人工破碎或剔出，-200mm 的渣料，由电振给料机供给1号皮带，经过1号皮带机头轮磁场强度为 63.66～79.58kA/m 的干式磁滑轮选出钢渣，其余物料供 ZSG10 20 重型振动筛，将物料分为 -10mm、10~35mm、+35mm 粒级。35~200mm 粒级物料经溜斗入 EP400 颚式破碎机，破碎物料经 2 号皮带头轮（磁场强度为 63.66~79.58kA/m 的干式磁滑轮）再选一次钢渣，其他物料进入 EP250 颚式破碎机进行二次破碎，破碎后物料经溜斗入 1 号皮带形成两段闭路破碎；10~35mm 粒级的物料入 3 号皮带机，3 号机头轮装有磁场强度为 318.32kA/m 的中场强干式磁滑轮和可调节板，将钢渣与工业垃圾分离，10~35mm 粒级钢渣经由 5 号皮带输送至 GYP-600 惯性圆锥破碎机上部料斗，经惯性圆锥破碎机细碎后物料经 8 号皮带运至 SZZ2900×1800 振动筛，筛孔为 9mm，筛下 -8mm 渣粉入 9 号成品皮带运至产品堆放处，待输出，-10mm 物料经由 4 号皮带运至磁场强度为 278.53kA/m 的干式磁选机分选，分选出工业垃圾后的物料经由 6 号皮带运至 8 号皮带与细碎后物料一并过筛输出，筛上少量粗颗粒料用人工小车运回 5 号皮带再入惯性圆锥破碎机细碎；10~35mm 与 -10mm 两种物料中分离出的工业垃圾，经由 7 号皮带运至废料堆。工艺设备中除细碎主机为新型的 GYP-600 惯性圆锥破碎机外，其余均为常规设备。

以上类似工艺推荐的钢渣高效渣铁解离细碎工艺的关键设备配置见表 15-9。

表 15-9　钢渣高效渣铁解离细碎工艺的关键设备配置

项目	中碎阶段			细碎阶段			
处理量/t·h⁻¹	颚式破碎机	装机功率/kW	进料粒度/mm	主体设备	装机功率/kW	给料粒度/mm	产品粒度/mm
15~20	250×1000	30	<210	GYP-Ⅰ	55	<50	<6
40~55	400×600	30	<350	GYP-Ⅱ	110	<80	<8
65~90	600×900	55	<480	GYP-Ⅲ	185	<100	<10

其中，中碎段为普通颚式破碎机，细碎段为改进型的惯性圆锥破碎机。

15.3.8.2　冷弃钢渣的高效渣铁解离细碎工艺

钢渣的抗压强度为 169~306MPa，莫氏硬度为 5~7，质地坚硬难破碎和磨碎。因为钢渣比较致密、硬度高，结构特殊，是铁和渣的结合体，有的颗粒是渣包铁，有的颗粒是铁包渣，甚至有粒度比较大的铁块，普通破碎机都会出现"卡铁"现象，处理不及时会损坏设备。而水泥、冶金配料等应用需要的是最大粒度在 10mm 以下的尾渣，颚式破碎机预处理钢渣流程只能将其破碎到 40~60mm，倘若这种粒度的尾渣为了后续利用而直接进入球磨机加工，必然效率很低且浪费很多能量，从而额外生产成本大大增加，甚至超过钢渣利用所带来的附加值。因此，钢渣的加工处理技术缺陷成为制约钢渣综合利用发展的瓶颈，而最主要的难题就是其细碎问题。研究和实现钢渣高效渣铁解离工艺主要是为了解决钢渣难以加工或加工成本高的问题。钢渣高效渣铁解离工艺主要目的：一是回收其中的金属；二是综合利用尾渣。在水泥和建材等行业发达的地区，尾渣可以百分之百地实现综合利用，但在其他地区，尾渣仅有少量用作冶金熔剂，而大部分只能用于工程回填等。为此，对可以充分利用的尾渣，要求具有较细的粒度。一种钢渣高效渣铁解离细碎工艺如图 15-16 所示。

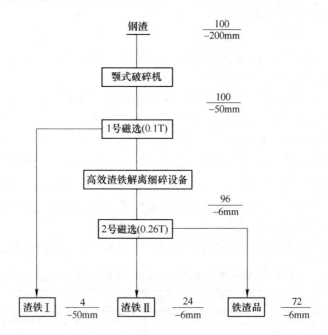

图 15-16　钢渣高效渣铁解离细碎工艺 I 流程图

对无法利用的尾渣，为降低生产成本和提高生产效率，需要在中碎之后进行抛尾工作，仅让含铁量高的部分钢渣进入后续工序。另一种钢渣高效渣铁解离细碎工艺如图 15-17 所示。

钢渣由普通颚式破碎机处理后，经磁选除去大块金属铁后进入改进型惯性圆锥破碎机。惯性圆锥破碎机由于原理及结构的优越性，对钢渣进行冲击挤压破碎，破碎的粒度较细，将渣、铁分离。再通过磁选将铁回收，尾矿中的含铁量大为降低，在保证铁回收品位的前提下，极大程度地提高了铁的回收率。尾渣可以应用于填埋矿坑或者制作人工景观的用料，不用磨细，减少了后续磨矿处理的循环量，实现了节能降耗。

15.3.8.3　一种冷弃钢渣的闭路选铁工艺

一种传统钢渣破碎加工流程如图 15-18 所示。这种选择一般是经过粗碎、中碎、细碎，而且是闭路循环破碎，再经过多道磁性筛分，将金属回收，尾渣堆积或再加工处理回收。传统钢渣加工工艺均采用三段甚至四段闭路破碎磁选，通过一段或者两段颚式破碎机粗破后，再由两段圆锥破碎机或者立式冲击破碎机闭路破碎为 10~15mm，磁选出磁性铁后球磨提纯。

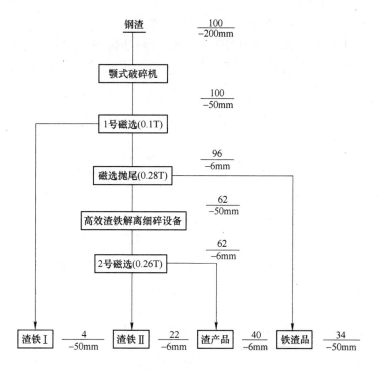

图 15-17   钢渣高效渣铁解离细碎工艺Ⅱ流程图

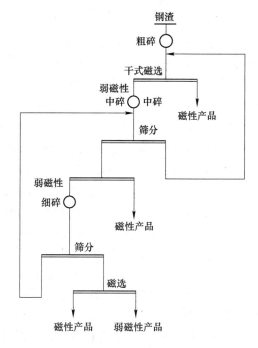

图 15-18   传统钢渣破碎加工流程

15.3.8.4 一种冷弃钢渣的破碎选铁工艺

某钢厂根据实际情况，采用两段破碎法对冷弃钢渣实施破碎。该流程包括原料上料、钢渣磁选、预先筛分、粗破碎、细破碎、检查筛分、成品储运等。其流程图如图 15-19 所示。

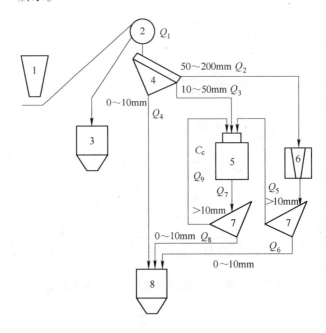

图 15-19　钢渣处理系统流程图

1—地下料仓；2—磁选；3—回收金属仓；4—预筛分；5—圆锥破碎机；
6—颚式破碎机；7—检查筛分；8—钢渣储运料仓

具体工艺流程为：先用铲车将钢渣铲入一地下料仓临时储存，然后由皮带机从仓下输出，进入预先筛分。由于钢渣含有部分残钢，进入破碎机前需将其选尽，残钢（特别是大块残钢）能否选尽，是关系到破碎机能否正常生产和影响破碎机使用寿命的关键。因此，在上料皮带机上或进入破碎机前，采用悬挂式除铁器与磁选滚筒相结合的方式进行磁选。除铁器除去钢渣中大块残钢，磁选滚筒进一步清除未选尽的小块残钢。为了更安全，还可再增加一道磁选滚筒，这样经过 2~3 道磁选，钢渣中残钢基本被选尽。预筛分后的钢渣被分成三个粒级，0~10mm 钢渣作为成品直接送入料仓储存；10~50mm 的进入圆锥破碎机细碎；50~200mm 的进入颚式破碎机粗碎。粗碎与细碎后的钢渣再进行检查筛分，0~10mm 的钢渣为成品，>10mm 的返回圆锥破碎机细碎，形成闭路循环。

这种工艺流程的计算与设备选型的确定：

邯钢分别在一炼钢厂和三炼钢厂建设了两套钢渣处理系统，按 50t/h 处理量设计。为选择破碎、筛分及辅助设备，必须确定各个破碎产物和筛分产物的产量及产率，因此做如下计算（各符号参数代表的产物如图 15-19 所示）：

$$Q_1 = 50 \text{t/h}$$
$$Q_2 = Q_1(1 - \beta_1 \times E)$$
$$Q_3 = Q_1 \times \beta_1 \times E(1 - \beta_2 \times E)$$
$$Q_4 = Q_1 \times \beta_1 \times E \times \beta_2 \times E$$
$$Q_5 = Q_2(1 - \beta_3 \times E)$$
$$Q_6 = Q_2 \times \beta_3 \times E$$
$$Q_7 = (Q_3 + Q_5)/(\beta_4 \times E)$$
$$Q_8 = Q_7 \times \beta_4 \times E$$
$$Q_9 = Q_7(1 - \beta_4 \times E)$$
$$C_c = Q_9/(Q_5 + Q_3)$$

式中，Q_1、Q_2、$\cdots$、Q_9 分别为各产物重量，t/h；β_1、β_2、β_3、β_4 为各产物中小于筛孔的级别含量，%，分别为 75%、35%、35%、65%；E 为筛分效率，取 90%；C_c 为破碎机的循环负荷，%。

经计算得：$Q_2 = 16.3 \text{t/h}$；$Q_3 = 23.1 \text{t/h}$；$Q_4 = 10.6 \text{t/h}$；$Q_5 = 11.2 \text{t/h}$；$Q_6 = 5.1 \text{t/h}$；$Q_7 = 58.6 \text{t/h}$；$Q_8 = 34.3 \text{t/h}$；$Q_9 = 24.3 \text{t/h}$；$C_c = 70.8\%$。

根据上述流程计算，主要设备选择如下：

（1）圆锥破碎机：诺德伯格 GP100MF 型破碎机，给料口 100mm，排料口 12～15mm，处理能力 70t/h。该破碎机采用层压破碎技术，具有使用寿命长和产品粒型好的特点；此外，还采用了液压无级调整排料口和自动保护系统，一旦有铁件等不可破碎物进入破碎腔，便可自动调节动锥将其排出。

（2）颚式破碎机：型号为 PEX250 × 750，过料能力为 24t/h。

（3）振动筛：筛面规格 1200mm × 2400mm，筛孔尺寸 50/10mm，处理能力 80t/h。

15.3.8.5 一种典型的渣钢的破碎除铁工艺实例

图 15-20 所示的这种工艺是传统的钢渣逐级选铁工艺。

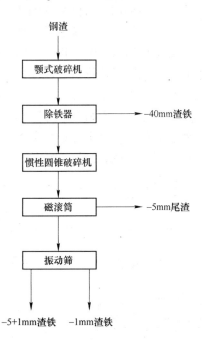

图 15-20 传统的钢渣逐级选铁工艺

15.3.9 滚筒渣与风淬渣、嘉恒法的选铁工艺

滚筒渣与风淬渣、嘉恒渣处理后的钢渣粒度合适，可以直接从处理后的渣中进行磁选，选出的含铁原料，可以直接应用于炼钢，替代铁矿石或者废钢原料使用，剩余的钢渣尾渣，可以进一步磨细，然后再次磁选，循环进行。

以上这三种工艺处理的钢渣，均要求钢渣的流动性较好，并且适合大中型的炼钢炉，故渣罐的罐底渣和其中含有的流动性较差的钢渣，需进行热泼渣或者热闷渣处理，其选铁工艺也与热闷渣的处理工艺相同，或者与传统的热泼渣选铁工艺相同。

15.3.10 热闷渣选铁工艺

热闷渣工艺的最大优点就是含铁渣钢与钢渣分离的较为充分。钢渣热闷结束以后，挖掘机直接将热闷渣池内的钢渣挖出，将钢渣通过筛网筛选，块度较大的含铁物料被筛网过滤，挑拣出来，就是块度最大的含铁渣钢，通常称为大块渣钢；其余粒度合适的钢渣通过筛网进入皮带输送到磁选系统，经过初步磁选，选出其中块度较大的、含铁量较高的中块渣钢，剩余的进入棒磨线或者球磨线，磨碎后再次进入磁选流程，得到粒钢（有的称为豆钢）和钢渣精粉。

从热闷渣池内挖出的大块渣钢，尺寸合适的，可以直接供给炼钢使用，尺寸较大的，切割加工后供给炼钢使用。

某厂的热闷渣处理后的选铁工艺流程（图 15-21）如下：

热闷厂房 A、B 和 B、C 两跨场地共配置有 6 个地上料仓和两条地下带式输送机。由履带式挖掘机、双梁桥式抓斗起重机将装置内粉化钢渣抓至上料仓，由振动给料机下料至 1 号、2 号带式输送机，在进入 3 号带式输送机。3 号带式输送机中部加一台布料车，布料车上输送带正转，将物料送至上料间堆放；输送带反转，将物料送进 1 号、2 号分料仓，通过两台变频振动给料机将物料分别送入 4 号、5 号带式输送机。当闷渣池不出料时，通过抓斗桥式起重机或铲车将物料

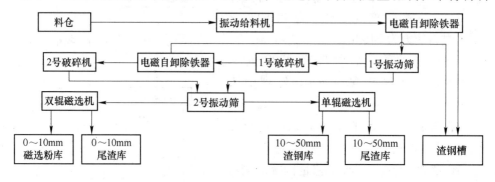

图 15-21 热闷以后的钢渣加工流程

送进 3 号、4 号分料仓。分料仓有两个下料口，通过两台变频振动给料机将物料分别送入 4 号、5 号带式输送机。然后由 4 号、5 号带式输送机将物料送入 1 号筛分楼里的 1 号、2 号振动筛进行筛分。

经过 1 号、2 号振动筛分级出两种粒级的钢渣。筛上物由 6 号带式输送机经 10 号带式输送机运至筛上物中间仓。筛上物中间仓有 2 个下料口，通过两台变频振动给料机将物料分别送入 13 号、14 号带式输送机，然后再由另外两台变频振动给料机分别进入 3 号、4 号棒磨机。从 3 号、4 号棒磨机出来的物料经 15 号、16 号带式输送机运至 2 号筛分楼里的 3 号、4 号振动筛进行筛分。

经过 3 号、4 号振动筛分级出两种粒级的钢渣。筛上物料由 18 号带式输送机运至 10 号带式输送机运回筛上物中间仓。在 18 号带式输送机中部设有电磁自卸除铁器，选出中块渣钢经 21 号带式输送机运至堆场堆存。

1 号、2 号和 3 号、4 号振动筛筛下的钢渣分别由 7 号、8 号和 19 号、20 号带式输送机，通过两台变频振动给料机送至单辊磁选机进行充分磁选，磁选后的尾渣经 22 号、26 号带式输送机运至尾渣仓，再由汽车转运至尾渣堆场。

1 号、2 号、3 号、4 号单辊磁选机选出的磁性物料通过 9 号带式输送机运至含铁中间仓。含铁中间仓有两个下料口，通过变频振动给料机将物料分别送入 11 号、12 号带式输送机，然后再由另外两台变频振动给料机分别进入 1 号、2 号棒磨机。从 1 号、2 号棒磨机出来的物料经 17 号带式输送机运至缓冲仓。缓冲仓有两个下料口，由变频振动给料机将物料分别送入 24 号、25 号带式输送机，通过两台变频振动给料机分别进入 5 号、6 号单辊磁选机进行充分磁选，经 22 号、26 号带式输送机运至尾渣仓，再由汽车转运至尾渣堆场。

磁选机选出的磁性物料通过 23 号带式输送机运至 3 号筛分楼里的 5 号振动筛进行筛分。5 号振动筛筛下小于 5mm 的精粉返烧结，筛上 5~25mm 的粒渣钢返炼钢。

15.4　磁选渣钢铁品位的影响因素

在磁选过程中，渣中部分不含铁或含铁少的物相也会进入到磁选料中，影响磁选料的铁品位。就渣钢中主要物相组成来看，无磁性相应为硅酸盐脉石和浮氏体，有磁性相为铁酸盐和金属铁（扫描电镜背散射电子图像如图 15-22 和图 15-23 所示）。

钢渣中含铁物质（带渣的铁块、铁珠等）在被分选出以后，影响磁选渣钢品位（选出含铁物质的含铁量）的物质主要是铁的氧化物（浮氏体）、铁酸盐和硅酸盐等与之共生或者包裹粘附其中的含铁量较少的矿物组织。

15.4.1　影响大块渣钢和中块渣钢铁品位的因素

大块渣钢和中块渣钢的铁含量为最高，其上面粘附的硅酸盐相和其他的矿物

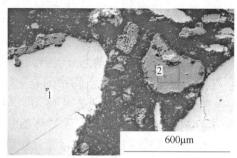

图 15-22　渣钢中浮氏体、硅酸脉石与　　　　　图 15-23　渣钢中金属铁与
金属产出状态图　　　　　　　　　　　　硅酸盐脉石产出特征
1—金属铁；2—浮氏体；3—硅酸盐　　　　1—金属铁；2—硅酸盐与铁酸盐混合相

组织相，是影响其含铁品位的主要因素。

　　大块渣钢和中块渣钢如果铁含量大于 50%，尺寸能够满足炼钢的需要，对转炉回收利用的影响不大，只是利用时需要掌握好使用量和使用方法；对电炉来讲，其表面粘附的钢渣的导电性很差，如加入的位置不得当，有折断电极的风险。

15.4.2　影响粒钢（豆钢）铁品位的因素

　　影响粒钢铁品位的因素主要有以下两点：

　　（1）由于粒钢是钢渣粗破碎产品，从铁在硅酸盐相的赋存状态看，多数硅酸盐脉石中普遍含铁，同时硅酸盐相内也普遍含有铁酸盐的析出物，因铁酸盐有磁性，从而导致硅酸盐脉石具有磁性，故磁选出的粒钢产品中夹杂的硅酸盐脉石粒度较大，不含铁酸盐的硅酸盐脉石也经常夹杂其中，部分脉石以与铁酸盐或金属铁连生的形式产出，硅酸盐脉石中常包裹细粒铁酸盐（见图 15-24），这是造成粒钢铁品位下降的主要因素。

　　（2）部分的粒钢中的多数金属铁与硅酸盐脉石组成连生体形式产出，金属铁也常与浮氏体连生（见图 15-25），这也是影响粒钢铁品位含量的因素之一。

15.4.3　影响钢渣精粉铁品位的因素

　　钢渣精粉通常是钢渣经过棒磨或者球磨系统磨细以后磁选得到的产品，影响其铁品位的主要因素有：

　　（1）钢渣在磨细过程中，由于机械力的作用，含铁的钢渣颗粒部分带电，产生弱磁性，而铁酸盐磁性比较强，因而包裹铁酸盐的硅酸盐颗粒在弱磁选时容易进入到钢渣精粉中。

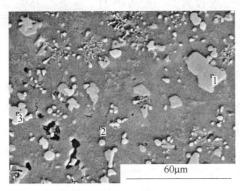

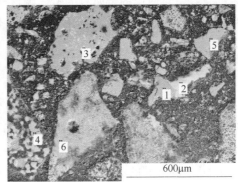

图 15-24 硅酸盐脉石中嵌布的细粒铁酸盐
1，3—铁酸盐；2—硅酸盐

图 15-25 粒钢中硅酸盐脉石、金属铁、
铁酸盐和浮氏体产出特征
1，5，6—硅酸盐；2—浮氏体；3，4—金属铁

（2）由于硅酸盐相中固溶有部分的小铁珠，故多数硅酸盐脉石中普遍含铁，同时硅酸盐相内也普遍含有铁酸盐的析出物，从而导致硅酸盐脉石具有磁性，在钢渣磨细磁选以后，进入到钢渣精粉中，影响其铁品位。

（3）铁酸盐与硅酸盐产出的关系十分紧密（多数难以充分解离），磁选时硅酸盐不可避免地进入精矿中，从而影响该样品中的铁品位。

（4）钢渣经磨细干选时，包裹有微细粒的金属铁或是和金属铁连生的浮氏体容易进入到磁性分离物中，而浮氏体本身的铁品位较低，从而在一定程度上影响了磁性分离物中铁品位的提高。

（5）具有一定磁性的铁酸盐进入到磁性分离物中，铁酸盐含铁普遍较低（远低于 Fe_3O_4 中含铁量），这也是造成钢渣精粉铁品位降低的原因之一。

为了检查选矿产品质量，相关的研究人员进行了铁精矿质量分析，其分析结果详见表 15-10。从试验结果分析可知，湿式弱磁选工艺可以从该钢渣中选出品位为 60% 以上的铁精矿，该铁精矿含磷超标较高，需在冶炼过程中注意使用方法和使用量。

表 15-10 铁精矿质量分析结果 （%）

成 分	TFe	SiO_2	S	P	Cu	Pb	Zn	Sn	K_2O	Na_2O	As
铁精粉	60.6	4.56	0.12	0.28	0.025	0.076	0.011	0.001	0.77	0.047	0.004
尾渣	13.42	37.7	0.1	0.24	0.016	0.071	0.009	0.001	0.65	0.041	0.001

15.5 磁选渣钢提纯工艺

在冶炼优钢的过程中，由于冶炼工艺路线的限制，所以一些钢厂采用精料冶炼的路线，对使用的金属料的磷、硫含量要求较高，一般渣钢 TFe 含量在 25% ~ 80% 之间，杂质含量较高的不宜直接入炉冶炼优特钢，钢渣的提纯工艺是一种选择。

15.5.1　国内的钢渣提纯工艺简介

国内的钢渣提纯工艺，基本上是经各级磁选选出的渣钢，经过筛分，分成 50mm 以上和 50mm 以下的两种规格。通常大于 50mm 的渣钢品位较高，一般 TFe ≥50%；小于 50mm 的渣钢品位较低，一般 TFe ≥25%。其中，渣钢自磨机主要用于 50 ~ 500mm 的渣钢提纯。50 ~ 500mm 的渣钢送入连续转动的渣钢自磨机筒体内，经过多次冲击自磨，表面黏结的非磁性渣和小粒钢与大块渣钢分离，被磨成小颗粒，出磨后经自磨机出料端圆筒筛筛分，分出 TFe ≥90%、500 ~ 50mm 的甲级废钢；筛下小于 50mm 的渣钢经二次筛分后，分出粒度 30 ~ 50mm、TFe ≥ 80% 的乙级废钢和粒度小于 30mm、TFe ≥60% 的丙级废钢。小于 50mm 和小于 30mm 的渣钢经渣钢自磨机自磨分选后的丙级废钢，再进一步提纯处理。进一步的提纯方法有湿法和干法两种工艺。

湿法提纯主要采用渣钢球磨机加水进行磨矿作业，球磨机出料端设置有圆筒筛，圆筒筛下溜料槽设置有两级湿式磁选机。经球磨、磁选可分离出粒度大于 30mm、TFe ≥90% ~ 98% 的甲级废钢（豆钢），粒度小于 3mm、TFe ≥55% 的铁精粉以及 TFe 含量很低的含水尾渣。

干法提纯主要采用渣钢棒磨机，棒磨机出口也设有圆筒筛，圆筒筛筛下物经提升机送入干法磁选机进行磁选，可产出粒度大于 8mm、TFe ≥80% 的乙级废钢、粒度小于 8mm、TFe ≥55% 的铁精粉以及粒度小于 8mm、TFe <2% 的非磁性尾渣，经后续钢渣球磨机精磨，可用于钢渣微粉或污水净化剂等用途。

湿法球磨提纯适用于回收品位较高的废钢，可回收 TFe ≥90% ~ 98% 的甲级废钢，对钢渣原料水分含量没有要求，多雨水、温度较高、不易结冰的南方钢铁企业适用此工艺。但湿法球磨排出的尾渣水分含量大，后续浓缩脱水设备投资高，脱水过滤后的尾渣没有活性，只能用于制作钢渣砌块、钢渣水泥道路砖等用途。

干法棒磨渣钢提纯工艺，可回收品位较低（TFe ≥80%）的丙级废钢，渣钢原料水分小于 5%，少雨、温度较低的北方钢铁企业适用此工艺。磁选后的非磁性尾渣为干式，经后续精磨可用作钢渣微粉或脱水剂等用途。不需消耗宝贵的水资源，但渣钢水分含量高时，必须经烘干机烘干，需要安装除尘设备。

两种提纯工艺各有特点，从节约资源、应用地域范围和尾渣使用性能方面综合分析，渣钢干法提纯明显优于湿法提纯。同时还可以利用炽热钢渣裂解预处理法回收部分余热，用作烘干机热源。经渣钢提纯后，废钢 TFe 含量提高，附加值增加，有利于推动钢渣的磁选加工业经济的循环发展。

15.5.2 独联体极细颗粒的钢渣选铁工艺介绍

为了满足独联体水泥工业标准的要求，从用作水泥原料的钢渣中去除直径 0.08mm 以上的金属颗粒，白俄罗斯某公司开发出了借助风力从粒度 0~10mm 粒化钢渣中分选回收直径 0.08mm 以上金属颗粒的新工艺。其工艺步骤如下：

（1）由于钢渣中的金属颗粒能对非金属物料形成附加应力，所以在一定程度上可以提高对辊式磨碎机的工作效率，故利用对辊式磨碎机对经磁选后的粒化钢渣进行选择磨碎。

（2）经选择磨碎后，钢渣中硬度相对较小的非金属物料被磨得很细（见图 15-26）。

（3）经过选择磨碎后，钢渣借助风力依次经过重力分选机和离心分选机，进行金属颗粒的分选和回收，其工作原理见图 15-27 和图 15-28。

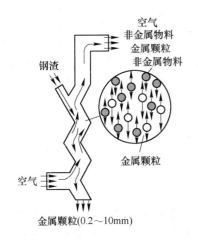

图 15-26　钢渣经对辊磨碎机前后的粒度对比

磨碎后的钢渣先从进料口装入重力分选机，当其经过通有上升控制空气流的竖式风道时，被磨碎的非金属物料和粒度较小的金属颗粒被上升控制空气流带出重力分选机，粒度相对较大（0.2~10mm）、较重的金属颗粒在重力作用下，向

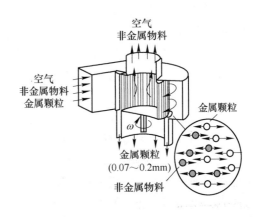

图 15-27　重力分选机的工作原理图　　　图 15-28　离心分选机的工作原理图

下落入位于重力分选机下部的金属颗粒集料装置，并被运走。从重力分选机出来的控制空气流，携带着非金属物料和较小的金属颗粒，直接进入离心分选机，进行金属颗粒的二次分选。在这里，控制空气流在专门转子的旋转带动下改变方向，较重的金属颗粒在离心力的作用下被甩到离心分选机的内壁上，滑落入下部的金属颗粒集料装置，并被回收运走。经二次分选后剩余的钢渣物料被控制空气流带出离心分选机，进入集尘系统，在那里沉积，并被回收运走。

按照上述工艺，白俄罗斯的某公司选用了粒度在 0～7mm 的粒化钢渣作原料，进行了工业试验。结果表明，由于非金属物料被充分磨碎，钢渣的粒度明显变小。经选择磨碎后的钢渣在重力分选机上进行金属颗粒的分选，效果良好，钢渣中约 85% 的物料粒度小于 0.08mm，满足了独联体水泥工业的标准要求。

15.6　渣钢的利用

从钢渣中选出的含铁渣钢，大多数应用于炼钢，也有部分返回炼铁、烧结使用。渣钢在炼钢的回用有一定的限制，难以大规模集中使用，其主要原因如下：

（1）在转炉回用，因为硅酸盐中固溶的磷酸盐，会增加转炉入炉金属料整体的磷负荷。

（2）电炉炼钢使用，硅酸盐导电性不好，会造成电极穿井过程中的断电极事故，故对大块渣钢的使用，对其表面粘附的钢渣有相关要求。

（3）从脱硫渣中磁选出的渣钢，表面粘附的脱硫渣中含硫量较高，尤其是喷吹脱硫渣，渣中的硫有一部分以硫化铁的形式存在，入炉使用会加重入炉金属料的硫负荷。

（4）渣钢表面粘附的钢渣、耐火材料，由于其导热性较差，加入以后，会影响熔池的传热，造成大块的渣钢难以熔化，影响冶炼。

不同的厂家对渣钢的使用要求也不一样。钢渣磁选出的不同含铁原料，不同的厂家对其称呼各异，一般来讲，渣钢是指从钢渣中选出含铁原料的总称，包括大块渣钢、中块渣钢、粒钢（豆钢）、钢渣精粉；磁选量是指磁选出的钢渣与样品的质量比；提铁率是指磁选钢渣中的总铁含量。

15.6.1　大块渣钢

15.6.1.1　大块渣钢的概念和选取

大块渣钢：在钢渣处理过程中，经过装载机、铲车、挖掘机等机械在挖掘、铲运过程中，经人工肉眼识别，使用车辆铲运到指定地点，使用落锤、炮头车等方法剥离上面的大部分的钢渣得到的，粒度尺寸为 20～200cm，粘附有少量钢渣的废钢。

大块钢渣使用氧割或者落锤破碎等手段加工，加工成为尺寸合格的大块废钢，供炼钢使用。某厂选出的大块渣钢实体照片如图 15-29 所示。

图 15-29　某厂选出的大块渣钢实体照片

15.6.1.2　大块渣钢的来源和利用

大块渣钢的来源主要有以下几个方面：

（1）转炉和电炉冶炼工艺中，在倒渣过程中从炉门流失部分的钢液进入渣罐或渣坑。

（2）转炉炉口粘附物的脱落进入渣罐或者渣坑。

（3）加入炼钢炉内没有熔化的大块废钢等。

（4）在冷却过程中，含铁量较高的渣液、铁珠、铁液液滴沉降到渣罐的底部，凝固成为大块渣罐罐底渣。

（5）脱硫渣中的铁液凝固成为大块。

（6）钢水包、铁水罐的包口粘附物，混在钢渣中。

（7）没有浇注完毕的钢液倒入渣罐形成的铸余钢渣。

（8）转炉、电炉炉内形成的残留物，清理时进入渣坑、渣罐或者渣场。

某炼钢厂 120t 转炉对大块渣钢的技术条件要求如下：

（1）尺寸较小的大块渣钢表面不得混有大块或大面积的炉渣，但允许小渣钢表面黏结少量浮渣粒。

（2）允许渣钢存在从表面向内部延伸的炉渣层。

（3）供炼钢厂的渣钢重量不大于 500kg/块，渣钢含铁量不小于 85%。

（4）普通渣钢的最大长度在大于 800mm 时，最大宽度不大于 500mm、厚度小于 300mm。

（5）平板形渣钢厚度不大于 350mm，长度小于 800mm，宽度小于 500mm。

（6）锥形渣钢高度不大于 350mm，最大长度不大于 500mm 时，最大宽度不大于 400mm。

（7）脱硫渣产生的渣钢表面不允许有明显的脱硫渣附着。

（8）铸余大块渣钢表面不得混有大块或大面积的炉渣，不得含有明显的铁—渣混合层，不得含有内部夹心渣，但允许渣钢表面黏结少量小渣粒。

（9）铸余渣钢入厂需说明渣钢的来源，便于科学回收，避免渣钢残余有害元素 Cr、Ni、Mo 等对要求特殊的钢种造成影响。

（10）在冶炼耐候钢和合金加入量较大的普钢、硫含量要求一般的钢种，允许替代废钢使用全量的渣钢冶炼。

在实际应用过程中，该厂在经济效益不好的 2014 年，将渣罐底部含铁的罐底渣等，配加在废钢料斗的后部加入转炉，入炉使用 1 年，没有出现任何负面影响。

15.6.2　中块渣钢

15.6.2.1　中块渣钢的概念和挑拣

中块渣钢是指从钢渣中选出的、以纯铁料为主体、尺寸在一定的范围内（3～20cm），粘附有少量钢渣、能够直接用于炼钢的产品。

中块渣钢的来源有以下几个方面：

（1）电炉、转炉冶炼过程中，非正常状态下产生喷溅，喷出的金属料凝固成为小块，落入渣坑内的钢渣里面，形成中块渣钢。

（2）电炉、转炉测温倒渣时，少量的钢水和炉渣一起进入炉坑或者渣罐，凝固成为中块渣钢。

（3）转炉、电炉出钢带渣，然后将钢包内的钢渣泼出时，在泼渣操作过程中，少量的钢水倒入渣罐，形成中块渣钢。

（4）电炉、转炉兑加铁水时，部分的铁珠飞溅进入渣坑，凝固成为中块渣钢。

（5）铁水罐、钢包、铁厂铁水罐、出铁区域的飞溅沉积物，在破碎处理后得到中块渣钢。

（6）转炉炉口、电炉水冷盘粘附物，在剥离以后进入渣坑形成中块渣钢。

（7）铁水罐、钢包、鱼雷罐的包口铁，清理时落入渣坑。

中块渣钢的挑拣主要有以下几种方法：

（1）钢渣在挑选出大块渣钢以后，使用装载机将钢渣原料装入筛网过滤钢渣原料，将不能够通过筛网的原料收集集中，进行机械破碎，然后再次通过筛网进入皮带机系统磁选得到。

（2）对含铁量较高、难以破碎的，使用行车带有的电磁盘磁选得到。

（3）人工识别，然后指挥行车或者机械挑拣。

15.6.2.2　中块渣钢的使用技术条件

某厂对中块渣钢使用的技术条件要求如下：

（1）中块渣钢中不能够混有镁碳砖、垃圾等异物。

（2）中块渣钢含水量少于5%，以目测表面无明显的水迹为准。

（3）中块渣钢允许表面有少量的钢渣粘附，但是粘渣量不能够大于个体单重的20%。

（4）中块渣钢不允许粘附超过10%的脱硫渣。

（5）对包口铁清理过程中产生的中块渣钢，含有明显的耐火材料和钢渣的，不能够提供给电炉炼钢使用。

15.6.3 粒钢

15.6.3.1 粒钢的定义和来源

通过筛网的钢渣，经过皮带机系统的弱磁选，选出粒度与豌豆大小接近、含铁量较高、可以直接应用于炼钢或者炼铁的产品，称为粒钢或者豆钢。

粒钢的来源：由于冶炼工艺的特点，钢渣乳化以后，渣中弥散有小铁珠，在转炉渣、电炉渣、脱硫渣处理工艺过程中，这些小铁珠来不及相互融合长大，以小颗粒状弥散分布存在于硅酸盐等岩相中，经过破碎钢渣磁选以后得到，成分以纯铁为主，粘附有少量氧化铁和钢渣。

15.6.3.2 粒钢的技术要求和使用

不同的厂家对粒钢的技术要求不同。某钢厂对炼钢使用的粒钢技术条件要求如下：

（1）脱硫渣和炼钢的转炉、电炉钢渣不得大量混合磁选，防止粒钢的硫含量超标。

（2）粒钢含铁量必须大于65%以上（TFe 70%）以上。

（3）粒钢不许掺杂有明显的钢渣，允许有少量的钢渣粘附。

（4）硫含量大于0.08%的粒钢，需要注明。

笔者的研究和实践表明，粒钢的特点是磷硫负荷较大，其使用的一般条件如下：

（1）冶炼精品钢和优特钢的厂家，建议在铁厂回收利用，进行脱硫，转化为铁水回收粒钢中的铁元素。

（2）冶炼一般的钢种，将其作为冷材，从转炉的高位料仓加入。在转炉冶炼条件下，粒钢中的磷、硫，掌握好加入时机，对冶炼的影响不明显。

（3）做好磷硫负荷计算分析，每炉均匀地限量加入，不会带来负面影响。

（4）冶炼普钢和磷、硫含量一般的钢种，部分配加，其效益优于返回炼铁使用。

15.6.4 钢渣精粉

选出粒钢以后的剩余钢渣，进入磨碎系统，例如棒磨机生产线和卧辊磨生产线进行磨碎，然后再进入皮带机磁选生产线，选出粒度较小的粉状含铁原料，称为钢渣精粉。钢渣精粉的含铁量一般较低，如直接供转炉炼钢使用，从加料系统加入，由于其粒度小，部分会被除尘系统抽走；从废钢斗内加入，由于其中含有各类铁的氧化物，若操作不当，会在转炉兑加铁水的过程中，造成喷溅。因此，大多数厂家将钢渣精粉返回给烧结和炼铁使用。

从能耗和系统平衡来讲，将钢渣精粉压球在炼钢中使用，效果优于在炼铁和烧结中使用，对炼钢的成本有利。某厂钢渣精粉的基本的成分见表 15-11。

表 15-11　钢渣精粉的典型化学成分

组　元	SiO_2	CaO	MgO	TFe	S	P
含量/%	6.8	16	3.02	40~72.33	0.07	0.18~0.32

该厂的钢渣精粉在转炉使用时，使用电磁盘加入废钢料斗，然后加入 120t 转炉，转炉的装入量为 140t，废钢比为 15.8%，使用数千吨以后，有如下特点：

（1）钢渣精粉颗粒小，现场需要特别管理关注粉尘的污染问题。

（2）钢渣精粉中的含铁相多为氧化物，在废钢料斗内加入以后，能够在兑加铁水时，优先完成部分的脱硅、脱磷反应，同时还原其中的铁，进入熔池，有利于简化转炉的前期操作。但是需要控制加入量，防止氧化铁加入量过多造成的前期兑加铁水时引起的脱碳喷溅，以及渣中氧化铁含量过高导致的脱碳开始以后的溢渣等事故。

（3）加入 300kg，降温热效应为 5~7.4℃（125t 熔池钢水，钢渣精粉中 30% 的氧化铁含量计算值），而球团矿降温热效应为 6~10.4℃，降温效果不及球团矿。加入球团矿，操作不慎，容易引起喷溅，钢渣精粉相对较为稳定。磷、硫含量高于球团矿，但是加入 300~800kg，按照钢渣精粉中磷、硫的存在形式与热力学条件对其影响分析，可以认为钢渣精粉对熔池的磷、硫负荷基本上可以忽略，实践结果也证明了这一点。

该厂多年应用的结果表明，钢渣精粉用于炼钢，是推动实现厂内钢渣循环利用、降低钢铁料消耗、降低成本的一项较为实用的工艺。不足之处为降温效果不及铁矿石，在铁水量供应较充足、炼钢生产节奏较快、废钢量比较低的场合（降温效率慢）不宜大量使用。但是在炼钢铁水量不足、废钢量比较高的情况下，作为转炉的冷材使用，是一种大有前途的铁矿石替代品，并且能够产生立竿见影的经济效益。此外，粉末向废钢料斗内加入过程中损失较大，并且污染现场。

由于钢渣精粉除了铁元素含量波动性较大，还含有部分氧化钙等，并且强度较高，供给烧结使用，存在烧结的能耗问题，添加量过大，会降低烧结矿的品位。目前铁矿石压球技术（非烧结工艺）已经很成熟，每条生产线的投资在 6 万~20 万元，钢渣精粉压球以后，提供给炼钢厂替代铁矿石化渣降温。按照铁矿石920元/吨计算，钢渣精粉压球，加上压球成本，成本为每吨420元，每吨降低500元，考虑到降温效果不及球团矿这一因素，等值计算（铁矿石含铁量为72%，钢渣精粉含铁量为50%，相当于铁矿石的80%）得出，每吨钢渣精粉降低炼钢成本400元。该厂的压球生产线如图15-30所示。

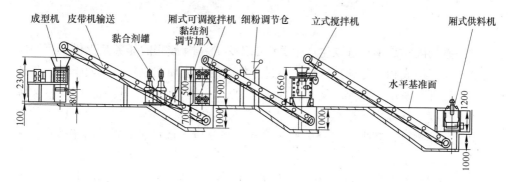

图15-30　钢渣精粉造块生产线示意图

鉴于钢渣精粉的成分、粒度特点和磷、硫负荷的情况，将其作为铁质校正料外售给水泥厂，替代铁矿石，既可以减少矿石破碎、烧制过程中的能耗，还能够忽略钢渣精粉中的磷、硫负荷较高的问题，也是一种选择。

此外，鞍钢的经验表明，将钢渣精粉压制成为含碳的铁碳球（自还原性团块），在铁水罐内表面、铁厂的出铁沟内加入，效果明显，在转炉应用也有很好的效益。

16　钢渣的破碎处理

钢渣的破碎是钢渣选铁生产中关键的工艺过程，破碎的任务是提供具有一定粒度、粒度组成和充分解离，而又不过分粉碎的钢渣加工原料，以便于下一步的加工、处理和使用。破碎和磨矿（磨粉）的作用原理表明，强化破碎，尽量降低入磨粒度，是提高碎磨效率、降低选矿成本的重要途径。世界上约12%的电能用于粉碎物料，其中大约15%用于破碎，85%以上消耗于磨碎。由于破碎机与磨机相比金属消耗量和电耗较小，便宜，运转维护简单，而且磨机的效率只有1%，而大部分功都消耗在发热、发声和磨机筒体动能上。破碎机的效率达10%。经过50多年的实践和总结，粉碎领域已经进入大力提倡"多碎少磨"的新工艺流程阶段，即降低破碎产品最终粒度，增加细粒级在破碎产品中的含量，从而提高磨机的处理能力，达到降低电耗和金属消耗量、减少成本、增加经济效益的目的。

16.1　传统破碎设备

大块的钢渣，尺寸满足不了进入机械破碎设备的要求时，可使用锤破工艺。锤破工艺包括落锤锤破和机械锤破工艺。落锤锤破工艺是指行车吸起大块铸钢件的落锤（落锤重量在0.5~15t之间）上升到一定的高度，然后对准大块钢渣，让落锤做自由落体，击打大块钢渣，使之碎裂；机械锤破工艺是指使用解体机，也叫炮头车、免爆机械，使用车辆上的钎杆锤，振动击打渣体，使之碎裂的工艺。

钢渣要充分选铁，必须将钢渣逐级破碎后磨粉，然后逐级选铁。钢渣的破碎加工设备经历了锤式破碎机、颚式破碎机、反击式破碎机、立式冲击破碎机、振动颚式破碎机和圆锥破碎机等发展过程。

16.1.1　重锤式破碎机

重锤式破碎机的工作部位是很多按一定规律铰在转盘上的锤子，当转盘高速旋转时，锤子因离心力和旋转力，打击装入机内的物料，使之破碎。同时，受到打击的石块彼此之间以及与机内衬板、算条之间相互撞击，也促使物料破碎。常见的锤式破碎机有单转子和双转子两种，按照锤子在转盘上的排列，还有单排锤和多排锤等，转子的转向有可逆式和不可逆式两类。此外还有一些简易型锤式破碎机, 如十字锤破碎摧毁机、链环式碎煤机等。其中, 使用最广泛的是单转子多排锤式破碎机, 其原理如图 16-1 所示。

16.1.2 颚式破碎机

颚式破碎机的结构如图 16-2 所示。工作时, 电动机驱动皮带和偏心轮, 通过偏心轴使动颚板上下运动。当动颚板上升时, 衬板与动颚板之间的夹角 γ 变大, 推动动颚板与定颚板接近, 使装在两块颚板之间的物料受到挤压、弯折和劈裂作用而破碎; 当动颚板下行时, γ 角变小, 动颚板在拉杆和弹簧的作用下, 离开定颚板, 使动颚板与定颚板之间的开口增大, 此时已破碎物料从破碎腔下口排出。

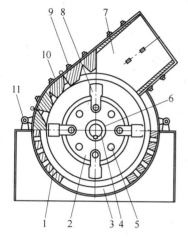

图 16-1 单转子多排锤式破碎机

1—筛板; 2—转子盘; 3—出料口; 4—中心轴;
5—支撑杆; 6—支撑环; 7—进料嘴; 8—锤头;
9—反击板; 10—弧形内衬板; 11—连接机构

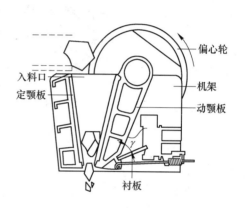

图 16-2 颚式破碎机结构简图

将一定粒度的物料加入破碎机, 当颚式破碎机的偏心轴旋转一周后, 物料即在破碎腔内得到第一次粉碎。由于加入设备的物料具有一定的粒度组成, 或者说其粒度大小各不相同, 因此, 第一次粉碎后, 并不是所有的物料都能受到颚板的挤压而粉碎, 也就是说, 颚式破碎机的动颚向定颚作一次运动后, 有的物料得到了粉碎, 而有的物料并未得到粉碎。即颚板对物料的粉碎是有选择性的。当动颚后退时, 物料在重力的作用下沿破碎腔向下运动, 由于被粉碎物料的性质不同, 其粒度变化也各不相同。所以, 经动颚运动一个周期后, 有的物料进入到相邻的一个区域, 而有的物料则会进入到另一些区域, 甚至有的物料会直接从卸料口卸出。但大部分物料要在破碎腔内经动颚运动数个周期, 经过数次的粉碎后, 沿破碎腔经过每个破碎区域, 最后由卸料口卸出。

16.1.3　圆锥破碎机

圆锥破碎机如图 16-3 所示。圆锥破碎机工作时，其传动轴和圆锥部在偏心套的迫动下做旋摆运动，从而使破碎圆锥的破碎壁时而靠近又时而离开固装在调整套上的轧臼壁表面，使被破碎原料在破碎腔内不断受到冲击，通过挤压和弯曲作用实现原料的破碎。支撑套与架体连接处靠弹簧压紧，当破碎机内落入金属块等不可破碎物体时，弹簧即产生压缩变形，排出异物，防止机器损坏。破碎腔表面铺有耐磨高锰钢衬板。排矿口大小采用液压或手动进行调整。

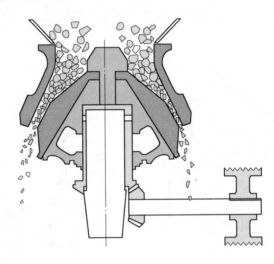

图 16-3　圆锥破碎机示意图

16.1.4　立式冲击破碎机

立式冲击破碎机的工作原理为：物料由机器上部垂直落入高速旋转的叶轮内，在高速离心力的作用下，利用石打石原理，与另一部分以伞状形式分流在叶轮四周的物料产生高速撞击与粉碎，物料在互相撞击后，又会在叶轮和机壳之间以物料形成涡流多次的互相撞击、摩擦而粉碎，从下部直通排出，形成闭路多次循环，由筛分设备控制达到所要求的成品粒度。常见的立式破碎机的技术参数见表 16-1。

表 16-1　常见的立式破碎机的技术参数

型　号	最大入料粒度 /mm	转速 /r·min^{-1}	通过量 /t·h^{-1}	电机功率 /kW	外形尺寸（$L \times W \times H$） /mm×mm×mm	重量/kg
VI-3000	45（70）	1760～2210	30～60	55～90	3080×1757×2126	≤5555
VI-4000	55（70）	1550～1940	50～90	110～150	4100×1930×2166	≤7020

型　号	最大入料粒度 /mm	转速 /r·min⁻¹	通过量 /t·h⁻¹	电机功率 /kW	外形尺寸（L×W×H） /mm×mm×mm	重量/kg
VI-5000	65 (80)	1330 ~ 1670	80 ~ 150	150 ~ 220	4300 × 2215 × 2427	≤11650
VI-6000	70 (100)	1190 ~ 1490	120 ~ 250	220 ~ 320	5300 × 2728 × 2773	≤15100
VI-7000	70 (100)	1050 ~ 1310	180 ~ 350	264 ~ 400	5300 × 2728 × 2863	≤17090
VI-8000	70 (100)	1330 ~ 1670	250 ~ 380	320 ~ 440	5500 × 2565 × 3178	≤18495
VI-8000 (Ⅱ)	80 (150)	940 ~ 1170	320 ~ 600	440 ~ 560	6000 × 3022 × 3425	≤24610
VI-9000	100 (150)	880 ~ 1100	400 ~ 1000	630 ~ 740	6200 × 3300 × 3890	≤33100

　　早期的立式冲击破碎机受设计和制造水平所限，转子转速较低，圆周速度只能达到 40 ~ 70m/s 以下。这使得其自衬覆盖率较低，仅转子内可形成自衬，而破碎腔圆周处则需要刚性壁，否则将造成破碎效率下降，但刚性壁增加了金属磨损。另外，转子为圆形，内部结构复杂，制造难度大，而且外圆周易磨损。

　　目前发展的新型立式冲击破碎机，转子内和破碎腔圆周处都可形成物料衬，不但破碎效果好，也使金属磨损减少到最低限度。另外，设备采用先进合理的三角形结构转子，不但制造方便，还减小了外表面磨损。立式冲击破碎机主要由进料斗、分料器、涡动破碎腔、叶轮体、主轴总成、底座、传动装置及电机等八部分组成，设备基本结构如图 16-4 所示。

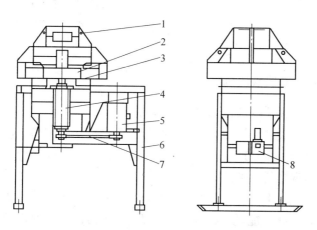

图 16-4　LCP5 立式冲击破碎机基本结构

1—给料；2—转子；3—破碎腔；4—主轴系统；5—电机；
6—机架；7—传动系统；8—润滑系统

16.1.5　反击式破碎机

反击式破碎机（反击破）的工作原理的核心是利用高速旋转的转子上的板锤，对送入破碎腔内的物料产生高速破碎。

当原料进入破碎腔后，反击式破碎机（反击破）利用高速旋转的转子上的板锤，对送入破碎腔内的物料产生高速冲击而破碎，且使已破碎的物料沿切线方向以高速抛向破碎腔另一端的反击板，再次被破碎，然后又从反击板反弹到板锤，继续重复上述过程。在往返途中，物料间还有互相碰击作用。由于物料受到板锤的打击、与反击板的冲击以及物料相互之间的碰撞，物料不断产生裂缝，松散而致粉碎。当物料粒度小于反击板与板锤之间的缝隙时，就被卸出。

16.2　高效钢渣破碎和细碎设备

要对炼钢的钢渣进行深度开发利用，然后应用于不同的行业，其前提是需要将尾渣中的铁含量控制在较低水平，同时其粒度、粒形需要满足不同行业的需求。总体上讲，钢渣破碎到粒度越小粒形越好，使用价值越高，应用的范围就越广。正因如此，钢渣的高效细碎工艺及设备的研究显得尤为重要。

钢渣细碎加工设备目前主要有颚式破碎机、锤式破碎机、立式冲击破碎机和单缸液压圆锥破碎机。前两者的工作原理类似，是通过物料流经加速发射后物料与物料、物料与锤头或反击板相互撞击完成破碎的设备。但这些设备的缺点是：加工钢渣产品的粒度不够细且不够均匀，若要求得到较细粒度时，则循环量较大、效率低；在钢渣中有大块度钢铁进入时会发生"过铁"问题；易损件寿命短、更换频繁，运营费用高。所以目前以上设备已经淡出市场，高效的颚式破碎机和惯性圆锥破碎机以及棒磨机已经在钢渣的粗碎和细碎工艺中表现出了优异的性能。

16.2.1　高效振动颚式破碎机

16.2.1.1　高效振动颚式破碎机的简介

高效振动颚式破碎机最初是由前苏联学者研制成功的。高效振动颚式破碎机就是采用惯性自同步振动理论研制的设备，由偏心块高速旋转产生惯性离心力施加在物料上，实现物料的破碎。

振动破碎从理论上来讲是一种高效的破碎方式，此种破碎方式能达到"多碎少磨"的目的，可减少能耗。其破碎比提高 2~3 倍，有自保护功能，可在满负荷情况下启动或停车，通过调节设备的工作参数，可以满足不同的产品粒度需求，尤其适用于坚硬难破碎脆性物料的破碎。高效振动颚式破碎机采用系统动力自平衡结构，对安装的要求不高，因此能够发展成为一种移动式、结构轻便、没有笨重机体的破碎设备。

根据破碎理论，对坚硬难破碎物料，利用频繁撞击对物料施加巨大的冲击能量和冲击力，能达到良好的破碎效果。同时，在振动冲击工况下，高效振动颚式破碎机部件承受的振动、冲击剧烈，能量消耗较大，因而动颚的振动冲击频率、振幅、冲击速度和冲击能量是高效振动颚式破碎机参数选取的主要依据。另外，强烈的振动冲击过程对弹簧、动颚与激振器的设计和轴承设计均提出较高的要求，根据它们各自的受力条件进行合理的设计，也是高效振动颚式破碎机开发中应当解决的重要问题。由于振动破碎不采用强挤压的方式，减少了细粒料和有价物质在细粉中的损失，同时使生产中产生的粉尘对环境的污染大大降低。高效振动颚式破碎机的工作机构采用柔性联接，不是强行破碎，有一定的退让性，当破碎腔进入不可破碎物体时并不损坏机器。高效振动颚式破碎机能破碎含有铁块等块度较大、硬度较高的钢渣，因而是作为钢渣粗碎的最佳选择之一。

16.2.1.2 高效振动颚式破碎机结构、工作原理及其优点

高效振动颚式破碎机的结构如图 16-5 所示。

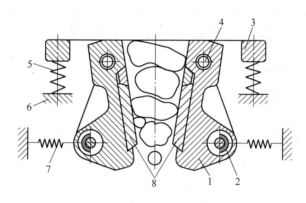

图 16-5　高效振动颚式破碎机的结构简图

1—颚板；2—激振器；3—机架；4—轴；5—弹簧减振器；
6—基础；7—蓄能弹簧；8—衬板

这种高效振动颚式破碎机由双动颚组成，动颚用轴悬挂在轴承上，颚板在轴上摆动。破碎颚板上镶有衬板，其表面为波浪形，安装时保证齿峰与齿谷相对，这种表面有助于物料得到有效的破碎并得到高破碎比。轴穿过破碎颚板的中间，轴两端装有轴承座。在颚板上安装激振器，激振器通过电机的弹性联轴器连接，弹性连接可以降低传到传动装置及其轴承上的冲击负荷。通过设计实现两个激振器相向旋转并实现自同步，使振动与冲击载荷在破碎机内部闭合，减少振动向基础的传递。破碎机安装在弹性减振器上，通过减振器固定在机架上。两个动颚分别安装一组蓄能弹簧，蓄能弹簧可以存储动颚摆动过程中两动颚相向离开时的非

破碎能，积聚的弹性势能可以在随后的破碎过程中加速两动颚靠近，转化为破碎能，有助于颚板以更高的速度冲击物料从而提高破碎效果，充分利用了激振器产生的能量。这也是高效振动颚式破碎机的设计特色之一。

实际生产中，高效振动颚式破碎机可以调整到各种工作频率状态，以消除共振的干扰。它可以改变不平衡锤的静力矩、颚板的振动频率以及排料口尺寸等，从而满足对不同尺寸钢渣物料的破碎需求。

在一般的脆硬物料里，都有一定数量的物料存在晶格缺陷，振动破碎是通过施加一定的力对物料进行多次打击，使物料沿晶格缺陷处逐渐裂开并被破碎，这样既降低了能量的消耗，又可减少过粉碎，还可降低机体的受力，延长机器寿命。高效振动颚式破碎机的两个动颚由两个电机驱动，两个电机反向旋转并分别通过弹性连接装置带动激振器转动，产生同步相向的激振力，由此引起高频振动，带动颚板对破碎腔内的物料施加高频脉动振动力，在颚板对物料的反复冲击作用下实现对坚硬物料的破碎。高效振动颚式破碎机的机体是悬挂在由弹簧支承的机架上，破碎机机体内部是动力学平衡的，在工作时振动和冲击载荷在破碎机构内部是闭合的，可以极大地降低振动向基础的传递，少量振动由减振弹簧吸收，因此无需庞大牢固的设备基础，从而减少了基建投资。

16.2.2　惯性圆锥破碎机

16.2.2.1　惯性圆锥破碎机简介

由于破碎设备的局限，一般选厂入磨粒度为 -25mm，随着新理论和新技术的应用，新型破碎设备不断出现，最佳入磨粒度越来越小，破磨总成本不断降低。根据目前国际先进破碎设备可以达到的水平，在不同工况下最佳入磨粒度为 $6 \sim 10\text{mm}$。惯性圆锥破碎机以其先进的破碎理论、独特的设计思路、合理的机械结构和优良的性能代表了当前世界圆锥破碎机的最高水平。与偏心圆锥破碎机不同的是，惯性圆锥破碎机的破碎腔是挤满给料，通过向物料层施加严格定量的由惯性力造成的压力，从而实现"料层粉碎"和物料的"选择性破碎"，并由附加的强烈脉冲振动加强了破碎作用，具有破碎比大、节能、技术指标稳定、操作安装方便等优点，能够很好地满足"多碎少磨"新工艺的要求，能极大地优化钢渣的破碎工艺流程。

惯性圆锥破碎机的常见机型有 GYP-600 与 GYP-900，其中 GYP-900 惯性圆锥破碎机的结构如图 16-6 所示。

16.2.2.2　惯性圆锥破碎机的原理

惯性圆锥破碎机的工作原理和传统圆锥破碎机有本质上的不同。后者主要靠挤压、剪切力破碎物料，而前者主要靠激振器旋转时产生的惯性力，使物料受到冲击、碰撞、挤压、剪切多种复合力的作用。惯性圆锥破碎机的动锥运动轨迹可

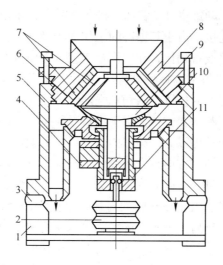

图 16-6 GYP-900 惯性圆锥破碎机结构

1—底架；2—皮带传动装置；3—隔振元件；4—激振器；5—外壳；
6—球面瓦；7—衬板；8—定锥；9—动锥；10—动锥支座；11—轴套

随物料抗压阻力不同而改变方向，物料在破碎腔内下降过程中要受到 10～100 次的脉动冲击等复合力破碎，而且颗粒间不断改变作用力的方向矢量，造成强制自破碎。

破碎机的动锥和定锥均嵌有耐磨衬板，其表面组成一个逐渐向卸载方向收缩的破碎腔。破碎机的传动部件由电机带动旋转，动锥轴与装有不平衡激振器的轴套采用非刚性连接。当不平衡激振器旋转时产生离心力，迫使动锥沿定锥无间隙地滚动（若破碎腔中没有被加工的物料）或通过料层滚动。由于动锥与传动部件是通过非刚性连接的惯性传动实现动力传动的，当破碎腔中落入不可破碎的物体时也不会发生传动系统的损坏，只是动锥的运动轨迹改变了。这种非刚性连接的惯性传动使惯性圆锥破碎机具有良好的过铁性能。惯性圆锥破碎机的破碎力与被加工的物料硬度及破碎腔充满程度无关。破碎力是进行回转运动的不平衡体与动锥的离心力之和，通过调节不平衡体的偏心重可以调整破碎力。由于钢渣中钢和渣各自的颗粒间联系的强度不同，使钢渣中的渣被破碎，而钢由于具有压延性，在破碎力的作用下被轧扁，随同破碎的渣一同排出。从而解离了钢渣中的钢和渣，并解决了钢渣传统破碎工艺中卡钢的问题。以 GYP-900 惯性圆锥破碎机来说明，机体通过隔振元件坐落在底架上，工作机构由定锥和动锥组成，锥体上均附有耐磨衬板，衬板之间的空间形成破碎腔。动锥轴插入轴套中，电动机的旋转运动通过传动机构传给固定在轴套上的激振器，激振器旋转时产生惯性力，迫使动锥绕球面瓦的球心做旋摆运动。在一个垂直平面内，动锥靠近定锥时，物料受到冲击和挤压被破碎，动锥离开定锥时，破碎产品因自重由排矿口排出。动锥与传动机构之间无刚性连接。由于其独特的工作原理及结构特点，GYP-900 惯性圆锥破碎机与传统的破碎设备相比，在使用及工艺等方面具有许多优点：

（1）具有良好的"料层选择性破碎"作用。由于是挤满给料，被破碎物料在破碎腔中间承受全方位的挤压、剪切和强烈的脉动冲击作用，料层内颗粒相互作用，物料颗粒之间不断改变方位。由于物料颗粒越小，晶格缺陷越少，强度越大，因此强度大的小颗粒可以破碎相邻的强度小的大颗粒物料；在等强度颗粒之间，那些晶格缺陷与剪切力方向重合的颗粒被破碎。这样物料主要沿晶格间的区域破碎而不破碎晶体本身，破碎后的物料具有最低过粉碎，实现物料的选择性破碎，产品的粒型好。料层阻止破碎腔的衬板直接接触，防止了衬板的相互研磨，避免了研磨下来的金属碎屑污染被破碎的物料，从而使得研磨体的消耗降低，延长了衬板的使用寿命。单位破碎比的功耗为普通设备的 50% 左右。

（2）破碎比大，破碎比一般为 10 ~ 30，并且产品的粒度可调。该机的破碎力与被破碎物料的硬度和充填率无关，主要取决于偏心静力矩及转速。通过调节偏心静力矩、激振器转速和排料间隙，可以很方便地调节所需的破碎比（4 ~ 30），根据需要，可以有效地防止过粉碎，提高某一粒度级别段的产率或者增加细粉的产量。

（3）技术指标稳定。衬板磨损对产品的粒度影响不大。

（4）操作安装方便。由于整机采用二次隔振，基础振动小，安装时不需要地脚螺栓和庞大的基础，可以作为移动式选厂的组成部分，工作噪声小。

（5）良好的过铁性能。由于动锥与传动机构之间无刚性连接，物料中即使混入不可破碎的物体，动锥暂时停止运动，激振器将绕动锥轴继续转动，不会破坏传动系统和主机。

（6）简化碎磨流程，减少辅助设备台数。该机充满给料，无需给料机，产品的粒度细，粒级窄，无需振动筛构成闭路，节约设备并且降低基建投资。

（7）应用范围广。调节破碎机的工作参数，可以破碎任何硬度下的脆性物料。

GYP-900 机型的主要技术参数见表 16-2。

表 16-2　GYP-900 机型的主要技术参数

项　目	参　数	项　目	参　数
产量/t·h^{-1}	20 ~ 40	P_{90} 产品粒度/mm	< 10
给料尺寸/mm	< 70	装机功率/kW	110

钢渣抗压强度为 169 ~ 306MPa，莫氏硬度为 5 ~ 7，相对 GYP-900 惯性圆锥破碎机来说只是中等硬度物料，很容易破碎。潍坊某钢铁厂钢渣车间采用一台

GYP-900 惯性圆锥破碎机细碎热闷钢渣，在排料间隙为 30mm 时，测试 GYP-900 惯性圆锥破碎机破碎的钢渣产品，两次取样，筛分结果见表 16-3（产量为 28 ~ 30t/h）。

表 16-3 筛分结果

粒度/mm		8	5 ~ 8	3 ~ 5	1 ~ 3	0.15 ~ 1	约 0.15
产率/%	样品 1	5	2.2	25.4	23	31.4	13
	样品 2	9.1	10.6	32.1	24.1	15.6	8.5

16.2.2.3 优化惯性圆锥破碎机工作参数与提升设备潜能的措施

文献介绍了不断改善 GYP-600 惯性圆锥破碎机的工作条件，优化各项工作参数的方法，这些方法是保证其正常运转、减少机件磨损、延长检修间隔、充分发挥其潜能、提高设备作业率的前提，这些方法列举如下：

（1）保持良好的润滑条件。主机运转时，物料与锥体作激烈的冲击挤压等机械运动，所产生的热能靠机体辐射和润滑油传导冷却带走，因此润滑油对机体起着润滑和散热两种功能，设备启动后，油温随时间上升，起始升温速率快，随时间变缓，在冷却条件下最后达到平衡，即单位时间内产生的热量与散发的热量相等，油温不再上升。

（2）加大料层厚度，增加破碎腔内物料的密实性和充填率，改善物料的破碎条件和动锥的工作条件。在 GYP-600 惯性圆锥破碎机破碎腔入口上方装设了容积 5m³、可装钢渣 9.8t 的矿斗。生产实践证明，料层压实、料柱压力较大时，动锥水平摆动和上下窜动的振幅较低，机器运转平稳，可减少物料的过粉碎，提高产量，保护球面瓦和副支撑等不受冲击破坏。同时料斗容积较大，可缓冲前道工序的故障处理。

（3）保持合适的排料间隙，是保证主机正常运转的重要条件。排料间隙是影响产量的主要因素，间隙大，产量就大，动锥摆幅增大，电流增加；间隙小时则情况相反。间隙的调节范围一般在 18 ~ 25mm，超过 25mm 时，电流达 90A，设备大负荷运行，产量达到 15t/h，一般不要超过这个间隙值。最优的工作间隙区间为 21 ~ 23mm，此时产量为 12 ~ 13.5t/h，电流为 65 ~ 75A。精心操作，做到严、勤、细和"四要""不四要"。"不四要"是：不开空车，不停空斗（坚持满负荷启动和停车），不超负荷开车，不开反车（不图省事开反车旋出调整环）。"四要"是：每班开车前，要打开检查孔检查润滑情况、激振器和轴套端部的螺栓紧固情况，要勤量间隙并及时调整，要勤检查机体运行情况，要勤观察仪表、油温、油压、电流、电压。

17 钢渣的粉磨处理

转炉钢渣由于耐磨相较多，活性低，碱度较高，渣中 f-CaO 与 f-MgO 的不稳定性，影响了其资源化的利用。现代炼钢的钢渣粉磨处理一般是指在钢渣预处理的基础上，对已经选出的含有废钢或废铁的渣进行粉磨处理，并使处理之后的尾渣粒度达到综合利用的要求，通过粉磨处理能使钢渣中渣、铁分离，以利于各种有用物质的回收利用。将钢渣磨细，其目的主要在于增加钢渣磁选后尾渣深加工的潜在价值，使其价值最大化，从而促进钢渣的综合利用，主要基于以下原因：

（1）钢渣中含有的铁，一部分以细小的颗粒固溶于钢渣各个矿物组织之间，另外一部分以氧化物的形式与各类钢渣成分形成稳定的化合物，为了回收其中的金属铁料和含铁物质，需要将钢渣磨细，因为钢渣细磨有助于将钢渣中的铁粒子"裸露"出来。这些"裸露"出来的铁粒子被磁铁选出，达到降低钢渣中铁含量的目的。

（2）磨细钢渣粉作混凝土掺和料是扩大钢渣应用前景的重要途径，也是钢渣规模化应用的有效途径之一。应用于水泥建材行业，就要激发水泥中活性物质的活性，钢渣磨细促使机械力激发钢渣活性是最为常见的手段。钢渣微粉和矿渣微粉复合时有优势叠加的效果，钢渣中的 f-CaO 水化时形成的 $Ca(OH)_2$ 是矿渣的碱性激发剂。钢渣粉与高炉矿渣粉配制成双掺粉是今后混凝土掺和料的最佳产品。实践证明，将钢渣磨细成比表面积为 $400 \sim 550m^2/kg$ 的微粉，可用作水泥混合材生产钢渣水泥，可与矿粉复掺后用作混凝土掺和料，甚至可以等量取代部分水泥，大大提高了钢渣产品的附加值。另外，钢渣粉料越细，其 f-CaO 越容易在水化过程中释放 $Ca(OH)_2$，改善其安定性，同时钢渣中所含的铁也容易收集出来。因此，钢渣超细粉磨技术的发展能有效促进钢渣的综合利用。

（3）钢渣中的耐磨相水化活性低，将钢渣磨细磁选，选取其中的耐磨相以后，有利于钢渣微粉在水泥行业的应用。

（4）制作钢渣砖、钢渣化肥、钢渣玻璃。利用钢渣压球做其他产品，需要钢渣有合适的粒度，故磨细钢渣是扩大钢渣资源化途径的必要手段。

17.1　钢渣中的耐磨相和钢渣的易磨性

17.1.1　钢渣中的耐磨相

17.1.1.1　钢渣中耐磨相及其组成与检测方法

广州大学土木工程学院的彭春元高工在对钢渣原料进行的粉磨实验过程中发

现，随着粉磨时间的延长，粉磨细度（比表面积）逐渐增大，但无论粉磨时间如何变化，总有部分无法磨细的碎颗粒（呈圆珠状或少量薄片状）物料存在于细粉中，经过一定筛孔孔径的筛分后进行磁选，它们全部被磁铁吸住。将这些原料分析发现，其中含有纯铁物质，这说明钢渣微细粉中确实还存在一定比例的含铁物料。铁的硬度和强度，决定了钢渣中含有纯铁的物质属于耐磨的物质。侯贵华等人的研究也证明了这一结论。

对钢渣中除了含铁物质的研究外，侯贵华还研究了钢渣中其他耐磨相的组成。为了研究钢渣中的其他耐磨相，侯贵华教授选取了磁选后的转炉钢渣Ⅰ、钢渣Ⅱ用颚式破碎机破碎，用方孔筛分级后研究钢渣的耐磨相和易磨性，其颗粒级配见表 17-1。

表 17-1　研究耐磨相和易磨性的钢渣颗粒级配　　　　　　　　（%）

粒径/mm	40~31.5	31.5~25	25~20	20~16	16~10	10~5	<5
Ⅰ	2.2	2.8	4.4	6.1	18.3	31.2	36
Ⅱ	0.9	2.9	4.5	5.9	19	32.8	34

将破碎后的钢渣置于 $\phi500mm \times 500mm$ 球磨机粉磨 30min，用孔径分别为 2.36mm、1.18mm、0.06mm、0.3mm、0.15mm、0.075mm 的 6 种筛筛析粉磨后的钢渣，得到 7 种试样，再将 6 种筛的筛余物分别置于行星球磨中分别粉磨 25min、50min、75min，测定这些物料过 0.075mm 方孔筛的筛余量，以评定筛余中难磨颗粒的易磨性。

17.1.1.2　钢渣中耐磨相的组成

侯贵华教授将通过 0.075mm 筛的钢渣及相同比表面积的矿渣分别用 $\phi500mm \times 500mm$ 球磨机粉磨，粉磨时间分别为 30min、50min、70min、90min，按 GB/T 8074—2008 规定的方法测定粉磨后矿渣与钢渣的比表面积，以比较钢渣中易磨组分与矿渣的易磨性差异。结果与分析如图 17-1 所示。

由图 17-1 可知，钢渣Ⅰ、钢渣Ⅱ试样大于 2.36mm 粒子的质量含量分别占 9.30% 和 27.84%，而小于 0.075mm 的细粉体分别占 69.96% 和 62.46%，介于这两个粒径之间的钢渣所占的质量分数很小。显示出粗粒与细粉体呈两极分化现象，两种钢渣粉的粒度均不成正态分布。这反映出钢渣所含物相间存在明显的易磨性差异。对钢渣Ⅰ不同粒径区间的试样进行 XRD 分析，结果如图 17-2 所示。

由图 17-2 可以看出，钢渣中主要含有 C_3S、$\gamma\text{-}C_2S$、$MgO \cdot 2FeO$、$Ca_2(Al,Fe)_2O_5$ 矿物。比较粗颗粒（>0.6mm）的 3 个试样与细粉体（<0.6mm）的 4 个试样的衍射峰，可以发现，在前者中，$MgO \cdot 2FeO$、$Ca_2(Al,Fe)_2O_5$ 的衍射峰高均很强，而 C_3S、$\gamma\text{-}C_2S$ 则相对较弱。这表明了 $MgO \cdot 2FeO$、

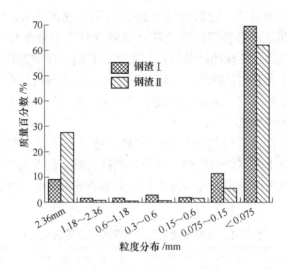

图 17-1　钢渣粒度分布

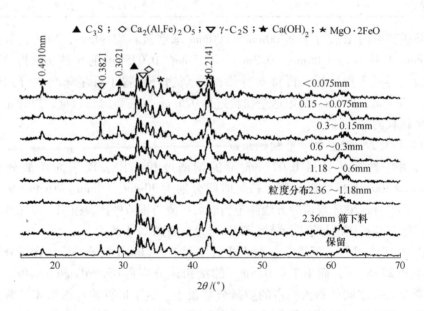

图 17-2　经 30min 粉磨后不同粒度钢渣 I 的 XRD 射线图

$Ca_2(Al, Fe)_2O_5$ 是粗颗粒难磨组分中的主要矿物组分。在后者的 4 个试样的衍射谱中，均明显可见 C_3S（d 值为 0.3021nm）、γ-C_2S（d 值为 0.3821nm）的衍射峰。由于这 7 个不同粒径的钢渣试样是同一种钢渣经 30min 粉磨后的产物，因此，可以认定 $MgO \cdot 2FeO$、$Ca_2(Al, Fe)_2O_5$ 与 C_3S、γ-C_2S 的易磨性相差很大。

由于 Mg^{2+} 与 Fe^{2+} 的离子半径分别为 0.076nm 和 0.065nm，两种离子半径的相对差值为 14.4%，符合形成连续固溶体的条件，即 $(r_1 - r_2)/r_1 < 15\%$。FeO 占 $MgO \cdot 2FeO$ 中的质量分数 80%，因此，这个矿物应更具有金属质材料的特性，即良好的韧性和延展性，加上 $MgO \cdot 2FeO$ 是在炼钢炉的高温条件下形成的固溶体，晶粒结构致密，因此其易磨性差，属于钢渣中的耐磨相。而含铁的 $2CaO \cdot Fe_2O_3$ 是硅酸盐水泥熟料中的耐磨物相，所以认为钢渣中的主要耐磨相除了含有纯铁物质的矿物组织以外，RO 相与含铁的铁酸钙、尖晶石相也是钢渣中的耐磨相。对细粉的图谱对照可知，钢渣中 C_3S 和 C_2S 的易磨性相对较好，属于易磨相，其易磨性比矿渣略好。

17.1.2 钢渣的易磨性

17.1.2.1 转炉钢渣易磨性概述

对钢渣的易磨性，侯贵华教授进行了如下研究：

（1）以矿渣为参比样，来比较钢渣与矿渣的易磨性，确定钢渣细粉体的易磨性，结果表明，经 30min 粉磨后，钢渣的比表面积为 435m²/kg，矿渣的比表面积为 402m²/kg，粉磨至 90min 时，两试样的比表面积分别增至为 797m²/kg 和 770m²/kg，并且在整个粉磨时间段，钢渣的比表面积均略高于矿渣。这说明钢渣中除少量组分难磨外，大部分组分并非难磨。其结果如图 17-3 所示。

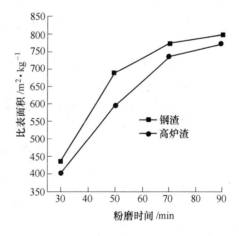

图 17-3 钢渣与矿渣的易磨性比较

（2）将钢渣粉磨 30min 以后，测定这些物料通过 0.075mm 方孔筛的筛余量，结果表明，小于 0.075mm 的细粉体分别占 69.96% 和 62.46%，在水泥生产中，水泥熟料等物料通常经过 20 ~ 30min 粉磨，其通过 0.08mm 方孔筛的物料量一般为 95%，故可以认为，钢渣中绝大多数组分是易磨的。

以上的实验结果证明，通常认为的所谓钢渣易磨性差的观点是不科学的。

17.1.2.2 电炉钢渣的易磨性

电炉炼钢的炉渣碱度远低于转炉炉渣的碱度，并且渣中含铁量高，密度最高的达 4.023g/cm³，粉料容重为 2965kg/m³。广州大学土木工程学院的何娟对某厂的一种电炉钢渣（氧化渣）进行了研究，该种钢渣的化学成分见表 17-2。

表 17-2　钢渣的化学成分　　　　　　（%）

成分	SiO$_2$	CaO	Al$_2$O$_3$	MgO	MnO	FeO	P$_2$O$_5$	TFe
含量	16.3	31.6	3.8	7.3	4.3	26.1	0.77	28.2

对该种电炉钢渣分析的 XRD 图谱如图 17-4 所示。

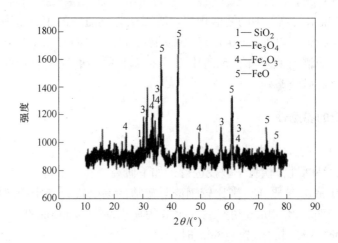

图 17-4　熔炼渣 XRD 图谱

经过以上分析可知，电炉钢渣的主要晶体组分有 SiO$_2$、Fe$_3$O$_4$、Fe$_2$O$_3$、FeO 等，其他成分主要以非晶态形式存在。

在该实验中，研究人员将电炉钢渣进行了选铁和不选铁的分类磨粉研究，磨粉以后取得的实验数据见表 17-3。

表 17-3　比表面积与相对易磨性的比较

粉磨时间/s	标准砂 比表面积 /m^2·kg^{-1}	未磁选的炼钢钢渣 比表面积 /m^2·kg^{-1}	相对易磨性	未磁选的电炉钢渣 比表面积 /m^2·kg^{-1}	相对易磨性	磁选后的电炉钢渣 比表面积 /m^2·kg^{-1}	相对易磨性
30	153.2	154.7	1.01	101.9	0.67	128.8	0.84
60	246.3	214.3	0.87	168.9	0.69	201.3	0.82
90	385.1	304.2	0.79	211.8	0.55	290.6	0.75
120	504.9	363.5	0.72	264.9	0.52	338.4	0.67
150	630.2	409.6	0.65	308	0.49	360.5	0.57

结果表明，在相同试验条件下，未磁选电炉渣、磁选去铁后电炉渣和磁选去铁后转炉渣的相对易磨性平均值分别为 0.58、0.71 和 0.83，采用钢渣选铁工艺磁选含铁物质后，可较大幅度提高电炉渣的易磨性，但是电炉渣的易磨性较转炉渣差，这一点也说明电炉钢渣不适合做规模化的粉磨处理。钢渣的相对易磨性与

时间关系如图 17-5 所示。

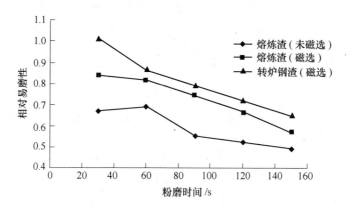

图 17-5　钢渣相对易磨性与粉磨时间关系

　　该研究还发现，无论是否经过磁选去铁处理，随着粉磨时间的延长，钢渣的相对易磨性均明显下降，表明磁选处理不能完全除去钢渣中的铁。

17.1.2.3　钢渣处理工艺对钢渣易磨性的影响

　　广东省韶关学院的赵三银与华南理工大学的赵旭光等人在对"转炉钢渣粉磨动力学的实验研究"过程中，采用水泥试验球磨机进行微细粉制备过程中发现，钢渣粉体比表面积 S（m^2/kg）与粉磨时间 t（min）之间的拟合方程如下：

　　缓冷钢渣：

$$S = 482.37 - 487.48 \cdot \exp\left(\frac{-t}{34.8}\right), R^2 = 0.9975$$

　　水淬钢渣：

$$S = 414.11 - 459.91 \cdot \exp\left(\frac{-t}{39.83}\right), R^2 = 0.9928$$

　　在粉磨时间相同时，慢冷钢渣粉体比水淬钢渣粉体具有更大的比表面积，这说明了慢冷钢渣的易磨性优于水淬钢渣。其关系如图 17-6 所示。

　　两种不同处理工艺得到钢渣的粉磨速度方程分别如下：

　　（1）慢冷钢渣：

$$\frac{\mathrm{d}s}{\mathrm{d}t} = 14.01 \cdot \exp\left(-\frac{t}{34.83}\right)$$

　　（2）水淬钢渣：

$$\frac{\mathrm{d}s}{\mathrm{d}t} = 11.551 \cdot \exp\left(-\frac{t}{39.83}\right)$$

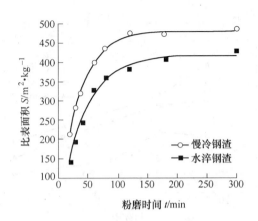

图 17-6　钢渣粉体的比表面积与粉磨时间的关系

根据以上的计算得到：当 $t < 53.2\text{min}$ 时，慢冷钢渣的粉磨速度大于水淬钢渣；当粉磨时间 $t = 53.2\text{min}$ 时，两种钢渣的粉磨速度相等，此时慢冷钢渣和水淬钢渣的比表面积分别为 $376\text{m}^2/\text{kg}$ 和 $293\text{m}^2/\text{kg}$；当 $t > 53.2\text{min}$ 时，水淬钢渣的粉磨速度大于慢冷钢渣。

17.1.3　改善钢渣耐磨相的处理工艺

17.1.3.1　改质处理

改善钢渣耐磨相的有效工艺方法是钢渣的改质处理，即采用还原剂还原钢渣中的氧化铁，降低耐磨相含量，有多种方法，例如采用粉煤灰的改质，就是一种以废治废的方法。粉煤灰是一种人工灰质活性材料，属于固废的一种，含有一部分未燃尽的细小炭粒，大多是 SiO_2 和 Al_2O_3 的固溶体。液态钢渣掺入粉煤灰后，其矿相会发生变化，钢渣在熔融状态下，钢渣中的 f-CaO、f-MgO 与粉煤灰中的 SiO_2、Al_2O_3 充分反应，降低 f-CaO 含量，提高了钢渣的稳定性；其中部分炭粒还原钢渣中的低磁性氧化铁为磁性氧化亚铁或单质铁，而提高磁选率增加铁素回收；同时粉煤灰的加入能促进易磨矿相及具有潜在活性的玻璃相的生成，很好地改善钢渣易磨性。

实验和生产实践已经证明，熔融态下掺入粉煤灰能促进钢渣的可磨性，且钢渣可磨性随粉煤灰掺入比例增加而提高，并且粉煤灰和尾矿砂均能促进钢渣安定性的提高，使钢渣具有足够的稳定性，安全用于生产。

关于钢渣的改质处理的知识，将在第 20 章做重点介绍。

17.1.3.2　电子束辐照改质对钢渣易磨性的影响

王怀法等研究了电子束辐照对石英等几种颗粒材料磨碎细度的影响。试验结果证明：电子束辐照可以大幅度提高细粒级的产率，辐照剂量为 700kGy 时，石

英磨碎产品中小于 $45\mu m$ 粒级的产率提高了 13.7%，铁矿石则表现为辐照后粗粒级产率明显降低。所以借鉴电子束在选矿中的应用，将电子束应用于钢渣，可改善其易磨性。辐照条件及参数见表 17-4。辐照结果如图 17-7 和图 17-8 所示。

表 17-4　辐照条件及参数

渣　样	辐照剂量/kGy	时间/s	单位辐照量/Gy·s⁻¹
0 号	0	0	0
1 号	5	50	100
2 号	10	100	100
3 号	50	500	100
4 号	100	1000	100
5 号	300	3000	100
6 号	600	6000	100

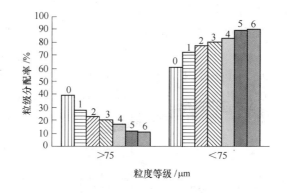

图 17-7　不同辐照时间下钢渣粒级分布对比

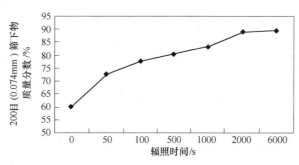

图 17-8　200 目（0.074mm）筛下量随辐照时间的递增幅度

　　颗粒材料破裂过程实质上是外力作用下力学缺陷和损伤形成和演化的过程。电子束辐射形成的大能量释放和电击穿，可在颗粒体内部造成微观缺陷及显微裂隙，从而强化颗粒的磨碎过程。以上的实验证明电子束辐照能改善钢渣易磨性，且随辐照剂量和辐照时间的增加而增加，但存在一个阈值。

17.1.4　钢渣微粉的预除铁工艺

与水泥熟料和矿渣等物料相比，钢渣中含有 13% ~ 15% 的金属铁，将大块的渣钢去除后，含铁量仍在 10% 左右，这给破碎带来了很大的难度。混在钢渣中的金属铁块容易损坏破碎及粉磨设备；而熔融在钢渣中的铁使钢渣硬度大，磨蚀性强，缩短破碎设备的易损件更换周期；同时由于钢渣的闷渣处理及露天存放，使得钢渣中含有一定的水分，使其易磨性进一步变差，给钢渣的处理带来一定的困难。实践结果表明，钢渣原料需经过预处理（破碎至粒度达 10mm 以下）后才可以进行粉磨；并且去除钢渣中的铁成分将更有利于钢渣粉性能的发挥。

传统钢渣处理工艺中，仅对钢渣进行粗破后即送入磨机内进行粉磨，其结果往往是粉磨效率低，台时产量小；而且磨机料耗大，衬板、钢球、钢段磨损严重；磨机维护保养成本高，由维修引起的停产时间增加。

目前文献介绍开发出的一种适合钢渣粉磨生产的预粉磨处理系统的流程如图 17-9 所示。

钢渣的破碎与预磨工序主要内容为：采取 4 道预粉磨工艺，即 1 道颚式破碎机破碎、1 道冲击式破碎机破碎、1 道柱磨机预粉磨，以及 1 道棒磨机预粉磨。钢渣块进入颚式破碎机破碎成粒径 40mm 以下的颗粒，进入冲击式破碎机进行 2

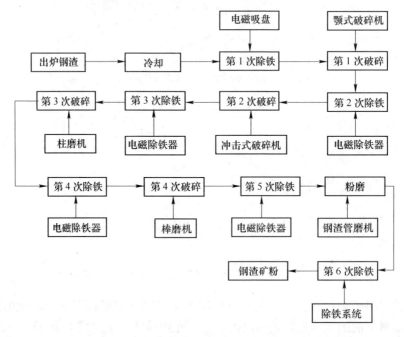

图 17-9　粉磨及除铁工艺流程示意图

次破碎之后，钢渣粒径降至 10mm 以下，再进入柱磨机进行 3 次破碎之后，粒径降至 5mm 以下，之后进入棒磨机进行第 4 次预破碎，使粒径降至 2mm 以下，钢渣预处理及除铁效果见表 17-5。

表 17-5　预粉磨及除铁效果

项　　目	出料粒度/mm	出料金属铁含量/%
第 1 次除铁	原渣粒度	12
第 1 次破碎	40	8
第 2 次除铁		
第 2 次破碎	10	5
第 3 次除铁		
第 3 次破碎	5	3
第 4 次除铁		
第 4 次破碎	2	2
第 5 次除铁		
第 6 次除铁	产品	1

从表 17-5 的统计可知，钢渣的破碎与预磨工序的主要特点是：破磨结合，破碎比大；实现能量的合理分配，加快适合预粉磨物料的流速，改善粉磨工况，降低综合能耗；当进料粒度不大于 150mm 时，出料粒度不大于 2mm 的占 90% 以上，且绝大多数为粉料，这对提高下道工序管磨机的生产效率是非常有利的。同时，4 道预粉磨的工艺也使水分均匀分布在较细颗粒或粉体表面，这将使其对管磨机内钢渣矿粉粉磨的影响大大降低。另外，每道破碎工艺事实上起到了一次均化的作用，使钢渣中成分变化引起的产品质量波动问题得到有效控制。钢渣矿粉生产过程中磁选除铁系统的设计技术措施为：采用多道破碎、多道磁选、电磁除铁与永磁除铁相结合，除了闷渣之后，对大块渣钢的分选外，结合钢渣的 4 道预粉磨工艺，在钢渣矿粉生产过程中进行 6 次除铁，其中第 1 次除铁在钢渣进行破碎之前用电磁吸盘将渣钢回收去除；之后在每次破碎工艺后由悬挂式电磁除铁与永磁滚筒相结合进行除铁，同时采用宽皮带输送，在皮带机上设刮板，两边加挡板，使其料层变薄，易于磁选。经过 5 次磁选回收之后，钢渣中的金属铁含量降至 2% 以下，此时将物料送入管磨机内进行超细粉磨，待出磨后利用专门研制的高效除铁系统再次对矿粉进行铁粉的回收，将矿粉中的金属铁含量降至 1% 以下。高效除铁系统其工作原理结合了电磁除铁和选粉机技术，在紊流风力、离心力、电磁力和铁粉重力作用下将其高效分离出来，同时，高效除铁系统事实上起到了对钢渣矿粉进行再次均化的作用。

以上的这种采取多重破碎预粉磨与除铁工艺相结合的优点体现在以下几个

方面：

（1）在进入下一道破碎工艺之前尽量将金属铁分离出来，改善钢渣的易破性或易磨性，提高破碎或预粉磨的工作效率，降低破碎机或柱磨机、棒磨机的料耗；

（2）金属铁往往包裹在钢渣内部，在将钢渣进一步破碎之前除铁系统也无法将其分离出来加以回收利用。表面上看多重破碎和除铁设施增加了设备、人员投入，使生产流程复杂化，但生产实践证明，采用这种工艺布置不仅大大提高了生产效率，显著降低能耗和设备料耗，而且仅就回收利用金属铁这一项就可为企业带来相当可观的经济收益。

17.2 钢渣磨粉设备

钢渣块松散不黏结，质地坚硬密实，孔隙率较少，易磨性差。其相对易磨指数约为 0.7，粉磨功指数（Bond 法）大多数为 20～30kW·h/t，压碎值为 20.4%～30.8%。在钢渣粉磨技术上有多种研究成果，仁者见仁智者见智，在粉磨设备的选用上也是各有所长。

钢渣微粉粉磨技术的发展历程，基本上可以分为两个阶段：第一阶段以球磨机（含棒磨机，以下统称球磨机）为核心粉磨设备的料群粉磨阶段；第二阶段是以料床为核心粉磨设备的料床粉磨阶段。

料群粉磨技术是以料群粉磨原理为基础，以球磨机为核心粉磨设备的粉磨系统，又称之为"有粉磨系统"，其大致经历了以下几个发展阶段：

（1）以球磨机作为核心粉磨设备的早期开路粉磨阶段；

（2）以球磨机作为核心粉磨设备再配以选粉机（动态）的中期闭路粉磨阶段；

（3）以球磨机作为核心粉磨设备，再加以辊压机构成球磨机＋辊压机的预粉磨、半终粉磨或者联合粉磨的现代粉磨阶段。

从国内运行的钢渣粉磨生产线来看，所选择的终粉磨设备几乎均为球磨机。球磨机粉磨系统有开路磨和闭路磨两种，开路磨是磨机排出的物料直接为粉磨成品，而闭路磨中磨机排出的物料还要进入分级机，细度合格的产品进入料仓，而粗粒级则返回磨机再磨。闭路磨除了可提高磨机的台时处理能力、避免过粉磨、降低能耗外，还可以通过在物料循环系统中添加除铁设备，减少返磨物料中的铁含量，降低设备的磨损。无论是开路磨还是闭路磨，球磨机的粉磨原理均为单体颗粒粉碎原理，钢球与物料为点接触，存在较大的随机性，容易产生"大球打小粒"，发生过粉磨，导致粉磨能耗较高。基于点接触的机械粉磨原理，能量利用率低一直是球磨机无法彻底解决的问题。

球磨机作为钢渣粉磨设备应用最早。其流程虽然简单，但是系统组成设备技术落后，导致污染大、消耗高，无法形成规模化生产，目前国家已经出台产业政策，加速其淘汰。

17.2.1　球磨机

球磨机是物料被破碎之后再进行粉碎的关键设备，其种类有很多，如管式球磨机、棒式球磨机、水泥球磨机、超细层压磨机、手球磨机、卧式球磨机等。按照磨粉原料的分类，可分为干式和湿式两种磨矿方式；根据排矿方式不同，可分格子型和溢流型两种；根据筒体形状可分为短筒球磨机、长筒球磨机、管磨机和圆锥形磨机四种。

球磨机由水平的筒体，进出料空心轴及磨头等部分组成，筒体为长的圆筒，筒内装有研磨体，筒体为钢板制造，有钢制衬板与筒体固定，研磨体一般为钢制圆球，并按不同直径和一定比例装入筒中，研磨体也可用钢棒等，其结构如图17-10 所示。

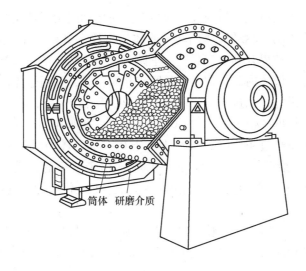

筒体　研磨介质

图 17-10　球磨机结构

球磨机的工作原理：物料由球磨机进料端空心轴装入筒体内以后，球磨机筒体转动，研磨体（钢球或者钢棒）由于惯性和离心力、摩擦力的作用，使其贴附于筒体衬板上被筒体带走，当被带到一定高度时，由于其本身的重力作用而被抛落，下落的研磨体像抛射体一样对筒体内的物料进行打击破碎，粉状物通过卸料算板排出，完成粉磨作业。

17.2.2　棒磨机

棒磨机也是球磨机的一种形式，棒磨机是由筒体内所装载研磨体为钢棒而得名的。棒磨机一般是采用湿式溢流型，可作为一级开路磨矿使用。某种棒磨机的实体照片如图 17-11 所示。

图 17-11　棒磨机的实体照片

棒磨机由电机通过减速机及周边大齿轮减速传动或由低速同步电机直接通过周边大齿轮减速传动，驱动筒体回转。筒体的钢棒（40Cr 等钢种）在离心力和摩擦力的作用下，被提升到一定高度，呈抛落或泻落状态落下。被磨制的物料由给矿口连续地进入筒体内部，被运动的磨矿介质粉碎，并通过溢流和连续给矿的力量将产品排出机外，以进行下一段工序作业。

当要求产品粒度 80% 小于 0.2~0.5mm 时，一般采用棒磨机，棒磨机的产品粒度，最大一般不超过 4.7mm，最小不小于 0.4mm，棒磨机的给矿粒度为 80% 小于 20~40mm，给矿粒度最大也可达 50mm。由于磨棒的材质等原因，磨棒的长度不能超过 6.1m，否则会造成乱棒等后果，因此还没有超过规格 4.6m×6.3m 的棒磨机。

矿石给入棒磨机时，粗颗粒在给矿端，细颗粒在排矿端，因此棒群在运转中不能做到完全平行而处于倾斜，这也是限制磨棒不能太长的一个原因。

17.2.3　辊式磨

料层粉碎技术是在较大压力作用下颗粒间相互作用而粉碎的基础上发展起来的，物料在高压下产生应力集中引起裂缝并扩展，最终达到物料破碎。料层粉碎技术比较适用于脆性物质，与球磨机单颗粒机械破碎相比，料层粉碎避免在机械破碎时产生的能量浪费，能量利用效率提高。辊压机、立磨和卧式辊磨都是以高压料层粉碎作为理论基础的粉磨设备。钢渣中的铁对磨辊破坏较大，立磨系统中内循环量较大，铁无法及时排除，因此在钢渣微粉磨应用上存在致命缺陷。辊压机和卧式辊磨中物料均为外循环，除铁相对方便，适用于钢渣粉磨。辊压机通过两辊之间相向挤压的方式来破碎物料，减少辊面因摩擦引起的损耗。辊压机只适合生产颗粒比较大的产品，对钢渣辊压机一般只能磨到 80μm 左右，不适合作为钢渣的终粉磨设备。通过改进辊面，辊压机也可用作钢渣终粉磨，只是外循量非常大，设备体积庞大，技术经济性较差。钢渣经过辊压后，颗粒表面出现裂纹，能改善其易磨性，提高终粉磨设备的粉磨效率，降低能耗及磨损，因此通常将辊压机用作预粉磨设备。辊压机的工作原理如图 17-12 所示。

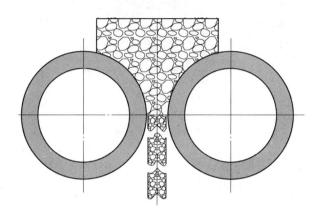

图 17-12   辊压机工作原理

以球磨机作为核心粉磨设备，再配以辊压机构，在加入辊压机之后，粉磨生产效率与节能幅度有所提高，但是以球磨机为核心的本质没有改变。

17.2.3.1   卧式辊磨的简介

卧式辊磨巧妙地结合了球磨机和辊压机的基本原理，利用中等的挤压力，使物料一次喂入到设备内实现多次挤压粉磨。整个工艺过程类似于球磨机的闭路磨系统，物料排出卧辊磨后，通过选粉机，粗颗粒返回卧辊磨多次挤压粉磨。在返料循环系统中配备多台除铁器，除去回料中的铁，保护压辊。所以适合于钢渣粉磨的最新设备为卧辊磨，不仅具有辊压机节能高效的特点，还兼具立磨结构紧凑及球磨机运行稳定、操作可靠等优点。更重要的是，与球磨机、立磨、辊压机相比，卧辊磨更适宜粉磨钢渣，增强钢渣的活性，提高钢渣的循环利用率。某种卧辊磨的结构如图 17-13 所示。

17.2.3.2   卧辊磨的粉磨原理

卧辊磨粉磨物料基于"料层粉碎"原理。在粉磨过程中，物料靠自身重力从进料口进入卧辊磨回转筒体内，由于回转筒体的高速转动，物料在离心力作用下分布在回转筒体内壁表面和其上方磨辊构成的挤压通道内，并在挤压通道内形成料床，再进一步形成"密集颗粒集群"。磨辊依靠液压缸对筒体内表面上的物料施加压力，并借助料床对磨辊的摩擦力作回转运动。在磨辊的作用下，接触到磨辊的物料颗粒受到粉磨压力的作用而被粉磨，没有接触到

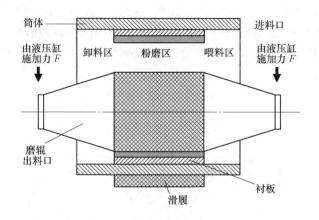

图 17-13　卧辊磨主要结构示意图

磨辊的物料，各颗粒之间也进行群体化相互作用，其内部晶格结构逐渐被破坏，从而达到颗粒被粉碎的目的（见图 17-14）。

在卧辊磨内，随着物料从入口向出口移动，料床在磨辊的作用下密集颗粒集群内部单体颗粒之间自粉磨过程被不断重复，物料被充分粉磨，既提高了能量利用率，又降低了金属材料的消耗。

通过显微观察挤压粉碎后的筛余物料可以发现，经过"密集颗粒集

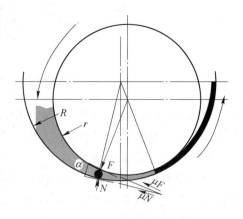

图 17-14　卧式辊磨机的粉磨原理图

群"挤压粉磨的物料颗粒微观表面上布满细小裂纹，表明物料的微观结构已经遭到破坏，矿物晶格已被破碎分裂；不仅物料粒度尺寸在减小，而且物料的易磨性也由此而获得了极大的改善。

卧式辊磨机的粉磨带设在回转筒体内部，由磨辊与粉磨带一起构成粉磨轨迹。采用类似球磨机的四个动态液压滑履轴承作为支撑，既能够保证运行时的稳定性，又能够吸收筒体在运行过程中产生的振动。磨辊穿过回转筒体并依靠物料的摩擦而转动，不需另设传动装置。粉磨物料的磨辊压力由位于进出口两侧铰接的压臂和与之相连接的液压缸组成的施压系统以及与之配套的单独液压站提供。工作时回转筒体以超临界转速回转，入磨物料在离心力的作用下被压附在粉磨带上。当物料随着回转筒体运动至筒体上部时，被刮料装置刮下落在物料推进器上，物料推进器将被挤压粉碎后的物料由入口端向出口端以螺旋线

轨迹进行运送。在由入口向出口运动过程中，物料被反复挤压破碎。在出口侧，物料被刮料装置刮下后由出料装置将物料输送至下道工序。通过调节物料推进器，可以调整磨内物料推进速度，从而调整磨内物料通过量以适应工艺要求（见图17-15）。

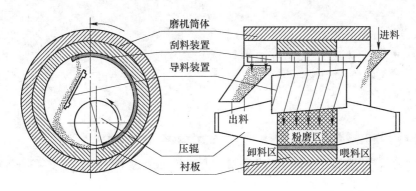

图17-15 卧式辊磨机的内部结构示意图

从已经建成运行的实例来看，卧式辊磨机既综合了辊压机节能、球磨机运行稳定的特点于一身，又具有操作简便、管理灵活、产量在线可调的优点。

17.2.3.3 卧式辊磨机的产品特点

卧式辊磨具有球磨机的稳定性与可靠性，又具有辊压机的节能高效的特点；采用机械回转筒体＋物料推进器协调作用的方法，调节粉磨状态，将辊压机的一次挤压通过方式变为多次挤压通过；在循环挤压多次通过期间，物料由刮料装置刮下，抛落到导料板上，被挤压成"料饼"状的物料落下时遇到导料板被打散，起到了物料"料饼"打散、均化的作用；由于物料在磨内受到多次的粉碎、粉磨，每经过一次循环挤压，物料颗粒的粒径就减小一些，颗粒形貌也得到一次整形，逐渐由最初的长条形向圆球形逼近，于是卧式辊磨产品的颗粒形貌越来越接近圆球形，与球磨机产品相差无几（见图17-16～图17-18）。

另一方面，卧式辊磨循环挤压形成的料床与辊压机一次通过形成的料床实现方式不同，卧式辊磨的料床只在磨辊的两侧产生"边缘效应"，而多次循环粉碎过程又使"边缘效应"产生的大颗粒物料不断减少。因此，其粉磨效率比辊压机有很大提高。卧式辊磨将物料多次循环挤压粉碎，使颗粒粒径不断减小，颗粒形貌逐渐被整形的过程贯穿于粉磨过程始终，卧式辊磨机作为终粉磨设备在工艺上是可以实现的，其最终产品的使用性能和球磨机产品是同样可以满足要求的，而这一点也是立式磨和辊压机所不具备的。

江苏大丰草堰水泥厂钢渣粉制备系统采用卧辊磨系统。其钢渣经 KTH

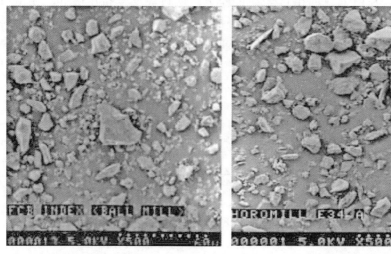
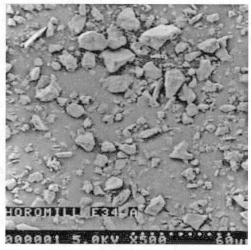

图 17-16　球磨机产品颗粒形貌　　　　　图 17-17　卧式辊磨产品颗粒形貌

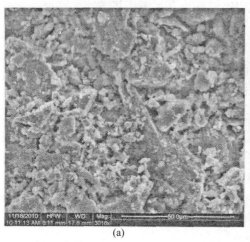
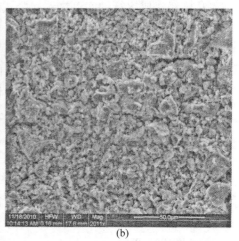

(a)　　　　　　　　　　　　　　　(b)

图 17-18　雷蒙磨与卧辊磨粉磨的钢渣粉形貌对比

(a) 雷蒙磨粉磨的钢渣粉；(b) 卧辊磨粉磨的钢渣粉

2.6m×7m 烘干机烘干后，经提升机入钢渣仓，从卧辊磨排出的粗细混合粉，经选粉机分选后，成品再经后续的袋式除尘器收集进成品库，粗料经皮带机回磨。在来料和回料入磨的过程中，设有两道除铁装置，可将 95% 以上的铁质去除。用卧辊磨粉磨钢渣工艺流程如图 17-19 所示。系统主要设备配置和技术参数见表17-6 和表 17-7。

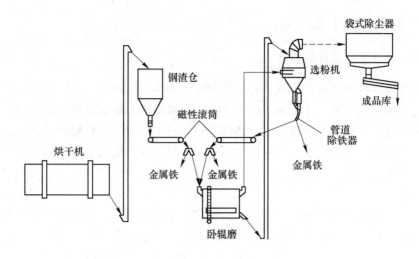

图 17-19　卧辊磨粉磨钢渣工艺流程

表 17-6　卧辊磨系统主要设备配置

设　备	规格型号	数量/台	电动机功率/kW
烘干机	KTH 2.6m×7m	1	22
除尘器	HPC64-8	1	45（风机）
沸腾炉	KF2.7	1	30（鼓风机）
卧辊磨	KHM170	1	355
选粉机	KG800	1	45
布袋除尘器	LQM96-8	1	90（风机）

表 17-7　卧辊磨系统技术参数

项　目		实 测 数 据
钢　渣	粉磨功指数/kW·h·t^{-1}	25.5
	入磨水分/%	1.1
钢渣粉	比表面积/m^2·kg^{-1}	450~480
	密度/g·cm^{-3}	3.24
	铁含量/%	2~3
产量/t·h^{-1}		6.5~6.8
粉磨电耗/kW·h·t^{-1}		56.3
系统电耗/kW·h·t^{-1}		78.1
布袋除尘器	入口粉尘浓度（标态）/g·m^{-3}	180
	出口粉尘浓度（标态）/mg·m^{-3}	32
	阻力/Pa	1640
噪声/dB		72（厂区围墙外 1m）

17.3　钢渣粉磨工艺

17.3.1　钢渣磨粉过程的特点

结合诸多的研究可知，钢渣比较难磨，当磨矿 30min 时，磨矿细度为 $74\mu m$ 的渣粒才能达到 83% 左右，30min 后 $74\mu m$ 的渣粒含量增长速度明显平缓。这主要是由于随着钢渣粒度的减小，钢渣内部结构缺陷减少，韧性提高，从而使以冲击、挤压和剪切力为主的体积粉碎效应迅速降低，相应的其粉碎过程转变为以表面粉碎为主。另外，由于磨细的钢渣粉在球磨机内形成的缓冲垫层以及粉体的团聚，妨碍了粗物料的进一步磨细，使粉磨效率逐渐趋于平缓。由相关的研究结果可知，钢渣在破碎过程中，钢渣微粉的粒径分布范围较宽，这是由于有金属铁存在，具有选择性破碎特性，随着粉磨时间延长，易磨的颗粒粒径变小；含铁难磨颗粒，尤其是钢渣中铁铝酸钙（$Ca_2(Al,Fe)_2O_5$）和镁铁相固溶体（$MgO \cdot 2FeO$）颗粒比较难磨，粒径变化不大，由此造成钢渣微粉的粒径分布范围变宽，粉磨效率逐渐降低。钢渣的磨粉过程特点简要概括如下：

（1）钢渣的粒度分布随细磨时间的延长而变化，在细磨时间超过 3h 的条件下，钢渣的粒度分布趋于稳定。

（2）影响钢渣可磨性的两个因素为细磨时间和钢渣铁粒子含量。钢渣细磨时间越长，钢渣的平均粒度越小；钢渣铁粒子含量越低，钢渣的可磨性越好。

研究人员将 100g 样品钢渣，在球磨机工作条件下细磨，磨碎时间分别为 1h、2h、3h、4h，测出不同时段的样品钢渣的粒度分布，如图 17-20 所示。结果表明，在钢渣细磨过程中，钢渣的粒度分布都有一个峰值，随着细磨时间的增加，钢渣粒度分布的峰值逐渐向粒度等级小的方向移动。在细磨时间为 1h 时，粒度分布峰值在 $165\mu m$ 左右；在细磨时间为 4h 的条件下，粒度分布峰值在 $100\mu m$ 左右。由此可见，随着细磨时间的增加，钢渣的平均粒度呈逐渐变小的趋势。另外，在细磨时间超过 2h 的条件下，钢渣的粒度分布峰值稳定在 $100 \sim 120\mu m$ 之间，这表明当钢渣细磨到一个程度时，延长细磨时间对钢渣磨碎的影响不大，钢渣的粒度分布趋于稳定，也就是说在钢渣细磨过程中，细磨时间掌握非常重要。生产实践结果也表明，钢渣微粉的粉磨时间控制在 $80 \sim 90min$，粉磨粒度约 $4500cm^2/kg$ 较合适。

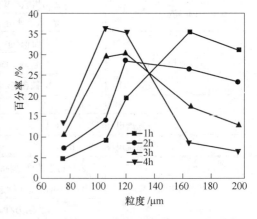

图 17-20　时间对钢渣可磨性的影响

此外，不同的钢渣处理工艺，产生的钢渣其易磨性也有差别。广东省韶关学院的赵三银与华南理工大学的赵旭光等人研究了钢渣粉体中细粉含量与粉磨时间的关系，他们根据两种钢渣经不同粉磨时间制备得到的粉体，对其粒径为 $d<5\mu m$、$5\mu m<d<50\mu m$ 和 $d<50\mu m$ 的细粉含量进行了对比，结果表明，对慢冷钢渣而言，$d<50\mu m$ 细粉的含量随着粉磨时间的延长而不断增加，而 $5\mu m<d<50\mu m$ 的细粉含量自 20min 至 120min 期间则几乎没有变化，这表明了慢冷钢渣的粉磨在 20min 之前已经进入了表面粉碎为主的阶段。对水淬钢渣来说，其 $d<5\mu m$、$5\mu m<d<50\mu m$ 和 $d<50\mu m$ 细粉的含量与粉磨时间均呈一阶指数变化。当粉磨时间达 40min 后，水淬钢渣粉体中 $5\mu m<d<50\mu m$ 细粉含量就几乎不再增加，也就是说，水淬钢渣的粉磨在 20~40min 期间开始进入表面粉碎为主的阶段。此外，当粉磨时间为 40~120min 时，水淬钢渣的细粉含量反而高于慢冷钢渣的细粉含量，这可能与慢冷钢渣中 C_3S 和 C_2S 的晶粒尺寸较大有关。

17.3.2　钢渣粉磨工艺的发展和应用实例

钢渣的粉磨技术发展由料床粉磨技术向卧式辊磨的方向转变。凡是以料床挤压原理实现物料粉磨目的者均可以称为"无球类粉磨系统"，料床粉磨设备包括辊压机、立式磨、筒辊磨等。

立式磨从其压辊 + 平盘的粉磨方式来分析是不适于钢渣粉磨的。首先，由于立式磨压辊 + 平盘的粉磨方式无法形成厚料床，不能包容其中的固态金属颗粒，对钢渣进行粉磨时磨盘与固态金属颗粒、固态金属颗粒与磨辊之间会发生直接接触，形成"硬碰硬"的刚性挤压效果，会加剧磨机的震动以及磨辊、磨盘的磨损。

球磨机能耗高，物料在磨内的停留时间长，噪声大；立磨能量利用率高于球磨机，且结构紧凑，占地面积小，但结构复杂，系统通风费用高；辊压机辊子所承受的压力极高，制造条件极为苛刻，造价昂贵，且极易磨损，维修费用高，特别是轴承发热烧损后的更新以及辊面磨损后的维修费用会抵消辊压机的全部节电效益。另外，钢渣的韧性较好，铁含量较高，这会严重磨损研磨体和磨辊，因此，上述几种粉磨机都不太适用于钢渣的粉磨。卧式辊磨巧妙地结合了球磨机和辊压机的基本原理，解决并优化了钢渣的粉磨难题，成为目前磨粉设备的首选。

17.3.2.1　联合粉磨工艺

钢渣粉磨存在高能耗和排铁难两大难题，实际应用及理论研究均证明，钢渣粉磨工艺宜采用多台磨机联合粉磨方案，每台磨机自成一个粉磨系统，一方面有助于除铁，另一方面可使每台磨机都达到最佳的粉磨效率。我国现有运行较为可靠的几条生产线均采用多台磨机联合粉磨工艺，杭钢的终粉磨设备以球磨机为主，振动磨作为预粉磨设备。而马钢的预粉磨设备为辊压机，终粉磨设备为球磨机。

图 17-21 为辊压机—球磨机联合粉磨系统。钢渣经辊压机挤压，通过兼烘干及选粉功能的 V 型选粉机，选出规定细度的微粉进球磨机粉磨为成品，粗粉回辊压机再次挤压。采用该工艺，主机粉磨电耗可达到 40kW·h/t（磨出物料的比表面积为 450m²/kg），系统粉磨电耗约 85kW·h/t，同时可以灵活调整成品细度，满足用户的要求。另外，为了解决钢渣粉碎过程中磨损较大的问题，对辊压机的辊面进行改进是降低设备损耗的关键。

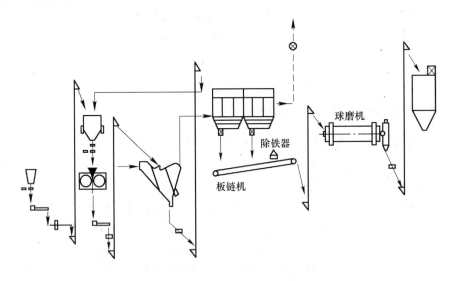

图 17-21 辊压机—球磨机联合粉磨系统示意图

17.3.2.2 联合钢渣粉磨工艺实例

浙江富阳山亚南方水泥有限公司一条 5000t/d 生产线，由两套 RP120-80 辊压机 + φ4.2m×11m 球磨机 + 选粉机组成闭路预粉磨水泥系统，设计单机台时产量为 110t/h。粉磨系统工艺流程如图 17-22 所示。

粉磨水泥所用的熟料、石膏和混合材等物料通过调配库底各下料点的电子皮带秤计量后，通过 1 号皮带输送机（上方设有一台悬挂式电磁除铁器）送入 NE300 上料提升机后，经 2 号皮带输送机送至辊压机稳料仓，仓内物料以料柱的形式连续过饱和状态喂入 RP120-80 辊压机，经挤压形成含有大量细粉和微裂纹颗粒的料饼。出辊压机料饼通过可调分料翻板调节进磨下料管和循环料管开度，大部分物料进入 φ4.2m×11m 球磨机粉磨，粉磨后的物料送入选粉机进行粗细粉分选，细粉由袋式除尘器收集后经由成品空气输送斜槽运送入成品库；粗粉回磨进行再次粉磨。另外，辊压机系统分料翻板将辊子两端存在未挤压的物料（辊压机边缘效应产生的两端物料）通过循环料管与新鲜物料混合一同进入辊压机稳料

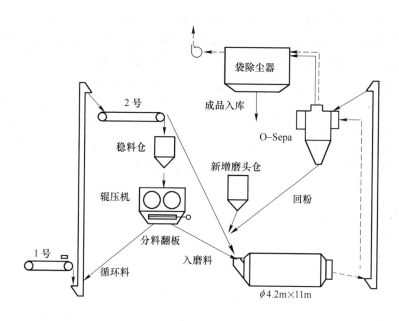

图 17-22　粉磨系统工艺流程

仓内再次挤压。2 号皮带输送机下料口设有三通,通过翻板调节一路进入辊压机稳料仓,一路进入旁路管道。辊压机辊子离线堆焊或临时故障时,物料可以通过进入旁路管道直接入磨进行粉磨作业,形成不带辊压机的闭路粉磨系统。钢渣磨粉的主体设备参数见表 17-8。

表 17-8　钢渣磨粉的主体设备参数

辊压机	规格/mm	$\phi 400 \times 100$
	电机功率/kW	2×22
	通过量/t·h^{-1}	11.5 ~ 12.9
	最高转速/r·min^{-1}	55(可以变频调速)
球磨机	规格/mm	$\phi 750 \times 2500$
	电机功率/kW	15
	能力/t·h^{-1}	0.26
辊　磨	型　号	TRM3.6
	磨盘转速/r·min^{-1}	98
	辊径/mm	280
	能力/kg·h^{-1}	300 ~ 800
	辊数/个	2
	电机功率/kW	11

17.3.2.3 高压辊压机应用于鞍钢本部的钢渣微粉生产实例

鞍钢本部的钢渣微粉生产设备选型确定主体设备选用高压辊压机。高压辊压机的特点是使用寿命长、设备运转率高、易于维修和能耗低。

该钢渣粉磨工艺为：磁选后的尾渣运至尾渣堆场，磁选（选出部分粒钢，品位不小于65%）、称重后送入链斗式提升机，再次经过高效带磁机磁选（选出部分磁选粉，品位不小于40%）后运到静态选粉机，分离后的粗物料进入高压辊压机，通过高压辊压机碾压后，送回链斗式提升机，加入到原料流，并重新进入静态选粉机进行循环。分离后的较细物料输送到旋风筒分离器和高效动态选粉机中分离筛选，筛选后的不合格物料再回到高压磨辊机中进行碾压，合格物料直接进入微粉存储仓。钢渣粉生产工艺布置如图17-23所示。

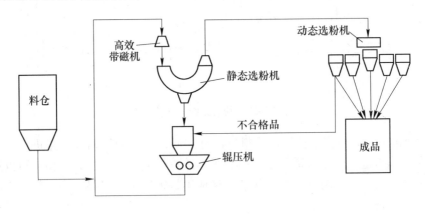

图 17-23　钢渣粉生产工艺布置

该钢渣粉磨工艺流程的特点如下：

（1）该钢渣粉磨工艺在入料处及外循环处增加高效带磁机，可将原料及半成品中的磁性物质（粒钢、磁选粉）进一步提取分离，提高产品质量、设备使用寿命和钢渣的经济价值。

（2）该钢渣粉磨工艺节能的最大潜能体现在外循环闭合回路研磨，使原料直接成为合格品。与普通辊磨机系统相比，该粉磨工艺系统达到了超过50%的节能效果。

（3）该钢渣粉磨工艺研磨过程中，利用两个反向旋转辊来挤压料层。由于料层是由许多连接在一起的粒子组成，所以施加的压力造成料层强烈的相互挤压，导致颗粒破碎，使研磨效率明显提高。

（4）该钢渣粉磨工艺自动化控制水平较高，便于控制。

（5）利用该钢渣粉磨工艺生产的钢渣微粉作水泥和混凝土的高活性掺和料，可代替10%~40%的水泥，提高混凝土的后期强度和耐久性。

17.3.3　传统钢渣磨粉的预处理工艺

转炉钢渣高温时呈液态，缓慢冷却后呈块状、坨状，而且表面易成壳状。渣块一般为深灰、深褐色，且质地坚硬密实，孔隙较少；渣坨和渣壳结晶细密、界线分明，尤其是渣壳，断面齐整。

传统的热泼渣和冷弃渣，钢渣结晶时间较为充分，粒度较大。在主要将钢渣作为填海和筑路用的年代，钢渣的预处理比较简单。钢渣出厂后，用落锤将之破碎成大颗粒，然后使用颚式破碎机将大颗粒钢渣粗碎，回收其中的渣铁，粒度为几十毫米的尾渣即可用作填海和筑路的原料。这种处理方法虽然消除了堆置的钢渣，回收了钢渣中部分渣铁，但尾渣中铁的含量还有15%～20%，这部分渣铁被浪费了，特别是尾渣完全没有实现真正意义上的有效利用。

单一地考虑将钢渣应用于某一个特定的行业，例如钢渣冶金回用，显然不能够实现全量利用，只有将钢渣按照特点同时应用于不同领域，才是尽善尽美之道。

当钢渣综合利用发展到欲将尾渣在烧结、农业化肥、炼铁、水泥生产和混凝土等不同途径应用时，钢渣的预处理就成为了难题。因为钢渣比较致密、硬度高，结构特殊，是铁和渣的结合体，甚至有粒度比较大的铁块，弹簧、液压等圆锥破碎机不能将其细碎。而水泥、冶金配料等应用要求其最大粒度在10mm以下，颚式破碎机预处理钢渣流程只能将其破碎到40～60mm，倘若这种粒度的尾渣为了后续利用而直接进入球磨机加工，必然效率很低，而且浪费很多能源，从而大大增加生产成本，甚至超过钢渣利用所带来的附加值。因此，钢渣的处理技术缺陷成为了制约钢渣综合利用发展的瓶颈，而预处理的难题就是其细碎问题。

17.3.4　钢渣磨粉的高效预处理工艺

应用于工业生产的钢渣，其高效预处理是使用颚式破碎机完成粗碎，使用惯性圆锥破碎机完成细碎，将钢渣破碎到－5mm，磁选出3种渣铁产品，产生95%以上－5mm的尾渣供水泥、冶金配料、高速公路骨料等使用。

惯性圆锥破碎机是由俄罗斯米哈诺布尔科技股份公司（即原全苏联矿冶工程科学院）经过四十多年努力研究，通过不断的试验和完善而研制成功的。因其拥有先进的破碎理论、独特的设计思路、合理的机械结构和优良的性能，代表着当前世界细碎圆锥破碎机最高水平，在金属及非金属界破磨行业享有盛名。惯性圆锥破碎机的结构与工作原理已在16.2节介绍，此处不再赘述。

惯性圆锥破碎机具有很大的破碎力和较大的破碎比，能破碎任何硬度脆性物料，破碎产品粒度小、过粉碎少、粒形好，操作安装方便并且节能高效。其具有无级变速系统，能够比较容易地调整破碎力，并具有良好的过铁性能。当大块不可破碎物进入破碎区，动锥卡住并停止工作，激振器继续旋转，不会损坏设备零部件，而且停机处理容易、便捷、快速。正因惯性圆锥破碎机具有这些优点，因此它非常适用于钢渣的细碎工作。

筒体在回转过程中，研磨体有滑落现象，在滑落过程中给物料以研磨作用。为了有效利用研磨作用，对粒度较大的（一般 200 目，0.074mm）物料磨细时，把磨体筒体用隔仓板分隔为两段，即成为双仓，物料进入第一仓时被钢球击碎，物料进入第二仓时，钢段对物料进行研磨，磨细合格的物料从出料端空心轴排出。对进料颗粒小的物料进行磨细时，如砂二号矿渣和粗粉煤灰，磨机筒体可不设隔板，成为一个单仓筒磨。

原料通过空心轴颈给入空心圆筒进行磨碎，圆筒内装有各种直径的磨矿介质（钢球、钢棒或砾石等）。当圆筒绕水平轴线以一定的转速回转时，装在筒内的介质和原料在离心力和摩擦力的作用下，随着筒体达到一定的高度，当自身的重力大于离心力时，便脱离筒体内壁抛射下落或滚下，由于冲击力而击碎矿石。同时在磨机转动过程中，磨矿介质相互间的滑动运动对原料也产生研磨作用。磨碎后的物料通过空心轴颈排出。

17.3.5　超细粉制备工艺流程

超细粉制备工艺流程有不同的工艺组合，一种常见的钢渣超细粉的制备工艺主要由超细粉磨、分级、渣铁分离、捕集与烘干、输送等环节组成，形成一个高效的生产系统。其工艺流程图如图 17-24 所示。

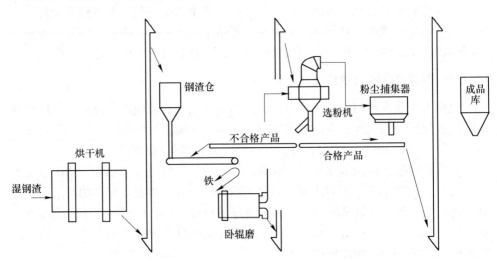

图 17-24　钢渣超细粉的生产流程图

在以卧辊磨为核心的钢渣粉磨工艺流程中，湿钢渣在烘干机中烘干后，经出口提升机送到钢渣仓中，再进入带式输送机，经磁选后，使渣、铁分离，剩下的钢渣进入卧辊磨中粉磨。粉磨后的钢渣经提升机输送到选粉机，选粉机筛选后的钢渣主要有三个去向：一个是筛选后的钢渣成品经提升机输送到成品库中储存；二是粉尘经由粉尘捕集器回收后送到成品库中储存；三是余下不合格的钢渣经带式输送机返回卧辊磨进一步粉磨。

17.3.6　助磨剂

17.3.6.1　助磨剂的助磨机理

助磨剂一般为表面活性物质，作用机理和矿物浮选药剂的机理有一定的相似性，是带双亲结构的特殊分子，具有界面吸附、定向排列、生成胶束等特性，从而可以显著改变界面的性质，国内外常用助磨剂的主要原料是三乙醇胺。关于助磨剂能够强化粉碎的机理，国内外许多科技专家、学者都做了大量的研究工作，但尚未得到一致公认的结论。一般的解释均涉及 Griffith 的微裂纹理论或者是超细粉体在范德华力及静电力的作用下彼此吸引团聚。助磨剂一般有亲矿物基团，可以吸附在超细粉体表面或者渗透到颗粒表面的微裂纹里，一方面形成一层表面膜减少团聚，另一方面降低超细粉体的表面能和表面张力，致使表层松散，二者均加速粉磨速度，影响吸附以及分散的效果，从而影响助磨效果。不同的组成基团类型和分子量都会显著影响吸附以及分散的效果。时至今日，助磨剂的使用依然凭借半经验或者经验方法。目前使用的助磨剂有三类：非离子型、阳离子型、阴离子型；还可以分为醇胺类、醇类、酯类、硬脂酸盐类、木质素磺酸盐类、十二烷基苯磺酸盐类、工业超细废渣等 7 类助磨剂，醇胺类、醇类以及工业超细废渣，能较明显地提高钢渣、矿渣的细度。

17.3.6.2　助磨剂在钢渣超细粉碎过程中的应用

超细粉碎的过程能量消耗占到了整个粉碎过程能耗的 85%。随着粉磨细度的增加，导致比表面积增加，超细粉体的黏附力或界面张力增大，会使颗粒表面的裂缝愈合。另外，颗粒断裂时所产生的新表面上的游离价键驱使邻近颗粒相互黏附和聚合，从而严重影响粉磨设备的粉磨效率，极大地降低能量利用率。为了降低能量消耗、节约能源、提高超细粉碎效率，一般采取两大措施：一是改善粉碎机械的结构、粉碎工艺流程、粉碎方式，以使更多的机械能通过粉磨介质作用于物料的超细粉碎上，但要达到这种效果，需要增加选粉设备，这样无疑将增加设备投资以及辅助的动力消耗；二是在系统中添加微量或少量（0.01% ~ 0.1%）的化学添加剂去影响超细粉碎过程的机械化学过程，从而达到提高粉碎效率的目的。能够影响机械化学作用的就是目前得到广泛使用的助磨剂。在使用助磨剂的情况下，传统的粉磨过程粉磨效率可以提高 20% 左右。助磨剂投资少、见效快，并且可以改善超细粉体的形貌以及物理性能，已经成为提高粉磨效率的重要途径之一。

参 考 文 献

[1]　侯贵华，王占红，朱祥．钢渣的难磨相组成及其胶凝性的研究[J]．盐城工学院学报（自然科学版），2010，23(1)．

[2]　欧阳东，谢宇平，何俊元．转炉钢渣的组成、矿物形貌及胶凝特性[J]．硅酸盐学报，1991，19(6)：488-493．

[3]　Ouyang Dong，Xie Yuping，He Junyuan. J Chin Ceram Soc (in Chinese)，1991，19(6)：488-493．

[4]　王玉吉，叶贡欣．氧气转炉钢渣主要矿物相及其胶凝性能的研究[J]．硅酸盐学报，1981，9(3)：302-309．

[5]　侯贵华，李伟峰，郭伟，等．转炉钢渣的显微形貌及矿物相[J]．硅酸盐学报，2008，36(4)：436-443．

[6]　张雷，王飞，陈霞．钢铁渣资源开发利用现状和发展途径初探[J]．中国废钢铁，2006(1)：42-44．

[7]　陆雷，温金保，姚强．钢渣的机械力化学效应研究[J]．钢铁钒钛，2005，26(2)：39-43．

[8]　魏莹，等．转炉钢渣磁选综合利用实验研究[J]．矿冶工程，2009(1)．

[9]　陈新勇．钢渣粉磨工艺技术研究[J]．一重技术，2011(1)．

[10]　姜从盛，丁庆军，王发洲，等．钢渣的理化性能及其综合利用技术发展趋势[J]．国外建材科技，2002，23(3)：3-5．

[11]　胡永波，吴德成，杨连国．中卸式柱磨机与辊压机、立磨、卧辊磨的工作原理及特点比较[J]．国外建材科技，2008，29(2)：108-112．

[12]　夏能超，张柱银．钢渣粉磨技术探讨[J]．湖南工业大学学报，2011(6)．

[13]　李世桓，吴复忠，金会心．钢渣可磨性与磁选提铁交互性影响的实验研究[J]．贵州科学，2011(3)．

[14]　欧阳东．转炉钢渣粉磨性能的实验研究[J]．水泥工程，1997(2)：36-38．

[15]　于克旭，周征，宋宝莹．钢渣磁选产品选别工艺设计及生产实践[J]．金属矿山，2010(1)：175-178．

[16]　张洪滔，李永鑫，张文生．钢渣粉体颗粒形态与钢渣水泥强度关系的研究[J]．电子显微学报，2002(5)．

[17]　宋志学，李倩，牛丽洁．钢渣矿渣体系复合助磨剂的研究[J]．粉煤灰综合利用，2011(6)．

[18]　潘如意，黄弘，沈晓冬，等．粉磨时间对矿物掺和料颗粒特性的影响[J]．混凝土，2007(2)：55．

[19]　王友宏．高强混凝土细掺料矿渣、钢渣的细磨新途径[J]．矿山机械，2004(9)：75．

[20]　孟华栋，刘浏．转炉钢渣粉磨特性的分形研究[J]．钢铁，2010(2)．

[21]　廖昌群．用选矿方法回收钢渣和含铁粉尘中的铁[J]．金属矿山，1990(10)：49-51．

[22]　钱强．转炉渣分离选别实验研究[J]．矿冶，2009(1)．

[23]　钱永滋．转炉炉渣破碎加工综合利用的工业性实验[J]．武钢技术，1988(1)．

[24]　秦志钰．复摆颚式破碎机破碎腔形的设计及优化[J]．矿山机械，1992(2)：29-34．

［25］黄冬明．挤压类破碎机工作机理和工作性能的优化研究［D］．上海：上海交通大学，2008．

［26］杜海东，秦志钰，容幸福，等．基于颚式破碎机破碎物料流动的腔形设计及破碎齿板参数化建模［J］．机械管理开发，2011（5）．

［27］张学旭．颚式破碎机操作模型［J］．矿山机械，2001（7）．

［28］窦照亮．颚式破碎机工作装置的运行仿真分析［J］．矿山机械，2009（23）．

［29］伏学峰．现代 C 系列颚式破碎机的结构与性能［J］．矿山机械，2008（15）．

［30］李启衡．粉碎理论概要［M］．北京：冶金工业出版社，1993．

［31］王加东，陈开明，陈立萍．KHM 卧辊磨制备钢渣粉的应用实践［J］．水泥，2012（5）．

［32］赵祥，陈开明，王加东．KHM 型卧辊磨在钢渣粉磨系统中的应用［C］．2011 年中国水泥技术年会暨第十三届全国水泥技术交流大会．

［33］张起民，张显铎．料层挤压粉碎技术及装备的发展［J］．技术装备，2003（3）：49-52．

［34］石国平，柴星腾．钢渣微粉加工技术［C］．国内外水泥粉磨新技术交流大会论文集，2009．

第六篇

提高钢渣活性与稳定性的途径

18 钢渣的活性

水泥的活性是指水泥含有能够与水发生反应生成胶凝物的胶凝活性，水泥中遇水反应的物质称为活性物质。因此，钢渣的活性通常是指钢渣与水反应生成胶凝物质的性质，钢渣的活性与钢渣中含有能够与水反应的物质有关。介绍钢渣的活性，必须了解水泥的原理，因为钢渣主要在制作水泥、工程集料和钢渣粉中应用。

Cement（水泥）一词由拉丁文 caementum 发展而来，是碎石及片石的意思。水泥的历史最早可追溯到古罗马人在建筑中使用的石灰与火山灰的混合物，这种混合物与现代的石灰火山灰水泥很相似。用它胶结碎石制成的混凝土，硬化后不但强度较高，而且还能抵抗淡水或含盐水的侵蚀。长期以来，它作为一种重要的胶凝材料，广泛应用于建筑工程。

1756 年，英国工程师 J. 斯米顿在研究某些石灰在水中硬化的特性时发现：要获得水硬性石灰，必须采用含有黏土的石灰石来烧制；用于水下建筑的砌筑砂浆，最理想的成分是由水硬性石灰和火山灰配成。这个重要的发现为近代水泥的研制和发展奠定了理论基础。1796 年，英国人 J. 帕克用泥灰岩烧制出了一种水泥，外观呈棕色，很像古罗马时代的石灰和火山灰混合物，命名为罗马水泥。由于它是采用天然泥灰岩作原料，不经配料直接烧制而成的，故又名天然水泥。它具有良好的水硬性和快凝特性，特别适用于与水接触的工程。1813 年，法国的土木技师毕加发现了石灰和黏土按三比一混合制成的水泥性能最好。1824 年，英国建筑工人 J. 阿斯普丁取得了波特兰水泥的专利权。他以石灰石和黏土为原料，按一定比例配合后，在类似于烧石灰的立窑内煅烧成熟料，再经磨细制成水泥。因水泥硬化后的颜色与英格兰岛上波特兰岛用于建筑的石头相似，而被命名为波特兰水泥。它具有优良的建筑性能，在水泥史上具有划时代意义。1893 年，日本远藤秀行和内海三贞二人发明了不怕海水的硅酸盐水泥。1907 年，法国人比埃用铝矿石中的铁矾土代替黏土，混合石灰岩烧制成了水泥。由于这种水泥含有大量的氧化铝，所以叫做"矾土水泥"。1871 年，日本开始建造水泥厂。1877 年，英国人克兰普顿发明了回转炉，并于 1885 年由兰萨姆改革成更好的回转炉。1889 年，在中国河北唐山开平煤矿附近，设立了用立窑生产的唐山"细绵土"的工厂。1906 年在该厂的基础上建立了启新洋灰公司，年产水泥 4 万吨。20 世纪，人们在不断改进波特兰水泥性能的同时，研制成功了一批适用于特殊建筑工程的水泥，如高铝水泥、特种水泥等。全世界的水泥品种已发展到 100 多种，2007 年水泥年产量约 20 亿吨。中国在 1952 年制订了第一个全国统一标准，确定水泥生产以多品种、多标号为原则，并将波特兰水泥（按其所含的主要矿物组成）改称为矽酸盐水泥，后又改称为硅酸盐水泥。

硅酸盐水泥的主要矿物组成是：硅酸三钙 C_3S（$3CaO \cdot SiO_2$）、硅酸二钙 C_2S（$2CaO \cdot SiO_2$）、铝酸三钙 C_3A（$3CaO \cdot Al_2O_3$）、铁铝酸四钙 C_4AF（$4CaO \cdot Al_2O_3 \cdot Fe_2O_3$）。水泥的成分及性质见表 18-1。

表 18-1 水泥的成分及性质

名　称	水化速度	水化热	水泥强度	水泥胀缩
C_2S（$2CaO \cdot SiO_2$）	慢	高	高	中
C_3S（$3CaO \cdot SiO_2$）	慢	中	中	易缩
C_3A（$3CaO \cdot Al_2O_3$）	很快	最高	低	很易缩
C_4AF（$4CaO \cdot Al_2O_3 \cdot Fe_2O_3$）	快	中	中	中

硅酸盐水泥熟料当与水混合时，发生复杂的物理和化学反应，称为水合（hydrate）。从水泥加水拌和成为具有可塑性的水泥浆，到水泥浆逐渐变稠失去塑性但尚未具有强度，这一过程称为凝结。随后产生明显的强度并逐渐发展成坚硬的水泥石，这一过程称为硬化（harden）。凝结和硬化是人为划分的，实际上是一个连续的物理化学变化过程。其反应式如下：

$$2(3CaO \cdot SiO_2) + 6H_2O = 3CaO \cdot 2SiO_2 \cdot 3H_2O + 3Ca(OH)_2$$

$$2(2CaO \cdot SiO_2) + 4H_2O = 3CaO \cdot 2SiO_2 \cdot 3H_2O + Ca(OH)_2$$

$$3CaO \cdot Al_2O_3 + 6H_2O = 3CaO \cdot Al_2O_3 \cdot 6H_2O$$

$$4CaO \cdot Al_2O_3 \cdot Fe_2O_3 + 7H_2O = 3CaO \cdot Al_2O_3 \cdot 6H_2O + CaO \cdot Fe_2O_3 \cdot H_2O$$

$$3CaO \cdot Al_2O_3 \cdot 6H_2O + CaSO_4 + 6H_2O = 3CaO \cdot Al_2O_3 \cdot CaSO_4 \cdot 12H_2O$$

由上可知，所得主要水化产物（在完全水化的水泥石中）为：

（1）水化硅酸钙凝胶 70%（是水泥石形成强度的最主要化合物）；

（2）氢氧化钙晶体 20%；

（3）水化铝酸钙3%；

（4）水化硫铝酸钙晶体（也称钙矾石）7%。

水化反应为放热反应，其放出的热量称为水化热。其水化热大，放热的周期也较长，但大部分（50%以上）热量是在3天以内，主要是在水泥浆发生凝结、硬化的初期放出。

硅酸三钙决定着硅酸盐水泥四个星期内的强度；硅酸二钙四星期后才发挥强度作用，一年左右达到硅酸三钙前四个星期的发挥强度；铝酸三钙强度发挥较快，但强度低，其对硅酸盐水泥在 1~3 天或稍长时间内的强度起到一定的作用；铁铝酸四钙的强度发挥也较快，但强度低，对硅酸盐水泥的强度贡献小。

18.1 钢渣的活性特点

通过前面的介绍可知，钢渣粉的主要矿物成分为：硅酸三钙（C_3S），硅酸二钙（C_2S），铁酸二钙（C_2F），蔷薇辉石（C_3MS_2），RO 相（Mg^{2+}、Fe^{2+}、Mn^{2+}的固溶体）铁橄榄石（CFS），铁尖晶石（$FeO·Al_2O_3$），$Ca_2(Al，Fe)_2O_5$，纳盖斯密特石（C_7PS_2），f-CaO，f-MgO。钢渣含有和水泥相似的活性矿物，主要为硅酸三钙（C_3S）、硅酸二钙（C_2S），被称为过烧硅酸盐水泥熟料。

钢渣的活性是指钢渣能够与水起水化反应产生胶凝物的胶凝活性。其中，所含的硅酸二钙、硅酸三钙对强度的贡献最大，两者总含量一般在 50%以上；f-CaO、f-MgO 水化生产 $Ca(OH)_2$、$Mg(OH)_2$ 体积膨胀，使强度降低，还会造成制品开裂破坏；其他矿物均为稳定性矿物，不起水化硬化反应。与工业水泥的不同点在于，钢渣的生成温度为 1650℃ 左右，而硅酸盐水泥熟料则在 1460℃ 左右温度下烧成。因此，钢渣中 C_3S、C_2S 矿物结晶致密，晶体粗大完整，水化速度缓慢。钢渣的硅酸盐相中含有较多的异离子，Fe_2O_3、P_2O_5、Al_2O_3、MgO 的含量总和达 6.5%。在工业水泥熟料中，硅酸盐相中异离子的含量一般为 2%。因此，在钢渣的硅酸盐相中存在着远多于工业熟料的异离子。就水泥中的 C_3S 水化活性来看，一般认为由于它结构配位极不规则，在结构中留有空洞，使水分子容易进入，从而水化活性高。而钢渣是长时间在 1600℃ 高温下形成的，在这样条件下，应该会使 C_3S 具有规则的结构，并能使其结构空洞中固溶了很多异离子，从而使它的结构稳定，水化活性相对较低。因此，虽然钢渣含有相当量的硅酸盐矿物，但水硬性仍比矿物差。与水泥相比，钢渣的活性特点主要表现为：

（1）钢渣粉的活性主要来源于钢渣中所含 C_3S 和 C_2S 的数量，含量越多则钢渣粉的强度越高。

（2）钢渣的碱度 $CaO/(SiO_2 + P_2O_5)$ 越大，则钢渣粉的活性越高。钢渣的水化反应式如下：

$$3CaO \cdot SiO_2 + nH_2O = 2CaO \cdot SiO_2 \cdot (n-1)H_2O + Ca(OH)_2$$

$$2CaO \cdot SiO_2 + nH_2O = CaO \cdot SiO_2 \cdot (n-1)H_2O + Ca(OH)_2$$

$$2CaO \cdot SiO_2 + nH_2O = 2CaO \cdot SiO_2 \cdot nH_2O$$

在有石膏存在的情况下：

$$3CaO \cdot (Al \cdot Fe)_2O_3 \cdot 6H_2O + 19H_2O + 3(CaSO_4 \cdot 2H_2O) =$$

$$3CaO \cdot (Al \cdot Fe)_2O_3 \cdot 3CaSO_4 \cdot 31H_2O$$

吕林女等人的研究表明，钢渣粉自身具有一定的水化自硬能力，其水化产物主要为 CSH 凝胶（硅酸钙凝胶）、$Ca(OH)_2$ 以及少量的 $Fe_6(OH)_{12}CO_3$，除 $Fe_6(OH)_{12}CO_3$ 外，与纯水泥的水化产物无显著区别；钢渣粉能促进水泥的水化，其促进作用随掺量的增加而增加，而水泥砂石结构随着钢渣粉的掺加变得较为疏松。

水化早期在未水化颗粒间有少量的胶体称为塑形水化凝胶，将未水化的颗粒连在一起，这时候的结构强度较低，继续水化不断释放出 $Ca(OH)_2$，硅酸盐水化凝胶转化为水化硅酸钙凝胶，并且以这种形态被固化，提高了强度。

如果液相碱度低，大部分为塑形的水化硅酸盐凝胶，强度会很低。为了减少塑性硅酸盐水化凝胶的释放，除提高液相碱度外，还可以掺入适量的铝酸盐化合物，通过水化铝酸盐的固化而阻止塑性硅酸盐水化凝胶的形成，可提高钢渣粉的强度。

（3）钢渣的水化机理和硅酸盐水泥熟料水化过程基本相似，强度来源于硅酸盐矿物的水化和硅酸钙硬化过程而产生强度。

（4）钢渣是一种具有潜在胶凝性的物质，水热条件可以激发其胶凝性能，低碱度钢渣以 C_3MS_2-C_2S 的水化为主；高碱度钢渣以 C_3S-C_2S 的水化为主。

（5）钢渣中橄榄石类（包括钙铁橄榄石、钙镁橄榄石、镁铁橄榄石）在 17.5MPa 水热条件下是稳定的；钢渣中含铝相（包括 C_2AS，C_2F-C_4AF，$C_{12}A_7$-$C_{11}A_7 \cdot CaS$ 等）及含 SiO_2-Al_2O_3-Fe_2O_3-CaO 玻璃体的水化过程是产物中石榴石（包括水绿榴石、水石榴石、钙铝榴石等）的来源。

（6）钢渣—石灰体系的水化硅酸钙产物主要为高碱性水化硅酸钙$C_2SH(C)$、C_3SH_2；钢渣—砂体系的水化硅酸钙产物主要为低碱性水化硅酸钙 CSH、硬硅钙石。

（7）钢渣中水化硅酸盐的形成是一个连续过程，受体系碱度、液相中 $Ca(OH)_2$浓度、温度、压力、蒸压时间等因素的制约，总的趋势是向平衡状态发展。标准养护条件下纯钢渣的水化形貌如图 18-1 所示。

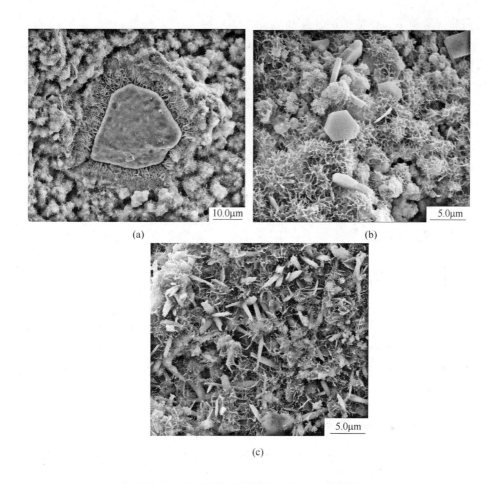

图 18-1　标准养护条件下纯钢渣的水化形貌

（a）养护 1 天；（b）养护 28 天；（c）养护 60 天

18.2　钢渣中的活性物质

在扫描电镜的背散射电子像中各个矿物组织的特点为：

（1）C_3S 呈黑色六方板状，C_2S 主要呈圆粒状，有时呈树叶状。

（2）C_2F 呈灰色无定形状，并常以连续延伸的形式镶于黑色硅酸盐相和白色镁铁相中。

（3）镁铁相主要呈白色，无固定的形状，有时连续延伸，有时呈孤立的圆粒状，另外 MgO 和 CaO 均以堆积形式存在，分别呈黑色和灰色圆粒状。

（4）含铁固溶相的典型组成是 $Ca_2(Al,Fe)_2O_5$。

在以上的各个组分之间，目前的众多研究已经形成了以下的共识：

（1）钢渣中具有水硬活性的主要物质为 C_3S、C_2S 和 $2CaO \cdot Fe_2O_3(C_2F)$，

它们的含量越多，钢渣的活性越高。

（2）用水玻璃激发以 $MgO \cdot 2FeO$、$Ca_2(Al, Fe)_2O_5$ 为主要矿物的难磨组分的活性实验测试加入 3 种水玻璃模数的水泥净浆抗压强度的结果表明，28 天抗压强度最高值仅为 4.02MPa，且 3 种水玻璃模数对其激发作用均很小。这说明以 $MgO \cdot 2FeO$、$Ca_2(Al, Fe)_2O_5$ 为主要矿物的难磨组分的胶凝性很差，可以认为它们无水硬性。

（3）在钢渣中部分 FeO 进入 RO 相，形成铁橄榄石 $CaO \cdot FeO \cdot SiO_2$，RO 相和铁橄榄石是无活性的矿物。

18.3　钢渣的胶凝活性评价与表征方法

18.3.1　碱度系数法

依据炼钢工艺不同，钢渣可分为转炉钢渣、电炉钢渣（还有过去的平炉钢渣），其中转炉钢渣占钢渣总量的 70% 以上。对原钢渣（即未处理的钢渣）一般用碱度系数法衡量钢渣胶凝活性。Masob 定义了钢渣的碱度表达式，碱度值 $R = w(CaO)/w(SiO_2 + P_2O_5)$。通常按碱度不同，钢渣可分为低碱度渣（$R < 1.8$）、中碱度渣（$R = 1.8 \sim 2.5$）和高碱度渣（$R > 2.5$）。钢渣碱度越高，活性越大。碱度系数能反映钢渣的化学组成特征，但热处理历史及粒化工艺不同时，相同化学组成的钢渣在结构上存在较大差异，其胶凝活性就会有较大差别。

18.3.2　矿物相微观测试法

实际上，不同钢厂以及生产不同钢种的钢厂排出的同一碱度范围的转炉钢渣，因其化学组成及冷却方式不同，矿物相组成不同，胶凝活性也表现出差异。钢渣碱度相近时，钢渣中硅酸盐矿物的含量取决于二氧化硅的含量，并影响到钢渣的胶凝活性。

单纯依据碱度界定钢渣胶凝活性会产生偏差。运用岩相分析、X 射线衍射等微观测试手段结合化学分析，研究钢渣矿物相也是一种评价其胶凝活性的方法。相关的实验证实：钢渣的主要矿物相为 C_2S、C_3S 及其含磷固溶体、C_2F、游离 CaO 以及镁铁相固溶体 RO 相等，其中 C_2S、C_3S、铝酸盐和铁铝酸盐能使钢渣表现出胶凝活性。

18.3.3　比强度法

利用活性指数评价钢渣粉胶凝活性也是一种有效的方法，即用 90% 的钢渣粉和 10% 的二水石膏混合粉磨，使比表面积达到 $380m^2/kg$，测定其 28 天胶砂的抗压强度，以该强度作为活性指数评定钢渣粉活性。活性指数法实质上是一种强度法，即早期的钢渣水泥（钢渣与石膏二元组分）强度实验法，该体系内钢渣粉的水化环境与钢渣粉作矿物掺和料时的水化环境有较大差别，因而也不适于准确评价钢渣粉矿物掺和料的活性。

实际操作中，比强度法是最常用于评定各种掺和料活性的方法。在《用于水泥和混凝土中的钢渣粉》（GB/T 20491—2006）中，以胶砂强度活性指数（A）来表征钢渣的胶凝活性，活性指数包括 7 天活性指数和 28 天活性指数两个值，计算公式如下：

$$A = (R_t/R_o) \times 100\%$$

式中，A 为钢渣粉的活性指数,%；R_t 为受检胶砂相应龄期的强度，MPa；R_o 为比对胶砂相应龄期的强度，MPa。

比强度反映的实质是掺和料与水泥的叠加效应，而且这种效应与掺和料的掺量密切相关，掺和料本身的活性效应并未有效分离，因而它并不能全面真实地反映掺和料本身的活性效应。

18.4 激发和提高钢渣活性的措施

虽然钢渣的化学成分与水泥熟料相似，但是钢渣的胶凝活性来源于其含有的硅酸盐、铝酸盐及铁铝酸盐矿物。这些矿物在形成过程中经历了高温和急冷过程，矿物结晶完好、晶粒粗大，并溶入较多的 FeO、MgO 等杂质，在急冷过程中形成了大量的玻璃体，导致这些矿物的水化速度缓慢，只是一种具有潜在活性的胶结材料。因此，钢渣应用于水泥、混凝土领域时，必须采用适当的方式激发其活性。

18.4.1 机械力化学激发钢渣活性

利用机械方法提高钢渣的细度可以激发它的潜在活性。钢渣微粉规模化应用的实践证明，在强机械力作用下，钢渣的晶格产生错位、缺陷、重结晶，结晶度下降，表面形成易溶于水的非晶态结构，这是激发钢渣活性的主要方法。

超细粉体颗粒的活性来源于机械力化学的概念，在 20 世纪初首先由德国学者 W. Ostwald 提出，他强调该学科是以机械力方式诱发化学反应的学科。随后，K. Peters 及其助手开始了机械诱发化学反应的研究，在大量试验的基础上，详细地阐述了超细粉碎与机械化学的关系，并在 1962 年第一届欧洲粉碎会议上正式发表了论文《机械力化学反应》，详细论述了粉碎技术与机械力化学的关系、机械力化学的发展历史以及已取得的一些成果。明确指出了机械力化学反应是由机械力诱发的化学反应，并强调了机械力的作用。同时还指出机械力包含范围是广泛的，既可以是粉碎过程中所施加的作用力，又可以是一般的机械压力、摩擦力，还可以是液体和气体冲击波作用所产生的压力。运用机械力化学效应的产生机理，尤其是用该方法进行的合成及分解反应和表面改性，对矿物深加工、化工、材料科学等方面有积极的推动作用。这一理论在钢渣微粉加工和破碎耐火材料再应用中有重要的指导意义。

超细粉体加工技术，将钢渣矿物加工成超细粉体，可以使其物理化学性质发生很大的改变。钢渣在磨细过程中，在强烈和持续的机械力作用下，由于大量机械能的储存，最终使其能量足以破坏原有的完整晶型结构。钢渣随着粒度变小，粒子的表面原子数成倍增加，颗粒内部和表面的晶格振动发生变化，晶型产生缺陷和畸变，晶粒尺寸变小，结构向无序化发展，表面原子处于高能量状态，表面形成易溶于水的非晶态结构，使得钢渣由稳定向不稳定发展，从而激发了钢渣的活性，实现钢渣的活化。

钢渣的磨细工艺，增大了钢渣中矿物与水的接触面积，提高矿物与水的作用力，使其钢渣结构的结晶度下降，减少晶体的结合键，从而使水分子容易进入矿物内部，加速水化反应，提高了钢渣活性。研究表明，钢渣颗粒越细其活性越高。当比表面积达 $800m^2/kg$ 时，钢渣的 7 天活性指数明显比 28 天活性指数高，这充分说明了机械力化学激发钢渣活性的有效性。

钢渣要规模化应用，磨细的成本也是重要的考虑因素。实践证明，将钢渣作为水泥的掺和料，当钢渣比表面积从 $400m^2/kg$ 提高到 $500m^2/kg$ 时，水泥各龄期的强度有明显增长；当比表面积继续提高时，水泥的早期强度虽有小幅度增长，但后期强度几乎没有增长。因此有学者认为将钢渣比表面积控制在 $500m^2/kg$ 以内比较合适。从粉磨工艺上来看，当钢渣的比表面积超过 $500m^2/kg$ 时，继续提高钢渣的比表面积的难度增大，所耗费的能量增大，经济性不好。

磨细钢渣粉作为矿物掺和料在混凝土中应用时，还能起到物理填充的作用。钢渣粉中的细小颗粒可以填充混凝土的孔隙，改善混凝土过渡区的微结构，从而提高混凝土强度。因此，机械激发的方法在提高钢渣的活性的同时，还能提高磨细钢渣粉在混凝土应用中的物理作用。

18.4.2　化学激发钢渣活性

18.4.2.1　化学激发钢渣活性的原理

化学激发钢渣活性，也是基于钢渣具有一定合适的粒度基础上实施的工艺方法。其原理是：钢渣中玻璃体的主要化学键是 Si—O 键和 Al—O 键，[SiO_4] 四面体中的 Si—O 键在钢渣的粉磨过程中会发生断键，在激发剂形成的碱性环境中，[SiO_4]四面体会发生解聚生成 $H_3SiO_4^-$，[AlO_4]四面体会发生解聚生成 $H_3AlO_4^{2-}$，而 $H_3SiO_4^-$、$H_3AlO_4^{2-}$ 与 Ca^{2+}、Na^+ 反应生成沸石类水化产物。当[AlO_4]四面体解聚时，[AlO_4] 以 $Al(OH)_4^+$ 的形式从它的原始位置脱离进入溶液形成水溶性离子，并与溶液中已经存在的 H_3SiO^{4-}、OH^-、Ca^{2+} 和 Na^+ 一起反应生成沸石类水化产物。沸石类水化产物的生成消耗了解聚生成的 $H_3SiO_4^-$ 和 $H_3AlO_4^{2-}$，使玻璃体的网络形成键（Si—O 键和 Al—O 键）不断得到破坏，最终使玻璃体彻底解聚。反应的方程式如下：

$$(—O—Si—O—) + H_2O + (—O—Si—O—) \longrightarrow (—O—Si—O—) + (—O—Si—O—)$$

$$2(—O—Si—O—) + 2H^+ \longrightarrow 2(—O—Si—OH)$$

$$H_3AlO_4^{2-} + H_3SiO_4^- + Ca^{2+} \longrightarrow kCaO \cdot lAl_2O_3 \cdot mSiO_2 \cdot nH_2O$$

$$H_3AlO_4^{2-} + H_3SiO_4^- + Ca^{2+} + Na \longrightarrow pNa_2O \cdot kCaO \cdot lAl_2O_3 \cdot mSiO_2 \cdot nH_2O$$

$$Al(OH)_2^+ + H_3SiO_4^- + Ca^{2+} + OH^- \longrightarrow kCaO \cdot lAl_2O_3 \cdot mSiO_2 \cdot nH_2O$$

$$Al(OH)_2^+ + H_3SiO_4^- + Ca^{2+} + Na + OH^- \longrightarrow pNa_2O \cdot kCaO \cdot lAl_2O_3 \cdot mSiO_2 \cdot nH_2O$$

因此，化学激发的机理是通过引入化学组分创造一个能使钢渣中玻璃体充分解聚并水化的碱性环境。常用的激发剂有碱金属盐、石膏等。

18.4.2.2　采用化学激发钢渣活性的方法

化学激发剂目前常用的有碱性和酸性两类。它们都是通过改变矿物形成过程来激发钢渣的活性。碱性激发剂包括石膏、熟料、石灰和碱金属的硅酸盐、碳酸盐或氢氧化物等。在这些物质的作用下，钢渣玻璃态结构迅速解聚，硅氧及铝氧离子团溶出，产生大量的沸石类水化产物，使结构不断致密，强度显著提高。酸性激发剂包括硝酸、硫酸、甲酸等。采用酸性激发剂能激发钢渣的早期活性，这主要是由于早期水化体系是一个碱性动态平衡体系，加入适量的酸性物质，有利于平衡向碱性物质溶出的方向移动，促进水化产物的生成。

已有的化学激发研究成果主要有以下几个方面：

（1）碱金属盐激发。碱金属盐主要是指碱金属的硅酸盐、碳酸盐，如 Na_2SiO_3、K_2SiO_3、Na_2CO_3、K_2CO_3 等。研究表明，Na_2SiO_3、NaOH、$NaAlO_2$ 等碱性激发剂为钢渣水泥的水化提供碱性环境，同时直接破坏钢渣中玻璃体的网络结构，释放出 Ca^{2+} 和硅（铝）氧四面体，不断生成 CSH 凝胶，并反应生成 AFt 晶体，从而提高了钢渣水泥的活性。尤其是 NaOH 加入后能迅速提高体系碱度，使钢渣玻璃体表面遭到破坏，随着水化反应的进行，OH^- 不断进入玻璃体，$Ca(OH)_2$ 不断生成 CSH 凝胶并沉积，使钢渣水泥浆体逐渐硬化，宏观表现为强度大幅提高。硅灰吸收水分后形成富硅凝胶，凝胶在未水化水泥颗粒之间聚集，逐渐包裹水泥颗粒，然后与氢氧化钙反应生成 CSH 凝胶，CSH 凝胶多生成于水泥水化的 CSH 凝胶孔隙之中，大大提高了结构的密实度，因此使抗折、抗压强度明显提高。Na_2SO_4 作为激发剂效果不明显，可能是因为钢渣水泥体系中碱度较低，钢渣中玻璃体网络难以完全破坏，导致钢渣矿物水化反应慢，水化产物钙矾石生成量较少，钢渣试样密实度较低，因此强度难以大幅提高。复合激发剂（$Na_2SiO_3 + Na_2SO_4 + NaAlO_2$）制备的钢渣水泥相比掺加单一激发剂 Na_2SiO_3、Na_2SO_4、$NaAlO_2$ 的钢渣水泥强度没有明显提高，这也是由于钢渣水化液相中碱度较低所致。

（2）采用水玻璃作为激发剂。众多学者研究了碱钢渣水泥体系的水化机理，在大量的研究中研究者们都首选水玻璃作为激发剂。研究结果表明，在钢渣水泥中钢渣和矿渣的水化相互促进，当钢渣与矿渣的相对比例合适时，通过控制水玻璃的浓度、模数及掺量，可以制备出性能很好的无熟料碱钢渣水泥。水玻璃在钢渣水泥中充当骨架网络，水玻璃中的 Na^+ 主要维持溶液的 pH 值和对玻璃体的离解起催化作用。水玻璃的模数决定着钢渣水泥初始网络体的结构。实验表明，水玻璃模数在 1.25～1.50 时，能发挥最好的骨架网络结构和激发效果。当模数一定，网络结构有一定的断裂时，水玻璃的激发效果最好。

（3）采用硅灰激发钢渣的活性。以硅灰作激发剂时，水化产物中 $Ca(OH)_2$ 晶体的数量显著减少，CSH 凝胶和 AFt 晶体的量增加明显，水化速率快，硬化浆体结构密实。

（4）为提高钢渣粉的强度，应提高渣粉的碱度。铝酸盐成分的加入可促进塑性水化凝胶转化为水化硅酸钙凝胶。

（5）水泥复掺混合材对钢渣进行活性激发。钢渣水泥中掺入矿渣、粉煤灰等硅质原料，能够提高钢渣水泥的强度，改善钢渣水泥的安定性。其原因在于：1）加入硅质原料可以降低钢渣水泥的 C/S 比，使水化产物中硬硅钙石的量增加，使水泥石强度提高；2）SiO_2 与 MgO、FeO 等反应生成的水化产物如蛇纹石、橄榄石等本身就具有很高的强度，两者共同作用使钢渣水泥强度提高。硬化浆体抗开裂能力增强，钢渣水泥的安定性得到显著改善。钢渣中均含有 f-CaO，并以不同结构形态存在。在一定的温度和湿度下，会水化体积膨胀，需要控制 f-CaO 的含量，消除其不稳定性。

（6）石膏作为激发剂。二水石膏是一种效果良好的钢渣激发剂，对提高钢渣的胶凝性能有明显的作用，在钢渣中引入二水石膏后强度成倍增加。有学者研究开发了无水石膏钢渣活化剂，研究结果表明，无水石膏的溶解速度及溶解度均优于二水石膏，因而可以加速低热钢渣水泥的凝结硬化，并提高早期强度。

（7）复合激发。复合激发即复合使用两种或多种化学激发剂，一般复合激发的效果好于单独激发。李东旭提出了钠钙硫复合活化的方法，这是目前钢渣活化技术常采用的方法。其激发机理是在钢渣水泥水化的早期，激发剂可生成 NaOH，提高水化环境的碱度，既促进钢渣本身的水化，又利于钢渣水泥中矿渣的解体。矿渣在 $Ca(OH)_2$ 和 NaOH 形成的强碱性环境中解体，生成水化硅酸钙和水化铝酸钙，后者在 SO_4^{2-} 存在的条件下进一步反应生成钙矾石，称之为钠、钙、硫混合激发过程。激发剂在钢渣水泥水化中生成的强碱 NaOH 不利于水化产物的聚合，且当体系中 Na^+ 含量过高时会出现泛碱现象，为此在激发剂中又引入一定量的 $Al_2(SO_4)_3$，可增加水化铝酸钙及钙矾石的数量，使硬化水泥石结构更密实。

（8）黄振荣用硅酸钠盐和无水石膏组成的复合激发剂制成早期和后期强度都达到国家标准的无熟料钢渣、矿渣水泥；王秉纲等用硫酸盐、硅酸盐、铝酸盐的混合激发剂研制出一种由钢渣和矿渣为主料，免烧高抗折高强钢渣水泥；林宗寿研究发现 $Na_2SiO_3 + Na_2CO_3$ 能显著激发钢渣粉煤灰复合体系。其中，硅灰、NaOH 两种激发剂对钢渣活性的激发效果最为突出，28 天抗压强度分别达到15.9MPa 和 10.2MPa，Na_2SO_4 对钢渣水泥的激发效果较差，28 天抗压强度仅为 4.7MPa。

此外，钢渣作为高速公路路基用料、钢渣桩用料、路桥建设的基层用料时，钢渣没有磨粉，添加粉煤灰等激发剂激发钢渣的活性，这种钢渣粒度较大，也是化学激发钢渣活性的一种方法。

18.4.3　热力激发钢渣活性

热力激发的机理在于：蒸压条件下，钢渣中玻璃体的网络结构受热应力的作用，使其网络形成键（Si—O 键和 Al—O 键）更容易发生断裂，有利于玻璃体解聚，水化反应的速率加快，从而使钢渣的活性得到了显著提高。高温激发钢渣的方式主要有两种：一种是制备硅酸盐制品时，采用压蒸或蒸养的方式提高水化温度；一种是将钢渣作矿物掺和料应用于混凝土时，利用胶凝材料水化放热形成的温升激发钢渣的活性。

18.4.3.1　压蒸或蒸养激发钢渣活性

压蒸和蒸养是硅酸盐制品常用的制备方法。据文献介绍，将磨细后的钢渣、粉煤灰和石膏按拟定比例混合均匀，加水成型、压蒸养护、陈化、烘干、磨细作为预处理料。压蒸温度 100℃，压蒸时间 12h，陈化 12h，烘干温度 110℃。经过测试可知，采用热力激发可得到活性相当高的钢渣预处理料，当钢渣掺入量达 35% ~40% 时，仍可稳定生产 42.5R 钢渣水泥。

林宗寿将磨细钢渣、粉煤灰和石膏按一定比例混合后加水成型，采用 100℃ 压蒸 12h，陈化 12h，用 110℃ 的温度烘干，得到预处理料，该钢渣预处理料活性很高。徐光亮采用压蒸手段加速了低碱度钢渣的水化速度，制备出了压蒸强度

50MPa 以上的石英砂橄榄石类钢渣胶凝材料。Kubo 的专利表明，45% 的钢渣 +10% 的石膏 +45% 矿渣混合物加水拌和成型后，在 60℃蒸养 40min 就可得到强度为 6.7MPa 的硬化体。

18.4.3.2 水化热激发

将磨细钢渣粉作为矿物掺和料大规模应用于混凝土中，不可能采用压蒸或蒸养的方式激发钢渣的活性，大量使用化学激发剂也不经济。现代混凝土的胶凝材料用量大，水泥强度等级高，结构构件截面的尺寸也较大，因此由于胶凝材料水化放热而引起实际结构中混凝土的温升往往较高，大体积混凝土早期内部温升一般在 60℃以上。阎培渝的研究表明，混凝土水化过程中自身的放热可以激发粉煤灰的活性，可以使粉煤灰的火山灰效应在早期得到体现。混凝土早期的温升同样可以激发矿渣的活性，提高矿渣早期的水化程度。钢渣作为矿物掺和料在混凝土中应用时，钢渣的水化不仅受到水泥水化热的激发，还会受到水泥水化生成的碱的激发，这两种激发可以看作硅酸盐水泥对钢渣的激发。

清华大学土木工程系王强的研究结果表明：（1）钢渣有弱胶凝性能，纯钢渣浆体可以缓慢硬化获得较低强度。（2）纯钢渣的主要水化产物形貌类似水泥熟料的水化产物形貌，但凝胶数量较少，浆体结构疏松。（3）钢渣中部分粒径较大的颗粒水化活性很低，其与周围凝胶的结合面是硬化浆体体系的薄弱环节；提高养护温度能激发钢渣的活性，促进钢渣水化，能够使该结合面更加牢固。这说明了提高养护温度对钢渣的活性激发是有利的。

18.4.4 改变钢渣的化学组成与矿相激发钢渣的活性

在钢渣中加入矿化剂改变其组分，使得钢渣中的成分向活性物质的成分转变，也是一种激发钢渣活性的方法。将钢渣与粉煤灰以 3：2（质量比）混合，加入适量的矿化剂，经 850℃煅烧 85min，XRD 分析表明，煅烧后钢渣中的 f-CaO 衍射峰基本消失，同时有 $2C_2S \cdot CaF_2$、CA、$C_{12}A_7$、C_2AS 等新矿物衍射峰出现。该措施不仅使钢渣的安定性问题得到彻底解决，也因 CA、$C_{12}A_7$ 等矿物的生成使钢渣的活性显著提高。

18.4.5 提高钢渣活性的途径

我国的钢渣中，70% 是化学组成与硅酸盐熟料相似的转炉钢渣，具有潜在的胶凝性能。从理论上分析，钢渣在水泥混凝土中的应用潜力很大，但是由于钢渣的活性较低，使其作为胶凝材料在水泥中的利用受到了一定的限制。所以提高钢渣的活性，是今后将钢渣向商品化转化的一个努力方向。除了通过激发钢渣的活性外，提高钢渣活性的途径主要是改进钢渣的成分和优化钢渣处理工艺。

18.4.5.1 优化钢渣处理的工艺

关于钢渣粉磨后性能的研究证明，对钢渣进行预粉磨处理后可以显著提高钢渣的活性，钢渣的活性也受到钢渣的筛余、颗粒形貌等因素的影响。渣中 f-CaO 有两个主要来源：一是炼钢造渣工艺需要，有一部分经高温煅烧而仍未化合的 CaO，其结构比较致密，水化很慢；另一个是来源于热渣缓冷过程中，渣中的 C_3S 在 1250～1100℃时，由稳定相转变为亚稳相，发生矿物的相变，分解为 C_2S 和 f-CaO，C_2S 在 675℃由 β-C_2S 变成 γ-C_2S。这些在炼钢过程和热渣冷却过程中产生的 f-CaO 滞留在转炉钢渣中，缓冷过程中生成的 f-CaO 会包裹住 C_3S，使得钢渣胶凝性偏低，如果发生水化或相变将会造成严重的安定性不良，影响了其在水泥建筑行业的应用。因此，钢渣处理工艺对钢渣的活性有着直接的影响，典型的例子如下：

（1）热闷渣工艺配合的棒磨线，提铁以后的尾渣，加入一定的激发剂，就能够激发其活性。八钢的 Corex 工程中，砂石料和热闷渣的尾渣大面积应用于地面地坪的处理，显示出热闷渣工艺对钢渣活性的影响。

（2）处理过的滚筒钢渣应用于厂区路面的基层，钻取的试样表明，钢渣与黏土砂石掺和料经过一段时间的反应胶结，证明滚筒渣工艺对钢渣的活性有积极的贡献作用。武钢研究院和宝钢发展有限公司的研究表明，滚筒钢渣细集料与复合矿渣粉组成胶结材是一种性能良好的材料，按水泥胶砂强度检验方法，可达通用硅酸盐水泥 62.5 强度等级指标，且早期强度高，抗折强度高；可替代水泥配制 C70 级以上的高强混凝土。

（3）文献介绍的风淬渣铺路的工艺，也证明了风淬渣对钢渣的稳定性和活性提高都是有积极意义的。

（4）北京科技大学进行的"熔融态转炉钢渣与高炉渣的高压水射流试验"，采用高压射流快速凝固金属熔体制备金属粉末技术原理，高压水射流冷却钢铁渣，将高温熔渣的急冷玻璃化与超细粉碎过程结合起来考虑。采用高压射流的方式处理高温熔渣，一方面提高冷却的速度，促进熔渣的玻璃体活化程度；另一方面利用高温熔渣热量，采用高压水射流的方法将熔渣破碎到微细化的程度，使熔渣潜在活性得到充分激发。采用该法，将熔渣一次性急冷细碎至微米级超细粉直接用于水泥和陶瓷等制备，避免了冷却钢渣粉磨的高能耗过程，实现节能、节水、减少环境污染、提高材料活性及缩短工艺流程等多重目的。实验表明，采用高压水射流冷却方法能够同时实现转炉钢渣的微细化与胶凝活性增强。在试验条件下，射流钢渣体积平均粒度达到 94.3μm，小于传统水淬钢渣两个数量级；高压水射流冷却条件下制备的射流钢渣物相主要是玻璃相和结晶矿物 Ca_2SiO_4。所制备胶凝材料养护 28 天的抗压强度达 33.96MPa，超过原钢渣制备胶凝材料 8MPa。该实验的示意图如图 18-2 所示。

图 18-2　熔渣高压水射流实验示意图

1—射流架；2—喷嘴；3—矿渣熔体；4—高压水；5—射流矿渣

钱强的研究结果也表明：不同预处理工艺对转炉渣矿物组成的影响不同，快速冷却或陈化处理的转炉渣活性及稳定性均较好，可保证较高的胶凝物硅酸钙含量。转炉渣中的游离钙结构致密使得反应缓慢，影响其活性，需进行消解，生成硅钙石和 $Ca(OH)_2$ 固溶体后则有利于活性的提高。

18.4.5.2　优化钢渣的成分

在渣处理工艺过程中，向液态的钢渣添加部分的改性剂，改变钢渣的成分，使得钢渣具有硅酸盐水泥熟料的特点，从而提高钢渣的活性，这一点在后面钢渣的重构一章中做介绍。

19　钢渣的稳定性

　　钢渣的矿物组成决定了钢渣的性质。钢渣中含有水硬性矿物硅酸三钙和硅酸二钙，且质量分数在 50% 以上，可视为硅酸盐水泥熟料。但是钢渣的生成温度在 1600 ~ 1700℃，比水泥熟料生成温度高 200 ~ 300℃，所以中国专家 1983 年在比利时召开的水泥原料国际会议上发表论文称钢渣为过烧的硅酸盐水泥熟料，此名称一直沿用至今。

　　在钢渣的规模化利用初期，基本采用的是未加处理的粗放式直接利用，在含铁组分回收后，尾渣大都用于建筑回填、铺路、填海造地等。后来发现，一些用于建筑领域的利用技术实施后问题很多，甚至事故频发，以致钢渣规模化利用技术长时间难以突破。例如，武钢使用钢渣作为地基的回填材料，数年后到 2003 年，地面和墙体出现裂纹；武钢、石家庄钢厂建设了一定规模的钢渣砖厂由于制品开裂或后期强度下降，砖厂被迫停产；在河北、辽宁、安徽等地用钢渣建设了多条国家级公路，一些企业建成钢渣骨料加工线，由于钢渣的稳定性不良，经几年至十余年的使用均出现开裂、隆起影响了钢渣的推广使用。图 19-1 ~ 图 19-3 是使用钢渣所引发的常见问题的实体照片。

图 19-1　钢渣建材制品的开裂现象　　　　图 19-2　钢渣回填地基造成地面开裂现象

　　直到 20 世纪 80 年代，很多基础研究仍致力于熔渣的冶金性能，关注其冶金功用，而对固态钢渣本身的物理化学特性及资源化利用过程中的行为等均不清楚，相关基础研究非常薄弱。对钢渣的利用技术，国内外均无重大进展，规模化利用的模式并未建立。一些工业发达国家开始采用对企业进行补贴的方式加以诱导，以解决其带来的环境污染问题。此后，转炉渣碱度高、自由氧化钙高、亚稳相多（因快冷过程相的非平衡演化导致），以及其时效相变导致氧化钙游离和结

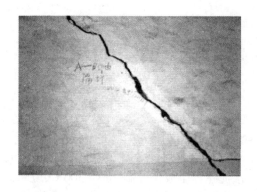

图 19-3 钢渣回填地基造成的墙体开裂现象

构的重组与破坏等，这些本质性的系列问题才基本清晰。这一切都和钢渣中含有的不稳定物质有关。引发以上负面影响的原因之一就是钢渣化学成分及矿物组成波动较大，对其长期稳定性没有可靠的把握。

唐明述院士等人的研究证明，游离氧化钙是造成钢渣体积不安定的重要因素。这一点国内外已经达成了共识，这方面已有很多文献予以了介绍和讨论。除了游离氧化钙，钢渣中 MgO 含量较高，很多情况下超过了国家标准对硅酸盐水泥熟料中 MgO 的规定含量（一般规定小于 $4.5\% \sim 6\%$）。高炉矿渣中 MgO 含量达 $18\% \sim 20\%$，所生产的矿渣水泥体积仍然是安定的，钢渣中 MgO 以什么结晶形态存在，它会不会引起钢渣制品的稳定性不良，特别是会不会在 $20 \sim 30$ 年后引起建筑物破坏，这些问题都很有必要得出科学的确切结论。除 MgO 外，钢渣中还含有大量 FeO，这些 FeO 会不会氧化、水化而使体积膨胀。国外有学者曾经提到粗玄武岩混凝土由于低铁的氧化而破坏，同时矾土水泥中的 FeO 也会氧化，建材院的研究也证明水泥熟料之间的 FeO 的氧化、水化是熟料分解的一个因素。以上这些问题，国内的济南大学、同济大学、清华大学等相关科研院所先后做了大量研究，本章予以介绍。

19.1 钢渣中不稳定因素的分类和分析

19.1.1 游离氧化钙和游离氧化镁及其对钢渣稳定性的影响

19.1.1.1 钢渣中游离氧化钙的概念

在转炉炼钢过程中，由于不断添加石灰，碱度不断增加，其矿物组成也随之变化。炼钢初期，钢渣中碱度低，其主要矿物为橄榄石相；随着过程中不断添加石灰，碱度逐渐提高，当 $\Sigma(CaO)/\Sigma(SiO_2) > 2$ 时，产生了自由氧化物，即产生了 f-CaO，但 f-CaO 的含量与碱度的关系还不明确。此时炉渣中会依次发生下列

取代反应:

$$2(CaO \cdot RO \cdot SiO_2) + CaO \Longrightarrow 3CaO \cdot RO \cdot 2SiO_2 + RO$$

$$3CaO \cdot RO \cdot 2SiO_2 + CaO \Longrightarrow 2(2CaO \cdot SiO_2) + RO$$

$$2CaO \cdot SiO_2 + CaO \Longrightarrow 3CaO \cdot SiO_2$$

$$2CaO + Fe_2O_3 \Longrightarrow 2CaO \cdot Fe_2O_3$$

之所以发生上述置换反应,是因为 CaO 的碱性比 MgO、FeO、MnO 强。故钢渣中的总的 CaO 的量如果能满足酸性氧化物 (P_2O_5、SiO_2、Al_2O_3、Fe_2O_3) 化合的需要,则 MgO、CaO 就会成为游离状态结晶析出,称为游离氧化钙和游离氧化镁。如果在炼钢过程所加入的辅助原料 CaO 的数量不多,则 Mg^{2+}、Fe^{2+} 进入 RO 相,不会呈现游离态,钢渣中 f-CaO 一般为 1% ~ 12%。图 19-4 和图 19-5 是不同的渣处理过程中游离氧化钙水化产物的电镜照片。

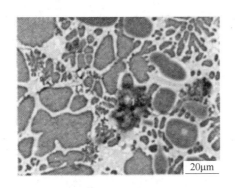

图 19-4 风淬渣中的游离氧化钙水化产物

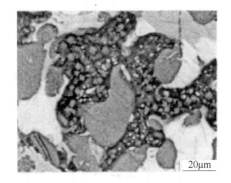

图 19-5 热闷渣中游离氧化钙水化产物

19.1.1.2 钢渣中 f-CaO 的来源

钢渣中 f-CaO 的来源主要有以下的几个方面:

(1) 由于炼钢出渣时间缩短,投入的石灰过量,使石灰被已经饱和的钢渣所包裹。这些石灰石是原状石灰,在与钢渣接触面生成死烧石灰,一般固溶有 FeO。它是属于活性极差的结构致密石灰,水化速度十分缓慢。

(2) 石灰的溶解度已经饱和,石灰颗粒已不能与酸性氧化物结合成矿物。一般呈细小颗粒分散在钢渣内部,常固溶一部分 FeO。细小的 CaO 固溶了 FeO 后具有很强的不稳定性,然而结构致密,水化很慢。

(3) f-CaO 固溶有 Fe 和 Mn 的固溶体 (CaO · Fe · MnO),在扫描电镜下呈圆形颗粒,这种固溶体在一定的温度和较大空气湿度下是可以水化的,会造成钢渣不稳定性。

(4) 钢渣中 C_3S 在一定的温度下分解 ($C_3S \rightarrow C_2S + CaO$) 产生 f-CaO。这部分 f-CaO 在一定湿度下生成 $Ca(OH)_2$,使体积膨胀,也会造成钢渣的不稳定。

游离氧化钙的主要构成如下所示:

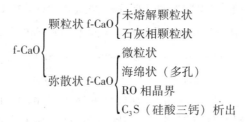

19.1.1.3 渣中游离氧化镁的来源及其对钢渣稳定性的影响

炼钢过程中加入含有 MgO 的原料,主要基于以下的目的:

(1) 加入轻烧白云石作为调渣剂,是给炉渣提供足够数量的 MgO,在早期生成低熔点的橄榄石相,促进炉渣的早期形成,覆盖钢液,减少金属料的吹损,促进脱磷脱硅的反应。

(2) 使钢渣中 MgO 的溶解度达到饱和或过饱和,可以减轻初期渣对炉衬的蚀损量;终渣能够作黏结剂,便于挂渣和溅渣,保护炉衬,有利于延长炉衬的使用寿命。

含镁的原料主要有轻烧白云石、白云石矿、含有 MgO 的镁球、镁钙石灰等。除了以上原料带入的 MgO 以外,炼钢过程中熔融态下的酸性物质和镁碳质的耐火砖进行反应,镁碳质被侵蚀进入渣中。在一些特殊情况下,镁质补炉料从炉衬上脱落,镁碳砖破损,也会有极少量未被熔化的 MgO 进入钢渣中。

MgO 在钢渣中的存在状态取决于钢渣的碱度。在碱度低的钢渣中主要为化合状态,形成钙镁橄榄石($CaO \cdot MgO \cdot SiO_2$)和镁蔷薇辉石($3CaO \cdot MgO \cdot 2SiO_2$)等。MgO 的碱性远远弱于 CaO,故在转炉冶炼过程中,如果渣中 CaO 的含量能够满足和酸性氧化物的化合需要,渣中多余的 MgO 就单独析出,成为游离氧化镁。从逻辑上分析,在有游离氧化钙产生的时候,就一定会有游离氧化镁的产生。

自 1885 年发现 MgO 会引起水泥制品安定性不良以来,这几十年中对此课题已引起相当的重视,各国均进行了大量的研究工作。钢渣中游离氧化镁引起的稳定性不好的原因,即钢渣中氧化镁遇水后进行水化作用引起了钢渣制品的稳定性变差。该水化反应的方程式如下:

$$MgO + H_2O == Mg(OH)_2$$

f-MgO 水化生成 $Mg(OH)_2$,体积膨胀 148%,是造成钢渣不稳定的又一因素。f-MgO 在转炉渣中含量不高,但体积膨胀率极高。该反应过程缓慢,根据外界条件不同,有的可长达 20 余年仍会影响稳定性。

19.1.2 硅酸二钙相变对钢渣稳定性的影响

钢渣中含有相当数量的 C_2S 矿物,冷却到 1100 ~ 900℃区间时,开始发生

α-C₂S、β-C₂S 向 γ-C₂S 的相变，此时体积膨胀 10% ~ 12%，从而使钢渣粉化。当 C_2S 中含有 B_2O_3、P_2O_5 或 BaO 等稳定剂时，可阻止 α-C₂S、β-C₂S 向 γ-C₂S 的转变，由于钢渣中一般含有一定数量的 P_2O_5（主要固溶于 C_2S 相中），所以一般情况下不产生 C_2S 相变粉末，只有当 P_2O_5 含量非常低时，且缓慢冷却时才会产生 C_2S 相变引起钢渣膨胀粉化。因此，转炉钢渣由于硅酸二钙相变引起的不稳定因素可以忽略，精炼炉的还原性白渣由于硅酸二钙相变的情况就很明显，这一点在前面的章节中有介绍。

19.1.3　RO 相稳定性对钢渣稳定性的影响

前面已经介绍过，Mg^{2+}、Fe^{2+}、Mn^{2+} 离子半径比较接近（Mg^{2+}、Fe^{2+}、Mn^{2+} 离子半径分别为 0.078nm、0.083nm、0.091nm），差异小于 15% 钢渣中 Ca^{2+} 不足的前提下，可形成连续固溶体，以 RO 相表示，R 代表二价金属。

目前大多数的研究证明，MgO 在钢渣中的存在状态取决于钢渣的碱度，在碱度低的钢渣（如电炉渣）中，主要为化合状态的钙镁橄榄石和镁蔷薇辉石，此时的 RO 相主要是方铁石；在碱度较高的钢渣中，MgO 与 FeO、MnO 同熔形成 RO 相。只有在还原渣中，由于铁被还原，渣中几乎没有 FeO，则以纯方镁石存在。纯方镁石会与水发生反应生成 $Mg(OH)_2$，引起钢渣的稳定性差，RO 相对钢渣稳定性的影响视钢渣成分组成而定。

唐明述等人将水泥中的 RO 相（MgO、FeO、MnO 固溶体），制成了光片、薄片及光薄片，反复研究了养护多年的试体及压蒸后的试体。为了避免砂浆和混凝土中砂石材料影响观察，主要研究净浆试体。首先研究了首都钢渣水泥厂和上海建科所养护长达 5~6 年的钢渣水泥安定性试饼，在显微镜下非常直观的概念是养护多年的试体中 RO 相仍大量存在，将其压蒸后 RO 相仍未发生多大变化。用重液将这些试体中 RO 相分离出来，经 X 射线检验和化学分析检验均表明其为未水化的 RO 相。为了进一步证实 RO 相是否发生了水化，对比研究了首钢钢渣及 330℃、12.9MPa 压蒸 7h 的水泥试体，压蒸后的试体在光片、薄片中均能见到 RO 相数量很多。在薄片中由于 RO 固溶有 FeO、MnO 呈鲜红色，这在单偏光的锥光下特别明显，压蒸后 RO 相仍呈鲜红色，用 1500 倍高倍镜观察 RO 相周边清晰似未被水化，而在反光下似有黑边。根据上述试验可以看出，钢渣水泥中，与 FeO、MnO 固溶在一起的 MgO 基本上是稳定的。固溶多少 MnO 或 FeO 才能使 MgO 稳定，MnO 与 FeO 的作用是否相同，还有没有其他元素使 MgO 固溶而稳定，这些问题的研究结果目前有以下几点：

（1）Suito 的研究结果与唐明述的研究结果接近，RO 相如果是含有 MgO、FeO、MnO 的 RO 相是稳定的。

（2）以钙镁橄榄石、镁蔷薇辉石、镁尖晶石形式存在的 MgO 和固溶在硅酸盐、铝酸盐、铁铝酸盐相中的 MgO 不会引起安定性不良。

（3）叶贡欣在《钢渣中二价氧化物相及其与钢渣水泥体积安定性的关系》中，根据 RO 相的属性参数 $KM = (MgO)/(FeO + MnO)$，将碱度较高的钢渣分为三类：$KM < 1$ 时，RO 相为方铁矿相，不影响钢渣的稳定性；$KM > 1$ 时，RO 相为方镁石相，钢渣的稳定性不良；$KM = 1$ 时，以上两种情况都有可能。可见含 Mg 的 RO 相的体积稳定性受 $(MgO)/(FeO)$ 比值控制，比值越小，RO 相越趋于稳定。Geiseler 和 Schlosser 通过实验观察到，当 RO 相中 MgO 的含量超过 70% 时，其遇水不稳定，若 MgO-FeO 相中含有 CaO 时，在短时间内就会产生膨胀。

（4）固溶有 FeO、MnO 的 MgO 即 RO 相，会不会引起安定性不良。有学者提到钢渣中的 MgO-FeO 中固溶 CaO 或者 MnO，提高了反应能力，有可能在数月至数年之中发生膨胀。

（5）伦云霞博士的文献中介绍，根据 $(MgO)/(FeO)$ 的比例，将含 MgO 的 RO 相分为贫 MgO 方铁石、富 MgO 方铁石、铁方镁石和方镁石四类，经压蒸实验四类 RO 相，各自的稳定性也不同：

1）不含 FeO 的 RO 相（方镁石），在 2MPa 条件下压蒸 3h，MgO 即转变为 $Mg(OH)_2$，实验的特征明显肉眼可见。

2）贫 MgO 方铁石，即使在 5MPa 条件下压蒸 72h，仍然未与水反应。

3）富 MgO 方铁石和铁方镁石在压蒸条件下也会与水反应，所产生的线性膨胀对钢渣制品的安定性无不良影响。

各国研究者的试验结论表明，RO 相并不是绝对惰性的。当其中的 MgO 含量超过一定限值时，在压蒸条件下呈现活性，会引起破坏性的膨胀；当 MgO 含量在限值以内时，所产生的膨胀会弥补其制品的收缩，有益于制品的耐久性。但是，对 RO 相中 MgO 含量的上限值，因其中固溶成分的不同，各国学者所采取的评价方法不一样，目前国际上尚无统一的标准，当渣中 MgO 过高时，应通过试验确定其对体积稳定性的影响。

19.1.4　FeS、MnS 水化对钢渣稳定性的影响

钢渣中 FeS、MnS 在水的作用下会生成 $Fe(OH)_2$ 和 $Mn(OH)_2$，同时体积发生膨胀，所产生的膨胀应力导致钢渣制品的膨胀破坏。FeS 膨胀 38%（也有文献介绍 35% ~ 40%），MnS 膨胀 24%（文献也有 25% ~ 30% 的介绍），引起钢渣破裂。然而，FeS、MnS 的水解只有当钢渣中 FeS、MnS 质量分数大于 3% 时，相当于 S 质量分数大于 1% 时才会发生，而一般钢种的 S 质量分数通常在 0.05% 以下，所以 Fe、Mn 分解在钢渣中基本不会发生。

19.1.5　铁及其化合物对钢渣稳定性的影响

钢渣中铁的存在状态有三种：铁酸盐（C_2F 和 C_4AF）、方铁矿（FeO 固溶体）

以及金属粒铁。唐明述院士等的试验表明，钢渣集料中的方铁石在压蒸条件下仍是稳定的。这主要是因为，渣中由于相平衡 FeO 与 Fe 和 Fe_2O_3 共存，且还与 CaO、MgO 和 MnO 等二价氧化物固溶共存。在钢渣破碎磁选过程中可以除去大部分金属但仍有少量金属铁存在。在《钢渣粉制造水泥》（YB/T 022—2008）中规定，用于水泥中钢渣金属铁最高限量应控制在 1% 以下。研究发现，当钢渣粉中金属粒铁质量分数在 2.2% 以上时，压蒸试验不合格。

19.2 提高钢渣稳定性的工艺方法

虽然造成钢渣体积不稳定的潜在原因很多，但是通常认为 f-CaO、方镁石和 MgO 含量较高的 RO 相是影响钢渣稳定性的主要原因。改善钢渣稳定性的方法，目前各国大部分的试验研究主要集中在以下几方面。

19.2.1 选择先进的渣处理工艺

武钢的钢渣回填利用报告结论：新钢渣破碎得越细，其稳定期来得越早，钢渣的粒度越小、陈化时间越长，则炉渣的膨胀率越小。图 19-6 是不同粒度的钢渣在陈化时间为 60 天的情况下的膨胀率，粒度大于 1mm 时转炉渣的体积膨胀率大于 5%，粒度小于 0.6mm 时膨胀率小于 2%。而从图 19-7 可以看出，破碎后陈化 150 天的转炉渣体积膨胀率大大减小，陈化 150 天后粒度 1~5mm 的转炉渣的体积膨胀率小于 0.3%，粒度在 0.3~0.6mm 的转炉渣的体积膨胀率小于 0.2%。说明减小转炉渣的粒度以及长时间放置可以提高其安定性，但是要实现这一目标需要专门的破碎装置，而长时间放置占用大量土地，都不符合节能环保的目标，而当代先进的渣处理工艺，如滚筒渣、风淬渣、热闷渣等工艺，均可以获得较小颗粒的钢渣处理效果。

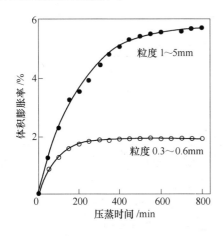

图 19-6 陈化 60 天的转炉渣体积膨胀率

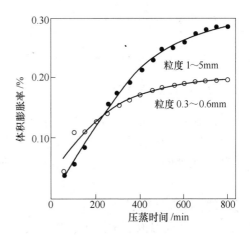

图 19-7 陈化 150 天的转炉渣体积膨胀率

目前国内先进的渣处理工艺处理后的钢渣，在以下的三个方面对钢渣的稳定性有决定性的作用：

（1）水淬工艺在水淬阶段就能够转化部分的 f-CaO 与 f-MgO，使得钢渣的稳定性得以保证。

（2）风淬工艺能够转化部分的 f-CaO 与 f-MgO，大量的酸性氧化物 Fe_2O_3 与 f-CaO 反应，使之形成具有活性的铁酸钙，随后加以水淬，稳定性更好。

（3）先进的渣处理工艺均能够将处理后的钢渣粒度控制在 10～30mm 的范围，对钢渣的稳定性贡献明显。

需要说明的是，不同处理工艺的钢渣，活性、粒化和稳定化效果不同。为了提高钢渣的水淬、风淬处理率，钢厂可采用留渣操作的方法，使钢渣在溅渣护炉前排出大部分流动性较高的钢渣，提高风淬渣、滚筒渣、水淬渣的处理率，对流动性较差的钢渣，可以采用热闷渣的方法进行处理。实践证明，任何先进的渣处理工艺，都有不足之处，只有将不同的钢渣处理工艺进行有效的组合，才对处理后钢渣的稳定性和活性都有积极的意义，如滚筒渣和热闷渣配合，风淬渣和热闷渣配合。表 19-1 列出了国内某钢厂的热闷处理后产品的粒度组成及应用情况，钢渣中金属铁 90% 可以回收，尾渣可 100% 利用，具有显著的环境效益和社会效益。

表 19-1 热闷渣处理以后产品的粒度组成和应用情况

名 称	粒度/mm	产量百分比/%	含铁的品位/%	用 途
大块渣钢	>280	1.5	>80（TFe）	返回炼钢
中块钢渣	20～280	5	>75（TFe）	返回炼钢
钢渣精粉	<20	7.5	>52（TFe）	返回烧结
大颗粒尾渣	20～80	32	<2（MFe）	道路材料
小颗粒尾渣	<20	54	<2（MFe）	钢渣粉、水泥生料配料等

19.2.2 钢渣的改质预处理

钢渣体积膨胀主要是由于含有遇水膨胀的组分，从生产的源头控制膨胀组分的含量是最有效的方法。为减少游离氧化镁的影响，尽量控制好钢渣中 MgO 的含量，使之处于安全的控制范围；为降低游离氧化钙的含量，需控制好炉渣的碱度，在渣处理的工艺开始前，对液态的转炉钢渣进行改质预处理。对钢渣进行预处理的主要工艺有：

（1）往高温液态钢渣中喷吹氧气和加入石英砂，使 f-CaO 溶解并化学结晶，该工艺已在德国的钢铁厂使用，使 f-CaO 降到 1% 以下。同时经处理后的钢渣体积膨胀小于 0.5%，而未经处理的体积膨胀为 5% ~6%，二者相差 10 倍。从处理后钢渣的性能来看，与传统的筑路、水利工程石料（花岗岩和玄武岩）相当，有些方面还优于传统石料。由于膨胀小、性能优异，可完全用作水利工程及道路工程中去。采用该工艺时，化学反应式如下：

$$4FeO + O_2 = 2Fe_2O_3 + Q$$

$$2f\text{-}CaO + SiO_2 = 2CaO \cdot SiO_2$$

$$2f\text{-}CaO + Fe_2O_3 = 2CaO \cdot Fe_2O_3$$

　（2）向液态高碱度的转炉钢渣中添加高炉炉渣，促进钢渣在高温状态下游离氧化钙的矿化反应。由于转炉钢渣的碱度在 2.5 ~4.2 之间，高炉渣的碱度为 0.8 ~1.5，而且高炉渣中还含有 Al_2O_3 和 SiO_2，这样就提供了与 f-CaO 反应的 SiO_2 和 Al_2O_3。在熔融的转炉渣中添加高炉渣，主要是利用高炉渣中的 SiO_2 与转炉渣中的 f-CaO 反应生成 C_2S 或 C_3S，消除 f-CaO 水解膨胀的危害，降低转炉渣的膨胀性。

　　采用的转炉渣和高炉渣的成分存在于三元相图（图 19-8）中的 a 点和 b 点，从图中看到转炉渣中有一定的 f-CaO 存在，而高炉渣则有一定的 SiO_2 存在，在它们中间是 C_2S 和 C_3S 区，可以将二者按一定比例配制在一起使其落在 C_2S 或 C_3S 相区消除 f-CaO。在 1550℃时，CaO 与 SiO_2 反应式及其产物的吉布斯自由能分别如下：

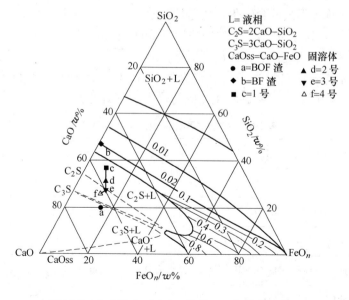

图 19-8　$CaO\text{-}FeO_n\text{-}SiO_2$ 三元系 1550℃ 的等温截面

$$CaO + SiO_2 \Longrightarrow CaO \cdot SiO_2 \quad \Delta G_{CaO \cdot SiO_2} = -238.72kJ/mol$$

$$2CaO + SiO_2 \Longrightarrow 2CaO \cdot SiO_2 \quad \Delta G_{2CaO \cdot SiO_2} = -356.63kJ/mol$$

$$3CaO + SiO_2 \Longrightarrow 3CaO \cdot SiO_2 \quad \Delta G_{3CaO \cdot SiO_2} = -420.54kJ/mol$$

有研究证实，将高炉渣以不同配比（转炉渣与高炉渣之比分别为1∶1，5∶2，5∶1）加入熔融态的转炉渣中反应后，反应产物同样粒度下，未经任何陈化其体积膨胀率很小，全部小于1.7%，转炉渣的膨胀性得到有效抑制，符合建筑用钢渣的要求。熔融反应后产物的结构较致密，晶界模糊。在空冷的情况下，结晶缓慢，结构较致密，不易破碎。

也有文献介绍，向转炉液态钢渣中添加碎玻璃，既消解了钢渣中游离氧化钙的含量，又消化了碎玻璃垃圾，一举两得。

（3）向转炉钢渣中加入含有 Al_2O_3 的废渣，例如 KR 脱硫渣、铸造砂等，便于钢渣中游离氧化钙转化为钙铝酸盐。

（4）采用 BRP 等先进的工艺，降低炉渣的碱度，即脱碳转炉采用留渣操作，然后作为脱磷渣使用，脱磷任务结束以后，就可以有效地降低渣中的游离氧化钙。

19.2.3　钢渣的碳酸化处理

19.2.3.1　钢渣碳酸化处理的概念

CO_2 以及所有的碳酸盐化合物中，碳元素都是处于最高价态形式。一般情况下，处于最高价态形式的含碳化合物是比较稳定的，然而 CO_2 并非是最稳定的。碳酸盐的标准 Gibbs 自由能要比 CO_2 的标准 Gibbs 自由能低 $60 \sim 180kJ/mol$，因此碳元素的最稳定形式应该是碳酸盐而不是 CO_2。

碳酸化是指将温室气体 CO_2 以碳酸盐如 $CaCO_3$、$MgCO_3$ 的固体形式永久储存，即 CO_2 矿物固定。矿物碳酸化反应的热力学数据见表19-2。

表19-2　矿物碳酸化反应的热力学数据

矿物碳酸化反应	T_{deh}/K	T_{max}/K	$\Delta H/kJ \cdot mol^{-1}$	$\Delta Q/kJ \cdot mol^{-1}$
$CaO + CO_2 \rightarrow CaCO_3$	—	1161	−167	87
$MgO + CO_2 \rightarrow MgCO_3$	—	680	−115	34
$Ca(OH)_2 + CO_2 \rightarrow CaCO_3 + H_2O$	791	1161	−68	114
$Mg(OH)_2 + CO_2 \rightarrow MgCO_3 + H_2O$	538	680	−37	46
$CaSiO_3 + CO_2 \rightarrow CaCO_3 + SiO_2$	—	554	−87	37

矿物碳酸化反应	T_{deh}/K	T_{max}/K	$\Delta H/kJ \cdot mol^{-1}$	$\Delta Q/kJ \cdot mol^{-1}$
$MgSiO_3 + CO_2 \rightarrow MgCO_3 + SiO_2$	—	474	−81	23
$\frac{1}{2}Mg_2SiO_4 + CO_2 \rightarrow MgCO_3 + \frac{1}{2}SiO_2$	—	515	−88	24
$\frac{1}{2}CaMg(SiO_3)_2 + CO_2 \rightarrow \frac{1}{2}CaCO_3 + \frac{1}{2}MgCO_3 + SiO_2$	—	437	−71	19
$\frac{1}{3}Ca_3Al_2Si_3O_{12} + CO_2 \rightarrow CaCO_3 + \frac{1}{3}Al_2O_3 + SiO_2$	—	463	−67	28
$CaAl_2Si_2O_8(长石) + CO_2 \rightarrow CaCO_3 + Al_2O_3 + 2SiO_2$		438	−81	39
$CaAl_2Si_2O_8(玻璃) + CO_2 \rightarrow CaCO_3 + Al_2O_3 + 2SiO_2$		691	−148	121
$\frac{1}{3}Mg_3Al_2Si_3O_{12} + CO_2 \rightarrow MgCO_3 + \frac{1}{3}Al_2O_3 + SiO_2$		533	−92	40
$\frac{1}{3}Mg_3Si_4O_{10}(OH)_2 + CO_2 \rightarrow MgCO_3 + \frac{4}{3}SiO_2 + \frac{1}{3}H_2O$	712	474	−44	64
$\frac{1}{7}Ca_2Mg_5Si_8O_{22}(OH)_2 + CO_2 \rightarrow \frac{2}{7}CaCO_3 + \frac{5}{7}MgCO_3 + \frac{8}{7}SiO_2 + \frac{1}{7}H_2O$	839	437	−37	72
$\frac{1}{3}Mg_3Si_2O_5(OH)_4 + CO_2 \rightarrow MgCO_3 + \frac{2}{3}SiO_2 + \frac{2}{3}H_2O$	808	680	−35	78

碳酸化作为一项利用废弃物，节约资源和能源的先进技术，是处理钢渣的有效方法。不仅可以解决钢渣的污染，也可以缓解 CO_2 所引起的温室效应。将钢渣进行碳酸化处理，是钢渣中的 f-CaO 与 CO_2 反应生成 $CaCO_3$，降低钢渣中 f-CaO 的含量，并使钢渣的性质稳定化。

钢渣的碳酸化工艺，为开拓钢渣资源化利用的新领域打下基础。碳酸化处理的免烧砖和未碳酸化处理的免烧砖的性能比较见表 19-3。压蒸安定性测试的结果照片如图 19-9 所示。

表 19-3 未碳酸化和碳酸化钢渣免烧砖的性能比较

碳酸化率/%	抗压强度/MPa	吸水率/%	216℃，20MPa 下压蒸 3h 的安定性	抗冻性
0	7.27	19.23	免烧砖碎裂	冻融循环 10 次碎裂
10.79	40.81	11.24	免烧砖完好	冻融循环 15 次强度 24.63MPa

(a)   (b)

(c)   (d)

图 19-9　压蒸安定性测试的结果照片

（a）压蒸前的钢渣免烧砖；（b）24~100℃压蒸 1h 的未碳酸化钢渣免烧砖；

（c）压蒸后未碳酸化钢渣免烧砖；（d）压蒸后的碳酸化钢渣免烧砖

转炉钢渣含有的 f-CaO 与 f-MgO 表现出碱性，使得转炉钢渣直接应用于水处理和其他行业，包括农业、林业等，会破坏使用地的酸碱平衡。经过碳酸化处理的钢渣碱性得到明显的减弱，可以大量应用于污水处理和水生态修复中，如将碳酸化后的钢渣用于处理工业废水中的重金属离子、用于去除城市污水中的 P、与其他材料组合应用于人工湿地中，不会对水环境造成碱污染。总之，通过对钢渣的碳酸化改性处理，其在水处理领域的应用前景广阔。

19.2.3.2　钢渣碳酸化处理的原理

研究表明，转炉钢渣吸收 CO_2 的最佳反应条件为：反应温度为 700℃，反应时间为 30~60min，粒径为 0.18mm，CO_2 体积分数为 80%，水蒸气体积分数为 10%~20%。在该反应条件下，制约转炉钢渣应用的 f-CaO 有 90% 都转化成了 $CaCO_3$，从而消除了 f-CaO 水化而导致的体积膨胀，使转炉钢渣性质趋于稳定。同时，日本川崎钢铁公司研究蒸汽陈化最合适温度及蒸汽中混有 CO_2 时的作用。研究结果表明：蒸汽中添加少量 CO_2（体积分数约 3%），陈化速度增加一倍。CO_2 与钙镁硅酸盐反应的一般形式为：

$$M_xSi_yO_{x+2y+z}H_{2z}(s) + xCO_2(g) \longrightarrow xMCO_3(s) + ySiO_2(s) + zH_2O(l/g)$$

$$M = Mg, Ca$$

许多研究表明：常温、常压下，CO_2 与钙镁硅酸盐矿石之间的反应是一个极其缓慢的过程。为提高反应速率，一般采取改变温度或压力的方法。从反应原理上分析，转炉钢渣吸收二氧化碳生成碳酸钙共有五个制约因素：

（1）Ca 向固体颗粒表面的扩散；

（2）Ca 从固体表面向液体中释放；

（3）CO_2 溶解到水中；

（4）溶解的 CO_2 与 CO_3^{2-} 离子的转化平衡；

（5）Ca^{2+} 与 CO_3^{2-} 沉淀成 $CaCO_3$。

前三个因素是决定转炉钢渣吸收二氧化碳速度的关键，通过优化参数加速前三个过程，就可达到提高反应速度的目的。由于钢渣制品的碳酸化反应是放热的，并且是体积减少的过程，升高温度会使反应平衡向着逆反应方向进行。为了迫使平衡不向逆反应方向移动，可以提高 CO_2 的分压，因而矿物碳酸化反应都需要在高压下进行。钢渣的碳酸化反应的热力学条件见表 19-4。

表 19-4 钢渣的碳酸化反应的热力学条件

方 程 式	反应焓变 H/kJ·mol^{-1}	ΔG_T/kJ·mol^{-1}
$CaO(s) + H_2O(l) = Ca(OH)_2(s)$	-99	-57.16
$Ca(OH)_2(s) + CO_2(g) = CaCO_3(s) + H_2O(l)$	-68	-73.04
$MgO(s) + H_2O(l) = Mg(OH)_2(s)$	-78	-26.99
$Mg(OH)_2(s) + CO_2(g) = MgCO_3(s) + H_2O(l)$	-37	-38.06
$1/3C_3S(s) + CO_2(g) = CaCO_3(s) + 1/3SiO_2(s)$	-148	-91.86
$0.5C_2S(s) + CO_2(g) = CaCO_3(s) + 0.5SiO_2(s)$	-81	-64.02

矿物碳酸化反应所涉及物质的标准生成 Gibbs 自由能见表 19-5。由表中数据可知：CO_2 与硅酸盐矿石之间的 $\Delta_r G_m$ 在 298.15K 为负值，从而说明含钙镁硅酸盐矿石与 CO_2 之间的反应在常温、常压下可以自发进行。

表 19-5 一些物质的标准生成 Gibbs 自由能

物 质 名 称	$\Delta_f G_m^{\ominus}(298.15K)$/kJ·mol^{-1}
石墨 C	0
$H_2O(g)$	-241.83
$H_2O(l)$	-237.12
$CO_2(g)$	-394.38
$CO_2(aq)$	-386.22
$CO_3^{2-}(aq)$	-528.1
$HCO_3^-(aq)$	-587.06

物　质　名　称	$\Delta_f G_m^\ominus (298.15K)/kJ \cdot mol^{-1}$
$H_2CO_3(aq)$	-623.42
$SiO_2(s)$	-856.3
$MgCO_3(s)$	-1012.19
$CaCO_3(s)$	-1128.76
Mg_2SiO_4(镁橄榄石)	-2051.33
$Mg_3Si_2O_5(OH)_4(s)$(蛇纹石)	-4034.05

钢渣碳酸化处理过程中固相物性参数见表 19-6。

表 19-6　钢渣碳酸化处理过程中固相物性参数

固相组分	密度/kg·m⁻³	温度/K	比热容/J·(kg·K)⁻¹	热导率/W·(m·K)⁻¹	摩尔质量/kg·mol⁻¹
f-CaO	3320	300	—	2.25	56
SiO_2	2320	300	1.132	2.87	60.08
Al_2O_3	3800	300	1.215	7.85	102
MgO	3580	300	0.887	9.7	40
CaO	3320	300	—	2.25	56
Fe_2O_3	5242	300	0.622	6.88	159.6
MnO	5340	300	0.74	2.22	70.94

19.2.3.3　影响钢渣碳酸化的工艺参数

钢渣制品或者含钢渣的制品,在进行碳酸化工艺的过程中,像诸多的化学反应一样,工艺参数对碳酸化的效率和效果有着直接的影响。例如在常温、常压下,直接碳酸化反应进行得很慢,提高 CO_2 压力可加速反应速率,适当提高反应温度能加快反应速率,但温度过高会导致生成的碳酸盐再分解等。这些影响因素大多数是从实验中得出,对生产有着直接的影响。当然生产中如果采用实验室的参数,如较高的反应温度、高纯度的 CO_2 气体等,显然对成本是有着直接影响的,也是不现实的。实际生产过程中参数与碳酸化效果的关系却是遵循实验得出的基本规律的。

19.2.3.4　直接干法碳酸化和直接湿法碳酸化比较

干法碳酸化是将 CO_2 气体直接通入反应容器,与钢渣制品反应;湿法碳酸化工艺是将 CO_2 气体与水蒸气同时通入反应器进行碳酸化工艺,或者将钢渣制品在潮湿状态下进行碳酸化工艺。

实验与实践结果都表明,钢渣吸收二氧化碳的效果与钢渣的致密程度和含水率密切相关。只有 CO_2 气体深入到钢渣内部与钢渣的水化物发生反应才能达到好的碳酸化效果，如果 CO_2 气体进不去，则碳酸化反应只能在表层发生。含水率对钢渣吸收二氧化碳反应的影响很大。含水率太大，CO_2 渗不进去，反应仅在表面发生，强度低，安全性也不好；含水率太小，也不利于反应，因为钢渣吸收二氧化碳需要适量的水分来促进反应进行。控制好水蒸气的通入比例，游离氧化钙的转化率得到明显的提高。总体来说，当反应温度相同时，通入蒸汽与不通蒸汽相比，游离氧化钙的转化率可提高 10% ~20%。通水蒸气对 f-CaO 转化率的影响如图 19-10 所示。

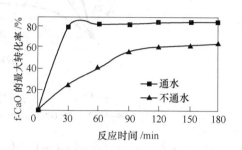

图 19-10 通水蒸气对 f-CaO 转化率的影响

所以从提高效率的角度出发，湿法碳酸化的效率和碳酸化的效果要优于干法碳酸化。研究表明，在生产过程中，碳酸化反应在有水的环境下才能发生。水分添加量过低 (0.5kg/kg) 时，原材料中 Ca^{2+} 的浸析作用下降，碳酸化反应难以发生；而含量过高 (8kg/kg) 时，过多的水分充盈于原材料的孔隙内，阻碍二氧化碳 (CO_2) 分子的扩散，也不利于碳酸化反应的进行。在水分添加量为 4kg/kg 时，二氧化碳 (CO_2) 的固化效率较高。

19.2.3.5 碳酸化时间对钢渣碳酸化的影响

济南大学的赵华磊等人对碳酸化时间对钢渣碳酸化的影响做了系统的研究。研究结果表明，碳酸化时间对钢渣试样的碳酸化效果和性能有显著影响。随着碳酸化养护时间的延长，纯钢渣试样和钢渣混合矿渣试样的碳酸化增重率和抗压强度均呈增长趋势。纯钢渣试样的碳酸化反应主要集中于碳酸化反应的前 210min 内，在 210min 时试样的碳酸化增重率为 10.8%，抗压强度为 41.1MPa；而钢渣混合矿渣试样的碳酸化反应主要集中于碳酸化反应的前 180min 内，在 180min 时试样的碳酸化增重率为 6.56%，抗压强度为 21.0MPa。当满足压蒸安定性要求时，纯钢渣试样和钢渣混合矿渣试样的碳酸化养护时间应分别大于 60min 和 120min。反应产物中生成大量的碳酸钙晶体，填充了二氧化碳扩散的通道，阻碍了碳酸化反应的进行，使得碳酸化并不彻底。

宝钢的董晓丹在研究纯钢渣与瓶装 CO_2 气体的碳酸化的试验中，总结反应时间与 f-CaO 转化率的关系时认为，在 30min 内钢渣碳酸化反应迅速，总转化率的 80% ~90% 都发生在这个时间内；当反应时间达到 60min 后，游离氧化钙的转化率已趋于稳定，继续延长反应时间，游离氧化钙的转化率提高缓慢；因此确定反应的最佳时间为 30 ~60min。反应时间与 f-CaO 转化率的关系如图 19-11 所示。

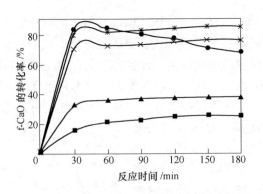

图 19-11　反应时间与 f-CaO 转化率的关系

■—550℃；▲—600℃；✳—650℃；✳—700℃；●—800℃

19.2.3.6　反应温度与 f-CaO 转化率的关系

化学反应速度与温度关系密切，温度升高，反应速度不断加快。在反应时间相同时，转化率随着温度的升高而增大。董晓丹对纯钢渣使用纯度较高的 CO_2 实验进行碳酸化实验，结果表明，当温度到达 550℃后转化率升高明显；温度达到 700℃时，转化率达到 90% 为最大；温度达 800℃后，转化率开始降低；当温度超过 800℃时，部分反应产物 $CaCO_3$（$CaCO_3$ 的分解热力学温度 $t_{开始}=834℃$）开始发生分解。因此，转炉钢渣吸收二氧化碳反应的最佳温度范围为 550~800℃。在此温度下，样品中游离氧化钙总转化率的 70%。考虑到工业化应用的实际特点，将转炉钢渣吸收二氧化碳的最佳反应温度确定为 700℃。反应温度与 f-CaO 转化率的关系如图 19-12 所示。

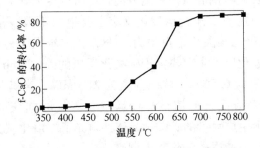

图 19-12　反应温度与 f-CaO 转化率的关系

19.2.3.7　CO_2 与 f-CaO 转化率的关系

反应时间相同时，CO_2 体积分数越大，f-CaO 的转化率越大。当 CO_2 的体积分数达到 80% 时，f-CaO 的转化率达到最高，CO_2 的体积分数达到 100% 时，f-CaO的转化率反而有所下降。原因是当二氧化碳的体积分数小时，溶于水蒸气中的 CO_3^{2-} 浓度小，不能满足快速反应对 CO_2 供气量的要求；而当 CO_2 体积分数达到100%时，没有水蒸气参与反应，游离氧化钙的碳酸化反应发生在固—气相之间，相对有水蒸气参与的液气相反应明显放慢，要达到相同的转化率则需要更长的时间和更高的温度。因此，钢渣碳酸化最佳的 CO_2 体积分数为80%。宝钢研究院环境与资源研究所的董晓丹给出的 CO_2 体积分数与 f-CaO 转化率的关系如图 19-13 所示。

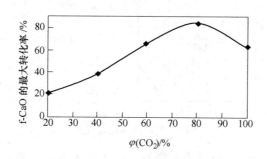

图 19-13 CO_2 体积分数与 f-CaO 转化率的关系

19.2.3.8 钢渣粒径与 f-CaO 转化率的关系

随着粒径的减小，游离氧化钙的转化率不断提高。当粒径小于 0.18mm 后，游离氧化钙转化率增加趋势开始放缓。因此，钢渣吸收二氧化碳有一个最佳的粒径范围，这个粒径范围在不同的制品和碳酸化原料中应该是不同的。从试验效果及研磨筛分工作量的角度考虑，采用 0.18mm 的钢渣颗粒即可满足高效碳酸化的要求。钢渣的粒度和 f-CaO 转化率之间的关系如图 19-14 所示。

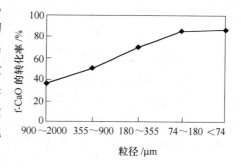

图 19-14 钢渣的粒度和 f-CaO 转化率之间的关系

19.2.3.9 钢渣的碳酸化效果评价

碳酸化效果评价一般采用质量差法评价碳酸化效果，可得到碳酸化质量增加率 η：

$$\eta = \frac{m_1 - m_0}{m_0} \times 100\%$$

式中，m_0、m_1 分别为钢渣碳酸化前后的质量。

钢渣碳酸化前后的游离氧化钙（f-CaO）的测定，按照 GB/T 176—2008 中乙二醇—乙醇法测试钢渣碳酸化前后 f-CaO 含量的变化。

19.2.3.10 钢渣碳酸化处理工业化应用的方法

在普通硅酸盐水泥（cement）中掺入大量钢渣，进行加速碳酸化养护处理，不仅消除了游离氧化钙的危害，而且可以快速将 CO_2 永久固化储存在制品中，制成品质稳定的砌块或砖。钢渣碳酸化处理示意图如图 19-15 所示。

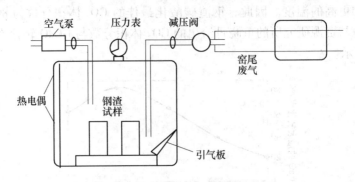

图 19-15　钢渣碳酸化处理示意图

　　钢渣的碳酸化处理应用方法主要有直接干法碳酸化、直接湿法碳酸化过程，以及以盐酸、氯化镁熔盐、乙酸、氢氧化钠为反应媒介的间接过程。

　　济南大学先进建筑材料教育部工程研究中心的吴昊泽等人，应用碳酸化技术对比表面积 $287m^2/kg$ 的钢渣粗粉进行预养护，从而制备大掺量钢渣水泥。实验结果表明，钢渣粗粉在温度为 74℃，相对湿度为 70% ~ 90%，CO_2 气体浓度为 30% ~ 40% 的条件下碳酸化养护 270min 后，f-CaO 含量由 5.67% 降至 0.34%。钢渣中的大部分 f-CaO 转化为 $CaCO_3$ 晶体，而 C_3S 及 C_2S 基本未参与碳酸化反应。由于碳酸化作用，钢渣中 Ca 的浸析浓度明显降低，钢渣的早期水化速度加快，早期水化活性提高。应用碳酸化预养护后的钢渣粗粉制备的钢渣水泥，钢渣粗粉掺入量可达 $m = 40\%$，3 天强度达 20.6MPa，28 天强度达 44.7MPa，并且压蒸安定性良好。其钢渣粉碳酸化养护前后试样的 XRD 图谱与钢渣水泥水化后的产物 XRD 图谱如图 19-16 和图 19-17 所示。

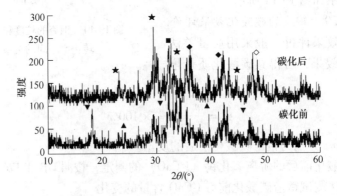

图 19-16　钢渣粉碳酸化养护前后试样的 XRD 图谱

▼Ca(OH)$_2$；★CaCO$_3$；■C$_3$S；◆C$_2$S；◇C$_2$F；▲CaO

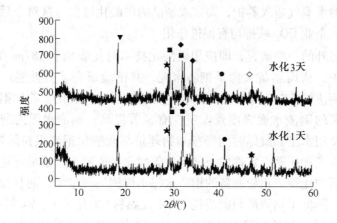

图 19-17　钢渣水泥水化产物的 XRD 图谱

▼Ca(OH)$_2$；★CaCO$_3$；■C$_3$S；◆C$_2$S；◇C$_2$F；●RO

　　该研究同时表明，碳酸化后的钢渣粗粉早期水化的放热速率和累计水化放热量明显增大。这说明经碳酸化养护后，钢渣粗粉的早期水化活性增大，早期水化速度加快，早期水化活性提高。

　　该研究采用的二氧化碳气体来源于济钢石灰窑窑尾废气，其中 CO$_2$ 浓度 $c =$ 30% ~40%；自制碳酸化外加剂为分析纯 Na$_2$SiO$_3$（加入量 $w = 0.67\%$）和分析纯 Ca(HCO$_3$)$_2$（加入比例 $w = 0.42\%$）。碳酸化外加剂加入的目的是为了促使钢渣的碳酸化反应，主要作用机理是破坏钢渣等物质的结构，增强其活性，并促使 CO$_2$ 溶解扩散及固化。该类型实验的示意图如图 19-18 所示，这种实验装置很容易规模化应用于工业化生产过程中。

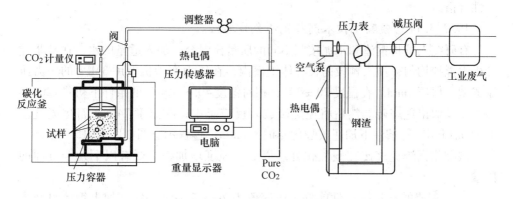

图 19-18　碳酸化装置示意图

　　工业化实施钢渣制品的碳酸化过程，将一定粒度的钢渣粉或者钢渣集料放入密闭的压力容器内，然后将电厂的废气、炼钢的废气、石灰窑等工业窑炉的高温废气和部分的水蒸气通入养护，即完成制品的碳酸化过程。这对今后企业的钢渣制品规模化、企业 CO_2 减排均有促进作用。

吴昊泽另外的一项研究，即应用碳酸化技术对比表面积 $287m^2/kg$ 的钢渣粗粉进行预养护，从而制备大掺量钢渣水泥，并试验研究了其性能。试验结果表明，碳酸化钢渣的 f-CaO 含量降低，水化活性提高。碳酸化预养护钢渣较未碳酸化的钢渣制备的钢渣水泥强度及安定性有显著提高；钢渣水泥的密度、比表面积、标准稠度用水量和凝结时间等基本物理量与碳酸化钢渣粗粉的掺入量有关；在满足水泥强度和压蒸安定性的条件下，碳酸化钢渣粗粉的掺量可达 50%。

所以用碳酸化钢渣粗粉制备的钢渣水泥不仅钢渣掺量大，而且掺入的钢渣颗粒粒径较粗，降低了钢渣的粉磨能耗。当水泥熟料：磨细矿渣：钢渣粗粉：石膏 = 37：10：50：3 时，制备的钢渣水泥的密度、比表面积、标准稠度用水量和凝结时间等基本物理性能均满足国家标准，并且具有良好的压蒸安定性，其 7 天抗压强度可达 31.1MPa，28 天抗压强度可达 43.8MPa。这项技术为扩大钢渣在建材行业的应用有积极的作用。

济南大学的赵华磊等人在实验研究了碳酸化养护钢渣混合水泥制备建材制品后认为：（1）碳酸化养护可以有效大量利用钢渣，降低钢渣中游离氧化钙质量分数，解决钢渣的遇水膨胀安定性难题。（2）碳酸化养护后钢渣混合水泥建材制品中有较多的颗粒状 $CaCO_3$ 生成，碳酸化反应控制步骤首先是 CO_2 在水中的溶解，试样中主要进行碳酸化反应物质的趋势顺序：$C_3S > CaO > C_2S > MgO$。（3）在满足国家标准的前提下，加速碳酸化养护钢渣的掺量上限为 $w=60\%$，钢渣混合水泥建材制品的碳酸化增重率为 10.44%，抗折强度 5.02MPa，抗压强度 20.06MPa，冻融强度 14.63MPa，吸水率 11.24%，饱水强度 10.89MPa，压蒸安定性合格。

19.2.3.11 碳酸化技术制备钢渣免烧砖

有研究人员将钢渣和水泥按照不同的质量比混合，加入适量的水，在砂浆搅拌机内搅拌均匀，注入预设的长方体钢模内，在压力实验机上用 3MPa 的压力压制成型，保压 1min。在温度 $20\pm2℃$、相对湿度 40%~50% 的条件下初养 120min 后，脱模取出免烧砖。然后将免烧砖放入反应釜中，在温度 74℃、窑尾废气压力为 0.15MPa 的条件下加速碳酸化养护 8~20h，过程示意图如图 19-15 所示。

碳酸化钢渣免烧砖在碳酸化处理以后，强度增加，主要有以下几个方面的因素：

（1）钢渣的本身抗压性能好，压碎值为 20.4%~30.8%，加上钢渣自身含铁粒或者含铁的尖晶石相较多，因此钢渣免烧砖的结构质地坚硬密实。

（2）制备钢渣免烧砖时，砂浆搅拌机对配合料的充分混合，有利于物料之间的反应，对免烧砖的强度提高起到重要作用。钢渣免烧砖的初期强度是在免烧砖压力成型过程中获得的。成型不仅使免烧砖具有一定的强度，同时由于原材料颗粒间紧密接触，保证了物料颗粒之间的物理化学作用能够高效进行，为早期强度的形成提供了条件。

（3）水化作用。钢渣中含有的大量活性氧化硅和活性氧化铝等，与氢氧化钙发生水化反应，生成类似于水泥水化产物的水硬性胶凝物质——水化硅酸钙、水化铝酸钙等，从而不断提高免烧砖的强度。反应式如下：

$$x\text{Ca(OH)}_2 + \text{SiO}_2 + m\text{H}_2\text{O} \longrightarrow x\text{CaO} \cdot \text{SiO}_2 \cdot n\text{H}_2\text{O}$$

$$x\text{Ca(OH)}_2 + \text{Al}_2\text{O}_3 + m\text{H}_2\text{O} \longrightarrow x\text{CaO} \cdot \text{Al}_2\text{O}_3 \cdot n\text{H}_2\text{O}$$

在加速碳酸化的条件下，钢渣的水化较易进行，所以碳酸化初期，免烧砖就能够获得一定的强度。

（4）颗粒表面的交换和团料化作用。钢渣免烧砖颗粒物料在水分子的作用下，表面形成一层薄薄的水化膜，在水化膜作用下，一部分化学键开始断裂、电离，形成胶体颗粒体系。胶体颗粒大多数表面带有负电荷，可以吸附阳离子。不同价、不同离子半径的阳离子可以与反应生成的 Ca(OH)_2 中的 Ca^{2+} 等当量吸附交换。由于这些胶体颗粒表面的离子吸附与交换作用，改变了颗粒表面的带电状态，使颗粒形成了一个个小的聚集体，从而在后期反应中产生强度。

（5）碳酸化作用。加速碳酸化的化学反应是生成 CaCO_3 和 MgCO_3 晶体结构，也是产生强度的过程。加速碳酸化是碳酸化钢渣免烧砖产生强度的主要原因之一。

（6）填隙作用。根据格里菲斯的材料破坏理论，材料最易破坏的位置就是缺陷最多的区域。在钢渣中，缺陷也可分为宏观缺陷和微观缺陷。由于钢渣在 1600~1800℃ 的高温下形成，晶粒发育完好，生长粗大，内部的滑移和位错相对较少，因此钢渣内部的宏观空隙，被碳酸化作用下生成颗粒状的 CaCO_3 和 MgCO_3 填充，填隙作用使免烧砖变得密实，强度也得到大幅提高。

已有的生产实践结果表明，碳酸化后的钢渣免烧砖表面和内部都有较多的 1~2μm 颗粒状碳酸钙生成，与未碳酸化的钢渣免烧砖相比，结构变得致密，空隙率降低，碳酸化钢渣免烧砖的碳酸化增重率为 10.79%，抗折强度 12.02MPa，抗压强度 40.81MPa（碳酸化钢渣免烧砖冻融循环 15 次，强度 24.63MPa；冻融循环 25 次，表面才出现剥落、缺棱、掉角现象）吸水率 11.24%，饱水强度 23.89MPa，安定性合格，各项主要使用性能均满足国家一级免烧碳酸化钢渣免烧砖标准，适于工程应用。

19.2.3.12　钢渣醋酸法生产轻质碳酸钙产品

纯度在 97% 以上的轻质 CaCO_3 是一种重要的无机化工产品，广泛用于塑胶、塑料、纸张、涂料、制药、化妆品、冶金等行业的生产中。目前传统轻质 CaCO_3 生产流程为：石灰煅烧→熟石灰消化→石灰乳碳化→固液分离→干燥→包装，石灰石煅烧会产生较多的 CO_2，并且浪费煤炭等能源。钢渣固定 CO_2 生产轻质碳酸钙不需煅烧，且钢渣较自然界富含钙、镁的矿石更为廉价，因此具有广阔的发展前景。钢渣生产轻质 $CaCO_3$ 的原理也是基于矿物碳酸化固定 CO_2 的原理。在碳酸化过程中，通过技术手段分离出硅、镁、铁、铝等杂质，形成纯净的 $CaCO_3$。

中国地质大学地质过程与矿产资源国家重点实验室的吕文杰等人介绍了钢渣醋酸法生产轻质 $CaCO_3$ 工艺路线。其包括醋酸介质将钙离子从钢渣中提取出来、硅的去除、CO_2 的溶解与碳酸化反应、纯净碳酸钙沉淀生成及过滤分离四个过程。钢渣醋酸法生产轻质 $CaCO_3$ 工艺流程如图 19-19 所示。

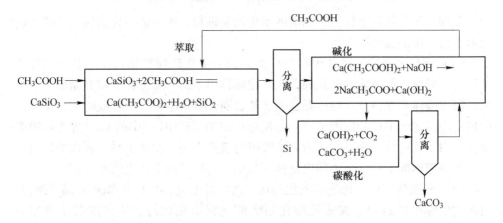

图 19-19　钢渣醋酸法生产轻质 $CaCO_3$ 工艺流程

过程的主要化学反应如下：

醋酸介质提取钢渣中 Ca^{2+}

$$CaSiO_3 + 2CH_3COOH \longrightarrow Ca^{2+} + 2CH_3COO^- + SiO_2 + H_2O$$

利用 NaOH 进行碱化

$$Ca(CH_3COO)_2 + 2NaOH \longrightarrow 2CH_3COONa + Ca(OH)_2$$

碳酸化反应

$$Ca(OH)_2 + CO_2 \longrightarrow CaCO_3 + H_2O$$

与传统轻质 $CaCO_3$ 生产工艺进行经济性比较，采用钢渣醋酸法替代能源密集型的石灰石煅烧法生产高附加值的轻质 $CaCO_3$，不仅不会释放温室气体 CO_2，而且还可固定吸收大气中的 CO_2，并且节省能源和矿石资源。

钢渣属于固体废弃物，以钢渣固定 CO_2 生产轻质碳酸钙，是以废治废，具有显著的经济效益和社会效益，发展前景广阔。

19.2.3.13　碳酸化养护钢渣制备混凝土集料

济南大学的丁亮等人进行了利用碳酸化养护钢渣制备混凝土集料的实验，利用碳酸化养护钢渣和造纸污泥制备混凝土集料。钢渣及造纸污泥成球后，在密闭碳酸化养护釜中通入 CO_2（窑尾废气）进行碳酸化养护。通过 XRD、SEM 和 MIP 分析，碳酸化养护后的集料中有较多的颗粒状碳酸钙生成，孔隙率低，结构致密。实验结果表明，纯钢渣集料碳酸化增重率 15.74%，碳酸化后体积密度及载荷平均峰值压力分别为 2.24g/cm³ 和 92.86N；钢渣混合造纸污泥集料碳酸化增重率 6.77%，碳酸化后体积密度及载荷平均峰值压力分别为 1.54g/cm³ 和 65.55N。

该实验采用粗磨后钢渣颗粒，粒径在 0.054~2.54mm，平均粒径 147.65μm；造纸污泥的相对含水率 70%~80%，其中含有一定量的纤维（长度 0.2~3mm）；实验使用的 CO_2 浓度大于 30%。具体方式为：

（1）将纯钢渣粉、钢渣粉和造纸污泥在搅拌机内加水搅拌均匀，在成球盘上成球。

（2）将制成的小球置于碳酸化养护釜（反应装置与前面的图相似）中。在反应温度 74℃，窑尾废气压力 0.15MPa 下，碳酸化养护 14h。钢渣集料与混合造纸污泥制备集料碳酸化后的实体照片如图 19-20 所示。

(a)　　　　　　　　　　(b)

图 19-20　钢渣集料与混合造纸污泥制备集料碳酸化后的实体照片

制得的基料经过测试，碳酸化养护钢渣集料的平均峰值压力为 92.86N，与未碳酸化养护试样相比，碳酸化养护钢渣与造纸污泥制备的集料中有较多的 1~2μm 颗粒状碳酸钙生成，结构致密，孔隙率低，平均峰值压力为 65.55N，分别为石灰石集料的 30% 和 20% 左右。因此，碳酸化养护钢渣与造纸污泥制备的集料可以在某些工程应用中代替石灰石集料。

19.2.4　钢渣的陈化处理

使用堆放较久的陈渣，并不能解决钢渣块内部的游离氧化钙问题。陈旧的钢渣在存放过程中，除了硅酸三钙析出游离氧化钙外，钢渣的成分遇到水的部分，发生胶凝反应，阻止水分向下部的钢渣渗透。陈化处置是消除膨胀组分的简单有效的方法，但是陈化需要经历漫长的过程。陈化处置时会占用大量的堆放场地，且在陈化过程中钢渣膨胀粉化，活性有所降低。为了缩短陈化时间，日本开发了温水陈化、蒸汽陈化和蒸汽加压陈化法。这些技术大大缩短了陈化时间，表 19-7 比较了各种陈化处理方式的效果。现已在多家钢铁公司建有蒸汽陈化钢渣设施，近年来我国也在积极研究高压热闷工艺技术来提高钢渣的处理效率和改善钢渣的稳定性。

表 19-7　各种陈化处理方式的效果比较

条　件	压力 P/MPa	温度 t/℃	周期/h
自然水化处理		20	17520
常压蒸汽处理	0.1	100	48
加压蒸汽处理	0.6	158	2

温水陈化和蒸汽陈化的核心技术是：在温度提高的前提下，游离氧化钙和游离氧化镁与水的水化反应速度加快。

19.2.5　钢渣的磨碎处理

粉磨过程不仅是颗粒减小的过程，同时伴随着物料晶体结构及表面物理化学性质的变化，即前面所述的机械力化学效应。由于物料比表面积增大，粉磨能量中的一部分转化为新生颗粒的内能和表面能。晶体的键能也将发生变化，晶格能迅速减小，在损失晶格能的位置产生晶格位错、缺陷和重结晶，在表面形成易溶于水的非晶态结构晶格结构的变化主要为晶格尺寸减小、晶格应变增大、结构发生畸变。钢渣中矿物与水接触面积的增大，晶格应变增大，提高了矿物与水的作用力；结构发生畸变，结晶度下降使矿物晶体的结合键减小，水分子容易进入矿物内部，加速水化反应。不同成分的钢铁渣在粉磨过程中的结构变化是不同的，它和物料粉磨的难易程度有关，也和晶型本身的稳定性有关。例如，粒化高炉矿渣和钢渣在相同的细度下其活性有很大差异。

19.2.6　在钢渣使用过程中添加掺和料

在钢渣综合利用过程中，同时掺加一定数量的矿物、粉煤灰等掺和料，能有效抑制 f-CaO 和 MgO 水化产生的体积膨胀。实验研究表明：钢渣中加入硅质材料，能够有效地抑制钢渣在水热处理过程中产生的膨胀。钢渣中溶出 OH^- 离子，碱性激发硅质材料排放出活性硅酸根离子，两者发生火山灰反应生成 CSH 凝胶，抑制了膨胀的 $Ca(OH)_2$ 生成。

19.2.7　使用废酸处理钢渣

特定的化学物质解决钢渣的安定性问题的研究已有结果。例如冯涛等在钢渣中加入 $CaCl_2$，与 f-CaO 结合生成 $Ca(OH)_2 \cdot CaCl_2 \cdot 2H_2O$ 的不溶物，从而加快了的水化速度，降低了 f-CaO 在水泥浆体中的破坏作用。这一结果有望在钢厂内部进行规模化实施。

钢铁联合企业的轧钢厂等企业会产生废酸，废酸的处理花费一定的成本。而在渣处理工艺中，需要酸液中和反应来平衡渣处理过程中循环水的 pH 值，采用废酸与钢渣颗粒料进行反应，也会取得消除钢渣游离氧化钙含量的效果。

笔者所在的企业，将冷轧厂的含酸污泥，直接与钢渣混合进行脱酸，是工业化实施的一个实例。

19.2.8　用钢渣制造混凝土

f-CaO 的水化（消解）很大程度上受液相碱度的影响。对钢渣矿渣复合水泥的研究表明，当熟料掺量过高时，钢渣水泥安定性不良。熟料掺量的增加使水化液相的碱度提高过快，抑制了 f-CaO 的消解；矿渣的掺入量相对降低减弱了矿渣消解钢渣中 f-CaO 的能力，两者共同作用使钢渣矿渣复合水泥安定性恶化。但熟料掺量过低时，增加矿渣的掺入量配制的钢渣水泥安定性也不合格。水化液相的碱度低，钢渣、矿渣的潜在活性未得到有效激发，水化后水泥石的强度较低，不足以抵抗 f-CaO 水化过程中产生的膨胀应力，从而导致钢渣水泥的安定性不良。合理控制熟料与钢渣的配比以获得理想的液相碱度，使其既能激发钢渣、矿渣的潜在活性，又能消解钢渣中 f-CaO。

19.3　钢渣稳定性的检测

一直以来，由于钢渣的不稳定性严重制约了钢渣的利用，因此钢渣稳定性检测方法的制定至关重要。在使用钢渣时，可随时检测其稳定性，为用户提供质量保证；对促进实现钢渣的高价值利用有重要意义。

目前国内在检测钢渣稳定性的时候，采用的方法一般为用化学滴定法测钢渣中的 f-CaO，或用常压粉化率的方法来测定钢渣的稳定性。但是，这两种方法都存在着各自的问题。传统的乙二醇-EDTA 法可以准确测得新渣中游离氧化钙的含量。但是对陈渣和经过稳定化处理过的钢渣，其中的游离氧化钙已经部分转化为氢氧化钙，再用这种方法测定结果就不是很准确。进行验证试验证明乙二醇-EDTA 法测定稳定化处理过的钢渣中的游离氧化钙是不合理的，这种方法实际上是测得游离氧化钙和氢氧化钙的总和，这样测得的数值势必比实际的真值要大。常压粉化率的方法也不能真实地反映钢渣的稳定性。实验研究的结果表明，常压粉化率达标的钢渣，其高压粉化率和浸水膨胀率未必能够达到稳定的标准。这说明常压粉化率的方法测定钢渣稳定性并不全面。

2007 年 4 月 24 日冶金工业信息标准研究院在中冶集团建筑研究总院主持召开了《钢渣稳定性检测方法》国家标准方案讨论会，对标准的主要内容做了说明。

由于我国钢渣的用途主要是道路用基层材料、沥青路面集料、工程回填和建材及建材制品等，因此标准中的两个检验方法浸水膨胀率方法和压蒸粉化率方法的适用范围规定如下：

（1）浸水膨胀率方法适用于道路用基层材料、沥青路面集料、工程回填用钢渣的检测。

（2）压蒸粉化率方法适用于建材及建材制品钢渣稳定性的检测。

20 钢渣的重构改质

钢渣重构改质就是通过向钢渣内加入一种或者几种物质，使钢渣的性质或者性能发生改变，使得改变后的钢渣能够满足处理和综合利用的要求。如改质后钢渣中游离氧化钙和游离氧化镁能够满足建材使用要求；钢渣能够作为消化社会垃圾的一种介质；能够减少钢渣中的耐磨相，有利于钢渣磨粉等。

20.1 钢渣改质的目的

钢渣改质的目的主要如下：

（1）钢渣作为建材使用时，为了解决渣中的 f-CaO 和 f-MgO 的含量超标的问题而进行的改质工艺，即钢渣的稳定化改质工艺。

这一类的钢渣改质工艺的主要工艺手段是依靠降低炉渣碱度来减少炉渣中的 f-CaO 和 f-MgO 含量，或者诱发渣中的某一种矿物相与 f-CaO 和 f-MgO 反应，使之生成新的渣相，使得改质后炉渣中的 f-CaO 和 f-MgO 符合使用要求。典型的是国外向渣罐内添加石英砂后吹氧的改质工艺。

（2）以提高回收钢渣中有用的金属铁料为目的的改质。此类改质反应也可以称为氧化渣的综合改质。

钢渣中间的含铁物质，有的以氧化物的形式存在，磁选的时候比较困难。而钢渣中的物理铁，磁选回收比较方便，所以为了优化回收铁元素，采用廉价的还原剂，比如废焦粉等，加入液态的钢渣，还原钢渣中的氧化铁。这一类的改质在回收铁元素的时候，还能够减少钢渣在水淬工艺过程中 CO 的产生量，对减少钢渣中的耐磨相也大有裨益。

（3）为了减少钢渣对环境的毒化污染进行的钢渣改质。此类改质反应可称为钢渣的去毒化改质反应。

某些地区的铁矿石中，伴生有 Cr、Ni、Cu 等。它们在转炉和电炉的冶炼过程中，有一部分成为氧化物进入渣相，它们在堆放或者填埋后，会对环境产生危害，为了减少危害，对于此类钢渣在渣罐内、矿热炉内、精炼炉内进行还原改质，实现钢渣的无害化处理。这一点，在不锈钢冶炼的企业，表现明显。

（4）为了解决某一种难以利用的资源，依靠转炉或者电炉钢渣的余热，在电炉或者转炉钢渣中加入这些难以利用的资源，对钢渣进行的改质反应。此类改质反应称为钢渣潜能利用改质。

此类钢渣的改质反应，典型的应用案例是使用电炉的除尘灰和高炉的瓦斯灰对电炉和转炉钢渣进行的改质。电炉的除尘灰和高炉的瓦斯灰除了含有较高的铁料以外，其中还含有 Zn、Pb、K、Na、C 等，难以被烧结与炼铁使用，将它们制作成为含碳的球团，加入液态的转炉钢渣中，利用钢渣的余热还原它们，成为气态挥发，剩余的铁料进入钢渣中，随着钢渣的磁选被回收，实现这些工业废弃物的回收利用。

（5）利用两种不同钢渣或者钢渣与炼铁渣性质不同的特点，将一种钢渣（或者铁水渣）加入到转炉钢渣或者电炉钢渣中进行的改质。此类改质反应可称为钢渣的重构改质。

典型的是铁水预处理的脱硅渣和脱磷渣的碱度较低，而转炉渣的碱度较高，将碱度较低的脱硅渣或者脱磷渣，加入到转炉倒炉渣的渣罐内，就能够实现转炉倒炉渣的碱度低于原有的炉渣碱度，将不同类型的钢渣转化为一种钢渣，便于钢渣预处理工艺的实施。

（6）充分利用炼钢钢渣具有热焓值较大的优势，消化社会垃圾和转化提升社会废弃物的潜在经济价值而对钢渣进行的改质。此类改质称为钢渣的社会功能化改质。

目前某些地区的粉煤灰、工业废玻璃、铸造石英砂、废弃的陶瓷碎片等，此类垃圾混杂有泥沙等杂质，难以作为相关行业的再生料回收使用。这些废弃物中一般含有较多的酸性物质 SiO_2、Al_2O_3 等，将这些垃圾加入转炉渣中，在降低转炉渣中游离氧化钙和游离氧化镁含量的同时，提升了转炉钢渣使用的稳定性，相当于一个垃圾处理中心，相应解决了工业垃圾的无害化转化处理的难题，此类改质必将成为今后钢企的发展方向之一。

（7）利用钢渣生产某一种产品，对钢渣进行的改质反应，这类改质也称为钢渣的再生改质。

钢渣化肥的应用很早，但是由于钢渣化肥对土壤的重金属污染的风险，使得钢渣化肥的推广受到了限制。对钢渣进行还原，使得钢渣中的金属元素绝大部分回收，改质后的钢渣作为化肥或者土壤改良剂加以应用，是一种有前途的行业。

此外利用液态钢渣直接浇筑人造岩石和建筑石材，是一种新兴的行业，为了保证钢渣制品的稳定性，向钢渣内加入酸性物质或者稳定剂，对钢渣进行的改质。

（8）为了解决一些产生量相对较少，又难以高效处理的钢渣，利用它们对转炉渣或者电炉渣进行的改质反应，使得它们成为转炉渣的一部分，以简化渣处理工艺，减少渣处理成本和污染，这一类型的改质反应称为钢渣的同化改质。

此类改质的典型反应是利用铁水预处理过程中的脱硫渣（包括喷吹法和 KR 工艺两种）对转炉渣进行改质反应。也有将液态 LF 白渣（三期冶炼的电炉还原渣）直接加入电炉、转炉或者渣罐内，利用转炉液态渣对液态的还原渣进行改质。

20.2 钢渣重构改质的可行性研究

20.2.1 钢渣重构改质的研究成果

关于钢渣重构的研究，目前的成果主要有：

（1）西安建筑科技大学粉体工程研究所、西部建筑科技国家重点实验室培育基地的李传会、李辉、朱建辉在《热态保温法处理钢渣研究的进展》一文中提到如下的内容：所谓热态保温法是指把在1600℃下渣钢分离后的液态钢渣转移到一个具有保温功能的装置中，加入调整料（硅质、铝质和钙质材料，碳，铝以及硅铁等），通过鼓入空气或氧气充分均化，利用其本身的热量，在保持一定温度下，使其与钢渣发生化学反应，吸收钢渣中的 f-CaO，并有活性矿物（C_2S、C_3S 以及 C_3A 等）的生成。其主要化学反应有：

$$SiO_2 + 2CaO \longrightarrow C_2S - Q$$

$$SiO_2 + 3CaO \longrightarrow C_3S - Q$$

$$Al_2O_3 + 3CaO \longrightarrow C_3A - Q$$

$$2FeO + C \longrightarrow 2Fe + CO_2 + Q$$

$$3FeO + 2Al \longrightarrow 3Fe + Al_2O_3 + Q$$

$$3MnO + 2Al \longrightarrow 3Mn + Al_2O_3 + Q$$

$$2MnO + C \longrightarrow 2Mn + CO_2 + Q$$

热态保温法处理过的钢渣可以使其化学成分有所改变，性质有所变化，既能保证消解吸收 f-CaO，又能使钢渣有较高的活性，可以进行大规模及高附加值的应用。

（2）中国金属学会仲增墉、苏天森两位专家撰写的《一种钢渣处理的新工艺》一文中，提到"德国钢铁学会炉渣研究所在 20 世纪 90 年代发展了一种钢渣处理新工艺，将氧气和石英砂同时喷入渣池中，石英砂与游离氧化钙结合，生成硅酸钙。由于液体渣的比热容有限，只能加入少量石英砂，因此通过吹氧使渣中铁氧化而产生热量，以保证能溶解足够量的石英砂，同时吹氧提高了渣温，改善了反应动力学条件。吹氧生成的氧化铁也可与游离氧化钙形成铁酸钙，经处理后的钢渣由于膨胀小、性能优异，有 40% 可用于 0 级和 1 级（按德国标准 TLW）的水利工程，小一些的渣块（<65mm）可用于 A 级至 0 级的水利工程，也完全可以作为高档石材用于道路工程，这是 2007 年 6 月以殷瑞钰院士为团长的冶金代表团访德时获得的信息，该工艺在德国已得到了应用。"其工艺原理如图 20-1

所示。

据介绍，该工艺由德国蒂森克虏伯钢厂进行了实施。但由于该法需要投入较高的后期处理费用，目前只在部分钢厂试用。该液渣处理工艺对降低钢渣中 f-CaO 含量、碱度及抑制钢渣遇水膨胀具有良好的效果。

（3）武汉理工大学林宗寿教授将钢渣与粉煤灰以 3 : 2（质量比）混合，加入 3% 的矿化剂，在 850℃煅烧 85min。经 XRD 分析表明，煅烧后钢渣中 f-CaO 衍射峰基本消失，同时有 $2C_2S \cdot CaF_2$、CA、$C_{12}A_7$、C_2AS 等新矿物衍射峰出现。试验的设想是将钢渣和粉煤灰以适当比例混合成型，使钢渣中的 f-CaO 与粉煤灰中的活性矿物氧化硅、氧化铝起反应，消除钢渣中的 f-CaO 对

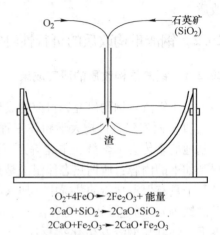

$$O_2 + 4FeO \rightarrow 2Fe_2O_3 + 能量$$
$$2CaO + SiO_2 \rightarrow 2CaO \cdot SiO_2$$
$$2CaO + Fe_2O_3 \rightarrow 2CaO \cdot Fe_2O_3$$

图 20-1　将氧气和石英砂喷入渣池处理钢渣的工艺原理

安定性的不良影响，然后烘干作混合材。其中，水化反应产物 CSH 凝胶等在以后的水化反应中又可起到晶种作用。该措施不仅解决了钢渣的安定性问题，而且因为 CA、$C_{12}A_7$ 等矿物的生成，使钢渣的活性显著提高。

（4）杨杰裕公布的专利"利用转炉炼钢造渣生产钢渣硅酸盐水泥"：在转炉炼钢的同时加入校正原料白灰、矾土、铁矿石、硅石炼制钢渣；校正原料的加入量依据硅酸盐熟料成分而定；先出钢，后出渣，出渣时往钢渣中加入稳定剂；钢渣急冷，获得钢渣硅酸盐水泥熟料；磁选去铁，粉磨后制成硅酸盐水泥。30t 转炉炼钢造渣生产出了 32.5 级硅酸盐水泥，300t 转炉钢渣生产出了 42.5 级硅酸盐水泥，水泥强度达到 GB 175—2007 对硅酸盐水泥的要求。研究没有提及安定性和其他性能是否符合国家标准，以及是否对炼钢工艺有影响。

（5）陈荣欣公布的专利：在转炉炼钢吹炼结束后，加入一种钢渣处理添加剂，其成分包括 75% ~ 100% 的粉煤灰或煤渣（主要成分是 CaO 0 ~ 15%，SiO_2 40% ~ 60%，Al_2O_3 15% ~ 35%）；0 ~ 15% 的高炉渣（主要成分是 CaO 30% ~ 45%，SiO_2 25% ~ 40%，Al_2O_3 10% ~ 20%，MgO 5% ~ 15%）；0 ~ 10% 的煤（固定碳大于 65%）。利用钢渣的显热，对熔融状态下的钢渣进行处理，可有效减少钢渣中 f-CaO、f-MgO 的含量（f-CaO 从 9% ~ 12% 降到 1.9% ~ 4.3%、MgO 从 3% ~ 6% 降到 2% 以下），解决了钢渣体积不安定的问题，使钢渣能作混凝土骨料和路材使用。

（6）欧洲专利"稳定钢渣的一种方法"：把热态钢渣转移到一个特制的容器中，加入超过化学计量的还原剂（硅铁、铝、碳）还原钢渣中的 FeO，还原剂的

成分可以通过加入硅和铝或者其中的一种来调整；从容器上部通入含有氧的气体，把钢渣加热到1450℃以上；从容器下部通入空气均化钢渣；反应结束后，把钢渣倾倒，强制冷却。这个工艺对稳定钢渣的体积安定性有良好的效果。

20.2.2 钢渣重构改质规模化应用面临的问题及解决思路

从以上的信息可知：

（1）钢渣的重构规模化的实施在德国已有先例，但是成本高，有局限性。

（2）钢渣的改质只是以转化转炉钢渣中游离氧化钙为中心展开，只是将钢渣的稳定性进行了增加，综合性的研究尚未有文献介绍。

所以钢渣重构的规模化技术，需要考虑以下因素：

（1）反应器的因素，即改质反应在什么地方或者什么样的容器内进行。

（2）反应的动力学条件和热力学条件。

（3）改质反应的工艺路线。

（4）钢渣改质反应后的性质特点。

（5）选择何种渣处理工艺改质处理钢渣。

（6）改质工艺是否简单易于操作。

（7）改质后的钢渣利用途径。

20.2.2.1 在渣罐内进行改质反应的工艺应用

德国的冶金学者奥特斯博士在《钢冶金学》一书中的"反应器理论"一节指出："通常的冶金反应器都是多相系统，相数最多的可以达到4个，即金属液、熔渣、固体颗粒和气泡，并且以乳化的形式相互进行反应。"

欲实现钢渣的重构，必须满足钢渣重构所需要的热力学条件和动力学条件。要满足这些条件，按照相关的文献是需要付出投资代价的，而这种代价是不可估计的。为此，笔者将转炉溅渣护炉技术的核心原理应用于渣罐中，满足了钢渣重构反应的热力学条件，并将其作为保温容器和进行钢渣重构反应的容器，把冶金化学过程控制在一个合理的范围。这既完成了钢渣重构反应，又降低了反应后的钢渣温度，为钢渣的热闷创造了条件。

基本原理如下：

（1）安徽省马鞍山市马钢股份有限公司设计院的姜红军工程师在《转炉溅渣护炉工程设计与实践》一文中有这样的表述："溅渣护炉技术是通过氧枪将高压氮气高速吹入转炉，使炉渣喷溅到转炉耐火炉衬上。炉渣覆盖在耐火材料上，经冷却、凝固后形成固体渣层，起到代替可消耗耐火材料层的作用。该渣层可降低转炉耐火材料损耗速度，减少喷补材料消耗，从而提高转炉作业率，降低操作成本。"该技术说明转炉钢渣能够作为一种较好的耐火材料使用。

（2）根据钢渣的基本特性，即钢渣的导热性较差，导热系数仅有 0.4W/（m·

K)，我们认为在渣罐的内壁形成一层转炉钢渣渣膜以后，能够实现对钢渣的保温作用，为钢渣的重构反应提供必要的热力学条件。

（3）为了实现以上的目的，转炉在倒渣的时候，我们规定首先倒出 3~5t 液态钢渣，必须停滞 3~20s，然后继续出渣，首先倒入空渣罐的液态钢渣与罐体铸钢件接触，大量的热量被铸钢件的渣罐本体吸收，使首先倒入渣罐的钢渣迅速凝固，粘附于渣罐内壁，形成一层渣膜，即将转炉溅渣护炉的技术复制到渣罐；或者将一罐高温液态钢渣兑入另外一个空渣罐内，也可以获得带有渣膜的渣罐。这种技术在八钢的应用，证明了其可靠性和安全性，其中各项的理论数据见表 20-1。转炉一罐渣的重量 3~5t，渣罐的铸造重量 33t，接渣时的温度 100~250℃。

表 20-1　钢渣物性参数

项　目	固态比热容/kJ·(℃·kg)$^{-1}$	熔化潜热/kJ·kg^{-1}	液态气态比热/kJ·(℃·kg)$^{-1}$
钢	0.7	272	0.837
渣	1.255	209	1.247

查阅文献发现材质为 Q235 的渣罐，其导热率远远高于固态钢渣，具体的数据见表 20-2。

表 20-2　Q235 渣罐的导热率

温度/℃	20	100	200	300	800
导热率/W·(m·K)$^{-1}$	53.8	51.2	48.8	45.4	28.1

渣罐的温度从 100℃升到 300℃，吸收的热量：

$$33 \times 1000 \times (300 - 100) \times 0.7kJ = 4620000kJ$$

吸收的这些热量，全部来自钢渣，钢渣降温 x℃，则有：

$$5 \times 1000 \times 1.247 \times (1600 - x) = 4620000$$

由上式得 $x = 860$℃。这也说明，渣罐内的钢渣经过冷却，内壁粘附了一层温度为 860℃的渣膜，即钢渣液相线以下的温度了，处于安全的范围。这种渣膜的熔化温度在 2130℃以上，足以抵抗转炉继续出渣的热冲击，具有完成钢渣重构反应的安全条件。经过实践验证，完全证实了计算结果。

所以转炉倒渣使用的渣罐，是一种较为安全和可行的改质容器，经济性较好。

20.2.2.2　钢渣在渣罐内重构改质的热力学条件

为了定量研究钢渣母液在反应容器内热能的变化和分布，对转炉液态钢渣的流动性和部分钢渣结膜后渣罐内钢渣的温度场的特点进行了研究。其中，炉渣中的化合物及其熔点见表20-3。

表 20-3　炉渣中的化合物及其熔点

化 合 物	矿物名称	熔点/℃	化 合 物	矿物名称	熔点/℃
$CaO \cdot SiO_2$	硅酸钙	1550	$CaO \cdot MgO \cdot SiO_2$	钙镁橄榄石	1390
$MnO \cdot SiO_2$	硅酸锰	1285	$CaO \cdot FeO \cdot SiO_2$	钙铁橄榄石	1205
$MgO \cdot SiO_2$	硅酸镁	1557	$2CaO \cdot MgO \cdot 2SiO_2$	钙黄长石	1450
$2CaO \cdot SiO_2$	硅酸二钙	2130	$3CaO \cdot MgO \cdot 2SiO_2$	镁蔷薇辉石	1550
$2FeO \cdot SiO_2$	铁橄榄石	1205	$2CaO \cdot P_2O_5$	磷酸二钙	1320
$2MnO \cdot SiO_2$	锰橄榄石	1345	$CaO \cdot Fe_2O_3$	铁酸钙	1230
$2MgO \cdot SiO_2$	镁橄榄石	1890	$2CaO \cdot Fe_2O_3$	正铁酸钙	1420

一般认为，在 1000℃ 时，固体碱性渣的比热容为 1.255kJ/(kg·℃)，1650℃液体渣的比热容约为 2.51kJ/(kg·℃)。在1600℃时，液体碱性渣的焓变值为 1924.96kJ/kg。

多元熔渣的导热系数为2.324~3.486W/(m·K)，温度大于800℃，辐射为主，由于在横向上钢渣温度梯度最大，故可将此过程看作一维传热，其热流密度为：

$$q = K(t_0 - t)$$

综合传热系数（以下简称传热系数）为：

$$K = \cfrac{1}{\cfrac{1}{\alpha_1} + \Sigma \cfrac{S_i}{\lambda_i} + \cfrac{1}{\alpha_2}}$$

根据以上的基本数据，渣罐上口渣面的热量以辐射为主，满足辐射散热的四次方方程，计算如下：

$$Q = F\alpha\lambda\left[\left(\frac{t_1 + 273}{100}\right)^4 - \left(\frac{t_2 + 273}{100}\right)^4\right]$$

我们采用手持式红外线测温枪对炉渣的导热性进行测量和分析计算，按照牛顿冷却公式计算，发现由于钢渣的导热系数较小，故将转炉溅渣护炉的原理应用于钢渣的改质时，其中心的温度能够满足改质的热力学条件，图 20-2 为实物的网格划分和测算后的实物图。

图 20-2 的实物网格划分，以网格线的交点作为需要确定温度值的空间位置，即节点。由于不同厚度渣膜的初场（被求温度场的假定值）难以有效的计算，

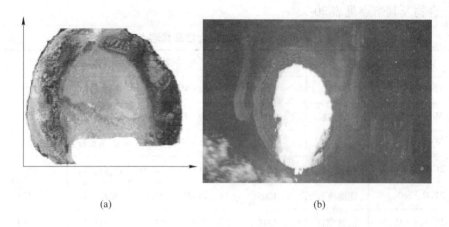

(a)   (b)

图 20-2   实物的网格划分和测算后的实物验证照片

我们采用了不同冷却时间的初场进行实际测定，测量出不同渣膜条件下渣罐内的钢渣温度场。实测研究的部分结果（环境温度 25℃）见表 20-4。

表 20-4   不同渣膜条件下渣罐内的钢渣温度场实测结果

渣罐壁温度/℃	渣罐内壁渣膜的厚度/mm	渣罐内钢渣的平均温度/℃
500	8.5 ~ 18	1610
450	15 ~ 21	1602
400	18 ~ 24	1600
350	19.3 ~ 26	1587
265	20 ~ 32	1550

20.2.2.3   钢渣在渣罐内重构改质的动力学条件

采用转炉钢渣母液改质 KR 脱硫渣，属于典型的"液—固相反应"，液态钢渣通过液相边界层传质的速率表示为：

$$-\frac{\mathrm{d}n_{\text{slag}}}{\mathrm{d}t} = KS(C_{\text{slag}} - C_{\text{ds}})$$

式中，n_{slag} 为转炉液态钢渣中某一组分的摩尔数；K 为钢渣母液的传质系数；C_{slag} 为转炉液态钢渣中能够参与反应的某一组分在钢渣母液中的摩尔浓度；C_{ds} 为 KR 脱硫渣最上部能够参与反应的组分在 KR 脱硫渣中的摩尔浓度。

以转炉钢渣母液中的 FeO 为例，转炉钢渣母液中的 FeO 在接触 KR 脱硫渣以后，发生界面扩散反应，参与的反应物如果是含碳的铁珠，那么发生以下的反应：

$$FeO + C = Fe + CO\uparrow$$

发生以上反应以后，界面的 FeO 浓度降低，产生的铁珠沉降在反应界面，按照菲克定律可知，这会影响反应的进一步进行，所以增加钢渣母液和被改质渣的界面是改质反应的关键。

根据以上的分析认为，在渣罐内改质，不增加投入的条件下，利用转炉出渣过程中液态钢渣母液的冲击动能，冲击 KR 脱硫渣的表面，使其产生凹坑，再利用改质反应过程中产生的气泡，使钢渣中的马恩果尼现象促进改质反应的进一步进行，其中转炉母液钢渣从转炉炉口倒入渣罐的冲击动量 P 表示为：

$$P = M\sqrt{2gh}$$

式中，M 为冲击 KR 脱硫渣表明的渣量，kg；g 为重力加速度，9.8m/s^2；h 为转炉炉口到渣罐内 KR 脱硫渣表面的距离，m。

根据以上的分析可知，增加首先倒入渣罐的钢渣母液的量对改质的动力学条件非常有利。根据以上的研究，把从转炉出渣过程中直接改质作为主要工艺，考虑到温度对传质的影响很大，所以渣温较高时，为了控制反应，采用兑罐改质的工艺，可以有效地控制反应，防止反应过于剧烈而引发的钢渣飞溅事故。

铁水预处理工艺过程中产生的脱硫渣，不论是喷吹脱硫渣，还是 KR 脱硫渣，它们除了含有铁滴或者铁珠外，还含有一些在脱硫过程中没有完全反应的还原性物质。将一定量的脱硫渣加入到转炉使用的空渣罐底部，用这个渣罐去盛装转炉冶炼普钢（非低碳钢）的倒炉渣（脱碳结束测温取样时从炉内倒出的钢渣，渣温在1650℃左右，渣中的氧化铁含量正常）。转炉渣从炉口以自由落体的方式冲击进入渣罐，冲击区转炉液态渣内的氧化铁和氧化锰能够与渣罐内的脱硫渣发生反应，尤其是脱硫渣内的含铁物质。在脱硫渣与液态转炉钢渣发生反应的同时，产生的 CO 气泡，搅拌进入渣罐的炉渣，促进改质反应的顺利进行，这种改质反应可控。

但是在冶炼低碳钢时，转炉的出钢温度较高，渣中氧化铁含量也偏高，此时若将还原性的脱硫渣加入到转炉空渣罐的底部去盛装转炉渣，渣罐内的改质反应将异常的激烈，造成渣罐内的钢渣从渣罐内溢出或者飞溅，从而造成渣车设备损坏等事故，笔者经历了多起此类事故。

因此，在转炉冶炼出钢温度较高的低碳钢时，不宜直接在转炉出渣过程中加入含有碳等还原性物质的钢渣进行改质。转炉渣罐内盛装满液态高温钢渣时，待渣罐本体吸收一部分热量，降低了渣罐内钢渣的温度后，将此罐液态钢渣倒入另外一个加入了脱硫渣的空渣罐内进行改质，此时改质反应的进程就比较好控制。或者此时向装满液态钢渣的渣罐内加入脱硫渣，等待 15min 左右，将此罐钢渣倒入另外的一个空渣罐，也能够起到较好的改质效果，将脱硫渣转化为转炉渣。

至于转炉的溅渣护炉渣，因为渣温远远低于转炉的倒炉渣，所以在利用转炉的倒炉渣改质脱硫渣时，脱硫渣的加入量要相应减少，否则改质反应将不充分。

20.3　钢渣改质实例

20.3.1　精炼渣的改质

20.3.1.1　消除精炼炉白渣粉化的改质方法

精炼渣的特点前面已有介绍，即随着温度从高温向低温转变过程中，产生的粉化现象严重。这种 C_2S 的相变引起的粉化，在转炉氧化渣中发生的极少，是因为转炉的氧化渣中固溶有 FeO、P_2O_5 等。为了解决精炼炉白渣的粉化问题，向精炼渣中加入硼砂等，在太钢公开的文献中已有成功的经验。其具体的做法有以下两个途径：

（1）精炼炉在精炼工艺结束以后，向钢包内加入含硼的原料。

（2）钢包在钢水浇注结束以后，向钢包内加入改质剂（向精炼渣中喷吹硼砂、氧化铁粉末等），或在渣罐内加入改质剂，然后倒出液态精炼渣即可。

以上改质工艺，能够不改变白渣的还原性，并对减少白渣的粉化率有效果，这样对于白渣的回收利用工艺有积极的意义。

20.3.1.2　改变精炼渣还原性的改质方法

精炼渣的一个特点是不能够对其进行滚筒渣工艺、热闷渣工艺等适合于转炉氧化渣的渣处理工艺加以处理的钢渣，所以必须要有专门的处理场地和处理设备的投入。并且处理过程中的污染问题难以避免。

从另外的一个角度讲，精炼渣的特点是渣中的硫含量较高，氧化铁的含量较低，具有脱氧和脱硫的功能，以下的改质工艺在工业化的生产中已有应用。

（1）在工艺条件允许的情况下，将液态的精炼渣加入电炉或转炉冶炼，在电炉或转炉炼钢的氧化性气氛中，精炼渣从还原渣向氧化渣转变，能够充分利用白渣中的 CaO 和 Al_2O_3 等有益的成分，实现白渣的改质，能够减少白渣处理过程中的污染问题。这种改质工艺在电炉生产线中，还具有减少石灰用量和冶炼电耗的优点。

（2）将液态白渣倒入铁水包内，用铁水包盛装铁水的过程中，铁水从出铁沟或者鱼雷罐流出时，精炼炉白渣对于铁水具有脱硫的作用。脱硫结束后，精炼炉白渣的碱度进一步降低，炉渣的潜在价值得以利用的同时，精炼渣的性质也发生了改变。

（3）在精炼渣倒渣的过程中，将转炉的倒炉渣倒入装有部分液态精炼铸余渣的渣罐，精炼炉铸余渣中的铸余钢水会与转炉的氧化渣发生反应。高温的转炉液态钢渣与精炼渣的反应，使得反应后钢渣成为一种氧化渣，实现改质。改质后的钢渣能够应用滚筒渣和热闷渣等渣处理工艺处理，减少了专门处理精炼炉白渣的工艺环节，降低了渣处理的成本。

20.3.2　转炉钢渣的稳定化改质工艺

目前，国内钢厂把钢渣利用的重点放在水泥生产上。应用于水泥和建材行业，就要激发钢渣中活性物质的活性，降低钢渣中不稳定因素 f-CaO 和 f-MgO 的含量。但是钢渣水泥的实际应用情况并不是很好，其主要原因是钢渣的成分波动大，耐磨相多，不但降低水泥磨的生产能力，增加能耗，且对设备磨损严重，最终导致工厂入不敷出而倒闭。另外，钢渣的不稳定性使钢渣作混合材配制水泥等建筑材料时，会造成安定性不良，这也是钢渣应用受到限制的原因。如果钢渣易磨性、稳定性的问题得以解决，钢渣将会在建材领域被广泛应用。如此，钢渣的综合利用率和经济效益都将大大提高。目前，钢渣处理方法主要有助磨剂法、钢渣热闷处理法、高压蒸汽处理法等后处理技术，处理能力和效果有限，没有从源头上解决问题。

要增加钢渣在大宗建材方面使用，必须在保证钢渣的稳定性和减少钢渣中间耐磨相上做工作，转炉钢渣的稳定化改质工艺能够从源头上解决以上问题。以下是钢渣改质需要的几个基础知识点：

（1）转炉钢渣量的确定。通过加入的渣料量和渣料的成分，转炉终点渣样的成分，就能够确定转炉钢渣的量，其计算的公式如下：

$$W_{渣量} = (W_1 \times \alpha + W_2 \times \beta)/\gamma$$

式中，W_1 为转炉冶炼过程中加入的石灰总量，t；α 为石灰中 CaO 含量，%；W_2 为转炉冶炼过程中加入的白云石总量，t；β 为白云石中 CaO 含量，%；γ 为转炉终点渣样中间 CaO 的含量，%。

（2）碱度的计算见前面的基础知识部分。

（3）转炉钢渣量与改质钢渣量的确定。通常我们将转炉的液态钢渣在改质反应过程中称为钢渣母液。向转炉钢渣母液加入改质原料量的确定原则如下：

1）加入钢渣母液的改质物质必须能够在尽可能短的时间内与钢渣母液完成反应。

2）改质反应结束后的钢渣，应该具有适合于先进渣处理的工艺条件，例如钢渣母液在改质反应后，具有能够被滚筒渣、热闷渣、风淬渣等渣处理工艺处理的温度条件或者流动性条件。

3）改质反应应该满足安全生产的需要，反应平稳、可控。

4）改质反应后，要基本达到改质的目的。

例如，某工厂的钢渣碱度为4.2左右，渣中游离氧化钙的范围在5%～10%，钢渣经过处理以后，主要应用于水泥的生产，需要将渣中的游离氧化钙控制在2%以下，该转炉的渣量为16t。这种情况下改质的工艺路线有以下的几种选择：

（1）将高碱度的转炉钢渣加入电炉使用，即后面介绍的电炉热兑转炉液态钢渣的工艺，是一种有效的改质工艺。

（2）使用碎玻璃垃圾进行改质，确定碎玻璃中二氧化硅的含量及加入量，加入转炉的液态炉渣。

（3）使用粉煤灰、高炉渣等加入液态的转炉钢渣，进行改质。

（4）使用废弃的铸造砂、珍珠岩、石英砂等酸性材料，加入钢渣母液。

（5）各类含有二氧化硅等主成分的工业垃圾，加入钢渣母液。

16t 的钢渣中含有 30% 的硅酸三钙，将转变为硅酸二钙，析出部分的 f-CaO，再加上没有反应在渣中存在的 f-CaO，二者的总和为 10%，其中需要改质 80% 的 f-CaO，即：$16 \times 10\% \times 80\% = 1.28t$。其改质剂的加入量，例如使用含有 SiO_2 80% 的石英砂进行改质，依据以下的方程式进行计算即可：

$$2f\text{-}CaO + SiO_2 = 2CaO \cdot SiO_2$$
$$2 \times 56 \qquad 60$$
$$1.28 \qquad W \times 80\%$$

$W = 60 \times 1.28 \div (2 \times 56 \times 80\%) = 0.86t$，即需要 0.86t 的石英砂。

向钢渣母液中加入改质剂的方法如下：

（1）将石英砂等酸性材料加入含碳的材料造球，在转炉倒炉前作压渣剂，加入转炉。例如铸造砂采用焦油等作黏结剂压球，就可以满足改质的要求。

（2）在转炉倒渣过程中，向渣罐内加入改质剂，然后转炉出渣，达到改质的目的。改质剂加入过程和改质后的钢渣如图 20-3 所示。

图 20-3　改质剂加入过程和改质后的钢渣

（3）向装有液态钢渣的渣罐内加入改质剂。

如果渣罐内加入改质剂后，反应不充分，处理方法如下：

（1）将此渣罐兑罐处理，即将这个渣罐内的改质渣倒入另外的空渣罐，或者装有高温液态渣的渣罐内。

（2）向渣罐内吹氧，注意氧气流量的控制，氧气铁管头不能够直接对着渣罐的某一个部位长时间吹氧。

下面介绍一些具体的实施工艺。

20.3.2.1　利用高炉炼铁渣稳定化处理转炉钢渣的工艺

钢渣中含有水硬性矿物硅酸三钙和硅酸二钙，且质量分数在50%以上，可视为硅酸盐水泥熟料，但是钢渣的生成温度在1600~1700℃，比水泥熟料生成温度高200~300℃，因此称钢渣为过烧硅酸盐水泥熟料。钢渣直接应用于建材行业和水泥行业，稳定性较差。唐明述院士等人的研究证明，游离氧化钙是造成钢渣体积不安定的重要因素，这一点国内外的观点已经达成了共识，这方面已有很多文献予以介绍和讨论。国标规定钢渣如直接应用，渣中的游离氧化钙必须低于3%；除了渣中的游离氧化钙，钢渣中MgO含量较高，也是造成钢渣制品不稳定的原因，故很多情况下，国标规定MgO含量一般小于4.5%~6%。因此，钢渣的直接应用还存在一定的难度，其瓶颈问题是解决钢渣中游离氧化钙和游离氧化镁含量的超标问题。目前，解决此问题的工艺方法主要是钢渣的碳酸化处理、钢渣的改质处理、钢渣的压蒸稳定化处理工艺等，各种工艺均各有优点和缺点。高炉炼铁渣碱度较低，稳定性较好，但是由于碱度低，其中的活性水化物质的反应活性不及钢渣。

以转炉液态钢渣改质重构原理为基础，结合高炉炼铁渣的特点，利用高炉炼铁渣的低碱度和渣中含有部分含碳铁珠的特点，将其作为降解转炉钢渣中游离氧化钙和游离氧化镁的改质材料应用。同时，利用其中含有的部分铁珠，还原转炉钢渣中的氧化铁，降解转炉钢渣中的含铁耐磨相，对转炉钢渣处理工艺和处理后钢渣的直接应用有积极的意义。这种技术的技术原理如下：

（1）某种高炉炼铁渣的典型成分见表20-5。其碱度较低，温度为1500℃左右，导热性较差，渣中还含有部分的含碳铁珠，目前采用水淬工艺为主。高炉渣水淬过程中大部分的热能没有得到有效回收。

表 20-5　高炉炼铁渣的成分

成　分	CaO	SiO$_2$	Al$_2$O$_3$	MgO	其余
含量/%	32	35	16	8	7

（2）某种转炉钢渣的成分见表20-6。转炉液态钢渣的温度为1650~1720℃，碱度为2.5~4.5，钢渣的导热性同样较低，并且转炉液态渣中含有18%的FeO，

当钢渣中的碱度大于2.5时，渣中的游离氧化钙一般较高。

表 20-6　转炉钢渣的成分

成　分	CaO	SiO$_2$	FeO	S	Al$_2$O$_3$	MgO	MnO	CaO/SiO$_2$(R)
含量/%	52.6	15.2	16	0.3	3	8	2.1	2.8

钢渣碱度低于2.5以后，钢渣经过热闷渣处理工艺，可以直接降低渣中的游离氧化钙和游离氧化镁，能够直接应用于建材行业和水泥行业。当温度大于1400℃的高炉液态渣加入到转炉的液态钢渣中以后，能够发生钢渣改质反应，降低渣中游离的氧化钙和氧化镁，反应如下：

$$2f\text{-}CaO + SiO_2 \longrightarrow 2CaO \cdot SiO_2 + Q$$

$$f\text{-}MgO + Al_2O_3 \longrightarrow MgO \cdot Al_2O_3 + Q$$

$$nf\text{-}CaO + mAl_2O_3 \longrightarrow nCaO \cdot mAl_2O_3 + Q$$

（3）炼铁渣中的铁珠为一种含碳的还原剂，高温下可以直接与转炉的氧化性钢渣反应，降低转炉钢渣中的FeO，这一过程为吸热过程。过程中产生的CO气泡能够搅拌渣液，起到改善反应的作用，同时能够降低转炉钢渣的温度，能够降低后续钢渣热闷处理的水耗和处理周期。其中的化学反应如下：

$$FeO + C \longrightarrow Fe + CO\uparrow$$

所以将高炉渣加入到转炉钢渣中，能够实现转炉钢渣的稳定化改质，为钢渣处理后的直接应用和降低渣处理的成本提供了有利的条件。具体实施方式如下：

实例：在配备 $3 \times 2500m^3$ 高炉和 $3 \times 120t$ 转炉上实施。其中，高炉每天出铁15000t，产生液态的炼铁渣2200t；转炉日产钢水18000t，产生液态钢渣1500t。采用 $11m^3$ 的钢制渣罐盛装液态炼铁渣和转炉钢钢渣，材质为16Mn，或者ZG235。

（1）渣罐使用前，按照工艺要求喷涂一层15mm厚的防粘渣剂，拉运到炼铁厂生产线盛装炼铁渣。

（2）炼铁出渣后，将一炉炼铁渣盛装在 1~3 个渣罐内，取样分析炼铁渣的渣样，分析其中的CaO、SiO$_2$、Al$_2$O$_3$、MgO的值，然后渣罐由拉罐车拉运到转炉生产线待用。

（3）转炉根据炉渣碱度的平均水平值，判断装有炼铁渣渣罐内炼铁渣量的多少，然后实施兑罐工艺，即将渣罐内的炼铁渣均匀地倒在 1~3 个渣罐内，使转炉使用渣罐内炼铁渣的量与转炉的钢渣量保持在合理的范围内，1t转炉渣需加入炼铁渣的量 T 按照下式计算：

$$T = \{G_{转炉的渣量} \times [\Sigma(CaO + MgO)_{钢渣} - 2.5 \times \Sigma(SiO_2 + Al_2O_3)_{钢渣}]\} \div$$

$$[2.5 \times \Sigma(SiO_2 + Al_2O_3)_{铁渣} - \Sigma(CaO + MgO)_{铁渣}]$$

式中，$G_{转炉的渣量}$为转炉的钢渣量，t；$\Sigma(CaO + MgO)_{钢渣}$为转炉钢渣成分中（CaO + MgO）的和；$\Sigma(SiO_2 + Al_2O_3)_{钢渣}$为转炉钢渣成分中（$SiO_2 + Al_2O_3$）的和；$\Sigma(SiO_2 + Al_2O_3)_{铁渣}$为炼铁渣成分中（$SiO_2 + Al_2O_3$）的和；$\Sigma(CaO + MgO)_{铁渣}$为炼铁渣成分中（CaO + MgO）的和。

在以上的兑罐工艺过程中，遇到炼铁渣表面结壳现象，可以使用炮头车击破渣壳后实施兑罐作业；若出现少量的固态炼铁渣也可以加入到渣罐进行改质作业，但加入量须小于液态炼铁渣的1/4。

（4）将装有炼铁渣的渣罐，用于转炉的盛装钢渣的作业，转炉出渣完毕，将钢渣拉运到热闷渣工艺点进行处理，处理后的钢渣作为建材原料或者路桥建设原料直接利用。

这种改质工艺的有益效果如下：

（1）解决了转炉钢渣中游离氧化钙和游离氧化镁含量较高的问题，经过改质处理的钢渣中游离氧化钙含量能够控制在3%以下，能够直接应用于建材行业和路桥建设领域。

（2）高炉炼铁渣中的C被有效地应用于还原转炉渣中的FeO，实现了价值最大化。

（3）炼铁渣直接应用于转炉钢渣的改质，减少或者避免了水淬工艺处理的量，降低炼铁渣处理成本。

（4）炼铁渣与转炉渣的改质反应为吸热反应，能够降低转炉钢渣的温度，对减少热闷渣处理或者热泼渣处理工艺的水耗有贡献。

（5）处理后的转炉钢渣中的含铁耐磨相减少，有利于后续钢渣的深加工利用。

20.3.2.2　利用粉煤灰改质转炉钢渣的工艺

从煤燃烧后的烟气中捕收下来的细灰称为粉煤灰，粉煤灰是燃煤电厂排出的主要固体废物。粉煤灰的燃烧过程：煤粉在炉膛中呈悬浮状态燃烧，燃煤中的绝大部分可燃物都能在炉内烧尽，而煤粉中的不燃物（主要为灰分）大量混杂在高温烟气中。随着烟气温度的降低被除尘系统捕获得到，其中一种锅炉粉煤灰的化学成分见表20-7。

表 20-7　锅炉粉煤灰的化学成分

成　分	SiO_2	Al_2O_3	Fe_2O_3	CaO	MgO	$Na_2O + K_2O$
含量/%	43 ~ 56	20 ~ 32	4 ~ 10	1.5 ~ 5.5	0.6 ~ 2.0	1.0 ~ 2.5

粉煤灰是一种高活性人工灰质材料，属于固废的一种，含部分未燃尽的细小

炭粒，大多是 SiO_2 和 Al_2O_3 的固溶体。粉煤灰的加入在提供 SiO_2 降低钢渣膨胀性的同时，Al_2O_3 的存在能降低钢渣熔点，使钢渣变稀易于增强流动性；同时炭粒的存在能置换钢渣中的铁，促使渣铁的分离。熔融状态下，钢渣中的 f-CaO 和 f-MgO 与粉煤灰中的 SiO_2、Al_2O_3 反应，降低 f-CaO 含量提高了钢渣的稳定性；部分的炭粒还原钢渣中低磁性氧化铁为磁性氧化亚铁或单质铁，而提高磁选率增加铁素回收；同时粉煤灰的加入能促进易磨矿相及具有潜在活性玻璃相的生成，很好的改善钢渣易磨性。

相关的研究已经表明，采用粉煤灰改质钢渣母液，钢渣母液中间有新矿相硅灰石 $CaO \cdot SiO_2$ 和少量玻璃体出现，并出现较多的金属铁、少数铁氧化物和橄榄石，游离氧化钙相显著减少。易磨新矿相的产生促进了钢渣的易磨；金属铁的出现增加钢渣磁性提高了钢渣的磁选率，促进铁的回收率，对节约资源和后续产品的利用均有利。因此依据以废治废的原则，在钢渣粒化处理过程中，通过有针对性地向熔融态钢渣中添加改性剂，最大限度地利用钢铁渣的显热对熔渣进行调质处理，改善钢渣易磨性、稳定性，使钢渣在成分和性能上接近最终钢渣产品。

具体的改质方式如下：

（1）根据转炉渣的碱度、渣量和粉煤灰的成分，计算需要加入的粉煤灰的量。

（2）在转炉用渣罐底部加入需要加入的粉煤灰，然后向这个渣罐内加入钢渣母液，或者使用这个渣罐盛装转炉的倒炉渣。

（3）在转炉出渣的同时，向渣罐内加入粉煤灰。

（4）在装有钢渣母液的渣罐内，向钢渣母液内喷吹粉煤灰，或者加入粉煤灰。

（5）在热闷渣的渣池子内，装满一半红渣后，加入粉煤灰，再继续向渣池子内倒入钢渣母液，不打水的条件下保温，使粉煤灰中的酸性物质与钢渣中的 f-CaO 和 f-MgO 反应 1h，然后按照常规的工艺进行渣处理。

20.3.2.3　利用生活垃圾对钢渣进行稳定化改质工艺

生活中的垃圾，如破碎的玻璃、破碎的瓷器和瓷砖等，废弃后附着有各类的垃圾（如油垢等），难以作为再生料使用。这些物质又难以降解，故属于典型的难处理的生活垃圾。但是它们中含有的物质主要是酸性物质，可以作为稳定化处理转炉钢渣的改质剂使用，其可以简单实施的改质方法如下：

（1）将这些垃圾在渣场堆放，在转炉出渣以前加入渣罐底部，然后去盛装转炉的液态钢渣，完成改质工艺。

（2）向装有转炉液态渣的渣罐内加入一定量的此类生活垃圾，完成改质工艺。

（3）改质工艺完成以后，将钢渣按照正常的渣处理工艺处理。

20.3.3　利用改质工艺处理工业垃圾的工艺

一些工业垃圾，比如钢铁企业的含油污泥和含酸污泥，由于成分复杂，没有一种简明的利用工艺模式能够低成本的全量利用，是钢铁业的鸡肋，而使用钢渣的余热，将它们加入高温钢渣内，与钢渣发生反应，在改变钢渣特性的同时，使得这些工业垃圾的危害性得到了消除，对于钢渣的处理有一定的影响，但是对于整个钢铁企业是大有裨益的。

20.3.3.1　钢渣改质处理轧钢的含油污泥

轧钢废水中主要污染物为氧化铁皮和油，治理改造后要求处理后的循环水质为：悬浮物含量≤50mg/L，油含量≤5mg/L。轧钢水质多为棕红色乳浊液，pH值一般为6.8~7.2，回水SS一般在100~300mg/L，油含量一般在40~80mg/L，其处理方法一般为"一沉、二平、三过滤"，"一沉"是指一级旋流沉淀，主要是去除大的氧化铁皮；"二平"指平流沉淀或斜管沉淀，主要是去除粒径较小的颗粒杂质；"三过滤"指的是高速过滤器、磁滤等。最后形成的浓缩污泥，浓缩污泥含油和水分，还有大量的FeO，某厂的含油污泥成分见表20-8。

表20-8　某厂的含油污泥成分

成　分	水　分	CaO	TFe	FeO	SiO$_2$	S	P
含量/%	15.48	3.2	71.20	51.93	0.68	0.023	0.061

由于以上的特点，这种轧钢污泥在烧结和炼钢中都难以利用，目前大部分的钢厂采用缓存，待其中的水分和油泥挥发一段时间后回用或者废弃掩埋，以下是某厂的排放点的实地照片（如图20-4所示）。

考虑到轧钢油泥内含有的油本身是一种还原剂，某厂采用将轧钢油泥加入高温液态钢渣内，利用钢渣的余热，还原油泥内的FeO，其中会发生的反应见表

图20-4　某厂轧钢油泥排放点的实地照片

20-9。根据这些热力学数据，做优势区相图（如图 20-5 所示）。

表 20-9　轧钢油泥加入高温液态钢渣的反应

序　号	反　　　应	标准自由能 ΔG/J	开始反应温度/℃
1	$2Fe_2O_3(s) + 3C(s) = 4Fe(s) + 3CO_2(g)$	$435668 - 512.48T$	577
2	$Fe_2O_3(s) + 3C(s) = 2Fe(s) + 3CO(g)$	$467659 - 512.74T$	639
3	$Fe_2O_3(s) + 3CO(g) = 2Fe(s) + 3CO_2(g)$	$-31991 + 0.26T$	—
4	$2FeO(s) + C(s) = 2Fe(s) + CO_2(g)$	$123880 - 125.64T$	713
5	$FeO(s) + C(s) = Fe(s) + CO(g)$	$145215 - 148.32T$	706
6	$FeO(s) + CO(g) = Fe(s) + CO_2(g)$	$-21335 + 22.68T$	<668

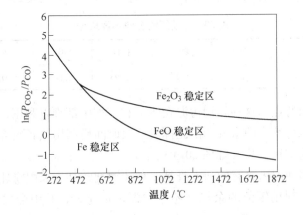

图 20-5　优势区相图

由表 20-9 可知，FeO 是易于还原的氧化物，如果把它还原成金属，可以成为炼钢的原料。由图可知：在低温下，金属铁能够在较高氧化气氛下存在，随着温度的升高，金属铁的稳定区域变小，FeO 和 Fe_2O_3 的稳定区域变大，即温度越高和氧化气氛越强，铁越易氧化，高价铁就越稳定。从热力学上讲，常温下 FeO 是不能稳定存在的，它分解成 Fe_2O_3 和金属 Fe，能够被磁选线磁选回收利用，含铁和还原剂（煤粉或者焦粉）的团块反应块如图 20-6 所示。

综上所述，对于轧钢污泥的改质利用方法如下：

（1）污泥拉运到热闷渣渣场，将污泥倒入热闷渣，此时热闷渣池内装入超过 1/3 的红渣，钢渣表面温度控制在 500℃ 以上，然后向渣池内进渣，按照正常的热闷渣工艺实施，便于磁选其中的铁。

（2）将含油污泥加入装有液态钢渣的渣罐内，利用高温液态钢渣的热能，

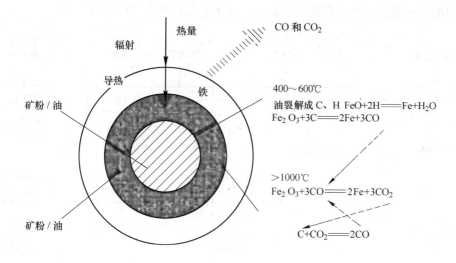

图20-6 含铁和还原剂的团块反应块

促进污泥内的还原成分进行自还原反应。在向渣罐内加入污泥时，要保持干燥，防止爆炸。

（3）在一个空渣罐内加入2t以内的含铁污泥，在渣场进行兑罐，兑罐过程中，注意兑罐的速度，防止含铁污泥内的油脂分解和水蒸气产生引起的爆炸或者喷溅事故。

经过以上的反应，部分的FeO被还原成为Fe（金属铁），部分低价铁转变为高价铁，具有了磁性，能够被回收利用。这种处理工艺模式，简化了轧钢油泥的处理流程，对于节约排污占地、利用油泥的潜在价值、利用钢渣余热都具有积极的意义。

20.3.3.2 钢渣改质处理轧钢的含酸污泥

冷轧厂在生产过程中需排出一些酸碱废水，这是由于钢材在轧制或进行其他后处理工序（如涂层、退火等）前必须进行酸洗和碱洗，以去除钢材表面的FeO和油脂。酸碱废水根据排出点的不同，均有浓、稀之分，冷轧厂酸碱废水水质见表20-10。

表20-10 冷轧厂酸碱废水水质

废水分类	酸碱浓度/g·L⁻¹	温度/℃	COD/g·L⁻¹	Fe²⁺/g·L⁻¹	油脂/g·L⁻¹	pH
浓酸废水（HCl）	70	60	—	110	—	—
稀酸废水（HCl）	14	60	—	6	—	—

酸性废水除了含有酸、油、铁外，根据其生产品种的不同，还可能含有一些重金属离子（如锌、镍、铜、锡、铬等）。为了达到中和酸碱、去除重金属离子

的目的，一般采用化学沉淀法处理，常规工艺流程如图 20-7 所示。

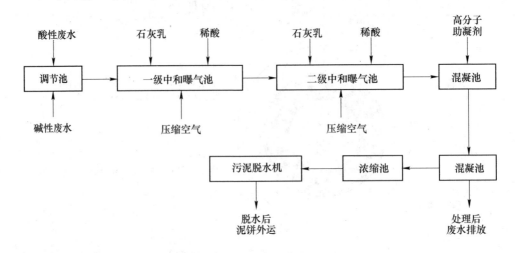

图 20-7 酸碱废水处理工艺流程

对于以上工艺产生的泥饼，成分复杂，有部分是以 $Fe(OH)_3$ 胶体存在，难以直接利用，需要多种工艺处理后，才能够利用，处理成本高，许多的企业直接作为垃圾外排处理。

根据钢渣是一种碱性集料的特点，渣中有一定量的 f-CaO 和 f-MgO，在热态下能够与含酸部分的污泥反应。对于泥饼脱酸，在高温状态下泥饼中的油与泥饼中的 FeO 发生反应，同时发生低价铁向高价铁的转变，实现脱油后的磁选回收利用。

其处理工艺有以下几种：

（1）首先在热闷渣池内倒入 1/4 ~ 1/3 的红热钢渣，然后含酸污泥（含 $Fe(OH)_3$、$FeCl_2$ 等）直接加入热闷渣池中，自然干燥 1h 后，继续向渣池内加入红热的钢渣，按照正常的热闷渣工艺热闷，结束后，钢渣进行磁选回收其中的含铁物质即可。

（2）含酸污泥直接与粉末状的白渣（也叫铸余渣、LF 精炼渣）充分的混合，利用钢渣的 f-CaO 和 f-MgO 与酸反应，然后将混合物加入装有液态钢渣的渣罐内，进行渣罐内的高温改质，最后再进行正常的渣处理工艺即可。

（3）将钢渣从装满液态钢渣的渣罐内倒出，留下渣罐内壁的红热渣膜，将一部分泥饼装入带有渣膜的空渣罐内，利用渣膜的余热进行烘烤脱水和脱油，然后使用这个渣罐正常的盛装转炉渣或者电炉渣，然后进行正常的渣处理工艺即可。

20.3.3.3 BSR 法钢渣改质处理含锌尘泥

大、中型高炉生产 1t 铁水伴随着产生 10kg 难以回收利用的含锌较高的瓦斯泥，转炉和电炉生产 1t 钢也伴生 5kg 左右难以处理的高锌含铁烟气除尘灰及约 140kg1600℃的钢渣（其显热尚未得到利用）。国内外提出的一些粉尘脱锌工艺尚不够成熟，产品质量低，利用困难，或是在经济上缺乏竞争力而无法应用。BSR 法的技术思想就是利用钢铁厂现有工艺流程中尚未得到利用的钢渣显热资源，简单而有效地实现高锌粉尘的回收利用。这一技术是宝钢研发的。这种工艺思路，将宝钢高锌含铁尘泥冷固压块后，利用宝钢厂内尚未得到利用的钢渣显热将其熔融还原，回收铁资源，脱除锌等有害杂质。该方法工艺简单，投资成本低，不但消除了尘泥污染，而且可以回收铁资源创造经济效益，为钢铁厂废弃物的回收利用提供了新的思路。其工艺实施方法为：

将高锌含铁尘泥配加一定量碳制成自还原含碳团块，并预先铺放在钢渣罐中，加入量为钢渣量的 1/6 左右。在出渣过程中兑入 1600℃以上高温红渣与其混合，利用高温红渣的显热来加热尘泥团块，在运输过程中团块被红渣加热到 1300℃以上并保持 20～30min，从而使尘泥团块中的 FeO 被还原为粒铁夹杂在红渣中。然后，利用钢铁厂现有的滚筒渣处理工艺处理上部的液态钢渣，下部富含铁液的罐底渣使用热闷渣工艺热闷，再用磁选机将粒铁与钢渣分离。同时，尘泥团块中的氧化锌被还原挥发，挥发出的高锌烟气可利用出渣跨的收尘设备回收，作为锌精矿副产品出售。这种工艺的优势有以下几点：

（1）转炉高温红渣法利用钢渣显热熔化还原回收尘泥球团中的铁资源，脱除锌等杂质，反应条件充分，铁收得率与脱锌率均达到 90% 以上。

（2）转炉高温红渣法充分利用现生产流程的渣处理设备，无须建设专门的冶炼车间，投资少，工艺简单，易于实现。

（3）与竖窑和转底炉等工艺相比，转炉高温红渣法投资小，能耗及生产成本低，占地面积小，且产品价值较高，是实现高锌含铁尘泥资源化利用的一种新工艺。

宝钢的这种工艺技术，也可以将含碳的球团，用行车或者铲车，加入装满液态钢渣的渣罐内实施改质，加入 30～60min 后，进行一次兑罐，即将此罐钢渣倒入另外的空渣罐，以便于在兑罐过程中对于加入的含碳团块进行搅拌，促进热传递和改质反应的进行。

20.3.4 氧化渣的综合改质

20.3.4.1 利用钢渣制作高磷渣钢的改质工艺

转炉炼钢过程中，脱磷反应产物以磷酸钙的形式，固溶于硅酸二钙之中，造成转炉钢渣中的磷含量较高，限制了转炉钢渣在钢铁企业内部的规模化循环使用；另外，磷在钢中能均匀溶解，将磷作为合金元素添加在耐候钢中，能提高耐候钢的大气腐蚀性能。常见的耐候钢成分见表 20-11。

表 20-11　耐候钢成分 　　　　　　　　　　　　　　　　　　（％）

牌　号	C	Si	Mn	P	S	Cu	Cr	Ni	Ti	RE（加入量）
0295GNH	<0.12	0.2~0.4	0.2~0.6	0.07~0.15	<0.035	0.25~0.55			<0.1	<0.15
0295GNHL	<0.12	0.10~0.40	0.2~0.5	0.07~0.12	<0.035	0.25~0.45	0.3~0.65	0.25~0.5		
Q345GNH	<0.12	0.2~0.6	0.5~0.9	0.07~0.12	<0.035	0.25~0.50			<0.03	<0.15
Q345GNHL	<0.12	0.25~0.75	0.2~0.5	0.07~0.15	<0.035	0.25~0.55	0.3~1.25	<0.65		
Q390GNH	<0.12	0.15~0.65	<1.4	0.07~0.12	<0.035	0.25~0.55			<0.1	<0.12

　　利用钢渣中磷酸盐不稳定的特点，采用价格低廉的还原剂将其从渣中还原出来，固溶于渣中的铁液中，使其成为磷含量为 1.8%~3.5% 的高磷渣铁，应用于耐候钢的冶炼中是一种简便的生产磷铁的工艺方法。这种工艺方法基于钢渣的以下特点：

　　（1）液态转炉钢渣的成分中 TFe 含量较高。渣中的含铁物质主要有两部分组成：一部分以铁珠或者金属铁液滴悬浮于钢渣中；一部分以铁的氧化物形式存在于钢渣中。

　　（2）转炉钢渣中磷含量较高，例如一种转炉液态钢渣的主要化学成分为：CaO 45%、SiO_2 22%、Al_2O_3 2.5%、TFe 26%、MgO 14%、MnO 2%、P_2O_5 0.81%；钢渣的温度为 1600℃。

　　（3）转炉高温液态钢渣倒入钢质的渣罐以后，最先接触渣罐内壁的液态钢渣，迅速与铸钢渣罐本体进行热交换，液态钢渣中熔点较高的硅酸二钙和硅酸三钙首先凝固析出，结晶过程中硅氧离子形成的网络结构将钢渣的各种矿物组织凝结在一起，形成基本结构为非均质相的玻璃相和陶瓷相的渣膜，粘附于渣罐的内壁，其中钢渣中的主要矿物组织硅酸二钙的熔点很高（2130℃），凝固以后，很难再次被液态钢渣熔化，故能够作为特殊的耐火材料使用，确保渣罐中液态钢渣的温度能够满足保持钢渣具有流动性的温度条件。

　　（4）在渣罐内的温度条件下，转炉液态钢渣中的磷酸盐的还原反应能够充分进行，其反应的方程式为：

$$2P_2O_5 + 5C = 4P + 5CO_2$$

$$2P_2O_5 + 5Si = 4P + 5SiO_2$$

　　（5）钢渣中的各类铁的氧化物 FeO、Fe_2O_3、Fe_3O_4，在渣罐内的温度条件下，能够发生氧化还原反应，使其成为铁液或者铁珠。固溶渣中还原出的磷，使之成为含磷较高的炼钢原料。其反应方程式为：

$$2Fe_xO_y + yC =\!=\!= 2xFe + yCO_2$$

$$2Fe_xO_y + ySi =\!=\!= 2xFe + ySiO_2$$

所以向渣罐内加入低成本的还原剂，使渣中的磷还原为单质磷，进而使其固溶于渣中的铁液、铁珠，然后进行热闷处理，再将热闷工艺处理的钢渣进行磁选，选出其中的高磷渣钢，作为冶炼耐候钢的高磷原料使用。其工艺步骤为：

（1）转炉使用的渣罐按照正常的使用标准投用。

（2）投用前向空渣罐内加入一定量的石油焦粉末和硅铁粉末。使用原则为：

1）在炉渣碱度较低（$CaO/SiO_2 < 2.8$）、温度较高（渣温大于1580℃）的条件下，只加入石油焦粉末；

2）在炉渣温度较高，碱度较高（$CaO/SiO_2 > 2.8$）的情况下，石油焦粉末和硅铁粉末都加入使用，使用量为单独使用时的一半；

3）在炉渣碱度较高和炉渣温度降低（渣温小于1580℃）的情况下，只加入硅铁粉末。

（3）加入石油焦粉末的含碳量为90%，粒度小于1mm；硅铁粉的硅含量为75%，粒度小于3mm，加入量 G（kg/t渣）按照下式计算：

$$G_{1焦粉} = 17Q$$

$$G_{2硅铁粉} = 25Q$$

式中，Q 为钢渣量，t。

（4）将以上的空渣罐放置于转炉的渣车上，接受转炉的液态钢渣。

（5）渣罐装满转炉的液态钢渣以后，渣车开出，将渣罐内的液态钢渣按照热闷渣的正常渣处理工艺处理以后，磁选出其中的含磷渣钢即可。

20.3.4.2 利用钢渣改质优化热闷渣处理工艺

热闷渣工艺最常见的危险因素是热闷渣渣池子在热闷过程中爆炸的危害。热闷渣工艺过程中的爆炸有蒸汽引发的爆炸和热闷工艺过程中产生化学气体引起的爆炸两种。其中以化学气体引发的爆炸频率最高，危害最大。热闷装置（热闷池）爆炸严重影响了各个钢铁企业钢渣处理过程中的顺利生产，甚至威胁到职工的生命安全，增加了职工对热闷渣处理工艺的恐惧感。

转炉钢渣中存在着部分的金属铁珠，钢渣中铁珠的量占钢渣总量的1%~5%。除了铁珠和铁液以外，转炉在吹氧过程中，部分铁被氧化进入钢渣中，形成以铁酸钙为主的物质。以上这些因素造成钢渣中存在多种不同性质的含铁物质，其中以铁珠或者铁液存在的金属料中，或多或少地含有碳元素。碳元素在含铁物质中的溶解度会随温度的降低而析出，与空气中的氧或水分子中的氧进一步反应生成 CO。这是普通的钢渣在热态情况下产生 CO 的原因。

采用廉价的焦粉还原渣中的含铁氧化物，使得从铁酸钙中还原出的铁与渣中的铁珠一起较快地沉降到渣罐底部，凝固结晶成为较大的铁块，然后将其单独回收，避免含铁物质参与热闷渣热闷的工艺。这样可以大幅度减少钢渣中的含铁量，从而减少钢渣热闷过程中的煤气产生量，能够有效地保障安全生产。

这种工艺简单易操作，即在空渣罐的底部内加入部分焦粉，然后向空渣罐内倒入液态的转炉钢渣，促使钢渣中的含铁氧化物以及其他的金属氧化物与焦粉反应，此反应为还原反应。在反应过程中，渣中的铁的氧化物被还原成为铁，同时产生的 CO 气体在排出过程中使钢渣的结构较为疏松。渣中含有的铁珠也容易沉降到渣罐的罐底凝固成为大块，在翻罐以后容易被挑拣回收，不再随钢渣进行热闷，这对减少热闷渣工艺过程的响爆事故和降低管理成本有显著的作用。此过程中发生的化学反应如下：

$$C + FeO \mathrel{=\!=} Fe + CO\uparrow$$
$$3C + Fe_2O_3 \mathrel{=\!=} 2Fe + 3CO\uparrow$$
$$C + MnO \mathrel{=\!=} Mn + CO\uparrow$$

焦粉的加入量 G（t）按照以下公式计算：

$$G = 0.0225Q$$

式中，Q 为转炉倒出液态钢渣的量，t。

以上的计算公式，考虑到了焦粉加入以后会 100% 的被反应消耗掉，不会有残余的焦粉存在于钢渣中，而产生钢渣热闷过程中的负面影响，即焦粉与水反应的进行。

20.3.5　一种高炉用后炮泥的无害化利用工艺

炮泥是炼铁高炉用于堵塞铁口的原料，由泥炮通过压力挤入铁口内，故称炮泥。高炉炮泥是用来封堵炼铁高炉出铁口的耐火材料，目前可分为有水炮泥和无水炮泥两大类。前者用在顶压较低、强化冶炼程度不高的中小型高炉，后者用在顶压较高、强化冶炼程度高的大中型高炉上。炮泥可分为耐火骨料和结合剂两部分。耐火骨料指刚玉、莫来石、焦宝石等耐火原料和焦炭、云母等改性材料。结合剂为水或焦油沥青、酚醛树脂等有机材料，还掺加 SiC、Si_3N_4、膨胀剂和外加剂等。骨料按一定的粒度及重量组成基质，在结合剂的调和下使之具有一定的可塑性，从而可以通过泥炮打入铁口堵住铁水。某种高炉炮泥的化学成分见表 20-12。

表 20-12　某种高炉炮泥的化学成分

成　分	SiO_2	Al_2O_3	ZrO_2	MgO	Fe_2O_3	固定碳	灼减
含量/%	30 ~ 35	18 ~ 20	<0.5	>0.2	<2.5	35	40 ~ 45

炮泥在使用一定的周期以后，少部分能够回用，但是绝大部分由于在使用过程中，渗入铁渣等异物，限制了其作为耐火材料再生料利用的可能性，一般作为废弃物外排处理。由于这种废弃物含有石墨碳，属于对环境有严重危害的废弃物。

以转炉液态钢渣改质重构原理为基础，结合机械力化学原理，将高炉用后的炮泥粉碎后，作为转炉液态钢渣改质剂在倒渣过程中加入使用，利用废弃炮泥中的石墨碳还原转炉液态钢渣中的FeO，使之成为铁珠沉降在渣罐底部，炮泥中的SiO_2和Al_2O_3与转炉钢渣中的游离氧化钙反应，降低转炉钢渣中的游离氧化钙，使转炉钢渣可以直接应用于路桥建设行业和建材行业。

这种利用钢渣改质的工艺技术原理如下：

（1）废弃炮泥的耐火度在1650℃，转炉液态钢渣的温度在1650～1720℃，根据钢渣的改质成渣反应所需的热力学条件和动力学条件，块状的废弃高炉炮泥直接加入转炉液态钢渣中，难以与转炉的液态钢渣全量反应。依据机械力化学反应原理，将废弃的高炉炮泥破碎成为1mm以下的颗粒，炮泥的晶粒就会产生畸变，晶格能发生变化，1mm左右的颗粒能够在转炉液态钢渣的温度条件下发生反应，满足反应的热力学条件。反应过程中产生的CO气泡在上浮排出渣液的过程中，起到搅拌渣液的作用，为反应提供必要的动力学条件，从而实现改质反应的全量进行。其中的反应方程式如下：

$$FeO + C \Longrightarrow Fe + CO\uparrow$$

（2）转炉液态钢渣中的游离氧化钙，在遇到酸性物质SiO_2与Al_2O_3后，能够反应生成硅酸钙和铝酸钙，成为钢渣中的稳定物质，实现钢渣中游离氧化钙的无害化转变。此过程中的主要化学反应如下：

$$2f\text{-}CaO + SiO_2 \longrightarrow 2CaO \cdot SiO_2$$

$$nf\text{-}CaO + mAl_2O_3 \longrightarrow nCaO \cdot mAl_2O_3$$

磨碎到1mm以下的废弃高炉炮泥，在转炉出渣过程中随渣流加入，利用炮泥中的石墨碳还原FeO，利用废弃炮泥中的SiO_2与Al_2O_3与钢渣中的游离氧化钙反应，使之成为硅酸盐和铝酸盐，成为建材原料加以回收利用。

这种改质工艺的有益效果有以下几点：

（1）解决了高炉含碳废弃炮泥难处理的问题，消除了废弃炮泥外排的占地和污染问题。

（2）高炉炮泥中的石墨碳作为还原剂加以利用（每使用1t的炮泥，相当于使用350kg的石墨碳），还原钢渣中的FeO，产生金属铁1.63t，能够直接在钢渣的磁选过程中加以回收，产生直接的经济效益。

（3）钢渣中的部分氧化铁被还原以后，钢渣中的含铁耐磨相减少，对钢渣的后续破碎、磨粉等深加工工艺有优化作用。

(4) 经过改质处理的钢渣，游离氧化钙含量能够控制在 3% 以下，能够直接应用于建材行业和路桥建设领域。

20.3.6 钢渣的再生利用改质

钢渣的再生利用改质的方法有以下两个方面：

(1) 氧化渣做化肥，有重金属氧化物污染土壤的风险。典型的改质方法是冶炼不锈钢的氧化渣，将这些氧化渣还原，回收其中的 Cr、Ni、Cu 等重金属元素作为合金回用，还原后的钢渣作为酸性土壤的土壤改良剂或者水泥生产原料应用。这种改质反应可以在电炉内进行，也可以在矿热炉内进行，还可以在 LF 炉内进行。

(2) 利用喷吹脱硫渣生产钢渣化肥是一种钢渣高附加值的利用模式。在铁水脱硫后，向脱硫渣内加入聚渣剂扒渣，在渣罐内加入生产化肥需要的微量元素 K、Na 等化合物，然后将脱硫渣作为化肥原料，冷却后挑选出含铁物质后，就能够作为化肥使用。

20.3.7 钢渣改质后的处理工艺

钢渣的改质反应，大多数是一个降温过程，改质以后钢渣的流动性下降，所以改质渣的渣处理工艺一般适合于热闷渣处理，效果最佳。滚筒渣、风淬渣、热泼渣也均可以实施。在一些改质反应后，渣罐的底部富集铁液或者含铁的物质，此类钢渣在采用滚筒渣、风淬渣或者嘉恒工艺处理的时候，只能够处理渣罐上部的液态钢渣，底部的钢渣不能够倒入滚筒渣或水淬渣处理工艺设备中间，防止爆炸或损坏设备。

参 考 文 献

[1] 许远辉，陆文雄，王秀娟，等. 钢渣活性激发的研究现状与发展[J]. 上海大学学报（自然科学版），2004，10（1）：91-95.

[2] 李玉祥，王振兴，冯敏，等. 不同激发剂对钢渣活性影响的研究[J]. 硅酸盐通报，2012，31（2）.

[3] 张同生，刘福田，王建伟，等. 钢渣安定性与活性激发的研究进展[J]. 硅酸盐通报，2007，26（5）：980-984.

[4] 冯涛，施惠生，俞海勇，等. 不同废渣中游离氧化钙水化活性的实验研究[J]. 粉煤灰，1998（6）：18-20.

[5] 尚建丽，张凯峰，赵世冉，等. 钢渣胶凝活性评价方法的研究进展[J]. 材料导报，2012，26（4）.

[6] 施惠生，黄昆生，等. 钢渣活性激发及其机理的研究进展[J]. 粉煤灰综合利用，2011（1）：48.

[7] 丁铸，王淑平，张鸣，等. 钢渣水硬活性的激发研究[J]. 山东建材，2008（4）.

[8] 张作顺，徐利华，余广炜，等. 钢渣在水泥和混凝土中资源化利用的研究进展[J]. 材料导报，2010，24（16）：432-435.

[9] 陈苗苗，冯春花，李东旭. 钢渣作为混凝土掺和料的可行性研究[J]. 硅酸盐通报，2011，30（4）：751-754.

[10] 韩长菊，杨晓杰，周惠群，等. 钢渣及其在水泥行业的应用[J]. 材料导报，2010，24：440-443.

[11] 李义凯，刘福田，周宗辉，等. 复合激发剂活化钢渣制备复合胶凝材料研究[J]. 武汉理工大学学报，2009，31（4）：11-13.

[12] 朱伶俐，赵宇. 钢渣复合激发剂的实验研究[J]. 硅酸盐通报，2010，9.

[13] 张同生，刘福田，李义凯，等. 激发剂对高钢渣掺量复合水泥性能的影响[C]. 第十届全国水泥和混凝土化学及应用技术会议论文集，2007.

[14] 林宗寿. 钢渣粉煤灰活化方法研究[J]. 武汉理工大学学报，2001，23（2）：4.

[15] 宋志学，李倩，牛丽洁，等. 钢渣矿渣体系复合助磨剂的研究[J]. 粉煤灰综合利用，2011（6）.

[16] 孙保云. 用于水泥和混凝土中的钢渣粉[J]. 四川建材，2005（3）：361.

[17] 邹伟斌，张菊花，胡新明. 钢渣、矿渣、石灰石复合硅酸盐水泥的研制[J]. 山西建材，1999（4）：13-16.

[18] 文俊强，张文生，张建波. 掺石灰石粉水泥的水化过程及微观结构[J]. 水泥，2010（8）：13-15.

[19] 肖佳. 水泥-石灰石粉胶凝体系特性研究[D]. 长沙：中南大学，2008.

[20] 肖佳，金永刚，勾成福，等. 石灰石粉对水泥浆体水化特性及孔结构的影响[J]. 中南大学学报（自然科学版），2010，41（6）：2313-2320.

[21] 杨南如，钟白茜，董攀，等. 钙矾石的形成和稳定条件[J]. 硅酸盐学报，1984，12（2）：155-165.

［22］张德成，谢英，丁铸，等．钢渣矿物水泥的发展与现状［J］.山东建材，1998(2).

［23］冯向鹏，李世青，唐卫军，等．冷却温度和处理方式对钢渣反应性能的影响［J］.矿业快报，2008(6).

［24］唐明述，袁美栖，韩苏芬，等．钢渣中 MgO、FeO、MnO 的结晶状态与钢渣的体积稳定性［J］.硅酸盐学报，1979，7(1).

［25］赵苏正．掺复合型掺和料混凝土的耐久性研究［D].南京：南京林业大学，2008.

［26］徐红江，付贵勤，朱苗勇．转炉渣膨胀性的实验研究［J］.中国冶金，2006(6).

［27］付贵勤，朱苗勇，徐红江．提高转炉渣体积安定性的实验研究［J］.中国冶金，2007(3).

［28］刘坤，陈荣凯，韩仁志．钢渣中游离氧化钙碳酸化反应的数值模拟［J］.特殊钢，2014(4).

［29］吴昊泽，周宗辉，等．加速碳酸化养护水泥-钢渣砌块砖的研究［J］.砌块建筑与建筑砌块，2009(3).

［30］常钧，等．用碳化养护电弧熔炉钢渣制备集料和混凝土［J］.硅酸盐学报，2007，35(9):14-19.

［31］宫晨琛，余其俊，韦江雄．电炉还原渣对于转炉钢渣的重构机理［J］.硅酸盐学报，2010(11).

［32］宫晨琛，余其俊．以电炉还原渣重构转炉钢渣的胶凝性能［J］.水泥，2009(12).

［33］李建新，韦江雄，赵三银，等．重构钢渣的胶凝性分析［J］.水泥，2010(10).

［34］王晓龙．钢渣活化处理试验研究［D].西安：西安建筑科技大学，2007.

［35］陈荣欣．一种钢渣处理添加剂［P].中国：CN200610024549.X，2006-03-09.

［36］赵青林．冶金渣碱活性及其抑制碱集料反应的研究［D].武汉：武汉理工大学，2006.

［37］李传会，李辉，朱建辉．热态保温法处理钢渣研究的进展［J］.混凝土，2008(12).

［38］杨家宽，肖波，姚鼎文．钢渣铸造成型资源化技术研究［J］.2003，55(增刊).

［39］杨家宽，肖波，姚鼎文．钢渣直接熔制高档陶瓷产品［J］.环境工程，2002(5).

［40］钟根，余其俊，韦江雄，等．高温重构对钢渣胶凝性能影响的研究［C].中国硅酸盐学会水泥分会首届学术年会论文集，2009.

［41］甄云璞，宗燕兵，苍大强，等．熔融态下掺入粉煤灰对钢渣性质的影响研究［J］.钢铁，2009(12).

［42］肖琪仲．钢渣的膨胀破坏与抑制［J］.硅酸盐学报，1996，24(6).

［43］仲增墉，苏天森．一种钢渣处理的新工艺［J］.中国冶金，2007(10).

［44］吴昊泽，张林菊，叶正茂，等．水分对钢渣碳化的影响［J］.济南大学学报（自然科学版），2009，23(3):218-222.

［45］吴昊泽，赵华磊，丁亮，等．碳酸化预养护钢渣制备钢渣水泥的性能试验研究［J］.水泥，2010(2):6-9.

［46］吴昊泽，丁亮，潘正昭，等．钢渣及电石渣与废弃混凝土固化储存 CO_2 基本参数研究［J］.粉煤灰，2010(3).

［47］常钧，吴昊泽．钢渣碳化机理研究［J］.硅酸盐学报，2010，38(7):1185-1190.

［48］赵华磊，吴昊泽，常钧，等．碳酸化时间对钢渣碳酸化的影响［J］.济南大学学报（自

然科学版），2010(3).

[49] 张林菊，吴昊泽，叶正茂，等．正交实验钢渣碳化工艺条件[J]．济南大学学报（自然科学版），2009，23(2):127-131.

[50] 吕文杰，郭建伟，崔卫华，等．钢渣醋酸法生产轻质碳酸钙产品研究进展[J]．现代化工，2009(2).

[51] 杨林军，张霞，孙露娟，等．二氧化碳矿物碳酸化固定的技术进展[J]，现代化工，2007，27(8):13-16.

[52] 包炜军，李会泉，张懿．温室气体 CO_2 矿物碳酸化固定研究进展[J]．化工学报，2007，58(1):1-8.

[53] 董晓丹．转炉钢渣快速吸收二氧化碳试验初探[J]．炼钢，2008(5).

[54] 王春华，叶正茂，孟祥谦，等．超细矿渣在硫铝酸盐水泥砂浆中的应用[J]．济南大学学报（自然科学版），2009，23(1):1-3.

[55] 吴芸芸，梁永和，易德莲，等．镁钙砂碳酸化反应特性的研究[J]．武汉科技大学学报（自然科学版），2006，29(1).

[56] 吴芸芸，易德莲，梁永和，等．氧化钙碳酸化反应动力学[J]．武汉科技大学学报（自然科学版），2005，28(2).

[57] 陈小华，郑瑛，郑楚光，等.CaO 再碳酸化的研究[J]．华中科技大学学报（自然科学版），2003，31(4).

[58] 陈敏，王楠，于景坤，等．氧化钙砂的致密性对其碳酸化效果及抗水性能的影响[J]．东北大学学报（自然科学版），2005(5).

第七篇

钢渣的综合利用

 21 钢渣规模化利用的曲折之路

20 世纪 70 年代，对炼钢钢渣利用的主要目的是回收其中的金属铁和大部分含有金属铁的渣钢，尾渣多弃置，故炼钢钢渣对环境和生态带来的影响尚未引起人们的足够重视。许多钢铁企业厂区都有大量钢渣堆积，形成渣山，著名的有首钢在石景山形成的渣山、太钢的厂区渣山等。典型的是鞍钢从 1919 年开始到 1985 年形成占地 2.2 平方公里，高 47 米，总堆积容量达到上亿吨的渣山。这些渣山，在雨水充沛、湿度较大的区域，对环境的污染会受降水因素减弱，而在缺水的地区，钢渣的污染是一个很严重的污染问题。由于钢铁业较高的利润，在那些工业化程度一般的国家或者地区，钢渣的问题一直被寻求发展和追求利润的渴望掩盖着，人们刻意回避着钢渣的处理问题。

在进入 20 世纪以后，伴随冶金技术的日新月异，平炉淘汰、转炉大型化，钢产量大幅上升，钢渣的产生量已经引起了环境问题和生态问题。如何正确面对钢渣的处理和利用，是各国急需解决的问题，以推动冶金工业向"资源节约型"与"生态友好型"方向发展。同时为了从政策上约束企业对钢渣的处理和管控，解决钢渣资源化在内的各类冶金二次资源利用问题，钢渣的排放和利用问题开始被逐步纳入政府管理的政策与法规范畴，各冶金企业纷纷成立冶金渣利用研究所或相应的机构。可以认为，这是真正意义上对钢渣规模化利用的开始，也是钢渣利用的第一阶段。而我国的钢铁企业，由于受苏联的影响和政策的约束，炼钢的方式以平炉为主，钢产量较低，故钢渣规模化利用的研究和相关的问题并没有引起政府层面的关注与干预，政策的出台和对钢渣的研究晚于欧美发达国家 20 多年。

钢渣用于填筑工程基础在国内已有几十年的研究及应用历史，但由于它的膨胀粉化对工程质量非常不利，在填筑工程基础的应用方面一直存在着争议。钢渣作为基础填筑材料的应用，既有成功，也有失败。如湖南娄涟高等级公路、宝钢自备电厂钢渣灰坝、武钢工业卫生研究所大楼、武钢工业港第二混匀场等项目的钢渣利用，到目前为止，没有出现问题；而宝钢工程中某室内地坪鼓起开裂、武钢 1976 年建设的灯光球场地坪开裂等，则是利用钢渣失败的例子。武钢第三炼钢厂（以下简称三炼钢）工程是国内利用钢渣量最大的基础工程，从 1991 年开始实施填筑，到 1992 年底完工，总压实填钢渣量 $2.76 \times 10^6 m^3$，约 580 万吨，其中大部分用在场平结构填方上，直接用于建筑物地基处理回填的约有 17 万吨。工程完工半年后，陆续有 4 处地基膨胀破坏：炼钢车间综合楼的一处墙角约 $50 m^2$ 地坪开裂，中央空压站约 $200 m^2$ 地坪开裂，炼钢制冷站约 $100 m^2$ 地坪开裂，脱盐水站约 $40 m^2$ 地坪开裂。经分析认定，在地基换填处理时，因管理不严，混入了新钢渣。该工程在总结时的结论是：钢渣填筑基础在技术上是可行的，但在使用时要严格管理。

钢渣作为一种硅酸盐水泥熟料的替代品，已经为国内的经济建设做出了巨大贡献。同时，钢渣因为含有橄榄石类矿物，莫氏硬度为 6~7，比硅酸盐熟料硬度大，易磨性差，抗压性能很好，压碎值为 20.4%~30.8%，是天然碎石和砂的理想的替代品。所以，用钢渣筑路、做砖、砌块等建筑材料、做工程回填材料，是大有前途的。从目前的钢渣利用的途径来看，钢渣的规模化利用的途径如下：

（1）钢渣作烧结原料代替石灰石作熔剂，有利于烧结顺行和降低生产成本，考虑到钢渣中磷的富集，配比一般不超过 3%。

（2）应用于转炉作为熔剂使用，具有化渣快、脱磷速度快，节约石灰等优点，但存在磷、硫富集问题，不能够在转炉大量回用。

（3）转炉钢渣作电炉炼钢的造渣剂。目前已经有转炉钢渣在转炉利用的成功实践，典型的如电炉热兑转炉液态钢渣、转炉钢渣应用于电炉造渣炼钢，具有节约石灰消耗、节约氧耗的优点。

（4）应用于路桥建设，这也是钢渣大宗利用的主要途径。

（5）应用于水泥建筑行业。

（6）应用于化肥工业。

（7）制作各类特殊的材料。

表 21-1 是我国历年的钢产量和钢渣量。

表 21-1 我国历年的钢产量和钢渣量　　　　　　　　　　（万吨）

年　份	钢产量	钢渣量	年　份	钢产量	钢渣量
1970	1779	284.64	1991	7100	1136
1971	2132	341.12	1992	8094	1295.04
1972	2338	374.08	1993	8956	1432.96

年 份	钢产量	钢渣量	年 份	钢产量	钢渣量
1973	2522	403.52	1994	9261	1481.76
1974	2112	337.92	1995	9536	1525.76
1975	2390	382.4	1996	10124	1619.84
1976	2046	327.36	1997	10894	1743.04
1977	2374	379.84	1998	11559	1849.44
1978	3178	508.48	1999	12426	1988.16
1979	3448	551.68	2000	12850	2056
1980	3712	593.92	2001	15163	2426.08
1981	3560	569.6	2002	18237	2917.92
1982	3716	594.56	2003	22234	3557.44
1983	4002	640.32	2004	28291	4526.56
1984	4347	695.52	2005	35310	5649.6
1985	4679	748.64	2006	42266	6762.56
1986	5220	835.2	2007	48966	7834.56
1987	5628	900.48	2008	50092	8014.72
1988	5943	950.88	2009	56800	9088
1989	6159	985.44	2010	62696	10031.36
1990	6635	1061.6	2011	68327	10932.32
合 计	77920	12467	合 计	549182	87869

从表 21-1 可知，我国自从 1970 年至 2011 年共计产生了超过 20336 万吨的钢渣。钢渣这种经历了高温冶金化学反应的材料，运用得当，必将造福于民。

22　钢渣在钢铁行业内的循环利用

炼钢中钢渣的主要冶金功能是脱硫、脱磷。为了完成以上工艺目的，钢渣中含有较高的 CaO 和 MgO，富集了磷、硫。针对钢渣的这种特点，我国冶金工作者做了大量的分析和研究，将其回用在冶金行业，效果显著。钢渣应用于冶金行业，主要有以下几个方面：

（1）转炉钢渣返回转炉继续利用，用其代替氧化钙和部分萤石有较好效果。

（2）钢渣作为压渣剂和化渣剂，可起到化渣和对钢水降温的作用，同时渣中的铁又部分重新回到钢水中。

（3）转炉渣直接返回转炉炼钢，同时加入白云石，可使炼钢成渣早、减少初期渣对炉衬的侵蚀，有利于提高炉龄、降低耐火材料消耗和节约生产成本。

（4）转炉钢渣加入电炉、矿热炉，取代电炉和矿热炉使用的熔剂，具有节电和提高效率的功效。

（5）转炉钢渣应用于烧结和炼铁，作为熔剂使用。

（6）转炉钢渣作为铁水预处理使用的脱硅剂和脱磷剂。

以上这些应用已经成熟。钢渣在冶金领域的大规模回用，目前不仅是能够降本增效的重要途径，而且是社会进步和环境保护的需要。主要体现在以下几个方面：

（1）目前高炉渣的资源化利用已经实现了规模化全量处理的阶段，矿渣微粉、炉渣水泥已经能够大规模利用，附加值较高。钢渣由于硬度高、难磨碎的特点，用于建筑业的使用量有限，不能够及时全量的消化钢渣，造成其他行业对于钢渣的需求具有季节性和针对性。

（2）钢渣进行深加工，采用其他的资源化途径，投资大、成本高、对环境的污染较大、产业链较长。冶金回用，减量化处理钢渣，是一种可以缓解以上的矛盾的有效工艺。

（3）钢铁企业的不同工艺，对于熔剂的需要都有相互补充的特点。比如转炉高碱度钢渣在选铁以后，能够在电炉炼钢过程中继续使用，精炼炉的钢渣具有脱硫的功能，能够在铁水预处理工艺环节和转炉出钢的工艺环节继续使用，也能够在烧结过程中使用。层级利用是冶金企业减少固废的良好途径之一，就像水的节约利用一样，用淘米水浇花，用洗衣水洗拖布然后冲厕所一样。

（4）钢铁企业积极在厂内循环利用钢渣，可缓解环境、环保的压力，是钢铁制造业回报国家、社会的最好途径，社会效益显著。比如在烧结过程中配用钢渣，对节约钢渣的占用空间，减少烧结工艺环节的原料需求对环境的开采破坏有明显的作用。

（5）冶金行业对于熔剂的需求，除了对于环境资源的需求外，还要外排生产这些熔剂产生的温室气体 CO_2。回用钢渣能够减少钢铁企业外排温室气体的量，保护生存环境。

22.1　钢渣作为化渣剂用于转炉炼钢

22.1.1　尾渣作为化渣剂的机理

由于尾渣中含有大量的 FeO、Fe_2O_3，可以作为化渣剂使用。在转炉前期使炉渣中的 FeO 含量迅速提高，促进石灰的熔化，对成渣非常有利，可促使初渣的形成，有利于脱磷反应的进行。在吹炼中期，随着温度的升高，碳开始大量氧化，碳的氧化使 FeO 还原进入钢水中，有利于铁的回收。尾渣中含有较高的 CaO、MgO、SiO_2，有足够的碱度，有利于溅渣护炉。

吹炼前期炉内的主要反应如下：

$$(Fe_2O_3) + [Fe] == 3(FeO)$$

$$(FeO) + CaO + SiO_2 == (CaO \cdot FeO \cdot SiO_2)$$

$$2(FeO) + SiO_2 == (2FeO \cdot SiO_2)$$

$$CaO + SiO_2 + (MnO) == (CaO \cdot MnO \cdot SiO_2)$$

$$CaO + MgO + SiO_2 == (CaO \cdot MgO \cdot SiO_2)$$

$$CaO + (Fe_2O_3) == (CaO \cdot Fe_2O_3)$$

吹炼中期渣中发生的主要化学反应为：

$$(FeO) + [C] == Fe + CO$$

$$(FeO) + CO == Fe + CO_2$$

22.1.2　尾渣的加入方法和效果

转炉开吹 30s 后，加入活性石灰、轻烧白云石及尾渣。石灰和白云石的加入量根据碱度进行配加，尾渣分两批加入，第一批在吹氧 2min 内加入，提高前期化渣效果，促使石灰熔化；第二批根据炉渣状况，在炉渣返干时加入，在吹氧 10min 内加完。

使用转炉的尾渣作为化渣剂，具有如下的优点：

（1）尾渣加入后能够减少炼钢造渣的熔剂使用量。转炉尾渣作为固化的转炉炉渣，加入以后，能够作为钢渣的一部分参与转炉的冶炼工艺，能够降低转炉造渣使用的石灰、白云石的量。鞍钢260t转炉2011年1~5月转炉尾渣与熔剂消耗情况见表22-1。

表 22-1　鞍钢 260t 转炉 2011 年 1~5 月转炉尾渣与熔剂消耗情况　　（kg/t）

项　目	1 月	2 月	3 月	4 月	5 月
尾渣单耗	3. 7	4. 7	5. 2	8. 4	10. 9
熔剂单耗	70. 6	68. 9	65. 3	60. 9	58

从鞍钢的经验可以看出，随着尾渣消耗的增加，转炉熔剂消耗呈明显降低趋势，从2011年1~5月，尾渣单耗增加了7.2kg/t，转炉熔剂单耗降低了12.6kg/t。

（2）能够优化转炉冶炼过程中的脱磷效果。由于尾渣中含有14%~24%的TFe，主要是以铁的氧化物形式存在，尾渣的加入，一方面能够迅速为炉渣提供脱磷所需的FeO，满足脱磷的热力学条件，能够提高脱磷效果；另一方面尾渣的加入，能够助熔，加速了石灰的熔解，既能快速提高炉渣的碱度，又能增强炉渣的流动性。综合情况表明，尾渣作为造渣剂对转炉的脱磷更为有利，起到了替代部分造渣料、快速成渣脱磷的作用。鞍钢260t转炉采用炼钢尾渣的脱磷效果与常规冶炼的脱磷效果见表22-2。

表 22-2　鞍钢 260t 转炉采用炼钢尾渣的脱磷效果与常规冶炼的脱磷效果

项　目	脱磷效率/%	磷的分配比
加尾渣炉次均值	91. 23	146. 5
正常炉次均值	87. 88	125. 5

（3）能够减缓冶炼对炉衬的侵蚀速度。转炉采用尾渣作为化渣剂，提高了成渣的速度，能够减缓钢渣对转炉炉衬的侵蚀速度。

实际应用表明，尾渣用于转炉炼钢工艺可使造渣操作稳定，成渣快，缩短冶炼周期，提高炉脱磷效率，对转炉炼钢终点钢渣氧化性和溅渣护炉影响较小，降低了熔剂消耗，有效地回收了尾渣中的铁资源，对降低转炉钢铁料消耗起到重要作用。

22.2　滚筒渣磁选铁替代球团矿作为冷却剂用于转炉炼钢

在转炉冶炼生产过程中，球团矿或者铁矿石是作为助熔剂和冷却剂。作为助熔剂的原理是利用以上原料中的铁的氧化物降低石灰熔点，达到助熔炉渣的目的。作为冷却剂的原理是基于以下两点：（1）利用以上原料热容较大的原理，吸收熔池中的热量。（2）利用原料中的 FeO 氧化熔池中的 C，该反应为还原反应，过程吸热，起到降低熔池温度的目的。使用这些原料存在以下的缺点：

（1）以上原料中的 SiO_2 含量较高，增加了冶炼所需的石灰用量。

（2）FeO 含量较高，如加入量不当，增加渣中的 FeO 含量，容易引起转炉的溢渣和喷溅事故。

（3）转炉终点加入的降温效果特别明显，但是会造成渣中 FeO 含量增高，造成钢水中的氧含量较高，脱氧剂的用量增加。

滚筒渣磁选铁装置磁选出的粒钢（磁选铁）可替代铁矿石，应用于转炉的冶炼生产。粒钢的典型化学成分见表 22-3，使用流程如图 22-1 所示。

表 22-3　粒钢的典型化学成分　　　　　　　　　　　　　（%）

成　分	SiO_2	CaO	MgO	TFe	S	P
含　量	6.8	16	3.02	55～72.33	0.07	0.18～0.32

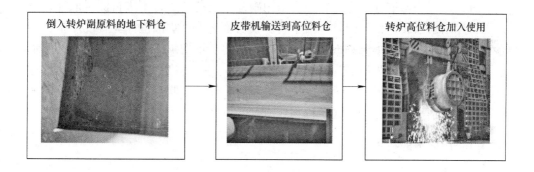

图 22-1　粒钢使用流程

按滚筒渣磁选铁 1t 的成本为 500 元，铁矿石和球团矿均价为 780 元计，滚筒渣磁选铁的全铁含量高于球团矿（球团矿全铁 63%），每使用 1t 滚筒渣磁选铁，炼钢成本降低 280 元以上，从经济上讲滚筒渣磁选铁转炉使用经济效益明显。除了经济效益外，还有以下的优点：

（1）皮带机上的运输稳定性好，在皮带机上跑滚散落的量远远低于球团矿和铁矿石。

（2）有害的二氧化硅含量低于球团矿，加入以后的化渣效果优于铁矿石和球团矿。

（3）有利于钢渣中的含铁物质在转炉冶炼过程中参与反应后被还原带入钢液，有利于降低钢铁料消耗。

（4）作为冷材，后期加入 300kg，降温热效应为 5～7.4℃（125t 熔池钢水，滚筒渣磁选铁中30%的氧化铁含量计算值),球团矿为6～10.4℃。虽然降温效果不及球团矿,但加入球团矿,一旦操作不慎,容易引起喷溅,滚筒渣磁选铁则相对稳定。

(5)磷、硫含量高于球团矿,但是加入300～800kg,按照滚筒渣磁选铁中磷、硫的存在形式,热力学条件对其的影响,可以认为滚筒渣磁选铁对熔池的磷、硫含量的负荷基本上可以忽略。

综上所述,滚筒渣磁选铁用于炼钢,是推动实现厂内钢渣循环利用、降低钢铁料消耗、降低成本的一项较为实用的工艺。唯一的不足之处为降温效果不及铁矿石,在铁水量供应较充足、炼钢生产节奏较快、废钢价格比较低的场合不宜大量使用。但是在炼钢铁水量不足、废钢价格比较高的情况下,作为转炉的冷材使用,是一种大有前途的铁矿石替代品。

22.3 钢渣作为压渣剂用于转炉吹炼终点的消泡压渣

转炉吹炼钢水到终点,有时需要将转炉向出渣方向倾翻75°～90°,倒出部分的炉渣,进行测温取样的操作,也有采用副枪系统的转炉,不进行测温取样,直接在吹炼结束以后,倒炉出钢。由于转炉在吹炼终点,炉渣泡沫化程度严重,不论哪一种方式,在转炉倾动的时候,炉内泡沫化严重的炉渣会从炉口溢出,如不采取措施,需要等待炉渣的泡沫化程度衰减到一定的程度,才能够倾翻炉体,进行测温取样或者出钢操作。为了解决这种矛盾,转炉在吹炼终点,加入部分的消泡剂,这种消泡剂在转炉中通常称为压渣剂。

22.3.1 压渣剂的机理

转炉冶炼终点炉渣泡沫化丰富的原因在于:

(1)炉内钢水中的C-O反应还远远没有达到平衡,还会有CO产生溢出,成为气源,进入渣中,促使炉渣发泡。

(2)渣中的(FeO)含量过高,和钢液中的[C]反应,产生CO气泡溢出,促使炉渣发泡。

(3)炉渣中较多的(FeO)使炉渣黏度较低,炉渣的表面张力特别适合于炉渣泡沫化。

为了消泡,一方面是通过向炉内加入原料,击碎炉渣泡沫、快速降低炉渣温度、提高炉渣黏度,以达到压渣稠渣的目的。另一方面,在加入的原料中加入少量碳质材料,对炉渣进行脱氧以降低渣中FeO,提高炉渣熔点和黏度,同时在转炉底吹搅拌的作用下,可以强化钢渣界面反应,能够获得更好的压渣稠渣效果。

传统的压渣剂,一般采用含SiO_2为主的原料进行压渣。一种常见压渣剂的成分见表22-4。

表 22-4　常见压渣剂的成分　　　　　　（%）

成　分	SiO$_2$	Al$_2$O$_3$	CaO	MgO	Fe$_2$O$_3$	T. C	S	P	水　分
含　量	48~55	10~25	2~10	5~10	1~3	3~10	≤0.5	≤0.5	≤1

使用以上类型的压渣剂，会增加渣中的 SiO$_2$ 的含量、降低炉渣的碱度，影响炉内钢渣实施溅渣护炉的效果。转炉钢渣经过破碎、磁选，然后按 10~50mm 粒度要求进行筛选后，即可作为转炉冶炼终点的压渣剂使用。

从消泡原理上分析可以认为，对钢渣与含碳质材料压渣消泡、调渣的效果而言，使用钢渣消泡侧重于物理作用，使用含碳质材料消泡则侧重于化学作用。

22.3.2　钢渣制作压渣剂的常用方法

钢渣制作压渣剂的常见方法如下：

（1）钢渣经过破碎、磁选处理以后，将钢渣按照粒度分类，10~50mm 的直接通过转炉的高位料仓，加入转炉的副原料料仓，在转炉的冶炼终点通过加料系统加入转炉炉内，一般 1t 钢加入 1.5~3kg，可以起到消泡压渣的目的。

（2）将 10mm 以下的碎钢渣，通过添加重油、焦油做粘结剂，压制成为 10~50mm 的球状颗粒，作为压渣剂使用，压渣效果优于纯钢渣作为压渣剂的使用效果。

（3）将 10mm 以下的碎钢渣，添加部分的含碳原料，添加膨润土、硅酸盐水泥，添加少量的水，湿法压制成球，作为压渣剂使用。

（4）将 10mm 以下的碎钢渣粉末，采用干粉压球机，添加部分的碳质原料，压制成为压渣剂，用于转炉的压渣。

22.3.3　钢渣压渣剂的使用效果

使用钢渣压渣后炉渣的化学成分变化见表 22-5。

表 22-5　使用废钢渣压渣后炉渣的化学成分变化

项　目	CaO/%	SiO$_2$/%	MgO/%	TFe/%	碱　度
加入钢渣前	42.63	11.57	11.47	20.37	3.68
加入钢渣后	43.62	11.19	11.74	19.72	3.9

钢渣压球以后，除了可以替代压渣剂消泡调渣，通过废钢渣结合碳质材料对炉渣的稠化作用，减少转炉出钢过程中的下渣量，降低脱氧剂、铁合金及钢包调渣剂的消耗，实现转炉不倒炉出钢，缩短冶炼及溅渣时间，节约转炉辅助作业时间，缩短冶炼周期，减少转炉因倒渣产生的温度、热量损失及铁损，提高氧气利用率及一次拉碳率等优点外，还具有以下的优势：

（1）钢渣实现了厂内循环利用，减少对外购原料的需求，每使用1t钢渣制作的压渣剂，可以节约压渣剂的成本200～550元。

（2）钢渣配合碳质材料制备的压渣剂，具有更好的化学反应活性，使压渣、调渣效果更为显著。

（3）钢渣制作的压渣剂，对转炉炉渣成分影响不大，使用钢渣压渣后炉渣成分无明显变化，渣中TFe略有降低。

22.4 液态转炉钢渣用于电炉钢水热兑的实例

转炉钢渣的碱度和电炉冶炼钢渣的碱度各不相同。其中，转炉钢渣的二元碱度在2.8～4.2之间，渣中氧化镁的含量维持在8%～14%之间。维持较高的碱度是为了保持炉渣有较强的向熔池传递氧的能力，以便在钢渣界面进行脱磷、脱碳，以及满足溅渣护炉的需求。电炉钢渣的二元碱度最佳的范围为2.0～2.5之间，渣中氧化镁含量在4%～8%之间，其主要冶金功能一方面是满足电炉脱磷、脱碳的需求，另一方面是促使炉渣具有最佳的发泡高度，其中氧化镁起到调整炉渣流动性和增加炉渣中发泡质点的作用。

传统的转炉液态钢渣中含有大量的物理热，宝钢集团新疆八一钢铁股份公司第二炼钢厂充分根据这两种不同钢渣的特点，实施了电炉热兑转炉液态钢渣的工艺，工艺实施以后，收到了预期的工艺目的，仅石灰消耗和电耗的降低直接节约冶炼的成本就很可观。

22.4.1 应用实例的工艺参数

转炉的工艺参数：

转炉公称容量	3×120t 碳钢转炉
转炉冶炼周期	28～42min
转炉渣量	102kg/t 钢
转炉使用的渣罐	11m³ 铸钢渣罐
转炉钢渣的处理方法	55%的钢渣滚筒渣处理，45%的钢渣热泼处理

电炉的工艺参数：

电炉型式	70t-DC-EBT-EAF
出钢量	70～90t
留钢留渣量	6～15t
加料方式	炉盖旋开式（由料篮分1～3次加入铁水、废钢及渣料）
供氧方式	自耗式 CO 枪（2 支氧枪1 支碳枪）
变压器容量	62MVA
自耗式氧枪氧气流量	3000～6000Nm³/h（可分三档调节）
电炉吨钢的渣量	140kg/t 钢
电炉钢渣的处理方法	炉坑热泼

22.4.2　渣量和碱度的控制

3座120t转炉每炉加入3.5~5t的石灰、3.5t左右的白云石。典型的转炉钢渣的成分见表22-6。

表 22-6　典型的转炉钢渣的成分　　　　　　　　　（%）

成　分	CaO	SiO$_2$	P$_2$O$_5$	TFe	MgO	MnO	CaO/SiO$_2$
含　量	40~43.5	10~14	0.9~1.2	8~25	4~14	1.8~2.4	2.8~4.2

22.4.2.1　电炉热兑转炉钢渣量的计算

转炉的渣量测算按照加入炉内的石灰、白云石中的氧化钙含量为支出项，然后取样分析冶炼过程中测温取样时的渣样，以渣中分析出的氧化钙为收入项，进行平衡计算，计算公式如下：

$$w = \frac{Q_1 \times \gamma_1 + Q_2 \times \gamma_2}{\gamma_3}$$

式中，Q_1、γ_1、Q_2、γ_2、γ_3分别为转炉冶炼过程中，石灰的加入量、石灰中氧化钙的含量、白云石的加入量、白云石中氧化钙的含量，以及转炉渣中氧化钙的含量。

计算结果表明，120t转炉每炉的钢渣为12t，即吨钢100kg的水平。炉渣进入渣罐以后，渣罐内壁形成一层3~12cm的凝固渣层，其重量在3.5~5t。这一点在随后电炉炉前的110t行车上的称量系统的统计中得到了证实，计算和实践是基本一致的。

考虑到直流电炉对炉料的导电性要求，制定了相应的工艺思路。电炉以兑加液态的转炉钢渣为主，渣中按照转炉每炉10t液态渣量，计算渣中含有的氧化钙、氧化镁等影响冶炼进程的成分含量。计算以渣中组分有利于减少工艺风险的最小值进行，例如氧化钙按照转炉炉渣中的最小值，二氧化硅按照最大值进行。计算结果如下：

$$CaO = 10 \times 40\% = 4.0$$

$$MgO = 10 \times 10\% = 1.0$$

$$SiO_2 = 10 \times 14\% = 1.4$$

同样的方法计算出电炉每炉的渣中的二氧化硅的总量，来确定电炉炉渣的碱度需求，对工艺调整。

经过计算得出，70t电炉每炉冶炼产生的二氧化硅的总量 W 在 1.2~1.4t 之间。

22.4.2.2　转炉钢渣热兑以后电炉炉渣碱度的控制

通过上面的计算可知，热兑10t转炉钢渣带入的氧化钙含量在4.0t，电炉冶炼产生和转炉钢渣带入的二氧化硅的总量最大值为 2.8t，显然仅靠转炉钢渣热兑，是不能够保证电炉冶炼所需的碱度的，需要添加部分的石灰来保证平衡。加入的不同转炉液态渣 M，需要添加的石灰量 G 按照以下的计算方法确定：

$$G = \frac{M(2\beta - \gamma_3) + 2W}{\gamma_1 - 2\sigma}$$

式中，β 为转炉液态渣中二氧化硅的质量分数，%；σ 为石灰中二氧化硅的质量分数，%。

热兑 6t 的转炉液态钢渣，电炉为保持氧化钙满足 2.0 碱度，需要补加 1.5t 的石灰，即可满足冶炼的工艺需求。

22.4.3　工艺路线

由于该厂电炉生产线仅有 2 部 110t 行车，一部加废钢，一部加铁水，故兑加转炉液态钢渣的工艺受行车运力的影响，只能够在全废钢冶炼的时候进行。实行此工艺时，一部行车兑加转炉钢渣，一部加废钢，其工艺主要特点措施如下：

（1）采用此工艺时，对废钢的配加没有特殊要求。为了减少意外损失，首次试验钢种为 HRB335 ~ 400、HPB335。

（2）转炉出渣以后，渣罐上沿有 300mm 的安全距离，利用拉罐车拉运到 70t 电炉。

（3）电炉出钢以后，首先兑入钢渣，包括渣壳，然后加入废钢正常冶炼。

（4）电炉配料，第一篮料不加石灰，第二篮加入 1000 ~ 1500kg 石灰。

2011 年 10 月 21 日开始实行此工艺，转炉出渣以后，由专用的拉罐车拉运到电炉生产线，电炉出钢结束以后，直接兑加钢渣 6 ~ 9t，然后按照正常的工艺进行冶炼。电炉热兑转炉液态钢渣工艺过程如图 22-2 所示。

22.4.4　使用效果

实际跟踪的结果表明，兑加 6 ~ 9t 的转炉液态钢渣以后，具体效果如下：

（1）电炉的实际冶炼周期 45 ~ 47min，和没有兑加转炉液态钢渣的全废钢冶炼相比较，冶炼周期缩短 3 ~ 5min。

（2）兑加转炉液态钢渣以后，电炉熔化期明显的缩短，在 5 ~ 8MW·h 即可熔清加第一批料，同比条件下缩短 2min。第二批料加入以后，10 ~ 15MW·h 全部熔清进行泡沫渣操作，冶炼过程中渣量较大。出钢 75t，对钢铁料的影响不明显。

（3）与相同装入量的全废钢冶炼相比，电耗节省效果明显。热兑钢渣的比例（兑加钢渣占所有物料的质量百分比）增加 1%，吨钢的电耗下降 4.4 ~ 5.5kW·h。冶炼电耗和热兑钢渣量之间的回归关系如下：

$$P = \frac{1}{1000}(M \times \mu - \tau \times S)$$

式中，P 为冶炼终点的电耗总量，MW·h；M 为废钢的加入总量，t；S 为钢渣的兑加量，t；μ 为钢水 1600℃时的物理热，400kW·h/t；τ 为液态钢渣的物理热，500kW·h/t。

图 22-2　电炉热兑转炉液态钢渣的流程

（4）电炉冶炼每炉节约石灰 2.5t，冶炼过程中吹氧操作简单，成分控制容易，脱磷、脱碳效果十分明显，泡沫渣的埋弧效果较好，优于正常的全废钢冶炼。

（5）转炉钢渣兑加以后，熔化期炉渣氧化铁含量较高，炉渣较稀，操作过程中需要加强炉料的配碳量和泡沫渣操作过程中碳枪的喷碳量，以提高泡沫渣的质量。

（6）渣中的氧化镁含量在 4%左右，与计算结果基本上吻合，对稳定泡沫渣发泡指数起到了较好的作用。

实际上，电炉废钢原料的 2/3 是在第一批料加入的，所以炉料中的酸性物质大多数在这一阶段产生。在随后的工艺改革中，采用第一批料熔清以后，流放 1/4～1/3 的熔化渣，第二批料加入石灰，对碱度的提高尤为明显。实际上装入量为 85t 时，石灰加入 500～1000kg，泡沫渣的操作和成分的控制就更加容易了，效果也更加明显。

电炉采用热兑转炉液态钢渣的工艺以后，冶炼过程中对冶炼周期的影响，其效果相当于兑加等量铁水的效果。每炉仅按照节约的石灰 2.5t 和电耗 3MW·h，直接经济效益达到 2460 元以上，间接经济效益为公司减少石灰用量、降低钢渣的排放量、增加电炉台时产能的效益更加明显。兑加转炉液态钢渣工艺的技术指标见表 22-7。

表 22-7　兑加转炉液态钢渣工艺的技术指标

工艺条件	热兑转炉液态钢渣 8t	原有工艺	对比结果
平均冶炼周期/min	47	52	缩短 5
冶炼电耗/kW·h·t^{-1}	355	400	节省 45
石灰加入量/t	1	3.6	节约 2.6
氧耗/m^3·t^{-1}	25	28	节约 3

电炉热兑转炉液态钢渣，对节约资源、减少钢渣排放有积极的意义和明显的效果。同时，增加了炉渣中的磷含量，降低了渣中的游离氧化钙的含量，有利于回收渣中的金属铁元素，还有助于提高钢渣作为农业磷肥的肥效，对应用于农田、道路基础设施的建设很有利。

22.5　固态转炉钢渣作为渣料用于电炉脱磷的实例

在转炉冶炼的原料条件下，磷含量适中的时候，固态转炉钢渣的成渣速度快，脱磷效果明显，成渣热与石灰的成渣热相比较低。将粒度在 5~50mm 范围的转炉固态钢渣作为渣料，随着电炉炼钢的废钢原料一起加入电炉，在冶炼普通钢种时可以替代大部分的石灰，在冶炼低磷优钢时可以替代部分的石灰，并且可以优化电炉的脱磷操作。

例如，某厂电炉公称容量为 110t，转炉钢渣处理工艺为热泼渣处理，电炉具有热兑铁水的条件，冶炼的钢种为普碳钢和建筑用钢，装入量为 108t，其中铁水装入量为 45t，石灰加入量 5.2t/炉，电炉采用超音速氧枪从炉门吹炼。在采用石灰为渣料的冶炼条件下电炉吹氧造成炉壁结渣和结冷钢严重，影响冶炼。冶炼过程中，采用配加 4t 转炉原渣（没有磁选）在炉底，然后加入 2t 的石灰，氧化期的泡沫渣成渣速度快，脱磷效果明显，炉壁结瘤的现象大幅度下降，冶炼电耗下降 1.5kW·h/t 钢，冶炼周期缩短 1.5min。

22.6　钢渣作为高炉熔剂和铁水脱硅剂

22.6.1　钢渣作为高炉熔剂

钢渣在回收利用渣中金属铁以后，剩余的部分钢渣替代高炉使用的石灰，能够节省烧结矿和石灰用量，配用量取决于钢铁厂对炼铁工序和炼钢工序的整体收益来考虑，主要是考虑钢渣中的磷含量对炼铁的影响。

低磷钢渣可作为高炉、化铁炉熔剂，充分利用其中的粒钢和氧化铁成分，同时还可改善高炉渣的流动性。

22.6.2 钢渣作为铁水脱硅剂

高炉铁水脱硅是实现铁水"三脱"（脱硅、脱磷、脱硫）的重要环节，铁水脱硅对提高转炉生产能力、降低成本、冶炼纯净钢、开发新钢种具有重要意义。转炉钢渣适当添加 $BaCO_3$ 和 Fe_2O_3 等原料，可增强脱磷能力做铁水预处理的脱硅剂、脱磷剂使用。目前宝山钢铁股份有限公司炼铁厂（以下简称宝钢）铁水脱硅采用单喷吹烧结矿返粉进行处理，1t 铁水脱硅剂单耗在 25～27kg 之间，脱硅率在 60%～70% 之间。

22.6.2.1 脱硅反应的基本原理

固体脱硅剂的选择以提供氧源的材料为主剂，并配加适量辅剂调整炉渣碱度，改善炉渣流动性。主要是利用铁的氧化物 Fe_3O_4、Fe_2O_3 和 FeO 向铁水提供 O，对铁液中的 [Si] 进行选择性氧化处理，生成 SiO_2 进入渣相，从而实现铁水脱硅处理。

反应式如下：

$$[Si] + \frac{2}{3}Fe_2O_3(s) = (SiO_2) + \frac{4}{3}Fe(l) \quad \Delta G^\ominus = -288000 + 60T$$

$$[Si] + \frac{1}{2}Fe_3O_4(s) = (SiO_2) + \frac{3}{2}Fe(l) \quad \Delta G^\ominus = -275900 + 156T$$

$$[Si] + 2FeO(s) = (SiO_2) + 2Fe(l) \quad \Delta G^\ominus = -356000 + 130T$$

22.6.2.2 脱硅剂的使用效果

脱硅在高炉脱硅场进行，1t 铁水脱硅剂单耗为 23～27kg，平均单耗为 25.3kg。铁水初始 [Si] = 0.30%～0.41% 的条件下，新型脱硅剂的平均脱硅率为 67.7%，处理后的铁水 [Si] ≤ 0.15%，完全满足宝钢铁水"三脱"生产的需要，取得了满意的成效。脱硅剂原料的化学成分见表 22-8。

表 22-8 脱硅剂原料的化学成分 （%）

原 料	TFe	FeO	Fe₂O₃	CaO	SiO₂	Al₂O₃	MnO	MgO
烧结返矿	56.25	4.91	74.9	9.96	5.38	1.96	0.53	1.93
氧化铁皮	72.79	65.99	30.66					
富矿粉	61.06	0.56	86.61	2.68	2.18	0.63	0.33	1.33
转炉渣	20.81	17.63	10.16	44.65	8.21	1.1	3.5	9.71
石灰粉				93.56	2.68			0.54

脱硅工艺过程中，转炉钢渣作为配加原料使用有以下的特点：

（1）烧结矿粉和氧化铁皮脱硅，初期即可看到渣铁界面强烈的反应状态。烧结矿作为脱硅剂，泡沫化程度最大，泡沫渣高度由高渐低，先升高后下降，生产中必须加入压渣剂压渣；氧化铁皮脱硅渣泡沫化程度较烧结矿轻，污泥粉脱硅炉渣稀薄，流动性好。转炉渣替代石灰作熔剂不仅化渣快、脱硅率高，而且泡沫渣高度适中，成本低。

（2）脱硅剂中的转炉渣控制在 15%～30% 较为适宜，脱硅剂中的（CaO）控制在 8%～16% 之间较为适宜。

（3）转炉渣可以替代石灰作为熔剂应用到铁水脱硅领域，合适的脱硅终渣碱度范围控制在 0.4～0.8 之间较为适宜。

22.7　转炉钢渣作为原料用于磷铁、耐候钢和电石的冶炼及煅烧石灰石

22.7.1　转炉冷钢渣应用于转炉冶炼耐候钢的工艺

磷溶于铁素体，在钢中固溶强化和冷作硬化作用强，作为合金元素加入低合金结构钢中，能提高其强度和钢的耐大气腐蚀性能，所以是冶炼耐候钢的有益元素。检索文献如下：（1）吴康、郑毅、简明、洪建国在《炼钢》发表的论文《提高供氧强度冶炼含磷耐候钢的生产实践》中表述了"采用平均 $w(P)=0.22\%$ 的原料冶炼耐候钢"的内容。（2）赵国光、左康林、邹俊苏在《宝钢技术》2006 年第 2 期发表的论文《梅钢转炉低成本冶炼耐候钢 SPA-H》有"利用梅钢现有转炉模型计算了石灰加入量，分析了梅钢转炉冶炼过程中熔池磷含量与吹氧量的关系及脱磷反应的热力学条件，并据此采取了减少石灰加入量和低氧枪枪位操作等措施，降低了转炉终点磷的分配比，生产出低碳和高吹炼终点磷含量的钢水，降低了冶炼物料消耗和合金消耗，使转炉冶炼含磷耐候钢 SPA-H 等钢种成本低于其他钢种。"的内容表述。（3）刘文飞在 2011 年第 6 期的《鞍钢技术》杂志上发表的论文《经济性冶炼含磷耐候钢的工艺开发》一文中有以下的内容表述：1）260t 转炉冶炼过程中不加活性石灰，根据铁水 Si 含量，加入轻烧白云石 4t，生白云石 5～8t，保持渣中 MgO 含量不低于 12%，有效保护炉衬。2）前期加入所有的轻烧白云石以及部分生白云石，提高前期渣中的 CaO 和 MgO 含量，防止酸性渣对炉衬的侵蚀。3）根据热平衡计算结果，在吹氧 4min 前加入降温冷料矿石、尾渣，控制前期升温过快，避免碳氧反应到来后发生大的喷溅。

由上述信息可知：目前转炉冶炼耐候钢大多数采用不加石灰或者少加石灰的工艺方法进行含磷耐候钢的冶炼，但是这种工艺造成转炉冶炼的炉渣碱度降低，引起金属料的飞溅损失加剧，转炉热效率低下。

利用转炉废弃钢渣中的磷酸盐不稳定和钢渣中磷容量与钢渣中磷含量的关系特点，采用转炉废弃的冷钢渣和含碳的镁球作为造渣材料，用于冶炼耐候钢，由

于钢渣能够良好地覆盖钢液，减少吹炼过程中的金属飞溅损失和吹炼过程中的热损失，同时实现脱碳保磷的目的。

22.7.1.1 工艺机理和工艺路线

炼钢过程中的脱磷反应有以下的顺序特点：

$$\frac{6}{5}CaO(s) + \frac{4}{5}[P] + O_2(g) = \frac{2}{5} \cdot 3CaO \cdot P_2O_5(s)$$

$$\Delta G^{\ominus} = -828942 + 249.90T$$

$$\frac{8}{5}CaO(s) + \frac{4}{5}[P] + O_2(g) = \frac{2}{5} \cdot 4CaO \cdot P_2O_5(s)$$

$$\Delta G^{\ominus} = -846190 + 256.28T$$

$$\frac{6}{5}MgO(s) + \frac{4}{5}[P] + O_2(g) = \frac{2}{5} \cdot 3MgO \cdot P_2O_5(s)$$

$$\Delta G^{\ominus} = -744030 + 256.58T$$

$$2[P] + 4(CaO) + 5(FeO) = (4CaO \cdot P_2O_5) + 5[Fe]$$

$$\Delta G^{\ominus} = -767169 - 288.36T$$

以上的热力学条件表明，氧气射流冲击熔池的氧化反应和 MgO 含量的增加，有助于减少脱磷反应的进行。

转炉的液态钢渣在缓慢冷却凝固过程中，有以下的特点：

（1）转炉钢渣中磷含量较高，例如一种转炉液态钢渣的主要化学成分为：CaO 45%、SiO_2 22%、Al_2O_3 2.5%、TFe 26%、MgO 14%、MnO 2%、P_2O_5 0.81%；钢渣的温度为 1600℃。

（2）当炉渣冷凝的过冷度太高时，部分磷元素会留存于冷凝的炉渣相中，来不及完成析晶长大以及物质迁移的过程，以磷酸钙的形式存在，其他物相中则基本不含磷元素。

（3）转炉液态钢渣中的磷酸盐的还原反应在转炉吹炼的温度条件下能够充分的进行，反应如下：

$$2P_2O_5 + 5C = 4P + 5CO_2$$

$$2P_2O_5 + 5Si = 4P + 5SiO_2$$

所以在转炉冶炼耐候钢的过程中，采用磷容量较高的废弃钢渣和含碳的镁球，能够较为方便地冶炼出磷含量较高的耐候钢。这种工艺机理是将转炉废弃渣循环利用，转炉渣磷容量达到饱和以后，炉渣脱磷能力下降，同时采用含碳镁球还原渣中的磷，使其进入钢液达到增加钢液中磷含量的目的，从而降低冶炼成本。

22.7.1.2　工艺步骤

利用转炉冷钢渣冶炼耐候钢的工艺步骤为：

（1）采用转炉冶炼碳钢后，将经过热闷工艺或者滚筒工艺处理后的钢渣作为渣辅料运输到转炉的高位料仓待用。转炉钢渣的成分见表22-9。

表22-9　转炉钢渣的成分　　　　　　　　　　　（%）

成　分	CaO	SiO$_2$	P$_2$O$_5$	TFe	MgO	其　余
含　量	56	18	0.3	12	9	4.7

（2）采用的含碳镁球，镁球的成分见表22-10。

表22-10　镁球的成分　　　　　　　　　　　（%）

成　分	CaO	SiO$_2$	MgO	C
含　量	15	12	55	18

（3）转炉按照正常的冶炼程序冶炼，即加入铁水废钢后，氧枪开吹前加入60kg/t钢的转炉废弃冷钢渣，随后在脱碳反应开始后，加入3kg/t钢的镁球。此过程的主要工艺目的是抑制熔池内的磷被氧化而进入渣中。

（4）转炉吹炼终点前加入5kg/t钢的镁球进行压渣，3min后出钢。此过程的工艺目的是利用镁球中的碳还原钢渣中的磷酸盐，使之进入钢液。

22.7.1.3　某厂的实施实例

以120t转炉生产线为例。该生产线配置有工称容量为120t的转炉3座，使用11m³的渣罐，每座转炉每次出渣量为14t，钢渣的温度1600℃，钢渣的化学成分见表22-11。

表22-11　钢渣的化学成分　　　　　　　　　　　（%）

成　分	CaO	SiO$_2$	Al$_2$O$_3$	TFe	MgO	MnO	P$_2$O$_5$	其　余
含　量	45	16	3	25.25	8	1.5	0.81	0.44

（1）转炉出渣以后的钢渣经过热闷渣处理工艺后，挑选其中粒度2~5mm的块渣，通过转炉的上料系统输送到转炉的高位料仓使用。

（2）转炉冶炼耐候钢的时候，加入高磷的钢铁料，然后下枪吹炼，吹炼开始的同时，从高位料仓向转炉熔池加入60kg/t钢的上述钢渣（7.2t的钢渣）；脱碳反应的炭火出现后加入3kg/t钢的镁球（360kg）。

（3）脱碳反应结束，提枪倒炉取样前，加入5kg/t钢的镁球（600kg）进行压渣，3min后倒渣出钢，完成工艺目的。

这种工艺的优点为：

（1）充分利用了转炉废弃钢渣磷容量较高的冶金功能，在转炉炼钢过程中应用，实现降低转炉吹炼过程中脱磷能力的目的。

（2）采用含碳的镁球，能够还原部分渣中的磷，降低了磷铁的使用量。

（3）将钢渣替代熔剂在转炉炼钢过程中应用，实现了固废厂内的循环利用。

22.7.2　液态转炉钢渣应用于矿热炉生产磷铁

磷铁是冶炼含磷耐候钢和铸件、特种钢的特种合金。转炉的脱磷渣中含有较高的磷含量，将液态的转炉钢渣热兑加入（或者红热态加入）矿热炉，再加入部分的高磷铁屑、高磷矿石等，在矿热炉内采用焦炭等廉价的还原剂还原，能够将渣中的磷还原进入铁液，钢渣成为耐磨性较好的还原渣，可以直接应用于水泥行业的生产。生产的磷铁，既可以作为高磷废钢在转炉使用，也可以作为合金在精炼炉和转炉出钢过程中加入使用，对降低矿热炉的冶炼能耗有积极的意义。

22.7.3　转炉钢渣应用于电石生产

用于生产乙炔气的电石，采用转炉钢渣在矿热炉中冶炼，具有节约原料和能耗的优点。如果有条件热兑转炉液态钢渣，冶炼电石的成本将会得到大幅度的下降，同时钢渣的潜在价值也能够得到最大限度的发挥。

22.7.4　转炉溅渣护炉渣煅烧石灰石用于电炉炼钢

许多的大型钢铁企业，既有长流程的转炉炼钢生产线，也有短流程的电炉生产线，两种不同生产线之间钢渣的富余能源和具有潜在价值的含铁料没有有效的加以利用。现在说明如下：

（1）转炉的液态钢渣的碱度较高，一般在 2.8 ~ 4.2（$\Sigma CaO/\Sigma SiO_2$）之间，比热容为 2.5kJ/（kg·℃），进入渣罐以后的温度在 1550℃ 左右，并且具有良好的导电性，其中的热能和渣中富裕的氧化钙还能够充分的再次利用。

（2）转炉液态钢渣的碱度和电炉冶炼钢渣的碱度各不相同，如前所述。

（3）石灰石应用于转炉炼钢目前是一种成熟的工艺，但是应用在电炉会增加冶炼电耗，故目前还没有电炉冶炼采用石灰石炼钢的工艺。

（4）转炉溅渣护炉渣的碱度在 2.8 ~ 3.8 之间，渣中含有 8% ~ 14% 的 MgO，护炉后有部分残留在炉内的钢水。转炉在兑加铁水的时候，炉内钢渣中的 FeO 和残留的氧化性钢水与铁水发生反应，引起兑加铁水过程中的喷溅和喷火问题，所以大部分钢厂将溅渣护炉的残渣倒出。倒出的钢渣温度较低，流动性较差，渣中含铁量高，只适合于热闷渣工艺处理。由于这种钢渣中的含铁量较高，热闷处理过程中的响爆问题、结块问题突出。

（5）电炉钢渣的碱度较低，钢渣处理工艺比转炉钢渣处理难度低，成本也低。

综上所述，将石灰石加在转炉倒渣的渣罐中，然后用于盛装转炉溅渣护炉后剩余的残渣，最后应用于电炉炼钢。这种工艺解决了电炉炼钢过程中对石灰的需求，又优化了转炉溅渣护炉后残渣的利用和处理工艺，对钢企的环境和生产成本均有显著的贡献。

22.7.4.1　工艺机理

利用转炉溅渣护炉渣的特点，将其含有的热能作为煅烧石灰的热源，然后将煅烧的石灰和转炉的溅渣护炉渣一起加入电炉，充分利用溅渣护炉残渣具有较高磷容量的矿物组织结构和转炉残留钢水，以及煅烧后具有的一定温度的石灰，替代电炉冶炼需要的石灰，用于造渣脱磷。这样既满足电炉冶炼的需要，又节约电炉炼钢使用石灰的量，有利于减少烧制石灰过程中对环境的污染，也节约了炼钢渣处理的工序成本，减少了转炉溅渣护炉后钢渣中含有的残余钢水的损失，有积极的意义。

技术原理按照以下的几个方面来阐述说明：

（1）电炉炼钢过程中的炉渣最佳碱度为 2.0，此时炉渣的泡沫化程度最好，脱磷脱碳的反应均能够同时兼顾。转炉炉渣的碱度为 2.8~3.8，与电炉的炉渣相比，碱度高出 0.8~1.8，磷容量较大，可以加以利用。但是电炉的原料以废钢为主，冶炼中产生的酸性物质 SiO_2 的量较多，仅兑加转炉溅渣护炉后的残余钢渣，炉渣的碱度不能够达到 2.0，需要额外增加石灰来满足电炉炼钢的碱度需要。

（2）转炉溅渣护炉残渣倒入渣罐，残余的钢水会与渣罐的铸钢材质粘连。所以渣罐使用前均在罐底垫入一部分冷钢渣粉末，来阻止残余钢水与渣罐内壁的接触，这是钢企普遍采用的一种工艺方法。这种方法，转炉溅渣护炉残余渣的热能没有得到充分利用。

（3）电炉炼钢使用的石灰，在烧制后，经过降温处理，才能够满足运输条件，加入到电炉进行使用。而加入到电炉的石灰，需要热能和 FeO 的双重作用，才能够熔化成渣参与反应，需要的热能由电炉冶炼过程中的电能和化学能提供。

（4）石灰石在竖窑或者回转窑内煅烧，经 900~1100℃ 煅烧生成石灰。煅烧 1t 的石灰，需要 1.782GJ 的热能；而 1550℃ 转炉钢渣的热容为 2.5kJ/（kg·℃），温度低于 1100℃ 后，基本上为凝固状态，导热性变差，对煅烧石灰的功能减弱。按照热平衡计算，温度为 1550℃ 的转炉钢渣，1.584t 能够煅烧出 1t 的石灰，应用于电炉炼钢；煅烧不充分的石灰，对电炉炼钢的影响是增加冶炼电耗。

（5）固态钢渣和石灰基本上是不导电的，它们和电极接触，会发生折断电极的事故。基于这一点，电炉加石灰一般是加在电炉钢铁料的下面。

依据以上各个方面的特点，加以有序的组合，形成在电炉生产线和转炉生产线应用的工艺：将一定量的石灰石加入转炉空渣罐内，再将转炉溅渣护炉残渣倒入渣罐，利用溅渣护炉残渣在渣罐内煅烧石灰石。然后，将煅烧一段时间后的石灰石和溅渣护炉残渣，在热状态下加入电炉，作为电炉的渣料使用，其中含有的热能被最大限度的利用。

为了实现电炉的碱度达到 2.0，需要煅烧的石灰石的量 G，按照下式进行计算：

$$G = \frac{100}{56\mu} \times 2 \times \left[\left(S \times \gamma + \frac{60}{28} \times Q \times \alpha \right) + F - S \times \beta \right]$$

式中，S 为加入的钢渣量，t；β 为转炉钢渣中 CaO 的质量分数，%；α 为电炉加入钢铁料总量中含 Si 的质量分数，%；Q 为电炉钢铁料的加入量，t；F 为电炉随废钢料带入的 SiO_2 的质量，t；γ 为转炉钢渣中 SiO_2 的质量分数，%；μ 为石灰石中 $CaCO_3$ 的质量分数，%。

22.7.4.2 具体工艺实施

以八钢两条生产线来说明：

（1）八钢第二炼钢厂具有 70t 电炉生产线一条和 3×120t 的转炉生产线一条，转炉溅渣护炉剩余残渣每炉次 4t，电炉加入量 70t，电炉废钢中的平均硅含量为 0.4%，废钢带入的 SiO_2 的质量为 1.5t，烧制石灰使用的石灰石的 $CaCO_3$ 含量为 98%，转炉溅渣护炉的残渣渣样见表 22-12。

表 22-12　转炉溅渣护炉的残渣渣样　　　　　　　　　　　　（%）

成　分	CaO	SiO_2	TFe	MgO	其　余
含　量	53.5	15.1	18.3	10.1	3

（2）转炉使用的渣罐为 11m³ 的铸钢件渣罐，渣罐使用前，依据原有的工艺，喷涂防粘渣剂，经计算向渣罐内加入 2.06t 的石灰石，石灰石的粒度控制在 30~50mm，渣罐不再使用冷钢渣垫罐。

（3）将上述装有石灰石的渣罐放置于转炉的渣车上，转炉将溅渣护炉剩余的残渣倒入渣罐内，渣车开出。

（4）将上述装有转炉溅渣护炉残渣和石灰石的渣罐，拉运到 70t 电炉生产线。

（5）渣罐到达电炉生产线以后，在电炉生产线电炉一炉钢冶炼结束，且在电炉加料前，使用电炉加料的行车，吊起渣罐，将渣罐内的溅渣护炉残渣和煅烧的石灰石一起加入电炉，然后加入钢铁料，按照正常的冶炼工艺进行冶炼即可。

22.7.4.3 有益效果

这种工艺效果的有益作用有以下几个方面：

（1）解决了转炉溅渣护炉后残余渣的难处理问题，并且其中富裕的磷容量和渣中的含铁物质，使电炉炼钢过程中的成渣速度加快、脱磷效率提高。

（2）解决了含有钢水的转炉溅渣护炉残渣倒入渣罐造成的粘渣罐问题。

（3）利用转炉溅渣护炉残渣煅烧石灰石，节约了电炉使用石灰的量，并且煅烧后具有一定温度的石灰可以直接加入电炉进行炼钢，节约了电炉炼钢过程中的冶炼电耗。

（4）经过电炉冶炼使用以后，减少了转炉溅渣护炉残渣处理的成本，优化了炼钢厂固废的二次利用，具有显著的社会效益和环境保护效益。

22.8 钢渣应用于烧结生产

22.8.1 钢渣应用于烧结生产概述

钢渣用于烧结生产一直存在争议，但是钢渣用于烧结生产无疑是一种有效处理钢渣的工艺。宝钢于1998年下半年开始在烧结矿中配加转炉钢渣，至2001年，烧结矿中配加钢渣量超过15万吨/年。

从原材料的成分来讲，钢渣用做烧结熔剂，主要是利用钢渣中的 CaO、MgO、MnO 等有效成分，替代烧结生产过程中的石灰或者石灰石。由铁矿石制备烧结矿时，一般需加石灰石等作为助熔剂，而钢渣中含有40%～50%的 CaO，1t 钢渣相当于700～750kg 的石灰石，相当于400～500kg 的石灰。钢渣中含有的铁料，可以通过烧结生产得以回收循环利用。

宝钢的生产经验是在烧结生产中添加适量的转炉渣，不仅减少了烧结熔剂消耗、降低成本，而且由于转炉渣是低熔点化合物，能在较低的温度下较早、较快地形成黏结相，促进周围矿石反应，使烧结矿结晶良好，从而改善烧结矿强度。

鞍钢的生产实验表明，转炉钢渣配入烧结料时，可改善烧结料层的透气性，提高烧结矿的成品率和烧结机的生产效率，改善烧结矿的冶金性能，降低烧结矿的成本。鞍钢在265m² 烧结机中进行过相关工业试验，采用钢渣替代部分熔剂进行配料，配比为6%，试验的对比结果见表22-13。从表中可知，配钢渣后的烧结矿质量（如还原度、转鼓强度）、燃耗和成品率等指标均有一定程度的改善，软熔区间降低了5℃，减小了高炉软熔带的宽度，可改善高炉的透气性能，有利于高炉的顺行。

表 22-13　采用钢渣替代部分烧结熔剂进行配料的试验对比结果

钢渣配比 /%	化学成分/%		混合料质量密度 /t·m⁻³	固体燃耗 /kg·t⁻¹	利用系数 /t·m⁻²·h⁻¹	成品率 /%	转鼓指数 /%	冶金性能		
	TFe	TFeO						还原度 /%	软熔温度/℃	
									开始	终了
0	59.51	8.3	1.78	50	1.229	71.3	79.2	71.3	1180	1515
6	58.68	7.9	1.731	49	1.232	73.6	81.6	75.6	1170	1500

22.8.2　烧结配加钢渣的效果

国内钢厂采用烧结配加钢渣的情况见表 22-14。

表 22-14　国内钢厂采用烧结配加钢渣的情况　　　　　　（%）

项　　目	新余	首钢	邯钢	南钢	重钢	太钢	攀钢	鞍钢
钢渣配入量	1	4	6	8.88	9	6	7.5	59.4(kg/t)
转鼓指数提高	0.2	0.4	0.4	2.2	0.35	0.54	0.92	0.35

中南大学矿物工程系的许斌、庄剑鸣、白国华、梁景晟的研究结果认为，烧结配加钢渣，能够有以下几点效果：

（1）加入钢渣后，烧结矿成品率、强度有所提高，烧结速度变化不大，利用系数在钢渣加入量为 3%～5% 时达到最大值，钢渣的粒度宜小于 8mm。

（2）加入钢渣后，烧结矿与铁水的化学成分将受到影响。钢渣配比每增加 1%，烧结矿 TFe 大约降低 0.116%，磷含量升高 0.005%，铁水中磷含量大约增加 0.006%。

（3）当钢渣配比不太高时，磷的循环富集不会影响炼钢的现行操作，即炼钢渣量能保持不变，对炼钢冶炼操作和原料消耗无明显影响。不过随着钢渣循环使用次数的增加，钢渣中的磷含量将会上升，但富集到一定程度后，磷含量不再上升。当钢渣配比分别为 1%、2%、3%、4%、5%、6% 时，钢渣中相应的磷含量稳定在 0.622%、0.711%、0.829%、0.993%、1.239% 附近。也有的研究表明采用低磷铁矿粉烧结时，钢渣循环 10 次后，铁水中的磷含量升高到 0.055%，保持不变。主要原因是：在炼铁和炼钢过程中烟尘会带走部分磷，而且钢渣在磁选时选下物也会带走部分磷，当带走的磷元素和增加的磷元素相当时，铁水中的磷含量就保持不变，该指标未超出生铁含磷标准。因此认为，烧结矿配用钢渣后生铁磷的富集问题不会像人们想象的那样严重。

（4）烧结配料中，每增加 1% 钢渣配比，则 1t 烧结矿的原料成本可降低 2 元左右。

太原钢铁集团有限公司的戎玉萍、何小平等人的研究认为，配加4%左右的钢渣，对烧结矿的影响不明显，能够产生较为积极的经济效益。他们使用的钢渣和原料的成分见表22-15。

表 22-15　太原钢铁集团有限公司使用的钢渣和原料的成分　　　　（%）

原料名称	TFe	FeO	SiO$_2$	CaO	MgO	P	烧损率
尖　山	65.43	27.78	8.3	0.45	0.5	0.018	0.5
澳　矿	62.78	3.99	4.33	0.83	0.6	0.032	1.4
峨　口	64.77	20.06	7	0.4	0.43	0.033	1.51
综　合	52.66	—	7.94	7.81	2.1	0.028	—
石灰石	—	—	2	50	2.04	—	42.2
白云石	—	—	2.3	32.35	17	—	42.9
生石灰	—	—	3	81	0.52	—	—
钢　渣	17.5	10.75	11.23	47.59	6.29	0.229	3.64

钢渣配比与烧结性能的关系如图22-3所示。

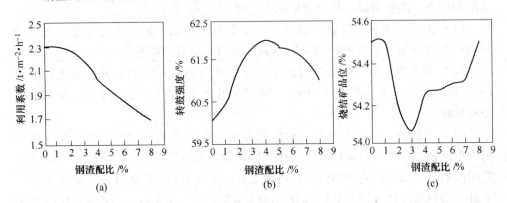

图 22-3　钢渣配比与烧结性能的关系

（a）利用系数；（b）转鼓强度；（c）烧结矿铁品位

湖南工业大学刘竹林副教授的研究认为，转炉渣在烧结矿中的使用，是大规模处理转炉渣的有效途径，既有良好的社会效益，又有良好的经济效益。但转炉渣磷高和转炉渣循环使用时磷的富集将制约转炉渣在烧结料中的加入量。他的研究表明，随着转炉渣配比的增加，烧结矿化学成分中，TFe 降低，SiO$_2$、P 则提高。它们的关系如图22-4所示。

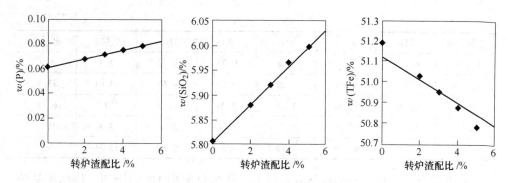

图 22-4　钢渣的配比与烧结矿中 P、SiO_2、TFe 含量的关系

刘副教授研究使用的转炉渣成分见表 22-16。

表 22-16　研究使用的转炉渣成分　　　　　　　　　　（%）

原料名称	TFe	CaO	MgO	SiO_2	P	烧损率	水　分
中和矿	57.52	1.57	1.13	5.77	0.07	4.0	9.5
混合精矿	59.6	2.92	1.13	6.08	0.068	2.22	7.5
澳　矿	63.23	—	0.24	3.65	0.025	3.42	2.0
瓦斯灰	32.95	11.66	1.21	8.51	0.03	24.0	—
生石灰	—	78	3.0	4.0	—	9.53	—
石灰石	—	48.23	2.18	1.63	—	40.4	0.5
白云石	—	32.98	16.93	0.93	—	43.23	0.6
焦　粉	—	0		6.38	—	78.16	3.5
返　矿	51.38	11.66	2.98	6.31	0.06	—	—
残留渣	28.9	21.98	13.12	16.79	0.865	—	—
转炉钢渣	17.59	46.43	5.32	9.72	0.479	5.44	9.3

安阳钢厂用于烧结矿的钢渣成分见表 22-17。

表 22-17　安阳钢厂用于烧结矿的钢渣成分　　　　　　　（%）

原料名称	TFe	CaO	SiO_2	MgO	Al_2O_3	烧损率	水　分
精　矿	64.67	1.42	3.95	1.68	0.72	1.31	4.2
酸精矿	65	0.43	6.07	0.6	1.81	0.93	3.75
印度粉	64.68	0.2	3.28	0.24	2.16	1.92	5.65
返　矿	59.3	8.65	4.32	1.5	1.5	1	—
南非粉	65.09	0.25	3.85	0.2	1.69	0.85	2

原料名称	TFe	CaO	SiO_2	MgO	Al_2O_3	烧损率	水　分
巴西粉	67.87	0.2	1.08	0.23	0.74	1.3	5.9
煤　粉	—	1.06	6.29	0.93	4.67	84.61	13.5
钢渣 1	15.19	51.08	13.7	5.94	5.15	7	6.75
钢渣 2	14.65	39.15	20.73	5.9	5.26	3.8	9.1
生石灰	—	70.85	7.19	4.87	2.89	13.36	—

也有部分钢厂从炼铁的经济效益出发，认为每配用 1% 的钢渣，烧结矿品位降低 0.21%～0.49%，在高炉冶炼中的冶金效益年损失较大，弊大于利。

从各个钢厂使用的钢渣 TFe 成分来看，鞍钢使用的钢渣 TFe 为 58%，属于钢渣磁选得到的，属于钢渣精粉的范畴，用于烧结生产，配比在 6%，有明显的经济效益。而这种钢渣精粉用于转炉，由于钢渣精粉粒度小、FeO 含量较高，用于炼钢也有利可图，用于烧结无疑是更加有利的。

其他钢铁企业使用的钢渣，TFe 均小于 20%，即没有磁选处理的普通转炉钢渣，这些钢渣通过热泼、浅盘法、滚筒渣工艺、热闷渣工艺、风淬工艺均可以直接得到，在使用量低于 5% 的情况下，在烧结工序是有经济效益的。但是，即使在炼铁工序出现亏损，在整个钢铁企业的流程中体现出的效益是不容置疑的。

23   钢渣在水泥生产和建筑行业中的应用

钢渣作为过烧硅酸盐水泥熟料能够采用不同的工艺应用于水泥行业。钢渣在水泥工业中的利用主要有以下几种方式：

（1）在钢渣中添加部分的硅酸盐水泥熟料和激发剂等生产钢渣水泥；

（2）作为水泥生料组分掺入配烧熟料；

（3）作为熟料替代物生产少熟料或无熟料钢渣矿渣水泥；

（4）用作水泥或混凝土的活性混合材料；

（5）把钢渣制成微粉，作为一种高活性材料，在适宜的掺量下掺入水泥，作为钢渣微粉使用。

钢渣粉除了能够在水泥行业和建筑行业应用以外，钢渣砂不仅满足建筑用砂的性能要求，而且从钢渣砂的化学成分和矿物组成可知，钢渣砂具有一定的胶凝性能，能提高材料的整体性能，所以钢渣砂也是一种新型的建筑材料。

23.1   钢渣在水泥行业中的应用

凡是以钢渣为主要成分，加入一定量的其他物料和适量的石膏，经磨细而制成的水硬性胶凝材料，都称为钢渣水泥。钢渣水泥的生产工艺简单，由原料破碎、磁选、烘干、计量配料、粉磨和包装等工序组成。

钢渣制备水泥介绍的方案有以下几种：

（1）用钢渣代替铁粉和部分石灰石、黏土配烧水泥熟料。这种工艺钢渣加入量约10%，工艺参数选择为：石灰饱和系数 $KH=0.9 \sim 0.92$，硅率：$1.7 \sim 1.9$，铁率：$1.0 \sim 1.2$，熟料的 f-CaO:1.5%，产品性能与普通的硅酸盐水泥的性能接近。

（2）用钢渣熟料加水渣、石膏配制的 32.5 号矿渣水泥。其配比为 熟料：水渣：石膏：粉煤灰 = 52：35：5：8。其各项性能符合国家矿渣硅酸盐水泥标准。

（3）用钢渣熟料（掺入约15%钢渣混合材），生产 42.5 号和 32.5 号钢渣—矿渣水泥，其配比为 熟料：水渣：钢渣：石膏 = 52：21.5：21.5：5。水泥的各项性能符合相关的水泥标准。用普通水泥熟料加20% 左右的钢渣，生产 42.5 号钢渣—矿渣水泥，其配比为 熟料：钢渣：水渣：石膏 = 51：21.5：21.5：5。

（4）用少量普通水泥熟料，掺钢渣和水渣及适量石膏生产 32.5 号钢渣—矿渣少熟料水泥，配比为 熟料：钢渣：水渣：石膏(硬) = 20：37.5：37.5：5。无论立窑还是回转窑生产的熟料，均能适用。

目前，国内生产的钢渣水泥标号有 22.5，27.5，32.5，42.5 号，可用于民用建筑的梁、板、楼梯、砌块等方面；也可用于工业建筑的设备基础、吊车梁、屋面板等方面。另外，钢渣水泥具有微膨胀性能和抗渗透性能，广泛应用在防水混凝土工程方面。我国相关的钢渣水泥标准见表 23-1。

表 23-1　我国相关的钢渣水泥标准

钢渣硅酸盐水泥	GB 13590—2006
钢渣道路水泥	JC/T 1087—2008
低热钢渣硅酸盐水泥	JC/T 1082—2008
钢渣砌筑水泥	JC/T 1090—2008
用于水泥的钢渣	YB/T 022—2008
用于水泥和混凝土中的钢渣粉	GB/T 20491—2006
水泥用钢渣化学分析方法	YB/T 140—1998
水泥用钢渣中金属铁含量测定方法	YB/T 148—1998

23.1.1　钢渣沸石水泥

沸石（zeolite）是一种矿石，最早发现于 1756 年。瑞典矿物学家克朗斯提（Cronstedt）发现有一类天然硅铝酸盐矿石在灼烧时会产生沸腾现象，因此命名为"沸石"（瑞典文 zeolit）。在希腊文中意为"沸腾"（zeo）的"石头"（lithos）。按沸石矿物特征分为架状、片状、纤维状及未分类四种，按孔道体系特征分为一维、二维、三维体系。任何沸石都由硅氧四面体和铝氧四面体组成。四面体只能以顶点相连，即共用一个氧原子，而不能"边"或"面"相连。铝氧四面体本身不能相连，其间至少有一个硅氧四面体，而硅氧四面体可以直接相连。硅氧四面体中的硅，可被铝原子置换而构成铝氧四面体。但铝原子是三价的，所以在铝氧四面体中，有一个氧原子的电价没有得到中和，而产生电荷不平衡，使整个铝氧四面体带负电。为了保持中性，必须有带正电的离子来抵消，一般是由碱金属和碱土金属离子来补偿，如 Na、Ca、Sr、Ba、K、Mg 等金属离子。由于沸石具有独特的内部结构和结晶化学性质，因此沸石拥有多种可供工农业利用的特性。

钢渣沸石水泥由我国首次研制成功，可利用炼钢钢渣，少用或不用水泥熟料，节约能源，处理三废。钢渣沸石水泥是较好的胶凝材料。最佳配比是：钢渣 67% ~71%，沸石 25% ~30%，石膏 6% ~8%。采用粉磨和混合粉磨而成。钢渣沸石水泥生产要求沸石岩的品位高（沸石含量 >50%、吸铵值 110mmol/100g 以上），质量稳定，矿化均匀。

河北建材职业技术学院的刘连成、乔丽娜用转炉钢渣、天然沸石、水泥熟料和二水石膏，研制了一种新型钢渣水泥。其性能可达 32.5 号以上普通硅酸水泥的标准。他们的研究认为，钢渣沸石水泥中沸石有以下三个方面的作用：

（1）沸石在 $Ca(OH)_2$ 溶液中，一方面 Ca^{2+} 同沸石中的 Na^+、K^+ 进行离子交换作用，另一方面是沸石中的活性物质以 AlO_2^- 和 SiO_4^{4-} 的形式解脱下来与 $Ca(OH)_2$ 进行一系列的反应，生成 C-S-H、六角形 C_2ASH_x 和 C_4AH_x。在 SO_4^{2-} 参与下，生成水化硫铝酸钙；在 SO_4^{2-} 量减少时，又会生成单硫型硫铝酸盐。以上过程意味着沸石可同钢渣中的活性矿物及熟料中的矿物（如 C_3S、C_2S 等）在水化过程中放出的 $Ca(OH)_2$ 反应，从而加速了钢渣的水化。

（2）沸石还可与已生成的高碱性水化物起反应，生成低碱性水化物，沸石可使水泥中水化产物的数量明显增加，促进水泥 7 天以后强度增长。保证该水泥有较高的后期强度。

（3）沸石同钢渣组分中造成安定性不良的固溶体 CaO、固溶体 MgO 和 f-CaO 反应，以保证水泥安定性合格。

钢渣沸石水泥中熟料的作用有以下几个方面：

（1）熟料的活性高于钢渣，所以硅酸盐水泥熟料的先行水化形成晶核，促进钢渣水化、加速水泥石结构的形成。

（2）熟料为沸石水化提供了 $Ca(OH)_2$，促进 AlO_2^- 和 SiO_4^{4-} 的溶出。

（3）熟料使水泥的整个碱度提高，有利于增强水泥的耐久性和保护钢筋不致锈蚀。

（4）熟料可以稳定由钢渣成分波动带来的水泥质量的波动，保证水泥的标号。

钢渣沸石水泥在水化过程中进行着如下几个方面的水化反应：

（1）熟料各矿物自身水化硬化，并析出 $Ca(OH)_2$。

（2）钢渣中的活性矿物在 $Ca(OH)_2$ 和石膏的双重激发下，反应生成水化硅酸钙和水化硫铝酸钙等。

（3）沸石能够同早期生成的高碱性水化物 C_2SH 作用，生成低碱性水化物。主要水化产物是水化硅酸钙，水化硫铝酸钙和少量的水化铝酸钙。一系列的水化作用，保证了钢渣沸石水泥具有较高的初期强度，较好的性能和较高的后期强度。

（4）在反应过程中，钢渣中的固溶体 CaO、f-CaO 及固溶体 MgO 的水化物也会被沸石中的 AlO_2^- 和 SiO_4^{4-} 所结合，变害为益，保证了水泥的安定性合格，提高了硬化体的强度，这些都为实验结果所证实。

目前文献介绍的一种沸石水泥的配比为：钢渣 53%，沸石 25%，熟料 15%，石膏 7%，强度符合国家 32.5 号普通硅酸盐水泥指标的强度要求，但是水化热低，其耐磨性、抗渗、抗冻和干缩性能均优于 32.5 号矿渣硅酸盐水泥。沸石中的活性铝和活性硅，消耗水泥石中的 $Ca(OH)_2$，能加速钢渣和熟料的水化，并可消除固溶体 CaO、f-CaO 和固溶体 MgO 的影响，改善水泥安定性，提高水泥强度。熟料为早期水化提供了水化产物的晶核和 Ca(OH)$_2$，促进沸石和钢渣的水化，对提高水泥强度起了保障作用。该水泥的主要水化产物是 C-S-H 和水化铝酸钙等，保证了水泥具有一定的早期强度和较高的后期强度等性能。

23.1.2 钢渣生态水泥

钢渣生态水泥是指添加钢渣和矿渣等原料，不需要煅烧过程，通过粉磨制得的水泥。有文献介绍利用钢渣、矿渣和脱硫石膏等废弃物，添加少量硅酸盐水泥熟料、助磨剂和激发剂能够制备性能优异的生态型水泥，产品性能满足 GB 175—2007 中 42.5 级复合硅酸盐水泥标准要求；这种工艺生产的产品中废弃物掺量为 75%，实现了废物的资源化，大大降低了生产成本；仅掺加少量硅酸盐水泥熟料，降低产品生产中 CO$_2$ 的排放，减轻环境负荷，是水泥行业实现低碳经济的重要措施。

23.1.2.1 生产生态水泥的方法

一种制备钢渣、矿渣基生态型水泥的最优方案为：钢渣 35%，矿渣 35%，硅酸盐水泥熟料 24%，无水石膏 5%，激发剂（CF-Ⅲ）1%，助磨剂（ZM-Ⅱ）0.05%，物料按比例计量后共同粉磨 40min。性能检测结果表明，按照以上配方制备的生态型水泥各项性能均满足 42.5 复合硅酸盐水泥标准要求，该水泥经沸煮法检测安定性合格。

23.1.2.2 石膏种类对钢渣生态水泥的影响

石膏是水泥生产中不可缺少的辅助原料，传统的水泥生产工艺常添加适量的天然二水石膏，以调节水泥的凝结时间。近年来，随着环保力度的不断加大，我国较大规模的燃煤电厂均采用烟气脱硫装置，由此产生了大量副产物脱硫石膏，其主要成分和天然二水石膏相同，都以二水硫酸钙为主。

脱硫石膏在不同的温度条件下的改性处理，能够提高脱硫石膏的利用率。对脱硫石膏改性得到半水脱硫石膏（150℃）和无水脱硫石膏（800℃），改性后的石膏分子结构和矿相重组，在钢渣、矿渣基生态水泥中的作用效果也产生很大差别。在固定水泥粉磨时间为 40min，按照基础配比制备水泥，有专家研究了石膏种类对该体系性能的影响，研究结果见表 23-2。

表 23-2　石膏种类对钢渣矿渣水泥的影响

石膏种类	凝结时间/min		3 天强度/MPa		28 天强度/MPa	
	初凝	终凝	抗折	抗压	抗折	抗压
脱硫石膏	105	297	4.1	15.7	7.8	36.8
半水脱硫石膏	85	330	4.6	20.8	8.6	42.7
无水脱硫石膏	98	351	4.4	20.3	10.7	50.3
天然二水石膏	81	385	4.1	18.6	8.3	45.1

结果表明：四种石膏制备的生态水泥的凝结时间相近；半水脱硫石膏对水泥体系早期强度的激发效果最好，无水脱硫石膏次之且相差不大，二者都在20MPa以上；水化后期则显示，无水脱硫石膏体系的力学强度最佳，28天强度达到了50.3MPa，远远超过其他品种石膏的作用效果。

23.1.2.3 钢渣和矿渣的添加比例对生态水泥强度的影响

钢渣和矿渣的水化活性不同，对生态型水泥体系的强度贡献也不一样。钢渣和矿渣的比例对水泥强度的影响见表23-3。

表23-3 钢渣和矿渣的比例对水泥强度的影响

矿渣：钢渣	3天强度/MPa		28天强度/MPa	
	抗折	抗压	抗折	抗压
10：0	5.3	26.2	11.7	56.3
8：2	5	22.3	11.2	54.6
6：4	4.9	19.8	10.9	52.8
5：5	4.4	20.3	10.7	50.3
4：6	3.2	14.4	9.7	45.6
2：8	2.6	9.3	7.5	37.4
0：10	2.2	7.8	6.2	26.2

23.1.2.4 粉磨时间对钢渣生态水泥的影响

固定水泥中钢渣和矿渣的总掺量为70%，水泥熟料25%，无水脱硫石膏5%，采用助磨剂，通过调整粉磨时间来考察其对体系性能的影响。粉磨时间对强度的影响结果见表23-4。

表23-4 粉磨时间对强度的影响结果

粉磨时间/min	45μm方孔筛筛余/%	比表面积/m²·kg⁻¹	3天强度/MPa		28天强度/MPa	
			抗折	抗压	抗折	抗压
30	6.2	396.1	2.6	16.5	6.8	39.1
40	5.5	449.2	4.4	20.3	10.7	50.3
50	4.9	468.9	3.9	18.7	8.1	49.8
60	4.7	473.8	4.2	17.6	9.6	48.6
70	5.2	473.1	4.7	21.1	11.3	52.2

23.1.2.5 水泥助磨剂对生态水泥的强度影响

钢渣、矿渣基生态水泥与传统水泥相似，粉磨工序的能耗较高。在整个水泥生产过程中，粉磨电耗约占总电耗的80%～90%。试验证明，使用助磨剂可以显著提高粉磨效率。可用作钢渣、矿渣基水泥的助磨剂很多，其成分对钢渣生态水泥有不同的影响。研究人员通过大量试验，筛选出 6 种较常见的水泥助磨剂进行了试验研究。表 23-5 列出了基础配比在不同助磨剂作用下粉磨 40min 制备的水泥性能检测结果。

表 23-5　基础配比在不同助磨剂作用下粉磨 **40min** 制备的水泥性能检测结果

助磨剂种类	助磨剂加入量 /%	45μm 方孔筛 筛余/%	比表面积 /m²·kg⁻¹	3 天强度/MPa		28 天强度/MPa	
				抗折	抗压	抗折	抗压
—	—	8.6	327.5	2.3	14.9	6.8	40.9
三乙胺醇	0.05	6.4	442.4	2.6	14.9	9.8	45.3
十二烷基苯磺酸钠	0.05	7.2	398.5	2.3	11.5	9.9	39.6
尿素	0.05	7.5	375.3	3.2	13.8	9.3	41.5
木钙	0.05	6.3	405.2	4.1	18.0	10.2	50.8
ZM-Ⅱ	0.05	5.5	449.2	4.4	20.3	10.7	50.3
粉煤灰	5	5.3	454.9	3.8	15.7	10.1	48.2

23.1.2.6　激发剂的种类对钢渣生态水泥性能的影响

钢渣和矿渣均属于潜在水硬性矿物材料，只有通过碱、硫酸盐等的激发作用，才能够利用自身溶出的化学成分，生成水硬性矿物，促进体系强度的形成。激发剂种类对生态水泥性能的影响见表 23-6。

表 23-6　激发剂种类对生态水泥性能的影响

激发剂	3 天强度/MPa		28 天强度/MPa	
	抗折	抗压	抗折	抗压
无激发剂	2.8	13.1	7.4	40.1
硫酸钠	3.3	15.4	8.2	45
氟化钠	4.1	17.8	8.8	49.8
碳酸钠	2.9	15.1	8.3	44.5
硅酸钠	3.3	17.3	9.5	48.6
甲酸钙	3.6	17.1	9.6	47.9
CF-Ⅲ	4.4	20.3	10.7	50.3

23.1.3　钢渣矿渣水泥

凡是以钢渣、粒化高炉渣为主要成分，加入适量的硅酸盐水泥熟料、石膏和添加剂，磨细制成的水硬性胶凝材料，称为钢渣矿渣水泥。钢渣水泥中钢渣的最少掺入量不少于30%，而钢渣和高炉矿渣总掺量不少于60%。

少熟料钢渣水泥水化硬化机理可概括为：熟料和激发剂为钢渣水泥的水化提供碱性环境，激发剂在提供液相碱度的同时还直接破坏钢渣中玻璃体的网络结构，释放出 Ca^{2+} 和硅（铝）氧四面体，不断生成 C-S-H 凝胶，并与 SO_4^{2-} 反应生成 AFt 晶体；矿渣水化放出的硅（铝）氧四面体与液相中的 Ca^{2+} 反应生成 C-S-H 凝胶，使液相中 Ca^{2+} 含量减少。钢渣的网络结构持续解离，不断地释放出 Ca^{2+}，矿渣不断的吸收 Ca^{2+} 生成 C-S-H 和 AFt 晶体，直至钢渣水化完全，水泥石中 C-S-H 凝胶及 AFt 量增加，空隙得到填充，孔隙率下降，结构致密度提高，使钢渣水泥表现出优良性能。

一种少熟料钢渣水泥（PSC）的组成为钢渣微粉40%，矿渣微粉40%，熟料15%，石膏5%，碱性复合激发剂25%（外掺）。将其与普通32.5硅酸盐水泥（PC）做性能对比实验。少熟料钢渣水泥和普通硅酸盐水泥物理性能见表23-7，力学性能如图23-1所示。

表 23-7 少熟料钢渣水泥和普通硅酸盐水泥物理性能

试　样	比表面积/$m^2 \cdot kg^{-1}$	安 定 性	标准稠度需水量/%	凝结时间/min	
				初　凝	终　凝
硅酸盐水泥	390	合　格	27.5	149	194
矿渣水泥	460	合　格	27	116	168

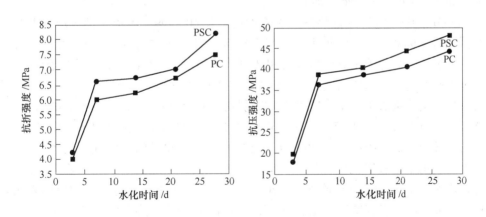

图 23-1 少熟料钢渣矿渣水泥与普通的硅酸盐水泥的力学性能对比

某种掺钢渣粉的复合硅酸盐水泥的配比和强度关系见表23-8。

由于钢渣矿渣水泥中增加了高炉渣等物料的比例，降低了钢渣的掺量，改善了钢渣矿渣水泥的力学性能，故自1992年，国家发布 GB 13590—92《钢渣矿渣水泥》国家标准以来，钢渣矿渣水泥累计产量接近1亿吨。使用钢渣矿渣水泥建

表 23-8　某种掺钢渣粉的复合硅酸盐水泥的配比和强度关系

编号	钢渣比表面积 /m²·kg⁻¹	矿渣比表面积 /m²·kg⁻¹	配比/%				抗折强度/MPa			抗压强度/MPa		
			熟料	石膏	钢渣	矿渣	3天	7天	28天	3天	7天	28天
1	237	182	65	5	15	15	4.3	5.1	7.3	23.4	33	48.3
2	237	182	50	5	25	20	3.8	4.7	6.6	15.7	22.5	36.9
3	380	300	65	5	15	15	5.6	7.5	8.5	29	38	54.2
4	380	300	50	5	25	20	5	6.5	7.1	28.6	39.6	52
5	409	383	65	5	15	15	5.7	7.1	8.4	30.7	43.8	53.5
6	409	383	50	5	25	20	4.8	6.4	7.9	25.9	35.5	52.7

造的天津静海机场跑道（见图 23-2）等项目，使用期超过 20 年，效果良好。但是随着社会的进步和发展，建筑行业对高强度水泥的需求旺盛，致使钢渣矿渣水泥的发展受到了局限。

图 23-2　钢渣矿渣水泥用于天津静海机场跑道

20 世纪 70 年代我国研究成功钢渣水泥技术，全国建有近百个生产厂，国家于 1992 年发布实施了 GB 13590—92《钢渣矿渣水泥》国家标准，以后又发布了 YB 4098—1996《钢渣道路水泥》、YB/T 057—94，《低热钢渣矿渣水泥》及 YB 4099—1996《钢渣砌筑水泥》等国家行业标准。我国历年累计生产了约 5000 万吨钢渣水泥，辽宁、北京、河北、安徽、上海等地工业厂房和民用建筑，使用了 20 余年，证明该水泥具有后期强度高及耐磨、水化热低、抗渗性好等许多良好的耐久性能。

但是由于钢渣水泥中水泥熟料的含量必须低于 20%，故钢渣水泥的力学性能较差，只能够生产 22.5、27.5、32.5 等低标号的水泥，仅仅用于一般建筑的砌筑、抹面和低等级混凝土中。80～90 年代，国内建设的一些规模较大的钢渣水泥厂，由于钢渣水泥的强度较低和生产成本高，以及钢渣水泥的稳定性的问题，影响了销路，已经全部停产或者转产。但是近年来的研究进展和应用表明，钢渣矿渣水泥具有较低的水化热，应用于大体积的水泥建筑物，具有无可比拟的优势，又有了新的进展，成为建筑行业一个重要的工艺组成部分。

23.1.4　钢渣作为水泥生料组分掺入配烧熟料

23.1.4.1　钢渣作为水泥生料组分掺入配烧熟料的特点

钢渣后期形成过程与硅酸盐水泥熟料矿物形成过程有类似的反应，特别是碱度高的钢渣矿相组成与硅酸盐水泥熟料更为接近，加上钢渣中含有的铁质原料，因此钢渣用于生料配料可以一料三代，代铁质校正原料、矿化剂、晶种，用于水泥的生产，还可以起到节约燃料能源的作用。

水泥熟料中硅酸盐矿物的生成过程是有液相参与的固相反应，固相反应中晶体的生成包括晶核的形成和晶体的长大两个过程。根据诱导结晶的原理，在水泥熟料煅烧过程中加入晶种，可以降低成核的位垒，缩短成核过程，达到加快晶体生长的目的。当引入晶种与所需形成的晶核具有相同或相近的原子排列时效果最佳，由于钢渣中含有一定数量与水泥熟料相同的硅酸盐矿物，在生料配料中引入钢渣，钢渣中含有的氧化钙不需分解便可直接参与固相反应，预先培植"晶种"，在煅烧过程中起到诱导高温液相结晶的作用，不仅能降低熟料的烧成能耗，同时还能诱导 $CaCO_3$ 分解反应。钢渣的成分与水泥熟料的成分见表23-9。

表 23-9　钢渣的成分与水泥熟料的成分　　　　　　　　　（%）

名　称	CaO	SiO_2	Al_2O_3	MgO	MnO	P_2O_5	TFe	f-CaO
硅酸盐水泥熟料	63~67	21~24	4~7	<2	<1	<1	—	1~2
转炉钢渣1	45~55	12~18	<3	<15	<5	<2	14~20	<10
转炉钢渣2	42~50	12~15	<3	<15	<6	<2	15~20	<10
电炉钢渣1	30~40	12~17	4~7	4~8	<6	<1.5	18~28	<3
电炉钢渣2	25~35	10~15	4~7	8~15	<6	<1.5	20~29	<3

几种普通硅酸盐水泥的成分见表23-10。

表 23-10　几种普通硅酸盐水泥的成分　　　　　　　　　（%）

熟料名称	CaO	SiO_2	Al_2O_3	Fe_2O_3
铁水泥	41~51	<12	14~28	11~27
硅酸盐水泥	64~67	21~25	4~8	2~4
矾土水泥	32~35	4~8	50~60	1~3
双快硬性砂水泥	49	6	38	2

中国建筑材料科学研究总院的汪智勇、钟卫华、张文生、吴春丽研究了钢渣对硅酸盐水泥熟料形成的影响，研究的结果表明：

（1）钢渣配料，在1300℃以下，对水泥生料易烧性没有明显促进作用；在高于1350℃的煅烧温度下，对水泥生料易烧性有促进作用。

（2）钢渣参与生料配料后，对熟料烧成过程中的物相产生与消失基本没有影响，但是对阿利特的形成有一定的促进作用。

（3）钢渣参与配料烧制的熟料中阿利特结晶更加完好，分布均匀，包裹物减少。

（4）在水泥烧成中，钢渣可以同时作石灰质及铁质原料。实验研究的结果证明，生料中掺入 4% ~8% 的钢渣，可以部分或全部取代铁粉，减少 3% ~5% 石灰石。

（5）钢渣中活性 CaO 组分可以相对减少 $CaCO_3$ 分解所需能量，降低熟料热耗，减少配煤量，节约能源；同时减少了 CO_2 排放，降低环境负荷，具有较好的经济效益、社会效益和环境效益。

（6）钢渣作为原材料进行配料，石灰饱和系数提高，硅氧率和铝氧率降低，显著改善易烧性，降低烧成温度，提高熟料质量。

（7）根据 XRD 分析，钢渣具有"晶种"的作用，使生料烧成反应更充分，C_3S 形成速度和结晶程度提高，熟料质量提高。

黄石军区水泥厂邹俊甫等人利用钢渣配烧水泥熟料，不仅熟料 f-CaO 下降、强度提高，且水泥安定性合格率和立窑台时产量均提高。另外，武汉理工大学姜从盛等人利用钢渣作混凝土的耐磨集料，提高混凝土耐磨性能 35% 以上，并使混凝土的抗压、抗折强度以及抗折弹性模量也有一定的提高，混凝土的使用寿命延长。抚顺水泥有限公司与东北勘测设计研究院联合开发的抗冲耐磨水泥，同时具有抗冻、抗渗、抗冲击、韧性强等特点，可用于水电工程中溢洪道的流面、输水隧洞、导流隧洞、排沙洞等过水建筑物的抗冲耐磨部位。该水泥采用工业废渣（钢渣、尾矿渣、熔渣）作水泥原料及混合材，不但具有良好的特性，且利用废渣的比例达到 30% 以上。

宝钢八钢的钢渣每年有 40 万吨，被应用于新疆特种水泥厂配烧特种水泥，广泛应用于油田建设和新疆的路桥建设领域，效益显著。

23.1.4.2 钢渣作为水泥生料组分掺入配烧熟料的优点

C_3S 在高温液相中的形成反应包括 CaO 和 C_2S 的溶解，以钙离子为主体的扩散，C_3S 的成核和生长为矿物的一系列物理化学过程。液相的数量、黏度及其表面张力是影响 C_3S 形成的主要因素。用钢渣配料可以使液相出现的温度提前，钢渣中存在的 P_2O_5 及 FeO 等矿化剂能有效降低液相黏度和表面张力，有利于离子扩散，改善 C_3S 形成的外部条件。如果用钢渣配烧低钙的高铁早强水泥熟料，它可节省的能量和资源结果说明见表 23-11。

表 23-11 钢渣配烧低钙的高铁早强水泥熟料节省的能量和资源

项 目	生料配比/%				料耗/kg·kg⁻¹熟料					理论热能消耗 /×4.182kJ·kg⁻¹熟料
	石灰石	黏土	铁粉	钢渣	石灰石	黏土	铁粉	钢渣	共计	
未用钢渣配料	82	15	3	0	1.28	0.24	0.05	0	1.57	450
使用钢渣配料	49.5	1.5	0	49	0.63	0.02	0	0.63	1.28	306
节约量					0.65	0.22	0.05		0.29	306
百分比/%					51	91	100		18	68

配入不同量的钢渣对水泥生产的能耗和CO_2排放的影响见表 23-12。

表 23-12 配入不同量的钢渣对水泥生产的能耗和 CO_2 排放的影响

项　　目	CO_2 总排放量/kg·t^{-1}	热能/%	电能/%
传统的水泥生产	1101	31.30	14.30
添加30%的钢渣生产	730	30.40	16.90
添加50%的钢渣生产	539	29.40	19.60
添加75%的钢渣生产	300	26.40	27.80

计算结果说明，若用钢渣配烧高铁早强水泥熟料，则熟料的理论热耗也较低（见表 23-13）。以年产 100 万吨熟料的水泥厂为例，若采用钢渣配料，则每年可节省原料约 80 万吨，节约标准煤 5 万吨，可节省资金数百万元之多。

表 23-13 钢渣配烧高铁早强水泥熟料节省的能量和资源

内　　容	生料配比/%			料耗/kg·kg^{-1}熟料				理论热能消耗/kJ·kg^{-1}熟料
	钢渣	石灰石	其他	钢渣	石灰石	其他	生料	
硅酸盐水泥熟料	0	80	20	0	1.23	0.31	1.54	1883
钢渣配烧的早强水泥熟料	40	30	30	0.45	0.35	0.35	1.15	
节约量				节约原料 0.84kg/kg 熟料				1456
百分比				55%				77%

此外，用钢渣配料可降低烧成温度。特种铁水泥烧成温度较硅酸盐水泥降低了 200℃，计算可节省的热能为 334.56kJ/kg 熟料。同时特种铁水泥熟料疏松易磨，粉磨电耗也会有所下降。利用钢渣生产水泥，中国有 50 多家钢渣水泥厂，年产钢渣水泥超过 300 万吨，全国每年有 1.16km^2 的土地因此免于被钢渣占据。据报道，每生产 1t 钢渣水泥比生产普通硅酸盐水泥可节电 10kW·h 和煤 25kg。因此特种铁水泥总的能量节省是相当有效的。用钢渣配烧水泥熟料的措施，不仅为废渣利用提出新的途径，而且还可以节省资源和能源，在经济上具有一定的意义。

23.1.5 钢渣白水泥

23.1.5.1 白水泥的生产工艺简介

白水泥主要用于建筑物内外的表面装饰工程、雕塑和彩色混凝土等各种装饰部件和制品上。普通硅酸盐水泥熟料的颜色，主要是由于 Fe_2O_3 的存在而引起的。实践和研究结果表明，当 Fe_2O_3 含量在 3% ~ 4% 时，熟料呈暗灰色；0.45% ~ 0.7% 时，带淡绿色；而降到 0.35% ~ 0.4% 后，略带淡绿，接近白色。

因此，普通白水泥的生产主要是降低 Fe_2O_3 的含量。此外，MnO_2、Cr_2O_3 和 ZnO 等着色氧化物也会对白水泥的颜色发生显著的影响。因此，石灰质原料应选用较纯的石灰岩和白灰，黏土质原料则可用纯净的高岭土及石英砂等。生料的制备及熟料的粉磨，均应在没有铁及其氧化物沾污的条件下进行，所以磨机衬板应用花岗岩、陶瓷或优质耐磨钢制成，并以硅质卵石或相近的材料作为研磨体；铁质输送设备也必须仔细地涂漆，防止铁屑混入；燃料最好用无灰分的气体（天然气）或液体燃料重油。由于生料中的 Fe_2O_3 极少，因而要求更高的燃烧温度 1500 ~ 1600℃来烧制熟料。白水泥熟料的石灰饱和系数（KH）和普通硅酸盐熟料一样，但硅率较大（$n=4$），铝率很高（$P=20$）。熟料主要由 C_3S、C_2S 和 C_3A 矿物所组成，而 C_4AF 含量极少，不大于 1% ~ 1.5%，Fe_2O_3 的含量不超过 0.3% ~ 0.45%。

要提高白水泥的白度，还必须将熟料在特殊的设备内进行漂白处理，使其在温度为 800℃以上时，受还原介质（如煤气、天然气等）的作用，将含 Fe_2O_3 的矿物还原为着色较浅的含 Fe_3O_4 或 FeO 的矿物，然后在隔绝氧气的条件下，冷却至 200℃以下。另外，将熟料从 1250 ~ 1300℃急速冷却至 500 ~ 600℃，也有漂白作用。

为了提高熟料白度，有时还需在生料中加入适量的 NaCl、KCl、CaCl 或 NH_4Cl 等氯化物，使其在煅烧过程中与 Fe_2O_3 作用生成挥发性的 $FeCl_2$，从而减少了 Fe_2O_3 的含量。另外，还需强调粉磨时加入的石膏颜色应比白水泥的颜色要白。同时，水泥磨得越细，则白度越高。从上述可知，普通白水泥生产因对原料制造过程有特殊要求，所以成本高，售价贵。如若使用还原渣生产白水泥情况就大为不同，可以获得工艺简便，生产成本低的积极效果。

23.1.5.2　一种利用炼钢还原钢渣生产白水泥的工艺简介

还原钢渣白水泥可定义为：以还原渣为主要组分，加入一定量的煅烧石膏和白色掺和料，磨细制成的胶凝材料。根据所用的原材料不同，可生产纯钢渣白水泥和钢渣矿渣白水泥。

纯钢渣白水泥生产工艺是由电炉还原渣或者 LF 白渣和煅烧石膏混合磨细而成，经过试验已知，标号可在 32.5 号以上，白度在 72 度以上。该品种水泥的生产特点是配料和生产工艺简单、水泥成本低，但由于钢渣成分的波动造成水泥质量的波动，因此对配料和生产控制要求较严格。如果钢渣白水泥氧化镁的含量过多，会影响水泥长期安定性。生产工艺如图 23-3 所示。

纯钢渣白水泥的配合比为：还原渣 80% ~ 85%，煅烧石膏 15% ~ 20%。

23.1.5.3　钢渣矿渣白水泥生产工艺

钢渣矿渣白水泥是由电炉还原渣或者 LF 精炼白渣，白色粒化高炉矿渣和煅烧石膏混合磨细而成。由于掺入高炉水渣，水泥质量易于控制。白色高炉水渣是在渣的碱度比较高，渣温又高时，急剧冷却才能产生，一般小高炉生产铸造生铁都能产生这种渣。工艺流程如图 23-4 所示。

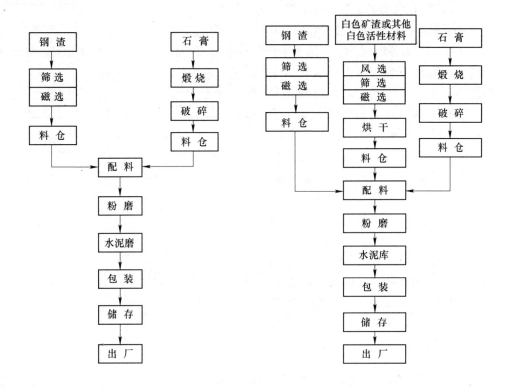

图 23-3　纯钢渣白水泥生产工艺　　　图 23-4　钢渣矿渣白水泥生产工艺流程

工艺过程可以简述如下：

（1）LF 炉、EAF 三期冶炼的还原渣，经 60 目（约 0.25mm）筛，筛去铁屑和其他块状夹杂物，再经风选和磁选进一步除去铁质和黑色杂质等。钢渣易受潮，运输和储藏时应尽量防止吸潮和污染。水淬矿渣也需经风选和磁选，除去铁质和杂质，然后用烘干机烘干，水分控制在 1.5% 左右为宜。

（2）用颚式破碎机把天然石膏破碎到 50～100mm，用反射炉或煅烧窑在 750～800℃ 温度下均匀煅烧。

（3）钢渣矿渣白水泥的配合比：还原渣 30%～50%，高炉水渣 30%～55%；煅烧石膏 12%～20%。高炉水渣的掺量可根据钢渣中氧化镁的含量不同而掺量有所不同，当 MgO 的含量小于 10% 时，高炉水渣的掺量为 30%；MgO 含量人于 10% 时，高炉水渣掺量为 50%；MgO 含量大于 16% 时，高炉水渣掺 55%。如果有条件的话，在配料时加入 5% 以下的白色硅酸盐水泥熟料和白石灰石粉，可以改善钢渣白水泥的性能。

为了提高水泥白度，磨机衬板应采用花岗岩或铸石，研磨体采用陶瓷或白色卵石较好。这种水泥易受潮，在空气中易风化，应注意包装。

23.1.5.4　钢渣白水泥的应用

还原钢渣白水泥在建筑工程应用中，可以配制成彩色水刷石或压砂，用于外墙、立柱、门头等地方。也可用于生产彩色水磨石制品，如地面砖、踢脚板、楼梯踏步、窗台板等，作为建筑物内装饰之用。在民用生活方面，可制作彩色水磨石桌面、圆桌面和茶几等，具有和白色硅酸盐水泥同样的使用效果。如重庆长江大桥、重庆市人民政府大楼、重庆西郊公园河马馆、重庆外语学院等，都大面积地采用钢渣白水泥水刷石、水磨石、砂浆和刷浆。通过长期使用无起砂、起鼓等现象。

钢渣白水泥还可制造人造大理石和彩色水磨石制品，人造大理石的色彩、花纹等和天然大理石相仿。人造大理石的原料采用钢渣白水泥和颜料，它的生产工艺流程如图 23-5 所示。

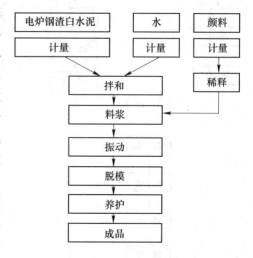

图 23-5　人造大理石生产工艺流程

23.1.6　钢渣应用于水泥生产对钢渣处理工艺的要求

中高碱度的钢渣含有 C_3S、C_2S 等水硬性矿物以及铝硅酸盐玻璃体，粉碎即可直接生产钢渣水泥。如转炉钢渣与适量的水淬高炉渣、石膏、水泥熟料及少量激发剂混合球磨，生产复合硅酸盐水泥。钢渣水泥 7 天以后的强度增长较快，120 天龄期的抗压强度与硅酸盐水泥的相近。钢渣水泥可配 200 号和 400 号混凝土，具有耐磨性好、耐腐蚀、抗渗透力强、抗冻等特点，用于民用建筑的梁、板、楼梯、砌块等；也可用于工业建筑的设备基础、吊车梁、屋面板等。另外，钢渣水泥具有微膨胀性，抗渗透性能好，广泛应用于防水混凝土工程。

从钢渣生产钢渣水泥的流程来看，一是要选用易磨性较好的钢渣，钢渣中的游离氧化钙的含量要稳定，碱度要高，所以对应用于水泥生产行业的钢渣处理工艺，主要有以下的要求：

（1）用于水泥生产使用的钢渣 C_3S 含量要高，因此在处理时最好采用急冷技术，文献也已经介绍了风淬渣和水淬渣成功应用于水泥行业的生产。

（2）游离氧化钙含量偏高的钢渣不宜直接用作建筑材料使用，应该采用重熔技术改变化学组成来降低其游离氧化钙含量。

（3）钢渣中含有的纯铁和尖晶石相要少。

应用于水泥行业的钢渣对钢渣处理工艺的要求除了蒸煮、陈化处理消除游离氧化钙和游离氧化镁以外，还需要选铁，保证其中的铁含量不超标。此外，为了实现以上的目的，常见的钢渣重构处理工艺如下：

德国钢铁协会炉渣研究所在 20 世纪 90 年代发展了一种钢渣处理新工艺。将氧气和石英砂同时喷入渣包的渣池中，石英砂与游离氧化钙结合，生成硅酸钙。由于液体渣的比热容有限，只能加入少量石英砂，因此通过吹氧使渣中铁氧化而产生热量，以保证能溶解足够量的石英砂，同时吹氧提高了渣温，改善了反应动力学条件。吹氧生成的氧化铁也可与游离氧化钙形成铁酸钙。用该工艺可处理碱度较高的转炉渣，转炉渣如果碱度过高，或者流动性较差，效果将受到影响。通过处理后，渣的碱度（CaO/SiO_2）降至 3 以下，游离氧化钙降至 2% 以下，大部分都小于 1%。表 23-14 给出了渣处理后碱度和游离氧化钙的变化情况。

表 23-14　渣处理后碱度和游离氧化钙的变化情况

编　号	碱　度			游离氧化钙(实测)/%
	处理前	处理后（计算）	实测	
1	4.1	2.5	2.3	1
2	4.3	2.5	2.2	1.1
3	4.4	2.8	2.3	1.3
4	4.7	2.6	2.9	1.2
5	4.8	2.5	1.8	1.4

经处理后渣的体积膨胀小于 0.5%，而未经处理渣的体积膨胀为 5% ~ 6%，二者相差 10 倍，如图 23-6 所示。

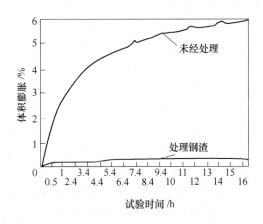

图 23-6　经处理和未经处理转炉渣的体积膨胀

23.2 钢渣微粉在混凝土中的应用

23.2.1 钢渣微粉和矿渣微粉在混凝土中的应用概述

随着建筑业的技术进步，优质混凝土将是 21 世纪中国建筑业的主要结构材料。优质混凝土是指具有足够强度、耐久性好、同时具有良好工作性能的混凝土。具有足够强度是指达到设计强度要求，耐久性好是指混凝土具有良好的耐磨性、抗冻性、韧性、抗碳化性、抗碱骨料反应、干缩性等。良好的工作性能是指混凝土拌和物具有良好的施工性、粘聚性、保水性和可泵性等。高层建筑、大跨度桥梁、高速公路等工程建筑需要优质混凝土，而一般工程采用优质混凝土可提高工程质量，减小混凝土构筑物的断面和增大跨度，对降低材料用量，降低工程造价，加快施工速度也具有现实意义。钢渣微粉的生产工艺简图如图 23-7 所示。

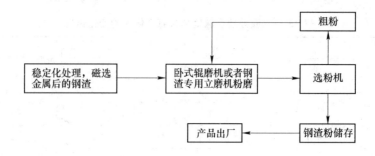

图 23-7　钢渣微粉的生产工艺简图

传统的配制优质混凝土工艺主要依赖于高强度等级水泥和添加剂，但是只用高强度等级水泥配制的混凝土水化热高，易产生裂缝，导致混凝土破坏。采用降低混凝土水灰比，增加混凝土密实度的方法，其后果是不能保证施工大流动度的要求，同时水灰比很小，部分水泥颗粒不能充分水化，也会影响混凝土的持久性能。目前超高强混凝土主要采用掺硅灰和高效减水剂来配制，但硅灰原料缺乏，高效减水剂价格昂贵，这类混凝土成本较高。

掺高炉矿渣粉可提高混凝土的密实性及耐久性、改善混凝土拌和物的工作性，该混凝土在抗氯离子渗透性方面相对纯水泥混凝土有很大的优势，但是高炉渣是以 C_2AS 和 C_2MS_2 为主要成分的玻璃体，可与空气中 CO_2 作用生成 $CaCO_3$，使混凝土耐磨性降低，表面起沙严重。钢渣的碱度高，不降低混凝土中的液相碱度，同时具有良好的抗渗性、耐磨性、后期强度较高、晶粒结构致密，水化热较小，具有一定的保护钢筋不生锈的特点，可以弥补掺过量矿渣粉引起的混凝土内部碱度过低等缺陷，更主要的是能够对钢筋提供更好的保护，延长结构混凝土的使用寿命，弥补矿渣粉的不足之处。一种钢渣粉的掺量与混凝土的性能见表 23-15。

表 23-15　一种钢渣粉的掺量与混凝土的性能

序　号	钢渣粉掺量/%	抗折强度/MPa		磨坑宽度/mm	
		7 天	28 天	7 天	28 天
1	0	3.26	5.09	29.41	27.78
2	10	3.75	6.76	28.29	26.38
3	20	3.46	6.11	29.75	26.98
4	30	3.09	4.66	29.66	28.04
5	40	1.89	4.22	31.39	29.89
6	50	1.62	3.69	33.28	30.7
7	60	0.98	2.87	34.82	30.75

将铁渣、二水石膏、硅酸盐水泥熟料按一比例混合磨细制成的粉体材料，与钢渣微粉按一定比例混合使用，不仅能达到混凝土活性指标的要求，而且还具有需水少、水化热低的特点。因此，利用钢渣微粉的微膨胀性与粒化铁渣粉复合用于混凝土，就可以取得与单掺等量粒化铁渣粉（矿渣微粉）一样的抗压强度，见表 23-16。

表 23-16　混合使用复合粉的抗压强度

实验编号 （钢渣粉比表面积 420m²/kg）	复合粉配比/%		抗折强度/MPa		抗压强度/MPa		活性指数/%	
	钢渣粉	铁渣粉	7 天	28 天	7 天	28 天	7 天	28 天
1	2	8	5.4	9.1	25.6	52.7	67.7	97.6
2	3	7	5	7.7	23.6	50.1	62.4	92.8
3	4	6	4.9	7.4	22.6	46.9	59.8	86.8
4	5	5	4.9	7.3	19.8	44	52.4	94.1

研究和大量的实践表明，将高炉矿渣和炼钢钢渣粉同时作为添加料替代部分的水泥，加入混凝土工程施工中，两种渣粉能够起到取长补短，提高性能的作用，具体表现为：

（1）混凝土中掺加钢渣粉或复合钢渣粉后，早期强度增长较慢、后期强度增长较快，抗折强度高，耐磨性好，脆度系数低。

（2）可优化混凝土孔结构，提高抗渗性能、提高抗碳化能力、降低氯离子扩散速度。

（3）混掺钢渣和矿渣微粉后，改善了混凝土的孔结构，即毛细孔的数量减少，导致了可冻融的水量减少，故混凝土的抗冻性比单掺钢渣要高一些，且等于或略高于纯水泥混凝土。其原因是混掺后可抑制混凝土收缩，提高了混凝土抗冻融能力和抗钢筋腐蚀能力。

（4）可改善新拌混凝土的工作性能、减小坍落度经时损失、易振捣；尤其可降低水化热峰值、延迟峰值发生时间，而且随掺量的增加效果更明显。

史以栋、胡中磊研究了钢渣在江苏油田固井中的应用，经过室内大量的试验研究后，分别在瓦 19-1、瓦 2-31、永 X22-1、沙 X25-1、沙 26-20、陈 3-86、永 33、平 2、沙 26-17、陈 3-87、瓦 19-2A，沙 26-19 以及安徽程 6 井、黄 101、桃 4-4、庄 13-6、庄 13-9 等 32 口井的油层套管中使用，替代了水泥总量的 1/3，经测井结果证实，其固井优质率达到 100%，水泥成本也降低了 1/3，在技术和经济效益显著的同时，还具有以下优点：

（1）用价格低廉的超细钢渣替代部分水泥固井，且不需要外加剂调整，方法简单，经济实用。

（2）在易漏区块可作为低密度堵漏浆使用，成本低廉。

综上所述，混凝土施工工艺中，采用双掺粉是取长补短的优势体现，是扩大钢渣规模化应用的有效途径，也是建筑业优化优质混凝土施工的重要工艺。

23.2.2　钢渣微粉对混凝土施工工艺和质量的影响

23.2.2.1　钢渣微粉对混凝土可泵性能的影响

混凝土的最终强度在很大程度上取决于混凝土的密实程度，如果混凝土中孔隙率有所增加，那么将导致其强度下降，因此，混凝土的工作性至关重要。同时，现代混凝土的浇筑多采用泵送技术，对混凝土的工作性也有很高的要求。通常任何级配的颗粒都需要一定量的水使其达到可塑性。首先，必须有足够的水吸附在颗粒表面；然后，水必须填满颗粒之间的孔隙；最后，多余的水包围在颗粒周围形成一层水膜来"润滑"颗粒。调整混凝土工作性最重要的因素就是水的含量，增加用水量可以增加混凝土的流动性，但同时会降低混凝土的强度。钢渣的活性较低，达到可塑性所需的水量较少。用钢渣替代部分水泥后，复合胶凝材料的需水量小于等质量纯水泥的需水量，因此从理论上分析，在用水量不变的情况下，掺入钢渣会增加混凝土的流动性，提高混凝土的可泵性。中国建筑材料科学研究院的陈益民等人的研究结果见表 23-17。

表 23-17　钢渣微粉对混凝土可泵性能的影响

编　号	钢渣粉比表面积 /$m^2 \cdot kg^{-1}$	水泥配比/%			流动度/mm
		熟料	钢渣粉	石膏	
0		96	0	4	110.5
1	382	70	30	5	118
2	382	50	50	5	118.9
3	409	70	30	5	116.2
4	409	50	50	5	117.2
5	460	70	30	5	116.5
6	460	50	50	5	117.4

23.2.2.2　钢渣微粉对混凝土流动性阶段的工作性能力的影响

随着钢渣的比表面积增大，使钢渣颗粒被水包裹的需水量增加。同时，钢渣中矿物与水的接触面积增大，提高矿物与水的作用力，使水分子容易进入矿物内部加速水化反应，提高了钢渣的活性。当水灰比较低时，掺入钢渣能够改善混凝土的工作性能，且在一定程度上钢渣掺量越大，效果越明显。当水灰比较高时，掺入钢渣也能在一定程度上改善混凝土的工作性，但当掺量过大时，混凝土的抗离析能力下降。

大量的研究结果表明，在混凝土可流动期间，由于胶凝材料中的 C_3S、C_2S、C_3A 等逐渐水化，随着时间的推移，混凝土的工作性会降低。而钢渣中类硅酸盐水泥熟料的矿物的水化活性低，水化慢，因此用钢渣替代部分水泥可以在一定程度上抑制新拌混凝土工作性的降低。相比纯水泥混凝土，掺钢渣的混凝土保持工作性的能力增强，且钢渣的掺量越大，混凝土保持工作性的能力越强。随着钢渣比表面积的增大，即钢渣的粒度越小，钢渣改善混凝土工作性能效果及减小混凝土工作性能损失的效果都会变小。

23.2.2.3　钢渣微粉对消除混凝土温度应力的贡献

温度应力导致开裂是大体积混凝土面临的重要问题。从理论上分析，提高钢渣水化环境的温度，使钢渣中玻璃体的网络结构受热应力的作用，其网络形成的 Si—O 键和 Al—O 键更容易发生断裂，有利于玻璃体解聚，加快水化反应速率，钢渣的活性远低于水泥，因此可以通过掺入钢渣来降低大体积混凝土的温升，同时大体积混凝土的温升又可以激发钢渣的活性，从而使混凝土获得较高的强度。文献介绍的某种钢渣粉混凝土水化热性能的比较见表23-18。

表23-18　钢渣粉混凝土水化热性能的比较

项　目	钢渣粉掺量/%	水化热/J·g⁻¹		
		3 天	7 天	28 天
基　准	0	240	306	355
钢渣粉	10	213	278	321
	15	197	249	293
	20	185	236	271

在武汉阳逻电厂三七工程地基和烟囱承台中使用了钢渣大体积混凝土，地基的混凝土强度等级为C30，钢渣掺量为33.3%，混凝土7天、28天抗压强度分别为27.1MPa、38.5MPa；烟囱承台的混凝土强度等级为C40，钢渣掺量为27.5%，混凝土7天、28天抗压强度分别为35.2MPa、49.7MPa。钢渣粉混凝土配合比与强度的关系见表23-19。

表 23-19 钢渣粉混凝土配合比与强度的关系

编号	混凝土强度等级	混凝土配合比/kg·m⁻³							坍落度 /mm	抗压强度/MPa		
		水泥	砂	石	水	外加剂	粉煤灰	钢渣粉		7d	28d	60d
1	C40	360	670	1010	187	5.76	80	40	160	33.2	50.4	58.6
2	C40	340	665	1010	189	5.82	80	65	170	31.5	48.8	60.4
3	C40	320	660	1010	191	5.88	80	90	175	30.4	47.3	57.3
4	C30	280	730	1020	183	3.12	80	30	165	23.3	40.5	45.2
5	C30	260	725	1020	185	3.15	80	55	170	22.7	38.2	46.7
6	C30	240	720	1020	187	3.18	80	80	170	21.9	37.1	43.3
7	C20	220	770	1040	176	1.92	80	20	160	18.2	27.7	31.3
8	C20	200	765	1040	179	1.95	80	45	165	16.8	26.4	32.5
9	C20	180	760	1040	182	1.98	80	70	175	14.3	24.6	29.1

注：表中钢渣粉为宝冶II型，水泥为海豹 P.O 42.5,低钙粉煤灰为石洞口II级,外加剂为萘系中效减水剂。

23.2.2.4 转炉钢渣微粉对混凝土抗压强度的影响

研究和应用结果表明，混凝土中掺 10% 钢渣粉，可以使混凝土 28 天抗压强度比纯水泥混凝土提高 4% 左右；掺 20% 钢渣的混凝土 28 天抗压强度与纯水泥混凝土相差不大；当钢渣掺量为 30% ~60% 时，混凝土 28 天抗压强度随钢渣掺量增加而明显下降。所以，钢渣粉的掺量最佳的范围为 10% ~20% 。

当钢渣掺量低于 20% 时，由于此时钢渣的掺量较低，钢渣对硬化水泥石浆体强度的影响并不明显，而钢渣中的微小颗粒则可以填充浆体中的孔隙及改善过渡区，且随着龄期的增长，钢渣中的部分活性成分发生水化，改善混凝土微结构。因此，当钢渣掺量较低时，尽管混凝土早期强度会有所下降，但后期强度并不降低。当钢渣掺量较大时，复合胶凝材料中的惰性部分较大，在用水量保持不变的情况下，相当于增大了水灰比。因此，尽管钢渣颗粒可以起到一定的填充作用，但由于实际水灰比过大，浆体结构的孔隙率很大，造成混凝土的抗压强度很低。

23.2.2.5 转炉钢渣微粉对混凝土渗透性的影响

混凝土是一种多孔、非均质的材料。渗透性是多孔材料的基本性质之一，它反映了材料内部孔隙的大小、数量、分布及连通等情况，是评价混凝土耐久性的重要指标，能够衡量混凝土抵抗各种介质入侵的能力。氯离子亲和力大，可在表面附近扩散，且氯离子的浓度和扩散是影响混凝土中钢筋锈蚀等问题的关键因素，因此常用氯离子在混凝土中的扩散系数评价混凝土的渗透性。矿物掺和料加入混凝土中后，会对水泥石结构、混凝土界面结构等产生影响，从而对混凝土的渗透性产生影响。

钢渣能够提高混凝土抗渗透性能的原因主要有以下几个方面：

(1) 钢渣的水化活性远低于水泥，用钢渣替代部分水泥后，相当于增大了水泥的实际水灰比，优化了水泥的水化环境，使水泥水化更加充分；钢渣还能起到微集料效应，对水泥石孔隙和界面结构起到填充作用，提高密实性。随着龄期的增长，钢渣中的活性成分逐渐水化，水化产物填充水泥石的孔隙，也有利于提高密实性。

（2）粉煤灰和矿渣可以和水泥水化生成的 $Ca(OH)_2$ 发生二次水化反应生成凝胶，并且减少 $Ca(OH)_2$ 的含量，从而改善混凝土的微结构，这种效应称为火山灰效应。但钢渣中的矿物组分很少能够与 $Ca(OH)_2$ 发生二次水化反应，钢渣几乎没有火山灰效应，因此钢渣对提高混凝土抗渗透性能的效果不如粉煤灰或矿渣。

研究表明，当钢渣掺量低于 20% 时，混凝土抗氯离子渗透能力提高；掺量高于 20% 时，随着钢渣掺量的增大，混凝土抗氯离子渗透的能力降低。当钢渣掺量低于 30% 时，掺钢渣的混凝土早期的抗氯离子渗透能力低于纯水泥混凝土，后期的抗氯离子渗透能力高于纯水泥混凝土；但在相同掺量的情况下，钢渣的性能不及粉煤灰和矿渣。故在混凝土中掺适量的钢渣（一般低于 20%），可以提高混凝土抗氯离子渗透的能力。

23.2.2.6　钢渣微粉对混凝土体积稳定性的影响

现代混凝土使用的水泥强度等级高，且水泥的用量也较大，因此现代混凝土中水泥的水化速度快，水化放热量大，混凝土的水化温升大，温度应力是导致混凝土开裂的主要因素之一。尤其对大体积混凝土，控制温度应力是预防开裂的关键。当水灰比较低时，混凝土初凝后，混凝土内部由于自干燥作用会引起早期自生收缩，且水灰比越低自生收缩越大，自生收缩是导致高强混凝土早期开裂的重要因素。及时、良好的养护制度可以减小干燥收缩，但不能减小或者消除自生收缩。因此，现代混凝土的温度应力和自生收缩是影响混凝土体积稳定性的重要问题。大量使用矿物掺和料是现代混凝土的一个重要特征，矿物掺和料改变了混凝土的胶凝材料体系，从而对混凝土的体积稳定性产生了影响。

从理论上分析，钢渣早期活性低，减少了早期参与水化反应的胶凝材料总量，增加了早期混凝土内部较粗毛细孔的数量及毛细孔内的自由水，因此钢渣能减少混凝土早期的干缩。

研究人员通过水化热的测定研究了钢渣掺量对复合胶凝材料水化放热性能的影响。结果表明，随着钢渣掺量的增大，复合胶凝材料的水化放热量减小，也就是说，在混凝土中掺入钢渣可以降低混凝土的水化温升，钢渣在大体积混凝土中的成功应用也验证了这一推断。混凝土的温度应力不仅与混凝土内的温度变化有关，还与混凝土的导热系数、弹性模量、徐变等有关，且混凝土是否开裂还取决于温度应力与混凝土抗拉强度的大小关系。因此，钢渣对混凝土温度应力及开裂敏感性的影响目前还处于继续深入的系统性研究阶段。

23.2.2.7　钢渣微粉对钢筋锈蚀的防护

引起钢筋锈蚀的原因是钢筋混凝土处在各种复杂的外界环境中，材料的耐久性能会发生衰退，因此逐渐失去了对内部钢筋的保护作用。当钢筋外面的混凝土出现中性化、开裂或者受有害离子的侵蚀等情况时，钢筋失去了碱性混凝土的保护，钢筋周围的钝化膜遭到破坏并开始锈蚀。钢筋锈蚀引起体积膨胀导致外部混凝土进一步开裂，保护层逐渐脱落，从而影响混凝土的承载能力和使用寿命。钢筋锈蚀是引起混凝土耐久性下降的最主要和最直接的因素。引起混凝土中钢筋锈蚀的多种因素当中，除密实性以外，碳化、氯离子渗透被认为是重要的原因。

由于钢渣的碱度高，不会降低混凝土内部的液相碱度，相应 pH 值也不会下降，有利于保护钢筋不被锈蚀。而且钢渣粉主要水化产物是托勃莫来石 $C_5S_6H_5$（Tobermorite），其特点是碳化速度小于 CSH（B），碳化后强度提高 50%。同时，钢渣粉所含的 C_3S、C_2S 水化时，释放出 $Ca(OH)_2$，而不吸收 $Ca(OH)_2$，液相 pH 值不降低，不会造成钢筋表面的钝化膜破坏。故钢渣作为添加料，在混凝土中使用，具有保护钢筋不被锈蚀，从而提高钢筋混凝土的耐久性和使用寿命。

23.2.2.8　硅酸盐水泥使用钢渣微粉对水泥凝结时间的影响

单掺磨细钢渣粉的普通硅酸盐水泥凝结时间不比纯硅酸盐水泥长，与单掺矿渣的普通硅酸盐水泥相比，还略有缩短。因此掺磨细钢渣粉制备的普通硅酸盐水泥凝结时间属于比较理想的，在使用中将不会有不良影响。当钢渣粉掺量为 30% 时，水泥初凝时间也未延长，而终凝时间明显延长；随钢渣粉增加，凝结时间延长（如图 23-8 所示）。与纯硅酸盐水泥相比，掺磨细钢渣粉的复合硅酸盐水泥初凝时间延长 0.5~3h，终凝时间延长 0.5~4h。掺钢渣粉的钢渣矿渣水泥凝结时间比复合硅酸盐水泥的凝结时间更长一些，这是因为水泥中混合材料掺加量进一步增加所致。钢渣矿渣水泥初凝时间最迟可至 5h，终凝时间最长可达 8h。

23.2.2.9　转炉钢渣微粉对混凝土耐久性的影响

混凝土的耐久性问题日益严重，已成为土木工程界最关注的热点问题之一。

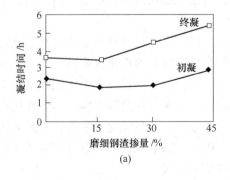
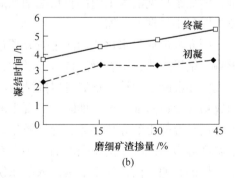

(a)　　　　　　　　　　　　(b)

图 23-8　磨细钢渣或矿渣粉掺加量与水泥凝结时间的关系

(a) 磨细钢渣粉比表面积 303m²/kg；(b) 磨细矿渣粉比表面积 383m²/kg

混凝土的耐久性涉及的问题很多，影响因素和破坏机理也很复杂，但混凝土材料的耐久性问题大多是在有水及有害液体或气体向其内部侵入造成的。所以，提高混凝土耐久性的关键是增加混凝土材料自身的密实性和抗开裂能力。

因此优质混凝土一般均添加矿物掺和料与冶金渣掺和料，掺入量为水泥重量的 10% ~40%。等量取代水泥后混凝土 28 天的强度提高，可配制 C30 ~ C60 以上的混凝土。与不掺加掺和料的混凝土相比，在水灰比相同时，拌和物坍落度增大 10cm 以上，流动性、抗离析性、间隙通过性良好，混凝土的密实性和抗渗透能力得到提高，水化热降低，抗冻性改善。近几年来又研制成功了磨细钢渣粉作混凝土掺和料的技术和产品，并在北京、武汉、杭州、湖南涟源等地建有生产厂，产品用于大跨度桥梁及工业与民用建筑中。如上海市政工程研究院在福建省福宁高速公路 A19 标段中的马头大桥、歧后大桥和下白石大桥使用掺钢渣粉混凝土。其中，下白石大桥全长 384.6m，所应用的掺钢渣粉混凝土水泥用量为 450kg/m³，钢渣粉用量为 55kg/m³，砂率为 39%，下白石大桥采用现拌现浇的方法进行施工，于 2002 年底竣工。工程应用结果表明：掺加钢渣粉混凝土的 28 天抗压强度为 52MPa，满足 C45 混凝土的设计要求。采用磨细钢渣掺和料完全可取代部分水泥应用在泵送混凝土中。该掺和料不仅对水泥适应性好，同时还可改善泵送混凝土拌和物黏聚性、减小摩擦力、降低泵压等，同时可提高硬化混凝土的密实性、强度和抗渗性、抗冻性、抗碳化性及混凝土耐久性等。

另外，钢渣粉可取代部分水泥，与粉煤灰、水泥和粗集料钢渣形成混凝土，当配比选择适宜，完全可替代常规混凝土，用于建筑工程和基础工程，从而降低工程造价。首钢钢渣微粉厂、武钢冶金渣环保工程公司、涟钢钢渣公司等单位建成了钢渣粉生产线，消化了大部分的钢渣。利用钢渣生产微粉具有良好的社会效益和经济效益。钢渣粉作混凝土掺和料的实践应用如图 23-9 所示。

(a)   (b)

图 23-9　钢渣粉作掺和料的实践应用

（a）钢渣粉作混凝土掺和料建设的北京地铁工程；

（b）钢铁渣粉作混凝土掺和料建设的首都机场地下停车楼

因此国家下达了《用于水泥和混凝土中的钢渣粉》国家标准和《矿物掺和料应用技术规范》的编制工作，这势必会推动我国钢渣高价值利用工作的开展。

23.2.3　钢渣在混凝土中应用受限的分析与展望

现代水泥混凝土的核心技术的一个重要方面就是围绕矿物掺和料展开的，将钢渣作为矿物掺和料应用于混凝土中，不仅符合我国可持续发展的战略，也符合现代混凝土技术发展的方向。

目前绝大部分钢渣并不是作为产品生产，而是作为废渣排放的，因此，钢渣的品质很难得到保障。随着钢渣作为混凝土掺和料的研究不断深入，钢渣在混凝土中应用所具有的巨大潜在经济效益不断体现，钢铁企业会对钢渣的排放及处理工艺进行改进，从而使钢渣的品质得到提高。目前钢渣在混凝土中应用受限的主要原因是：

（1）钢渣的成分波动大，稳定性差。

（2）钢渣可能存在安定性不良的问题。

（3）钢渣中的除铁的问题。

钢渣的安定性是钢渣在混凝土中应用需要考虑的重点问题，RO 相和 f-CaO 被认为是影响钢渣安定性的主要因素。唐明述院士的研究结果表明，以固溶态存在的 RO 相，无论是方铁石还是 MgO、MnO、FeO 形成的固溶体，对水都比较稳定，用高温高压也不能加速其水化，即 RO 相是非活性的。肖琪仲、钱光人对钢渣进行的高温高压水热反应试验研究结果也表明 RO 相是相对稳定的。有学者认为 RO 相并不是绝对的惰性，RO 相是否影响钢渣的安定性主要取决于 RO 相中 MgO 的含量，当 RO 相中 MgO 的含量超过 70% 时，钢渣的安定性不良。钢渣中少量 CaO 以游离形式存在，f-CaO 水化生成 Ca(OH)$_2$，体积增大 1.98 倍，很多学者认为这是导致钢渣安定性不良的重要因素。钢渣中 f-CaO 的含量在 1% ~7% 之间，其含量受原材料、炼钢工艺、钢渣冷却方式等多个因素的影响，在将钢渣作为产品生产的过程中应对钢渣中的 f-CaO 含量严格控制。另外，有研究表明当钢渣中金属铁粒含量在 2.2% 以上时，压蒸试验的安定性不合格，因此钢渣必须经过磁选。钢渣水泥标准 YB/T 022—2008 中规定，用于生产钢渣水泥的钢渣，其金属铁的含量必须低于 1% 。

随着我国的钢渣处理工艺的发展，渣处理工艺的进步，带动了钢渣在建筑行业的应用发展，可以乐观的展望。在未来，钢渣微粉和钢渣水泥，将会为社会的发展和进步起到巨大的推动作用。

23.3　钢渣砂在建筑行业中的应用

23.3.1　钢渣砂在建筑行业中的应用概述

钢渣砂是一种新型的建筑材料，其各项指标如下：

（1）钢渣砂形状不规则、多棱角，颗粒表面粗糙多孔，并附有蜂窝状的细钢渣颗粒；而河砂颗粒浑圆且表面光滑。由此可断定，同等流动度下，钢渣砂拌和物的需水量大于河砂，或同等配合比下，钢渣砂拌和物的流动度低于河砂。

（2）钢渣砂的级配。集料的级配一般包含两方面，一方面是颗粒的尺寸大小即粒径，另一方面是粒径分布问题。按 GB/T 14684—2001《建筑用砂规范》，使用筛分曲线和细度模数从直观形象和数值上分析了钢渣砂的颗粒大小和粒径分布，钢渣砂的细度模数为 2.77，属中砂，级配满足建筑用砂级配要求，钢渣砂的粒径及其分布完全符合建筑用砂标准。

（3）坚固性。集料的坚固性是指集料在气候、环境变化或者其他物理因素作用下，抵抗破碎的能力。不同粒径钢渣砂的压碎指标如图 23-10 所示。

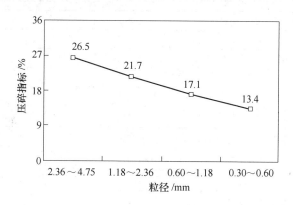

图 23-10　不同粒径钢渣砂压碎指标

由图 23-10 可知，压碎指标随着粒径的减小而降低，即粒径越小，抵抗破裂的能力越好。压碎值符合 GB/T 14684—2001 的 Ⅲ 类砂标准。

钢渣颗粒的表面粗糙，且多棱角，可以改善集料与水泥石接触部分的黏结性能，再加上转炉钢渣具有的胶凝性，在钢渣表面会发生水化，进一步改善集料与水泥石之间的黏结性能。因此，钢渣作为集料替代天然砂石用于配置混凝土，具有一定的优势，其优势体现在以下几点：

（1）钢渣的耐磨相能够提高混凝土的耐磨相，钢渣硬度较高，抗冻解冻性能优良，抗冲击性能优于砂石料，故使用钢渣作为混凝土集料可以提高混凝土的耐持久性，延长混凝土的服役时间。

（2）钢渣结构致密的特点，能够使得混凝土的抗压强度和抗氯离子的渗透性能增强。

马钢风淬渣的研究结果表明，在混凝土中采用风碎粒化钢渣砂做细骨料在轨枕、管件构件、道路工程中进行实地施工，效果良好。风淬渣做集料使用具有以下特点：

（1）风淬粒化钢渣砂遵照建筑材料验评标准及试验方法，从原材料物化性能、结构稳定性检验到混凝土拌和物性能、混凝土强度、钢筋腐蚀性检测，所测项目结果符合塑性混凝土用砂，可以替代混凝土细骨料——黄砂。

（2）风淬粒化钢渣砂具有颗粒表观粗糙，级配属中粗砂，表观密度大，容重较重，混凝土拌和物需水率小，结构稳定性好的特点。

（3）配制同等级混凝土，在水灰比不变的情况下，风淬粒化钢渣砂混凝土强度高于普通黄砂混凝土强度（见表23-20）。特别抗折强度表现得特别充分。但由于颗粒表观粗糙，表观密度大，保水性略差于黄砂，拌和物中浆液量越充足，拌和物性能表现的越好。配制高强度混凝土最佳。

表 23-20 风淬渣和黄砂混凝土拌和物及强度对比试验结果

种 类		S-1	S-2
级 别		C25	C25
塌落度/mm		35 ~ 50	35 ~ 50
水灰比/%		0.5	0.5
砂率/%		37	37
每立方材料用量/kg·m^{-3}	水	165	162
	水 泥	300	300
	砂	715	940
	石	1210	1210
	粉煤灰	40	40
	减水剂	3.9	3.9
容重/kg·m^{-3}		2425	2650
拌和物表现		实测塌落度：25mm，容重为2386kg/m^3，黏聚性好。保水性好。和易性非常好，呈整体性塌落	实测塌落度：70mm，容重为2626kg/m^3，黏聚性较好。保水性一般，和易性较好，整体塌落不均
3 天强度值/MPa		15.2	15.0
28 天强度值/MPa		31.6	33.1
60 天强度值/MPa		34.8	41.5

（4）风淬粒化钢渣50%替代黄砂，拌和物性能比全部采用风碎粒化钢渣砂要好，但施工可操作性差，生产混凝土时配料不便利。

（5）风淬钢渣作为砂石料的替代品，其可泵性差于普通混凝土，且其表观密度较大，对搅拌、运输、泵送设备的磨损比普通混凝土要大。实际施工时，需要通过调整风淬钢渣替代黄砂的比例及控制混凝土的和易性来改善它对设备磨损的影响。

钢渣砂使用的注意事项有以下的两点：

（1）钢渣砂含有活性较高的 f-CaO、RO 相和颗粒自身的坚固性是造成钢渣砂蒸汽处理粉化的主要原因；

（2）f-CaO、RO 相和颗粒自身的坚固性是影响钢渣砂安定性的主要因素。

因此，选择合适的渣处理工艺生产的钢渣作为钢渣砂使用，需要考虑钢渣的碱度和其他主成分的构成。

23.3.2 滚筒渣制作钢渣砂

中冶宝钢技术服务有限公司的金强等人，根据道路混凝土对配合比的技术要求，对钢渣型砂与骨料开展混凝土大小骨料的替代设计。应用实践显示：不同体积替代设计的钢渣混凝土的后期强度、耐磨度及其抗折强度都有明显提高，结果见表 23-21 和表 23-22。

表 23-21 不同配合比钢渣混凝土的强度

编 号	混凝土骨料替代量/%	28 天抗压强度/MPa	28 天抗折强度/MPa	150 天抗折强度/MPa
1	0	32.5	5	5.3
2	20	33.9	5.4	6.1
3	40	34.9	5.5	6.4
4	60	36.4	5.7	7.2
5	80	33.2	5.8	7

表 23-22 不同掺量钢渣混凝土耐磨度比对试验结果

编 号	滚筒渣替代量/%	磨槽深度/mm	耐 磨 度
1	0	1.91	1.17
2	20	1.4	1.6
3	40	1.35	1.66
4	60	0.9	2.47
5	80	0.88	2.53

从上表可以看出，钢渣混凝土具有极高的耐磨性能、抗折优势和后期强度耐久性。对道路面层材料而言，钢渣建筑型砂是非常好的非金属无机矿物材料。

23.3.3 钢渣用于生产钢渣砖和砌块

23.3.3.1 钢渣制作建材的特点简介

钢渣可当胶凝材料或骨料，用于生产钢渣砖、地面砖、路缘石、护坡砖等产品。钢渣经磨细和加入添加剂，可降低 f-CaO 的不安定性，适合作建筑材料。

用钢渣生产钢渣砖和砌块，主要利用钢渣中的水硬性矿物，在激发剂和水化介质的作用下进行反应，生成系列氢氧化钙、水化硅酸钙、水化铝酸钙等新的硬化体。该工艺简单、成本低、能耗省、性能好、生产周期短、投产快。生产的产品特点如下：

（1）在低活性钢渣中加入无机胶凝材料以激发钢渣活性，钢渣掺用量为50%，在空心率为35%的条件下，可以生产出钢渣混凝土空心砌块。砌块抗压强度大于20MPa。制品具有强度高、工艺简单、成本低、利废率高等特点，避免了钢渣砖单重较重的不利因素。武钢利用水淬钢渣研制的钢渣砖所建的3层楼房已使用25年之久，证明钢渣砖质量可靠、性能稳定、强度高。另外，武钢利用平炉钢渣研制出空心砌块，产品达到合格产品标准，已获国家专利。张明等人利用鄂钢电炉钢渣作为小型空心砌块的原料。钢渣做小型空心砌块时的制备条件为：钢渣50%～60%，水泥25%～30%，膨胀珍珠岩2%～3%，AD 0～0.02%，最终成型样品符合国家标准。这不仅使钢渣资源化，且减轻了钢渣造成的环境污染。

（2）利用钢渣和粉煤灰，加入少量激发剂，制成150号以上标准的新型钢渣粉煤灰免烧砖。武汉理工大学陈吉春等人也用鄂钢钢渣成功研制成钢渣空心砖，降低了钢渣砖的密度。

23.3.3.2　钢渣制作固化土壤工艺使用的砌块

固化土壤工艺是以土壤为主要材料，以水泥为胶结材料，掺入很少的土壤固化剂和一定比例的颗粒材料拌和成土壤固化拌和材料，然后用特殊设计的无托板固化成型机，在高压作用下，制造出各种规格形状的具有较高的整体强度的建筑砌块（固化土壤多孔砖）的技术。

与传统的混凝土砌块来对比，利用钢渣制作固化土壤多孔砖，不怕混入过多土壤。传统的混凝土施工技术中，当土的掺入量超过3%时，混凝土就不能达到预期的质量标准，是被禁止施工的。然而，固化土壤砌块拌和材料中土壤的掺入量可以高达90%。故可以把钢渣做成质地坚硬的固化土壤多孔砖。

某种工艺生产的固化土壤多孔砖的实体照片如图23-11所示。

图23-11　固化土壤多孔砖的实体照片

节能减排是当前全球倡导的加大力度推动的生产力革新要求。烧结黏土砖能源消耗大、土地资源破坏严重、吸水率高和抗渗水能力差等的缺点已经非常明显了。而采用钢渣生产固化成型多孔砖的质量水平高于烧结黏土砖，尤其是在能源节约、土地资源保护和提高抗渗水能力等关键项目都具有绝对的优势，同时还能解决工业废弃物的处理问题，淘汰烧结黏土砖是必然趋势。

23.3.3.3 钢渣制作透水砖

透水砖起源于荷兰，在荷兰人围海造城的过程中，发现排开海水后的地面会因为长期接触不到水分而造成持续不断的地面沉降。一旦海岸线上的堤坝被冲开，海水会迅速冲到比海平面低很多的城市，把整个临海城市全部淹没。为了使地面不再下沉，荷兰人制造了一种长100mm、宽200mm、高50mm或60mm的小型路面砖铺设在街道路面上，并使砖与砖之间预留了2mm的缝隙。这样，下雨时雨水会从砖之间的缝隙中渗入地下。这就是后来很有名的荷兰砖。之后美国舒布洛科公司发明了一种砖体本身具有很强吸水功能的路面砖，当砖体被吸满水时，水分就会向地下排去。但是这种砖的排水速度很慢，在暴雨的天气这种砖几乎帮不上什么忙，这种砖也被叫作舒布洛科路面砖。

20世纪90年代，中国出现了舒布洛科砖。北京市政部门的技术人员根据舒布洛科砖的原理发明了一种砖体本身布满透水孔洞，渗水性很好的路面砖，雨水会从砖体中的微小孔洞中流向地下。又过了一段时间，为了加强砖体的抗压和抗折强度，技术人员用碎石作为原料加入水泥和胶性外加剂，使其透水速度和强度都能满足城市路面的需要。这种砖才是市政路面上使用的透水砖。这种砖的价格比起用陶瓷烧制的陶瓷透水砖相对便宜，适用于大多数地区工程。由于荷兰砖较好的透水性，被广泛用于城市道路改造中，也是目前很多投资者投资的热门行业。利用钢渣透水性较好的特点，制作透水砖，具有比重大，透水效果好，抗水害能力强的优点。

利用钢渣作为主要原料研制透水砖，用于城市广场和城市道路的铺设，不仅能防止雨水汇集，保持交通畅通，有效解决城市"热岛效应"，还可以起到吸尘、吸声、降低噪声的作用。济南大学材料科学与工程学院的丁亮与常钧，研究了钢渣透水砖的制备，制备的材料如下：

（1）钢渣采用热闷后的转炉渣，立磨粉磨后，钢渣粉粒径为5.23~38.16μm。

（2）砂子：济南市区建筑用砂。为了避免砂子中水分的影响，实验用到的砂子均在烘干箱内干燥24h至恒重；并且干燥后用孔径为1.18mm筛进行筛分，以保证粒径≤1.18mm。

（3）石子：粒径在1.18~2.36mm的原料透水性好。济南市区建筑用石子经过破碎机破碎后，用孔径为2.36mm筛进行筛分，以保证粒径≤2.36mm。

材料的配比方案（质量百分数）为：钢渣 60% ~ 85%；砂子：5% ~ 25%；石子：5% ~ 15%。称取所需质量的钢渣微粉、砂子和石子及 12% 的水。将上述原料在砂浆搅拌机中混合搅拌均匀后，装入 90mm × 40mm × 16mm 的长方体模具中，在 3.0MPa 的压力下成型，然后脱模，在容器中进行碳酸化反应。碳酸化养护后的试件在温度 $t = 20℃ ± 2℃$，相对湿度 $RH = 60\% ~ 70\%$ 的条件下养护 14 天后，根据 JC/T 945—2005《透水砖》标准规定测试试件的抗压强度、保水性和透水系数等物理性能。测试结果表明，当试件中石子的质量百分比为 15%，且砂子的质量百分比不超过 10%，或试件中石子的质量百分比为 5%，且砂子的质量百分比不超过 15% 时，碳酸化试件的抗压强度大于 30MPa；当试件中石子的质量百分比为 5% 且砂子的掺入量为 15% 时，碳酸化试件的抗压强度 43.9MPa，保水性和透水性分别为 $2.2g/cm^2$ 和 $1.68 × 10^{-2} cm/s$。碳酸化养护试件具有较好的保水性及透水性，满足 JC/T 945—2005 标准。

在炼钢厂和发电厂的生产区域，生产透水砖，采用外排的高温废气，养护透水砖，能够减少外排 CO_2 量，一举两得。

23.3.3.4 利用钢渣水泥制备铺地砌块

A 铺地砌块的生产工艺简介

铺地砌块，人们又称之为路面砖，铺地砌块要具备的物理力学性能见表 23-23。

表 23-23 铺地砌块要具备的物理力学性能

种　类	抗压强度/MPa		抗折强度/MPa		耐磨性磨坑长度/mm	吸水率/%	抗冻性
	平均值不大于	单块最小值不小于	平均值不大于	单块最小值不小于	不大于	不大于	
人行道砖	30	25	4	3.2	32	8	冻融实验后外观质量合格，强度损失不大于25%
	25	21	3.5	3	35	9	
	20	17	3	2.5	37	10	
车行道砖	60	50			28	5	
	50	42			32	7	
	35	30			35	8	

铺地砌块是一种发展中的建筑制品，砌块是当今世界各国使用最普遍的一地砌块，具有多方面的优点，是一种新型建筑材料。混凝土砌块以混凝土为基材，采用机械成型，随模具不同，可以加工砌墙的砌块，也可加工成其他用途的砌块，如铺地砌块、楼（屋）面砌块、护坡砌块、筒仓砌块、花墙砌块等。

铺地砌块承受的外力，既有正压荷载，又有弯曲荷载，还有冲击力和摩擦力，因此铺地砌块要具有良好的耐磨性。为使砌块具有较好的耐磨性，砌块越密实越好，同时，要选用耐磨性好的混凝土。铺地砌块是在露天条件下使用的，长年受气候变化的影响，特别是砌块中水分的冻融作用直接影响砌块的使用寿命，因此要求砌块的吸水率低，抗冻性好。

从各国生产和使用砌块的情况看，铺地砌块是混凝土砌块中仅次于墙用砌块的第二大品种。铺地砌块可加工成正方形、长方形、S形、六角形等多种形状，用它们铺砌地面、路面，图案活跃多变。铺地砌块表面可用不同颜色的砂浆做面层，成为色彩绚丽的地面材料，用彩色铺地砌块铺砌的地面、路面，十分美观，极受人们的喜爱，是一种发展中的建筑制品。具有以下优点：

（1）铺地砌块施工便捷，一般在平整的基层上铺一层细砂即可铺设砌块，细砂层既是找平层，又是嵌固层，无须更多的辅助材料。

（2）便于单块或小面积更换维修。地面或路面在使用过程中增加或改建地下管线时，也较现浇地面、路面方便。

（3）铺地砌块一般都用较高标号的混凝土加工，且是采用机械成型，块体强度较高，用铺地砌块铺设的地面或路面经久耐用。用砌块铺设的地面或路面同现浇混凝土整体地面或路面相比，由于前者施工简易，造价大体相当。如果考虑到它的耐久性和维修费用等，铺地砌块可能更经济。

钢渣矿渣水泥较一般水泥具有更好的耐磨性、抗冻性和抗化学腐蚀性。这几种特性正是加工优质铺地砌块最需要的。用钢渣矿渣水泥制作铺地砌块，发挥了这种水泥的长处，且钢渣矿渣水泥的价格较常用的硅酸盐水泥便宜，钢渣矿渣水泥的价格比一般水泥低 20% 左右。采用钢渣矿渣水泥制作铺地砌块有明显的经济效益，使用以后随着时间的延长不会降低使用性能。采用钢渣砂和硅酸盐水泥、激发剂等生产的钢渣砂铺地砌块，工艺会更加的简化。

B　某厂钢渣制砖的实例

a　制砖材料的选用

（1）钢渣：使用该厂经过闷蒸处理的转炉钢渣尾料，同时在进行多道破碎、球磨、磁选、筛分后得到的粒径小于 8mm 的机制细集料。

（2）水泥：用于制砖的水泥有两种：水泥 32.5 和水泥 42.5。水泥 32.5 用作制砖的主料，水泥 42.5 用作制砖的面料。

（3）辅料：辅料是作为彩色路面砖的面料使用的，通常有石英砂、颜料等。

b　制砖设备的选用

选用常熟通江机械有限公司生产的"通盈"牌 QF5-35B 路面砖、砌块成型机，进行制砖的试生产。该设备结合了国内外先进机型的优点，采用了振压结合、分层布料、高度密度双控的设计原理。其具有安装方便、操作简单、机械化程度高、用途广泛、成型速度快、成品率高、维修成本低等优点。

c　制砖生产工艺

利用基层料（粉状钢渣（粒度≤8mm）、水泥等）和彩色面层料（颜料、沙子、石英砂等），通过混料配比，经制砖机高压符合成型，可立即脱模、堆码、养护。因制品规格不同，所以成型压力也有所变化（成型压力可任意调节）。只需变换模具，便能压制各种形状、规格的彩色路面砖。

  d 产品规格及特点

该厂建材公司依据市场及城市规划的需求生产路面砖，主要用于路沿石和铺设人行道，涉及的路面砖的种类及规格见表23-24，路面砖的种类如图23-12所示。

表 23-24 某公司路面砖的种类及规格

序 号	名 称	规格/mm	颜 色 种 类
1	波纹砖	225×115×53	绿、黄、红、灰
2	盲 砖	240×240×53	绿、黄、红、灰
3	路沿石	500×350×150	黄
4	标准砖	240×115×53	灰
5	非标砖	240×115×65	—

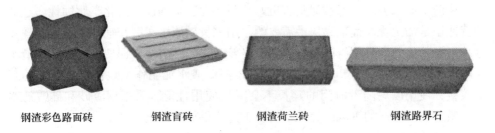

钢渣彩色路面砖 钢渣盲砖 钢渣荷兰砖 钢渣路界石

图 23-12 路面砖的种类

该公司生产出来的路面砖具有坚固、美观、节能环保、降低成本、强度高、不怕水、抗风化、耐腐蚀、抗冻融等特点，并且所有的性能都通过国家建材权威机构检测，各项技术指标均能满足使用要求。

  e 制砖生产线特点

（1）采用高压成型技术，故制品密实性好、吸水率低，抗冻性好，强度大，能达到混凝土路面砖国标，并且无需烧制、无需蒸养、节土、节能、利废，一次成型，制品环保。

（2）制品成本低。因在产品中掺入83%以上的钢渣，水泥掺量低（15%~20%），不仅可降低原材料成本，还可享受免税政策。

（3）设备投资小，实施速度快。该厂一期建立了年产252万块彩色路面砖的生产线，设备投资约120多万元。从设备安装调试，培训工人，直到形成批量生产能力，所需时间很短。

（4）产品用途广。彩砖因强度高，款式新颖，色彩绚丽，故用途广泛。不仅可用于人行道、广场、园林、住宅小区、院校和厂区等环境美化，还可用于停车场和车行道等。符合现代城市建设环境美化的需求。

制砖生产线如图 23-13 所示。

压砖生产线　　　　　　　压砖的模具　　　　　　　生产好的路面彩砖

图 23-13　制砖生产线

23.3.3.5　碳酸化养护钢渣制备透水混凝土

A　透水混凝土的简介

透水混凝土又称多孔混凝土、透水地坪，也可称无砂混凝土。它是由骨料、水泥和水拌制而成的一种多孔轻质混凝土，不含细骨料，由粗骨料表面包覆一薄层水泥浆相互黏结而形成孔穴均匀分布的蜂窝状结构，故具有透气、透水和重量轻的特点。其由欧美、日本等国家针对原城市道路的路面的缺陷，开发使用的一种能让雨水流入地下，有效补充地下水，缓解城市的地下水位急剧下降等城市环境问题，并能有效地消除地面上的油类化合物等对环境的污染；同时，是保护地下水、维护生态平衡、缓解城市"热岛效应"的优良的铺装材料；其有利于人类生存环境的良性发展及城市雨水管理与水污染防治等工作。钢渣在这一领域无疑是有着独特的优势。

B　宝钢透水混凝土的应用实例

透水混凝土是近年来建筑行业兴起的一种环保型混凝土，具有透水、透气、缓解"热岛效应"、改善水循环等优点，一般都采用矿山资源作为骨料，但普遍存在两个问题：造成自然资源的大量采掘；透水混凝土的强度难以达到要求。2004 年开始，中冶宝钢技术服务有限公司冶金渣研究中心经过刻苦研发，充分挖掘钢渣固体废弃物的硬度高、耐磨性好的特点，成功开发出了以钢渣作为集料的钢渣透水混凝土，并于 2008 年 3 月 19 日获得中国发明专利权（专利号：ZL

200510027497.7)。

宝钢将水泥、一定规格的钢渣集料、多种外加剂、水等按一定比例进行均匀混合，得到一种具有高强高耐磨特性的钢渣透水混凝土。其主要原理是将单一级配的钢渣集料作为骨料，通过水泥及外加剂进行胶结，形成的混凝土具有一定空隙率（一般要求 15% ~ 30% 之间），从而实现透水的目的。

该技术充分利用了钢渣高硬度、高耐磨的特性，利用二次资源代替自然资源，不仅拓展了钢渣的高附加值使用途径，减少了普通透水材料对矿山开采的需要，降低了配置透水材料的经济成本，同时还提高了掺加钢渣后透水材料的路用性能，提高了路面的安全系数，改善了环境的水循环功能。该技术的生产工艺流程图如图 23-14 所示。

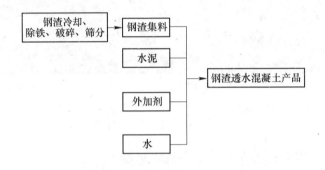

图 23-14　钢渣透水混凝土生产工艺流程

据统计，在项目实施的四年多时间里，合计生产了钢渣透水混凝土约 0.4km²。主要工程有：宝钢经五路纬五路厂区人行道、虹口水木年华生活社区、世博园区 A13 广场、世博中心广场、世博江南广场、上海特奥会训练中心、延安高架绿地工程等重大工程。

23.3.3.6　用作海边防护堤石材或海上输油管道包裹材料

利用钢渣表面多微孔、比重较大、成分多样性的特点，与其他材料混合可用于海边防护堤材料或海上输油管道包裹层，具有耐腐蚀、黏结性好、比重大、海草可自生等特点，从而提高其使用价值（如图 23-15 所示）。

钢渣制作的人工块体可以任意堆放，也可以按一定的设计形式排列。两种形式各有利弊，前者水力糙度和透水性都较大，这是防波堤护面层所应具备的两项优良性能。为了防止堤心块石被冲毁，需要给予充分的覆盖和保护，需要使用大量的人工块体。同时任意堆放，块体容易发生移动和沉实，还需要一层良好的垫层予以支承，于是就产生对护面块体的稳定重量和护面层厚度进行计算以及如何安放的问题。护面范围，在波浪作用下，斜坡堤堤身在计算水位上、下一倍设计波高值之间需进行护面，但一般均根据经验和水力模型试验确定。人工护面块体

图 23-15　钢渣用作海边防护堤材料和海上输油管道包裹层

可以分为双层安放和一层安放两种。目前我国经常使用的一层安放块体有：四脚空心方块、扭王字块等；双层安放的块体有四脚锥体和扭工字块等。护面块体的底层块体应与其下的抛石棱体紧密接触。四脚空心方块的垫层块石宜铺砌。双层安放的护面块体在安放后应使其间具有一定的连锁能力。扭王字块当随机安放时，其上层应尽量能有 60% 的块体保持垂直杆在堤坡下方和水平杆在堤坡上方；当规则安放时，全部块体应保持垂直杆在堤坡下方，水平杆在堤坡上方。人工护面块体一般都是在拼装式钢模板中制作，其顶部表面易产生气泡，应在混凝土初凝前用原浆抹压。采用钢渣制作的扭王字块等已经应用于护堤工程，效果较好。1991 年港湾公司使用钢渣制作的消浪架实体照片如图 23-16 所示。

23.3.3.7　钢渣制备高强度人工鱼礁混凝土

人工鱼礁是人类在海中设置的构造物，以改善近海海域生态环境为目的，为鱼类等提供繁殖、生长、索饵和庇敌的场所，保护和促进鱼类增殖进而提高渔获量。最初的人工礁是以诱集鱼类，造成渔场，以供人们捕获为目的，而且主要以鱼类为对象，所以称为人工鱼礁。人工鱼礁的实体照片如图 23-17 所示。

图 23-16　使用钢渣制作的消浪架实体照片

图 23-17　人工鱼礁实体照片

国外开展人工鱼礁建设较早，在近海海洋生物栖息地和渔场的建设与修复工作中均取得了较大的成就。日本、欧美等的人工鱼礁起步早，近年来正在向大体积、大孔洞率、结构复杂的方向发展。日本已经建成多处钢结构高层鱼礁，结构高度超过 70m。建造人工鱼礁的材料多样，混凝土就是其中最重要的一种。混凝土人工鱼礁易于进行结构设计，适合制造出复杂的形状和孔洞结构，而且对鱼类的诱集性能也很好。如果能以钢尾渣为主要原料开发出 C50 以上的较高强度的混凝土，则可以制备大体积、大孔洞率和形状复杂的人工鱼礁，这对进一步提高投礁地区的海洋生物多样性，扩大海洋牧场范围和消纳大量钢尾渣都有重要意义。

从 1959 年至 1982 年的 23 年中，由于采取人工鱼礁建设，日本沿岸和近海渔业产量从 473 万吨增加到 780 万吨。日本在世界渔业资源受到限制的情况下继续增加捕捞量，主要就是依靠人工鱼礁建设沿海渔场。

美国人工鱼礁的最大特点是与游钓渔业紧密结合。据 1983 年统计，美国沿海各地设置的人工鱼礁共有 1200 处。参加游钓活动的人数达 5400 万人，约占美国人口总数的 1/4。使用的游钓船只有 1100 万艘，钓捕鱼类约 140 万吨，占全美渔业总产的 35%，占食用鱼上市量的 2/3。更可观的是其带来的旅游收益，到目前为止，全美因游钓渔业所带来的社会效益达 500 亿美元。

香港地区自 1996 年开始旨在增强本港渔业的繁衍和促进本港海洋生物的多样化的人工鱼礁建设，迄今为止已经取得了良好的增殖和保育效果。

北京科技大学土木与环境工程学院的李琳琳等人，采用热闷法稳定化的钢尾渣砂和钢尾渣颗粒做骨料制备人工鱼礁混凝土，3 天抗压强度可以达到 33.7MPa，28 天抗压强度可以达到 59.1MPa，再经过海水浸泡后，强度能进一步增长，养护到 58 天时，抗压强度能达到 61.0MPa。人工鱼礁混凝土中，水泥熟料仅占混凝土中固体总量的 0.16%，固体废弃物利用总量达到 99.84%，既使大量的固体废弃物资源化，又节省了建筑材料，降低了生产成本。

23.3.4　钢渣用于制造人工岩石或者建筑石块

钢渣经过消除游离氧化钙的技术处理以后，将其在渣罐内缓冷，或者在液态的状态下浇注入特定的模具或者砂型中，可以得到理想的建筑人工石材或者砌块，用于筑路、水利工程用石料。将筑路用石材和工程用石料与钢渣砌块进行对比，结果显示，经处理后钢渣的性能与传统使用的花岗石和玄武岩相当，有些方面还优于传统石料，能够作为标准水利工程用石料，小一些的渣块（<65mm）可用于 A 级至 0 级的水利工程用石料，也完全可以作为高档石材用于道路工程。二者的技术性能比较见表 23-25。

表 23-25　钢渣用于筑路、水利工程用石料的技术性能比较

性　能	处理转炉渣	玄武岩	花岗石	要　求	
				用于水利工程	用于道路工程
冲击试验/%	15～20	9～20	12～27	—	<18(表面层)/<22(黏结层)/<26(承力层)
抛光石材质(PSV)		54～57	45～56	45～58	—
抗压强度(吸水后)/N·mm^{-2}	>130	>250	>160	>80	—
吸水性/%	0.3～0.9	<0.5	0.3～1.2	<0.5	<0.5
霜冻—露点实验的碎块/%	<0.3	<0.8	0.8～2.0	<0.5	<3.0
蒸汽实验,ΔV/%	<1～<3	n.b	n.b	—	<5.0
密度(24h)/g·cm^{-3}	>3.2	约2.95	约2.7	—	—
pH 值	10.5～12	—	—	<11.5	10～13
导电性/mS·m^{-1}	<100	—	—	<100	<500
铬/mg·L^{-1}	<0.01	—	<0.02(表面层)	<0.02(黏结层)	—

24　钢渣在公路建设领域中的应用

　　钢渣应用于路桥的建设历史悠久，1937年英国已把钢渣作为沥青骨料来铺筑路面，1979年联邦德国全国道路用钢渣占利用钢渣总量的30%；1979年苏联道路用钢渣占利用钢渣总量的83.7%；国内从20世纪50年代起就已开展钢渣用于路基填料的研究，取得了一定的结果，例如简子沟编组站自1976年使用钢渣填筑路基至今，效果良好。

　　改革开放以来，国内经济在积贫积弱的基础上展开，路桥建筑行业和其他的建设项目所需要的各类原料，来源于江河和矿山。在国内的江浙一带开挖河沙用于基建的砂石料，在西北修建路桥，路桥延伸到哪里，哪里沿途的地貌就有被开挖的痕迹。开挖山峦河道，挖砂洗砂，造成河水失去了清澈的本色，河床降低相应地降低了江河的水位，对取水灌溉造成影响。中国本属于缺水的国家，随着这些矿产资源的无序开采，使得诸如石灰石、河砂等常用天然砂石集料日渐匮乏，部分地区已难以寻找优质的石料和河砂，并且造成当地水土流失、生态环境破坏。

　　目前，我国经济迅猛发展，高速公路和高等级桥梁的建设处于快速发展期，各种基础设施建设与路桥建设规模空前。每年需求的水泥砂浆与混凝土量、各等级公路建设需求的路基和路面材料达数十亿立方米。数量如此巨大的建设，平均每年要消耗数十亿吨不可再生的天然砂石料资源。例如，以新疆的道路混凝土和建筑工程地面砂浆的使用情况为例，目前的生产量达到1000万立方米以上，今后这一比例还会增加。按$1m^3$混合料用优质砂石1000kg计算，年需用1000万吨以上。按照$1m^3$混合料用优质砂石料1000kg，年需用1000万吨以上。

　　钢渣具有的以下优势，使之能够在路桥领域有较大的应用范围：

　　(1) 采用钢渣作为路基材料，具有固化地基周围土壤、增强和强化地基承重能力、节约成本的优点。在湿软地带，缺少砂石料的地区，钢渣是一种修路建设的重要资源。武汉至鄂州高速公路武汉段工程起点在武钢附近，该处符合要求的砂石、黏土等资源缺乏，用武钢钢渣作为填料修筑路基，既大量利用了钢渣，减轻了环保压力，又解决了公路工程填料不足的问题，这一点武钢的实践结论给出了有利的证明。

　　(2) 钢渣的抗冻性能好，即使经过寒冷的冬季，钢渣的强度也不会有太大的变化，只是强度增长缓慢，不如夏季时增长得快，这对路基的稳定性有积极的意义，故钢渣道路特别适用于寒冷气候开放道路的使用；例如在青藏高原和其他生态脆弱，天气寒冷的地区，采用钢渣修筑公路，其施工条件可以改善，修路的质量也能够得以保证。

（3）钢渣具有活性，可板结成块，能够作为路基材料使用，也可以作为钢渣桩使用，用钢渣在沼泽地带筑路，更具有其他材料不能代替的效用。

（4）在天然地基上部作钢渣垫层，它不需挖土，减少了工程量，节省投资，并利用了工业垃圾，减轻了环境污染。

（5）钢渣属无黏性粗料散体材料，承载力高，沉降变形小，渗水性好，抗冻性好，且含水量变化对压实密度影响小，雨季施工不受影响，应用于挖方路基和半填半挖路基，具有压实程度高、水稳定性好、密实度大、强度大，并对路面荷载起扩散和调节的作用，对其基底土层能够起到应力扩散和固结排水作用，提高地基承载力、减小路基沉降变形的作用。因此，利用钢渣作垫层材料进行路基处理具有较多优点。

（6）常规地质条件下的钢渣路基，能够形成一个板体，具有良好的整体稳定性。文献介绍，在路基开挖基坑试验时，挖掘机开挖断口处钢渣不松散，不脱落，证明了钢渣路基整体性好这一优点。

（7）钢渣的稳定性好。经过钢渣预处理工艺处理的钢渣，有着较好的水稳性和自稳性，其水解、分化的速度在碎石材料的一半以下，这对防止路面隆起、路基开裂有着很好的作用。

（8）由于钢渣有较多的氧化物，吸水性很强，与水化合后，有微弱的水硬性，可增强路基的强度，在潮湿路段可发挥它的优势。例如，包头南绕城公路在南海公园左右，近3km路段的地基十分软弱，在这一段采用钢渣修路，发挥了以上所述的优势。

（9）钢渣压碎值变化范围为6%~12%，集料的强度高，坚固性好，弹性模量高，用钢渣垫层处理路基，可就地取材、工艺简单、施工方便、工期短、造价低，经济、环境、社会效益显著，有很高的工程使用价值和广阔的推广应用前景。

（10）钢渣代替砾石、碎石做集料，用于二灰（石灰、粉煤灰）稳定类基层。研究表明：二灰钢渣混合料路用性能优于二灰砾石和二灰碎石。钢渣表面有空隙，石灰、粉煤灰等胶凝材料与钢渣配合使用，比石灰、粉煤灰与砾石、碎石配合使用，具有更好的附着性。钢渣作为石灰粉煤灰混合料基层的骨架，可以有效减少收缩裂缝，增强颗粒间的嵌锁力，使得其早期强度和整体强度高于二灰砾石和碎石。

利用钢渣填筑路基和修建路面基层与底层已被实际公路、铁路应用所证实，效果显著。据测算，用钢渣筑成的公路，1m² 造价仅1.25元，并且经处理的钢渣具有较好的稳定性，可用于道路的基层、垫层及面层。钢渣与沥青有很好的亲和性，与部分天然石料相混可铺筑高质量柔性道路。磨光石试验表明，钢渣沥青路面防滑性好，不易开裂、拉裂，轮碾试验表明，承重层变形小，道路工作寿命长。钢渣有很好的抗冻解冻性，适应寒冷气候开放道路的使用。鉴于这些优势，如果仅有30%的混凝土或砂浆使用钢渣活性集料，则每年消化钢渣量约有300万吨以上。例如，随着新疆跨越式发展的模式，城市建设规模不断扩大，混凝土和砂浆需求量还将增加，钢渣活性集料的产量远不能满足市场需求，应用前景十分光明，这对缓解建设过程中征地取土问题，有极其重要的意义。此外，随着国家实施禁止对长江采砂的政策，筑路砂的来源日趋紧张，特别是长江中下游一带，黄砂价格日益飞涨，路桥的建设成本也不断攀升，所以钢渣在国内路桥建设的领域将大有作为。

许多的研究人员目前已经形成共识，即钢渣要实现其高附加值利用，应该兼顾其应用的社会效益、经济效益、环境效益和工程效益，只有同时满足这四个方面，且各自效益比较显著时，才可以促进钢渣的高附加值利用。

24.1　钢渣在路桥建设过程中的应用概述

道路按照不同的等级可以分为一级公路、二级公路、三级公路和四级公路，其区别如图 24-1 ~ 图 24-4 所示。

图 24-1　一级公路

图 24-2　二级公路

按照路面的质量级别分为高级路面、次高级路面和中级路面。其中，高级路面主要有水泥混凝土路面和沥青混凝土路面，主要用于高速公路和一级公路、城市快速路和主干路；次高级路面主要有沥青贯入碎石（砾石）、冷拌沥青碎石（砾石）等，适用于二级、三级公路，城市次干道和支路；中级路面主要有水结

图 24-3　三级公路　　　　　　　图 24-4　四级公路

碎石、泥结碎石、级配碎砾石路面等，仅适用于三级和四级公路。

　　高级公路的结构分为面层、联结层、基层、底基层、垫层和土基；低中级路面的结构分为面层、基层和垫层、土基。其示意图如图 24-5 所示。

　　路基：路基是公路的基本结构，是支撑路面结构的基础，与路面共同承受行车荷载的作用，同时承受气候变化和各种自然灾害的侵蚀和影响。路基结构形式可以分为：填方路基、挖方路基和半填半挖路基三种。

　　路面：公路路面是用各种坚硬材料分层铺筑而成的路基顶面的结构物，以供汽车安全、迅速和舒适地行驶。路面

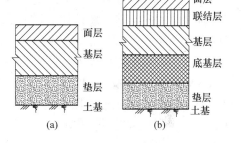

图 24-5　公路的结构示意图
（a）低、中级路面；（b）高级路面

一般按其力学性质分为柔性路面和刚性路面两大类。路面是铺筑在公路路基上与车轮直接接触的结构层，承受和传递车轮荷载，承受磨耗，经受自然气候的侵蚀和影响，因此对路面的基本要求是具有足够的强度、稳定性、平整度、抗滑性能等。

　　路面的常用材料有沥青、水泥、碎石、黏土、砂、石灰及其他工业废料等。
　　钢渣的应用可以涵盖路桥建设的每一个步骤和环节，概括为以下几个方面：
　　（1）可以处理路桥面的沉降和强度不够的问题，用于做钢渣桩；
　　（2）替代砂石做路桥基层的铺垫料；
　　（3）钢渣微粉用于替代水泥，添加到水泥混凝土中用于修筑混凝土路面；
　　（4）钢渣替代水泥混凝土中的砂石料，用于混凝土路面的骨料使用；

（5）钢渣用于替代沥青砂石料，与沥青拌和作为沥青混凝土路面的骨料，还可以将磨细的钢渣粉替代石灰石等矿粉，添加到沥青拌和料中，做路面材料；

（6）钢渣作为路桥面的修补骨料和添加的粉料使用；

（7）钢渣在多雨地区修建开放性的公路；

（8）钢渣在沼泽地带、沉陷型地带修筑简易公路；

（9）钢渣在农村间修建一般性的乡村公路，具有一般砂石简易公路所不能比拟的优势；

（10）钢渣用作湖底、河道底部清淤物的固化剂，然后用于公路的基层材料使用。

将钢渣与其他材料按一定比例混合（如钢渣、高炉水渣、氟石）作为钢渣桩加固地基，钢渣和拌和料经过水化、凝硬、碳化等一系列物理化学反应后，生成大量胶凝材料，构成空间网状结构，形成了连续性、均匀性较好的桩体，并使桩体具有一定强度和较好的抗渗性。

24.2　钢渣在钢渣桩工艺中的应用

钢渣桩是一种以钢渣为桩体主要材料的柔性桩，是由日本的烟博昭等人率先开发研制使用的。其原理是利用制桩过程中对桩周围土壤的振密、挤压和桩体材料的吸水、膨胀，以及桩体与桩周土的离子交换、硬凝反应等作用来加固地基，从而改善了桩周土的物理力学性质，并与桩周土共同构成复合地基，以提高地基的承载力和减小沉降。这项技术的研究在国内已经取得了进展。

沪宁高速公路（上海段）部分软土地基采用钢渣桩加固，结果表明，钢渣桩加固高速公路路堤下的软土地基能迅速提高地基承载力和稳定性。随着这一系列研究成果的进行，钢渣桩在加固公路软基方面应用的增多，成果也逐渐丰富起来。

24.2.1　钢渣桩及其加固机理

钢渣桩加固软土的机理综合起来有如下几个方面：

（1）成孔挤密作用。钢渣桩是由振动钢管下沉，使桩间土产生挤压和排土而成的。施工使桩周土得到挤密，孔隙减小，密实度增大，从而提高了地基的承载力。

（2）钢渣材料的水化反应。钢渣的主要矿物组成为硅酸三钙（$3CaO \cdot SiO_2$）、硅酸二钙（$2CaO \cdot SiO_2$）和 MnO、Fe_2O_3、Al_2O_3、MgO 等的固溶体，钢渣填入桩孔后，会与桩周土中的水分发生水化反应。

$$CaO + H_2O \Longrightarrow Ca(OH)_2$$

$$2(3CaO \cdot SiO_2) + 6H_2O \Longrightarrow 3CaO \cdot 2SiO_2 \cdot 3H_2O + 3Ca(OH)_2$$

$$2(2CaO \cdot SiO_2) + 4H_2O \Longrightarrow 3CaO \cdot 2SiO_2 \cdot 3H_2O + Ca(OH)_2$$

$$3CaO \cdot Al_2O_3 + 12H_2O + Ca(OH)_2 \Longrightarrow 4CaO \cdot Al_2O_3 \cdot 13H_2O$$

$$4CaO \cdot 2Al_2O_3 \cdot Fe_2O_3 + 10H_2O + 2Ca(OH)_2 \Longrightarrow$$

$$3CaO \cdot Al_2O_3 \cdot 6H_2O + 3CaO \cdot Fe_2O_3 + Al_2O_3 \cdot 6H_2O$$

水化反应的结果是:水化粒子生成的水化物相互交织,网络状粒子连成一体,并将厚实的氢氧化钙晶体包裹在一起,从而形成了一定的桩身强度。由于钢渣材料的水化反应吸收了桩周土中大量的水分,在桩体强度不断形成的同时,桩周土的物理力学性能也得到改善。

(3)离子交换和硬凝反应。桩外围的钢渣材料水化生成的氢氧化钙中的钙离子,能与土中含量较多的带有钠离子或钾离子的硅酸胶体微粒进行当量吸附交换,使较小的土颗粒形成较大的土团粒,生成不溶于水的稳定结晶化合物;由于钢渣水化生成的凝胶粒子具有很大的表面能,能进一步使土团粒结合起来,并封闭各土团之间的空隙,形成坚固联结,从而使桩与土的结合层的强度大大提高。

(4)膨胀挤密作用。桩周土中的水分与钢渣发生水化反应,生成了水化产物,使固相体积增大,桩体发生膨胀,对周围土体产生挤压,使土的孔隙减小、体积压缩,桩周土的密实度进一步得到提高。

(5)碳化作用。钢渣中游离的氧化钙能吸收水和空气中的二氧化碳发生碳化反应,生成不溶于水的碳酸钙,即 $CaO + CO_2 = CaCO_3$,也可使桩体的强度有所增加。

(6)桩体作用。钢渣填料经水化、凝硬、碳化等一系列物理化学反应后,形成黏结在一起的连续性、均匀性、直立性较好的桩体。桩身模量较桩间土模量大,在荷载作用下,为了保持桩体和桩间土之间的变形协调,在桩体上会出现应力集中,起到复合地基中桩体的作用。

(7)排水效应。钢渣的渗透系数约为 $10^{-4} \sim 10^{-3} cm/s$,比软土渗透系数大 $100 \sim 1000$ 倍,与细砂相当。在软土层中设置钢渣桩,大大缩短了超孔隙水的水平渗透途径,加速软土沉降固结,使沉降速度加快。

(8)置换作用。因钢渣取代了同体积的软土,桩土共同承受上部荷载时,出现应力向钢渣桩集中现象,使桩周围土层承受应力较小,沉降也会相应减小,从效果上看,相当于用较好的土层对软土进行了置换。

(9)加筋作用。因钢渣的抗剪强度高,从而提高了复合地基的抗剪强度,可防止地基产生滑动破坏。

24.2.2 钢渣桩适用的土质条件与布置形式

任何一种软基处理方法都不是万能的,都有一定的适用条件。根据已有的经验总结分析,钢渣桩适用于淤泥、淤泥质土、素填土、杂填土、饱和及非饱和的黏性土、粉土等。

由于钢渣桩的成桩方式主要是振动沉管成桩，在选用钢渣桩加固软基时应进行地基土的灵敏度试验。对灵敏度较高的饱和软黏土，成桩过程可能会破坏土的结构，致使土的强度大幅度降低，应慎用。

钢渣是废渣，坚硬多孔，形态各异，钢渣材料在使用前应将大块钢渣粉碎。根据成桩直径的大小，一般要求粉碎后的钢渣为最大粒径 7～8cm，平均粒径为 4～6cm 的无定形块状物。为了保证钢渣成桩后的均匀和强度，钢渣本身有一个级配的问题，而且钢渣的水化速度及水化能力较低，尤其是早期强度低。为了改善钢渣桩的性能，在成桩时，可掺加 10% 的水泥，可大幅度地提高钢渣桩各龄期的强度。

对公路软基，一般都是采用满堂加固，布置成正三角形或正方形。针对具体情况，为了减少软土在路堤荷载的作用下产生的侧向变形，可在路堤底外缘增设 2～3 排保护桩。

而钢渣桩桩长的确定要考虑到钢渣桩在荷载作用下，其主要受力及变形集中在一定的范围内，目前的研究表明集中在桩顶成桩直径 6～10 倍的深度以下，其压缩变形及桩周摩擦力都趋于零。这说明，确定钢渣桩长度时，并不是越长越好，但其长度不能小于其成桩直径的 6～10 倍，同时还应满足桩尖处的附加应力不大于该处地基承载力标准值。

24.2.3　钢渣桩复合地基承载力计算

关于钢渣桩复合地基承载力的计算，规范中还没有给出成熟的公式，设计中常参照石灰桩或砂石桩计算公式。计算思路是先分别计算桩体的承载力和桩间土的承载力，再根据一定的原则将这两部分叠加得到复合地基的承载力。

若能有效地确定复合地基中桩体和桩周土的实际极限承载力，而且破坏模式是桩体先破坏引起复合地基全面破坏，则复合地基的极限承载力 P_{cf} 可用下式计算：

$$P_{cf} = mP_{pf} + \lambda(1-m)P_{sf}$$

式中，P_{pf} 为桩体实际极限承载力，kPa；P_{sf} 为桩间土实际极限承载力，kPa；λ 为桩体破坏时，桩间土的极限强度发挥度；m 为复合地基置换率，%。

在复合地基初步设计时，地基承载力可用下式计算：

$$R_{sp} = \frac{R_K}{A_P}m + R_s\alpha(1-m)$$

式中，R_{sp} 为复合地基承载力标准值，kPa；R_K 为单桩承载力标准值，kPa；R_s 为天然地基承载力标准值，kPa；α 为桩间土承载力提高系数，黏性土可取为 1.0。

以上两式中的极限值与标准值间可通过安全系数进行换算。

实际工作中，复合地基设计时，常通过钢渣桩桩土应力比的取值范围来预估复合地基承载力 R_{sp}：

$$R_{sp} = R_s\alpha[1 + m(n - 1)]$$

式中，n 为桩土应力比，据公开的文献资料，桩土应力比约 $2\sim5$。

24.2.4 钢渣桩复合地基沉降计算

钢渣桩和桩间土共同组成复合地基，沉降计算采用复合地基理论。

计算思路：钢渣桩的复合地基的沉降量 S 是由钢渣桩加固区的压缩量 S_1 和地基压缩层厚范围内加固区下卧层的压缩量 S_2 组成，即 $S = S_1 + S_2$。

S_1 的计算常采用复合模量法，按下式计算加固区的复合模量，按分层总和法计算 S_1：

$$E_{sp} = mE_p + (1 - m)E_s$$

当可以准确确定天然地基压缩模量的时候，也可以按分层总和法计算加固区范围内的沉降值后，再乘以折减系数 β：

$$\beta = \frac{1}{1 + m(n - 1)}$$

式中，E_{sp} 为复合地基的压缩模量；E_p 为钢渣桩的压缩模量；E_s 为天然地基的压缩模量；m 为面积置换率；n 为桩土应力比。

S_2 的计算，采用分层总和法计算。

24.2.5 钢渣桩施工注意事项

钢渣桩施工质量的好坏直接影响着加固的效果，在施工中应特别注意以下几点：

（1）根据施工现场的土质情况，决定投料方法；

（2）桩位的定位要尽量准确，误差不得大于桩管直径，桩的倾斜度应小于 5%；

（3）每桩投料不宜太少，总数应多于桩长的 $1\sim2$ 倍，原则上应"少吃多餐"；

（4）在桩顶 $1\sim2m$ 处，必须严格振密，以免影响中段的密实度；

（5）为避免连续施打对土体产生过大扰动引起土体侧移造成断桩，施工中采用隔排隔桩跳打，施打新桩时与已打桩间隔时间以大于 7 天为宜。

24.3 钢渣在路基和路面建设中应用

钢渣应用于公路建设领域，主要有以下的几个方面：

（1）钢渣应用于路面材料和公路的基层、垫层材料。钢渣有很好的抗冻解冻性，适用寒冷气候开放道路的使用；尤其是钢渣具有活性，可板结成块，用钢渣在沼泽地筑路，更具有其他材料不能代替的效用。钢渣代替砾石、碎石做集料，用于二灰稳定类基层。

（2）制作钢渣耐磨砂浆与混凝土应用于混凝土路面。由于钢渣中含有金属铁、含铁相固溶体、CRS（橄榄石）、C_3RS_2（蔷薇石）、C_7PS_2（纳盖斯密特石）等易磨性较差的矿物，导致钢渣的耐磨性能优于玄武岩、石灰岩及河砂等粗、细集料，从而可提高混凝土中集料本身的耐磨性；将易磨性差的钢渣作为集料取代碎石，可配制高性能的耐冲磨混凝土，提高工程的寿命和使用性能，降低工程造价，有显著的社会效益、经济效益和环境效益。

武汉钢铁集团公司利用生产的钢渣耐磨集料在武黄高速公路大修工程、仙桃汉江公路大桥桥面铺装以及武汉钢铁集团冶金渣有限公司的厂道加铺改造工程中得到了广泛的应用。后期跟踪观测的试验也证明了钢渣沥青路面性能优异，钢渣沥青路面的抗滑性能及抗水损害能力远远优于普通沥青路面。

（3）用于制作混凝土钢渣集料。钢渣中含有与硅酸盐水泥熟料相同的天然水硬活性矿物 C_2S（硅酸二钙）、C_3S（硅酸三钙），同时钢渣可释放碱度，促进粉煤灰、矿渣的反应，使用钢渣与水泥浆体具有很高的界面黏结强度。在混凝土中加入快速冷碎的钢渣作集料，其断裂韧性要比用石灰石作集料的混凝土，高10%左右。

（4）冶炼渣代替石子铺路。经处理后的钢渣具有较好的稳定性，如前所述。钢渣在路基垫层中应用，其粒度应控制在 60mm 以下，自然堆放或稍加喷淋 3 个月以上其粒度基本符合要求，其粉化率也不断下降，稳定性提高。

（5）桥面铺装表层。为了继续验证钢渣作为沥青混凝土集料的优越性，增大其在沥青路面中的应用范围。2003 年，根据汉江公路大桥桥面铺装的使用条件及性能要求，在仙桃汉江公路大桥桥面铺装技术的试验研究中，桥面铺装采用钢渣集料及改性沥青制备的 SMA 混合料，目前使用效果良好。

（6）用于公路建设的路面材料。钢渣能够应用于路面结构的每一个环节，具有与其他路基材料使用时一样的优点。

钢渣与无机结合料，即水泥、石灰、粉煤灰形成稳定的、具有一定强度的钢渣混合料，用于路面的垫层和底基层，通过室内击实和无侧限抗压强度试验表明，无机结合料稳定钢渣中，以水泥稳定钢渣的强度最高，而且随着龄期延长，强度增大。在钢渣含量小于96%，水泥大于4%，或者钢渣含量不大于80%，石灰与粉煤灰，或电石渣与粉煤灰大于20%时，强度可满足任何等级公路基层及路面的强度要求。花岗岩用作沥青混凝土的粗、细集料已经得到广泛运用。钢渣的粗细两种集料的实体照片如图24-6所示。

(a)　　　　　　　　　　　　　　　(b)

图 24-6　钢渣的粗细两种集料的实体照片

（a）粗集料；（b）细集料

表 24-1 是某试验路段采用钢渣施工的数据分析。

表 24-1　某试验路段采用钢渣施工的数据分析

项目		压碎值/%	浸水膨胀率/%	最佳含水率/%	最大干密度/g·cm⁻³	弯沉值/%	压碎值/%	无侧限抗压强度/MPa	
								7 天	28 天
底基层30~50cm	国家标准（YBJ 230）	≤30	≤2.0	—	—	设计值	≥97	≥2.5	—
	混合料配比：尾渣块：尾渣粉 = 3∶1	23	1.50	8.0	2.7	合格	98	3.4	5.8
	碎石混合料配比：石灰：碎石 = 1∶7	16	—	10	1.8	合格	97	2.8	4.0
基层20~30cm	国家标准（YBJ 230）	≤30	≤2.0	—	—	设计值	≥98	3.5~4.5	—
	混合料配比：块：粉 = 2∶1	24	1.56	8.5	2.5	合格	99	4.3	6.2
	碎石混合料配比：石灰：碎石 = 2∶7	15	—	10.5	1.7	合格	98	4.0	4.8
面层（沥青混凝土）10~15cm	国家标准	≤30	≤2.0	空隙率 ≤47	表观密度 ≥2.9	设计值		坚固性≥0.3mm 含量 ≤8	
	钢渣砂:0.3 mm < 粒度 <10mm	26	1.62	45	3.4	合格		—	5
	碎石:0.3 mm < 粒度 <10mm	16	—	40	1.8	合格			5

24.3.1　钢渣在路基和路面建设中应用机理

路基是公路的基本结构，是支撑路面结构的基础，与路面共同承受行车荷载的作用，同时承受气候变化和各种自然灾害的侵蚀和影响。路基结构形式可以分为：填方路基、挖方路基和半填半挖路基三种形式。挖方路基和半挖半填路基都是针对地基土壤满足不了筑路要求的措施。实施钢渣填方，水泥稳定钢渣、二灰稳定钢渣填方，已经有规模化的实施实例，尤其是国外，其优点很多。国内的唐山市省道 S262 线路基处理等工程，已有钢渣处理地基的实施先例，实为高速公路路基最为经济和效果最好的材料之一。

钢渣加固路基的原理如下：

（1）板结机理：钢渣是一种铁矿物经高温冶炼后形成的残留物。SiO_2、CaO、Al_2O_3、FeO、Fe_2O_3 等物质的含量达 80% 以上，这些物质的存在使其具有较强的化学活性。在钢渣施工中（钢渣混合料中大块、小块、粉末均有），经过摊铺、整平、洒水、碾压一系列工序后，钢渣在外部环境（大气、温度、湿度）共同作用下发生了一系列的水化和氧化反应。首先是 CaO、MgO 及水和 CO_2 反应，生成 $CaCO_3$、$MgCO_3$；同样，SiO_2 与水以及钢渣中的钙、镁离子发生反应生成硅酸盐化合物。通过化学反应使分子结构重新组合，从而使处于松散状的钢渣颗粒凝聚成牢固的整体，达到较高的强度。

（2）钢渣颗粒间隙较大，地下水上升到该层后，便向四周扩散，不再上升。挖开断面后，可以见到有水从该层流出，素土找平层含水量却保持在规范要求内。

（3）同碎石路基一样，顶层颗粒受力后，传到下层颗粒上，有较好的传递性能，以此传下去，把所受力层层分解，因此即使钢渣路基建在天然路基上，也能承受较大的荷载。

钢渣加固路堤的机理如下：

（1）钢渣内的 CaO 吸收一定水分，与水发生化学反应生成 $Ca(OH)_2$，然后 $Ca(OH)_2$ 与其中的氧化物发生水化反应生成强度很高的水化物，从而使路堤产生硬化，形成强度较高的板体，其变形模量远大于原地基土，提高了路堤强度。

（2）钢渣路堤材料由于吸水后自身硬化，使松散材料产生一定的内聚力和侧限作用。另外，钢渣颗粒强度高、棱角较多，细颗粒充填于粗颗粒之间，压密后具有较高的内摩擦角，从而增强土体抗剪强度，提高路堤土体的抗滑稳定性。

（3）置换作用，以强度较高、变形较小、稳定性好的散体材料取代承载力低、沉降变形大、稳定性差的软基土。

（4）排水固结，钢渣属渗水材料，可作为路基以下及两侧原地基土压缩固结时的良好排水通道，从而促使土体固结。

（5）应力扩散，钢渣路堤堤身强度和变形模量显著高于其下覆路基土，受荷后，有应力扩散作用，从而减小下覆层的附加应力。

24.3.2　钢渣在路基建设中的应用特点

24.3.2.1　钢渣在路面底基层中的应用形式

钢渣在公路路面底基层中的应用有以下几种形式：

（1）全部使用钢渣或钢渣混合料作为路面底基层填筑材料，这主要用于钢渣运距短的区域，这相对碎石材料有价格优势，钢渣底基层在板体性和强度等性能方面明显好于级配碎石底基层。钢渣的早期强度也高，这是因为钢渣颗粒表面粗糙，摩擦系数较大，机械作用有较好的稳定性，经压路机压实后，钢渣颗粒间相互嵌挤，从而使内摩擦力增大，这样使钢渣具有较高的早期强度。

（2）经筛分后的粉末作为嵌补料用于级配碎石底基层中。在级配碎石底基层施工中，用钢渣粉末代替石屑作为嵌补料。从使用效果来看，钢渣比石屑作嵌补料要好得多，其主要原因是利用钢渣的板体性将松散的碎石颗粒联结成一个牢固的整体，从而使底基层具有较高的早期强度和抗剪能力，甚至在压实后可以立即开放交通而不会遭受破坏。

（3）将具有级配的钢渣和粉煤灰、石灰粉混合使用，激发钢渣的早期强度，或者与钢渣中的游离氧化钙反应，形成胶凝体。

（4）将一定级配的钢渣和砂石料混合后使用，也具有稳定钢渣膨胀性能，并且路面容易整体板结，强度较好。

施工工艺流程：准备下承层施工放样，运输和摊铺碎石，洒水使碎石湿润，运输和撒布钢渣粉（在施工中，钢渣粉末要足量，以钢渣粉全部盖级配碎石为宜），拌和并补充洒水，整形，碾压等。

24.3.2.2　钢渣应用于公路路基建设过程中需要注意的问题

钢渣大规模应用于路基材料，需要注意以下几个方面的问题：

（1）钢渣不需加工即可用于路基，用于道路基层时，必须考虑合适的级配。使钢渣内的空隙恰好能被游离氧化钙遇水产生的膨胀所填充，以获得足够的强度和密实度，如果钢渣中粗集料过多，空隙率过高，开始时依靠大颗粒间的嵌挤摩擦可取得一定的强度和稳定性，但随着钢渣中游离氧化钙的消解，钢渣体积膨胀的同时，崩解为小粒径颗粒，填充了原有的空隙，如果空隙过大，可能引起面层高程的下降。同样，如果钢渣中细集料过多，则易引起相反情况。由于这一要求，钢渣基层道路施工建设时的压实度不仅考虑下限，也应考虑一定上限，即留出一定空间供膨胀填充。

（2）一个工厂生产的钢渣，由于其矿石来源，冶炼工艺的相对稳定，其化学成分通常是稳定的。因此，道路单位应根据钢铁厂家的钢渣生产线的具体情况和道路需要提出具体的级配要求，供料单位应保证钢渣颗粒组成使用的稳定性。对于陈旧钢渣，控制钢渣内游离氧化钙的含量方法较多，主要有堆积陈化法、水煮法、蒸汽陈化等工艺。使用滚筒渣、风淬渣等工艺处理的钢渣，基本上可以考虑钢渣的稳定性是满足施工要求的。

（3）钢渣的比重一般比常规石料大，如远途运输，使用运费高，建议施工单位争取政策扶持，或者钢渣用于钢厂周围的道路建设。

（4）钢渣做基层材料的推广方向，考虑到级配钢渣做道路基层时，钢渣的膨胀将向约束弱的方向发展。城市道路由于两侧建筑较多，会引起道路膨胀破坏，即钢渣用于公路建设，其安全性比用于城市道路建设的要好，用于水泥混凝土路面道路的安全性比应用于沥青混凝土道路的安全性要好。

（5）在有条件的情况下（如在钢渣、粉煤灰的生产地），钢渣应用于路基建设的构造，采用二灰钢渣或者可以弱化钢渣膨胀危害的材料混合施工。在一些场合，为了消除钢渣的不稳定性，钢渣和砂石料掺和使用，砂石料中的泥沙与钢渣中的活性物质（游离氧化钙等）反应，可以起到消除钢渣膨胀引起的开裂问题。

在作为路基材料施工时，步骤如下：

（1）加强钢渣存放管理，使用陈化处理或者其他稳定化技术处理过的钢渣，做好生产时间标志，防止不合格钢渣的混入，保证控制游离氧化钙的含量小于3%。

（2）钢渣粒径应控制在不大于50mm，钢渣级配应符合规范的要求。第一步铺钢渣厚30cm，压路机碾压3~5遍；第二步铺钢渣厚30cm，压路机碾压四遍；第三步要求钢渣压实后的厚度达到要求的地基高度，压至无轮迹停止。经开挖验证，在压路机的作用下三步分别施工后，基本上满足了路基工作区的要求。

（3）施工过程中严格控制层厚，建议压实厚度采用200mm。

（4）压实应在最佳含水量状态下进行，碾压合格后应立即洒水养生，养生期要符合规范要求。

24.3.2.3 钢渣和砂石料做公路的垫层材料

在一些半干旱的区域，在土壤层上直接铺一层公路垫层材料，再在上面铺筑沥青混凝土面料，也是一种常见的工艺。这种工艺采用砂石料做垫层，需要反复的碾压成型、保养等工艺处理，采用钢渣做垫层材料，能够优化这种工艺。如果采用钢渣掺入混有少量泥沙的砂石料，二者以60：40的比例混合以后，搅拌均匀，直接铺在土壤层上部做垫层材料，工艺效果显著。这种工艺，最大的优点是能够使得钢渣中的游离氧化钙和其他的活性物质与砂石泥土中的 SiO_2 发生胶凝反应，板结成型，有利于路面的稳定。新疆八钢热闷渣渣厂的公路采用滚筒渣掺拌含土砂石（比例为1：1）做垫层，在垫层上面直接铺筑沥青混凝土，上面行驶的车辆均为大吨位（50%的车辆总重超过100t），投用两年至今，效果卓著。钢渣和砂石料作公路垫层材料的实体照片如图 24-7 所示。

图 24-7 钢渣和砂石料作公路垫层材料的实体照片

目前大型的停车场的垫层材料施工也采用这种工艺，工程费用降低 1/4，并且效果显著，同时克服了钢渣中游离氧化钙过高引起的路面开裂、鼓包和起皮事故。

同样的，八钢在一山坡公路采用钢渣作为垫层材料，直接铺筑在土壤层上，然后在垫层上铺设的沥青混凝土路面建设的公路，建设开放后的 5 年，运行稳定。最明显的是该区域属于水土极易流失的区域，铺筑钢渣公路以后，公路的稳定性超出预期的目标值。其实体照片如图 24-8 所示。

24.3.2.4 钢渣与粉煤灰等联合使用做公路的底基层和垫层材料

钢渣与无机结合料（即水泥、石灰、粉煤灰）形成稳定的、具有一定强度的钢渣混合料，用于路面的垫层和底基层。

二灰一般指石灰和粉煤灰。二灰稳定钢渣基层（底基层）是由一定数量的石灰、粉煤灰作稳定剂与游离氧化钙含量达到稳定的钢渣在最佳含水量的情况下，经拌和、压实及养生得到的一种半刚性基层（底基层）。钢渣集料约占整个

图 24-8　钢渣公路实体照片

混合料的 80% 左右，石灰、粉煤灰在混合料中起填充集料的空隙、黏结稳定粒料的作用，其形成机理如下：

（1）二灰钢渣混合料中，钢渣本身具有一定的级配，钢渣颗粒形成骨架密实结构，由于钢渣本身强度很高，钢渣骨架具有一定的强度。

（2）在钢渣颗粒之间，石灰提供 f-CaO，在混合料中的水环境下进行离子交换反应、$Ca(OH)_2$ 的结晶反应、"火山灰反应"等物理化学反应，形成一个整体。

（3）粉煤灰的主要作用是提供"火山灰反应"所需要的活性氧化钙和氧化铝，在石灰和碱性物质作用下活性被激发，促进"火山灰反应"的进行。石灰、粉煤灰在混合料中的反应随着龄期的延长，各种反应继续进行，同时"火山灰反应"生成的产物进行聚合，使钢渣颗粒间形成混乱的空间网状联结，且联结强度和刚度增强，从而使二灰钢渣具有很高的强度。

影响二灰钢渣混合料初期强度的因素有以下几点：

（1）混合料的含水量影响。有研究表明，配合比为 4∶16∶80 的二灰钢渣的最大密度为 $2.2766g/cm^3$，最佳含水量为 9.9%。而同一配合比的二灰砂砾的最大干密度为 $2.17g/cm^3$，最佳含水量为 6.9%。最佳含水量相差 3% 左右，这缘于钢渣颗粒本身含水，空隙率大，吸水性大，而砂砾颗粒几乎不含水。当石灰、粉煤灰与钢渣之间发生一系列的"火山灰反应"时，颗粒之间的水分减少，而钢渣颗粒本身含水外渗到颗粒间，使得水量过多，过多的水使得二灰钢渣混合料的强度形成非常缓慢；而二灰砂砾中的砂砾颗粒无法外渗水，故初期强度形成较快。

（2）二灰钢渣级配对强度的影响。如果钢渣的级配不合理，拌和均匀的混合料卸至储料场待运，在装、运、卸的过程中，粗、细料会发生离析。采用推土机初平、平地机精平时，二灰钢渣骨料很容易被刮出，填在低洼处或路两端，形成离析。在试件制作时，颗粒偏大，也不易插捣。二灰钢渣混合料强度形成初期，石灰和粉煤灰的加固作用还没有发挥出来，骨料的骨架作用对强度影响非常重要，骨料多的混合料略比骨料少的混合料强度高。而经过滚筒渣等工艺处理的钢渣，其级配和施工过程中发生的离析现象较少。

（3）闷料时间对混合料强度的影响。按4：16：80比例掺加生石灰、粉煤灰和钢渣，加水至最佳含水量，拌和均匀后，对闷料不同的时间的成型试件进行的无侧限抗压强度试验结果证明：随着闷料时间的延迟，二灰钢渣的强度先有所上升，时间继续延长，强度又下降。其原因是二灰钢渣采用生石灰粉加入混合料中后，生石灰遇水消解放热，并开始进行物理化学反应，生石灰消解放热有助于促进各项反应的进行，充分利用水化热有利于提高混合料的强度。闷料时间太短，水化热没有充分利用，强度不高。当闷料1天左右，生石灰在混合料中扩散均匀，各项反应逐渐开始，混合料的强度达到一峰值。闷料时间延长，石灰水化热散失，没有充分利用，影响加固效果、强度有所降低。

（4）钢渣粉化率的影响。粉化率从另一侧面反映钢渣的稳定性。钢渣粉化率越大，钢渣的遇水膨胀性越大，稳定性也越差。二灰稳定钢渣中的游离氧化钙的含量低于3%，一般不会发生影响施工质量的问题。

有研究表明：对水泥稳定钢渣，水泥含量大于4%时，其强度可达到低等级公路基层要求；但在水泥含量大于5%时，可做高等级公路基层；水泥稳定钢渣做公路基层具有的优势是水泥稳定砂石料做基层无法相比的。抚顺地区1995年7月29日降了一次历史罕见的大暴雨，刚修完的抚清线17km（基层为水泥稳定砂砾）全部冲毁；可同是刚修完的苏边线，沿线桥涵全毁，路面面层冲走，只有1km路基被毁，其余路基、基层都完好。这足以说明钢渣基层是比较稳定的。

对二灰稳定钢渣，在配合比6：12：82最为适宜，其抗压强度、劈裂强度、回弹模量均可达到半刚性基层的要求；对石灰、水泥、粉煤灰综合稳定钢渣，石灰粉、煤灰比例宜控制在1：3，石灰剂量不宜小于4%；而对水泥、粉煤灰钢渣和石灰水泥钢渣，也应控制粉煤灰或石灰与水泥的比例，如果它们之间的比例过大，就会影响材料的早期强度。

24.3.2.5 钢渣在路肩中的应用

高速公路的路肩设计一般为硬路肩（2m）＋土路肩（1.5m），把土路肩改为碎石钢渣路肩（15cm厚碎石＋10cm厚钢渣）。与土路肩相比，这种路肩不容易积水成坑、不容易扬尘，而且有效地加宽了路面。相对混凝土硬化路肩它又有造价低、施工方便的优势。在钢渣丰富的地区是一种很好的路肩设计形式。相对混凝土硬化路肩又有造价低、施工方便的优势。

24.3.2.6 钢渣在路面底基层中的应用实例

钢渣在娄涟公路路面底基层中规模化应用，有两种应用形式：（1）一种形式是全部使用钢渣或钢渣混合料作为路面底基层填筑材料，这主要用于离涟钢比较近、钢渣运距短、相对碎石材料有价格优势的地段。钢渣底基层在板体性和强度等性能方面均明显好于级配碎石底基层。钢渣的早期强度也高，这是因为钢渣颗粒表面粗糙，摩擦系数较大，机械作用有较好的稳定性，经压路机压实后，钢渣颗粒间相互嵌挤，从而使内摩擦力增大，这样使钢渣具有较高的早期强度。

（2）另外一种形式是经筛分后的粉末作为嵌补料用于级配碎石底基层中。例如娄涟公路 K28 + 900 ～ K34 + 000 段离涟钢较远，且当地的碎石材料丰富，使用碎石比使用钢渣在经济上占优。但在寻找嵌补料材料时，当地碎石场的石屑产量很小，供不应求，价格也很贵，而涟钢钢渣公司却有现成的已经破碎并筛分了的钢渣粉末，价格也较石屑便宜。使用后，从使用效果来看，钢渣粉末比石屑作嵌补料要好得多，其主要原因是利用钢渣的板体性将松散的碎石颗粒联结成一个牢固的整体（在施工中，钢渣粉末要足量，以钢渣粉末全部盖住级配碎石为宜），从而使底基层具有较高的早期强度和抗剪能力，甚至在压实后可以立即开放交通而不会遭受破坏。

24.3.2.7　水泥稳定钢渣在公路基层中的应用实例

钢渣中加入 5% ~ 9% 的水泥后，经水泥内热应力的作用，激活了钢渣中的活性物质，加快了水泥硅反应速度，即水化反应生成氢氧化钙、含水硅酸钙、含水铝酸钙和含水铁酸钙四种化合物。众所周知，钢渣混凝土强度大于普通混凝土强度。在 2007 年选用一条 6km 乡道郭洒线进行首次试用。该路路面宽为 6m，设计路面基层厚度为 15cm，为了有对比性，在试验段（200m）中选用了二灰碎石基层的常规施工工艺。水稳钢渣中水泥用量 5%，用水量在保证水泥水化热需要的情况下选用最大密实度的用水量。按试验段确定各类技术指标和工艺流程进行施工。经养生 7 天的早期强度与试验相符，使用性良好。摊铺碾压后无裂缝。该路为矿山、民用混合路，重车车流量很大，经一年运行后对路面进行了现场观测，其耐磨性、抗冻性均良好，平整度无明显变化，表面无破损现象。随后唐山市为了取得更多的实用数据，又选择了迁曹高速（迁安—曹妃甸）连接线和上铁线（上营—铁门关）各 10km，路面底基层 18cm，采用水稳钢渣进行施工，使用效果良好。

通过大量的实践案例可知，水稳钢渣做路面的基层材料，在施工摊铺养生后，经气化、水化形成的结晶体的强度和水稳性优于现在常用公路材料二灰碎石和水稳碎石。通过这些实践取得的一些结论如下：

（1）水稳钢渣作路面基层比二灰碎石基层刚度大、早期强度高。

（2）使用性能良好，可操作性强。使用当前的常规施工工艺进行施工，既可达到良好的外观，也无裂缝。

（3）从经济上分析，水稳钢渣做路面基层成本远低于水泥稳定碎石和二灰碎石。通过市场调查分析成本约为水泥稳定碎石和二灰碎石的1/4。

（4）在重车频繁运行的载荷情况下，采用钢渣做路面基层，无沉降裂缝，能够延长公路的使用寿命。

（5）利用钢渣作路面基层对减缓环境污染、减少良田占用、降低工程造价具有极其重要的意义。

24.3.3 钢渣在湿软和软土地基处理工艺中的应用

24.3.3.1 钢渣在治理湿软地基工程中的应用

A 湿软地基的概念和不同处理方法的比较

湿软地基是道路工程中经常见到的一种特殊地基，它主要指天然含水量过大，压缩性高，具有湿陷性，承载力低，在荷载作用下容易产生滑动或固结沉降的土质地基，如软土、沼泽、泥潭等。

随着我国城市建设的不断发展，公路和城市道路不断建设，湿软地基的处理又显得尤为重要。路基直接填筑在湿软地基上，往往会因地基承载力不足，或在自然因素作用下产生过大的变形，导致路基产生各种破坏。如翻浆、冻胀使路面迅速破坏，道路很难达到使用年限，需要经常修补，因此对湿软地基的处理是一个系统性的难题。

对于湿软地基，一般常用的方法是换填沙砾，这种施工方法适用于软土层较薄的地基，而且处理的地基达不到板结的效果，在行车荷载的长期不断作用下也会造成道路的破坏，处理效果不是十分理想。常见的施工处理工艺有抛石挤淤、砂桩挤密、粉煤灰换填、钢渣换土垫层及砂石垫层等。这些方案各有所长，也各有所短。例如用砂桩、土工布等来处理这种路基，具有施工难度大、施工成本高的缺点，并且软湿地基发生水患的时候，软土地基的抗冲刷能力很弱，很容易损坏。而钢渣处理软湿地基具有以下的优点：

（1）由于钢渣质地坚硬，密实，空隙少，堆密度 $1.6 \sim 2.8 t/m^3$，正常含水率 $3.42\% \sim 6.2\%$。可达到岩浆 I 类石料标准，即为最坚硬的岩石，作为路基填筑材料具有良好的稳定性。

（2）转炉、电炉钢渣作为一种工业废料，不仅占用土地，而且碱度较高，游离氧化钙的水解粉化，硅酸二钙的粉化，在天气干燥的季节，漫天飞舞，严重污染周边环境。用钢渣作垫层处理湿软地基，利用软湿地基的水分，与钢渣中的游离氧化钙和具有活性的组分反应，最大的优点就是具有吸水硬化后的整体板结，将应力扩散、提高了承载力，减少沉降，路基抗剪强度及抗水作用增强，环境效益显著。

（3）钢渣具有良好的抗冻、解冻性能，使之在处理软湿地基以后，能够防止翻浆和冻胀，减少公路的水害。文献提供的钢渣冻融性能见表24-2。

表 24-2 钢渣的冻融性能

钢渣组数/组	每组试件样	冻融次数/次	冻结温度/℃	重量损失率/%			崩裂情况
				平均	最大	最小	
3	5	15	−20	0.71	1.26	0	无异常情况

(4) 湿软地基含水量较高，采用钢渣垫层处理，钢渣中的游离氧化钙能够发挥其膨胀作用，对挤淤排水效果较好，如果采用处理过的钢渣砌块，效果更加明显。

(5) 钢渣产生的膨胀力可对周围的软土施加侧向压力，促使软土中的水分被挤出，加速软土的固结；钢渣的高比重可产生比相同厚度碎石更大的重力，促成软土的更早固结。

(6) 级配良好的钢渣，具有很好的填筑性能和水稳定性，可达到很高的密实度。只要保证施工质量，可获得较高的路基强度和很小的路基变形。该工艺简单，施工方便，工期短，造价低，经济效益显著。

综上所述，钢渣处理湿软地基，不仅为环保做出贡献，而且处理效果优于其他的普通材料，并且对钢渣的要求不高，因此专家认为在有条件的软湿地基处理工程中，采用钢渣垫层处理湿软地基，是一举三得的好工艺方法。其主要用途可以概括为：

(1) 钢渣处理湿软地基作为钢渣桩使用，加固路基周边土；

(2) 运用钢渣进行回填挤淤；

(3) 作为主要填充料，填充湿软地基；

(4) 将钢渣作为一种透水性材料进行台背回填；

(5) 与水泥或石灰混合运用在基层施工中。

B 钢渣加固湿软路基和软土路基的原理

钢渣加固湿软路基的原理可以概括如下：

(1) 板结机理。钢渣本身是一种铁矿物经高温冶炼后形成的一种残留物，SiO_2、CaO、Al_2O_3、FeO、Fe_2O_3 等物质的含量达 80% 以上，由于这些物质的存在使其具有较强的化学活性。在钢渣施工中（钢渣混合料中大块、小块、粉末均有），经过摊铺、整平、洒水、碾压一系列工序后，钢渣在外部环境（大气、温度、湿度）共同作用下发生了一系列的水化和氧化反应。首先，游离氧化钙、游离氧化镁及水和二氧化碳反应，生成碳酸钙、碳酸镁。另外，二氧化硅与水以及钢渣中的钙、镁离子发生反应生成硅酸盐化合物。通过化学反应使分子结构重新组合，从而使处于松散状的钢渣颗粒凝聚成牢固的整体，达到较强的刚度。

(2) 钢渣路堤材料吸水后，自身含有的活性物质硅酸三钙和硅酸二钙等与水反应，自身硬化，使松散材料产生一定的内聚力和侧限作用，再加上钢渣颗粒强度高、棱角较多，细颗粒充填于粗颗粒之间，压密后具有较高的内摩擦角，从而增强了土体抗剪强度，提高路堤土体的抗滑稳定性。这一点在路基开挖基坑试验时，挖掘机开挖断口处钢渣不松散与不脱落证明了这一点。

（3）置换作用。以强度较高、变形较小、稳定性好的散体材料取代承载力低、沉降变形大、稳定性差的软基土，同碎石路基一样，顶层颗粒受力后，传到下层颗粒上，有较好的传递性能，以此传下去，把所受力层层分解。因此，尽管钢渣路基建在天然路基上，却能承受较大的荷载，钢渣增强了路基的稳定性。

（4）排水固结。钢渣属渗水材料，可作为路基以下及两侧原地基土压缩固结时的良好排水通道，从而促使土体固结。另外，钢渣路基能够形成一个板体，且在钢渣颗粒间隙较大，地下水上升到该层后，便向四周扩散，不再上升。在地下水含量高的路基试验段，挖开钢渣断面后，可以见到有水从该层流出，素土找平层含水量却保持在规范要求内，就证明了这一点。

（5）应力扩散。钢渣路堤堤身强度和变形模量显著高于其下覆路基土，受荷后，有应力扩散作用，从而减小下覆层的附加应力。

（6）稳定性好。经过长时间分解稳定后的钢渣，有着较好的水稳性和自稳性，其水解、分化的速度在碎石材料的1/2以下，这对防止路面隆起、路基开裂有着很好的作用。另外，钢渣的抗冻性能好，即使经过寒冷的冬季，冰雪融化时，钢渣的强度也不会有太大的变化，只是强度增长缓慢，不如夏季时增长的快。

C　湿软地基区域采用钢渣垫层的施工工艺

钢渣垫层的施工工艺如下：

（1）进行软基处理施工，清表后测量放线开挖路基。如路基土含水量不多，可翻晒处理；如过潮湿可碾压数遍，回填第一层钢渣，填钢渣分层填筑，分层压实，分层松铺厚度不宜大于300mm。

（2）将路基上部含泥量较大的软土挖除，必要时应配合人工降低地下水位，每层虚铺50cm厚钢渣，先用重锤搭夯一遍，整平后再用振动压路机碾压4~5遍，检测干密度合格后，再施工下一分层。

（3）材料级配控制采用钢渣自然级配。为确保压实的均匀性，材料在装车前采用孔径20cm方孔筛过筛，以清除过大粒径的钢渣块体。

（4）逐层填筑钢渣时，安排好钢渣运输线路，专人指挥，按水平分层，先低后高、先两侧后中央卸料，并用大型推土机摊铺、摊平。

（5）因含水量对粗粒钢渣填料的压实效果影响很小，因此采用天然含水量的钢渣即可。钢渣的含泥量控制在5%以内，钢渣含泥量较大时，采用冲洗去除。

（6）施工时，钢渣垫层的厚度一般为30~80cm，每摊铺10~20cm进行碾压，至无明显轮迹。若地基的湿软现象较严重，可先将大块钢渣置于湿软较严重的区域进行挤淤，使淤泥处于稳定状态，然后再进行钢渣的摊铺和碾压。其工艺如图24-9所示。

用钢渣作垫层时，在钢渣中可掺入适量石灰、粉煤灰，其板结效果更好。施工方法与上相同。经碾压成型的钢渣垫层具有良好的板结性，有稳定性较好的力学强度和一定的耐冻性。经实践证明，在行车荷载的作用下不会发生翻浆、冻涨等现象。

D 钢渣在湿软区域路面底基层中的应用实例

成峰公路 K5 + 003 ~ K8 + 595 软土路段位于太行山东麓、华北平原南端，为古漳河平原，地势平坦开阔，局部微有起伏，地面海拔高程 48 ~ 85m，沿线两侧稻田、荷塘大面积分布。由于稻田废耕、荷塘多年积淤而形成软土区域，且因多年蓄水、灌溉，地下水位埋深 0.7m 左右或直接出露地表，属上层滞水。地层岩性为第四纪新近堆积土，自上而下分别为：淤泥粉质黏土（层厚 0.8 ~ 1.2m）、粉质黏土（层厚 1.2 ~ 1.8m）、粉土（层厚 2.4 ~ 4.2m）、粉质黏土（层厚大于 4.0m）。显然，K5 + 003 ~ K8 + 595 段落上边第一、二层地质土层含水量高、呈很湿—饱和及软塑—流塑状态、压缩性高且承载力低、沉降形变大、抗剪强度小，属于软基土层。为确保路基质量，该工程采用了钢渣处理该浅水区域软基的工艺。

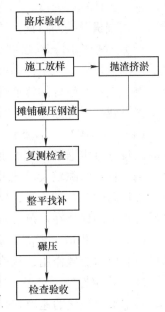

图 24-9 湿软地基区域采用钢渣垫层的施工工艺

施工的过程如下：

（1）路基施工根据施工工艺参数进行软基处理施工，清表后测量放线开挖路基。

（2）先从原地面开挖，开挖平均深度为 0.6m（开挖时做成规定的横坡）的基槽，如含水量略超过最佳含水量，可翻晒处理；如过潮湿可碾压 5 遍，回填第一层钢渣，回填钢渣分 0.5m 和 1m 厚两种，处理宽度为路基坡脚外侧 1m 范围内，回填总量 551800m³。

（3）填钢渣分层填筑，分层压实，分层松铺，厚度不宜大于 300mm。

（4）逐层填筑时，安排好钢渣运输线路，专人指挥，按水平分层，先低后高、先两侧后中央卸料，并用大型推土机摊铺、摊平。

（5）使用英格索兰 SD-175 型重型振动压路机分层压实，先两侧后中央平行操作。行与行之间重叠 0.5m，前后相邻区段重叠 1.5m，每层碾压 4 ~ 6 遍，直到压实层顶面稳定、不再下沉（无轮迹）、钢渣块体接触紧密、表面平整。然后用水准仪按 4 处/200m 的频率测量标高后，压路机再碾压一遍后，水准仪在原测量点再次进行标高测量计算沉降量，若沉降观测值在 2mm 以内，可初步判定其已达到压实度要求，可以进行其上一分层的施工；否则，重新碾压直到沉降观测值符合要求。

（6）路基填筑钢渣完成后，采用 YCT-25 冲击式压路机进行冲击碾压（自重 16t，牵引功率不小于 220kW，冲击势能 25kJ，冲击压实力 320～500t，牵引速度 10～15km/h），冲碾时，从路基的一侧向另一侧转圈冲碾，冲碾顺序应符合"先两边、后中间"的次序，以轮迹重叠 1/2 铺盖整个路基表面为冲碾一遍，共冲碾 20 遍。在冲击碾压过程中，若表面出现较大起伏，将直接影响冲击碾压速度和压实效果，需随时用推土机整平。

施工工艺参数如下：

（1）夯实机械：采用冲击夯 YCT-25 夯实 20 遍。

（2）碾压机械：英格索兰 SD-175 重型振动压路机碾压。由于碾压效果与压实遍数相关，低于或超过一定遍数后，压实效果不理想，故工程采用 4～6 遍碾压。

（3）含水量控制：因含水量对粗粒料压实变形影响甚微，且本工程采用邯钢钢渣的天然含水量与击实试验的最佳含水量较接近，因而采用天然含水量。

（4）材料级配控制：采用钢渣自然级配，为确保压实的均匀性，材料在装车前采用孔径 20cm 方孔筛过筛，以清除过大粒径的钢渣块体。

（5）含泥量不得超过 5%。

（6）虚铺厚度。分层虚铺，厚度与压实机械能量和填料颗粒成分有关，通过试验并结合实践，本工程采用 80cm。

（7）钢渣最大干密度采用 2.37g/cm³，施工控制干密度不小于 2.21g/cm³。

（8）沉降观测沉降值控制在 2mm 之内，路基弯沉值不超过 1.78mm。

钢渣路基压实效果的检测分两个阶段进行，第一阶段是在施工过程中分层进行沉降观测检验压实质量，第二阶段是在路基填筑完成后用车载弯沉仪检测路基弯沉值。钢渣处理后，路基弯沉值的检测采用北京金剑谷神车载弯沉仪。根据《公路路基路面现场测试规程》（JTJ 059—95），按照检测评定要求检测，测得实际弯沉值平均为 1.71mm、最大弯沉值为 1.76、最小弯沉值为 1.54，路基设计容许弯沉值 2.662mm，弯沉指标满足设计要求。

24.3.3.2　钢渣在治理软土地基工程中的应用

A　软土地基的概念

我国公路行业规范对软土地基定义是指强度低、压缩量较高的软弱土层，多数含有一定的有机物质。国外高等级公路设计规范将其定义为主要由黏土和粉土等细微颗粒含量较多的松软土、孔隙大的有机质土、泥炭以及松散砂等土层构成。地下水位高，其上的填方及构造物稳定性差且易发生沉降的地基。我国公路行业规范还对软土地基作了分类，提出了类型概略判断标准。在给出软土地基定义时指出软土地基不能简单地只按地基条件确定，因填方形状及施工状况的不同，有必要在充分研究填方及构造物的种类、形式、规模、地基特性的基础上，判断是否应按软土地基处理。软土路基的处理的目的是提高该段公路路基的稳定性和承载能力。

B　钢渣处理软土地基的方法

从公路行业的标准规定看出，软土地基结构加固是一项高难度的工程改造，在原有公路结构的基础上调整公路的结构形式。若施工单位设计的加固方法不合理或材料选用不恰当，不仅发挥不出预期的结构加固效果，还会增加工程建设的成本。

常见的利用钢渣作为功能性材料的工艺方法主要为以下几个方面：

（1）堆载预压。软土地基的结构性能十分薄弱，尤其是强度性能、耐久性能、抗压性能，这些性能导致软土结构在外力作用下的压缩量增大，严重影响了公路的使用性能。堆载预压法是一种荷载填充措施，对软土地基施加特定的压力值，使其内部土层结构不断密实，从而改善了软土层面的黏合性。施工单位在加固操作时，可利用机械设备堆压土层，改善软土地基结构的密实度，但是这种工艺方法的成本高、处理的软土地基稳定性不好，抗水害的能力较弱。使用钢渣作为垫层，进行堆载预压，效果明显，或者直接采用钢渣换填路基，效果也很好。

（2）真空预压。真空预压处理的工艺相对简单，其采用了先进的真空压力法，配合相关的辅助工具即可增强软土结构的稳定性。该方法需在软土地基中添加砂井、塑料排水板等装置，地面则需布置砂垫层，操作人员利用吸水管道把软土内的水分抽干，再对其施加一定的压力，可防止地基在外界力作用下出现剪切破坏的现象。钢渣具有较好的胶凝性、透水性，采用钢渣替代砂垫层，综合效果优于砂垫层的效果。

（3）钢渣搅拌桩混凝土。材料的结构性能受到了公路行业的认可，其不仅可运用于公路路面的施工建设，还对软土地基加固有很好的效果。设计软土地基加固方案时，可利用添加钢渣粉的钢渣搅拌桩作为支护结构，由于添加钢渣粉的混凝土，水化热低，后期强度高，能够避免软土层面受到外力作用的影响，确保软土与固化剂的充分融合。

（4）添加钢渣粉的钢筋植入结构。在公路加固处理过程中发现，若单纯采用施压或搅拌处理无法实现加固效果，对软土结构严重的区域需设计钢筋植入结构。将钢筋网分布于混凝土材料中，当钢筋与混凝土完全凝固后，软土地基的稳定性明显增强，抵制水流冲蚀的性能得到改善。并且添加了钢渣粉的钢筋植入结构中的钢筋不容易腐蚀生锈。

湿陷性黄土是指在自重压力或土的附加压力和自重压力共同作用下受水浸湿

时，将产生较大工业湿陷变形的黄土。湿陷性黄土在我国宁夏南部山区分布较广，固原公路分局养护的公路中多数处于湿陷性黄土地区。由于当时的投资有限，加之人们对湿陷性黄土的认识不足，没有对湿陷性黄土地基进行处理，沿线的排水设施也不完善，使得在黄土地区修筑的公路，先天不足，导致公路交工运营后病害不断。养护部门限于资金不足，无法从根本上解决因黄土湿陷造成的病害，使得公路干线难以发挥应有的作用。采用钢渣处理其效果显著。

C 钢渣在处理软土地基的施工实例

马峰高等级公路是京深高速公路在邯郸市马头镇的出口，由马头至峰峰矿区，全长约27km。在K0 +000 ~ K3 +500路段遇到软土路基。该路段原设计标准为沥青混凝土路面，路基全宽12m，均为填方路堤，填方高度11.2 ~31.5m，设计标准高对路基强度及变形要求严格。然而，该段路基为软土，承载力低，压缩性高，且地处浅水区域，天然路基不能满足设计要求，必须采取有效的地基处理措施。该工程先后共提出抛石挤淤、砂桩挤密、粉煤灰换填、钢渣换土垫层及砂石垫层等五种处理方案，在技术、经济和工期等多方面综合论证后，采用了钢渣换土垫层处理方案。其施工工艺如下：

（1）根据施工设计参数，首选将上部两层软土挖除，必要时人工降低地下水位，每层虚铺50cm厚钢渣，先用重锤搭夯一遍，整平后再用振动压路机碾压4 ~5遍，检测干密度合格后，再施工上一分层。对含泥量较大的钢渣，需清水冲洗干净后方可填筑。

（2）该路基处理采取先夯实，后振动碾压，夯实、振动与碾压联合作用的施工工艺。经试验性施工确定施工参数为：夯锤重2t，落距10m；压路机采用21t振动压路机。

（3）采用自然级配钢渣，为确保压实的均匀性，填筑前清除粒径大于20cm的块体。

（4）基于含水量对粗粒填料的压实效果影响很小，该工程使用钢渣的天然含水量与击实试验最佳含水量较接近，故该工程采用了天然含水量的钢渣。

（5）控制钢渣的含泥量不超过5%，分层虚铺厚度为50cm。夯实（搭夯）一遍并整平后，再碾压4 ~5遍。

24.3.4 钢渣在路面结构中的应用

路面一般按其力学性质分为柔性路面和刚性路面两大类。刚性路面是指水泥混凝土路面，主要包括素混凝土、钢筋混凝土、连续配筋混凝土、碾压式混凝土、钢纤维混凝土等面层板与基（垫）层所组成的路面。柔性路面是用各种基层（水泥混凝土除外）和各类沥青面层、碎（砾）石面层、块料面层等组成的路面结构。

不论是刚性路面还是柔性路面，钢渣在路面建设中应用都已经很成熟，钢渣作为路面材料使用的优势主要体现在以下几个方面：

（1）钢渣路面在自然环境的作用下，经过一段时间后，板结成一块不可分割的整体，其强度随着水化反应的进行而不断提高。如果在钢渣中掺加一定量的石灰，则强度的增强会更加明显，这是因为石灰的加入会激发钢渣的活性，加快钢渣水化反应的进行。

（2）弯沉值是指在规定的标准轴载作用下，路基或路面表面轮隙位置产生的回弹变形值。它可以反映路基综合承载能力，弯沉值越小，承载力越大，反之越小。使用钢渣的路面结构，按标准车型采用贝克曼梁法进行路基弯沉值检测，测得实际弯沉值变化小于设计容许弯沉值。

（3）具有一定级配的钢渣，路面抗变形能力较强，抗冻、解冻性能优异。

24.3.4.1　钢渣在刚性路面建设中的应用

刚性路面广泛采用的是就地浇筑的素混凝土路面，简称混凝土路面。这种路面是以水泥与水合成的水泥浆为结合料、碎（砾）石为骨料、砂为填充料，按适当的配合比例，经拌和、摊铺、振捣、整平和养生而筑成，除了在接缝区和局部范围（边缘和角隅）外，不配置钢筋的混凝土路面。

在这种工艺中钢渣的应用优势明显，钢渣水泥和钢渣微粉是常见的应用方式。

A　钢渣道路水泥用于混凝土路面的建设

水泥混凝土路面是一种高级路面结构形式，它具有整体强度高、承载能力大、防滑耐磨、使用年限长、养护工作量小等优点，加上施工方便，不需加热拌和，在全国许多干线道路上铺筑了水泥混凝土路面。

路面所用的水泥应根据路面混凝土主要受力特点而形成专门品类与我国公路和建材部门合作，致力研制更适合路面使用的水泥品种，并且日益为人们重视。国外生产道路水泥时，均从水泥性状上对该品种水泥的物理力学性能、凝结时间、细度、耐磨等方面提出具体要求。

上海地区针对钢渣特性，研制开发钢渣水泥系列产品，发现钢渣水泥具有抗折强度高，抗压强度与抗折强度之比较低的特征。我国水泥生产是以结构混凝土要求来组织的，并以混凝土抗压强度来划分水泥混凝土的标号。因此，往往同一标号的各类水泥其路用品质相差很大。即使同一品种的水泥也较难控制其路用情状。其中较为突出的问题是所配制出的混凝土抗压强度符合要求，而抗折强度偏低，混凝土材性表现为脆性较大。普通水泥混凝土路面板除承受车辆垂直压力外，还要受到水平冲击力、温度梯度变化引起的翘曲力、气温升降引起的胀缩力等产生的拉应力。当路面混凝土的抗拉强度（或抗折强度）不足以抵御上述各种拉应力作用时，路面板将产生开裂损坏。国内的学者研究后认为：水泥混凝土如果没有足够的极限抗拉强度，就会引起脆性破坏。在提高水泥混凝土抗压强度之前，对路面混凝土则必须提高其极限抗拉强度。多数岩石及混凝土的脆性系数超过 8，到抗拉强度时破坏。

钢渣道路水泥根据路面混凝土的受力特点，利用少含铝、高含铁，并具有与水泥熟料基本相同的水化矿物和水化特性的转炉钢渣，与能优化水泥水化进程和水泥石结构的硫酸盐类早强激发剂共同作用，掺配一定比例的硅酸盐水泥熟料和高炉水渣，研制出一种新型道路水泥。

钢渣道路水泥利用了相当比例（约 30%）的低铝高铁组分钢渣，同时采用了硫酸盐早强激发剂，形成了一种新型道路水泥。由于其组分、水泥水化产物、形貌、结构等多方面保证了该水泥的性能，使其抗折强度、抗压强度、压折比、耐磨、收缩等性能都能符合道路路面混凝土的主要使用要求。f-CaO 含量若控制在 3.0% 以下，其钢渣道路水泥试件沸煮安定性合格，不会产生安定性不良问题。钢渣道路水泥混凝土配合比设计的研究和室内性能系统分析展示了该水泥混凝土能在 320kg/m 的水泥用量下达到规范强度指标，并获得较低的压折比。抗折疲劳重复加载试验表明其使用年限能比同标号水泥混凝土延长 4~6 年。工程实践表明，钢渣道路水泥混凝土路面施工工艺与普通混凝土面层施工相同，并能提早开放交通。具有显著的经济与社会效益。

钢渣替代水泥混凝土中的砂石料，用做混凝土路面的骨料，也可作耐磨路面材料。

在车轮的反复磨耗作用下，混凝土路面防滑性能逐渐失效，从而埋下安全隐患。为了使路面具备一定的抗滑能力，可以用钢渣作为混凝土路面的集料，使路面从建成起就具有高抗滑性能；或者作为制备钢渣混凝土砂浆，用于恢复路面使用功能，价廉物美。现代先进的渣处理工艺处理后的钢渣，不仅粒度的级配合理，而且渣中的游离氧化钙能够控制在一个安全的范围，故使用钢渣替代水泥混凝土中的砂石料，是一种新型的道路建设的发展方向。

B　钢渣微粉应用于修筑混凝土路面

研究人员将钢渣通过水泥实验磨的磨细，用 1000 目（0.013mm）、500 目（0.025mm）和 200 目（0.075mm）方孔筛筛选后，按照 5∶4∶1 组合钢渣微粉，经过激光粒度分析仪检测，发现与硅酸盐水泥颗粒粒径相似；在水泥和钢渣粉比例为 1∶4 时，75μm 以下颗粒占 70%，基于磨细钢渣粉的潜在的活性和细度，钢渣粉既可以和水泥共同作为胶凝材料，也可以为增加碎石的密实程度作为填充材料。试验证明，钢渣粉总用量不超过 24%，稳定材料的 7 天无侧限抗压强度满足规范设计强度要求；电镜扫描证明了水泥用量不变的情况下，钢渣粉掺量的增加，水化产物的 C_2S、C_3S 含量增多，但是有较多的钢渣颗粒未参与反应。材料孔隙率是影响干缩的主要原因，钢渣粉用量占 18%，7 天无侧限抗压强度能达到 2.5MPa。

按照无机结合料击实试验配成的钢渣粉水泥掺和料，钢渣粉占6%、12%时的 SEM 形貌体现了掺和料水化产物最为密实，能谱分析得出的水化物主要是水化硅酸钙。在温度 22℃，湿度 60% 的环境中，各试件 180 天干缩变形不超过 1200 个微应变。试件破型后压汞试验表现出：孔隙率小于 22% 的材料 180 天干缩变形约 600 个微应变；孔隙率大于 22% 的材料 180 天干缩变形约 1200 个微应变。而且，孔隙率大于 22% 的材料在 90 天以后干缩变形有迅速增大的趋势。

最新工艺已经生产出的钢渣超细粉新产品，经筛选、集尘，磁选等工艺加工后，直接掺入 32.5 号、42.5 号水泥中代替 10% ~ 50% 的水泥熟料用于道路混凝土的施工。实践表明，钢渣矿粉掺量为 27% ~ 33% 时，能配置出 C30、C40 强度等级的大体积混凝土，其收缩值明显小于普通混凝土；不加膨胀剂的条件下，其抗渗等级可达到 P14 和 P16。对阳逻电厂三期工程混凝土进行了温度应力计算分析，证明该大体积混凝土工程具有很好的抗裂性。

24.3.4.2　钢渣在柔性路面工程中的应用

柔性路面的力学特点是：各结构层具有一定的塑性、弯沉变形较大、抗拉强度较小；主要依靠抗压、抗剪强度来抵抗车辆荷载的作用；它的破坏主要取决于荷载作用下的垂直位移和水平拉应变（力）。同时，土基的刚度和稳定性对路面结构整体强度和刚度有较大的影响。

针对这种结构特点，使用钢渣能够优化施工工艺，提高公路的质量，降低施工成本。

A　钢渣在沥青混凝土中的应用简介

沥青混凝土按所用结合料不同，可分为石油沥青和煤沥青两大类。有些国家或地区也有采用天然沥青拌制的。按所用集料品种不同，可分为碎石、砾石、砂质、矿渣质几大类，以碎石采用最为普遍。按混合料最大颗粒尺寸不同，可分为粗粒（35 ~ 40mm 以下）、中粒（20 ~ 25mm 以下）、细粒（10 ~ 15mm 以下）、砂粒（5 ~ 7mm 以下）等。按混合料的密实程度不同，可分为密级配、半开级配和开级配等，开级配混合料也称沥青碎石。其中，热拌热铺的密级配碎石混合料经久耐用，强度高，整体性好，是修筑高级沥青路面的代表性材料，应用得最广。各国对沥青混凝土制订有不同的规范，中国制定的热拌热铺沥青混合料技术规范，以空隙率 10% 及以下者为沥青混凝土，其又细分为 Ⅰ 型和 Ⅱ 型，Ⅰ 型的孔隙率为 3%（或 2%） ~ 6%，属密级配型；Ⅱ 型为 6% ~ 10%，属半开级配型；空隙率 10% 以上者称为沥青碎石，属开级配型。混合料的物理力学指标有稳定度、流值和孔隙率等。钢渣与沥青有很好的亲和性，与部分天然石料相混，可铺筑高质量柔性道路，且其不易开裂、拉裂，承重层变形小，道路工作寿命长。因此，钢渣可以作沥青混凝土骨料，代替石子作为路基的骨料，代替细粉做掺和料，用于固化。

武钢根据钢渣属于碱性料、具有多孔的物理特征，通过特殊方式破碎，经过试验和优化与沥青的配比设计，研制出劈裂强度比高、残留稳定度大、抗车碾等物理性能好的钢渣沥青混凝土。试验使用结果表明，钢渣沥青混凝土具有良好的热稳定性、水稳定性和抗滑性能，对提高我国沥青路面的耐久性和降低工程造价具有极为重要的意义。

此外，武钢将钢渣制作成用于沥青混凝土的骨料，以代替石质骨料，提高了钢渣再生利用的经济价值，为钢渣制备优质沥青混凝土耐磨集料开辟了道路。武钢利用该成果生产的钢渣耐磨集料已在武黄高速公路大修工程、仙桃汉江公路大桥桥面铺装以及武汉钢铁集团冶金渣有限公司的厂内道路加铺改造工程中得到了应用，后期跟踪观测的试验也证明了钢渣沥青路面性能优异，抗滑性能及抗水损害能力远远优于普通沥青路面。

钢渣在沥青混凝土路桥工程中的应用主要有以下两种途径：

（1）钢渣代替石灰石等工程集料制备钢渣沥青混凝土，用于构筑钢渣沥青公路。沥青混凝土是经人工选配具有一定级配组成的矿料（碎石或轧碎砾石、石屑或砂、矿粉等）与一定比例的路用沥青材料，在严格控制条件下拌制而成的混合料。使用其铺筑的公路称为沥青混凝土公路，如图24-10所示。

钢渣沥青混凝土公路的结构也与正常的沥青混凝土公路的结构一致，即在处理好公路所在的地基以

图24-10 沥青混凝土公路

后，在地基上方有基层、垫层（承重层）和面层三层结构。这三层结构，与普通公路或者高等级公路一致，可以采用钢渣处理基层和垫层，铺筑面层。

在路面（旧混凝土路面、普通的公路路面）上也可以采用沥青混凝土铺面，俗称柏油路面，是一种现在非常广泛使用的道路路面。采用钢渣沥青混凝土铺筑柏油路面，具有抗滑等诸多优点。

已有的研究和大量的实践表明，将钢渣作为集料应用到沥青道路工程领域，对降低道路成本，节约天然石料，保护生态环境都具有十分重要的意义。为了验证钢渣作为道路用集料的可行性，国内的研究人员按照《公路工程集料试验规程》对研究试验用钢渣的物理力学性能进行分析，其物理力学性能见表24-3。

表 24-3　钢渣的物理力学性能

内　容	压碎值/%	吸水率/%	洛杉矶磨耗值/%	软石含量/%	粘附性	磨光值	MgSO₄ 稳定性（MSS）/%	极限饱水抗压强度/MPa
技术要求	≤26	≤2	≤28	≤3	≥4 级	>60	≤12	—
实验结果	16.3	3.06	11	1.8	4 级	67	0～1.5	153

　　结果表明，钢渣的吸水率达到 3.06%，超过了规范要求的 2%，说明钢渣属多孔性材料，与沥青裹覆时，将增加沥青的使用量，相应沥青混凝土的配料成本升高。钢渣的压碎值为 16.3%，远低于规范要求的 26%，说明钢渣强度较高，满足沥青混凝土集料要求。钢渣与 KOCH 重交石油 AH70 号沥青的粘附性不小于 4 级，符合规范要求。钢渣的磨光值为 67，居一般材质的中高值。硫酸镁稳定性试验（MSS）要求材质浸酸干燥后体积收缩不超过 12%，研究发现钢渣测定值很小，表明钢渣具有良好的抗冻、解冻性能。这也表明钢渣作为沥青混凝土的集料具有一定的优势。

　　（2）钢渣细粉替代石灰石细粉用于路面的沥青混凝土。一些学者将炼钢厂生产的副产品——钢渣微粉应用到沥青混合料中，取得了较好的效果。孙家瑛等人对上海宝钢冶钢厂生产的钢渣微粉进行了化学分析，发现钢渣微粉中氧化钙含量要比石灰石矿粉高，因此钢渣微粉与沥青之间的结合力更大，有利于提高沥青混合料的水稳性能。

　　武汉理工大学硅酸盐工程材料重点实验室的谢君，吴少鹏，陈美祝，米轶轩，李小龙在室内试验，将磨细钢渣粉作为填料加入到花岗岩沥青混合料中，并与传统的石灰石矿粉花岗岩沥青混合料作了性能对比试验。磨细钢渣粉与石灰粉如图 24-11 和图 24-12 所示。

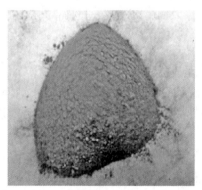

图 24-11　磨细的钢渣粉

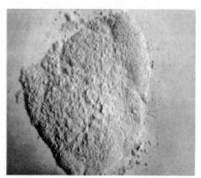

图 24-12　石灰石矿粉

　　冻融循环试验结果如下：

1) 冻融循环的试验结果表明，石灰石矿粉马歇尔劈裂强度比只有 72.9%，并不能满足高速公路的应用要求。而磨细钢渣粉马歇尔劈裂强度比达到 92.3%。并且在 3 次冻融后，其劈裂强度比依然可以保持在 75.5%。实际观察 3 次冻融后的马歇尔试件，掺钢渣粉的马歇尔试件掉粒较少，整体保持较完整，而石灰石矿粉马歇尔试件在 3 次冻融后，表面较多的细颗粒已经剥落，露出试件内部的粗骨架结构，说明未采用任何抗剥离措施的花岗岩沥青混合料遭受了较严重的水损害。

2) 应用磨细钢渣粉的花岗岩沥青混合料的 3 次劈裂强度比仍然可以达到国家《公路沥青路面施工技术规范》中规定的要求。磨细钢渣粉在低温下是一种可依赖的花岗岩沥青混合料固体抗剥落剂。

3) 加入磨细钢渣粉的花岗岩沥青混凝土结构匀称，压实性能良好，压实后的路面结构紧凑密实。钻取的芯样试件的空隙率的合格率为 83%，说明磨细钢渣粉的加入不会降低花岗岩沥青混合料的压实性能。磨细钢渣粉的使用方法简单，在拌制沥青混合料时可以直接代替石灰石矿粉掺加，因此有着广阔的应用前景。

为了消除磨细后的钢渣粉潜在的不稳定性，必须在高温、湿气或浸水的条件下放置 2~3 天，然后烘干并灌入拌和楼的粉料仓中，如图 24-13 所示。拌和楼按照规定的级配生产热拌沥青混合料。整个生产过程无须对生产工艺作出调整。

拌和楼

沥青混合料下料到运输车

图 24-13   拌和楼及其下料过程

B   钢渣与沥青的黏附性简介

沥青与集料黏附作用是一个复杂的物理、化学作用。从分子量级的角度看沥青—集料黏附界面，黏附作用主要来源于被黏附物（集料）分子与黏附物（沥青）分子之间的机械黏结力与极性作用力，它们属于一种弱相互作用，即物理作用；从原子量级的角度来看，界面物质分子之间静电作用力和化学键力（离子键、共价键及配位键）在黏附性中也起到了重要作用。

路面使用的集料最常见的是石灰石和花岗岩。对石灰岩、花岗岩和钢渣三种集料，它们和沥青的黏附机理既有共性也有差异。石灰岩呈碱性，表面呈现致密均匀的微晶结构。花岗岩属于酸性集料，由于其巨晶结构及构造的原因，表面不同点黏附性质差异很大，即有的点黏附性很强而有的点很弱。

沥青与钢渣的黏附性一般从物理角度和化学角度为切入点进行分析。物理角度包括集料表面结构、沥青黏性等；而化学角度包括集料酸碱度、沥青酸度和电性等。

钢渣集料与沥青的黏附机理可以概括为：

（1）与普通石灰石相比，钢渣表面较粗糙，所组成的混合料具有较大的内摩阻力，同时这种粗糙增加了骨料的表面积，使与沥青的粘合面积增大，提高了钢渣与沥青的黏结力。

（2）钢渣中含有 Ca^{2+}、Mg^{2+}、Fe^{3+}、Al^{3+}、Mn^{2+} 等大量的阳离子，钢渣表面的金属阳离子与沥青中的某些物质（如沥青酸）发生化学反应，生成沥青酸盐，在钢渣表面构成化学吸附层，化学相互作用的强度超过分子作用力许多倍，故可增加沥青与钢渣的黏结力，并使沥青混合料具有良好的水稳性。

（3）钢渣的表面构造呈现一种多空隙结构，空隙可以吸附沥青，而且其属于碱性材料。具有微孔结构的钢渣对沥青产生选择扩散吸附，此时沥青中活性较高的沥青质吸附在钢渣表面，树脂吸附在钢渣表面层小孔中，而油分则沿着毛细管被吸附到钢渣内部，使钢渣表面的树脂和油分减少，沥青质相应增多，其结果为沥青的黏度提高，黏聚力增大，从而在一定程度上改善了混合料的热稳定性与水稳性。

C 钢渣黏附性和抗水害能力的评价及其方法

国内外对黏附性以及沥青—集料抵抗水侵蚀能力的评价方法很多，一般分为动态法和静态法。动态法基于现场试验，目的在于模拟现实条件，但由于其过程烦琐复杂，国内试验室很少采用。静态法则包括水煮法、水浸法、冻融劈裂试验、示踪盐法、NAT 试验、磨耗试验、残留马歇尔试验、洛特曼试验（NCHRP246）、TUNNICLLIF&ROOT（274）、改进洛特曼试验等，每一种方法都有各自的优点和缺点，具体选用哪种方法要根据实际情况来确定。

李灿华、陈琳、刘思研究了某厂区试验段所用钢渣沥青混凝土的浸水马歇尔残留稳定度结果见表24-4。

表 24-4 某厂区试验段所用钢渣沥青混凝土的浸水马歇尔残留稳定度结果

级 配 类 型	实 验 内 容	稳定度/kN	残留稳定度/%
AC-20 Ⅰ	常规马歇尔	19.6	85.5
	浸水马歇尔	16.8	
AC-10 Ⅰ	常规马歇尔	19.8	90.3

从表24-4可知,对于AC-20Ⅰ型钢渣沥青混凝土和AC-10Ⅰ型钢渣沥青混凝土,混凝土残留稳定度分别为85.5%和90.3%,均达到75%的规范要求。说明钢渣沥青混凝土的水稳定性能良好,后期路面使用过程中有较好的抗水损害能力,也进一步减少了路面早期病害,保证了路面具有较好的耐久性能,延长了路面的使用寿命。

冻融劈裂实验结果见表24-5。

表 24-5　冻融劈裂实验结果

级配类型	实验内容	载荷最大值/kN	劈裂强度/%	规范要求/%
AC-20Ⅰ	常规劈裂	0.91	87.5	75
	浸水劈裂	0.8		
AC-10Ⅰ	常规劈裂	0.95	82.5	
	浸水劈裂	0.78		

从上表可以看出,对于AC-20Ⅰ型钢渣沥青混凝土和AC-10Ⅰ型钢渣沥青混凝土,混凝土劈裂强度比分别为87.5%和82.5%,均达到规范要求,说明钢渣沥青混凝土的水稳定性能良好,后期路面使用过程中有较好的抗水损害能力,保证了路面具有较好的耐久性能。

D　水煮法测试钢渣沥青集料的黏附性

水煮法虽然存在一定的主观性可能使得误差变大,但是由于其操作简单、直观,在国内外应用广泛,具备普遍的认可性以及可比性,故目前我国公路工程沥青及沥青混合料试验规程(JTJ 052—2000)中推荐的方法为水煮法。该法用以检验集料表面被沥青薄膜裹覆后抵抗,受水侵蚀的能力。该方法仍然是评价黏附性的经典方法,并且交通部将其编入行业标准。同济大学的研究人员,用水煮法研究钢渣与沥青的粘附特点进行了实验,试验采用的钢渣取自宝钢,对比材料采用石灰岩。沥青分别采用70号基质沥青、SBS改性沥青、掺加两种抗剥落剂(分别命名为N1和N2)的沥青。部分试验材料各项物化指标见表24-6～表24-8。

表 24-6　集料物理力学技术指标

集　料	压碎值/%	磨光值/BPN	密度/t·m⁻³	吸水率/%	磨耗率/%
钢　渣	29.7	47	3.51	3.51	19.7
石灰岩	12	36	1.5～2.8	—	—

表 24-7　70号沥青主要技术指标

针入度/0.1mm			延度/cm			软化点/℃
15℃	25℃	30℃	5℃	7℃	10℃	
23	71.3	138	测不出	测不出	58	47.4

表 24-8　钢渣的化学成分（质量百分数）　　　　（%）

成　分	SiO_2	Fe_2O_3	Al_2O_3	CaO	MgO	SO_3	TiO_2	Na_2O	K_2O	R_2O	其他
含　量	14.7	21	3.4	45	9	0.4	1	0.04	0.08	0.11	1.65

试验按照公路工程沥青及沥青混合料试验规程（JTJ 052—2000）中的水煮法进行，并且分别进行以下组别的试验：

（1）钢渣＋基质沥青（3min、10min、30min）；

（2）石灰岩＋基质沥青（3min、10min、30min）；

（3）钢渣＋SBS改性沥青（10min、30min）；

（4）钢渣＋N1抗剥落剂＋基质沥青（10min）、钢渣＋N2抗剥落剂＋基质沥青（10min）。

实验的结果如下：

（1）水煮时间为3min的情况下，石灰岩和钢渣的黏附级别都可以达到5级，说明两种集料黏附性均非常好。

（2）当水煮时间延长到10min和30min以后，两种材料的黏附性有明显的差异，主要体现在钢渣虽然出现了少数剥离现象，但是随着水煮时间的延长，剥落面积没有明显增加；而石灰岩在10min以后出现明显剥离，评价级别跌至4级，30min后，剥离继续扩大评价级别跌至3级。这也说明了石灰岩和钢渣的黏附性相差不大，但是抗剥落的性能优于传统的石灰石，也就是说钢渣和沥青拌和以后的黏附持久性较好。

国内的研究人员还研究了钢渣与改性沥青以及加入两种抗剥落剂的沥青的黏附性，他们将钢渣与SBS改性沥青分别水煮10min、30min以及钢渣与加入N1和N2两种抗剥落剂的沥青分别水煮10min。试验结果见表24-9和表24-10。

表 24-9　钢渣＋SBS改性沥青的实验结果

类　别	钢渣＋SBS改性沥青										备　注
时间/min	10					30					
编　号	1	2	3	4	5	1	2	3	4	5	
评　级	5/5		0/5	0/5	5/5	5/5	10/5	10/4	10/5	5/5	剥落面积(%)评级
综合评级	5级					5级					

表 24-10　两种抗剥落剂影响黏附性的结果

类　别	加入两种抗剥落剂水煮10min										备　注
时间/min	N1					N2					两种全部以0.4%的比例加入
编　号	1	2	3	4	5	1	2	3	4	5	
评　级	5/5	5/5	0/5	0/5	5/5	5/5	0/5	0/5	5/5	5/5	剥落面积（%）评级
综合评级	5级					5级					

对比前面基质沥青的结果说明，采用改性沥青对黏附效果的改善已经很不明显，主要因为钢渣本身与沥青黏附效果就很好，改性沥青的作用不能发挥的缘故。同样的原因，两种抗剥落剂的加入，对钢渣和沥青黏附性的改善也很小。研究人员曾经对石灰岩和花岗岩也进行过类似试验，改性沥青和抗剥落剂对这两种集料黏附性的改善非常明显。从研究结果表明，从钢渣的 10 倍显微照片中可以看出其表面多空隙结构，这种空隙结构可以吸附沥青，而且钢渣系属于碱性集料，正是这两个主要因素决定钢渣具有与沥青良好的黏附性，并且钢渣长远抵抗水剥离能力强于石灰岩，当采用钢渣作为沥青混凝土集料时，通常可无需使用抗剥落剂。

武汉理工大学硅酸盐工程材料重点实验室测试研究钢渣的物理性能及钢渣的马歇尔水稳性能，发现钢渣可以作为一种优秀的材料应用到沥青面层中。这些研究表明，钢渣沥青混凝土建设过程中，对沥青的要求不高，但是黏附效果优于其他的砂石料。

湖南涟钢申达环保科技有限公司的李灿华、陈琳，武钢金属资源公司冶金渣分公司研究中心的刘思，为了便于比较钢渣与天然集料（例如石灰岩、玄武岩等）微观形貌的差异，对钢渣、石灰岩、玄武岩作为集料的沥青混凝土进行扫描电镜试验，结果表明钢渣与沥青黏附性能比较好（如图 24-14 所示）。

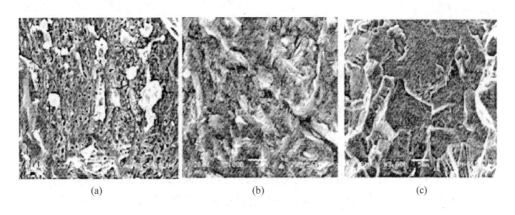

(a)　　　　　　　　　　　(b)　　　　　　　　　　　(c)

图 24-14　钢渣、玄武岩、石灰石沥青混凝土微观形貌图
（a）钢渣沥青混凝土；（b）玄武岩沥青混凝土；（c）石灰岩沥青混凝土

E　钢渣中 f-CaO 对钢渣沥青路面的影响

有研究人员对钢渣替代砂石以后，和沥青拌和制成的试样，对钢渣的体积膨胀进行了专题的研究。研究中将钢渣制成的试件在 60℃水浴中浸泡 48h，然后取出分别冷却至 20℃、10℃、0℃，观察裂缝或鼓包情况；测定试件的体积，并与未浸泡之前的试件体积进行比较，计算的体积膨胀率结果见表 24-11。

表 24-11 钢渣体积膨胀率检测结果

级配类型	实验内容	排水体积/cm³		体积变化/%		性状描述
		浸泡前	浸泡后	单个试件	平均值	
AC-20 I	1（20℃）	512.7	516.4	0.72	0.84	表面无明显的鼓包，有少量的细微裂缝
	2（10℃）	508.2	512.5	0.84		
	3（0℃）	506.5	511.4	0.96		
AC-10 I	1（20℃）	512	515.6	0.7	0.78	
	2（10℃）	516.3	520.5	0.81		
	3（0℃）	509.4	513.7	0.84		

结果显示，钢渣沥青混凝土在 60℃ 水浴中浸泡 48h 后其体积膨胀率为 0.7%~0.9%，且试验温差越大，体积膨胀率越高，但都符合国标规定的不大于 1% 的要求。两组钢渣级配的沥青混凝土表面均无明显鼓包，对照化学成分的分析，说明钢渣稳定性较好。另外，AC-10 I 型钢渣沥青混凝土的膨胀率较 AC-20 I 的小，因为 AC-10 I 型沥青含量较高，钢渣表面的沥青膜较厚，在浸泡过程中水更难进入钢渣内部，膨胀率较低。从这一实验也证明了沥青与钢渣的黏附性较好，能够防止水分与钢渣集料接触，防止钢渣遇水以后，钢渣中 f-CaO 水化发生的膨胀问题。

F 钢渣沥青混凝土路面的抗滑能力和机理分析

路面抗滑性能是指轮胎受制动时，沿路表面滑移所产生的足够摩阻力，使车辆能在各种环境条件下在合理距离内制动。抗滑能力，除了道路的几何特性（平曲线曲率、超高、纵坡等），路面本身的表面构造是抗滑能力的主要提供者，其表面构造按深度大小可分为微观构造和宏观构造。微观构造是指石料的表面纹理，它取决于集料的组成、表面特性及其抵抗轮胎磨光作用的能力。宏观构造是指面层表面的粗糙度，即路面表面的凹凸。从以上抗滑机理我们不难分析出，路面纹理的主要构成者——集料的抗磨耐滑性能对路面的抗滑性能有着直接影响。采用具有优质耐磨抗滑性能的集料，对提高路面的抗滑性能，保证行车安全尤为重要。路面抗滑性能的衰减率按下面公式进行计算：

$$A_{TD} = \frac{T_{D2} - T_{D1}}{X}$$

$$A_{BPN} = \frac{B_{PN2} - B_{PN1}}{X}$$

式中，A_{TD} 为构造深度衰减率；T_{D2} 为路面铺设初期构造深度值；T_{D1} 为经历当量轴载后构造深度值；X 为轴载次数；A_{BPN} 为摩擦系数衰减率；B_{PN2} 为路面铺设初期摩擦系数值；B_{PN1} 为经历当量轴载后摩擦系数值。

    国内某实验在研究路面性能检测过程中，采用构造深度和摩擦系数两个实验来检验钢渣沥青混凝土路面的抗滑能力。检测结果表明，试验段经过长达8年的服役后，钢渣路面的抗滑性能出现了一定程度的衰减。将试验段与石灰岩AC-13的直道试验结果对比。在石灰岩AC-13的直道试验中，经历当量轴载793.502万次后，石灰岩沥青路面的摩擦系数从54降到了20.5，构造深度从0.65降到了0.24。钢渣路面8年使用期间，不考虑过载的情况，当量轴载为840.96万次左右。钢渣沥青路面的摩擦系数从52降到了35.2，其构造深度从0.61mm降到了0.21mm。石灰岩路面构造深度的衰减率为5.17×10^{-4}每万次轴载，钢渣路面构造深度的衰减率为4.76×10^{-4}每万次轴载；石灰岩路面摩擦系数的衰减率为4.22×10^{-2}每万次轴载，钢渣路面摩擦系数的衰减率为2.03×10^{-2}每万次轴载。从以上数据对比可以看出，钢渣路面的抗滑性能要优于传统路面，钢渣作为集料应用到路面工程中可以提高路面的抗滑能力，保证行车安全。

    2003年在武黄大修改造工程中，选用破碎钢渣作为集料，沥青选用SBS改性沥青，制备出钢渣SMA-13沥青混合料作为路面抗滑表层铺筑在武黄高速豹獬段匝道上，其路面结构如图24-15所示。

    时隔7年之后，于2010年7月对试验段进行跟踪监测，路面状况基本良好，其中构造深度为0.63mm，平整度检测值为2.19mm，摩擦系数检测平均摆值BPN为54。检测结果表明，目前试验段的使用性能依然良好。

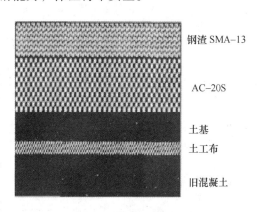

图24-15 武黄高速豹獬段匝道的路面结构

    G 钢渣沥青混凝土工程的使用实例

    国内外研究也表明，钢渣很适合作为沥青混合料集料用于铺筑路面。但是，对同等用量的钢渣和碎石，钢渣要比碎石吸附更多的沥青。近年来，日本不仅将钢渣用于普通沥青混凝土，而且将钢渣作为排水性路面用集料，并取得了较高的评价。在美国，钢渣作为集料已被广泛用于SMA沥青路面中。钢渣混合料具有优越的抗车辙能力和抗滑性，目前在美国钢渣已成为优选的面层材料，其使用供不应求。图24-16为国外某地使用钢渣沥青混凝土铺筑高速公路的实体照片。

    在国内，经过多年的试验研究，钢渣在半刚性基层中的应用已经得到推广应用，在此基础上，对钢渣在沥青混合料中的应用研究也已完成。目前，钢渣在沥青混合料中的应用正逐步展开。

图 24-16　国外某地使用钢渣沥青混凝土铺筑高速公路的实体照片

（1）1997 年 12 月在宝山杨行镇富杨路铺筑了一条长 2422m，路幅宽 14m 的试验路，面层采用 7cm 厚的 LH-35 粗粒式电炉钢渣混凝土沥青混合料和 3cm 厚的电炉钢渣沥青混凝土二层式路面结构，该路段成为我国首条钢渣沥青混合料路面。

（2）北京市 1995 年开展了钢渣在道路基层材料中的应用研究，2003 年开始将破碎的钢渣用于沥青面层，先后铺筑了两条试验路，取得良好的效果。2009 年，长安街路面大修工程中用钢渣代替玄武岩用于沥青路面表面层，为其他工程使用钢渣起到很好的示范作用。2010 年建成通车的阜石路二期道路工程中，在沥青路面表面层成功使用了钢渣沥青混合料。该路东起西四环定慧桥，西至石景山苹果园南路，全长 12.4km，是北京城市快速道路网系统中 16 条放射线之一，也是通向北京西部的门头沟、石景山地区的重要通道。根据室内试验研究结果，钢渣 SMA-13 混合料在北京阜石路二期道路工程中得到了应用。使用钢渣 SMA-13 混合料的路段，经过一年多的运行，路面平整、无损坏，表观性能良好。

（3）武黄高速公路豹懈段匝道处和娄涟高等级公路的应用。武汉钢铁集团公司利用生产的钢渣耐磨集料已在武黄高速公路大修工程、仙桃汉江公路大桥桥面铺装以及武汉钢铁集团冶金渣有限公司的厂内道路加铺改造工程中得到了广泛的应用，后期跟踪观测的试验也证明了钢渣沥青路面性能优异，抗滑性能及抗水损害能力远远优于普通沥青路面。武黄高速公路的现场施工照片和铺筑的武钢厂区的照片如图 24-17 和图 24-18 所示。

（4）八钢热闷渣公路是采用滚筒渣作为垫层材料与砂土修建的沥青公路，用于承载百吨以上的拉罐卡车和各类载重汽车的行驶碾压，表现优异，使用两年无任何明显的缺陷。

图 24-17　武黄高速公路的改造现场　　　图 24-18　武钢厂区铺筑的沥青混凝土路面

H　钢渣细粉替代石灰石细粉用于路面的沥青混凝土的施工实例

武汉钢铁集团公司利用本成果生产的钢渣耐磨集料已经在武黄高速公路大修工程、仙桃汉江公路大桥桥面铺装以及武汉钢铁集团冶金渣有限公司的厂道加铺改造工程中得到了广泛的应用。后期跟踪观测的试验也证明了钢渣沥青路面性能优异，钢渣沥青路面的抗滑性能及抗水损害能力远远优于普通沥青路面。

施工过程中需要注意为了消除磨细后的钢渣粉潜在的不稳定性，必须在高温、湿气或浸水的条件下放置 2~3 天，然后烘干并灌入拌和楼的粉料仓中，拌和楼按规定的级配生产热拌沥青混合料。整个生产过程无须对生产工艺做调整。针对磨细钢渣粉散热快的特点，压路机紧随摊铺机进行碾压，以防止沥青混合料温度下降，造成压实困难。在摊铺机将 170℃ 的沥青混合料铺筑后，胶轮压路机跟上碾压，在 10m 的单径纵向距离内碾压 3~4 次，促使沥青混凝土中的花岗岩骨料充分揉搓，避免坚硬的粗骨料突起及层叠，使骨料呈现立体、均匀和嵌挤的结构，然后使用振动钢轮压路机碾压 2~4 遍，使得沥青混凝土充分压实，最后使用胶轮压路机进行终压，保持路面的平整度（如图 24-19 所示）。完成路面铺

图 24-19　胶轮压路与钢轮压路

筑 7 天以后，待路面完全冷却，进行钻芯取样分析，试样结构紧凑，无明显孔洞，如图 24-20 所示。这样的结构对水损害的抵抗能力较强。

图 24-20　应用磨细钢渣粉的花岗岩沥青路面及钻芯试样

I　钢渣沥青混凝土在桥面铺装表层的施工实例

为了继续验证钢渣作为沥青混凝土集料的优越性，增大其在沥青路面中的应用范围。2003 年，根据汉江公路大桥桥面铺装的使用条件及性能要求，在仙桃汉江公路大桥桥面铺装技术的试验研究中，桥面铺装采用钢渣集料及改性沥青制备的 SMA 混合料，目前使用效果良好。

J　钢渣应用于沥青混凝土路面材料中的优势

在公路沥青路面的使用中，因为水的作用造成沥青膜与集料之间发生剥离是引发沥青路面病害的主要原因，沥青与集料的黏附性直接影响着沥青混合料的各项性能，如水稳定性、透水性、强度等。使用钢渣作为沥青混凝土集料，具有以下的优势：

（1）由于钢渣属于碱性集料，不仅耐磨、颗粒级配好，而且力学性能比轧制的碎石好。经处理后的钢渣具有较好的稳定性，用于道路的基层、垫层及面层的施工，与部分天然石料相混可铺筑高质量柔性道路。大量的磨光石试验表明，钢渣沥青路面防滑性好，不易开裂、拉裂。轮碾试验表明，钢渣构筑的承重层变形小，道路工作寿命长。李灿华等人的研究表明，钢渣具有良好的力学性能，许多指标要优于石灰岩等传统集料。在日车流量达 1.25 万次，重载车占 95% 的厂区实验路段，经过 8 年服役，钢渣路面路用性能良好，路况稳定，虽然各项路用性能出现了一定程度的衰减，但与传统路面相比，钢渣路面的抗滑性能衰减较慢，能有效地提高路面抗滑能力。

（2）采用最常用的贝克曼梁弯沉仪测量的结果表明，钢渣沥青混凝土路面的强度较高。

（3）钢渣具有多孔的物理特征，故钢渣作为沥青混凝土集料与沥青的黏附性优于其他的工程集料，并且抗剥落能力较强，沥青包裹后能防止钢渣的膨胀，减少钢渣应用以后的不稳定性。

（4）钢渣比热高，更适合沥青混凝土的摊铺，同时钢渣富含金属特征的 RO 相和各种尖晶石相，压缩孔隙结构使其成为一种较为密实的材料。

（5）掺有钢渣的沥青混凝土具有良好的防滑性和隔热性，且较易压实。因此，使用钢渣做沥青路面材料，钢渣集料与沥青黏附性能即抗水损能力的优越表现，对提高沥青路面使用寿命、减少病害的发生具有重要意义。

（6）钢渣的抗冻性能好，即使经过寒冷的冬季，冰雪融化时，钢渣的强度也不会有太大的变化，只是强度增长缓慢，不如夏季时增长得快。钢渣有很好的抗冻解冻性，适应寒冷气候开放道路的使用。

（7）钢渣在混合料中形成密实骨架结构相当于 SMA 混合料。现在我国的大部分路面用的沥青混合料结构以悬浮密实结构居多，内部粗料少，细料多，相当于粗集料悬浮于细料之中，具有一定的密实性，但内摩阻力小，形不成一定骨架。在重交通的作用下，集料移动，混合料的变形增大，所以我国的路面破损率较高。现在尽管可以有沥青玛蹄脂碎石混合料，但造价高，如果用钢渣造价会大大降低。钢渣由于内部组成复杂，无一定的级配，但可以形成间断级配，有足够的粗料形成骨架，有类似于 SMA 的结构形式。

（8）车辙深度。车辙是沥青混凝土路面较易产生的功能性病害，路面车辙产生的"沟槽效应"直接影响车辆与路面间的相互作用，即影响车辆的制动效能和制动时车辆的方向稳定性，并且对前者的影响尤为显著。钢渣沥青混凝土路面具有较为理想的抵抗车辙变形能力。

（9）钢渣沥青混凝土路面的平整度较好。平整度直接反映了车辆行驶的舒适度及路面的安全性和使用期限。路面平整度的检测能为决策者提供重要的信息，使决策者为路面的维修、养护及翻修等做出优化决策。另一方面，路面平整度的检测能准确地提供路面施工质量的信息，为路面施工提供一个质量评定的客观指标。将钢渣 AC 级配型、SMA 级配型结构沥青混凝土在实际路面工程中进行了试验段的铺筑，包括武钢厂区道路改造工程、武黄高速匝道抗滑表层及汉江大桥桥面铺装面层。结果表明，钢渣沥青面层在服役了大约 6 年后，渗水结果与摩擦系数均表现良好；而且路面平整，少有遭受水损害的痕迹。这也证明了钢渣作为粗骨料构筑沥青混凝土路面对路面的平整性有积极的贡献。

（10）采用钢渣粉的沥青混凝土，在武黄高速公路大修工程豹㦬段匝道的钢渣沥青混凝土路面服役 6 年后，经过摩擦系数试验及渗水试验发现，路用性能保持良好，应用磨细钢渣粉的花岗岩沥青混合料的 3 次劈裂强度比仍然可以达到《公路沥青路面施工技术规范》中相应的规定要求，说明磨细钢渣粉在低温下是一种可依赖的花岗岩沥青混合料固体抗剥落剂；并且加入磨细钢渣粉的花岗岩沥青混凝土结构匀称，压实性能良好，压实后的路面结构紧凑密实。钻取的芯样试件的空隙率的合格率为83%，也说明了磨细钢渣粉的加入不会降低花岗岩沥青混合料的压实性能。冻融循环的试验结果表明，石灰石矿粉马歇尔劈裂强度比只有72.9%，并不能满足高速公路的应用要求。而磨细钢渣粉马歇尔劈裂强度比达到92.3%，并且在3次冻融后，其劈裂强度比依然可以保持75.5%。

（11）由于钢渣是冶炼厂炼钢时的副产品，多半被当作废物处理。将其应用于沥青混合料，有成本低的显著优势。鉴于钢渣与沥青良好的粘附性及自身良好的耐磨特性，如能将其应用于雨水较多或山区大纵坡地区高速公路则具有重要意义。一方面，能提高高速公路路面抵抗雨水损害能力和抗滑性能，延长路面使用寿命；另一方面，在缓解中国高速公路快速发展引起的优质天然砂石资源短缺矛盾的同时，也能大量减少钢渣的占地堆放和环境污染。

K　钢渣用于沥青混凝土建设需要注意的问题

钢渣用于沥青混凝土路桥建设需要注意的问题就是钢渣的稳定性。钢渣规模化使用以后，钢渣中的f-CaO水化反应很慢，常常导致路面材料的安定性不良，如钢渣的膨胀是否会影响路桥的安全稳定性，路面是否会起包、出现裂缝等问题。如果它会使路面在使用不久后出现裂缝或鼓包，裂缝的存在又进一步加剧路面的水损害，会降低路面的使用寿命。

随着渣处理工艺的进展，尤其是目前采用先进的水淬工艺处理的钢渣，渣中的游离氧化钙的含量大多数在5%以下，这些钢渣在使用过程中基本上没有问题。对于传统工艺处理的钢渣，经过陈化处理，水浸处理一段时间以后，钢渣中f-CaO含量若控制在3.0%以下，不会产生安定性不良问题。

此外，从以下的方法也可以减轻和弱化钢渣膨胀引起的问题：

（1）调整钢渣的粒度级配。

（2）常规的路用石料为随地球的演变而自然形成，其化学性能与耐久性能较稳定，而钢渣具有粉化膨胀的特征，随着使用会引起路面的膨胀开裂等路面施工的质量问题。如何减少钢渣混合料的膨胀，可以从调整级配，陈化及路面结构设计等方面进行考虑处理。

（3）设计合理的路面结构，可以减小钢渣混合料遇水的机会，从而减小钢渣混合料的膨胀。合理的结构设计包括：

1）做好路基排水设计，尽量使得路基表面干燥。

2）路面基层顶面应采用稀浆封层，减少雨水下渗的可能性。

3）路面面层宜用密级配的沥青混合料面层，防止雨水下渗。

研究表明，具有一定级配和一定活性（含有一定量的游离氧化钙）的钢渣混合料压实后可自行板结成整体。具有一定级配的钢渣混合料的CBR值可达到标准值的250%～400%，浸水膨胀率也较小，尤其是配合比为 碎石（16 ～

19mm)∶粗钢渣（＞10mm）∶细钢渣（＜10mm）＝1∶7∶2 的混合料可以用于修建沥青路面基层。

L 钢渣沥青混凝土的施工特点

武黄高速公路大修工程与其他钢渣作为沥青混凝土集料的规模化应用的实施，为钢渣在沥青路面的应用提供了以下几点宝贵的经验和使用特点：

（1）钢渣的物理、化学、力学等性能均符合做高等级公路路用集料技术标准，是一种可用于高等级公路的优良集料。

（2）钢渣具有较好的体积稳定性和较高的力学性能，可以应用于高等级公路的面层，其最佳用油量分别为 5.4% ~7%，钢渣沥青混凝土的最佳油石比比普通的石灰石矿粉沥青混凝土略高。

（3）钢渣沥青混合料的拌和工艺与普通沥青混合料基本相同。

（4）压路机要紧跟摊铺机进行碾压。初压时采用振动钢轮压路机，在 15m 的单径前后范围内反复碾压 3 遍，再使用胶轮压路机进行复压，以得到满意的压实度。

（5）钢渣中铁元素的含量较高，因此整体偏向金属性质，导热较快。作为粗骨料与改性沥青拌和后，热量散失快。因此在摊铺时，需要尽量缩短拌和场地至施工现场的运输距离，适当提高沥青混合料的下料温度。

24.3.5 钢渣应用于铁路的路基和车辆编组场地的地基建设

通过大量室内试验与现场试验分析可知，钢渣属级配良好的 A 组填料，其强度较高，渗水性好，压缩性低，对人体及建筑物无害，完全符合铁路路基填料标准，不失为一种良好的路基填料。此外，该填料在填筑过程中，不受天气状况的影响，工后沉降低，还可避免翻浆、冒泥等病害的发生。宝成复线铁路建设指挥部及铁二院采用长钢钢渣作为江油站场及路基填料，其经济效益和社会效益显著。为长钢腾出渣场约 0.067km^2，并使宝成铁路建设少征地约 0.134km^2。其施工过程的控制措施简介如下：

（1）需选用稳定性较好的钢渣，钢渣颗粒具有一定的级配。

（2）清除粒径大于 150mm 的大块钢渣，以利于路基压实。

（3）碾压机具采用自重 12t 以上的振动碾。基床底层分层填筑厚度为 50cm，碾压遍数为 3 遍；基床表层分层填筑厚度为 30cm，碾压遍数为 4 遍，并定点抽样检查碾压质量。

（4）考虑到钢渣比重较大，为避免路堤过重，引起原地基变形过大，应控制路堤填筑高度。根据江油车站附近的地质情况，该工程规定路堤最大填筑高度不大于 8m。

（5）要注意防止高矿化度地下水的浸泡所形成的硫酸盐侵蚀或盐类结晶侵

蚀，保护站场的建筑物。

24.3.6　钢渣应用于城市的人行道和公园景观的人行道路

20 世纪 80 年代以来，国际上流行使用诸如透水沥青路面、透水性地砖以及类似我国园林的鹅卵石铺地等透水路面来覆盖硬化地面，增大路面透水性和透气性，以起到减少水土流失、涵养当地水源、有效缓解热岛效应、改善区域生态环境等作用，使原本不透水的路面变成会呼吸的人行道。通常透水性铺装系统是由一系列的混凝土块和塑料网状结构，填以砂砾及土壤组成，具有孔隙通透性，如图 24-21 所示。这些孔隙使雨水能够渗入到地下土壤，以减少因城市发展带来的雨水径流。

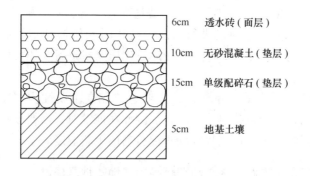

6cm	透水砖（面层）
10cm	无砂混凝土（垫层）
15cm	单级配碎石（垫层）
5cm	地基土壤

图 24-21　人行道路结构

使用自然级配的钢渣，直接在地基土壤上方垫铺，然后再在钢渣上面铺透水砖，钢渣具有的活性性能和透水性能，能够与地基土壤反应，自我胶凝板结，既可以防止局部的沉降，又能够顺利的将地面的水渗透进入土壤层。新疆八一钢铁股份公司大面积采用热闷渣作为堆场的透水层，包括车辆停泊、物料堆放、广场等领域，效果极佳。

24.3.7　钢渣用于固化泥岩碎石

泥岩，又称泥质膨胀岩，属于易风化和软化的软弱岩石，当岩体受到扰动后，特别是环境湿度和压力条件变化时，泥岩的性状将发生较大的改变，产生体积膨胀和收缩，对位于其上的工程建筑物产生很大的危害性，严重影响工程的稳定性。鉴于以上问题，国内学者研究了钢渣粉固化泥岩碎石体系的无侧限抗压强度及其作为一级及以上高等级路面底基层材料的可行性，并对钢渣粉固化泥岩碎石的强度形成机理进行了分析。研究结果表明，从环境保护和工程应用的实际情况考虑，采用钢渣粉固化泥岩碎石并以此作为路基材料是一个完全可行的方案。这一研究结果也为风化严重的区域筑路提供了一个有力的竞争工艺，即采用钢渣粉和粉煤灰粉末固化泥岩碎石，效果较好。

钢渣粉固化泥岩碎石的强度形成机理主要在于水泥和钢渣粉水化产生的 $Ca(OH)_2$ 和 $Mg(OH)_2$，它们能与粉煤灰中的 SiO_2 和 Al_2O_3 发生"火山灰反应"，产生 CSH（水化硅酸钙）、CAH（水化铝酸钙）、CMSH（水化硅酸钙/镁）和 CMAH（水化铝酸钙/镁）凝胶产物。以 $Ca(OH)_2$ 为例，其进行的反应过程方程式为：

$$3CaO \cdot SiO_2 + nH_2O \longrightarrow xCaO \cdot SiO_2 \cdot yH_2O + (3-x)Ca(OH)_2 \quad (1)$$

$$2CaO \cdot SiO_2 + mH_2O \longrightarrow xCaO \cdot SiO_2 \cdot yH_2O + (2-x)Ca(OH)_2 \quad (2)$$

$$xCa(OH)_2 + SiO_2 + (n-1)H_2O \longrightarrow xCaO \cdot SiO_2 \cdot nH_2O \quad (3)$$

$$xCa(OH)_2 + Al_2O_3 + (n-1)H_2O \longrightarrow xCaO \cdot Al_2O_3 \cdot nH_2O \quad (4)$$

式中，x 为钙硅比（C/S）；m、n 分别为结合水量。

式（1）、式（2）是水泥水化产生 $Ca(OH)_2$，式（3）、式（4）是粉煤灰与 $Ca(OH)_2$ 发生"火山灰反应"，生成 CSH（水化硅酸钙）和 CAH（水化铝酸钙）凝胶。由此可见，不加入钢渣粉时，泥岩中的活性氧化硅和氧化铝与水泥水化产生的 $Ca(OH)_2$ 反应较慢，生成的 CSH 和 CAH 凝胶较少，因此它们在泥岩碎石颗粒表面附着得也较少，从而造成这种体系的试件强度普遍偏低。若加入一定量的钢渣粉，则其自身含有的 f-CaO 和 f-MgO 迅速反应生成 $Ca(OH)_2$ 和 $Mg(OH)_2$，电离生成 Ca^{2+} 和 Mg^{2+}，而这些离子会增大混合料孔液中的 pH 值，形成发生"火山灰反应"的最佳条件，此时不仅粉煤灰中的氧化硅和氧化铝的火山灰反应能力将提高，而且泥岩中的 SiO_2 和 Al_2O_3 同样会发生"火山灰反应"。

（1）碎石种类不同，宜采用不同的胶凝材料体系来进行稳定。对含泥岩的碎石仅用水泥来稳定不能达到一级公路及以上路面底基层对强度的要求，而通过适当引入钢渣粉则可有效增强水泥稳定泥岩碎石的强度。

（2）钢渣粉提高固化泥岩碎石强度的机理是在泥岩碎石中加入水泥、钢渣粉和粉煤灰后，除粉煤灰能与水泥和钢渣粉水化产生的 $Ca(OH)_2$ 和 $Mg(OH)_2$ 发生"火山灰反应"外，泥岩中的 SiO_2 和 Al_2O_3 同样也会发生"火山灰反应"，从而形成了足够量的 CSH、CAH、CMSH 和 CMAH 凝胶产物，使得泥岩颗粒改性而与碎石有效地胶结成为一个整体。

（3）采用钢渣粉体系固化泥岩碎石不仅可节约资源，而且可保护环境，是一种有效合理地废弃物循环利用。

24.3.8　钢渣在乡村公路建设中的应用

24.3.8.1　钢渣在乡村公路建设中的应用简介

钢渣在农村乡间修建一般性的乡村公路，具有一般砂石简易公路所不能比拟的优势。

水稳砂砾、水泥混凝土路面结构在当今农村公路建设中占主要地位，因此要求路面结构有足够的抗折强度和优良的耐磨性能。然而，农村公路建设面临的主要问题是资金的匮乏，高标准的路面结构在农村公路建设中得不到推广。合理利用地产材料来降低工程造价在农村公路建设中成为主流。地产钢渣的应用确保了这一问题得到了合理解决，优化了路面结构，大大地提高了公路质量。钢渣的化学主要成分有：SiO_2、Fe_2O_3、CaO、MgO、Al_2O_3 等，在很大程度上与水泥的主要成分相同。钢渣作为路基用土在浇水碾压后，路基弯沉值远远低于其他筑路材料。直接在钢渣中掺配 3% 的水泥，强度超出同等水泥剂量的水稳砂砾 17%。如果把钢渣粉碎，掺配到混凝土试件中，可大大改善试块性能。实验表明，随钢渣微粉掺量增加，混凝土抗折强度随之提高，当钢渣微粉掺量达到 10% 时，混凝土抗折强度最佳，耐磨性能达到标准试件的 90%。例如齐齐哈尔市农村公路建设，同等结构厚度同等水泥剂量的水稳钢渣比水稳砂砾降低造价约 53%；相同设计抗折强度的掺配钢渣微粉混凝土路面较混凝土路面降低造价 7%，能够缓解农村公路建设中的资金困难，有效地推动农村公路的建设进程。

在降雨充沛的区域，使用钢渣修建乡间小路，不失为一种选择。图 24-22 是国外使用精炼炉白渣修建的自黏结性的乡村公路。

图 24-22   国外使用精炼炉白渣修建的自黏结性的乡村公路

此外钢渣在低等级道路中能够直接用于做面层材料。由于低等级道路的设计要求不高，交通量小，可直接用钢渣铺筑路面结构层。过去采用冷弃法和热泼渣处理的钢渣，虽有膨胀性的问题，但不影响道路的正常使用，随着时间的推移，钢渣的膨胀性趋于稳定，使得钢渣结构层具有一定的强度和板体性，稳定性较好。而采用滚筒渣、热闷渣、风淬渣等现代渣处理工艺处理的钢渣，这种问题基本上可以消除。故钢渣用于农村的公路建设,这将是一种处理钢渣固废的主流。

24.3.8.2 钢渣在农村公路中的应用方法

农村公路的路面结构形式主要包括面层和基层,只有少数设置了垫层,有的地区基层又细分为基层和底基层。其中,面层包括如下几种类型:水泥混凝土、沥青混凝土、沥青表处、沥青灌入;基层(底基层)包括如下几种类型:水泥稳定碎石、级配碎石、填隙碎石、石灰或水泥稳定土、石灰稳定砂砾、水泥稳定石屑、石灰土、石灰土碎石。河南省的乡村公路的结构形式和所占的比例如图24-23所示。

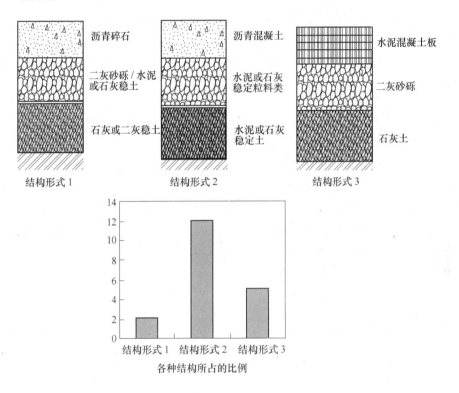

图 24-23　河南省的乡村公路的结构形式和所占比例

按照工程设计的要求,对农村公路结构设计的基本要求如下:

(1)通过调查充分掌握本地的交通、路基、气候、材料等条件,并从技术可靠、经济合理的角度来决定典型结构。

(2)由于面层直接承受交通荷载的作用,并将荷载传布到基层,要求其必须具有足够的强度和稳定性,同时要具有抗车辙、耐磨耗、能防止开裂、抗滑和平整的功能。

（3）基层是主要承受垂直荷载的承重层，承受面层传布来的应力并分散到下层去，基层应具有足够的强度和刚度，且具有水稳定性。冰冻地区，基层厚度应满足抗冻深度要求。

（4）必须注意考虑水文的影响，做好排水设计。

为了防止农村公路的水害，农村公路的结构设计重点考虑以下几点：

（1）由于经济条件的制约，在路面结构设计时，可以选择具有封水作用的面层结构，防止路表水下渗。

（2）迅速排除表面水，防止积水渗入下层，要求路拱、表面平整度符合规定，路表不得积水。

（3）为防止面层渗水滞留基层表面，在基层上做封层或透层，而且其表面路拱及平整度也要符合规定。

（4）设置排水层（垫层），既能排水，也能隔断毛细水，使上升的毛细水也能及时排除。

（5）各层的强度自上而下逐渐减小，层次不宜过多，还要适应摊铺和碾压的要求，一层超过碾压厚度要求时，必须分层施工，层间应尽量紧密结合，以减小层间应力，增加路面结构的整体作用。

（6）各地区经济状况各不相同应该采用从经济上和结构上都较为合理的结构，因此目前单一化的结构已不能适应不同地区的特点。不同的工程应因地制宜、量力而行，建养兼备、易于施工、重视功能层；加强抗水损，节能减排，保护环境，树立农村公路环保、节约和可持续发展观；坚持节约土地，通过优化设计、旧路利用、占补平衡，环保施工、环保养护、绿化美化，尽量少占土地、节约耕地。

如果把钢渣粉碎，掺配到混凝土路面，可大幅度的改善路面的各项性能。钢渣的应用优化了路面结构，提高了公路质量。

此外实验表明，将钢渣微粉代替部分水泥熟料，用于乡村公路的建设，随钢渣微粉掺量增加，混凝土抗折强度随之提高。

实现农村的公路建设经济实惠、技术可行对不同地区的材料供应情况应该有不同的路面结构进行修筑，钢渣作为最有利的筑路材料，施工方案主要有以下几点：

（1）对沼泽、多雨、泥泞、湿陷性地区，在筑路的区域，首先采用大块钢渣垫入筑路区域的基础层，进行挤淤，然后再在上部垫入 1～30mm 的级配钢渣，推平碾压，然后就可以开放路面。由于钢渣中含有的胶凝性物质，如硅酸钙、氯酸盐、钢渣中游离的氧化钙，能够和筑路区域的土壤发生化学反应，板结凝固，自发的形成有一定强度的简易路面，这种路面筑路成本较低，抗水害的能力较强，路面承载强度能够充分满足农村一般车辆的碾压。这种路面使用半年左右，再在上面摊铺沥青混凝土，足以满足新农村建设的公路要求规范。

（2）对修建较高标准的农村公路，级配碎石可以由游离氧化钙达标的钢渣替代，或者使用黄沙、砂土和钢渣按照一定的比例混合搭配使用；水泥/二灰稳定碎石则完全可以使用有一定级配的钢渣替代；沥青混凝土，水泥混凝土中的砂石骨料，细粉料可以10%～100%的使用钢渣替代。

（3）水害损坏是二级农村公路损坏的主要因素。采用钢渣为主要原料建设农村公路的基础，得益于钢渣具有较高的比重，透水性，与土壤中的成分能够反应而胶结。其中，部分的 CaO 还能够和 CO_2 反应，形成岩石结构的特点，故具有抵抗水流的冲击作用。钢渣运用在农场公路建设中，则是用其防止水害的性能。水毁农场公路路基的实体照片和水侵蚀路基的示意图如图 24-24 和图 24-25 所示。

图 24-24　水毁农场公路路基的实体照片

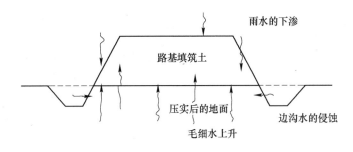

图 24-25　水侵蚀路基的示意图

为了防范水害对农村公路的破坏，采用钢渣作为路堤和一些辅助设施的主体材料，如在上面覆土植被，具有综合抵抗水害损毁的功效。采用钢渣作为路基，既能够渗透水，也能够抵抗水的侵蚀。特别是沿河的路基，应用钢渣作为路基，能够起到抗水冲刷的功能。

24.3.8.3　用于做湖底、河道底部清淤物的固化剂

浙江大学的邵玉芳、何超、楼庆庆的研究表明，西湖淤泥富含有机质及其他有害物质，大量堆放对周边环境造成很大的影响，而如果加以处理利用，如加固后作为地基填料、加工成砌块等，既能变废为宝，又能节约土地资源，具有多重效益，但是由于西湖淤泥为有机质土，单用水泥加固其强度无法达到规范的要求。研究认为有机质对水泥固化土的影响主要是因为腐殖酸的作用，当水泥与腐殖酸接触后形成的吸附层能延缓水化作用的进程，且腐殖酸对水化产物具有分解作用，破坏水泥土的结构。另外，有机质土的酸性往往较高，H^+ 与水泥土孔隙溶液中的 OH^- 发生中和，降低了孔隙中 $Ca(OH)_2$ 的浓度，从而无法生成胶凝性水化物用于提高固化土的强度。可见有机质土的加固，除水泥之外，还需要使用添加剂来消除这些影响。

将淤泥的含水量降低至 100% 以下，才能达到较好的固化效果。两种工业废料中，钢渣加固西湖淤泥的效果较好，当钢渣掺入比大于 30% 时，淤泥固化土可作为公路基层填料。淤泥固化土仅可作为公路底基层填料，但掺入粉煤灰的淤泥固化土其强度不能满足公路基层填料的要求。经估算，采用淤泥固化土作为公路基层填料与级配粒料造价相接近或略低一些，但其环保和社会效益却是无法比拟的。将淤泥固化土用作时速 60km/h 的六车道城市主要公路，假设淤泥掺入比为 50%，公路基层宽 32m，厚 50cm，则 1000000m^3 的淤泥，可铺设 120km 的公路基层。

25　钢渣在微晶玻璃生产中的应用

微晶玻璃是 20 世纪 50 年代末发展起来的新型玻璃，它是具有微晶体和玻璃相均匀分布的材料，故又称玻璃陶瓷或结晶化玻璃。微晶玻璃的结构与性能和陶瓷、玻璃均不同，其性质由晶相的矿物组成与玻璃相的化学组成以及它们的数量来决定。它集中了两者的特点，成为一类特殊的材料。微晶玻璃具有很多宝贵的性能：耐磨、耐腐蚀、热稳定性好、使用温度高、机械强度高、膨胀系数可调、电绝缘性优良、介电损耗小、介电常数稳定等，因而它作为建筑装饰材料、结构材料、技术材料、光学和电学材料等广泛应用于建筑装饰、生活、国防尖端技术、工业等各个领域。它具有机械强度高、韧性好、耐磨损、耐腐蚀、化学稳定性好、线性系数可调等特性，通过组成设计，还可获得特殊的光、电、磁、热、声、生物等功能，因而在建筑装饰、生物医学、机械工业、电子电力工业、航天航空工业、核工业、化学工业等领域有广泛的应用前景，已成为陶瓷新材料、新技术的研究和应用热点之一。国外很早就开展了利用废钢渣制造高附加值陶瓷产品的研究。美国有人利用钢铁炉渣制造出富 CaO 的微晶玻璃，具有比普通玻璃高 2 倍的耐磨性及较好的耐化学腐蚀性。西欧有人用废钢铁炉渣制造出透明玻璃和彩色玻璃陶瓷，可用作墙面装饰块及地面瓷砖。国内的研究也有了突破性的进展，从已有研究成果看，利用钢铁炉渣来制造结构性能稳定的陶瓷建筑制件是一种低成本的成熟工艺。我国现在已能用钢渣制得钢渣微晶玻璃，其自由表面光洁，颜色为庄重的墨黑色，显微硬度已达到 HV700，具有较好的耐磨性、耐酸碱腐蚀性、耐急热急冷的能力，非常适合用于高档的建筑装饰块。特别是经过工艺控制实现微晶化后，产品的硬度、耐磨性、抗蚀性（特别是耐碱腐蚀性）、抗压强度、抗变强度、抗冲击强度等性能大大提高。

25.1　钢渣微晶玻璃的研究现状

国内对钢渣微晶玻璃主要的研究成果如下：

（1）湖南大学材料科学与工程学院裴立宅等人以 CaO-Al$_2$O$_3$-SiO$_2$ 系统为基础玻璃成分，钢铁工业废渣为主要原料，CaF$_2$、Fe$_2$O$_3$、Cr$_2$O$_3$，ZrO$_2$ 作为复合晶核剂，采用熔融法制备了钢铁工业废渣玻璃陶瓷，运用 DTA、XRD 和 SEM 等测试方法对材料工艺制度和晶相进行了分析和观察，测定了材料的主要物理和化学性能，并对晶核剂的作用机理、材料性能以及工艺制度进行了分析和研究。实验表明，所制玻璃陶瓷的主晶相为普通辉石（$Ca(Mg, Fe, Al)(Al, Si)_2$）和透辉石（$CaMg(SiO_3)_2$），其化学稳定性较好，密度达到 $3.02g/cm^3$，吸水率低于 0.04%，抗弯强度达 250MPa。晶核剂为 CaF_2、Fe_2O_3、Cr_2O_3 及 ZrO_2。其玻璃核化机理是 CaF_2 通过 F^- 取代 O^{2-}，导致硅氧网络断裂，诱导析晶；Fe_2O_3 通过形成尖晶石诱导析晶；Cr_2O_3 和 ZrO_2 通过分相诱导析晶。由于生成微晶玻璃的化学组成有很宽的选择范围，而钢渣的基本化学组成就是硅酸盐成分，其成分一般都在微晶玻璃形成范围内，能够满足制备微晶玻璃化学组分的要求。

（2）内蒙古科技大学李保卫教授从 2004 年开始带领课题组组建内蒙古白云鄂博矿多金属资源综合利用实验室，研究白云鄂博尾矿、粉煤灰等固体废弃物制备高性能微晶玻璃。经研究发现白云鄂博尾矿、钢渣、铁渣残留的铁、铌、稀土、萤石可作为复合晶核剂，与粉煤灰中的硅、钙、铝互补，满足微晶玻璃的基础成分要求。内蒙古科技大学利用白云鄂博尾矿、钢渣、铁渣及粉煤灰等固体废弃物研制并生产出 500t 同时具备玻璃陶瓷与金属性能的纳米级微晶玻璃复合管材。这种新型材料目前国内外未见报道，国家有关部门将此材料作为国家标准进行公示。从 2009 年开始，课题组采用熔融—离心铸造法制备微晶玻璃，进行了微晶玻璃纳米晶粒的工艺控制研究，设计配方、开展实验。开发出适合生产微晶玻璃管材的成套装备，优化形成了微晶玻璃管材成型工艺，建设了一条生产能力 3t/d 的微晶玻璃管材中试生产线。经国家建材检测中心检测，这种微晶玻璃管材抗弯强度达到 192MPa（金属性能），耐酸性大于 99%，耐碱性大于 97%，莫氏强度接近金刚石达到 9 级，耐磨性小于 $0.04g/m^2$，体积密度为 $3.2g/cm^3$。包头市天龙混凝土公司试用该管材，其管道使用寿命提高了 3~4 倍。

（3）大连理工大学土木工程系的李金平与中国科学院上海硅酸盐研究所钱伟君、李香庭综合利用了粉煤灰、钢渣和煤矸石三种工业废渣，外加部分矿物和化学原料制备出含氟金云母晶相的可切削微晶玻璃。

（4）武汉工业大学学报的程金树、汤李缨、王全与广东茂名农垦局的黄玉生研究了以还原性钢渣为主要原料，添加其他辅助原料，利用表面成核析晶的烧结法研制出了色泽美观、花纹清晰的微晶玻璃花岗岩。探讨了影响烧结、晶化性能的因素，制定了合理的成分和工艺制度，测定了微晶玻璃的主要性能，他们的研究结果证明，制造钢渣微晶玻璃的工艺中，钢渣用量占配合料的 50% 左右。

（5）山西太钢不锈钢股份有限公司技术中心的仪桂兰以不锈钢尾渣、粉煤灰为主要原料，采用浇注法制备以透辉石、硅灰石为主晶相的微晶玻璃工艺，并通过软熔区间测定、热分析、XRD 等测试方法研究了微晶玻璃的熔化温度、晶化温度及晶相组成。试验结果表明，以不锈钢尾渣为主要原料，用浇注法制备微晶玻璃是完全可行的，为不锈钢尾渣的资源化利用开辟了一条新的途径。

（6）同济大学材料科学与工程学院的李培荣、吴知方、崔书庆以宝钢矿渣为主要原料，在实验室制备的微晶玻璃性能优于天然大理石、花岗石等材料，可用作现代建筑高级内、外墙及地面、立柱的装饰材料。

（7）南京工业大学材料科学与工程学院的陆雷、张乐军、赵莹、姚强、江勤、董巍等系统地研究了钢渣微晶玻璃的生产过程中的关键性技术，包括核化时间对钢渣微晶玻璃物理性能的影响；钢渣粉煤灰微晶玻璃的研制；钢渣微晶玻璃优化配料方案的研究等。

25.2　钢渣微晶玻璃的生产工艺

微晶玻璃的制造工艺大体分为微晶玻璃的熔融工艺和烧结工艺两类。

微晶玻璃的熔融工艺就是将玻璃配合料熔融成为玻璃液以后，采用适当的成型方法，制备成为母玻璃板，退火后直接进入晶化窑，经过一定的晶化处理，制成晶粒细小的微晶玻璃制品。主要工艺包括熔融法、压延法和烧结法三种工艺。

（1）熔融法。熔融法是指玻璃原料中加入晶核剂高温下熔制后进行成型，经退火后再进行核化和晶化，具有成形方法多、玻璃致密度高、玻璃组成范围宽等优点，但也有熔制温度较高、难以商品化规模化生产等缺点。熔融法的工艺流程为：配料→混合→熔制→高温保温→浇注成型→退火→晶化处理→抛磨→成品。

（2）压延法。将配合料熔化后，使用普通玻璃成型的压制成型机或辊压成型机等，使其成型为所需要的形状，再经热处理而制得微晶玻璃。压延法的工艺即将玻璃配合料熔炼成为玻璃液体以后，利用压延机压延成型，然后切割等。其工艺为：配料→混合→玻璃熔制→压延→热切割→晶化→抛磨→检验→产品。

（3）烧结法。烧结法是将玻璃的配合料加入池窑内，在1450~1550℃的高温熔融成为均匀的玻璃体；再直接加入水中水淬，在水淬的作用下，冷淬成为玻璃小颗粒，再捞出，利用余热烘干，过筛，分级成为几种不同粒径的玻璃颗粒，然后按照要求的水淬玻璃厚度铺布在耐火模具中（耐火模具上涂有防粘渣剂），送入隧道窑或者梭式窑中晶化处理，在850℃左右保温60~90min，将玻璃颗粒烧结成为一个整体；再在1100℃左右保温60~120min，完成晶化过程；随后在700℃左右退火处理就得到微晶玻璃原板，再经过研磨，抛光等工艺，即可制得微晶玻璃材料。烧结法微晶玻璃的生产工艺流程为：按照剥离的成分配料→混合→熔制成为玻璃→水淬成为玻璃小颗粒→烘干→过筛→分级→装模（铺料）→烧结→晶化→磨抛→检验→成品。

以上三种方法的区别在于其成型方法不同，前两种方法对玻璃成型黏度要求严格，因此限制了可选用的玻璃组成范围。另外，由于晶化温度高于玻璃软化温度而容易导致玻璃制品的变形，为了防止制品的炸裂，要求晶化时间长，能耗大，操作较难控制。

而烧结法较优于前两种方法，成型工艺先进，特别适合于大块玻璃板材的生产，由于晶化与小块玻璃的粘连同时进行，因此不易炸裂。其具有适合于极高温熔制的玻璃以及难以形成玻璃的微晶玻璃制备，易于晶化，不需用晶核剂，升温速度快，生产周期短，产量大，易操作，规格厚度可变等优点，而且可以方便地制备各种异形板材和各种曲面板。同时，这种成型工艺也决定了微晶玻璃板材外观具有类似花岗岩的纹理，但制品的致密度比熔融法稍差。

25.2.1　烧结法生产钢渣微晶玻璃

烧结法生产钢渣微晶玻璃的主要工艺就是采用钢渣为主原料之一进行配料。钢渣微晶玻璃采用的钢渣为经过预粉磨处理的钢渣粉，微晶玻璃中的氧化钙、氧化铝和氧化镁主要由钢渣提供，各种原料经准确称量，不足成分由纯原料补足，玻璃配合料在约1450℃的池炉内熔化，熔化好的玻璃液骤冷至约1000℃以下，然后投入冷水中淬碎成3~10mm的玻璃颗粒。将消泡剂和着色剂按比例混入干燥好的玻璃中，使其均匀包裹于玻璃料表面，然后将玻璃料均匀地铺摊在涂有防粘涂料的耐火板或耐热不锈钢盘上，耐火板组装在窑车上，一般拼装5~8层，送入隧道窑（或梭式窑）晶化。烧结晶化温度制度如图25-1所示。

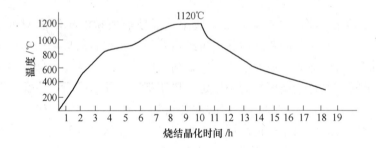

图 25-1　烧结晶化温度制度

图 25-2 所示为玻璃料烧结晶化过程示意图。

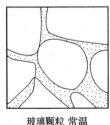 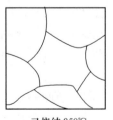 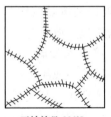 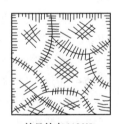

玻璃颗粒 常温　　　已烧结 850℃　　　开始结晶 920℃　　　结晶结束 1120℃

图 25-2　玻璃料烧结晶化过程示意图

首先700℃时玻璃开始熔融软化，至950℃左右时玻璃料已基本熔融粘接在一起，但表面还呈凸凹不平状。此时，玻璃料表面和界面上已开始析出硅灰石（β-2CaO·SiO_2）晶体，玻璃开始变成不透明状，随着温度缓慢升高，晶体也逐渐沿玻璃料颗粒径向长大成针状晶体。最后升至1120℃左右并保温60min，以使析晶过程完成，在此温度下同时也赋予玻璃料充分的流动性，在玻璃料表面张力的作用下消除掉玻璃板表面的凸凹不平，最终得到结晶完全、表面平整的板材毛坯。该板材毛坯约含40%的硅灰石晶相，其余为基体玻璃。将烧结晶化好的板材毛坯表面进行研磨抛光后，使基体玻璃颗粒界面析出的针状晶体构成的花纹和它从透明玻璃基体一定深度处所表现的质感显现出来。为了使其便于施工及能够同混凝土牢固结合，在其背面粘接上一层玻璃钢。然后按规定的尺寸进行切裁、修边等加工，最后进行检验包装即可作为商品出售。

另外，将水淬后干燥的玻璃颗粒在行星磨上研磨，使其能达到一定的粒度，制得所需的玻璃粉。向玻璃粉中加入一定量的PVA黏结剂，造粒，在25～50MPa的压力下压制成型，制成素坯，然后进行烧结晶化也是一种生产工艺。

烧结法生产钢渣微晶玻璃的热处理过程中的主要特点如下：

（1）微晶玻璃热处理过程中，前一阶段以析晶为主，后一阶段以烧结为主。

（2）析晶发生在烧结以前，可以制得晶相含量较高的微晶玻璃。析晶对致密化有一定的不利影响。

（3）在析晶的过程中，成核与晶体长大是两个相互伴随的过程。采用烧结法，即使析晶能力很小的玻璃，也能制得微晶玻璃。

这种工艺的优点为：（1）不需要通过传统的玻璃成形阶段，适合于需要较高熔制温度的微晶玻璃生产；（2）玻璃经水淬后，颗粒细小，表面积增加，比熔融法制得的玻璃更易于晶化；（3）可不使用晶核剂；（4）规格及厚度可变。其主要缺点：（1）能耗高；（2）对原料粉末颗粒要求严格，太细或太粗都会影响制品的致密度。为此，根据钢厂的实际情况，采用熔融态高炉渣的利用技术和蓄热式燃烧技术，以及严格控制颗粒的粒度分布的方式，有效地解决这些问题。燃料采用钢厂自制的高炉、焦炉煤气，替代了国内微晶玻璃生产厂普遍采用的石油液化气、天然气、重油等高成本燃料。

25.2.2　熔融法生产钢渣微晶玻璃

25.2.2.1　钢渣微晶玻璃的生产配料组成

钢渣的主要成分是氧化钙、二氧化硅、三氧化二铝等，属于CaO-Al_2O_3-SiO_2三元系统，该系统微晶玻璃的主晶相为透辉石或硅灰石。这两种矿物具有不同的理化性能。透辉石耐磨、耐腐蚀性和抗冲击性能较好；硅灰石则因其形成的结构相当稳固，则化学性能、机械性能及热性能优异。采用低硅高钙组成，选择透辉石($CaO \cdot MgO \cdot SiO_2$)为制备材料的主晶相，具有一定的优势。把组成点定在透辉石相区，靠近三元低共熔点附近。一种基础玻璃的组成范围见表25-1。

表 25-1　一种基础玻璃的组成范围　　　　　　　　　　（%）

成分	SiO_2	CaO	Al_2O_3	MgO	Na_2O	B_2O_3	$FeO + Fe_2O_3$	其他
含量	45 ~ 50	20 ~ 24	4 ~ 6	3 ~ 5	2 ~ 10	2 ~ 3	9 ~ 13	2 ~ 4

25.2.2.2　钢渣微晶玻璃的晶核剂选择

为了使基础玻璃更好地析晶，使玻璃中产生大量均匀分布的晶核，常用的方法是在原有玻璃成分的基础上引入晶核剂，使玻璃在热处理时出现大量的晶核或产生分相，促进玻璃核化。基础玻璃的化学组成和期望析出晶相种类是晶核剂选择的重要依据。有研究表明：良好的晶核剂应具备如下条件：（1）在玻璃熔融、成型温度下，应具有良好的溶解性，在热处理时应具有较小的溶解性，并能降低玻璃成核的活化能，促使整体析晶；（2）晶核剂质点扩散的活化能要尽量小，使之在玻璃中易于扩散；（3）晶核剂组分和初晶相之间的界面张力越小，它们之间的晶格常数之差越小，成核越容易。CAS 系统中比较理想的晶核剂有 TiO_2、P_2O_5、ZrO_2、Cr_2O_3、CaF_2 等。不同的晶核剂有不同的特点，采用复合成核剂，可以产生双碱效应，其离子堆积密度好，可以促进在玻璃中的溶解，同时降低界面能，使成核活化能降低。采用 $TiO_2 + CaF_2$ 为晶核剂是一种常见的选择。微晶玻璃配方中 CaO 全部由钢渣引入，钢渣的掺入量为 41%。一种钢渣微晶玻璃的配方成分见表25-2。

表 25-2　一种钢渣微晶玻璃的配方成分　　　　　　　　（%）

成分	SiO_2	CaO	Al_2O_3	MgO	TiO_2	CaF_2	Na_2CO_3	H_3BO_3	$FeO + Fe_2O_3$	其他
含量	44.85	17.9	5.38	3.38	3.59	5.38	3.52	3.59	10.03	2.38

一种用于制造钢渣微晶玻璃的钢渣成分见表25-3。

表 25-3　一种用于制造钢渣微晶玻璃的钢渣成分　　　　（%）

成分	SiO_2	CaO	Al_2O_3	MgO	MnO	Na_2CO_3	S	FeO	Fe_2O_3	P_2O_5	其他
含量	14.64	43.06	3.23	8.24	3.53	3.52	0.14	16.49	7.97	1.15	1.28

转炉渣经过前期的破碎选铁流程，根据基础玻璃的成分范围，转炉渣的加入量分别为 26.44%，41.1%，51.57%，其他不足的成分用分析纯补充。配料完成后球磨筛分，经干燥后放入电阻炉中，电阻炉升温至 1450℃将原料熔化并恒温 3h，将熔融好的玻璃液倒入已预热的模具中成型，随即放入 500 ~ 600℃的电阻炉中退火，随炉冷却，就得到基础玻璃样品，然后进入晶化处理程序。

晶化处理的目的在于将玻璃转变为具有细晶结构的微晶玻璃，即产生大量紧密相连的小晶体而不是少量粗晶体。这就要求在晶化处理过程中严格控制成核阶段。成核后，再继续升温至较高温度，使晶体长大，最终获得具有细晶结构和高机械力学性能的微晶玻璃。因此，晶化处理关键是晶化处理的温度制度。

25.2.3　钢渣微晶玻璃的着色

25.2.3.1　钢渣微晶玻璃晶核剂的引入

钢渣自身含有大量的晶核剂，如 Cr_2O_3、Fe_2O_3、TiO_2 等。为了改善钢渣微晶玻璃的色泽，以 ZnO 为外加晶核剂，可以使黑色的 MnS 和 FeS 转变为浅色的化合物 ZnS（为白色晶体）。由于引进的 ZnO 量的不同，可以得到由黑色过渡到白色的多种颜色微晶玻璃。

引入少量的氟化物，使氟进入玻璃结构中。由于氟可置换一部分桥氧，起到断网作用，从而降低了阴离子集团的聚集程度和基础玻璃的黏度，为下一步微晶化处理创造了必要的条件。实验表明，玻璃的结晶能力随着氟含量的增加而提高。氟离子和氧离子具有近乎相等的离子半径，从而在几何关系上造成硅氧基中，氟部分取代氧的有利条件。根据静电原子价法则，一个氧原子要两个氟原子取代，于是硅氧键所联成的桥可能断裂，从而降低了阴离子集团的聚集程度。

$$
\begin{array}{c}
\begin{array}{ccc}
 & O^- & O^- \\
 & | & | \\
 & Si & \\
O^- & O \quad O & O^- \\
 & Si \quad Si & \\
 & | \quad | & \\
 & O^- \quad O^- &
\end{array}
\;+\; 2F^- \longrightarrow
O^- - \underset{\underset{O^-}{|}}{\overset{\overset{F}{|}}{Si}} - O^-
\;+\;
O^- - \underset{\underset{O^-}{|}}{\overset{\overset{O^-}{|}}{Si}} - O - \underset{\underset{F}{|}}{\overset{\overset{O^-}{|}}{Si}} - O^-
\end{array}
$$

随着氟含量的增加，玻璃的黏度、化学稳定性、密度和显微硬度都降低，这就间接地证明了硅氧网络的解聚。当玻璃成分中氟含量大于4%时，会导致主晶相晶体生长的线速度过快，结构粗糙、密实性差，降低了玻璃的性能。当制品的析晶过程是在炉底或输送带上进行时，不易发生变形和黏着，就可以不向玻璃中引入氟化物。

25.2.3.2　钢渣微晶玻璃着色的基本特点

微晶玻璃的着色工艺基本上有一次着色和二次着色两种工艺。采用熔融法制备微晶玻璃，就决定了只能采用一次着色。不同的着色材料能够得到不同颜色的微晶玻璃。例如加入不同含量 ZnO 添加剂，从而得到不同颜色的微晶玻璃。有试验表明：原始钢渣微晶玻璃的颜色为亮黄色，加入2%、4%、6%的 ZnO 后微晶玻璃颜色发生变化，分别呈淡黄色、咖啡色和黑褐色。

不同含量添加剂的着色机理可归纳如下：锌属活跃的金属，在玻璃中可以和其他金属离子发生氧化和还原反应，通过不同的化合价态，引起对不同可见光的选择吸收，导致不同的着色情况。同时，ZnO 会使玻璃二次加工时变黑，这是由于 ZnO 还原性造成的。因此，ZnO 质量分数不同，可导致不同颜色的产品。加入不同的着色剂，能够得到不同颜色的微晶玻璃。添加剂为氧化铜、氧化钴、氧化镍、氧化铬几种着色添加剂后的微晶玻璃颜色见表 25-4。

表 25-4　添加着色添加剂后的微晶玻璃颜色

添加剂及含量	颜　色	添加剂及含量	颜　色
0.2%氧化钴	深棕色	0.5%氧化铬	浅咖啡色
0.5%氧化铜	深灰色	1%氧化锆	咖啡色
0.5%氧化镍	古铜色		

这几种添加剂的着色机理可归纳如下：钛、铬、钴、锰、镍、铜等过渡金属，在玻璃中以离子状态存在，它们的价电子在不同能级间跃迁，由此引起对可见光的选择吸收，导致着色。玻璃的光谱特性和颜色主要决定于离子的价态及配位体的电场强度和对称性。由于钢渣以及添加剂中含有多种能够着色的离子，所以钢渣微晶玻璃的颜色是多种离子颜色相混合的结果。另外，玻璃成分和熔制温度、时间、气氛等对离子的着色也有很重要的影响。

ZnO 最佳含量不能超过质量分数 2%。同时，随着 ZnO 质量分数的增加，微晶玻璃的颜色有着比较显著的变化。

添加 ZnO 着色的微晶玻璃的主晶相仍为透辉石，晶粒形貌为颗粒状。添加 ZnO 对复合尾矿微晶玻璃的抗弯强度和显微结构有显著影响。ZnO 添加量的质量分数为 2% 时，微晶玻璃具有均匀晶粒组织和晶相含量，其抗弯强度最高，但随着 ZnO 含量的增加，抑制了晶体生长，使微晶玻璃中的玻璃相增多，导致抗弯强度下降。

对采用氧化锆着色的研究，目前已经证明，添加适量的氧化锆可以控制晶体生长，获得细晶材料，显著地提高微晶玻璃的抗弯强度。随着氧化锆含量的增加，抗弯强度先增大后减小，氧化锆的最佳引入量为 1%。使用变价金属氧化物着色、热处理时，保持氧化气氛有助于微晶玻璃颜色的稳定。

25.2.4　以钢渣为主要原料制备可切削微晶玻璃

利用粉煤灰、钢渣和煤矸石三种工业废渣，外加部分矿物和化学原料制备出含氟金云母晶相的可切削微晶玻璃。表 25-5 是配料用的粉煤灰、煤矸石和钢渣的主要化学成分。

在玻璃配合料中，上述工业废渣占总量的 65%，轻烧氧化镁和化学原料占总量的 35%。配合料混合均匀后放入硅钼棒电炉中加热到 1500℃、保温 30min

后，立即倒在铁板上快速冷却成型，于600℃退火消除应力。退火后的玻璃于700℃保温60min，再升温到980℃经晶化处理后闭炉冷却。所制备的可切削玻璃的化学组成见表25-6。

表 25-5　配料用的粉煤灰、煤矸石和钢渣的主要化学成分　　（%）

名　称	SiO$_2$	Al$_2$O$_3$	Fe$_2$O$_3$	CaO	MgO	其余氧化物	可燃物
粉煤灰	56.9	24.7	6.4	1.4	2.8	4.3	3.5
煤矸石	41.7	18.9	8.2	0.9	0.7	5.4	24.1
钢　渣	18.9	23.9	4.8	34.9	0.8	15.7	1.0

表 25-6　可切削玻璃的化学组成

成　分	SiO$_2$	Al$_2$O$_3$	B$_2$O$_3$	Fe$_2$O$_3$	TiO$_2$	ZnO	MgO	CaO	Na$_2$O	F	其余氧化物
含量/%	40.1	14.2	3.0	3.6	4.5	1	12.5	4.3	7.5	6	3.3

经过上述晶化处理的微晶玻璃已经具有良好的可切削性，既可用普通钢锯锯成各种形状，又很容易钻孔。通常，在可切削微晶玻璃中都存在相当数量的云母晶相，由于云母晶相容易沿（001）面解理，从而使玻璃有了可切削性。从所制备的可切削微晶玻璃的自然断面的显微照片中可以看到玻璃中有许多圆形的孔洞，直径约几到几十微米范围。孔洞周围的基质是由大量微小晶体组成。产生孔洞的主要原因，可能是作为原料的粉煤灰中有大量空心微珠，由于空心微珠的SiO$_2$和Al$_2$O$_3$含量较高，在熔制过程中微珠内的气体未能及时排出，形成微小气泡留在玻璃中，致使在断口处可见到许多圆形孔洞。许多微小气泡的存在会明显降低玻璃的容重和导热系数，但是对微晶玻璃的可切削性有利。可切削微晶玻璃的物理性能见表25-7。

表 25-7　可切削微晶玻璃的物理性能

比重/g·cm^{-3}	抗压强度/MPa	抗弯强度/MPa	耐火度/℃
2	103	33.5	1100

综合利用粉煤灰、煤矸石和钢渣可以制备具有可切削性的微晶玻璃。晶化处理前玻璃已明显分相，并有霞石和堇青石晶相析出，晶化处理后，霞石和堇青石晶相消失，玻璃中析出大量含钠和钙的金云母晶相，使玻璃具有可切削性。许多微小气泡的存在是此微晶玻璃容重和强度偏低的主要原因。

25.2.5　利用还原性钢渣制作钢渣微晶玻璃的工艺

还原性钢渣含铁量较低，CaO、Al$_2$O$_3$、MgO、SiO$_2$的含量较高，因而使用还

原钢渣能够制作 CaO-MgO-Al_2O_3-SiO_2 系统的微晶玻璃，其基础玻璃以硅灰石为主晶相。玻璃成分中的 CaO、MgO、Al_2O_3 全部由钢渣引入，部分的 Fe_2O_3 由转炉氧化渣引入；添加 SiO_2 用于调节 CaO 与 MgO 的相对含量，改善玻璃的析晶能力；添加 Na_2O、BaO、ZnO、B_2O_3 等氧化物，满足材料的性能与制造工艺的要求。设计的一种玻璃成分为：CaO 19%～36%、MgO 7%～13%、Al_2O_3 4%～7%；B_2O_3 0～7%；Na_2O 4%～12%；SiO_2 38%～56%。

其生产工艺为：配料→熔制→水淬→筛分→装模→热处理→研磨抛光→成品。

这种生产工艺的关键之一是热处理温度的控制。当温度大于 1170℃ 时，产品会出现开裂现象，主要原因与产生 α-$CaO \cdot SiO_2$ 有关。其中，α-$CaO \cdot SiO_2$ 与 β-$CaO \cdot SiO_2$ 之间的相变伴随着体积膨胀变化而产生的内应力，造成产品在热处理过程中开裂，这对产品的致密度、强度及其他性能都是不利的。因此，热处理最高温度不应超过 1150℃。综上所述，使用还原性钢渣制作钢渣微晶玻璃具有以下的特点：

（1）随着钢渣用量的增大，由其引入的 CaO、MgO、Al_2O_3、Fe_2O_3 含量也相应增加，在其他辅助成分不变的情况下，SiO_2 含量降低。在热处理过程中，强有力的核化很快形成了坚固的微晶骨架，黏度急剧增大，颗粒之间不能熔接成一体，在烧结没有完成的情况下，颗粒整体析晶，产品表面凹凸不平，气孔率增大。这主要是由于 SiO_2 大幅度降低、网络连接程度降低、Ca^{2+} 对熔体的积聚作用增强以及结晶倾向增大所引起的。实验表明，$CaO+MgO$ 的含量不宜超过 38%。配合料中钢渣用量可达 50% 左右。

（2）以还原性钢渣为主要原料，用烧结法能制造外表美观、性能优良的钢渣微晶玻璃花岗岩，主晶相为 β-$CaO \cdot SiO_2$。

（3）合适的玻璃组成范围为：SiO_2 43%～56%；Al_2O_3 4%～6%；CaO 19%～27%；MgO 7%～10%；Na_2O 8%～10%；B_2O_3 3%～5%；ZnO 2%～4%；BaO 2%～4%。

以上工艺建议采用一级热处理制度较为合理。

25.2.6 利用不锈钢尾渣和粉煤灰制备微晶玻璃

不锈钢尾渣制作微晶玻璃有它独特的优点，不锈钢尾渣中的 Cr_2O_3、Fe_2O_3、TiO_2、P_2O_5 都是制作微晶玻璃最理想的晶核剂；尾渣中富含的 CaO、SiO_2、Al_2O_3 及 MgO 是微晶玻璃的基础原料；最重要的是它对不锈钢尾渣中铬等重金属离子的转化和固化作用，是其他制砖、制水泥等应用技术所无法比拟的。其中配料方法如下：

原料：不锈钢尾渣、粉煤灰、石英砂。

辅料：澄清剂硫酸钡、助熔剂碳酸钠。

不锈钢尾渣、粉煤灰具体成分见表 25-8。

表 25-8　不锈钢尾渣和粉煤灰的化学成分　　　　　　（%）

品　名	TFe	FeO	SiO$_2$	Al$_2$O$_3$	CaO	MgO	P$_2$O$_5$	K$_2$O	Na$_2$O	NiO	Cr$_2$O$_3$	TiO$_2$	S
不锈尾渣 （<8mm）	3.96	6.17	28.21	4.39	51.84	9.74	0.1	0.036	0.19	0.067	1.28	0.35	0.18
粉煤灰			42.28	24.48	1.85	0.5							

以上这种工艺，由于不锈钢尾渣中的 Cr$_2$O$_3$、Fe$_2$O$_3$、TiO$_2$、P$_2$O$_5$ 都是制作微晶玻璃最理想的晶核剂，不需引入另外的晶核剂，故采用浇注法制备微晶玻璃，其流程如图 25-3 所示。

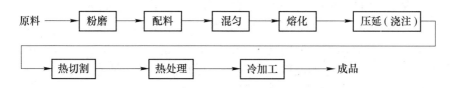

图 25-3　浇注法制备微晶玻璃的工艺流程

玻璃熔制：分别按表 25-1 的配比准确称量各原料并混匀，将混合料置于刚玉坩埚中，放入硅钼棒电炉中，按设定的温度制度升温至 1450℃，保温 2.5h，最后将熔制好的玻璃液倒在预热至 700℃ 的不锈钢模具中，放入硅碳棒电阻炉退火（温度为 700℃，时间为 1h），随炉冷却至室温，制得基础玻璃试样。

热处理：将成型后的玻璃试样切割成块，并按照差热分析的方法确定热处理工艺制度，晶化温度分别为 940℃、960℃、980℃、1000℃、1010℃、1030℃、1050℃，最终制得微晶玻璃试样。

以上这种工艺制作微晶玻璃已经实验成功，这种工艺主要有以下的特点：

（1）以不锈钢尾渣为主要原料，采用浇注法制备微晶玻璃是完全可行的，为不锈钢尾渣的资源化利用开辟了一条新的途径。

（2）不锈钢尾渣微晶玻璃的主晶相为透辉石和硅灰石。

（3）基础玻璃的合适组成范围为：SiO$_2$ 52%~60%；Al$_2$O$_3$ 3%~6%；CaO 17%~21%；MgO 5%~8%。

（4）高温熔融温度为 1400~1500℃，保温 1.5~3h，晶化温度为 980~1030℃，保温时间 2~5h。

25.3　钢渣用于制作钢渣微晶玻璃的应用前景

在钢渣出渣过程中，加入还原剂，如废弃的铸造砂、玻璃垃圾等，将钢渣改质，然后可熔铸成为建筑型材、陶瓷型材、微晶玻璃等。采用烧结法、熔融法均可以充分利用钢渣的热能，实现降成本的目的。

近年来的研究工作进一步指出，利用热态钢渣直接熔制钢渣陶瓷产品，即在出炉的高温熔融钢渣中加入一定的调节料，混合均匀后浇注到铸型中，直接得到任意形状的建筑制件，这样既消除了钢渣水淬工艺带来的污水等环境污染问题，又节省了大量的热能，而且简化了钢渣资源化流程，由熔融钢渣直接获得高附加值的陶瓷产品。该钢渣热态资源化利用新技术投资小，应用前景广阔，由于节省了大量的能源和原材料费用，成本大幅度降低，非常适合我国的中小规模钢铁企业。

钢渣含量的增加有助于增强基础玻璃的析晶能力，含量高的微晶玻璃具有更好的力学性能，转炉渣含量的差异会导致微晶玻璃的主晶相不同。实验证明，转炉渣含量为51.57%的微晶玻璃具有良好的力学性能，抗折强度可达254MPa，显微硬度为HV1230。作为钢渣微晶玻璃主要原料的钢渣，是炼钢工艺的副产品，属工业废料，主要配料硅砂在自然界储量非常丰富，这就为矿渣微晶玻璃的生产提供了充足、低廉的原料保证。同时，钢渣微晶玻璃的物化性能非常出色，可应用于很多领域，如具有很高的耐磨性、轻质高强、很好的热性能和化学耐腐蚀性能以及良好的绝缘性能等。其可以代替铸石和陶瓷用作建筑材料、装饰材料和化工机械材料等；在采矿工业中可代替钢材用作导槽、料斗溜槽的衬里，使用寿命可提高5~10倍；用作选煤厂水力旋流器中的锥体，使用寿命相当于碳钢或灰口铸铁的10~12倍，同时减轻重量20%；用作管道输送固体、悬浮物及溶液时，其耐化学腐蚀性和耐磨性均好于同类产品；用作建筑物装饰材料，其性能优于大理石。钢渣微晶玻璃的应用范围很广泛，不仅可制作容器和管道的内衬，还可以制作耐酸碱腐蚀容器的衬里。钢渣微晶玻璃还用来制作高级建筑材料、纺织机的零部件、轴承等制品，应用前景十分广阔。

有研究表明，某烧结法工艺生产的钢渣微晶玻璃板材，规格为335mm×100mm×24mm，安装在某厂耐火材料车间熟料溜槽上使用，经20个月的生产运转，输送了15000t熟料，未见明显磨损。与同时使用的铸石衬里相比，使用寿命长3~5倍；与钢板（Q235钢）相比，使用寿命长100倍以上。钢渣微晶玻璃制造的溜槽衬板，不仅可以代替钢材和铸石，节约生产费用，而且可以避免钢材或铸石磨下来的杂质混入原料中造成原料的质量下降，提高了原材料的质量。因而，钢渣微晶玻璃性能优良，应用领域广，有着很好的市场前景。花岗岩、钢渣玻璃陶瓷、大理石、瓷质砖的物理性质见表25-9。

表 25-9　花岗岩、钢渣玻璃陶瓷、大理石、瓷质砖的物理性质

性　能	花岗岩	大理石	瓷质砖	钢渣玻璃陶瓷
密度/g·cm^{-3}	2.5~2.7	2.6~2.7	2.3~2.4	3.12
抗折强度/MPa	15~38	7.2~19.2	35	167
吸水率/%	0.5~0.8	0.02~0.05	<0.5	0
耐酸性(1%的 H_2SO_4)	0.91	10.3~12.3	0.2	0.18
耐碱性（1% NaOH）	0.08	0.3	0.14	0.02

　　在国内公开的专利中，有用炼钢的钢渣为原料，熔化浇注成型，形成钢渣陶瓷材料，用作建筑墙体材料、建筑陶瓷，以及代替铸铁制作管道、容器、料槽、壳体和其他构件。

26 钢渣在污水处理工艺中的应用

吸附法处理废水就是利用多孔性固体（称为吸附剂）的表面吸附作用，去除水中的一种或几种溶质（称为吸附质），以回收或去除某种溶质的过程。吸附法因操作简单、处理速度快、净化效率高，应用较广泛。

吸附法的关键技术是吸附剂的选择。吸附剂的种类很多，可分为无机的和有机的，天然的和合成的。吸附的方法分为物理吸附和化学吸附，物理吸附由吸附剂的多孔性和比表面积决定，比表面积越大，吸附效果越好。

众所周知，活性炭是应用最早、用途最广的吸附剂，它是由各种含炭物质，如煤、木材、石油焦、果壳、果核等炭化后，再用水蒸气或化学药品进行活化处理制成的孔隙发达的吸附剂。活性炭虽然性能优良，但我国活性炭产量少、价格昂贵，且吸附时间长，再生工艺复杂，限制了它在一些经济不发达地区和一些行业的使用。此外，研究报道较多的吸附剂有：活性氧化铝、硅胶、腐殖酸类吸附剂（如磺化煤）、黏土类吸附剂（如沸石、膨润土、凹凸棒石、坡缕石等）、交联聚苯乙烯、壳聚糖、废弃物吸附剂（如污泥、粉煤灰、煤矸石、矿山尾矿）等。虽然许多固体表面都具有吸附能力，但满足工业化生产需要的吸附剂要满足以下的条件：

（1）有较大的内表面，选择性良好；

（2）有较好的机械强度、热稳定性和化学稳定性；

（3）原料来源广泛，制备简单，价格低廉。

显然，能够同时满足这些要求的吸附剂并不多，许多吸附剂还只是实验室研究结果，无法投入到工业中。因此，开发新型高效吸附剂，尤其是利用废弃物开发需求量大的金属废水处理吸附剂，是一个有前途的行业。

钢渣由于含有 SiO_2、Fe_2O_3、Al_2O_3、P_2O_5 和游离 CaO、MgO 等成分，可加工成与活性炭孔径相当的颗粒，平均孔径为 5.3nm。钢渣密度大，在水中沉降速度快，固液分离处理周期短，具有一定的碱性和吸附能力，对废水中重金属离子具有化学沉淀作用。因此近年来，钢渣在污水治理中的独特作用逐渐被环保工作者认识，钢渣在污水治理方面可应用于处理含磷、镍、铬、砷等废水及其他污染物。利用钢渣制作吸附剂、絮凝剂是一种新型的吸附材料，尤其是废水处理吸附剂是钢渣综合利用的新方法。与其他吸附材料相比，钢渣制作吸附剂，尤其是制作废水处理吸附剂的优势明显。研究证明，这种方法具有一定的实用性，而且为重金属离子废水的治理开辟了一个"以废治废"的新途径。钢渣处理污水的优势主要表现在：

（1）吸附性能优异。钢渣对金属离子的吸附不仅速度快，吸附过程彻底，一次性投放钢渣处理含铬的重金属废水可以达标排放，而且钢渣对重金属离子吸附的 pH 值范围广，在很宽的 pH 值范围内都可以稳定去除重金属离子，能够适应 pH 值波动大的废水。这是许多吸附材料所不具备的优点。

（2）许多黏土类吸附材料，虽然吸附性能好，但由于遇水后容易粉化，颗粒粒度小，固液分离困难，限制了它们的工业应用。换而言之，吸附材料是否易于固液分离是衡量一种吸附剂能否真正工业化的关键因素。钢渣密度大、粒度粗，因此利用物理沉淀就可以很容易从废水中分离，应用于废水处理可大幅度简化废水处理的操作环节，降低成本。

（3）钢渣性能稳定，安全性能好。

（4）钢渣来源广泛，价格低廉，十分有利于废水处理厂降低废水处理成本。

（5）与开发其他吸附剂相比，钢渣吸附剂不需破坏其他矿物资源或生物资源（如黏土类矿物资源、木材等），保护了矿物资源，避免了开发这些资源所造成的环境破坏，如露天开采的环境破坏，粉状材料焙烧固化过程中的排污等。

26.1　钢渣处理污水的机理

钢渣属于多种金属氧化物的熔融混合物，与其他吸附材料相比，主要去除作用包括吸附作用、离子交换、还原作用和化学沉淀作用四个方面。

钢渣的表面吸附作用不仅有物理吸附的功能，还有化学吸附的功能，两种功能的交替作用使得钢渣的吸附作用优于一般的吸附剂。

物理吸附的机理如下：

（1）钢渣疏松多孔，经粉碎筛分后的钢渣颗粒具有较大的比表面积。

（2）钢渣密度大，在水中的沉降速度快，易于固液分离，在沉降的过程中，能够吸附杂质。

（3）钢渣表面活性点位带有负电荷，对溶液中的阳离子产生静电吸附，故具有很强的吸附性能。

化学吸附的机理如下：

（1）游离碱对酸性污水的中和反应。钢渣中含有一定的游离氧化钙和游离氧化镁，能够与污水中的酸性物质反应。

（2）阳离子交换吸附，溶液 pH 较低时，钢渣表面吸附的氢离子会与溶液中的重金属离子发生离子交换并发生静电吸附作用。在通过离子交换对重金属离子进行吸附去除的过程中，钢渣表面带负电，能够有效地吸附阳离子，但不能有效地吸附阴离子，这主要是依靠静电引力吸附。然而离子交换吸附具有选择性，与离子的水合半径以及离子的价数有关。离子的价态越高，有效水合半径越小，越容易与钢渣中阳离子发生离子交换。例如，在 Cu^{2+}、Cr^{3+}、Pb^{2+} 和 Zn^{2+} 等 4 种金属离子中，Cr^{3+} 的价态最高，有效水合半径最小，最容易与钢渣表面吸附离子发生交换。

（3）钢渣表面含有的活性基团的反应去除。其与污水中的有害物质反应，起到去除污水中有害因素的作用。由于钢渣的多孔性，钢渣颗粒表面的硅、铝、铁等氧化物的表面离子配位不饱和，在遇到重金属离子以后，钢渣表面活性点位就会被重金属离子占据，随着时间的延长在钢渣表面形成难溶盐，这样重金属离子就被固定在钢渣中。此外钢渣在水溶液中与水配位，水发生离解吸附而形成羟基化基团 SOH，该基团能够与金属阳离子生成表面配位配合物，从而吸附重金属离子。以去除含铜废水为例，发生的配合反应如下：

$$2SOH + Cu^{2+} = S_2O_2Cu + 2H^+$$

$$SOH + Cu^{2+} + H_2O = SOCuOH + 2H^+$$

$$SOH_x + Cu^{2+} \longrightarrow S_2O_2Cu + xH^+$$

$$SOH_y + Cu^{2+} + H_2O \longrightarrow SOCuOH^+ (y + 1)H^+$$

故与其他吸附剂相比，钢渣作为吸附剂对无机离子有一定的吸附作用，对重金属离子的去除有显著效果。钢渣去除重金属离子的过程中，随着重金属离子的去除，重金属离子向钢渣内孔扩散，吸附性受到影响，重金属离子的去除率呈现前期增加较快，后期缓慢上升的趋势。

（4）还原作用。炼钢过程是氧化熔炼过程，铁液中部分铁原子氧化，从而使得钢渣中 FeO 含量较高。由于 FeO 能够向溶液提供电子，使得钢渣具有一定还原性。因此在一定固液比的前提下，向水体加入钢渣后，水体的氧化还原电位将在一定程度上降低，溶液还原能力增强。在利用钢渣去除水体中重金属离子的实验中，杨慧芬等人的实验证实了这一点。杨慧芬等对去除 Cr^{6+} 前后的钢渣进行了 XPS 分析，结果表明，钢渣中 Cr^{3+} 含量从吸附前的 0.0985% 提高到吸附后的 0.39%，Cr^{6+} 含量较吸附前增加很少，而 FeO 含量由吸附前的 9.20% 下降到吸附后的 8.35%，Fe_2O_3 含量增加了 1.58%。说明钢渣对水中 Cr^{6+} 的去除过程中，除了存在吸附作用外，还存在 FeO 的还原作用。

（5）化学沉淀作用。由于钢渣中碱性氧化物含量较高，加入水体后溶液 pH 值将增加。当金属离子与溶液中 OH^- 反应生成氢氧化物沉淀时，将对溶液中的部分金属离子产生化学沉淀作用，从而将水体中金属离子去除。例如在去除污水中的镍铜时，会发生以下的反应：

$$Ni^{2+} + 2OH^- = Ni(OH)_2 \downarrow$$

$$Cu^{2+} + 2OH^- \Longrightarrow Cu(OH)_2\downarrow$$

在去除废水中磷的实验中，邓雁希等发现了白色沉淀生成。他们的研究认为，当溶液 pH 值大于 10，磷在水中以 HPO_4^{2-} 和 PO_4^{3-} 两种状态存在，而这两种离子均能够与溶液中钢渣溶出的 Ca^{2+} 生成沉淀，而且溶度积较小。根据实验过程中溶液的 pH 值的变化条件可以判断出溶液中生成了 Ca-P 白色沉淀，从而提高了钢渣脱磷的效率。实验结果表明，钢渣用量 0.5g/100mL 和反应 1h 的条件下，钢渣脱磷率可达到 99% 以上。

此外，在实验中还发现，钢渣对废水中铜的去除主要是钢渣中的碱性物质与重金属离子发生反应，形成沉淀物（如 $Cu(OH)_2$ 等），使得污水中的铜离子有效地去除。

26.2　钢渣对重金属去除的效果

26.2.1　钢渣粒度和碱度对去除重金属元素的影响

钢渣粒径越小，钢渣比表面积和表面能越高，越有利于吸附。同时，颗粒粒径大小与颗粒内部扩散有着直接的关系，粒径越小吸附质的扩散速率越大，越有利于吸附。因此，将钢渣加入水体后通过吸附作用去除污染物的能力越强。郑礼胜等人研究了钢渣粒径对水体中铬去除效率的影响。研究结果表明，钢渣细度在 40～160 目（0.096～0.42mm）时，随着细度的增加，钢渣吸附剂对铬的去除效果增加，但是增加值变化不大。这说明钢渣粒径达到 40 目（0.42mm）后，对铬的去除就能够达到最好的吸附效果。另外，在制备钢渣吸附剂时，如果要提高钢渣细度，就必须延长钢渣的研磨时间，不仅能耗较高，而且在研磨过程中可能会破坏钢渣表面的微孔结构，吸附效果反而变差。因此试验表明，40 目～60 目（0.25～0.42mm）的钢渣作为铬去除的水处理剂是较为经济合理的。

钢渣的碱度越高，渣中的游离氧化钙就越高，产生的 OH^- 离子越高，对去除含有重金属离子的效果越好。主要原因是促成更多的沉淀物产生，便于形成重金属沉淀化合物。

26.2.2　钢渣处理含铬废水

铬在人与动物肌体的糖代谢和脂代谢中发挥特殊作用，是人体必需的微量元素。水体中铬主要以 Cr^{6+} 和 Cr^{3+} 形式存在，其中 Cr^{6+} 是具有高毒性的重金属污染物，具有较强的植物积累性，对人体的消化道、呼吸道、皮肤和鼻勃膜都有危害，甚至可以引发皮肤癌、咽喉癌、肺癌等疾病，是公认的危险固体废物之一。文献介绍，钢渣去除水体中 Cr^{6+} 的反应如下：

$$6FeSO_4 + H_2Cr_2O_7 + 6H_2SO_4 \Longrightarrow 3Fe_2(SO_4)_3 + Cr_2(SO_4)_3 + 7H_2O$$

$$Cr_2(SO_4)_3 + 6OH^- \rightleftharpoons 2Cr(OH)_3\downarrow + 3SO_4^{2-}$$

$$Fe_2(SO_4)_3 + 6OH^- \rightleftharpoons 2Fe(OH)_3\downarrow + 3SO_4^{2-}$$

也有研究认为钢渣去除铬离子的反应方程式如下：

$$6Fe^{2+} + Cr_2O_7^{2-} + 14H^+ \rightleftharpoons 6Fe^{3+} + 2Cr^{3+} + 7H_2O$$

$$Cr^{3+} + 3OH^- \rightleftharpoons Cr(OH)_3\downarrow$$

$$Fe^{3+} + 3OH^- \rightleftharpoons Fe(OH)_3\downarrow$$

钢渣作为吸附剂，具有较强的吸附性能，能够去除水体中的重金属离子，对水体中的 Cr^{3+} 和 Cr^{6+} 均具有一定的去除作用。张运徽等人的实验结果表明，钢渣对水体中 Cr^{3+} 的去除能力较高，在废水 pH 值为 $2.5 \sim 12$ 时，Cr^{3+} 浓度在 $0 \sim 350mg/L$ 范围内，按 Cr^{3+} 与钢渣质量比为 $1:35$ 的条件下加入钢渣后，Cr^{3+} 的去除率能够达到 99% 以上。张运徽等还发现，尽管钢渣对 Cr^{3+} 有着较强的去除能力，但对 Cr^{6+} 的去除能力较弱。因此，为了去除水体中的 Cr^{6+}，采用了加入亚硫酸铁的方式，将 Cr^{6+} 还原为 Cr^{3+} 后再用钢渣去除。国外学者的实验结果也表明，钢渣对六价铬的去除效果不是很高。他们认为，在较强的酸性条件下，Cr^{6+} 以 $HCrO_4^-$ 形式存在，而在碱性和中性条件下，Cr^{6+} 则以 $Cr_2O_7^{2-}$ 和 CrO_4^{2-} 形式存在。由于钢渣表面带负电，很难通过静电吸附的方式将 Cr^{6+} 去除。如前所述，钢渣中含有 FeO 等具有还原性的氧化物，对 Cr^{6+} 具有一定的还原性，因此钢渣对水体中 Cr^{6+} 的去除率只能达到 40% 左右。

26.2.3 钢渣处理含铜废水

铜是人体生长必需的微量元素，但过量的铜具有较大的毒性，可造成肝肾损害。含铜废水主要来自电镀、冶炼、五金、石油化工等行业。目前处理的主要方法有电解法、混凝沉淀法、离子交换法、反渗透法、电渗析法等。张从军等人对利用钢渣去除废水中 Cu^{2+} 进行了实验研究。实验结果表明，钢渣对 Cu^{2+} 的吸附一般在 240min 即可达到吸附平衡，其中影响去除效果的主要因素是振荡时间、溶液的 pH 值、钢渣粒径和反应温度。他们的研究认为：钢渣去除 Cu^{2+} 主要通过静电吸附、表面配合、阳离子交换和沉淀作用。钢渣对 Cu^{2+} 的吸附能够较好地符合 Langmuir 和 Freudlich 吸附等温线，由此计算出钢渣对 Cu^{2+} 的最大吸附量为 $36.1mg/g$。当废水中 Cu^{2+} 的初始浓度为 $50mg/L$、pH 值为 $6.5 \sim 6.8$、振荡时间为 240min、钢渣加入量为 $5g/L$、钢渣粒径为 $0.09 \sim 0.15mm$、反应温度为 $30℃$ 时，Cu^{2+} 的去除率超过 99%，出水 Cu^{2+} 浓度低于 $0.5mg/L$，能够达到国家排放标准。

26.2.4 钢渣处理含镍废水

长期饮用镍含量较高的水会增加癌症发病率。含镍废水主要来源于电镀和化学工业。目前，去除水体中 Ni^{2+} 的方法主要是吸附法，常用的吸附剂为活性炭。活性炭具有较强的吸附性，镍去除率较高，但由于活性炭价格较高，其应用受到一定限制。王士龙等人采用钢渣水处理剂对含镍废水进行处理，实验结果表明，溶液 pH 值大于 3，Ni^{2+} 含量在 300mg/L 内，反应时间为 40min，温度为 10 ~ 40℃，镍与钢渣质量比为 1∶15 的条件下，钢渣对水体中 Ni 的去除率高于 99%，出水能够达到国家污水排放标准。王士龙等还发现，钢渣对镍的吸附性符合 Freudlich 吸附等温式，在采用钢渣作水处理剂处理含 Ni 废水时，钢渣对废水中 Ni 的去除作用主要包括吸附作用和化学沉淀作用。当钢渣溶于水后，溶液 pH 值快速增加，Ni^{2+} 与 OH^{-} 结合形成 $Ni(OH)_2$ 沉淀，从而将 Ni^{2+} 快速去除。

26.2.5 钢渣处理含砷废水

砷是一种典型的毒性金属，在自然水系中主要以无机砷酸盐和亚砷酸盐形式存在，As^{3+} 类化合物的毒性远比 As^{5+} 类化合物的毒性强。含砷废水主要来源于冶金、石油、化工等行业。由于砷在水溶液中可形成砷酸盐沉淀，这对 As 特别是 As^{5+} 的去除十分有利。目前，去除水体中 As^{3+} 的方法包括生物氧化、吸附、离子交换、膜处理等。郑礼胜等人采用钢渣对模拟含砷废水和工业废水中砷离子的去除进行了实验研究。实验结果表明，在废水 pH 值为 1.5 ~ 9.0、As^{3+} 的浓度为 10 ~ 200mg/L、As^{3+}/钢渣质量比为 1/2000 和反应时间 30min 的条件下，模拟含砷废水中砷的去除率可达 98% 以上。对 pH 值为 1.18、砷含量 34.4mg/L 的工业废水，按砷/钢渣比为 1/2000 加入钢渣 30min 后，砷的去除率可达到 99.2%。

26.3 钢渣处理有机废水

钢渣在处理有机废水的方面，有独特的方面。在处理工艺结束以后，参与反应的钢渣由于富含了有机物，可以压制成为炼钢的压渣剂等原料回用，在回用过程中有机物完成无害化处理，钢渣又可以作为再生材料利用。

26.3.1 钢渣处理染料废水

印染废水主要来源于纺织厂和印染厂。该类废水排放量大、废水颜色深，属于难降解有机废水。目前，染料废水处理方法主要有化学法、物理化学法、生物法或者几种方法的优化组合。其中，应用较多的是采用吸附法进行脱色处理。谢复青采用了碱浸法、超声波和高温活化法对钢渣进行改性后，进行了碱性品红染料废水的脱色实验。在处理碱性品红废水时发现，温度升高，不利于碱性品红的去除。因为当温度固定时，吸附一般为自发进行，因此吸附过程的吉布斯函数 $\Delta G < 0$，而物质被吸附后其自由度下降，所以吸附过程的熵变 $\Delta S < 0$。根据 $\Delta G = \Delta H - T\Delta S$ 可知，吸附过程是放热过程。

实验结果表明，改性钢渣对碱性品红染料废水具有较好的吸附性能，吸附等温线符合 Freudlich 吸附等温方程式，在适当条件下钢渣的脱色率达到 98.9%，吸附量超过 71.9mg/g。谢复青还对吸附剂的再生进行了实验研究，通过 600℃的高温作用，可完全降解钢渣吸附的品红染料，从而达到钢渣吸附剂的再生，再生钢渣吸附剂重复使用 5 次，脱色率仍能达到 95.3%以上。谢复青等对钢渣再生还采用了微波降解的方式，在微波作用下，钢渣—焦炭吸附剂可达到 700℃高温，从而使碱性品红发生裂解和氧化，达到钢渣再生的目的。

26.3.2 钢渣处理含酚废水

苯酚是一种酚类有机物，在工业、农业、医学等方面有着广泛的应用，但含酚废水属于有毒的污染废水。实验表明，不同的吸附剂对含酚及其化合物废水去除所需的 pH 值不同，高瑾等实验表明在用钢渣处理苯酚废水时，随着 pH 值的增加去除率增大，但当 pH 值为 4 时，去除率达到最大。这是因为当 pH 值大于 4 时，苯酚在水中电离平衡向右移动，苯酚离子增加，而苯酚离子与水的亲和力较大，所以钢渣对苯酚的去除率降低。当 pH 值小于 4 时，由于钢渣表面带负电，溶液中 H^+ 浓度较高，与苯酚产生竞争从而使苯酚的去除率降低。刘盛余等在研究钢渣去除多种污染物机理时，重点探讨了钢渣对苯酚的去除效率。实验结果表明，钢渣对苯酚废水的去除主要通过吸附作用，去除率最高达到 50%左右。去除率较低的原因是苯酚在水中电离出的苯酚根离子具有电负性，而钢渣表面同样带有负电荷，由于电负性相同而相互排斥，苯酚根离子很难扩散到钢渣表面而被吸附，因此钢渣对苯酚的去除能力较低。

26.3.3 钢渣处理含磷废水

磷是水体富营养化的主要元素之一，有效地控制污水中磷含量对保护水资源和自然资源非常重要。目前，常用的除磷方法主要有沉淀法、生物除磷法、结晶法和吸附与离子交换法等。王莉红等对钢渣处理含磷废水进行了初步研究，实验结果表明，当废水中磷含量为 25mg/L、pH 值为 6.0~7.0、钢渣用量为 7.5g/L、反应时间为 2h 时，污水中磷去除率可达 99%以上，出水磷含量符合国家排放标准。Lan 等采用钢渣作为水处理剂对污水中磷酸盐进行去除，钢渣加入量、pH 值、接触时间和初始磷浓度对磷酸盐去除率影响显著。钢渣用量 7.5g/L、接触时间 2h、pH 值为 7 时，磷酸盐去除率超过了 99%。钢渣对 P 的吸附容量为 18mg/g，磷酸盐的去除符合 Freudlich 吸附等温方程式。李晔等采用高温活化法对钢渣进行改性后，进行了除磷实验研究。实验结果表明，高温活化改性后的钢渣对废水中磷酸盐的去除作用明显增强，当废水中磷质量浓度为 10mg/L、pH 值为弱酸或弱碱性、钢渣用量 10g/L 时，15min 内就可使出水磷含量降低至 0.1mg/L

以下，出水磷浓度远远低于国家排放标准，磷的去除率达到99％以上。如前所述，邓雁希等认为钢渣水处理剂对废水中磷的去除率能够保持在较高水平除了钢渣吸附作用，还存在磷的沉淀作用。

26.3.4 钢渣处理含氟废水

F^- 活性高，废水中氟含量过高时，会严重污染环境，对人类健康造成威胁。常用的含氟废水处理方法主要有吸附法、沉淀法、离子交换法、反渗透法、电渗析法等。刘平等利用钢渣吸附法对去除废水中氟进行了实验研究。实验结果表明，钢渣对 F^- 具有较好的去除能力，最优的去除条件为：溶液 pH 值为 4～10，反应时间为90min，氟浓度为40mg/L，反应时间为90min，钢渣用量为9.0g。此时，氟的去除率可达到77.77％。

26.4　钢渣在水处理工艺中的应用途径

现代污水处理技术，按处理程度划分，可分为一级处理、二级处理和三级处理。

一级处理：主要去除污水中呈悬浮状态的固体污染物质，物理处理法大部分只能完成一级处理的要求。经过一级处理的污水，BOD 一般可去除30％左右，达不到排放标准。一级处理属于二级处理的预处理。

二级处理：主要去除污水中呈胶体和溶解状态的有机污染物质 BOD 和 COD，去除率可达90％以上，使有机污染物达到排放标准。BOD 是生化需氧量，即是一种用微生物代谢作用所消耗的溶解氧量来间接表示水体被有机物污染程度的一个重要指标。其定义是：在有氧条件下，好氧微生物氧化分解单位体积水中有机物所消耗的游离氧的数量，表示单位为 mg/L。COD 是物质化学需氧量（COD 或 COD_{cr}）是指在一定严格的条件下，水中的还原性物质在外加的强氧化剂的作用下，被氧化分解时，所消耗氧化剂的数量，以氧的 mg/L 表示。化学需氧量反映了水中受还原性物质污染的程度，这些物质包括有机物、亚硝酸盐、亚铁盐、硫化物等。一般水及废水中无机还原性物质的数量相对不大，而被有机物污染是很普遍的，因此 COD 可作为有机物质相对含量的一项综合性指标。据环保专家介绍，水中的有机物在被环境分解时，会消耗水中的溶解氧。如果水中的溶解氧被消耗殆尽，水里的厌氧菌就会投入工作，从而导致水体发臭和环境恶化。因此 COD 值越大，表示水体受污染越严重。

三级处理：进一步处理难降解的有机物、氮和磷等能够导致水体富营养化的可溶性无机物等。主要方法有生物脱氮除磷法、混凝沉淀法、砂滤法、活性炭吸附法、离子交换法和电渗分析法等。

整个过程为通过粗格栅的原污水经过污水提升泵提升后，经过格栅或者筛滤器之后进入沉砂池，经过砂水分离的污水进入初次沉淀池，以上为一级处理（即物理处理），初沉池的出水进入生物处理设备，有活性污泥法和生物膜法（其中活性污泥法的反应器有曝气池、氧化沟等，生物膜法包括生物滤池、生物转盘、生物接触氧化法和生物流化床），生物处理设备的出水进入二次沉淀池，二次沉池的出水经过消毒排放或者进入三级处理。二次沉池的污泥一部分回流至初次沉淀池或者生物处理设备，一部分进入污泥浓缩池，之后进入污泥消化池，经过脱水和干燥设备后，污泥被最后利用。

利用钢渣作为滤料使用，再在钢渣滤料上方培养植物，是一种处理生活污水的生态工艺选择。

26.4.1　钢渣作滤料处理污水

过滤一般是指以石英砂等粒状滤料层截留水中悬浮杂质，从而使水获得澄清的工艺过程，研究认为过滤的机理主要是悬浮颗粒与滤料颗粒之间粘附作用的结果。当水中杂质颗粒通过拦截、沉淀、惯性、扩散和水动力作用等方式迁移到滤料表面上时，在范德华引力和静电力相互作用下，以及在某些化学键和某些特殊的化学吸附力下，被粘附于滤料颗粒表面上，或者粘附在滤粒表面上原先粘附的颗粒表面上，从而被去除。从世界上第一座水处理滤池开始至今仍然以石英砂作为最普遍的滤料。

钢渣对水体中污染物的去除主要通过吸附和沉淀两种作用，还原作用和离子交换作用相对较小。这是由于钢渣中含有大量碱性氧化物使得污水中加入一定量钢渣后溶液 pH 值处于碱性条件，而在碱性条件下钢渣表面带负电，根据电负性原理，钢渣水处理剂对污染水体中的阳离子的吸附容量要远远大于对阴离子的吸附容量。同时，钢渣对重金属离子的吸附也存在选择性，其选择性主要与离子的电性、电价、离子半径和水化热等因素有关。由此可见，采用钢渣作为吸附剂去除水体污染物时，需要考虑污染物的物化性能，从而保证污染物的去除率。与此同时，水处理条件对钢渣去除污染物效率也有较大影响。现有的研究更多从振荡时间、反应温度、钢渣用量、钢渣粒径、振荡速度、溶液 pH 值等方面进行了深入研究，以便在现有条件下为钢渣开辟出在水处理方面的应用途径。

另一方面，钢渣自身的物化性能同样对其水处理性能起到重要影响，而钢渣的处理方式对其物化性能影响同样显著。2008 年以前，各大钢铁企业采用的钢渣预处理方法主要以热泼和水淬为主，得到的钢渣具有粒径较大、易磨性差、单质铁及 FeO 含量较低等特点，这些性能都不利于钢渣水处理剂的制备。现有文献中，用于去除水体污染物的钢渣水处理剂主要是采用现有钢渣进行研磨后得到，也有文献介绍了通过高温或化学法活化后，能够在一定程度上提高钢渣水处理剂去除污染物的效率，但由于钢渣细磨工艺能耗高，而污染物去除效率又难以保证的前提下，很难在水处理过程中大规模采用钢渣水处理剂。

目前热闷渣工艺、滚筒渣工艺等先进的渣处理工艺，能够在液态钢渣凝固之前将其破碎成滴，经过磁选后的尾渣，钢渣粒径小而均匀、内部疏松多孔、易磨性好，在此基础上加以改性处理更能适于制备钢渣吸附剂。综合来看，随着钢渣预处理工艺的发展，以及水处理技术的不断进步，钢渣在水处理领域必将具有广阔的应用前景，主要以钢渣作为滤料来使用。

由于钢渣具有一定的碱性和较大的比表面积，钢渣作为滤料使用，用于有机废水的脱色、降低 COD_{cr} 以及富氧化磷的去除，价廉物美。

印染废水是我国排放量最大的废水之一，一般呈碱性，废水中有机污染物含量较高，色度高，可生化性差。常用的处理工艺投资成本大，运行费用高，产生的化学污泥难以脱水、脱色，效果有限，目前已不适应废水治理及回用的要求。钢渣对印染废水来说，是一种很好的滤料，其多孔、比表面积大对色度和 SS 具有很好的去除效果。有学者在将钢渣与活性炭等滤料进行了吸附效果比较后，发现钢渣对分散染料的吸附效果优于活性炭，这一结果为低成本的滤料走向工业化应用提供了科学依据。谢复青以钢渣为滤料处理活性翠蓝染料废水、结晶紫、亚甲基蓝染料废水、碱性品红染料废水、孔雀石绿染料废水，脱色率均可达到90%以上，且吸附剂再生简单易行，经高温，所吸附的染料可全部分解，达到再生目的。该方法简单有效，成本低廉。因此能够用于吸附处理废水。近年来的研究成果如下：

（1）郑礼胜等进行了用钢渣处理含铬废水的研究，认为钢渣具有化学沉淀和吸附作用。对质量浓度在300mg/L 以内的含铬废水，按铬/钢渣重量比为1/30投加钢渣进行处理，铬去除率达到99%。

（2）王士龙等进行了用钢渣处理含锌废水的研究，发现对质量浓度在200mg/L 以内的含锌废水，按锌/钢渣重量比为1/30投加渣进行处理，锌去除率达98%以上，处理后的废水可达 GB 8978—88 污水综合排放标准。

（3）钢渣还可用于处理含磷废水及含其他重金属废水。钢渣具有多孔、吸附能力强的特点，可以将其作为填料设计成钢渣过滤反应器放到生化处理之后。研究结果表明，实验水样采用水解酸化—生物接触氧化—钢渣过滤工艺，可使印染废水出水达到国家 GB 4287—92《纺织染整工业水污染物排放标准》Ⅱ级标准。

（4）孔红星则研究了钢渣对甘蔗糖厂混合汁的脱色处理效果，确定了钢渣用于蔗汁脱色的最佳工艺条件为：钢渣细度100 目（0.15mm），钢渣用量3g，处理温度45℃，处理时间5min。钢渣对甘蔗糖厂混合汁的脱色率最高可达70.47%。为此，他还研发了新型的钢渣蔗汁脱色剂和澄清剂。而龚阳树研究了以钢渣为滤料对废水进行过滤处理。研究发现钢渣对水中重金属和 COD_{cr} 有很好的去除效果，去除率高于90%，对三氯甲烷的去除率在69%左右。认为钢渣加工使用方便易行，适合作给水处理中的过滤材料及水的深度处理滤料，也可以用于污水的深度处理，但不适合用于处理含氮废水。

26.4.2　钢渣作絮凝剂在生态治理方面的应用研究

无机高分子絮凝剂（IPF）作为一种新型水处理药剂，近年来成为研究的热点。无机高分子絮凝剂是在传统的铝盐、铁盐絮凝剂的基础上发展起来的一类水处理剂，主要有聚合硫酸铝（PAS）、聚合氯化铝（PAC）、聚合硫酸铁（PFS）、聚合氯化铁（PFC）等。这些絮凝剂中存在着多羟基络离子，多羟基络离子通过黏结、吸附和交联作用，促使胶体凝聚；同时还可以降低胶体微粒的 Zeta 电位，破坏胶团的稳定性，从而使带电胶体相吸，形成絮凝状沉淀。这类絮凝剂比传统絮凝剂效能高，但由于其相对分子质量和粒度较小，故混凝架桥能力较差。

钢渣中含有较多的铁、铝、硅、钙等元素，可以作为制备絮凝剂的重要材料。用钢渣制备絮凝剂可以改善原有絮凝剂的不足，使其具有较强的架桥和吸附性能。因此，在工业用水的预处理，各类工业废水的处理和生活污水、污泥的处理等方面有着广阔的应用前景。这不仅可以废物再利用降低絮凝剂的成本，还可以减少废渣给环境带来的污染，达到以废治废，变废为宝的目的。关于制作絮凝剂的研究成果，主要有：

（1）李灿华等人利用钢渣和水渣活化后按一定比例混匀加到有搅拌器和回流装置的反应器中，在搅拌下按固液比 1:3 加入硫酸，100~140℃回流 2~3h 后过滤。以 H_2O_2 作氧化剂，氧化滤液中的 Fe^{2+}，再调节 pH 值除 Al 后得 Fe^{3+} 前驱液。固体残渣（主要为 SiO_2）除 Mg、Ca，水洗后用 35% 的 NaOH 溶液碱溶解，过滤后得 Na_2SiO_3 前驱液。将两种前驱液按一定比例分别用水稀释后在强烈机械搅拌下加入 H_3PO_4 作稳定剂，再加到聚合反应器中聚合，调节 pH 值，至溶液由黄色变为橙红色即可。此法制备的新型无机高分子絮凝剂就是聚硅硫酸铁（PFSS），与传统的净水剂聚合硫酸铁（PFS）相比，处理自配的污水时 pH 值可以在 3.0 以上，低温和高温都可以，且用量少，去浊率高。

（2）徐美娟用钢渣、硫铁矿渣、稀盐酸及少量催化剂等，制备了絮凝剂。用这种絮凝剂处理经过厌氧或好氧处理过的棉浆黑液，当用 60mol/L 的絮凝剂处理棉浆黑液厌氧出水时，COD_{cr} 可去除 70% 左右，最终出水无论是色度还是 COD_{cr}，均可达到国家 GWPB2—1999 排放标准。

（3）沈澄英将钢渣和铁屑以一定的质量比混合后溶解（钢渣和铁屑质量比为 4:1，混酸的体积为 20mL），经抽滤后取其滤液，在搅拌回流下加热到 120℃，反应 3~4h，冷却得到棕红色稠状絮凝剂。用于处理印染废水，絮凝剂投加量为 25mg/L、pH 值为 6，经处理后的 COD_{cr} 去除率为 87.4%，透光率为 89.3%，色度去除率为93.3%。

（4）孙剑辉等利用硫酸和盐酸的混酸溶液溶解轧钢产生的氧化铁皮，溶出液作原料，选用氧气作氧化剂，硝酸作催化剂，制成一种新型无机高分子絮凝剂聚合氯硫酸铁（PFCS），试验其絮凝性能，并与聚合硫酸铁（PFS）的絮凝效果进行了比较。实验结果表明：PFCS 在 pH＝6～9 的范围内，具有良好的絮凝去浊性能，且在絮凝条件相同时，将浊度为 425 度的黄河水样处理至 5 度以下，PFCS 的投用量仅需 10mg/L，而 PFS 的投用量至少需 25mg/L，PFCS 的絮凝效果要明显好于 PFS。

（5）李桂菊等以钢渣、硫铁矿渣为原料，按质量比 1：4 加入烧杯中，同时配以适量的盐酸和催化剂，在磁力搅拌器上搅拌 20h，反应温度控制在 35℃，反应结束后在 30℃的水温中熟化 6d 即得要配制的产品。通过铁的形态分布、红外谱图、热失重曲线分析了絮凝剂的性能，发现该高分子无机絮凝剂为聚硅铝铁类无机高分子絮凝剂，且铁的存在形式多为多核羟基配合物（或称低聚合度铁）的无机高分子。该絮凝剂是在聚硅酸（即活化硅酸）及传统的铝盐、铁盐等絮凝剂的基础上发展起来的聚硅酸与金属盐的复合产物（PAFCSi），其絮凝性能远超过聚硅酸和聚合金属离子化合物。用含铁量均为 0.17g/L 的该种絮凝剂与市售聚合氯化铁以及其他同类产品分别对造纸废水进行处理，该絮凝剂去除 COD_{cr} 效果最好。

（6）蒋玲等将钢渣和铝粉按一定比例混合后，与盐酸在 80% 下反应 2h 之后，再加入 5mL 浓硫酸继续反应 30min，冷却后加适量碱（以不生成沉淀为宜），反应 30～40min，过滤得到黄色透明状溶液，即一种高效的无机复合型高分子絮凝剂 PF-1（聚合硫酸铁加辅助成分）。以处理啤酒生产废水为例，在其他条件相同的情况下，PF-1 絮凝剂的絮凝效果要明显优于聚合硫酸铁（PFS）。

（7）景红霞以粉煤灰、废钢渣为原料制备了高效絮凝剂——聚硅酸铝铁（PAFSi）。通过处理废水实验发现，聚硅酸铝铁（PAFSi）比聚合硫酸铁（PFS）处理废水效果更佳。

从目前的研究进展来看，由于钢渣成分和形成机理的研究已经明朗，对钢渣作为吸附剂在不同废水中的作用机理已经取得了大量的成果，并且钢渣处理工艺日新月异，解决了钢渣粉体化时保持原有特性不受影响的问题。利用钢渣制备絮凝剂的工业化生产，必将会呈现出崭新的一个开始。

26.4.3　钢渣在人工湿地水处理系统中的应用

人工湿地是一种新型生态污水处理技术，具有投资和运行费用低（仅为传统二级污水厂的 1/10～1/2），抗冲击负荷、处理效果稳定、脱氮、除磷优势明显，出水水质好，芦苇可以利用（作为造纸原料）等诸多优点。近年来国内外对人工湿地的研究与开发可谓如火如荼。随着对人工湿地研究的不断深入，钢渣被用作湿地的基质材料来强化对磷的去除作用，从而使钢渣的应用拓宽到生态水处理领域。

人工湿地对污水中污染物的高效去除是利用土壤、微生物、植物这个生态系统的物理、化学和生物的协调作用，通过过滤、吸附、共沉、离子交换、植物吸收和微生物分解来实现的。而湿地土壤一直被公认为是进入湿地系统的磷的最终归宿。对湿地中磷的去除机理研究表明：吸附在悬浮颗粒物（SS）上的磷进入表面流入下湿地后，随着 SS 的沉淀而去除。水中的无机磷酸盐通过扩散交换进入土壤间隙水后，通过下面两个过程被去除：（1）直接与间隙水中的 Ca^{2+}、Fe^{3+}、Al^{3+} 离子及其水合物和氧化物反应，生成难溶化合物，经过互相聚合或吸附在土壤颗粒上，形成新的土壤。（2）带负电的磷酸根被带正电的黏土颗粒所吸附，进而与黏土颗粒表面水合的 Ca^{2+}、Fe^{3+}、Al^{3+} 离子发生离子交换而被结合，并与土壤中的硅酸盐发生置换而进入黏土颗粒的晶格当中。因此，湿地蓄存磷的能力主要靠土壤对磷的吸附及其理化性质决定，磷的去除率与湿地土壤类型密切相关。

湿地土壤中有机质、Ca、Fe、Al 的质量分数及土壤通透能力等，会极大地影响表面流人工湿地对磷的去除效率，尤其是铁铝氧化物含量更是决定着土壤对磷吸附能力的大小。国外学者通过研究不同类型的人工湿地基质得出结论：富含钙和铁铝质的基质，净化污水中磷素能力较强，硅质含量较高的基质净化能力较差。南京大学的学者袁东海等通过研究人工湿地基质材料净化污水磷素的机理也得出类似的结论：基质饱和吸附磷后，磷的含量依次为矿渣＞粉煤灰＞蛭石＞黄褐土＞下蜀黄土＞沸石＞砂子（矿渣取自南京梅钢）；扣除基质背景磷含量，基质磷的饱和吸附量仍然是矿渣最大。之所以会得出上述结论，是因为钢渣的化学成分和性质恰恰能够满足磷去除对湿地基质的要求。在湿地基质中添加钢渣，钢渣能够向土壤中溶出 Ca^{2+}、Fe^{3+}、Al^{3+} 及其水合物和氧化物，而本身的磷释放量很低，从而为磷的沉淀和吸附创造了优越的条件。另外，钢渣的加入能够改变湿地基质土壤的结构，改善土壤的类型，提高土壤中 Ca、Fe、Al 的质量分数及土壤的通透能力，尤其是钢渣中的铁铝氧化物可提高基质对磷的吸附能力并增大基质对磷的吸附容量，从而提高表面流人工湿地对磷的去除效率。

综上所述，钢渣是一种很好的净化磷的基质材料，但是不能用钢渣做单一的基质材料，因其碱性较大，不适合植物的生长。其可以作为人工湿地砂子基质或土壤基质的中间吸附层。随着研究的不断深入，钢渣在水生态治理中将具有很好的应用前景，如图26-1所示。

钢渣也可以用作人工湿地的填料，强化人工湿地的脱氮除磷效果。E. A. Korkusuz等使用小型垂直流人工湿地，分别以钢渣和传统砾石材料作为填料

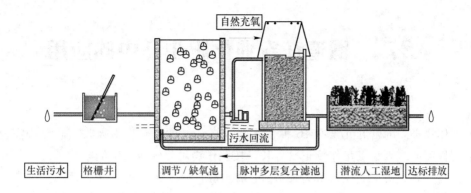

自然充氧

污水回流

| 生活污水 | 格栅井 | 调节/缺氧池 | 脉冲多层复合滤池 | 潜流人工湿地 | 达标排放 |

图 26-1　钢渣在水生态治理中的应用

处理生活污水。试验结果表明用钢渣作为填料处理后的水质明显好于砾石，其中钢渣对营养元素磷的吸附效果尤为突出。谭洪新在武汉汉阳进行了类似试验，除磷效果明显。

在广西等具有有色金属矿山、冶炼和加工企业的区域，排放重金属离子污染废水，对环境和人体健康造成危害。利用钢渣开发吸附材料，在这些企业的周围建设人工湿地，或者作为工业废水的滤料使用，将带来巨大的经济效益、社会效益和环境效益。

27　钢渣在农业化肥生产中的应用

作物必需的营养元素有 16 种，除碳、氢、氧是从空气中吸收，其余均需要不同程度地施肥来满足作物正常生长。按照作物对养分需求量的多少分为大量元素肥料（包括氮肥、磷肥和钾肥）、中量元素肥料（包括钙、镁、硫肥）和微量元素肥料（包括锌、硼、锰、钼、铁、铜肥），此外，还有一些有益元素肥料（如含硅肥料、稀土肥料等）。

目前，市场经销的肥料以氮、磷、钾肥为主，并且每种肥料也有许多品种。主要氮肥品种有：尿素、碳酸氢铵（碳铵）、氯化铵、硫酸铵、硝酸铵、硝酸钙。氨水、石灰氮等也属于氮肥，但目前已较少使用。硝酸钙既是氮肥，也是钙肥。

主要磷肥品种有过磷酸钙（普钙）、重过磷酸钙（重钙，也称双料、三料过磷酸钙）、钙镁磷肥。此外，磷矿粉、钢渣磷肥、脱氟磷肥、骨粉也是磷肥，但目前用量很少，市场上也少见。

主要钾肥品种有硫酸钾、氯化钾、盐湖钾肥、窑灰钾肥和草木灰。其中，硫酸钾和氯化钾成分较纯，我国市场上流通的大多为进口肥料；盐湖钾肥产自我国青海省，主要成分是氯化钾；窑灰钾肥和草木灰成分很复杂，市场上流通量较前三种钾肥少。

微量元素肥料品种也较多，最常用的硼肥为硼砂，锌肥为硫酸锌，锰肥为硫酸锰，钼肥为钼酸铵，铜肥为硫酸铜，铁肥为硫酸亚铁及一些有机态铁络合物。

随着农化研究的深入，复混肥料应用越来越广泛。复混肥是同时含有氮、磷、钾中两种或两种以上成分的肥料，按照制造方法分为两类，复合肥料和混合肥料。最常见的复合肥是磷酸氢二铵（磷铵），此外还有尿素磷铵、硝酸磷铵、硫磷酸铵、硝酸磷肥、磷酸二铵、硝酸钾等。复合肥使用时需调整养分比例以适应不同作物和土壤的要求。

混合肥料是将几种单质肥料按作物和土壤等条件灵活地配制成不同规格，用机械混合的方法制取的，目前市场上出售的专用肥多属这类肥料。

另外，目前市场上推广的各种液体肥料和喷施肥料，也是各种营养元素肥料混合以及添加氨基酸等一些有机成分，对提高作物产量和品质也有一定的效果。

供给植物生长的营养元素有 16 种，即氮、磷、钾、硫、钙、镁、碳、氢、氧、硼、铁、钼、铜、锌、锰、氯，其中氮、磷、钾为大量元素，其余为微量元素。虽然植物对这些元素的需要量相差很大，但对植物的生长发育所起的作用同等重要，且不能相互替代。

国外早已开展了钢渣制作肥料的研究：法国、德国、波兰等许多欧洲国家利用钢渣作肥料有悠久的历史；德国把施用钢渣肥和种植豆科牧草作为两大提高土壤肥力的根本措施；日本则将钢铁渣、矿渣的硅酸质确定为普通肥料。目前，钢渣主要用来制备钢渣硅肥和钢渣磷肥，此外还有钢渣微量元素肥料。

27.1 钢渣化肥的概述

27.1.1 钢渣硅肥

27.1.1.1 钢渣硅肥的使用机理

SiO_2 是土壤的主要成分（约占 60%），但其中 99% 以上是结晶态硅和不能很快被作物利用的无定形聚合态硅，能被植物吸收的单硅酸态硅含量较少。当 100g 土中含有效二氧化硅的量低于 9.5mg 时，水稻的硅营养就供应不足，因此在水稻田中需施用含 SiO_2、CaO、MgO 等成分的肥料，这些成分与钢渣的成分相似。转炉渣中的硅是呈枸溶性的，枸溶率可以达到 80% 以上，相关的研究证明，施用钢渣合成的硅肥在水稻生产中取得了增产 12%~15.5% 的效果。钢渣中含有较多的可被植物吸收的活性硅，作为硅肥施用具有极好的效果。

水稻是典型的高需硅作物，稻谷中的 SiO_2 平均含量约为 3.8%，每生产 100kg 稻谷大约吸收 13kg 左右的 SiO_2，是水稻吸收氮、磷、钾的 2~3 倍。研究表明，在水稻田中施用钢渣肥追肥对水稻的生长有极好的影响，在水稻拔节孕穗期施用效果十分显著，这是因为一方面拔节孕穗期水稻的功能根系大多集中在土壤表层，土壤的有效硅不能满足水稻生长的需要，追加硅肥可以迅速被作物吸收；另一方面硅素能使水稻的植株叶片坚挺，与茎秆之间的角度减小，叶片受光面积增加，植株的光合作用增强，结实率与千粒重均有所提高。硅素肥对提高稻株的抗病，抗倒伏等性能具有特别显著的作用。

我国南方水稻田普遍缺硅，硅是水稻生长过程中必需的营养元素，钢渣硅肥是一种很好的硅素补充剂。

据有关部门勘查表明，我国长江流域 70% 的土壤缺硅，黄河、淮海及辽东半岛地区约有一半的土壤缺硅，而且缺硅的区域正在逐渐扩大。针对这一情况，近年来这些地区大力推广使用硅肥。结果表明：农作物施用硅肥后增产效果非常明显。河南硅肥中心的科技人员通过对不同土壤类型的作用进行大量的试验表明：水稻增产率为 10%~26%，小麦为 10%~15%，花生为 15%~25%，棉花为 10%~15%，水果、蔬菜增产幅度更大。在湖北丘陵黄土、黄红土水稻田中施用碱性平炉钢渣粉的试验表明：早、中、晚稻施用钢渣粉都有不同程度的增产效果，增产率可达 3.0%~17.6%，一般可增产 8%~12%。

27.1.1.2　钢渣硅肥的功能简介

硅肥是一种含硅酸钙为主的微碱性、枸溶性矿物肥料。它具有无毒、无臭、无腐蚀、不吸潮、不结块、不变质、不易流失等特点。

硅是农作物生长所需要的重要营养元素，农作物吸收硅后能促进根系生长发育，提高抗倒伏、抗病虫害、抗旱、抗寒和养分吸收的能力，并能够改善农作物品质，符合现代"绿色食品"的发展要求。硅肥可以调节农作物在不同阶段对氮、磷、钾等元素的营养需求，在其他元素使用过量时有抑制供给的作用；同时，硅肥可以改善农作物的营养成分，使瓜果类的糖及维生素、花生的脂肪、谷物的淀粉、小麦的蛋白质等含量明显提高；施用硅肥还可以降低工业污水中重金属对农作物造成的污染。另外，硅肥对红土壤和盐碱地的土壤结构改良还有独特的作用，由于硅肥中所含的硅、钙、镁离子能够与红壤中大量积聚的铁离子、铝离子和盐碱地中大量积聚的铁离子、铝离子和钠离子发生交换反应，形成无害化合物，减少了这些离子对作物的不良作用，同时还能补充农作物生长急需的硅、钙、镁等元素。农作物所需的硅大都是由土壤提供的，土壤中虽富含硅元素，但能被植物吸收的硅却很少，特别是随着农业快速发展，农作物不断吸收土壤中的硅，致使土壤中的有效硅逐步减少。

27.1.1.3　钢渣硅肥的生产

转炉钢渣含有丰富的硅元素，但是氧化渣的成分复杂。在一些地区的钢铁企业，原料中含有铬、镍等重金属元素的氧化渣，在没有被处理之前是不能够用于生产硅肥的。生产钢渣硅肥主要有以下的几种工艺：

（1）利用转炉铁水预处理工艺中的脱硅渣，作为主原料生产钢渣硅肥。

（2）利用高炉的缓冷炼铁渣（干渣）与生产硅镇静钢的精炼渣生产钢渣硅肥。

27.1.2　钢渣磷肥

27.1.2.1　钢渣磷肥的特点简介

柠檬酸又称枸橼酸，故称磷矿石在柠檬酸中溶出的性质为枸溶性。枸溶性肥料，对肥料起到缓释作用，防止肥料淋失，显著增强肥效，提高肥料的利用率，减轻了肥料对土壤理化性状的不良影响，是一种良好的土壤改良剂。一般有硅肥、腐殖酸类肥料。脱磷渣中的磷不溶于水，但可溶于质量分数为2%的柠檬酸溶液，属枸溶性磷肥。

最早的钢渣磷肥，又称托马斯磷肥或矿渣磷肥，主要原因是当时将高磷生铁吹炼成为钢的一种炼钢方法，叫做托马斯转炉炼钢法，是20世纪上半叶西欧采用的主要炼钢方法。其由含磷生铁用托马斯法炼钢时所产生的碱性炉渣经轧碎、磨细而得，大多是灰黑色。其主要有效成分是磷酸四钙 $Ca_4(PO_4)_2O$ 和硅酸钙的固溶体，并含有镁、铁、锰等元素。五氧化二磷含量约12%～18%，是枸溶性肥料，适用于酸性土壤，可作基肥。

随着工业化的进步，目前转炉采用含中、高磷铁水炼钢时，在不加萤石造渣的条件下，将初期含磷炉渣回收，然后再经破碎—磁选—破碎等工艺处理，便得到成品钢渣磷肥。钢渣磷肥的 P_2O_5 质量浓度大于10%，钢渣中的磷是枸溶性的，能够在植物根际的弱酸环境中溶解，从而被植物吸收利用，因而钢渣磷肥和钢渣硅肥一样，是一种枸溶性肥料。生产实践表明：钢渣磷肥在酸性土壤和缺磷的碱性土壤中施用均可获得增产效果。

有些钢铁冶金渣中含有较高含量的有效态磷，因此这类钢渣可以作为磷肥施用。在酸性土壤上施用，其效果比等量的过磷酸钙好。在土壤 pH 值为 5.5 的酸性白土上，按有效 P_2O_5 每亩 3kg 施用，结果表明，对水稻的肥效显著优于过磷酸钙，施用钢渣可增产40%以上，而施用等磷量的过磷酸钙仅增产约14%。除水稻之外，在酸性土壤上施用钢渣肥的其他农作物都可以收到良好的增产效果。试验表明：在冲积土上施用钢渣，不论对油菜或小麦都有显著的增产作用，其肥效不仅超过磷矿粉，而且超过磷酸钙，对油菜的肥效特别明显，增产1倍以上，对小麦的增产效果将近1倍。钢渣磷肥的优点是在土壤中施放缓慢，不易被土壤迅速固定，因此有着很好的后效作用。

27.1.2.2 钢渣中的氟对脱磷渣枸溶性影响

含磷钢渣的 XRD 图谱如图 27-1 所示。

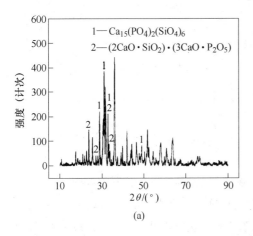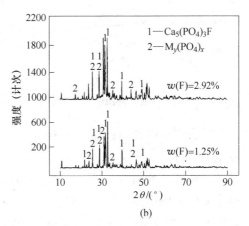

图 27-1 含磷钢渣的 XRD 图谱

从 XRD 衍射图可知：当渣中不含氟时，渣中的磷主要存在于($2CaO \cdot SiO_2$)·($3CaO \cdot P_2O_5$)固溶体及其他磷酸盐中；渣中含有氟时，大量磷被稳定以 $Ca_5(PO_4)_3F$ 存在，只有少量磷以磷酸盐形式存在。随氟含量的增加，氟磷灰石衍射峰强度逐渐增大，半高宽逐渐变小，表明氟磷灰石稳定的磷的量随氟含量的增加而增加。图 27-2 为渣中氟含量对渣的枸溶率影响的关系。

可以看出：当渣中不添加氟时，由于渣中磷主要赋存于硅酸二钙-磷酸三钙固溶体中，可以在 2% 的柠檬酸液中很好地溶出，枸溶率可达到 92.5%；随着氟加入量的增加，枸溶率随之下降。氟质量分数为 0.25% 时，枸溶率还可达 77.7%；当氟质量分数超过 0.5% 时，枸溶率下降至 50% 以下；当氟质量分数超过 1% 时，枸溶率降至 20% 以下；但随着氟含量的继续增加，枸溶率下降趋势变缓。造成此变化的原因初步认为是由于在熔渣冷却过程中，渣中存在氟时，渣中形成的磷酸三钙和氟化钙结合形成氟磷灰石 $Ca_5(PO_4)_3F$。由于氟磷灰石的生成热很大（13680kJ/mol），晶格能很高（22.19MJ/mol），这表明氟磷灰石能位低，结构稳定，由离子生成氟磷灰石是一个高度自发的过程。氟的存在会加速氟磷灰结晶速度，易析出氟磷灰石晶体，其中磷较难被 2% 的柠檬酸液溶出。图 27-3 为 CaF_2-$Ca_3(PO_4)_2$ 相图。

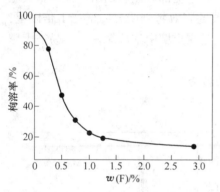

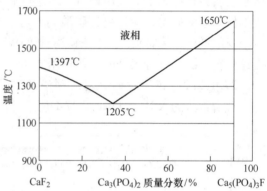

图 27-2　渣中氟含量对渣的枸溶率影响　　　　图 27-3　CaF_2-$Ca_3(PO_4)_2$ 相图

从图中可以看出：CaF_2 和 $Ca_3(PO_4)_2$ 会形成稳定化合物 $Ca_5(PO_4)_3F$；当渣中氟质量分数小于 9% 时，渣中磷主要以 $Ca_5(PO_4)_3F$ 的形式结晶析出。故可以认为，脱磷渣的枸溶率很大程度上受渣中氟含量的影响。渣中不含氟时，渣中的磷主要形成固溶体 $(2CaO \cdot SiO_2) \cdot (3CaO \cdot P_2O_5)$；渣中含有氟时，磷主要被稳定为 $Ca_5(PO_4)_3F$；渣中不含氟时，渣的枸溶率可达 90% 以上；随着渣中氟的增加，枸溶率会急剧降低。要使脱磷渣具有较高的枸溶率，应使渣中氟的质量分数小于 0.5%。

27.1.2.3　碱度对脱磷渣枸溶性的影响

碱度对脱磷渣枸溶性的影响如图 27-4 所示。

由分析结果可看出：脱磷渣的枸溶率随碱度的升高而增大，当二元碱度 $R=$

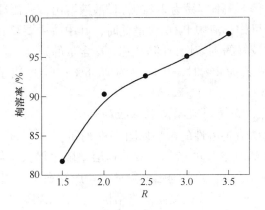

图 27-4　碱度对脱磷渣枸溶性的影响

1.5 时，枸溶率只有 81.75%；当 R 为 3.5 时，枸溶率可达 97.9%。原因在于 SiO_2 是钢渣磷肥复杂网络结构必不可少的物质，随碱度的升高，渣中 SiO_2 量逐渐减少，网络结构遭到一定的破坏；同时 CaO 量的增加，Ca^{2+} 在一定程度上也破坏 Si—O 形成的复杂网络结构，有利于其中磷的溶出。

27.1.2.4　P_2O_5 含量对脱磷渣枸溶性的影响

当渣中 P_2O_5 质量分数为 10% 时，磷主要赋存于磷酸三钙硅酸二钙固溶体中；当 P_2O_5 质量分数增加到 18% 时，渣中磷主要以磷酸三钙的形式存在。Shimauchi 等的实验中也得到相同的结果。XRD 衍射图和枸溶率的实验分析结果如图 27-5 和图 27-6 所示。当渣中 P_2O_5 质量分数从 10% 增加到 18% 时，枸溶率由 96.8% 降低到 88.6%，呈逐渐降低的趋势。熔渣的离子结构理论分析认为：随渣中 P_2O_5 含量增加，渣中 O^{2-} 随之增加；由于离子间的极化，P^{5+} 与 O^{2-} 会形成具有多面体结构的 $[PO_3^-]_4$ 络离子，即以 O^{2-} 为基础形成密集，而 P^{5+} 位于 O^{2-} 密集形

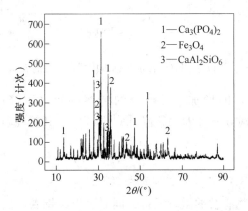

图 27-5　钢渣的 XRD 衍射图

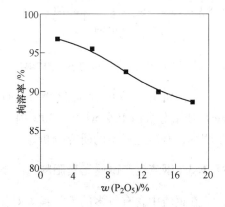

图 27-6　P_2O_5 含量对枸溶率的影响

成的间隙之中，使得 P^{5+} 不容易为 2% 的柠檬酸液溶出，从而导致枸溶率的降低。

由以上的分析可知，渣中 P_2O_5 含量低时，其中磷主要赋存于磷酸三钙-硅酸二钙固溶体中，有较好的枸溶性，随渣中 P_2O_5 含量的升高，枸溶率呈下降趋势。当渣中 P_2O_5 质量分数为 2% 时，枸溶率为 96.8%；P_2O_5 质量分数增加到 18% 时，枸溶率为 88.6%。

27.1.2.5　MgO 含量对脱磷渣枸溶性的影响

MgO 含量对脱磷渣枸溶性的影响如图 27-7 所示。

从图可知，随 MgO 含量的增加，渣的枸溶率随之增大。MgO 为钢渣磷肥复杂网络结构的调整物质。它的单键强度较低，一般存在于 SiO_4^{4-} 四面体周围，在一定程度上破坏了 Si—O 形成的复杂网络结构，并且在熔融冷却过程中能够抑制 β-$Ca_3(PO_4)_2$ 晶体的析出，而 β-$Ca_3(PO_4)_2$ 中的磷较难溶于 2% 的柠檬酸液中，因此，适当提高渣中 MgO 的量有利于渣的枸溶率的提高。

随 MgO 量的增加，脱磷渣的枸溶率逐渐增大。MgO 质量分数为 2% 时，枸溶率为 92.5%；MgO 质量分数为 10% 时，枸溶率为 95.8%。因此，适当提高渣中 MgO 的量，有利于渣的枸溶率的提高。

27.1.2.6　FeO_n 含量对钢渣化肥枸溶性的影响

FeO_n 含量对钢渣化肥枸溶性的影响如图 27-8 所示。

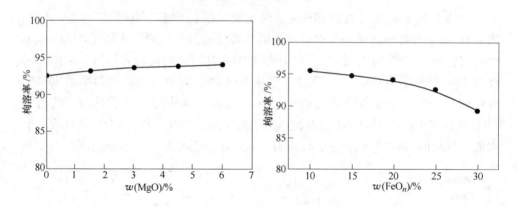

图 27-7　MgO 含量对枸溶率的影响　　　图 27-8　FeO_n 含量对钢渣化肥枸溶性的影响

由图可知，渣中铁氧化物（FeO_n）的增加，脱磷渣的枸溶率随之下降；FeO_n 质量分数由 10% 增加到 30% 时，枸溶率由 95.5% 降低到 89.2%。其机理尚不明朗，有待进一步的研究分析。

27.1.3　钢渣生产微量元素肥料

在钢渣中含有较多的铁、锰等对作物有益的微量元素，同时可以在钢铁厂出渣过程中，在高温熔融态的炉渣中添加锌、钼、硼等矿物微粉，使其形成具有缓释性的复合微量元素肥料。复合肥料作为农业基肥施用到所耕种的土壤里，可以解决长期耕作土壤的综合缺素问题，并增加作物内的微量元素含量水平，提高其品质。采用钢铁出渣过程中在线添加的生产工艺，可以充分利用高温炉渣中蕴含的热能，避免再次加热熔化的能量消耗，起到节能和环保的效果。

当作物缺乏微量元素时，生长发育就受到抑制，导致减产和品质下降，施用微量元素肥料的重要性已逐渐被人们所重视。随着化肥施用技术的发展，制约农作物生长的因素已经转为氮磷钾以外的锌、锰、铁、硼、钼等微量元素，微量元素肥料的作用不可被氮、磷、钾肥所替代。钢渣本身就含有一定量的锌、硼、锰、钼、氯等微量元素，可在钢渣出渣过程中补充添加微量元素的矿物微粉制成钢渣微量元素肥料，施用到农田土壤中。

日本肥料与种子研究协会对这种肥料与其他的商业硅钾肥进行了施用效果的调查研究，对比的农作物有稻米和甘蓝、菠菜等蔬菜。结果表明：施用此种肥料的作物产量要好于其他种类的肥料，并于 2000 年制定有关标准，推广应用。

27.1.4　钢渣生产钙镁磷肥

钢铁冶金渣中除含有硅、磷等有效成分可直接用作农肥外，还利用钢渣中高含量的氧化钙和氧化镁，将钢渣作为助剂与矿石一起制备成钙镁磷肥。对高硅含量的中低品位磷矿石（含 SiO_2 20% ~ 30%），可用钢渣替代部分的石灰石、蛇纹石生产钙镁磷肥，而对那些硅质含量较低的中低品位磷矿石（含 SiO_2 15% 以下）和高品位的磷矿石，可以采用钢铁冶金渣代替。

部分蛇纹石生产钙镁磷肥。我国是生产水稻的大国，南方大多数是由红砂岩、花岗岩等母质发育的水稻土，以及河流两旁的砂性土，都是典型的缺硅性土壤。据文献介绍，我国南方有约 $46000km^2$ 的水稻田需施用硅钙肥，每年约需 700 万吨，施用后可增产粮食大约 20 亿千克。另外，我国东北广泛种植水稻的草炭土和白浆土的面积也很大，也是典型的缺硅土壤。我国南方也存在大面积酸性土壤，这类土壤中特别缺乏农作物的营养元素，在钢渣中含有较多的钙、镁、磷、硅等，因此开发利用钢渣肥料具有广阔的应用前景。钢渣肥的大规模生产和应用，将会产生良好的经济、社会和环境效益。

27.1.5　钢渣用作土壤改良剂

我国钢渣在农业改良土壤的应用始于 20 世纪 50 年代末。转炉钢渣中含有较高的钙、镁，因而可以作为酸性土壤改良剂。对酸性土壤的改良多习惯采用石灰来调节其 pH 值、改善土壤结构和增加孔隙度等理化性状，但长期施用石灰会引起钙、镁、钾等元素失衡，降低镁的活度和肥料有效性。而采用钢铁渣作为改良剂，由于其中含有一定量的可溶性的镁、钙和磷，具有很好的改良酸性土壤和补充钙镁营养元素的作用，因而可以取得比施用石灰来进行改良酸性土壤更好的效果。

应用钢渣改良沿海咸酸田，具有良好的效果。转炉渣对咸酸田的改良效果主要表现在提高土壤的 pH 值和提高土壤有效硅两个方面。试验表明：钢渣改良剂施于咸酸田后，可使土壤的 pH 值由 3.5 升到 7.0，随之减轻了与低 pH 值有密切联系的铝、铁及其他重金属的活性，降低重金属对作物的毒害作用，并且可以提高土壤中有效磷的水平。

我国南方土壤的酸害相当严重，有些地区因土壤酸性过大而造成麦类作物的产量很低，严重的会颗粒无收。如在湖北省黄冈地区由于长期施用品种单一的磷肥（如大量施用过磷酸钙），在土壤中积存大量的硫酸根离子，导致耕地土质进一步恶化，该地区的酸性土壤约占耕地面积的 75%，给农业生产造成潜在的威胁。研究表明：在酸性田中施用钢渣肥可提高土壤的碱性，也可提高可溶性硅的含量，从而使土壤中易被水稻吸收的活性镉与硅酸根和碳酸氢根离子结合成较为牢固的结构，使土壤有效镉的含量明显下降，达到抑制水稻对土壤镉的吸收作用。除水稻外，其他的农作物如麦类、大白菜、菠菜、豆类以至棉花和果树等，在酸性土壤上施用钢渣肥都有良好的增产效果。钢渣对棉花的肥效明显，在苗期表现为叶绿苗壮，后期植株高大，茎秆粗壮，成桃数有不同程度的增加，还有减少棉花凋枯病的作用，对低产田的改良效果尤为明显，增产率可达 30.6% 以上。钢渣改良土壤对油菜、黄豆之类都有明显的增产效果，并可提高产品的质量。

在广西等一些有色矿区的重金属污染严重区域，采用钢渣改良土壤，有较好的效果。

27.1.6　钢渣生产草坪专用肥

由于草坪草是以营养生长为主，对氮素需求量较高，所以在草坪施肥中偏重于氮肥，但长期使用或过量施用会造成草坪草植株的细胞壁变薄，从而极易引发病原菌侵袭，导致草坪病害的发生。而使用钢渣肥料，其中硅等元素可使植株的细胞壁增厚，增强抗病能力。

另外，草坪生长除需常量营养元素外，同时还需要 CaO、MgO、SiO_2 及多种微量元素，而钢渣中富含铁、铝、锰、磷、硫，还有少量铜、钼、硼、锌等微量元素，能满足草坪生长的需要。镁又是叶绿素的组成成分，施用后草坪颜色特别鲜艳。此外，钢渣中的碱性物质可中和草坪施用尿素产生的生理酸性。

27.2　钢渣化肥的生产工艺

27.2.1　常见的钢渣化肥生产工艺

钢渣化肥常见的生产工艺如下：

（1）钢渣硅肥的简单生产工艺，将含 SiO_2 超过 15% 的转炉钢渣（转炉的脱硅渣、脱磷渣、倒炉渣等）磨细到 60 目（0.25mm）以下，即可包装，作为硅肥用于水稻田和缺硅土壤的硅肥施用。

（2）利用钢渣生产缓释性硅钾肥，是近年来资源化利用钢渣的一种新兴技术。其生产工艺为：在炼钢铁水进行脱硅处理时，将碳酸钾（K_2CO_3）连续加入到铁水罐内，在氮气的搅动下融入炉渣中，铁水脱硅处理后的炉渣经冷却后磨成粉状肥料。合成的无机硅钾肥中 K_2O 含量可达到 20% 以上，肥料由玻璃态和结晶态的物质组成，其中晶态物质主要为 $K_2Ca_2Si_2O_7$。这种肥料难溶于水，而可以溶于如柠檬酸等弱酸中，是一种具有缓慢释放特性的肥料。

（3）钢渣磷肥的生产工艺，就是当采用中高磷铁水炼钢时（或者脱磷转炉的脱磷渣），在不加萤石造渣条件下，将转炉钢渣经过磁选选铁，再破碎到一定的粒度，就可以包装成袋，成为钢渣磷肥的产品出售。钢渣中的磷几乎不溶于水，而具有较好的枸溶性，可在植物根部的弱酸环境下溶解而被植物吸收，因而钢渣磷肥是一种枸溶性肥料。

（4）在铁水脱硫工艺过程中，向聚渣剂采用的成分中添加钾盐，进行聚渣扒渣，即可以满足生产钾肥的需要。聚渣剂中的珍珠岩的主要成分为 SiO_2，将该种脱硫渣除铁，研磨即可制备成为复合肥。

（5）在脱硫渣的渣罐内再添加部分的钾盐，由于脱硫渣是一种固态渣，将脱硫渣加入液态转炉钢渣中（在转炉出渣过程中加入，或者兑罐过程中加入均可），转炉钢渣再经过热闷渣等工艺处理选铁后，破碎成为合适的粒度，就可以成为含钾微肥。

（6）转炉出渣过程中，加入工业铸造砂、生活碎玻璃垃圾等，对转炉钢渣进行改质，然后经过滚筒渣工艺、热闷渣工艺等处理，将粒度合适的钢渣粉包装，就成为钢渣化肥。这既可以消化社会垃圾，又生产了钢渣化肥。

（7）转炉钢渣出渣过程中，依据要生产化肥的成分，加入粉煤灰等添加成分，出渣后，破碎成为合适的粒度，即生产出需要的化肥。

（8）使用精炼炉的白渣、连铸机废弃的中间包涂料、喷吹脱硫渣可以直接生产钙镁硅肥。

（9）考虑到某些钢铁厂冶炼的铁水原料中富含 Cr、Ni 等重金属，只要不使用氧化渣，其余的钢渣在原理上可以直接的制备钢渣化肥，同时能够避免钢渣中的重金属元素对土壤造成的污染。

总之，钢渣先进处理工艺日新月异，只要关注这些工艺，钢渣化肥的生产将很容易，也很有利。

27.2.2 国内外钢渣硅肥生产工艺

目前国内生产和施用的硅肥主要有两类。一类是人工合成的，如硅酸二钙

（$2CaO \cdot SiO_2$）、硅酸一钙（$CaO \cdot SiO_2$）、硅酸钙镁（$CaO \cdot MgO \cdot SiO_2$）、偏硅酸钠和主要成分为硅酸钠和偏硅酸钠的高效硅肥等。其基本工艺为：以水玻璃为原料，运用高速离心喷雾干燥设备制造。先将原料水玻璃进行离心脱水，再送入高速离心机中脱水，然后喷雾热风（控制温度）干燥固化成粉状，即得高效硅肥制品。这种工艺生产出的硅肥有效硅含量大于50%，但价格昂贵，推广难度大。另一类则是利用各种工业固体废弃物加工而成的硅肥。其原料来自如下几方面：

（1）炼铁过程中产生的高炉水淬渣，总硅含量在30%~35%；

（2）黄磷或磷酸生产过程中产生的废渣，总硅含量在18%~22%；

（3）电厂粉煤灰，总硅含量达20%~30%；

（4）废玻璃。

国内大部分小型硅肥厂都是利用上述原料中的磷渣或粉煤灰为原料生产硅肥的，只有少数几家硅肥厂是利用炼铁高炉渣为原料生产硅肥，如江宁钢铁厂、张店钢铁厂等。其工艺基本都是采用自然风干炉渣→球磨→过筛→干燥工艺流程。近来鞍钢矿渣开发公司研制的高炉渣硅肥在东北得到大面积施用，产品供不应求。其工艺为：将水淬渣沥水，自然风干，然后进入破碎机进行破碎和筛选除杂，再进入球磨机球磨，过筛，最后包装即得到商品硅肥。

国外的硅肥生产工艺主要有以下的几种工艺：

（1）将钢铁炉渣用作肥料在德国已有很长的历史。目前，德国利用高炉渣生产硅肥的主要工艺是将高炉渣粉碎磨细达到一定粒度直接施用，或高炉渣粉碎磨细后，与磷酸盐成分混合直接施用。

（2）日本采用风淬法急冷处理炉渣，玻璃化率达到96%~99%，提高了炉渣的玻璃化率和活性硅含量。将玻璃化率高的炉渣磨细，或加入一些添加剂一起球磨，达到一定粒度后，直接以商品硅肥的形式进入市场，制得的高炉渣硅肥有效硅含量可达到20%。

（3）朝鲜黄海制铁所利用炼铁高炉水渣生产硅肥工艺为：直接将高温高炉渣倾入水淬池内进行水淬，然后用抓斗机将水淬物捞起，加入10%的粉煤灰，加水一起进入球磨机湿磨，粒度达到0.5mm以下，经干燥后即得硅肥。制得的硅肥中含可溶性硅大于15%，氧化钙和氧化镁总量大于30%。

以上各国制得的硅肥中有效硅含量均在15%以上，氧化钙和氧化镁总量大于30%。

27.2.3　钢渣化肥生产需要注意的事项

钢渣化肥生产需要注意的事项如下：

（1）钢铁企业开发生产以钢铁渣为母料的复混肥料要有严格的质量指标，首先要防止钢渣中的重金属元素含量严重超标，造成土壤、农作物毒害污染问题，以保证农业生产安全。因此，不锈钢冶炼的钢渣，采用含铬、镍等重金属元素的铁水为原料吹炼的转炉氧化渣和电炉氧化渣不宜生产钢渣化肥。

（2）钢铁渣肥料属于复混肥料，是农业生产资料中一种重要的工业产品，如果钢渣在农业上应用成本太高，农民用不起，将造成其利用率低。因此，应当尽量提高产品的附加值，降低钢渣的农业应用成本。

（3）钢铁渣肥料属于化学肥料，钢铁企业需要配置相关专业的化肥生产专业技术人才，制定需要的生产工艺及质检标准。

（4）炼钢钢渣多属于碱性较强的化学肥料，生产要根据区域土壤的特性来生产。例如广西的土壤大部分为酸性的土壤，柳钢将处理后的钢渣尾渣，经过破碎、筛分，加入一定量的添加剂后混匀，即可给农作物施用，作为典型的硅钙镁肥。

（5）氟对环境的影响很坏，炼钢过程中应该采用无氟化渣剂替代萤石，保证钢渣中的氟含量不超标。

（6）钢渣肥并不是单纯将钢渣粉碎加工而成，而应按复混肥料专业标准，在氮、磷、钾等几种养分中，添加辅助成分，保证化肥质检有两种以上养分的成分含量。

钢渣复混肥生产技术的具体内容包括：

（1）配置原理：1）肥料养分供给与土壤性质的关系；2）肥料养分供给与作物需量的关系。

（2）生产准备：1）肥料的配方设计；2）肥料选料要点；3）肥料的配料计算。

参 考 文 献

[1] 何峰，许超，袁坚，等．CaO-Al$_2$O$_3$-SiO$_2$ 系统微晶玻璃的成分、结构与性能[J].武汉工业大学学报，1998(2).

[2] 江勤，陆雷，等．复合废渣微晶玻璃的试验研究[J].中国矿业，2006，14(4).

[3] 杨家宽，肖波，姚鼎文，等．钢渣铸造成型资源化技术研究[J].有色金属，2003，55.

[4] 程金树，汤李缨，王全，等．钢渣微晶玻璃的研究[J].武汉工业大学学报，1995(4):1.

[5] 杨华明，张广业．钢渣资源化的现状与前景[J].矿产综合利用，1999(3):35.

[6] 金强，徐锦引，高卫波．宝钢新型钢渣处理工艺及其资源化利用技术[J].宝钢技术，2005(3).

[7] 朱航．钢渣矿粉的制备及其在水泥混凝土中的应用研究[D].武汉：武汉理工大学，2006.

[8] 赵青林，周明凯，魏茂．德国冶金渣及其综合利用情况[J].硅酸盐通报，2006，25(6).

[9] 许四法，方诚．电炉钢渣胶凝材料的研究[J].浙江工业大学学报，1995，23(4):348-353.

[10] 胡玉芬．钢渣-矿渣复合微粉活性试验研究[J].中国水泥，2010(9):72-73.

[11] 甘万贵．武钢钢渣用作沥青混凝土集料研究[J].武钢技术，2006，44(5).

[12] 孙家瑛，耿健．无熟料钢渣水泥稳定再生集料性能研究与应用[J].建筑材料学报，2010，13(1):52-56.

[13] 刘军．粉煤灰钢渣混凝土在道路路面中的运用[J].公路，1998(10):193-197.

[14] 冯春花，李东旭．钢渣作为铁质校正原料对水泥熟料性能的影响[J].硅酸盐学报，2010，25(3).

[15] 欧阳东，谢宇平，何俊元．转炉钢渣的组成、矿物形貌及胶凝特性[J].硅酸盐学报，1991，19(6):488-494.

[16] 唐卫军，廖洪强，周宇，等．转炉渣中游离氧化钙的分布及稳定化研究[J].炼钢，2009(3).

[17] 吴少华．影响钢渣矿渣水泥强度的主要因素[J].硅酸盐建筑制品，1994(6):19-22.

[18] 许谦．利用钢渣生产 425#钢渣道路水泥的研究[J].水泥，1993(2):1-4.

[19] 王强，阎培渝．大掺量钢渣复合胶凝材料早期水化性能和浆体结构[J].硅酸盐学报，2008，36(10):70-75.

[20] 唐明述，袁美栖，韩苏芬，等．钢渣中 MgO、MnO、FeO 的结晶状态与钢渣的体积稳定性[J].硅酸盐学报，1979，7(1):35-46.

[21] 叶贡欣．钢渣中的二价氧化物及其与钢渣水泥体积安定性的关系[C].水泥学术会议论文选集编辑委员会．水泥学术会议论文选集，北京：中国建筑工业出版社，1980.

[22] 李丙明．低碱度钢渣配制复合胶凝材料研究[D].西安：西安建筑科技大学，2009.

[23] 邱小明，吴金宝．利用超细钢渣粉制备高性能混凝土的试验研究[J].江西建材，2002(1):13-15.

[24] 叶平，李文翔，陈广言．钢渣和高炉渣微粉做水泥和混凝土掺和料的研究[J].中国冶金，2004(3):15-18.

[25] 彭春元，彭忠，钟健，等. 转炉钢渣微粉的加工与品位分析研究[J]. 炼钢，2006(1).

[26] 陈家瑛. 钢渣微粉对混凝土抗压强度和耐久性的影响[J]. 建筑材料学报，2005，8(1)：63-66.

[27] 蔡雪军，王崇英，戴少安，等. 冶金渣蒸压加气砌块的研制[J]. 新型建筑材料，2009(1)：4-6.

[28] 李学明，李桂菊，雷岗星，等. 利用钢渣改性制取吸磷剂的研究[J]. 化学工业与工程，2009(6).

[29] 李灿华. 钢渣吸附剂的制备及应用研究[J]. 重钢技术，2007，50(4)：12-16.

[30] 刘盛余，马少健，高谨，等. 钢渣吸附剂吸附机理的研究[J]. 环境工程学报，2008，2(1)：115-119.

[31] 何环宇，倪红卫，甘万贵，等. 炼钢渣的冶金资源化利用及评价[J]. 武汉工程大学学报，2009，31(1)：41-45.

[32] 陈美祝，周明凯，伦云霞，等. 钢渣高附加值利用模式分析[J]. 中国矿业，2006，15(6)：79-83.

[33] 叶青，农登. 关于钢渣吸附剂的研究[J]. 大众科技，2006(2)：118-119.

[34] 朱跃刚，陈仁民，李灿华，等. 钢渣吸附剂在废水处理中的应用[J]. 武钢技术，2007，45(3)：35-38.

[35] 张志峰. 利用废渣吸附除磷技术研究[D]. 南京：东南大学，2006.

[36] 刘盛余，马少键. 钢渣吸附剂吸附机理的研究[J]. 环境工程学报，2008，2(1)：611-911.

[37] 李见云. 化全县，谭金芳. 天然沸石对磷在潮土中有效性的影响[J]. 中国农学通报，2009，25(11)：102-105.

[38] 黄玲，邓雁希. 钢渣吸附除磷性能的试验研究[J]. 四川环境，2005，24(6)：5-13.

[39] 赵桂瑜，周琪，谢丽. 钢渣吸附去除水溶液中磷的研究[J]. 同济大学学报，2007，35(11)：1510-1514.

[40] 汤建伟，魏惠，化全县，等. 钢渣对溶液中磷的吸附特性研究[J]. 化工矿物与加工，2010(5).

[41] 张贯峰，原喜忠. 钢渣桩加固公路软土地基若干问题的简述[J]. 西部探矿工程，2005(2).

[42] 刘景政，等. 地基处理与实例分析[M]. 北京：中国建筑工业出版社，1997.

[43] 吴邦颖，等. 软土地基处理[M]. 北京：中国铁道出版社，1995.

[44] 章崇伦. 钢渣桩加固软弱地基土效果分析[J]. 矿业快报，2001，24(14).

[45] 王炳龙，吴邦颖，等. 钢渣桩加固地基的研究[J]. 上海铁道学院学报，1994.15(1).

[46] 龚晓南. 复合地基理论及工程应用[M]. 北京：中国建筑工业出版社，2002.

[47] 《地基处理手册》编写委员会. 地基处理手册（第二版）[M]. 北京：中国建筑工业出版社，2000.

[48] 黄彭. 钢渣道路水泥混凝土性能的研究[J]. 华东公路，1993(3).

[49] 薛明. 钢渣用于道路工程的研究[J]. 华东公路，1997(3).

[50] 薛明，李光新. 上海市钢渣的路用室内研究及其应用前景[J]. 粉煤灰，1999(3).

[51] 曹亚东，韩勇强. 电炉钢渣在沥青路面中的应用研究[J]. 中国市政工程，2001(1).

[52] 钱光人，等. 钢渣水泥基道路水泥材料的理论和实践[J]. 建材工业技术，1994(2).

[53] 朱桂林. 钢铁渣研究开发的现状与发展方向[J]. 废钢渣，2001(1).

[54] 薛明. 转炉钢渣在路基中的应用[J]. 钢铁，1996(10).

[55] 方荣利. 一种新型道路建材[J]. 矿产利用，1997(3):25-31.

[56] 朱友益. 钢渣综合利用试验研究[J]. 矿产利用，1997(3).

[57] 方为民. 钢渣改良路基土填料的试验研究[J]. 上海铁道大学学报，2000(4).

[58] 林宗寿. 钢渣粉煤灰活化方法研究[J]. 武汉理工大学学报，2001(2).

[59] 郑铁柱. 工业废料：钢渣的合理利用[J]. 国外公路，2000(6).

[60] 丁庆军，李春，彭波，等. 钢渣作沥青混凝土集料的研究[J]. 武汉理工大学学报，2001，23(6):10-14.

[61] 吴少鹏，杨文锋，薛永杰，等. 钢渣沥青混凝土的研究与应用[C]. 中国硅酸盐学会. 2003年学术年会水泥基材料论文集（下册），2003.

[62] JTJ 058—94，公路工程集料试验规程[S]. 北京：人民交通出版社，1994.

[63] JTJ 052—2000，公路工程沥青及沥青混合料试验规程[S]. 北京：人民交通出版社，2000.

[64] JTGD 50—2006，公路沥青路面设计规范[S]. 北京：人民交通出版社，2006.

[65] 张兰芳，费建国. 高等级公路沥青路面抗滑性能研究[J]. 林业建设，2004(1):20-23.

[66] 黄云涌，邵腊庚，刘朝晖. 沥青路面抗滑试验研究[J]. 公路交通科技，2002，19(3).

[67] 薛永杰，吴少鹏，廖卫东，等. 钢渣在武黄高速公路加铺工程中的应用研究[C]. 湖北省公路交通科技2004年会论文集，2004.

[68] 李灿华，陈琳，刘思. 钢渣沥青混凝土路面及其服役性能研究[J]. 安徽工业大学学报，2011(2).

[69] 关少波. 武钢钢渣作为地基回填材料的稳定性试验研究[J]. 建筑技术开发，2003.

[70] 薛永杰，吴少鹏，陈向明，等. 钢渣在沥青路面工程中的应用[J]. 国外建材科技，2006(3).

[71] JTGF 40—2004，公路沥青路面施工技术规范[S]. 北京：人民交通出版社，2004.

[72] 吴少鹏，薛永杰. 钢渣SMA的研究[C]. 第八届国际交通新技术应用大会论文集，2004.

[73] 陈美祝，魏巍，汪晖，等. 钢渣沥青路面耐久性能研究[J]. 建材世界，2010(4).

[74] 王雁，叶平，等. 风淬钢渣砂在混凝土中替代黄砂的试验研究[J]. 安徽冶金科技职业学院学报，2008(2).

[75] 陈宏哲，张雄，毛若卿. 风淬钢渣替代砂在道路混凝土中的应用研究[J]. 建筑材料学报，2009(3).

[76] 徐世法，颜彬，季节，等. 高节能低排放型温拌沥青混合料的技术现状与应用前景[J]. 公路，2005(7):195-198.

[77] 蔡春华，曹亚东，严军，等. 温拌沥青混合料的应用研究[J]. 上海建设科技，2006(6).

[78] 左锋，叶奋. 国外温拌沥青混合料技术与性能评价[J]. 中外公路，2007，27(6):164-168.

[79] 郑宏光，译. 钢渣的综合利用[J]，太钢译文，2003(1):52-55.

[80] 孙世国，王保民. 钢渣粉和粉煤灰对钢渣混凝土力学性能的影响特点[J]. 粉煤灰综合利

用，2004(01):26-28.

[81] 方宏辉. 钢渣细集料在混凝土路面中的应用研究[J]. 河南建材，2002(04):7-9.

[82] 姜从胜，彭波，李春，等. 钢渣作耐磨集料的研究[J]. 武汉理工大学学报，2001，23
(4):14-17.

[83] 刘建忠. 钢渣活性粉末混凝土的研究及其应用探讨[D]. 重庆：重庆大学，2001.

[84] 甘万贵. 武钢钢渣用作沥青混凝土集料研究[J]. 武钢技术，2006，44(5):55-58.